Andrea Wulf

Alexander von Humboldt
und die Erfindung der Natur

Aus dem Englischen übertragen
von Hainer Kober

Büchergilde Gutenberg

Die Originalausgabe ist 2015 unter dem Titel »The Invention of Nature.
The Adventures of Alexander von Humboldt – The Lost Hero of Science«
bei John Murray, London, erschienen.

Der Verlag weist ausdrücklich darauf hin, dass im Text
enthaltene externe Links vom Verlag nur bis zum Zeitpunkt
der Buchveröffentlichung eingesehen werden konnten.
Auf spätere Veränderungen hat der Verlag keinerlei Einfluss.
Eine Haftung des Verlags ist daher ausgeschlossen.

Lizenzausgabe für die
Büchergilde Gutenberg Verlagsges. mbH,
Frankfurt am Main, Zürich, Wien
www.buechergilde.de
Mit freundlicher Genehmigung des
C. Bertelsmann Verlags, München

© 2015 by Andrea Wulf
© 2016 für die deutsche Ausgabe by C. Bertelsmann Verlag, München,
in der Verlagsgruppe Random House GmbH, München
Bildredaktion: Dietlinde Orendi
Satz: Uhl + Massopust, Aalen
Druck und Bindung: GGP Media GmbH, Pößneck
Printed in Germany 2017
ISBN 978-3-7632-6940-2

Für Linnéa (P. o. P.)

Man schließe das Auge, man öffne, man schärfe das Ohr, und vom leisesten Hauch bis zum wildesten Geräusch, vom einfachsten Klang bis zur höchsten Zusammenstimmung, von dem heftigsten leidenschaftlichen Schrei bis zum sanftesten Worte der Vernunft ist es nur die Natur, die spricht, ihr Dasein, ihre Kraft, ihr Leben und ihre Verhältnisse offenbart, so daß ein Blinder, dem das unendlich Sichtbare versagt ist, im Hörbaren ein unendlich Lebendiges fassen kann.

Johann Wolfgang von Goethe

Inhalt

TEIL III
RÜCKKEHR: Sichtung der Ideen

TEIL IV
EINFLUSS: Verbreitung der Ideen

TEIL V
NEUE WELTEN: Entwicklung der Ideen

ANHANG

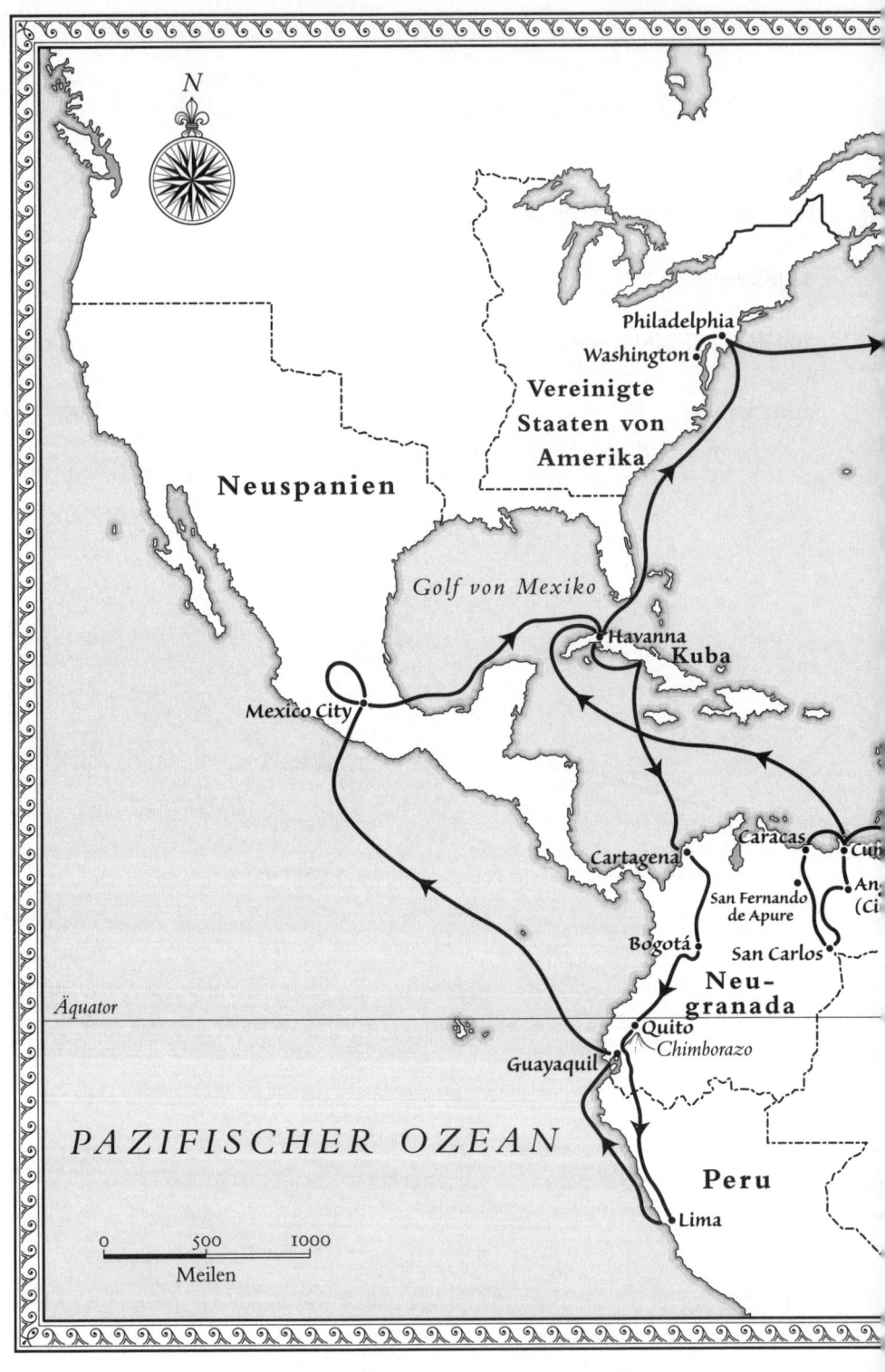

N

Neuspanien

Vereinigte
Staaten von
Amerika

Philadelphia
Washington

Golf von Mexiko

Havanna
Kuba

Mexico City

Cartagena

Caracas
Cu

An
(Ci

San Fernando
de Apure

Bogotá
San Carlos

Neu-
granada

Äquator

Quito
Chimborazo

Guayaquil

PAZIFISCHER OZEAN

Peru

Lima

0   500   1000

Meilen

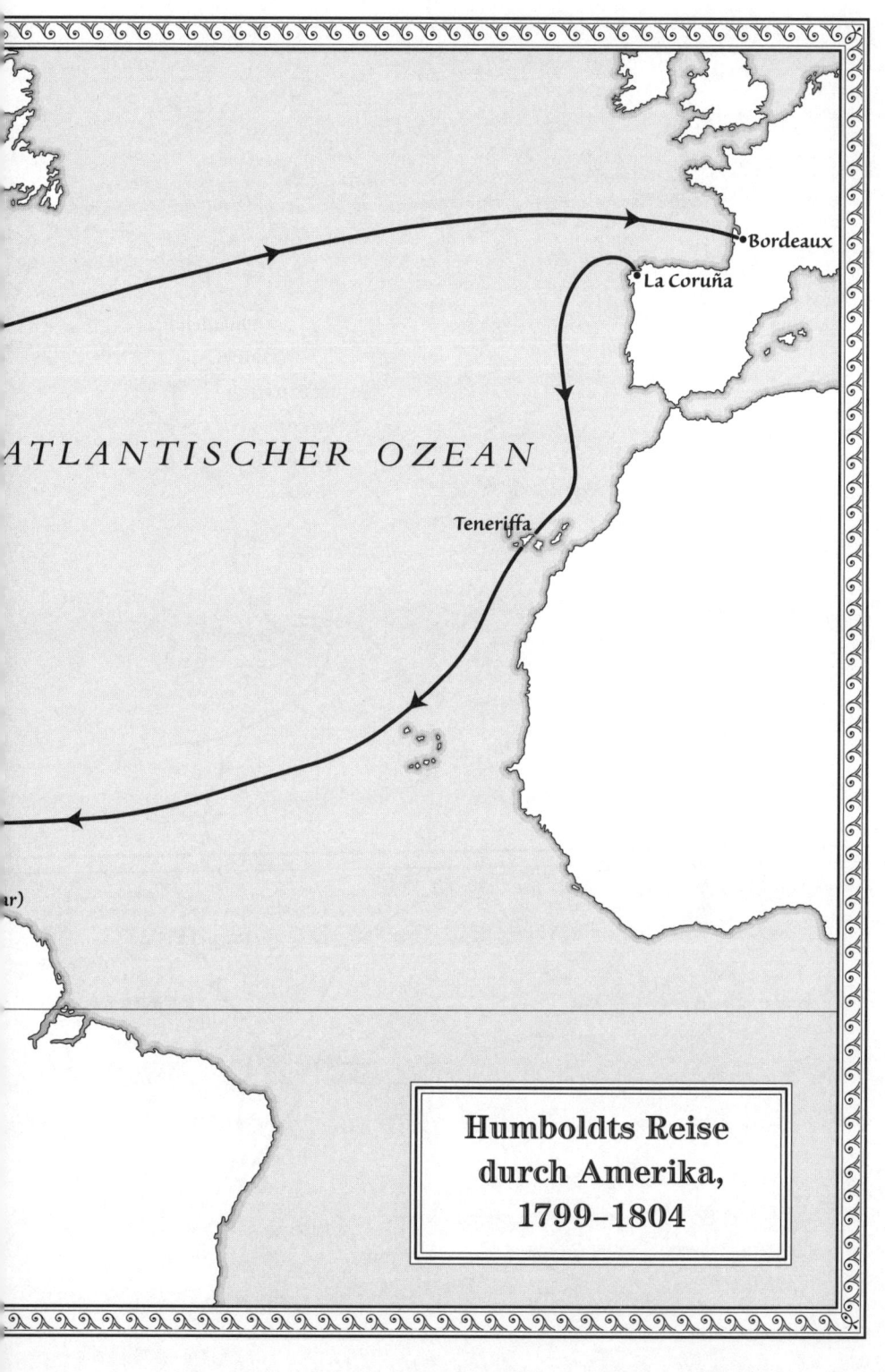

ATLANTISCHER OZEAN

•Bordeaux
•La Coruña

Teneriffa

_ar)_

Humboldts Reise
durch Amerika,
1799–1804

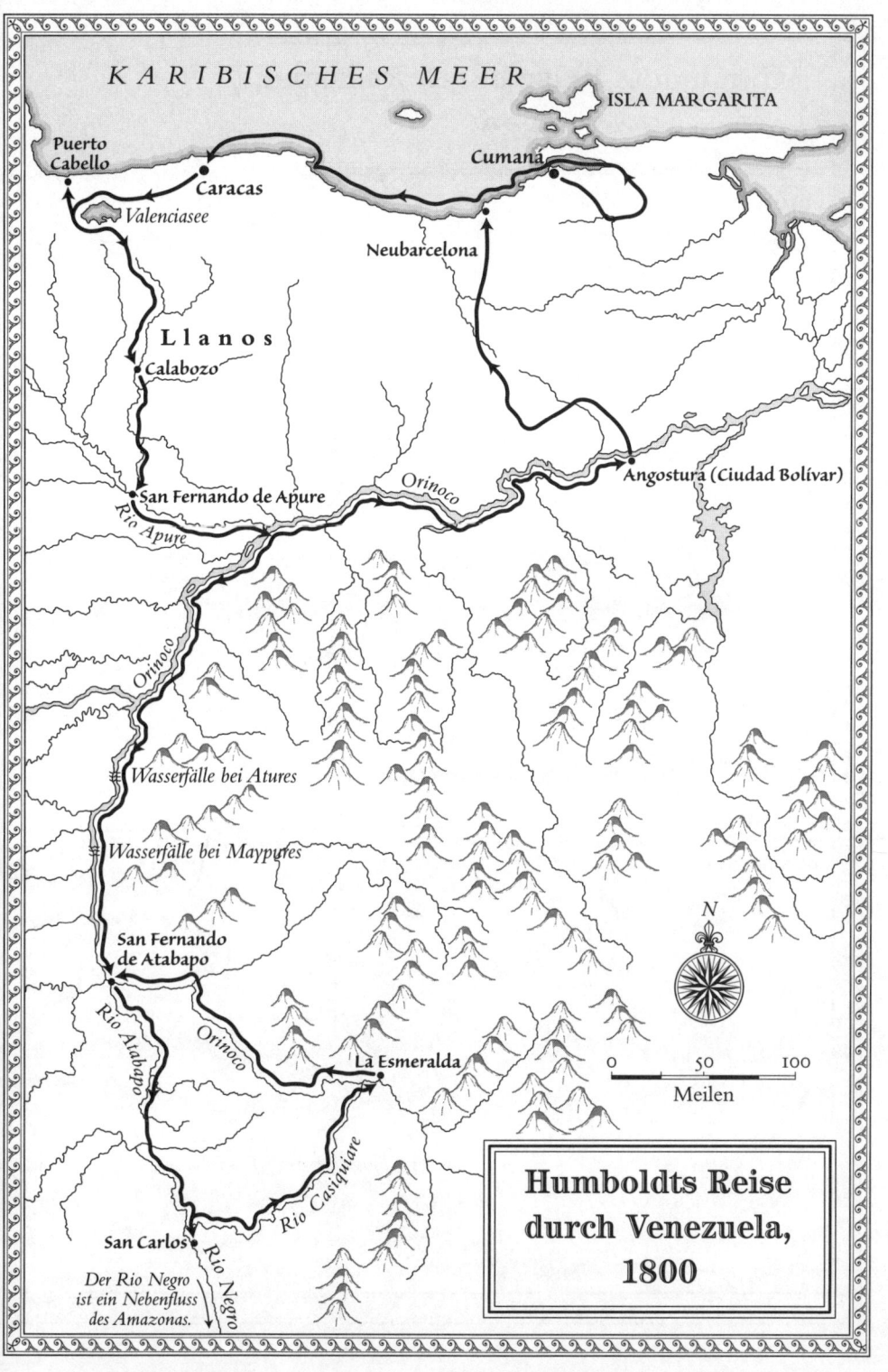

KARIBISCHES MEER

ISLA MARGARITA

Puerto Cabello

Caracas

Valenciasee

Cumaná

Neubarcelona

Llanos

Calabozo

Angostura (Ciudad Bolívar)

San Fernando de Apure

Rio Apure

Orinoco

Orinoco

≠ Wasserfälle bei Atures

≠ Wasserfälle bei Maypures

San Fernando de Atabapo

N

Rio Atabapo

Orinoco

La Esmeralda

0   50   100
Meilen

Rio Casiquiare

San Carlos

Rio Negro

Der Rio Negro ist ein Nebenfluss des Amazonas.

Humboldts Reise durch Venezuela, 1800

Humboldts Reise durch Russland, 1829

Prolog

Sie krochen auf allen vieren einen hohen, schmalen Grat entlang, der an manchen Stellen nur fünf Zentimeter breit war. Der Pfad, wenn man ihn denn so nennen konnte, war voller Sand und loser Steine und entsprechend rutschig. Links unter ihnen lag eine steile Felswand, die mit Eis überzogen war und glitzerte, wenn die Sonne durch die dichte Wolkendecke brach. Der Blick nach rechts, wo es 300 Meter steil nach unten ging, war nicht viel besser. Hier waren die dunklen, fast senkrecht abfallenden Wände mit Felsvorsprüngen übersät, die wie Messerklingen hervorragten.[1]

Einer hinter dem andern bewegten sich Alexander von Humboldt und seine drei Begleiter vorsichtig Zentimeter für Zentimeter vorwärts. Ohne die richtige Ausrüstung und geeignete Kleidung war es eine gefährliche Kletterpartie. In dem eisigen Wind waren ihre Hände und Füße taub geworden, geschmolzener Schnee hatte ihre dünnen Schuhe durchweicht, und in ihren Haaren und Bärten hingen Eiskristalle. Gut 5000 Meter über dem Meeresspiegel mussten sie regelrecht darum kämpfen, in der dünnen Luft zu atmen. Die scharfkantigen Felsen zerfetzten die Sohlen ihrer Schuhe, und ihre Füße begannen zu bluten.

Es war der 23. Juni 1802. Alexander von Humboldt und seine Gefährten bestiegen den Chimborazo, einen spektakulären erloschenen Vulkan in den Anden, der sich wie eine riesige Kuppel in fast 6500 Metern über dem Meeresspiegel erhob, etwa 150 Kilometer südlich von Quito im heutigen Ecuador. Damals glaubte man, der Chimborazo sei der höchste Berg der Welt. Kein Wunder, dass ihre Träger so große Angst hatten, dass sie an der Schneegrenze davongelaufen waren. Der Gipfel des Vulkans war in dichten Nebel gehüllt, trotzdem hatte Humboldt darauf bestanden, die Besteigung fortzusetzen.

Seit drei Jahren reiste Alexander von Humboldt durch Lateiname-rika und drang dabei tief in Gebiete vor, die bis dahin nur wenige Euro-päer betreten hatten. Besessen von der Idee, wissenschaftliche Beob-achtungen zu machen, hatte der Zweiunddreißigjährige eine Unmenge der besten Instrumente aus Europa mitgebracht. Für die Besteigung des Chimborazo hatte er den größten Teil seines Gepäcks zurückge-lassen, aber ein Barometer, ein Thermometer, einen Sextanten, einen Künstlichen Horizont und ein sogenanntes Zyanometer zur Messung der »Bläue« des Himmels eingepackt. Auf dem Weg zum Gipfel holte Humboldt immer wieder mit tauben Fingern seine Geräte heraus und stellte sie auf abenteuerlich schmale Felsvorsprünge, um Höhe, Schwer-kraft und Feuchtigkeit zu messen. Akribisch notierte er außerdem sämt-liche Arten, auf die sie stießen – hier ein Schmetterling, dort eine winzige Blume. Alles hielt er in seinem Notizbuch fest.

Auf 5500 Metern fanden sie eine letzte winzige Flechte, die sich an einen Felsbrocken krallte. Dann verschwanden alle Spuren organischen Lebens; in dieser Höhe gab es keine Pflanzen oder Insekten mehr. Selbst die Kondore, die ihre früheren Besteigungen begleitet hatten, waren ver-schwunden.[2] Als der Nebel alles um sie herum in einen leeren und fast unheimlichen Raum verwandelte, fühlte Humboldt sich der bewohnten Welt vollkommen entrückt. »Wir waren wie in einem Luftballon iso-liert.«[3] Dann lichtete sich der Nebel plötzlich und gab den Blick auf den schneebedeckten Gipfel des Chimborazo frei, der in den blauen Himmel ragte. Ein »großartiger Anblick«[4], war Humboldts erster Gedanke, doch dann bemerkte er die gewaltige Gletscherspalte, die sich vor ihnen auf-tat – 20 Meter breit und 200 Meter tief.[5] Und es führte kein anderer Weg zur Spitze. Nach Humboldts Messung befanden sie sich in einer Höhe von 5917,16 Metern[6], also keine 300 Meter unter dem Gipfel.

Noch nie war jemand so hoch gestiegen, und noch nie hatte jemand so dünne Luft geatmet. Als er nun am vermeintlich höchsten Punkt der Welt stand und auf die Bergketten schaute, die sich unter ihm ausbrei-teten, begann Humboldt, die Welt mit anderen Augen zu sehen. Die Erde erschien ihm als ein riesiger Organismus, in dem alles mit allem in Verbindung stand – eine mutige, neue Sicht der Natur, die noch immer beeinflusst, wie wir heute unsere Umwelt sehen und begreifen.

Humboldt, der von seinen Zeitgenossen als der bekannteste Mann der Welt nach Napoleon bezeichnet wurde,[7] war einer der faszinierendsten und beeindruckendsten Menschen seiner Zeit. 1769 in eine wohlhabende

Humboldt und seine Gefährten besteigen einen Vulkan.

preußische Adelsfamilie hineingeboren, verzichtete er auf seine Privilegien, um herauszufinden, was es mit der Welt auf sich hat. Als junger Mann begab er sich auf eine fünfjährige Entdeckungsreise durch Lateinamerika, setzte seine Existenz viele Male aufs Spiel und kehrte mit einer neuen Sicht auf die Welt zurück. Die Expedition prägte sein Leben und Denken und machte ihn weltberühmt. Er lebte in Großstädten wie Paris und Berlin, fühlte sich aber genauso an den entlegensten Zuflüssen des Orinoco oder in der Kasachensteppe an der russischen Grenze zur Mongolei zu Hause. Im Laufe seines langen Lebens wurde er zum Mittelpunkt der wissenschaftlichen Welt, schrieb an die fünfzigtausend Briefe und erhielt mindestens doppelt so viele. Wissen, so Humboldts Überzeugung, musste geteilt und ausgetauscht werden und allen Menschen zur Verfügung stehen.

Er war aber auch ein Mann der Widersprüche. Als erbitterter Gegner des Kolonialismus unterstützte er die Revolution in Lateinamerika, war aber gleichzeitig Kammerherr zweier preußischer Könige. Er bewunderte die Vereinigten Staaten für ihr Ideal von Freiheit und Gleichheit, kritisierte sie aber fortwährend, weil sie die Sklaverei nicht abschafften.

Sich selbst nannte er einen »halben Amerikaner«[8], verglich die Vereinigten Staaten aber gleichzeitig mit einem »Cartesianischen Wirbel, alles fortreißend, langweilig nivellierend«[9]. Er war selbstbewusst, sehnte sich aber ständig nach Anerkennung. Man bewunderte sein enormes Wissen, fürchtete aber gleichzeitig seine scharfe Zunge. Humboldts Bücher wurden in ein Dutzend Sprachen übersetzt und waren so populär, dass die Menschen sich um die ersten Exemplare rissen; und doch starb er als armer Mann. Er konnte arrogant und abweisend sein, aber auch sein letztes Geld für einen jungen Wissenschaftler in Not opfern. Sein Leben war ausgefüllt mit Reisen und nie endender Arbeit. Stets war er auf der Suche nach Neuem und nicht zufrieden, wie er sagte, wenn er nicht »drei Dinge zugleich« tat.[10]

Humboldt wurde für sein Wissen und sein wissenschaftliches Denken hochgeachtet und war dennoch kein Gelehrter im Elfenbeinturm. Wenn er von seinem Schreibtisch und seinen Büchern genug hatte, stürzte er sich in größte Abenteuer, die seinem Körper das Äußerste abverlangten. Tief wagte er sich in die geheimnisvolle Welt des venezolanischen Regenwalds hinein, und in den Anden kroch er in schwindelnder Höhe auf schmalen Felsvorsprüngen entlang, um die Flammen im Inneren eines aktiven Vulkans zu betrachten. Noch mit sechzig Jahren machte er sich auf eine mehr als 15 000 Kilometer lange Entdeckungsreise zu den entlegensten Winkeln Russlands und war belastbarer als seine jüngeren Begleiter.

Einerseits war er fasziniert von wissenschaftlichen Instrumenten, von Messungen und Beobachtungen, andererseits trieb ihn der Zauber der Natur an. Selbstverständlich musste die Natur vermessen und analysiert werden, aber er glaubte auch, dass wir die Natur durchaus mit Sinnen und Gefühlen erfassen sollten. Er wollte in den Menschen die »Liebe zur Natur«[11] wecken. In einer Zeit, als andere Wissenschaftler nach universellen Gesetzen suchten, schrieb Humboldt, die Natur müsse erlebt und gefühlt werden.[12]

Humboldt hatte die Gabe, sich noch nach Jahren an winzigste Einzelheiten erinnern zu können: die Form eines Blattes, die Beschaffenheit des Erdbodens, eine Temperatur, die Gesteinsschichten eines Felsens. Sein außerordentliches Gedächtnis ermöglichte ihm, Beobachtungen zu vergleichen, die er in der ganzen Welt gemacht hatte und zwischen denen mehrere Jahrzehnte oder Tausende von Kilometern lagen. Humboldt sei in der Lage, »bei jedem Gedanken gleichsam die ganze Reihe aller

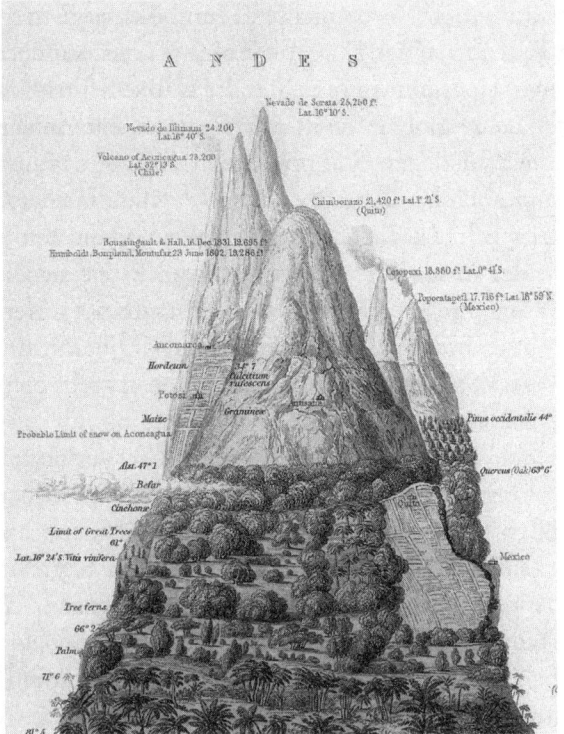

Ausbreitung der Pflanzen in den Anden

Erscheinungen in der ganzen Welt zu durchlaufen«[13], wie ein Kollege später sagte. Während andere mühsam ihre Erinnerungen durchstöbern mussten, hatte Humboldt – »dessen Augen natürliche Teleskope & Mikroskope sind«[14], wie der amerikanische Schriftsteller und Dichter Ralph Waldo Emerson voller Bewunderung sagte – jedes Stückchen Wissen und jede Beobachtung sofort zur Hand.

Als Humboldt, erschöpft vom Aufstieg, schließlich auf dem Chimborazo stand, ließ er seine Umgebung auf sich wirken. Hier wechselten sich verschiedene Vegetationszonen ab. In den Tälern hatte er Palmen- und schwüle Bambuswälder durchquert, wo bunte Orchideen die Bäume umschlangen. Weiter oben hatte er Nadelhölzer, Eichen, Erlen und strauchartige Berberitzen gesehen, ähnlich denen, die er aus europäischen Wäldern kannte. Daran schlossen sich alpine Pflanzen an, wie er sie in den Schweizer Bergen gesammelt hatte, und Flechten, die ihn an die Arten vom nördlichen Polarkreis und in Lappland erinnerten. Noch nie

23

hatte jemand Pflanzen so betrachtet. Humboldt registrierte sie nicht in den engen Kategorien des Klassifikationssystems, sondern nahm sie als Lebensformen eines bestimmten Standorts und Klimas wahr. Er begriff die Natur als eine globale Kraft mit einander entsprechenden Klimazonen auf verschiedenen Kontinenten: Das war damals ein radikales Konzept, und noch heute prägt es unser Verständnis der Ökosysteme.

Humboldts Bücher, Tagebücher und Briefe verraten einen visionären Denker, der seiner Zeit weit voraus war. Er erfand die Isotherme – die Temperatur- und Drucklinien, die wir heute auf unseren Wetterkarten sehen – und entdeckte den magnetischen Äquator. Er war auch der Erste, der von Vegetations- und Klimazonen sprach, die sich rund um den Globus schlängeln. Vor allem aber hat Humboldt unseren Blick auf die Natur revolutioniert. Überall erkannte er Verbindungen. Nichts, noch nicht einmal den winzigsten Organismus, hat er separat betrachtet. »In der großen Verkettung der Ursachen und Wirkungen«, sagt Humboldt, »darf kein Stoff, keine Thätigkeit isoliert betrachtet werden.«[15] Mit dieser Erkenntnis erfand er das »Netz des Lebens« – den Begriff der Natur, wie wir ihn heute verstehen.

Betrachtet man Natur nun als Netz, wird offensichtlich, welchen Gefahren sie ausgesetzt ist. Alles hängt mit allem zusammen. Wenn ein Faden gezogen wird, kann sich das ganze Gewebe auflösen. Nachdem er 1800 sah, welche verheerenden Schäden koloniale Plantagen am Valenciasee in Venezuela angerichtet hatten, warnte Humboldt als erster Wissenschaftler vor den dramatischen Folgen des vom Menschen verursachten Klimawandels.[16] Durch Abholzungen war das Land dort unfruchtbar geworden, der Wasserstand des Sees war gefallen, und nach dem Verschwinden des Buschwerks hatten heftige Regenfälle die Böden von den umliegenden Berghängen gewaschen. Als Erster wies Humboldt darauf hin, dass der Wald die Atmosphäre mit Feuchtigkeit anreichern und kühlen könne – und sprach von der großen Bedeutung der Bäume für die Wasserspeicherung und den Schutz vor Bodenerosion.[17] Er warnte davor, dass die Menschen sich in die Natur einmischten und dies unvorhersehbare Folgen für »kommende Geschlechter« haben könnte.[18]

In der *Erfindung der Natur* folge ich den unsichtbaren Fäden, die uns mit diesem außerordentlichen Mann verbinden. Humboldt beeinflusste viele der größten Denker, Künstler und Wissenschaftler seiner Zeit. Thomas Jefferson nannte ihn »eine der schönsten Zierden unseres Zeitalters«[19]. Charles Darwin schrieb: »Nichts hat meinen Eifer je so heftig entfacht wie die Lektüre von Humboldts *Personal Narrative*«[20], und erklärte, ohne Humboldt hätte er sich weder an Bord der *Beagle* begeben noch die Ideen für die *Entstehung der Arten* entwickelt. Die Romantiker William Wordsworth und Samuel Taylor Coleridge brachten beide Humboldts Naturbegriff in ihren Gedichten zum Ausdruck. Sogar Henry David Thoreau, Amerikas meistverehrter Naturschriftsteller, fand in Humboldts Büchern eine Antwort auf sein Dilemma, wie man Dichter *und* Naturforscher zugleich sein kann; *Walden* wäre ohne Humboldt ein ganz anderes Buch geworden. Simón Bolívar, der Revolutionär, der Südamerika von der spanischen Kolonialherrschaft befreite, nannte Humboldt den »Entdecker der neuen Welt«[21], und Johann Wolfgang von Goethe erklärte, Humboldt habe ihm an einem einzigen Tag mehr Wissen vermittelt, »als hätte ich Jahre verlebt«[22].

Am 14. September 1869 wurde weltweit Alexander von Humboldts hundertster Geburtstag gefeiert. In Melbourne und Adelaide wie in Buenos Aires und Mexico City ehrten viele Redner Humboldt vor zahllosen Zuhörern.[23] Bei Festakten in Moskau wurde Humboldt als »Shakespeare der Wissenschaften«[24] bezeichnet, und im ägyptischen Alexandria feierten die Teilnehmer unter einem von Feuerwerk erleuchteten Himmel.[25] Die größten Veranstaltungen aber fanden in den Vereinigten Staaten statt. Von San Francisco bis Philadelphia und von Chicago bis Charleston gab es Straßenumzüge, opulente Festessen und Konzerte.[26] In Cleveland gingen achttausend Menschen auf die Straße, in Syracuse schlossen sich fünfzehntausend einem Festzug an, der mehr als anderthalb Kilometer lang war.[27] Präsident Ulysses Grant besuchte die Humboldt-Feier in Pittsburgh, wo zehntausend Besucher die Stadt lahmlegten.[28]

In New York City säumten Flaggen die Kopfsteinpflasterstraßen. Das Rathaus war in Fahnen gehüllt, und ganze Häuser verschwanden hinter riesigen Plakaten, die Humboldts Gesicht zeigten. Sogar die Schiffe, die draußen auf dem Hudson River vorbeizogen, waren mit bunten Girlanden geschmückt. Am Morgen folgten Tausende zehn Musikkapellen, die von der Bowery über den Broadway zum Central Park marschierten, um einen Mann zu ehren, »dessen Ruhm keine Nation für sich beanspruchen kann«, wie die *New York Times* auf ihrer Titelseite verkündete. Am frühen Nachmittag hatten sich fünfundzwanzigtausend Zuschauer im Central Park eingefunden, wo eine große Humboldt-Büste aus Bronze feierlich enthüllt wurde. Am Abend, bei Einbruch der Dunkelheit, setzte sich ein Fackelzug mit 15 000 Menschen in Bewegung, der unter bunten chinesischen Laternen durch die Straßen zog.[29]

Stellen wir uns vor, sagte ein Redner, »er stünde auf den Anden« und ließe seinen Geist über allem schweben.[30] In jeder Rede, wo auch immer auf der Welt, wurde betont, Humboldt habe einen »inneren Zusammenhang« zwischen allen Teilen der Natur gesehen.[31] In Boston erläuterte Emerson den Würdenträgern der Stadt, dass Humboldt ein »Weltwunder«[32] gewesen sei. Sein Ruhm, so die *Daily News* in London, sei »in gewisser Weise eng mit dem Universum selbst verbunden«[33]. In Deutschland gab es Festveranstaltungen in Köln, Hamburg, Dresden, Frankfurt und vielen anderen Städten.[34]

Die größte deutsche Feier fand in Berlin statt, Humboldts Heimatstadt, wo trotz sintflutartiger Regengüsse achtzigtausend Menschen zusammenkamen. Alle Büros und Behörden blieben an diesem Tag geschlossen. Trotz des Regens und kalten Windes dauerten die Reden und Gesänge viele Stunden.[35]

Heute kennen viele Deutsche Alexander von Humboldt nur als Entdeckungsreisenden und Naturforscher, der ein paar Jahre durch Südamerika reiste, und die meisten Engländer und Nordamerikaner haben noch nie von ihm gehört. Aber obwohl viele von Humboldts Ideen heute außerhalb der Universitäten fast vergessen sind – zumindest in der englischsprachigen Welt –, prägen sie noch immer unser Denken. Während sich in den Bibliotheken der Staub auf seinen Büchern sammelt, stoßen wir doch überall auf seinen Namen – vom Humboldt-Strom, der an den Küsten von Chile und Peru vorbeifließt, bis hin zu Dutzenden Denkmälern, Parks und Bergen in Lateinamerika: etwa die Sierra Humboldt in Mexiko oder der Pico Humboldt in Venezuela. Eine Stadt in Argentinien, ein Fluss in Brasilien, ein Geysir in Ecuador und eine Bucht in Kolumbien – alle sind sie nach Humboldt benannt.[*][36]

In Grönland gibt es das Kap Humboldt und den Humboldt-Gletscher; Gebirgszüge tragen seinen Namen in Nordchina, Südafrika, Neuseeland und in der Antarktis, Flüsse und Wasserfälle in Tasmanien und Neuseeland, Parks in Deutschland. Und in Paris gibt es eine Rue Alexandre de Humboldt. Allein in Nordamerika tragen vier Verwaltungsbezirke, drei-

---

[*] Noch heute tragen viele deutschsprachige Schulen in Lateinamerika alle zwei Jahre Sportwettkämpfe aus, die *Juegos Humboldt* heißen – Humboldt-Spiele.

zehn Städte, diverse Berge, Buchten, Seen und Flüsse seinen Namen, außerdem der Humboldt Redwoods State Park in Kalifornien und Humboldt-Parks in Chicago und Buffalo. Aus Nevada wäre beinahe der Staat Humboldt geworden, als der Verfassungskonvent den Namen in den 1860er-Jahren diskutierte.[37] Fast dreihundert Pflanzen und mehr als hundert Tiere heißen wie er – unter anderem die kalifornische Humboldt-Lilie *(Lilium humboldtii)*, der südamerikanische Humboldt-Pinguin *(Spheniscus humboldti)* und der fast zwei Meter lange räuberisch-aggressive Humboldt-Kalmar *(Dosidicus gigas)*, der im Humboldt-Strom anzutreffen ist. Auch etliche Mineralien dieses Namens gibt es – von Humboldtit bis Humboldtin, und auf dem Mond gibt es ein Gebiet, das als Mare Humboldtianum bezeichnet wird. Nach Humboldt sind mehr Orte benannt als nach irgendjemandem sonst.[38]

Ökologen, Umweltschützer und Naturschriftsteller orientieren sich an Humboldts Ideen, wenn auch in den meisten Fällen, ohne es zu wissen. Rachel Carsons *Stummer Frühling* beruht auf Humboldts Vorstellung von der Vernetzung der Natur. Auch die berühmte Gaia-Theorie von der Erde als lebendigem Organismus, die von dem britischen Wissenschaftler James Lovelock in den 1970er-Jahren entwickelt wurde, weist eine bemerkenswerte Ähnlichkeit mit Humboldts Gedanken auf. Als dieser von der Erde als einem »durch innere Kräfte bewegten und belebten Naturganzen«[39] sprach, kam er Lovelock um mehr als einhundertfünfzig Jahre zuvor. Das Buch, in dem Humboldt seinen neuen Entwurf beschrieb, nannte er zwar *Kosmos*, ursprünglich aber hatte er *Gäa* als Titel erwogen (dann allerdings verworfen).[40]

Die Vergangenheit prägt uns. Nikolaus Kopernikus zeigte uns unseren Platz im Universum, Isaac Newton erklärte die Naturgesetze, Thomas Jefferson formulierte unsere Vorstellungen von Freiheit und Demokratie, und Charles Darwin bewies, dass alle Arten von gemeinsamen Vorfahren abstammen. Alle diese Überlegungen haben unser Verständnis der Welt maßgeblich mitgestaltet.

Humboldt vermittelte uns einen Begriff von der Natur selbst. Ironischerweise sind uns seine Ideen inzwischen so selbstverständlich geworden, dass wir oft vergessen, von wem sie stammen. Aber wir sind immer noch mit ihm verbunden: durch seine Gedanken und die vielen Menschen, die er beeinflusst hat. Wie ein Band verknüpft uns sein Naturbegriff mit ihm selbst. Am Ende läuft alles bei ihm zusammen.

Die Erfindung der Natur ist mein Versuch, Humboldt zu finden.

Es war eine Reise um die Welt, die mich unter anderem zu Archiven nach Kalifornien, Berlin und Cambridge führte. Ich habe Tausende von Briefen studiert, bin aber auch Humboldts Spuren gefolgt. In Jena habe ich die Ruinen des Anatomieturms besichtigt, in dem er viele Wochen hindurch Tiere sezierte, und in Ecuador entdeckte ich in 4000 Metern Höhe auf dem Antisana, während vier Kondore über uns kreisten und eine Herde wilder Pferde uns umringte, die baufällige Hütte, in der Humboldt im März 1802 eine Nacht verbracht hatte.

In Quito hielt ich Humboldts spanischen Originalpass in Händen – jenes Papier, das ihm erlaubte, durch Lateinamerika zu reisen. Als ich in Berlin die Kartons öffnete, die seine Aufzeichnungen enthielten – wunderbare Sammlungen und Kollagen mit Tausenden von Blättern voller Skizzen und Zahlen –, begriff ich endlich, wie er gedacht hatte. Näher an zu Hause, in der British Library in London, verbrachte ich viele Wochen damit, Humboldts veröffentlichte Bücher zu lesen, einige so riesig und so schwer, dass ich sie kaum auf den Tisch heben konnte. In Cambridge studierte ich Darwins Exemplare von Humboldts Büchern – und zwar die, die auf einem Regal neben seiner Hängematte auf der *Beagle* standen. Auf ihren Seiten wimmelte es von Darwins Bleistiftanmerkungen. Als ich in diesen Büchern las, hatte ich das Gefühl, ein Gespräch zwischen Darwin und Humboldt zu belauschen.

Im venezolanischen Regenwald lag ich nachts wach und horchte auf die seltsamen Schreie der Brüllaffen; in Manhattan, wo ich alte Manuskripte in der New York Public Library las, erlebte ich Hurrikan Sandy. Ich bewunderte in dem kleinen Ort Piòbesi, vor den Toren von Turin, das alte Herrenhaus mit seinem Turm aus dem 10. Jahrhundert, wo George Perkins Marsh Anfang der 1860er-Jahre Teile seines Werks *Man and Nature* schrieb – ein Buch, das von Humboldt'schen Ideen angeregt worden war und zur Grundlage der amerikanischen Umweltschutzbewegung wurde. Im tiefen Neuschnee umrundete ich Thoreaus Walden Pond und wanderte durch den Yosemite-Nationalpark, wo ich mich an den Satz von John Muir erinnerte: »Der einfachste Weg ins Universum führt durch eine Waldwildnis.«[41]

Der aufregendste Moment meiner Recherche war, als ich den Chimborazo bestieg, jenen Berg, der Humboldts Vorstellung von Natur so grundlegend beeinflusst hat. Als ich die kahlen Hänge hinaufkletterte, war die Luft so dünn, dass mir jeder Schritt wie eine Ewigkeit erschien – ich kam nur langsam voran, während sich meine Beine anfühlten, als wären sie aus Blei und irgendwie von meinem Körper losgelöst. Mit jedem Schritt wuchs meine Bewunderung für Humboldt. Er hatte mit einem verletzten Fuß den Chimborazo erklommen (und auf jeden Fall nicht in so bequemen und festen Wanderschuhen, wie ich sie trug), beladen mit Instrumenten und mit vielen Zwischenstopps, um Messungen vorzunehmen.

Das Ergebnis meiner Entdeckungsreise durch Landschaften und Briefe, durch Gedanken und Tagebücher ist das vorliegende Buch. *Die Erfindung der Natur* ist mein Versuch, Humboldt wiederzuentdecken und dazu beizutragen, dass er den ihm gebührenden Platz im Pantheon der Natur und der Wissenschaften wieder einnimmt. Es ist auch der Versuch zu begreifen, woher unser heutiges Verständnis von Natur und Umwelt kommt.

TEIL I

AUFBRUCH: Erste Ideen

1

Anfänge

Alexander von Humboldt kam am 14. September 1769 in einer wohlhabenden preußischen Adelsfamilie zur Welt, die ihre Winter in Berlin und die Sommer auf dem Familiensitz Schloss Tegel verbrachte, das etwa 15 Kilometer nordwestlich der Stadt liegt. Sein Vater, Alexander Georg von Humboldt, war Offizier und Kammerherr am preußischen Hof und Vertrauter des künftigen Königs Friedrich Wilhelm II. Marie Elisabeth, Alexanders Mutter, war die Tochter eines reichen Fabrikanten, die Geld und Land in die Ehe gebracht hatte.[1] Der Name Humboldt galt viel in Berlin; der künftige König war sogar Alexanders Pate.[2] Doch trotz ihrer privilegierten Herkunft hatten Alexander und sein älterer Bruder Wilhelm eine unglückliche Kindheit.[3] Als Alexander neun war, starb der geliebte Vater plötzlich, und die Mutter brachte ihren Söhnen nie viel Zuneigung entgegen. Im Unterschied zum freundlichen und liebevollen Vater war die Mutter formell, kalt und distanziert. Statt mütterlicher Wärme ließ sie ihnen die beste Erziehung angedeihen, die damals in Preußen zu bekommen war: Hauslehrer, die aufgeklärte Gelehrte waren, erzogen ihre Söhne und weckten in ihnen die Liebe zu Wahrheit, Freiheit und Wissen.[4] In einigen der Lehrer suchten die Jungen eine Vaterfigur, allerdings waren die Beziehungen zwischen Lehrern und Schülern auch manchmal kompliziert. Gottlob Johann Christian Kunth etwa, der viele Jahre für ihren Unterricht verantwortlich war, behandelte sie mit einer eigentümlichen Mischung aus Missfallen und Enttäuschung, während er gleichzeitig ein Gefühl der Abhängigkeit in ihnen nährte. Meist stand Kunth hinter den Brüdern, sah ihnen über die Schulter, während sie rechneten, lateinische Texte übersetzten oder französische Vokabeln lernten, und verbesserte sie fortwährend. Nie war er wirklich zufrieden mit ihren Fortschritten. Immer wenn sie einen Fehler machten, reagierte Kunth, als wollten sie

33

Schloss Tegel

ihn damit verletzen oder beleidigen. Für die Jungen war dieses Verhalten schlimmer, als wenn er sie mit einem Stock geschlagen hätte.[5] Verzweifelt bemüht, Kunth zu gefallen, empfanden sie, wie Wilhelm später berichtete, eine »ewige Sorge«, ihn zufriedenzustellen.[6]

Für Alexander war es besonders schwer, weil er, obwohl zwei Jahre jünger, dasselbe lernen musste wie sein frühreifer Bruder. Infolgedessen hielt er sich für weniger begabt. Wenn Wilhelm in Latein und Griechisch brillierte, kam sich Alexander begriffsstutzig und langsam vor. Er tat sich so schwer, dass seine Erzieher, wie Alexander später einem Freund berichtete, »ganz daran verzweifelten, es würden sich je auch nur gewöhnliche Geisteskräfte bei ihm entwickeln«[7].

Wilhelm vertiefte sich in die griechische Mythologie[8] und in die Geschichte des alten Rom, während Alexander zu unruhig war, um sich mit Büchern zu beschäftigen. Stattdessen entfloh er dem Klassenzimmer, wann immer er konnte, um die ländliche Umgebung zu durchstreifen und Pflanzen, Tiere und Steine zu sammeln und zu zeichnen. Weil er stets mit den Taschen voller Insekten und Pflanzen nach Hause zurückkehrte, bekam er von seiner Familie den Spitznamen »der kleine Apotheker«[9]; aber sie nahmen seine Interessen nicht ernst. Der preußische König Friedrich der Große soll den Jungen einmal gefragt haben, ob er wie sein Namensvetter Alexander der Große vorhabe, die Welt zu erobern. Und der junge Humboldt antwortete: »Ja, Sire, aber mit meinem Kopf.«[10]

Ein Großteil seiner frühen Jahre, so berichtete Humboldt später einem nahen Freund, habe er unter Menschen verbracht, die ihn möglicherweise geliebt, aber ganz sicherlich nicht verstanden hätten. Seine Lehrer verlangten viel von ihm, und seine Mutter lebte zurückgezogen von der Gesellschaft und ihren Söhnen. Marie Elisabeth von Humboldts größtes Bestreben sei es gewesen, sagte Kunth, die »geistige und sittliche Vollkommenheit«[11] von Wilhelm und Alexander zu fördern – das seelische Wohlbefinden ihrer Söhne habe sie offenbar nicht interessiert. Er sei »tausendfältigem Zwange« unterworfen gewesen,[12] erzählte Humboldt – und einsam. Da er nie das Gefühl hatte, er könne im Beisein seiner strengen Mutter, die jeden seiner Schritte überwachte, einfach er selbst sein, spielte er ständig eine Rolle. Zudem durfte im Haushalt der Humboldts niemand Begeisterung oder Freude zeigen.

Alexander und Wilhelm waren sehr unterschiedlich.[13] Während Alexander abenteuerlustig war und sich gerne im Freien aufhielt, war Wilhelm ernsthaft und fleißig. Alexander fühlte sich von seinen Empfindungen hin- und hergerissen; dagegen war Wilhelms hervorstechender Charakterzug Selbstbeherrschung.[14] Beide Brüder zogen sich in ihre eigenen Welten zurück – Wilhelm in seine Bücher und Alexander zu einsamen Spaziergängen durch Tegels Wald, einen großen Forst, in dem auch nordamerikanische Bäume wuchsen.[15] Wenn Alexander zwischen dem malerischen Zuckerahorn und der imposanten Weißeiche umherwanderte, empfand er die Natur als beruhigend und tröstlich.[16] Aber zwischen diesen Bäumen aus einer anderen Welt begann er auch von fernen Ländern zu träumen.

Humboldt wuchs zu einem gut aussehenden jungen Mann heran. Bei einer Größe von einem Meter dreiundsiebzig[17] hielt er sich sehr gerade und straff, sodass er größer erschien. Er war schlank und drahtig – schnell und gewandt.[18] Seine Hände waren klein und zart, sodass sie eher denen einer Frau glichen, wie eine Bekannte berichtete.[19] Er hatte forschende, wache Augen, und sein Aussehen entsprach ganz dem Ideal des Zeitalters: zerzaustes Haar, ein voller sensibler Mund und ein Grübchen im Kinn. Allerdings war er häufig krank und litt unter Fieberanfällen und Nervenschwäche, die Wilhelm für eine »Art Hypochondrie« hielt, denn der »arme Junge ist nicht glücklich«[20].

Um seine Verletzlichkeit zu verbergen, baute Alexander einen Schutzwall aus Spott und Ehrgeiz um sich auf. Als Junge hatte man ihn wegen seiner scharfzüngigen Bemerkungen gefürchtet – ein Freund der Familie hatte ihn »un petit esprit malin« genannt[21], ein Ruf, dem er sein Leben lang gerecht wurde. Sogar Alexanders engste Freunde räumten ein, dass er auch eine boshafte Seite gehabt habe.[22] Aber Wilhelm meinte, sein Bruder sei nie wirklich gemein gewesen[23] – vielleicht ein wenig eitel und von dem starken Bedürfnis getrieben, zu glänzen und sich hervorzutun. Von Jugend an schien Alexander zwischen Eitelkeit und Einsamkeit zu schwanken, zwischen dem Verlangen nach Lob und der Sehnsucht nach Unabhängigkeit.[24] Einerseits unsicher, andererseits von seinen geistigen Fähigkeiten überzeugt, war er zwischen dem Wunsch nach Lob und dem Gefühl seiner Überlegenheit hin- und hergerissen.

Im selben Jahr wie Napoleon Bonaparte geboren, wuchs Humboldt in eine zunehmend globale und zugängliche Welt hinein. Da passt es gut ins Bild, dass wenige Monate vor seiner Geburt die erste internationale wissenschaftliche Zusammenarbeit stattgefunden hatte: Astronomen aus Dutzenden von Ländern hatten ihre Arbeit koordiniert und ihre Beobachtungen zum Venustransit ausgetauscht. Man hatte endlich entdeckt, wie sich die Längengrade berechnen ließen, und die weißen Flecken auf den Landkarten wurden rasch ausgefüllt. Die Welt veränderte sich. Kurz bevor Humboldt sieben Jahre alt wurde, erklärten amerikanische Revolutionäre ihre Unabhängigkeit, und unmittelbar vor seinem zwanzigsten Geburtstag 1789 begann die Französische Revolution.

Deutschland befand sich noch immer unter dem Dach des Heiligen Römischen Reichs, das nach dem Bonmot von Voltaire weder heilig noch römisch noch ein Reich war. Die Nation, die noch keine war, bestand aus vielen Staaten – teils winzigen Fürstentümern, teils riesigen und mächtigen Dynastien wie den Hohenzollern in Preußen und den Habsburgern in Österreich, die um Vorherrschaft und Territorien kämpften. Mitte des 18. Jahrhunderts war Preußen unter der Herrschaft Friedrichs des Großen zum größten Rivalen Österreichs aufgestiegen.

Als Humboldt geboren wurde, war Preußen bekannt für sein riesiges stehendes Heer und für die Tüchtigkeit seiner Verwaltung. Friedrich der Große herrschte als absoluter Monarch, hatte aber trotzdem Neue-

rungen wie das Primarschulwesen und eine moderate Agrarreform eingeführt und erste Schritte zur Religionsfreiheit unternommen. Obwohl
man ihn vor allem wegen seiner militärischen Fähigkeiten bewundert,
war Friedrich der Große auch ein Liebhaber von Musik, Philosophie
und Bildung. Ungeachtet der Tatsache, dass französische und englische Zeitgenossen die Deutschen häufig als roh und rückständig ansa-
hen, gab es in den deutschen Staaten mehr Universitäten und Bibliotheken als irgendwo sonst in Europa. Das Verlags- und Zeitschriftenwesen
boomte, und in dessen Kielwasser machte die Alphabetisierung rasante
Fortschritte.[25]

Inzwischen schritt Großbritannien wirtschaftlich schnell voran.
Landwirtschaftliche Neuerungen wie Fruchtwechsel und moderne Bewässerungssysteme sorgten für größere Ernteerträge. Die Briten hatte
das »Kanalfieber« gepackt, und sie überzogen ihre Insel mit einem modernen Transportsystem. Im Zuge der industriellen Revolution wurden
mechanische Webstühle und andere Maschinen entwickelt, woraufhin
überall Manufakturen entstanden und Produktionszentren zu Städten
anwuchsen. Statt wie bisher Subsistenzwirtschaft zu betreiben, begannen die britischen Bauern, die Arbeiter in den neuen Ballungsgebieten
zu versorgen.

Die Natur wurde mit den jüngst entwickelten Technologien, wie der
Dampfmaschine von James Watt, und medizinischen Entdeckungen
unterworfen und kontrolliert – in Europa und Nordamerika fanden
erste Pockenimpfungen statt. Als Benjamin Franklin Mitte des 18. Jahrhunderts den Blitzableiter erfand, zähmte die Menschheit, was bis dahin
als Ausdruck göttlichen Zorns galt. Im Besitz solcher Macht verlor der
Mensch seine Furcht vor der Natur.

In den zwei vorangegangenen Jahrhunderten war die westliche Gesellschaft von der Idee beherrscht, dass die Natur wie ein komplexer
Apparat funktioniere – eine »große und komplizierte Maschine des Universums«[26], wie ein Wissenschaftler gesagt hatte. Denn wenn der Mensch
raffinierte Uhren und Automaten konstruieren konnte, was vermochte
Gott dann noch an Großartigem zu erschaffen? Der französische Philosoph René Descartes und seine Anhänger glaubten, dass Gott dieser
mechanischen Welt einen ersten Anstoß gegeben hatte, während Isaac
Newton das Universum eher für ein göttliches Uhrwerk hielt, in das der
Schöpfer als der Uhrmacher fortwährend eingriff.

Erfindungen wie Teleskope und Mikroskope offenbarten neue Wel-

ten, und mit ihnen wuchs die Überzeugung, dass die Naturgesetze ent-
schlüsselt werden konnten. In Deutschland hatte der Philosoph Gottfried Wilhelm von Leibniz Ende des 17. Jahrhunderts den Entwurf
einer Universalwissenschaft vorgeschlagen, die sich auf die Mathematik gründete. Währenddessen hatte Newton in Cambridge die Mechanik
des Universums entdeckt, indem er die Gesetze der Mathematik auf die
Natur anwandte. Infolgedessen empfand man die Welt als beruhigend
vorhersagbar, solange man diese Naturgesetze verstehen konnte.

Mathematik, objektive Beobachtung und kontrollierte Experimente
bahnten einen Weg der Vernunft durch die westliche Welt. Naturforscher wurden Bürger ihrer selbst ernannten »Gelehrtenrepublik«, einer
geistigen Gemeinschaft, ungeachtet von Nationen, Religionen und Sprachen.[27] Mit ihren Briefen, die kreuz und quer durch Europa und über
den Atlantik reisten, verbreiteten sich wissenschaftliche Entdeckungen
und neue Ideen. Diese »Gelehrtenrepublik« war ein Land ohne Grenzen, in dem kein Monarch regierte, sondern die Vernunft. Alexander von
Humboldt wuchs in diesem neuen Zeitalter der Aufklärung heran, in
dem die westlichen Gesellschaften offenbar einer Zukunft voller Selbstvertrauen und Verbesserungen entgegensahen. Fortschritt war das Motto
des Jahrhunderts und bewirkte, dass jede Generation die nächste beneidete. Niemand kam auf die Idee, dass die Natur selbst zerstört werden
könnte.

Als junge Männer schlossen sich Alexander und Wilhelm von Humboldt den intellektuellen Kreisen Berlins an, wo sie über die Bedeutung
von Erziehung, Toleranz und unabhängigem Denken diskutierten. Als
die Brüder in Berlin von Lesezirkel zu Lesezirkel und von einem Philo-
sophensalon zum nächsten eilten, wurde das Lernen, das in Tegel eine
einsame Beschäftigung gewesen war, zu einem sozialen Ereignis. Im
Sommer blieb ihre Mutter häufig in Tegel, und die beiden Brüder lebten
mit ihren Hauslehrern im Berliner Stadthaus der Familie.[28] Aber diese
Freiheit war nicht von Dauer: Ihre Mutter ließ keinen Zweifel daran,
dass Wilhelm und Alexander in den Staatsdienst eintreten sollten. Da sie
von ihr finanziell abhängig waren, mussten sich die Brüder ihren Wünschen fügen.[29]

Marie Elisabeth von Humboldt schickte den achtzehnjährigen Alexander auf die Universität in Frankfurt an der Oder. Dieses Provinzinstitut, etwa 100 Kilometer östlich von Berlin, hatte nur zweihundert

Studenten und war vermutlich eher wegen seiner Nähe zu Tegel als wegen seines wissenschaftlichen Rufs ausgewählt worden.[30] Nachdem Alexander dort ein Semester Kameralistik (Wirtschafts-, Finanz- und Verwaltungskunde) studiert hatte, fand die Familie, er sei jetzt reif genug, um sich Wilhelm in Göttingen anzuschließen, wo es eine der besten Universitäten der deutschen Staaten gab[31]. Wilhelm studierte Jura, Alexander belegte Naturwissenschaft, Mathematik und Sprachen. Obwohl die Brüder jetzt in derselben Stadt lebten, verbrachten sie wenig Zeit miteinander. »Unser Charakter ist zu verschieden«[32], sagte Wilhelm. Während Wilhelm eifrig studierte, träumte Alexander von Tropen und Abenteuern. Er sehnte sich danach, Deutschland zu verlassen.[33] Als Junge hatte Alexander die Bücher von James Cook und Louis Antoine de Bougainville gelesen, die beide die Welt umsegelt hatten, und seine Fantasie trug ihn in die dort beschriebenen fernen Länder. Wenn er im botanischen Garten von Berlin die tropischen Palmen betrachtete, verspürte er nur den einen Wunsch, sie in ihrer natürlichen Umgebung zu sehen.[34]

Dieses jugendliche Fernweh nahm konkrete Züge an, als Humboldt seinen älteren Freund Georg Forster auf einer viermonatigen Reise durch Europa begleitete. Forster war ein deutscher Naturforscher, der an Cooks zweiter Weltumsegelung teilgenommen hatte. Humboldt und Forster lernten sich in Göttingen kennen. Häufig sprachen sie über Forsters Expedition, und dessen lebhafte Schilderungen der Inseln im Südpazifik steigerten Humboldts Verlangen nach diesen unbekannten Regionen noch mehr.[35]

Im Frühjahr 1790 reisten Forster und Humboldt nach England, in die Niederlande und nach Frankreich; aber der Höhepunkt ihrer Fahrt war London, wo Humboldt alles, was er sah, an ferne Länder erinnerte. Auf der Themse wimmelte es von Schiffen, die Waren von überallher brachten. Jedes Jahr liefen rund fünfzehntausend Schiffe den Hafen an[36], beladen mit Gewürzen aus Ostindien, mit Zucker von den Westindischen Inseln, mit Tee aus China, Wein aus Frankreich und Holz aus Russland. Der Fluss war ein »schwarzer Wald« von Masten.[37] Zwischen den großen Handelsschiffen schlängelten sich Hunderte von Kähnen, Jollen und kleinen Booten hindurch. Zweifellos überfüllt und verstopft, war die Themse doch ein imposantes Abbild der imperialen Macht Großbritanniens.

In London lernte Humboldt Wissenschaftler, Entdeckungsreisende, Künstler und Denker kennen. Er traf Captain William Bligh (bekannt

Eine Ansicht von London und der Themse

durch die berüchtigte Meuterei auf der *Bounty*) und Joseph Banks, Cooks Botaniker bei der ersten Weltumsegelung und inzwischen Präsident der Royal Society, des wichtigsten wissenschaftlichen Forums in Großbritannien. Humboldt bewunderte die hinreißenden Zeichnungen und Skizzen, die William Hodges, der Maler, der Cook auf dessen zweiter Reise begleitet hatte, aus exotischen Weltgegenden mitgebracht hatte. Wohin Humboldt auch blickte – alles beschwor diese neuen Welten. Selbst am frühen Morgen fiel sein Blick, sobald er die Augen öffnete, auf die gerahmten Stiche mit Schiffen der Ostindien-Kompanie, die die Schlafzimmerwände in seiner Unterkunft schmückten.[38] Oft weinte Humboldt, wenn er durch diese Eindrücke schmerzlich an seine unerfüllten Träume erinnert wurde. »Es ist ein Treiben in mir«, schrieb er, »dass ich oft denke, ich verliere mein bisschen Verstand.«[39]

Wenn die Traurigkeit unerträglich wurde, begab er sich auf lange, einsame Wanderungen. Bei einem dieser Ausflüge durch das ländliche Hampstead, unmittelbar nördlich von London gelegen, entdeckte er ein Blatt Papier, das an einen Baum genagelt war und auf dem stand, dass man junge Seeleute suche.[40] Einen Augenblick lang glaubte er, eine Lösung für seine Probleme gefunden zu haben, doch dann fiel ihm seine strenge Mutter ein. Auf unerklärliche Weise fühlte sich Humboldt von dem Unbekannten angezogen, von der Ferne, aber er war ein »zu guter Sohn«[41], wie er sich eingestehen musste, um sich gegen sie aufzulehnen.

Humboldt glaubte, langsam wahnsinnig zu werden, und schickte »verrückte Briefe«[42] an Freunde zu Hause. »Meine unglücklichen Verhältnisse«, schrieb Humboldt am Vorabend seiner Abfahrt von England an einen Freund, »zwingen mich, immer zu wollen, was ich nicht kann, und zu tun, was ich nicht mag.«[43] Aber noch immer wagte er nicht, sich den Erwartungen seiner Mutter zu widersetzen, die ihm den typischen Lebensweg eines Mitglieds der preußischen Elite vorgab.

Wieder zu Hause, begann Humboldt seine Trübsal in unbändige Energie umzuwandeln. Er fühlte »dieses ewige Treiben«, als würde er von »10 000 Säuen« gejagt.[44] Gehetzt wechselte er von einem Thema zum nächsten. Die Zweifel an seinen geistigen Fähigkeiten und die Unterlegenheitsgefühle gegenüber seinem älteren Bruder waren längst überwunden. Ständig bewies er sich, seinen Freunden und seiner Familie, wie intelligent er war. Forster war davon überzeugt, dass Humboldts »Geist zu tätig«[45] sei – und Forster war nicht der Einzige, der das so sah. Sogar Caroline von Dacheröden, Wilhelms Verlobte, die Alexander erst kurz zuvor kennengelernt hatte, war besorgt. Sie mochte Alexander, aber sie fürchtete, wie sie sagte, er »schnappt wohl über«[46]. Viele, die ihn kannten, erwähnten, wie rastlos er war und wie rasch er sprach – »mit der Geschwindigkeit eines Rennpferdes«[47].

Im Spätsommer 1790 begann Humboldt sein Studium an der Handelsakademie in Hamburg. Er hasste es, da sich alles nur um Zahlen und Kassenbücher drehte.[48] In seiner Freizeit vertiefte er sich in wissenschaftliche Abhandlungen und Reiseberichte,[49] lernte Dänisch und Schwedisch – alles war besser als seine Wirtschaftsstudien. So oft er konnte, ging er zur Elbe hinunter, wo er die großen Handelsschiffe vorbeisegeln sah, die Tabak, Reis und Indigo aus den Vereinigten Staaten brachten. Der »Anblick der Schiffe im Hafen«[50], gestand er einem Freund, habe ihn gerettet – die Segler waren ein Symbol seiner Hoffnungen und Träume. Er konnte es nicht erwarten, endlich »eigener Schöpfer seines Glücks«[51] zu sein.

Als Humboldt sein Studium in Hamburg abschloss, war er einundzwanzig. Abermals fügte er sich den Wünschen der Mutter und schrieb sich im Juni 1791 an der angesehenen Bergakademie in Freiberg ein[52], einer Kleinstadt bei Dresden. Das war ein Kompromiss, der ihn einerseits auf eine Laufbahn in der preußischen Bergbehörde vorbereitete – um seine Mutter zu besänftigen –, ihm aber wenigstens erlaubte, seine Interessen an den Naturwissenschaften und der Geologie zu verfolgen. Die Akademie war die erste ihrer Art und vermittelte die neuesten geologischen Theorien in Hinblick auf ihre praktische Anwendung im Bergbau. Außerdem gab es hier eine lebendige wissenschaftliche Gemeinschaft, zu der einige der begabtesten Studenten und namhaftesten Professoren aus ganz Europa zählten.

In nur acht Monaten absolvierte Humboldt einen Studiengang, der normalerweise drei Jahre dauerte.[53] Jeden Morgen stand er vor Sonnenaufgang auf und fuhr zu einem der Bergwerke in der Umgebung von Freiberg. Die nächsten fünf Stunden verbrachte er tief unten in den Stollen, wo er die Bauweise der Minen, die Arbeitsmethoden und die Gesteinsarten studierte. Es half, dass er so schlank und drahtig war. Mühelos konnte er sich durch die engen Gänge und niedrigen Schächte bewegen, um mit Bohrer und Meißel Gesteinsproben zu nehmen, die er zu Hause untersuchte. Dabei arbeitete er mit einer solchen Besessenheit, dass er häufig die Kälte oder Feuchtigkeit nicht bemerkte. Mittags kroch er aus der Dunkelheit ans Licht, klopfte sich den Staub von der Kleidung und fuhr zurück in die Akademie, um die Seminare oder Vorlesungen über Mineralkunde und Geologie zu besuchen. Abends und oft bis tief in die Nacht saß Humboldt an seinem Schreibtisch. Bei Kerzenlicht über die Bücher gebeugt, las und studierte er. Während seiner Freizeit untersuchte er den Einfluss des Lichts (oder von dessen Fehlen) auf Pflanzen und sammelte Tausende von botanischen Proben. Er maß, machte Notizen und klassifizierte. Er war ein Kind der Aufklärung.[54]

Nur wenige Wochen nach seiner Ankunft in Freiberg reiste Humboldt nach Erfurt zur Hochzeit seines Bruders mit Caroline. Doch wie so oft verband er auch hier ein gesellschaftliches Ereignis oder eine Familienfeier mit der Arbeit. Statt sich auf direktem Weg zu dem Fest in Erfurt zu begeben, wurde die Anreise eine 1000 Kilometer lange geologische Expedition durch Thüringen.[55] Caroline war über die Ruhelosigkeit ihres neuen Schwagers halb amüsiert und halb besorgt. Ihr gefiel seine Energie, aber manchmal machte sie sich auch lustig über ihn – wie eine Schwester, die ihren jüngeren Bruder neckt. Alexander habe seine Eigenheiten, und die müsse man respektieren, sagte sie zu Wilhelm, doch oft machte sie sich auch Sorgen um seinen Gemütszustand und seine Einsamkeit.[56]

Humboldt hatte in Freiberg nur einen einzigen wirklichen Freund, einen Kommilitonen, den Sohn der Familie, bei der er sich ein Zimmer gemietet hatte. Die beiden jungen Männer waren Tag und Nacht zusammen, vertieft in ihre Studien und Gespräche.[57] Humboldt gestand, »dass ich noch nie irgend ein menschliches Wesen so innig, so herzlich liebte, als Sie«[58], machte sich aber zugleich Vorwürfe, dass er eine so enge Freundschaft eingegangen war – er wusste, dass er Freiberg nach seinen Studien verlassen und sich dann nur noch einsamer fühlen würde.[59]

Doch die intensive Arbeit an der Akademie machte sich bezahlt, denn schon kurz nach Abschluss seines Studiums wurde Humboldt im erstaunlich jugendlichen Alter von zweiundzwanzig Jahren zum Bergassessor ernannt und damit vielen älteren Kollegen vorgezogen. Dieser rasante Aufstieg machte ihn ein bisschen verlegen, aber er war auch stolz genug, um in langen Briefen an Freunde und Angehörige damit anzugeben.[60] Vor allem aber erlaubte ihm seine Stellung, Tausende von Kilometern zu reisen, um Böden, Stollen und Erzlager genauestens zu inspizieren – von Kohlegruben in Brandenburg und Eisenadern in Schlesien bis hin zu Goldminen im Fichtelgebirge und Salzbergwerken in Polen.

Auf diesen Reisen lernte Humboldt viele Menschen kennen, blieb aber meistens distanziert und zurückhaltend.[61] Er sei recht zufrieden, schrieb er Freunden, aber bestimmt nicht glücklich. Spätabends, nachdem er lange Tage in den Bergwerken oder in Kutschen auf schlechten Straßen verbracht hatte, dachte er oft an die wenigen Freunde, die er in den letzten Jahren gefunden hatte.[62] Er fühlte sich »verdammt, immer allein«[63]. Wenn er wieder einmal irgendwo unterwegs eine Mahlzeit in einem heruntergekommenen Wirtshaus[64] zu sich nahm, war er oft zu müde, um zu schreiben oder sich zu unterhalten. Doch an manchen Abenden fühlte er sich so einsam, dass sein Mitteilungsbedürfnis über die Erschöpfung siegte. Dann griff er zur Feder und schrieb lange Briefe, wobei er von einem Thema zum anderen sprang – von detaillierten Abhandlungen über seine Arbeit und seine wissenschaftlichen Beobachtungen bis hin zu emotionalen Ausbrüchen sowie Liebes- und Freundschaftsbekundungen.

Er würde zwei Jahre seines Lebens für die Erinnerungen an ihre gemeinsame Zeit opfern, schrieb er seinem Freund in Freiberg und bekannte, er habe die »süßesten Stunden meines Lebens«[65] mit ihm verbracht. Einige dieser Briefe, die er spät in der Nacht verfasste, offenbarten seine tiefsten Gefühle und waren geprägt von verzweifelter Einsamkeit. Seite für Seite schüttete Humboldt sein Herz aus, um sich dann für seine »närrischen Briefe« zu entschuldigen[66]. Am nächsten Tag, wenn die Arbeit wieder seine ganze Aufmerksamkeit beanspruchte, war alles vergessen, und es vergingen Wochen oder sogar Monate, bis er wieder schrieb. Selbst für die wenigen Menschen, die ihn gut kannten, blieb Humboldt oft ein Rätsel.

Inzwischen machte er Karriere, und seine Interessen erstreckten sich auf weitere Gebiete. Humboldt begann sich um die Arbeitsbedingungen der Bergleute zu kümmern, die er jeden Morgen in die Eingeweide der Erde hinabsteigen sah. Um ihre Sicherheit zu verbessern, erfand er eine Atemmaske und eine Lampe, die selbst in den tiefsten und sauerstoffärmsten Stollen noch funktionierte.[67] Er verfasste Lehrbücher für die Bergleute und gründete eine Bergschule, weil er entsetzt war über ihre geringen Kenntnisse.[68] Als er feststellte, dass sich historische Dokumente möglicherweise als nützlich für die Wiederinbetriebnahme stillgelegter oder unergiebiger Bergwerke erweisen könnten, weil in diesen Schriften gelegentlich reiche Erzvorkommen erwähnt oder von alten Entdeckungen berichtet wurde, verbrachte er Wochen damit, Handschriften aus dem 16. Jahrhundert zu entziffern.[69] Er arbeitete und reiste so viel, dass einige seiner Kollegen glaubten, er müsse »acht Beine und vier Hände« haben.[70]

Die Intensität, mit der er sich in all diese Beschäftigungen stürzte, machte ihn krank, und er litt unter Fieberanfällen und nervösen Störungen.[71] Seiner Meinung nach war es eine Kombination aus Überarbeitung und der Kälte in den tiefen Stollen der Bergwerke. Doch trotz Krankheit und Arbeitsbelastung gelang es Humboldt, seine ersten Bücher zu veröffentlichen: eine Abhandlung über die Basaltgesteine am Rhein[72] und eine andere über die unterirdische Flora in Freiberg[73] – seltsame pilz- und schwammartige Pflanzen, die in vielfältigsten Formen auf den feuchten Grubenbalken wuchsen. Humboldt konzentrierte sich auf das, was er messen und beobachten konnte.

Während des 18. Jahrhunderts entwickelte sich die »Naturphilosophie« – heute bezeichnen wir sie als »Naturwissenschaften« – von einem Teilgebiet innerhalb der Philosophie, neben Metaphysik, Logik und Moralphilosophie, zu einer unabhängigen Disziplin, die eine eigene Herangehensweise und Methodologie verlangte. Parallel entstanden neue Fachbereiche der Naturphilosophie und etablierten sich als eigene Spezialgebiete – unter anderem Botanik, Zoologie, Geologie und Chemie. Obwohl Humboldt gleichzeitig auf verschiedenen Feldern arbeitete, hielt er sie damals streng getrennt. Durch diese wachsende Spezialisierung konzentrierte sich Humboldt immer stärker auf Einzelheiten und achtete nicht so sehr auf das große Ganze, was aber später zu seinem Markenzeichen wurde.

In dieser Lebensphase entwickelte Humboldt auch ein leidenschaftliches Interesse für die sogenannte »tierische Elektrizität« oder den Galvanismus, wie er nach dem italienischen Naturwissenschaftler Luigi Galvani genannt wurde. Galvani war es gelungen, Kontraktionen in den

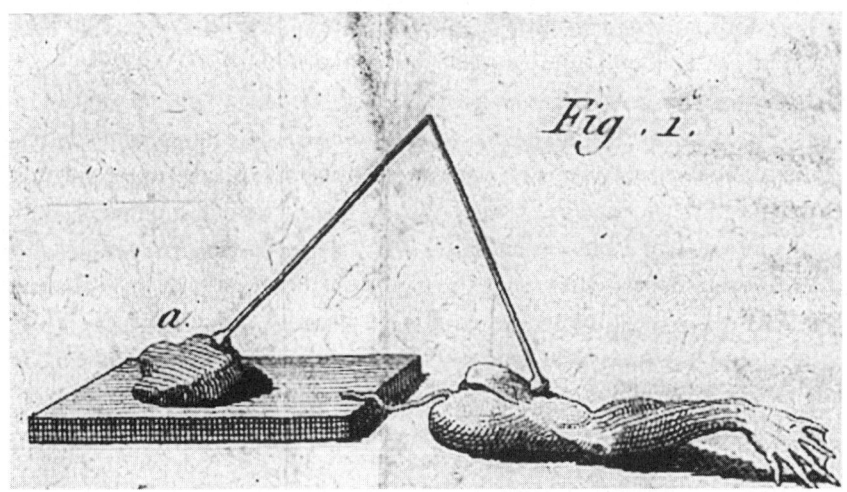

Eines der Experimente zur tierischen Elektrizität,
die Humboldt mit Froschbeinen durchführte.

Muskeln und Nerven von Tieren hervorzurufen, indem er sie an verschiedene Metalle anschloss. Er vermutete, dass tierische Nerven mit Elektrizität arbeiten. Fasziniert von dieser Idee, begann Humboldt eine lange Versuchsreihe von viertausend Experimenten, in denen er Frösche, Eidechsen und Mäuse sezierte, an Drähte anschloss, stach und mit tödlichen Stromschlägen traktierte. Da er sich nicht mit Tieren begnügen mochte, musste auch sein eigener Körper herhalten; deshalb nahm er auch immer seine Instrumente auf seine Dienstreisen durch Preußen mit. Abends, nach getaner Arbeit, stellte er seinen elektrischen Apparat in den kleinen Zimmern auf, die er mietete. Dann reihte er Metallstäbe, Zangen, Glasplatten und Fläschchen mit allen möglichen Chemikalien auf dem Tisch auf, dazu Feder und Papier. Mit einem Skalpell schnitt er sich in die Arme und den Oberkörper. Vorsichtig rieb er nun alle möglichen Chemikalien in die offenen Wunden oder klebte sich Metallstücke, Drähte und Elektroden auf die Haut oder unter die Zunge. Sorgfältig notierte er jedes Detail – jede Zuckung, jede Konvulsion, jedes Brennen und jeden Schmerz.[74] Viele dieser Wunden entzündeten sich, und an manchen Tagen war seine Haut mit blutgefüllten Beulen bedeckt. Sein Körper sah so geschunden aus wie der eines »Gassenläufers«[75]*, gab

* Spießrutenläufer

er zu, aber trotz der Schmerzen, berichtete er voller Stolz, habe alles »prächtig«[76] geklappt.

Durch seine Experimente kam Humboldt mit einer wissenschaftlichen Idee in Berührung, die im ausgehenden 18. Jahrhundert besonders kontrovers diskutiert wurde: dem Begriff der organischen und anorganischen »Materie« und der Frage, ob eine von beiden irgendeine »Kraft« oder ein »aktives Prinzip« enthalte. Newton vertrat die Ansicht, Materie sei ihrem Wesen nach träge und erhalte alle anderen Eigenschaften von Gott. Die Botaniker und Zoologen hingegen, die eifrig die Flora und Fauna klassifizierten, waren mehr daran interessiert, Ordnung in das Chaos zu bringen, als sich mit der Vorstellung auseinanderzusetzen, dass Pflanzen oder Tiere möglicherweise anderen Gesetzen gehorchten als unbelebte Gegenstände.

Ende des 18. Jahrhunderts begannen einige Wissenschaftler, dieses mechanische Naturmodell infrage zu stellen, weil es die Existenz lebender Materie nicht zu erklären vermochte. Zu der Zeit, als Humboldt seine Versuche mit »tierischer Elektrizität« unternahm, gelangten immer mehr Wissenschaftler zu der Überzeugung, dass Materie nicht leblos sein könne, sondern dass es eine Kraft geben müsse, die diese Aktivität auslöse. Descartes' Theorie, die Tiere im Wesentlichen als Maschinen sah, wurde nun zunehmend kritisiert. Französische Mediziner, der schottische Arzt John Hunter und vor allem Johann Friedrich Blumenbach, ein früherer Professor Humboldts in Göttingen, formulierten neue Theorien des Lebens.

Als Humboldt in Göttingen studierte, hatte Blumenbach eine überarbeitete Ausgabe seines Buchs *Über den Bildungstrieb*[77] veröffentlicht. Darin hatte er die Idee entwickelt, dass es in lebenden Organismen wie Pflanzen und Tiere mehrere Kräfte gebe. Die wichtigste Kraft, die den Organismen ihre Form verleiht, nannte er den Bildungstrieb. Jedes lebendige Wesen, vom Menschen bis zum Schimmelpilz, habe, so schrieb Blumenbach, diesen Bildungstrieb, und deshalb sei er von größter Bedeutung für die Entstehung des Lebens.

Seine Experimente waren für Humboldt nichts weniger als die Auflösung des, wie er sagte, »gordischen Knotens der Lebensprozesse«[78].

2

Fantasie und Natur

Johann Wolfgang von Goethe und Humboldt

1794 unterbrach Alexander von Humboldt für kurze Zeit seine Experimente und die Inspektionsreisen zu den preußischen Bergwerken, um seinen Bruder Wilhelm zu besuchen, der mit seiner Frau Caroline und ihren beiden Kindern in Jena wohnte, knapp 250 Kilometer südwestlich von Berlin.[1] Jena war damals eine Stadt mit viertausend Einwohnern, die im Herzogtum Sachsen-Weimar-Eisenach lag, einem kleinen Staat, der von Karl August, einem aufgeklärten Herrscher, regiert wurde. Die Stadt war ein Mittelpunkt für Wissenschaft und Literatur und wurde wenige Jahre später zum Zentrum des deutschen Idealismus und der Romantik. Die Universität Jena hatte sich zu einer der größten und berühmtesten im deutschsprachigen Raum entwickelt und lockte dank ihrer liberalen Haltung fortschrittliche Denker aus anderen deutschen Staaten an, in denen es weniger frei zuging.[2] Es gebe keinen anderen Ort in Deutschland, sagte der dort ansässige Dichter Friedrich Schiller, an dem Freiheit und Wahrheit so sehr geschätzt würden.[3]

Rund 20 Kilometer von Jena entfernt lag Weimar, die Hauptstadt von Sachsen-Weimar-Eisenach und der Wohnort von Johann Wolfgang von Goethe. In Weimar standen keine tausend Häuser, und der Ort war angeblich so klein, dass jeder jeden kannte. Die Bauern trieben das Vieh durch die kopfsteingepflasterten Straßen, und die Post kam so unregelmäßig, dass es für Goethe leichter war, seinem Freund Schiller, der an der Universität von Jena arbeitete, einen Brief durch seine Gemüsehändlerin auf deren Auslieferungsrunde mitzugeben, als auf die Postkutsche zu warten.[4]

In Jena und Weimar trafen, so sagte eine Besucherin, die klügsten Köpfe zusammen wie Sonnenstrahlen in einem Vergrößerungsglas.[5] Wilhelm und Caroline waren im Frühjahr 1794 nach Jena gezogen und gehörten zu Goethes und Schillers Freundeskreis. Sie wohnten am Marktplatz gegenüber von Schiller – so nahe, dass sie ihm aus dem Fenster zuwinken und ihre täglichen Zusammenkünfte verabreden konnten.[6] Als Alexander eintraf, schickte Wilhelm eine kurze Nachricht nach Weimar und lud Goethe nach Jena ein.[7] Goethe kam mit Vergnügen und wohnte wie immer in seinem Gästezimmer im herzoglichen Schloss, ganz in der Nähe, nur ein paar Häuserzeilen nach Norden.

Während Humboldts Besuch trafen sich die Männer jeden Tag. Es waren lebhafte Zusammenkünfte mit hitzigen Diskussionen und dröhnendem Gelächter – häufig bis spät in die Nacht.[8] Trotz seiner Jugend gab Humboldt oft den Ton an. Er »nöthigte uns«[9] in die Naturkunde, berichtete Goethe begeistert; sie sprachen über Zoologie und Vulkane, über Botanik, Chemie und Galvanismus. »Man könnte in acht Tagen nicht aus Büchern herauslesen, was er einem in einer Stunde vorträgt«[10], sagte Goethe.

Der Dezember 1794 war bitterkalt.[11] Französische Truppen nutzten den zugefrorenen Rhein als Heeresstraße auf ihrem Kriegszug durch Europa.[12] Das Herzogtum Sachsen-Weimar-Eisenach war tief verschneit. Aber jeden Morgen vor Sonnenaufgang stapften Humboldt, Goethe und ein paar andere wissenschaftlich interessierte Freunde über den Jenaer Marktplatz durch Dunkelheit und Schnee. Sie gingen, in dicke Wollmäntel gehüllt, an dem imposanten Rathaus aus dem 14. Jahrhundert vorbei und weiter zur Universität, wo sie Anatomievorlesungen besuchten.[13] Es war eisig in dem fast leeren Auditorium des mittelalterlichen Rundturms, der zur alten Stadtmauer gehörte – aber die ungewöhnlich niedrigen Temperaturen hatten den Vorteil, dass die Leichen, die sie sezierten, nicht so schnell verwesten. Goethe, der Kälte hasste und normalerweise die knisternde Wärme seines Ofens bevorzugte[14], hätte nicht glücklicher sein können. Er redete ununterbrochen. Humboldts Anwesenheit animierte ihn und spornte ihn an.[15]

Goethe war Mitte vierzig und der berühmteste Dichter Deutschlands. Genau zwei Jahrzehnte zuvor war er ganz plötzlich international bekannt geworden, als er *Die Leiden des jungen Werther* veröffentlichte – einen Roman über einen unglücklich Liebenden, der Selbstmord begeht und damit zur Symbolfigur der Empfindsamkeit jener Zeit wurde. Der *Werther* wurde zu *dem* Buch einer ganzen Generation, und viele identifizierten sich mit dem namengebenden Protagonisten. Der Roman wurde in die meisten europäischen Sprachen übersetzt und so populär, dass zahllose Männer, unter anderem auch der junge Karl August, Groß-

Johann Wolfgang von Goethe im Jahr 1787

herzog von Sachsen-Weimar-Eisenach, die »*Werther*-Uniform« trugen – gelbe Weste und Hose, blauer Rock, braune Stiefel und runder Filzhut.[16] Man sprach vom *Werther*-Fieber[17], und die Chinesen stellten *Werther*-Porzellan her, das für den europäischen Markt bestimmt war.

Als Goethe Humboldt kennenlernte, war er nicht mehr der ungestüme junge Dichter des Sturm und Drang. Diese Epoche hatte die Individualität und die ganze Bandbreite extremer Gefühle verherrlicht – von dramatischer Liebe bis zu tiefer Melancholie; es war eine Zeit voller Leidenschaften, Gefühle, romantischer Gedichte und empfindsamer Romane. Als Goethe 1775 erstmals von dem damals achtzehnjährigen Karl August nach Weimar eingeladen worden war, begann für ihn eine lange Folge von Liebesaffären, Alkoholexzessen und albernen Streichen. Lärmend waren Goethe und Karl August durch die Straßen von Weimar gezogen, manchmal in weiße Tücher gehüllt, um die Leute zu erschrecken, die noch an Geister glaubten.[18]

Sie rollten sich in Fässern, die sie vom örtlichen Kaufmann stibitzt hatten, die Hügel hinunter, und flirteten mit Bauernmädchen – alles im Namen des Genies und der Freiheit. Natürlich konnte sich niemand beklagen, da ja Karl August, der junge Herrscher, mit von der Partie war. Aber diese wilden Jahre waren schon lange vorbei, und mit ihnen die theatralischen Liebesbeteuerungen, die Tränen, das Zerschmettern von Gläsern und das Nacktbaden, worüber die Einheimischen sich so aufgeregt hatten. 1788, sechs Jahre vor Humboldts erstem Besuch, hatte Goethe die Weimarer Gesellschaft noch einmal schockiert, als er sich die ungebildete Christiane Vulpius zur Geliebten nahm.[19] Knapp zwei Jahre später brachte Christiane, die als Näherin und Blumenmacherin in Weimar arbeitete, ihren Sohn August zur Welt. Goethe setzte sich über alle Konventionen und boshaften Klatschereien hinweg und lebte mit Christiane und August zusammen.

Als Goethe Humboldt kennenlernte, war er zur Ruhe gekommen und korpulent geworden, mit Doppelkinn und einem Bauch, den ein Bekannter hämisch mit dem »einer Frau in den letzten Stadien der Schwangerschaft«[20] verglich. Sein gutes Aussehen gehörte der Vergangenheit an – die schönen Augen waren »im Fett der Backen«[21] verschwunden, und er war längst nicht mehr der hinreißende »Apoll«[22]. Nach wie vor war Goethe der Vertraute und Ratgeber des Herzogs von Sachsen-Weimar-Eisenach, der ihn geadelt hatte. Er war Direktor des Hoftheaters und übte mehrere gut bezahlte Verwaltungstätigkeiten aus; unter anderem beaufsichtigte er die Bergwerke und Manufakturen des Herzogtums. Wie Humboldt schwärmte Goethe so sehr von der Geologie (und dem Bergbau), dass er seinem kleinen Sohn gelegentlich eine Bergmannskluft anzog.[23]

In der literarischen Welt überragte Goethe wie Zeus die anderen deutschen Dichter und Schriftsteller, aber er konnte auch den Eindruck eines »kalten, einsilbigen Gottes«[24] machen. Einige beschrieben ihn als melancholisch, andere als arrogant, stolz und bitter. Goethe war kein guter Zuhörer, wenn ihn das Thema nicht interessierte, und er konnte ein Gespräch mit verletzender Gleichgültigkeit oder einem unvermittelten Themenwechsel abwürgen. Manchmal war er so unhöflich, besonders jungen Dichtern oder Philosophen gegenüber, dass seine Besucher aus dem Zimmer flohen.[25] Doch nichts von all dem störte seine Bewunderer. Das »heilige dichterische Feuer«[26] habe es, wie ein britischer Besucher in Weimar sagte, bislang nur in Homer, Cervantes und Shakespeare zur Vollkommenheit gebracht, und nun brenne es in Goethe.

Doch Goethe war nicht glücklich. »Man kann sich keinen isoliertern Menschen denken, als ich damals war.«[27] Die Natur – »die große Mut-

Goethes Haus in Weimar

ter«[28] – faszinierte ihn weit mehr als Menschen. Sein großes Haus in Weimars Stadtmitte zeugte von seinem Geschmack und seiner Stellung. Es war elegant eingerichtet, voller Bilder und italienischer Statuen, beherbergte aber auch riesige Sammlungen von Steinen, Fossilien und getrockneten Pflanzen. Nach hinten hinaus lagen eine Reihe einfacherer Zimmer, die Goethe als Arbeitszimmer und Bibliothek dienten und die in einen Garten führten, den er für wissenschaftliche Studien angelegt hatte. In einer Ecke des Gartens befand sich ein kleines Gebäude, das seine umfangreiche geologische Sammlung enthielt.[29]

Am liebsten aber war Goethe in seinem Gartenhaus am Fluss Ilm, außerhalb der Stadtmauer auf dem herzoglichen Gut. Nur zehn Minuten von seiner Stadtresidenz entfernt, war dieses gemütliche kleine Haus sein erster Wohnsitz in Weimar gewesen – später aber war es zu seinem Zufluchtsort geworden, an den er sich zurückzog, wenn ihm der ständige Besucherstrom zu viel wurde. Hier schrieb er, gärtnerte und empfing seine engsten Freunde. Wilder Wein und süß duftendes Geißblatt umrankten Mauern und Fenster. Es gab Gemüsebeete, eine Wiese mit Obstbäumen und einen langen Weg, der von Goethes geliebten Stockrosen gesäumt war. Als Goethe 1776 dort eingezogen war, hatte er nicht nur seinen Garten selbst angelegt, sondern auch den Herzog überredet, aus dem streng geometrischen Barockgarten des Schlosses einen modernen englischen Landschaftspark zu machen, der dank unregelmäßig gepflanzter Baumgruppen ganz natürlich wirkte.

Goethe begann »der Welt müde zu werden«[30]. In Frankreich hatte die Schreckensherrschaft den ursprünglichen Idealismus der Revolution von 1789 in die blutige Realität der Massenhinrichtung von Zehntausenden vermeintlichen Feinden verwandelt. Diese Brutalität und die Gewalt, mit der die folgenden napoleonischen Kriege Europa überzogen, ernüchterten Goethe und versetzten ihn in »die traurigste Stimmung«[31]. Als die Heere durch Europa marschierten, fürchtete er um Deutschland. Er lebe wie ein Einsiedler[32], sagte er, und das Einzige, was ihn aufrecht hielt, waren seine naturwissenschaftlichen Studien. Sie waren für ihn wie ein »Balken im Schiffsbruch«[33].

Heute ist Goethe wegen seines literarischen Werkes berühmt, aber er war auch ein leidenschaftlicher Naturforscher, fasziniert von der Erdgeschichte und der Botanik. Er besaß eine Steinesammlung, die am Ende auf achtzehntausend Proben angewachsen war.[34] Während Europa in den Krieg taumelte, ging er ruhig seinen Studien in vergleichender Anatomie und Optik nach. Im selben Jahr, in dem Humboldt ihn zum ersten Mal besuchte, legte Goethe einen botanischen Garten an der Universität Jena an. Er verfasste die Schrift *Versuch, die Metamorphose der Pflanzen zu erklären* (1790), in der er schrieb, es gebe eine ursprüngliche, archetypische Form, die der Pflanzenwelt zugrunde liege. Jede Pflanze sei nur eine Spielart dieser Urform. Hinter der Vielfalt verberge sich die Einheit.[35] Goethe war davon überzeugt, dass das Blatt diese Urform darstellte, die Grundform, aus der sich alle anderen Formen entwickelt hatten – Blütenblätter, der Kelch und so fort. »Vorwärts und rückwärts ist die Pflanze immer nur Blatt«, sagte er.[36]

Das waren faszinierende Ideen, aber Goethe hatte keinen naturwissenschaftlichen Sparringspartner, mit dem er seine Theorien hätte weiterentwickeln können. All das änderte sich, als er Humboldt kennenlernte. Es war, als hätte Humboldt den Funken entzündet, der Goethe so lange gefehlt hatte.[37] Wenn er mit Humboldt zusammen war, liefen seine

Gedanken in alle Richtungen gleichzeitig. Goethe kramte alte Notiz-hefte, Bücher und Zeichnungen hervor. Auf dem Tisch stapelten sich die Papiere, wenn sie botanische und zoologische Theorien erörterten. Sie kritzelten, zeichneten und lasen. An Klassifizierungen war Goethe nicht interessiert, aber an den Kräften, die die Gestalt von Tieren und Pflan-zen bestimmen. Er unterschied zwischen der inneren Kraft – der Ur-form –, die einem lebenden Organismus die allgemeine Form verleiht, und der Umwelt – der äußeren Kraft –, die den einzelnen Organismus individuell formt. Beispielsweise habe ein Seehund, erklärte Goethe, einen Körper, der an sein Habitat, das Meer (die äußere Kraft), ange-passt sei, während sein Skelett das gleiche allgemeine Muster (die Ur-form oder die innere Kraft) zeige wie die Skelette der Landsäugetiere. Genauso wie der französische Naturforscher Jean-Baptiste Lamarck und später Charles Darwin erkannte Goethe, dass Tiere und Pflanzen an ihre Umwelt angepasst sind. Die Urform finde sich, schrieb er, bei allen le-benden Organismen in unterschiedlichen Stadien der Metamorphose – diese Gemeinsamkeit gelte auch für Tiere und Menschen.[38]

Als Humboldt hörte, mit welcher Begeisterung Goethe seine wissen-schaftlichen Ansichten vortrug, riet er ihm, seine Theorien über verglei-chende Anatomie zu veröffentlichen.[39] Daraufhin begann Goethe wie ein Besessener zu arbeiten und verbrachte die frühen Morgenstunden damit, einem Assistenten in seinem Schlafzimmer seine Gedanken zu diktie-ren.[40] Noch im Bett, von Kissen gestützt und gegen die Kälte in Decken gewickelt, arbeitete Goethe so intensiv wie seit Jahren nicht mehr. Viel Zeit hatte er nicht, weil Humboldt immer um zehn Uhr morgens eintraf, um die Diskussionen mit Goethe fortzusetzen.

In dieser Zeit begann Goethe, auch beide Arme wild zu schwenken, wenn er spazieren ging – womit er besorgte Blicke seiner Nachbarn auf sich zog. Wie er einem Freund erläuterte, habe er entdeckt, dass die-ses übertriebene Schwingen der Arme ein Relikt des vierbeinigen Tieres sei – und damit einer der Beweise dafür, dass Tiere und Menschen einen gemeinsamen Vorfahren hätten. »Denn so geh ich naturgemäßer«[41], sagte er und kümmerte sich nicht darum, dass die Weimarer Gesellschaft sein seltsames Verhalten für unfein halten könnte.

Im Laufe der nächsten Jahre reiste Humboldt, wann immer er Zeit hatte, nach Jena und Weimar.[42] Humboldt und Goethe unternahmen lange Spaziergänge und aßen zusammen. Sie führten Experimente durch und inspizierten den neuen botanischen Garten in Jena. Mit frischen

Kräften sprang Goethe mühelos von einer Aufgabe zur anderen: »Früh am Morgen Gedichte corrigirt, dann Anatomie der Frösche«[43], war eine typische Eintragung in seinem Tagebuch während eines solchen Besuchs von Humboldt. Dieser mache ihn schwindelig mit der Fülle seiner Ideen, gestand Goethe einem Freund. Er habe noch nie einen so vielseitigen Menschen getroffen. Humboldt mit seiner rastlosen Energie, die »die wissenschaftlichen Dinge herumpeitscht«[44], sagte Goethe, wechsele so oft das Thema, dass er manchmal kaum folgen könne.

Drei Jahre nach seinem ersten Besuch verbrachte Humboldt drei Monate in Jena. Wie immer kam auch Goethe.[45] Statt zwischen Weimar und Jena zu pendeln, zog Goethe für ein paar Wochen in seine Zimmer im alten Jenaer Schloss. Humboldt plante eine lange Versuchsreihe zur »tierischen Elektrizität«, weil er sein Buch darüber fertigstellen wollte.[46] Fast jeden Tag ging Humboldt – häufig in Begleitung Goethes – den kurzen Weg vom Haus seines Bruders zur Universität. Dort verbrachte er sechs bis sieben Stunden entweder im Anatomiesaal[47] oder hielt Vorlesungen zu diesem Thema[48].

Als an einem warmen Frühlingstag ein heftiges Gewitter tobte, rannte Humboldt mit seinen Instrumenten ins Freie, um die Elektrizität in der Atmosphäre zu messen. Der Regen prasselte, und der Donner grollte über den Feldern, wild zuckende Blitze erhellten die kleine Stadt. Humboldt war in seinem Element. Als er am nächsten Tag hörte, dass ein Blitz einen Bauern und seine Frau getötet hatte, fuhr er rasch dorthin und holte sich ihre Leichen. Er legte sie auf den Tisch im runden Anatomieturm und untersuchte sie eingehend. Aufgeregt notierte Humboldt, dass die Beine des Mannes aussahen, als wären sie »wie von Schrotkörnern durchbohrt!«[49]. Am schlimmsten aber waren die Genitalien zugerichtet. Zunächst dachte er, das Schamhaar habe sich entzündet und die Verbrennungen verursacht, verwarf diesen Gedanken aber, als er die intakten Achselhöhlen des Paares sah. Trotz des zunehmenden Verwesungsgeruchs der Toten und des verbrannten Fleisches genoss Humboldt jede Minute seiner grausigen Untersuchung. »Freilich kann ich nicht existiren, ohne zu experimentiren«, sagte er.[50]

Humboldts Lieblingsexperiment aber hatten Goethe und er durch Zufall entdeckt.[51] Eines Morgens legte Humboldt ein Froschbein auf eine Glasplatte und schloss nacheinander verschiedene Metalle – Silber, Gold, Eisen, Zink und so fort – an die Nerven und Muskeln an, erzeugte aber nur ein enttäuschend schwaches Zucken in dem Bein. Als er sich dann jedoch über sein Versuchsobjekt lehnte, um die Anschlüsse zu überprüfen, zuckte es so heftig, dass es vom Tisch hüpfte. Beide Männer waren verblüfft, bis Humboldt bemerkte, dass die Feuchtigkeit seines Atems die Reaktion ausgelöst hatte. Als die winzigen Tröpfchen in seiner Atemluft die Metalle berührten, erzeugten sie einen elektrischen Strom, der wiederum das Froschbein bewegte. Noch nie zuvor habe er ein so magisches Experiment durchgeführt, meinte Humboldt; denn als er über dem Froschbein ausgeatmet habe, sei es gewesen, als hätte er »ihm Leben eingehaucht«[52]. Es war die perfekte Metapher für die Entstehung der neuen Biowissenschaften – der Wissenschaften vom Leben.

In diesem Zusammenhang sprachen sie auch über die Theorien von Humboldts früherem Professor Johann Friedrich Blumenbach – über die Kräfte, die den Organismus bilden, den »Bildungstrieb« und die »Lebenskräfte«. Fasziniert übertrug Goethe diese Begriffe auf die Urform. Der Bildungstrieb, schrieb Goethe, löse die Entwicklung bestimmter Teile der Urform aus. So habe die Schlange beispielsweise einen endlos langen Hals, weil »weder Materie noch Kraft«[53] für Arme oder Beine verschwendet worden seien. Im Gegensatz dazu habe die Eidechse einen kürzeren Hals, da sie auch Beine besitze, während der Hals des Frosches noch kürzer sei, weil er längere Beine habe. Weiter erläuterte Goethe, dass er – anders als Descartes, der Tiere für Maschinen hielt – der Meinung sei, ein lebender Organismus bestehe aus Teilen, die nur als einheitliches Ganzes funktionierten. Einfach ausgedrückt: Eine Maschine könnte auseinandergenommen und dann wieder zusammengesetzt werden, während die Teile eines lebenden Organismus nur in Beziehung zueinander arbeiten würden. In einem mechanischen System würden die Teile das Ganze bilden, während in einem organischen System das Ganze die Teile bildete.[54]

Humboldt baute diese Ideen aus. Obwohl sich seine eigenen Theorien von der »tierischen Elektrizität« schließlich als falsch erwiesen, lieferten sie ihm die Grundlage für sein späteres Naturverständnis.* Während Blumenbach und andere Naturwissenschaftler ihren Kraftbegriff auf Organismen anwendeten, sah Humboldt ihn viel allgemeiner in der Natur wirken: Er verstand die natürliche Welt als ein einheitliches Gan-

---

* Dem italienischen Physiker Alessandro Volta gelang es, Humboldt und Galvani zu widerlegen, indem er nachwies, dass tierische Nerven nicht elektrisch geladen sind. Die Zuckungen, die Humboldt in den Tieren erzeugt hatte, wurden in Wirklichkeit durch den Kontakt mit den Metallen ausgelöst – eine Idee, die Volta 1800 veranlasste, die erste Batterie zu entwickeln.

zes, das von Kräften mit wechselnden Wirkungen belebt wird. Diese Denkweise eröffnete ihm einen neuen Ansatz. Wenn alles mit allem zusammenhing, war es wichtig, bei der Untersuchung von Unterschieden und Ähnlichkeiten nie das Ganze aus den Augen zu verlieren. Der Vergleich – und nicht abstrakte Mathematik oder Zahlen – wurde Humboldts wichtigstes Werkzeug zum Verständnis der Natur.

Goethe war fasziniert und berichtete Freunden, wie sehr er die geistigen Fähigkeiten des jungen Mannes bewundere.[55] Kein Wunder, dass Humboldts Anwesenheit in Jena mit einer der produktivsten Phasen zusammenfiel, die Goethe seit Jahren erlebte. Er begleitete Humboldt nicht nur in den Anatomieturm, sondern schrieb auch die Verserzählung *Hermann und Dorothea* und befasste sich erneut mit seinen Theorien über Optik und Farbe. Er untersuchte Insekten, sezierte Würmer und Schnecken und setzte seine geologischen Studien fort.[56] Seine Tage und Nächte waren der Arbeit gewidmet. »Unsere kleine Akademie«[57], wie Goethe sie nannte, war sehr fleißig. Wilhelm von Humboldt arbeitete an der Versübersetzung einer Aischylos-Tragödie, die er mit Goethe diskutierte.[58] Zusammen mit Alexander baute Goethe einen optischen Apparat[59], mit dem er Licht brechen und die Lumineszenz von Phosphor untersuchen konnte.[60] Nachmittags oder abends trafen sie sich manchmal bei Wilhelm, meistens aber in Friedrich Schillers Haus am Marktplatz, wo Goethe Gedichte vorlas und auch andere ihre Werke bis spät in die Nacht vortrugen.[61] Goethe war so erschöpft, dass er bekannte, er freue sich fast auf ein paar ruhige Tage in Weimar, um sich »zu erholen«[62].

Alexander von Humboldts Wissensdrang sei so ansteckend, schrieb Goethe an Schiller, dass seine eigenen naturwissenschaftlichen Interessen aus dem Winterschlaf erwacht seien.[63] Schiller allerdings befürchtete, dass Goethe sich zu sehr von Dichtung und Ästhetik ablenken ließ.[64] Und daran sei allein Humboldt schuld, glaubte Schiller. Er meinte auch, Humboldt werde nie etwas Großes leisten, weil er pausenlos mit zu vielen Dingen gleichzeitig beschäftigt sei. Humboldt sei nur an Messungen interessiert, und seine Arbeit zeige, trotz vielfältigen Wissens, eine »Dürftigkeit des Sinnes«[65]. Schiller blieb eine vereinzelte negative Stimme. Selbst der Freund, dem er sich anvertraute, widersprach ihm: Gewiss, Humboldt habe eine große Schwäche für Messungen, aber diese seien wichtige Voraussetzungen für sein umfassendes Naturverständnis.

Nach einem Monat in Jena kehrte Goethe nach Weimar zurück, begann aber rasch die neuen Anregungen zu vermissen und lud Humboldt

sofort zu einem Besuch ein.[66] Fünf Tage später traf Humboldt in Weimar
ein und blieb eine Woche. Am ersten Abend beanspruchte Goethe seinen Gast für sich allein, doch am nächsten Tag aßen sie im Schloss mit
Karl August zu Mittag, gefolgt von einer großen Abendgesellschaft bei
Goethe. Dieser führte seinem Gast vor, was Weimar zu bieten hatte: Er
zeigte Humboldt die Landschaftsbilder aus der Sammlung des Herzogs
sowie einige geologische Proben, die gerade aus Russland eingetroffen
waren. Fast jeden Tag speisten sie im Schloss, wo Karl August Humboldt bat, einige Experimente zur Unterhaltung seiner Gäste vorzufüh-
ren. Humboldt musste sich fügen, fand aber, dass der Aufenthalt am Hof
eine höchst ärgerliche Zeitverschwendung sei.

Während des folgenden Monats, bis zu Humboldts endgültiger Abreise aus Jena, pendelte Goethe wieder zwischen seinem Haus in Weimar
und dem Jenaer Schloss. Sie lasen gemeinsam naturkundliche Bücher
und unternahmen lange Spaziergänge. Abends aßen sie zusammen und

Schiller mit Wilhelm und Alexander von Humboldt
und Goethe in Schillers Garten in Jena

besprachen die neuesten philosophischen Texte.[67] Oft trafen sie sich in Schillers neuem Gartenhaus unmittelbar außerhalb der Jenaer Stadtmauern. Schillers Garten grenzte an ein Flüsschen, an dem die Männer in einer kleinen Laube saßen.[68] Auf einem runden Steintisch in der Mitte standen Gläser und Teller mit Essen, dazwischen lagen aber auch Bücher und Papiere.[69] Das Wetter war herrlich, und sie genossen die milden Frühsommerabende. Nachts hörten sie nur das Plätschern des kleinen Flusses und den Gesang der Nachtigall.[70] Sie sprachen über »Kunst, Natur und Geist«[71], wie Goethe in sein Tagebuch schrieb.

Die Ideen, die sie diskutierten, beschäftigten Wissenschaftler und Philosophen in ganz Europa und mündeten in der Frage, wie die Natur zu verstehen sei. Grundsätzlich wetteiferten zwei Gedankenschulen um die Vorherrschaft: Die Rationalisten vertraten die Auffassung, alle Erkenntnis entstehe durch Vernunft und rationales Denken, während die Empiristen der Meinung waren, der Mensch könne die Welt nur durch Erfahrung »erkennen«. Die Empiristen behaupteten auch, im Verstand befinde sich nichts, was nicht durch die Sinne in ihn hineingelangt sei. Einige erklärten sogar, bei der Geburt sei der menschliche Verstand wie ein weißes Blatt Papier, und erst im Laufe des Lebens werde das Blatt mit Wissen und Erkenntnissen gefüllt, die allein auf den Wahrnehmungen der Sinne beruhten. Für die Naturwissenschaften folgte daraus, dass die Empiristen ihre Theorien stets an Beobachtungen und Experimenten überprüfen mussten, während die Rationalisten eine These auf Logik und Vernunft gründen konnten.

Einige Jahre bevor Humboldt Goethe kennenlernte, hatte Immanuel Kant eine philosophische Revolution ausgerufen, von der er kühn behauptete, sie sei nicht weniger radikal als jene, die Kopernikus rund zweihundertfünfzig Jahre zuvor ausgelöst hatte. Kant vertrat eine Position *zwischen* Rationalismus und Empirismus. Die Naturgesetze, wie wir sie kennen, schrieb Kant in seiner berühmten *Kritik der reinen Vernunft*, gebe es nur, weil unser Verstand sie interpretiere. Genauso wie Kopernikus zu dem Schluss gekommen sei, dass die Sonne sich nicht um uns bewegen könne, so müssten auch wir unser Naturverständnis grundlegend ändern.[72]

Der Dualismus zwischen Außen- und Innenwelt beschäftigte die Philosophen seit Jahrtausenden. Es ging um die Frage: Ist der Baum, den ich in meinem Garten sehe, die *Idee* des Baums oder der *wirkliche* Baum? Für einen Naturforscher wie Humboldt, der versuchte, die Natur zu verstehen, war das die wichtigste Frage. Der Mensch war wie ein Bürger zweier Welten, der sowohl in der Welt des »Ding an sich« – der Außenwelt – lebte als auch in der Innenwelt seiner eigenen Wahrnehmung (wie die Dinge ihm »erschienen«). Nach Kant kann das »Ding an sich« nie wirklich erkannt werden, weil die Innenwelt immer subjektiv ist.

Kants neuer Ansatz bestand in der Vorstellung, dass ein Objekt, wenn wir es bemerken, zu einem »Ding, wie es uns erscheint«, wird. Demnach gleichen sowohl unsere Sinne als auch unsere Vernunft einer getönten Brille, durch die wir die Welt sehen. Wir denken zwar, dass die Art und Weise, wie wir die Natur ordnen und verstehen, auf reiner Vernunft beruht – auf Klassifizierungen, auf den Newtonschen Gesetzen und so fort –, doch Kant glaubte, dass unser Verstand diese Ordnung präge, wir sie also durch die getönte Brille betrachten. Damit zwängen *wir* der Natur diese Ordnung auf und nicht umgekehrt. So wird das »Selbst« zum kreativen Ich – fast wie ein Gesetzgeber der Natur, auch wenn daraus folgt, dass der Mensch niemals das »wahre« Wesen des »Ding an sich« erkennt. Und damit rückte das Ich stärker in den Blickpunkt.

Doch Humboldts Interesse ging noch weiter. Eine der beliebtesten Vorlesungsreihen, die Kant an der Universität Königsberg hielt, betraf die Geografie. In rund vierzig Jahren hielt Kant diese Vorlesung achtundvierzig Mal. In der *Physischen Geographie*[73], wie die Vorlesung hieß, beschrieb Kant Erkenntnis als ein System, bei dem sich einzelne Fakten in einen größeren Rahmen einfügen müssen, um einen Sinn zu ergeben. Er veranschaulichte diese Idee anhand des Bildes eines Hauses: Bevor man es Stein für Stein und Stück für Stück erbauen könne, müsse man eine Idee haben, wie das ganze Gebäude am Ende aussehen solle. Dieser Ansatz wurde zum Dreh- und Angelpunkt in Humboldts späterem Denken.[74]

In Jena kam man an diesen Vorstellungen nicht vorbei – jeder sprach darüber. Ein britischer Besucher meinte, das Städtchen sei die »vornehmste Adresse der neuen Philosophie«[75]. Goethe bewunderte Kant und hatte alle seine Werke gelesen, und Wilhelm war so fasziniert, dass Alexander befürchtete, sein Bruder werde »sich tot studieren«[76] über der *Kritik der reinen Vernunft*. Ein Schüler von Kant, der an der Universität Jena lehrte, erklärte Schiller, es werde keine hundert Jahre dauern, und Kant werde so berühmt wie Jesus Christus sein.[77]

Der Jenaer Kreis interessierte sich vor allem für die Beziehung zwischen Innen- und Außenwelt. Letztlich führte sie zu der Frage: Wie ist Erkenntnis möglich? Während der Aufklärung betrachtete man die beiden Welten als vollkommen separat. Doch später sollten englische Romantiker wie Samuel Taylor Coleridge und amerikanische Transzendentalisten wie Ralph Waldo Emerson erklären, der Mensch sei früher – in einem längst vergangenen Goldenen Zeitalter – eins mit der Natur gewesen. Sie strebten danach, diese verlorene Einheit wiederherzustellen, und behaupteten, es gebe nur einen Weg dorthin, und der führe über Kunst, Dichtung und Gefühl. Die Natur lasse sich nur verstehen, indem man sich nach innen wende.

Humboldt vertiefte sich in Kants Theorien. Später stand eine Büste von Kant in seinem Arbeitszimmer, und Humboldt nannte ihn einen »großen Weltweisen«.[78] Ein halbes Jahrhundert später sagte er immer noch, die Außenwelt existiere nur insoweit, als wir sie »in uns aufnehmen«[79]. Wie sie in unserem Verstand geformt worden sei, so forme sie wiederum unser Verständnis der Natur. Außenwelt, Ideen und Gefühle – das alles »schmilzt«[80] zusammen, schrieb Humboldt später.

Auch Goethe setzte sich mit den Begriffen von Subjekt und Natur, von Subjektivität und Objektivität, von Wissenschaft und Fantasie auseinander. So hatte er eine Farbtheorie entwickelt, in der er erörterte, wie Farbe wahrgenommen wird – wobei dem Auge zentrale Bedeutung zukommt, weil es die Außenwelt in die Innenwelt transportiert. Goethe behauptete, objektive Wahrheit lasse sich nur erkennen, wenn sich subjektive Erfahrungen (beispielsweise durch die Wahrnehmung des Auges) mit der Denkfähigkeit des Beobachters verbinden. »Die Sinne trügen nicht«, erklärte Goethe, »das Urteil trügt.«[81]

Die Betonung der Subjektivität veränderte Humboldts Denken. Die Zeit in Jena führte ihn von der rein empirischen Forschung zu seiner eigenen Deutung der Natur – zu einer Vorstellung, die exakte wissenschaftliche Daten mit der emotionalen Reaktion darauf verband, was er gesehen hatte. Humboldt hatte lange an den Wert genauer Beobachtung und präziser Messung geglaubt – und sich ganz den Methoden der Aufklärung verschrieben –, aber jetzt begann er, individueller Wahrnehmung und Subjektivität mehr Bedeutung einzuräumen. Nur wenige Jahre zuvor hatte er zugegeben: »Die Lebhaftigkeit der Phantasie verwirrt mich«[82]; doch jetzt war er überzeugt, dass zum Verständnis der Natur die Fantasie ebenso notwendig sei wie das rationale Denken. »Die Natur muss gefühlt werden«, schrieb Humboldt an Goethe und bestand darauf, dass diejenigen, die nur Pflanzen, Tiere und Steine klassifizieren, um die Welt zu verstehen, diesem Ziel niemals nahe kommen werden[83].

Etwa um diese Zeit lasen die beiden Erasmus Darwins bekanntes Gedicht *Loves of the Plants*. Erasmus, der Großvater von Charles Darwin, war Arzt, Erfinder und Naturforscher. Er hatte in seinem Gedicht die Linné'sche Klassifizierung der Pflanzen nach ihren Fortpflanzungsorganen in Verse umgewandelt, in deren Reimen es von liebeskranken Veilchen, eifersüchtigen Butterblumen und errötenden Rosen nur so wimmelte. Bevölkert von gehörnten Schnecken, flatternden Blättern, silbernem Mondlicht und Liebenden auf »moosbestickten Betten«[84], war *Loves of the Plants* zum meistdiskutierten Gedicht Englands geworden.[85]

Vierzig Jahre später schilderte Humboldt in einem Brief an Charles Darwin, wie sehr er dessen Großvater verehrt habe. Mit seinem Werk hatte Erasmus gezeigt, dass die gleichzeitige Wertschätzung von Natur *und* Fantasie »voller Kraft und Produktivität«[86] war. Goethe war weniger beeindruckt. Im gefiel die Idee des Gedichtes, aber er fand die Ausführung zu pedantisch und weitschweifig. Den Versen mangelte es an jeglichem »poetischem Gefühl«[87], sagte er zu Schiller.

Goethe glaubte an die enge Verbindung von Kunst und Wissenschaft, und obwohl seine Liebe zur Wissenschaft wiedererwacht war, entfremdete ihn das keineswegs von seiner Kunst, wie Schiller befürchtet hatte. Viel zu lange seien Dichtung und Wissenschaft als unversöhnliche Gegensätze[88] betrachtet worden, fand er, doch jetzt begann er, sein dichterisches Werk mit Wissenschaft zu durchdringen. In seinem Hauptwerk, dem *Faust*[89], schließt der Protagonist des Stückes, der ruhelose Gelehrte Heinrich Faust, einen Pakt mit dem Teufel Mephistopheles und erhält dafür grenzenloses Wissen. Goethe schrieb die zwei Teile *Faust I* und *Faust II*, die 1808 und 1832 erschienen, in unregelmäßigen Schüben, die oft mit Humboldts Besuchen zusammenfielen. Wie Humboldt strebte Faust fieberhaft nach Erkenntnis, getrieben von einem »innren Toben«[90], wie er in der ersten Szene erklärt. Während Goethe am *Faust* arbeitete, sagte er über Humboldt: »Denn ich habe niemanden gekannt, der mit einer so bestimmt gerichteten Tätigkeit eine solche Vielseitigkeit des Geistes verbände«[91] – eine Beschreibung, die genauso gut auf Faust hätte gemünzt sein können. Faust wie Humboldt waren davon überzeugt, dass leidenschaftlicher Tätigkeits- und Forschungsdrang zur Erkenntnis führe – und beide fanden Kraft in der natürlichen Welt und glaubten an die Einheit der Natur. Wie Humboldt wollte Faust die »Kräfte der Natur rings um mich her enthüllen«[92]. Wenn Faust in der ersten Szene sagt: »Dass ich erkenne, was die Welt im Innersten zusammenhält«[93], so hätten diese Worte genauso gut von Humboldt stammen können. Dass Humboldt etwas von Goethes *Faust* hatte – oder *Faust* etwas von Humboldt –, war vielen aufgefallen; so vielen, dass die Leute freimütig von dieser Ähnlichkeit sprachen, als das Stück 1808 schließlich veröffentlicht wurde.[*][94]

Es gab noch weitere Beispiele für Goethes Verschmelzung von Kunst und Wissenschaft. Für sein Gedicht *Metamorphose der Pflanzen*[95] übertrug er seine frühere Schrift über die *Urform der Pflanzen* in Dichtung. Und für die *Wahlverwandtschaften*, einen Roman über Ehe und Liebe, wählte er als Titel einen zeitgenössischen wissenschaftlichen Terminus. Diese inhärente »Verwandtschaft« chemischer Stoffe, also ihre Neigung, sich miteinander zu verbinden, war auch eine wichtige Theorie jener Wissenschaftler, die über die Lebenskraft der Materie diskutierten. So erklärte der französische Wissenschaftler Simon-Pierre Laplace, den Humboldt sehr bewunderte, dass »alle chemischen Verbindungen das Ergebnis von Anziehungskräften sind«[96]. Laplace sah darin den Schlüssel zum Verständnis des Universums. Goethe verwendete diese chemischen Bindungen als Symbole für die Beziehungen und wechselnden Leidenschaften zwischen den vier Protagonisten des Romans. Das war reine Chemie, umgewandelt in Literatur. Natur, Wissenschaft und Fantasie rückten näher zusammen.

Oder, wie Faust sagt, Wissen könne der Natur nicht allein durch Beobachtung, Instrumente oder Experimente abgerungen werden:

Geheimnisvoll am lichten Tag
Läßt sich Natur des Schleiers nicht berauben,
Und was sie deinem Geist nicht offenbaren mag,
Das zwingst du ihr nicht ab mit Hebeln und mit Schrauben.[97]

Humboldt glaubte, dass Goethes Naturbeschreibungen in seinen Theaterstücken, Romanen und Gedichten ebenso wahrheitsgetreu seien wie

---

[*] Andere wiederum sahen auch Ähnlichkeiten zwischen Humboldt und Mephistopheles. Goethes Nichte sagte: »Humboldt komme ihr vor wie Mephistopheles dem Gretchen«, kein besonders nettes Kompliment, da Gretchen (Fausts Geliebte) am Ende des Stückes erkennt, dass Mephistopheles der Teufel ist, und sich von Faust abwendet, um ihre Seele Gott zu empfehlen.

die Entdeckungen der größten Naturforscher. Nie vergaß er, dass Goethe ihn ermutigt hatte, Natur und Kunst[98], Fakten und Fantasie zu verbinden. Und es war diese neue Betonung der Subjektivität, die es Humboldt erlaubte, die frühere mechanistische Naturauffassung, wie sie von Wissenschaftlern wie Leibniz, Descartes oder Newton vertreten wurde, mit der Dichtung der Romantik zu verknüpfen. So wurde Humboldt zum Bindeglied zwischen Newtons *Optik*, die erklärte, dass Regenbogen entstehen, weil das Licht durch Regentropfen gebrochen wird, und Dichtern wie John Keats, der verkündete, Newton habe »die ganze Poesie des Regenbogens zerstört, weil er ihn auf ein Prisma zurückgeführt hat«[99].

Die Zeit in Jena habe »mächtig«[100] auf ihn gewirkt, erklärte Humboldt später. Das Zusammensein mit Goethe habe ihn mit »neuen Organen«[101] ausgestattet, mit deren Hilfe er nun die Natur sehe und verstehe. Es waren diese »neuen Organe«, mit denen Humboldt Südamerika betrachten sollte.

3

Auf der Suche nach einem Ziel

Während Humboldt durch das weite preußische Staatsgebiet reiste, um Bergwerke zu inspizieren und Freunde aus der Wissenschaft zu treffen, träumte er weiterhin von fernen Ländern. Diese Sehnsucht legte sich nicht; aber er wusste auch, dass seine Mutter, Marie Elisabeth von Humboldt, absolut kein Verständnis für seine Träume von exotischen Abenteuern hatte. Sie erwartete von ihm, dass er sich in der preußischen Verwaltungshierarchie emporarbeitete – und er fühlte sich von ihr »am Gängelbande geführt«[1]. Das änderte sich, als sie im November 1796 an Krebs starb, nachdem sie mehr als ein Jahr gegen die Krankheit gekämpft hatte.

Es war keine Überraschung, dass weder Wilhelm noch Alexander sonderlich um die Mutter trauerten. Ihre Söhne hätten es ihr nie recht machen können, vertraute Wilhelm seiner Frau Caroline an. Ganz gleich, wie erfolgreich sie ihre Studien abgeschlossen hatten und wie glänzend sie in ihrem Beruf vorangekommen waren, niemals war sie zufrieden.[2] Als sie krank war, zog Wilhelm pflichtbewusst nach Tegel und Berlin, um sie zu pflegen[3], aber er vermisste die geistigen Anregungen Jenas. Deprimiert von der bedrückenden Gegenwart der Mutter, konnte er weder lesen noch arbeiten oder nachdenken. Er fühle sich wie gelähmt, schrieb Wilhelm an Schiller.[4] Alexander erschien zu einem Kurzbesuch[5], reiste aber schnell wieder ab. Nach fünfzehn Monaten ertrug Wilhelm die Krankenwache nicht länger und kehrte nach Jena zurück. Als die Mutter zwei Wochen später starb, saß keiner der beiden Brüder an ihrem Bett.

Weder Wilhelm noch Alexander nahmen am Begräbnis teil. Sie hatten wichtigere Dinge vor. Alexanders neue Grubenlampen stießen auf lebhaftes Interesse, und er war mit seinen Experimenten über den Galvanismus beschäftigt.[6] Vier Wochen nach dem Tod der Mutter war er bereits dabei, seine »große Reise«[7] vorzubereiten. Nachdem er jahrelang auf die Gelegenheit gewartet hatte, selbst über sein Leben zu bestimmen[8], fühlte er sich endlich – mit siebenundzwanzig Jahren – befreit. Der Tod seiner Mutter berührte ihn nicht sonderlich, wie er seinem alten Freund aus Freiberg gestand, »denn wir waren uns von jeher fremd geblieben«[9]. Während der letzten Jahre hatte Humboldt so wenig Zeit wie möglich bei der Familie zu Hause verbracht und Tegel immer erleichtert wieder verlassen.[10] Einer seiner engen Freunde schrieb ihm sogar, dass »dieser Tod insbesondere für dich erwünscht seyn muss«[11].

Innerhalb eines Monats kündigte Alexander seine Stellung als Bergassessor. Wilhelm wartete etwas länger, zog aber nach ein paar Monaten zunächst nach Dresden und dann nach Paris, wo Caroline und er ihr neues Haus in einen Salon für Schriftsteller, Künstler und Dichter verwandelten.[12] Der Tod ihrer Mutter machte die Brüder reich.[13] Alexander erbte fast 100 000 Taler. »Ich habe so viel Geld«, gab er an, »dass ich mir Nase, Mund und Ohren vergolden lassen kann.«[14] Er war wohlhabend genug, um sich jedes beliebige Reiseziel aussuchen zu können. Er lebte relativ bescheiden, weil Luxus ihn nicht interessierte. Wenn er Geld ausgab, dann für aufwendig gedruckte Bücher oder kostspielige neue wissenschaftliche Instrumente; aber modischer Kleidung oder eleganten Möbeln konnte er nichts abgewinnen. Eine Expedition war etwas anderes – dafür war er durchaus bereit, einen erheblichen Teil seines Erbes zu verwenden. Vor lauter Begeisterung konnte er sich allerdings nicht entscheiden, wohin die Reise gehen sollte, und sprach von so vielen Expeditionszielen, dass niemand wusste, was er wirklich vorhatte: Lappland oder Griechenland, Ungarn oder Sibirien oder sogar die Westindischen Inseln und die Philippinen.

Das genaue Reiseziel war aber auch noch nicht so wichtig, weil er sich zuerst vorbereiten wollte, und das tat er äußerst pedantisch. Alle Instrumente, die er brauchte, musste er erst testen, bevor er sie kaufte, und er reiste durch ganz Europa, um so viel wie möglich über Geologie, Botanik, Zoologie und Astronomie zu lernen.[15] Seine frühen Veröffentlichungen und das wachsende Netz an Kontakten öffneten ihm die Türen; sogar eine neue Pflanzenart wurde nach ihm benannt: *Humboldtia laurifolia*, ein »prachtvoller« Baum aus Indien, schrieb er einem Freund, »ist das nicht groß!!«[16]. In den nächsten Monaten holte er in Freiberg Rat von Geologen ein[17], und in Dresden lernte er den Umgang mit seinen Sextanten[18]. Er kletterte in den Alpen, um die Berge kennenzulernen –

damit sie ihm später als Vergleich dienen konnten, wie er Goethe mitteilte[19] –, und in Jena führte er weitere elektrische Experimente durch. In Wien studierte er die tropischen Pflanzen in den Gewächshäusern des Kaisergartens.[20] Dort versuchte er auch, den jungen Direktor Joseph van der Schot zu überreden, ihn auf seiner Expedition zu begleiten, mit dem Argument, ihre gemeinsame Zukunft würde »süß«[21] sein. Er verbrachte einen kalten Winter in der Mozartstadt Salzburg, wo er die Höhe der nahen österreichischen Alpen ausmaß und bei eisigen Regen seine meteorologischen Instrumente testete und er, wenn es gewitterte, seine Instrumente in die Luft hielt, um die Elektrizität in der Atmosphäre zu bestimmen. Mehrfach las er alle Reiseberichte, die er finden konnte, und vertiefte sich in Wälzer über Botanik.[22]

Während Humboldt von einem europäischen Zentrum der Gelehrsamkeit zum nächsten eilte, strahlte er eine atemlose Energie aus. »Aber es ist nun einmal meine Art, was ich treibe, rasch und lebhaft zu betreiben«[23], sagte er und begründete seine vielen Reisen damit, dass es keinen Menschen gab, der allein ihn alles hätte lehren können.

Nach einem Jahr hektischer Betriebsamkeit und penibler Vorbereitungen dämmerte es Humboldt, dass sein Gepäck zwar mit Ausrüstungsgegenständen vollgestopft und sein Kopf mit den neuesten wissenschaftlichen Erkenntnissen gefüllt war, dass aber die politische Situation in Europa seine Träume platzen ließ. Große Teile Europas waren in die französischen Revolutionskriege verwickelt. Die Hinrichtung des französischen Königs Louis XVI. im Januar 1793 hatte die europäischen Staaten gegen die französischen Revolutionäre vereint. In den Jahren nach der Revolution erklärte Frankreich einem Land nach dem anderen den Krieg, unter anderem Österreich, Preußen, Spanien, Portugal und Großbritannien. Gewinne und Verluste gab es auf beiden Seiten, Verträge wurden unterzeichnet und wieder gebrochen. Aber 1798 hatte Napoleon dann Belgien, das Rheinland von Preußen, die österreichischen Niederlande und große Teile Italiens erobert. Egal, wohin Humboldt auch blickte, Krieg und Heere schränkten ihn in seiner Bewegungsfreiheit ein. Sogar Italien – wo ihn geologische Studien der Vulkane Vesuv und Ätna besonders reizten – blieb ihm wegen Napoleon verschlossen.[24]

Humboldt musste einen Staat finden, der ihm gestattete, sich einer Expedition anzuschließen, und der ihm zumindest erlaubte, seine Kolonien zu besuchen. Er bat die Briten und Franzosen um Hilfe und schließlich die Dänen. Seinen Plan, zu den Westindischen Inseln zu rei-

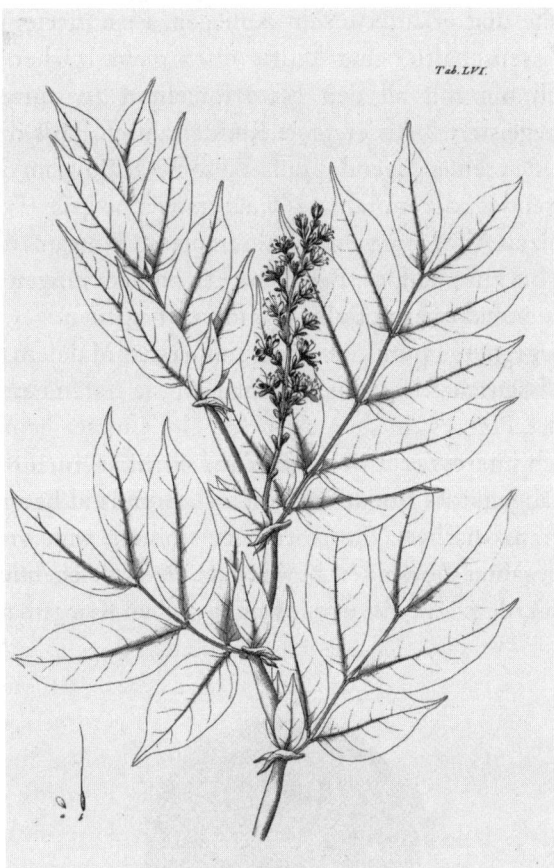

Humboldtia laurifolia

sen, musste er angesichts der andauernden Seeschlachten aufgeben. Dann nahm er eine Einladung an, den britischen Earl of Bristol nach Ägypten zu begleiten, obwohl der alte Aristokrat als ziemlich exzentrisch verschrien war.[25] Aber auch dieser Plan scheiterte, weil Bristol von den Franzosen unter Spionageverdacht verhaftet wurde.[26]

Ende April 1798, anderthalb Jahre nach dem Tod seiner Mutter, besuchte Humboldt Paris, wo Wilhelm und Caroline inzwischen wohnten[27]. Er hatte seinen Bruder länger als ein Jahr nicht mehr gesehen, und außerdem hielt er es für eine gute Idee, sich direkt an die siegreichen Franzosen zu wenden. In Paris verbrachte er viel Zeit mit seinem Bruder und seiner Schwägerin, schrieb aber auch Briefe, kontaktierte wichtige Personen und versuchte, sie für seinen Plan zu gewinnen – er schmeichelte, bettelte und erläuterte sein Anliegen. Er notierte die Adressen zahlloser Wissenschaftler und kaufte noch mehr Bücher und Instrumente.[28] »Ich bin mit all den Naturforschern zusammen«, schrieb Humboldt begeistert.[29] Als er seine Runden durch Paris drehte, traf er auch den Helden seiner Jugend, Louis-Antoine de Bougainville, den Entdeckungsreisenden, der im Jahr 1768 als erster Europäer Tahiti betreten hatte. Im stolzen Alter von siebzig Jahren plante Bougainville eine Reise um die Welt bis zum Südpol. Beeindruckt von dem jungen preußischen Wissenschaftler, lud er Humboldt ein, ihn zu begleiten.[30]

In Paris begegnete Humboldt auch zum ersten Mal dem jungen französischen Wissenschaftler Aimé Bonpland[31]; sie trafen sich in der Eingangshalle des Hauses, in dem sie beide ein Zimmer gemietet hatten. Offensichtlich interessierte sich Bonpland ebenfalls für Pflanzen, denn er trug eine abgenutzte Botanisiertrommel. Bonpland hatte in Paris bei den besten französischen Naturforschern studiert, war, wie Humboldt erfuhr, ein begabter Botaniker, bewandert in vergleichender Anatomie und hatte außerdem als Arzt in der französischen Kriegsmarine gedient.

Aimé Bonpland

Bonpland war fünfundzwanzig Jahre alt und stammte aus La Rochelle, einer Hafenstadt an der Atlantikküste. Er kam aus einer Seefahrerfamilie, und die Liebe zu Abenteuern und Entdeckungsfahrten lag ihm im Blut. Bonpland und Humboldt liefen sich im Treppenhaus ihres Wohnhauses regelmäßig über den Weg und kamen miteinander ins Gespräch. Rasch entdeckten sie ihre gemeinsame Begeisterung für Pflanzen und Reisen in ferne Länder.

Wie Humboldt brannte Bonpland darauf, die Welt zu sehen. Humboldt fand, dass Bonpland der ideale Reisegefährte war. Er interessierte sich ebenfalls leidenschaftlich für Botanik und die Tropen und war darüber hinaus auch freundlich und liebenswürdig. Bonpland war athletisch gebaut, kräftig, widerstandsfähig, gesund und zuverlässig. In vielen Punkten war er das genaue Gegenteil von Humboldt. Während Humboldt meist hektische Betriebsamkeit verbreitete, wirkte Bonpland ruhig und ausgeglichen. Sie waren ein großartiges Team.

Humboldt plante zwar seine Reisen, dabei plagte ihn aber das schlechte Gewissen wegen seiner verstorbenen Mutter. Friedrich Schiller erwähnte gegenüber Goethe die Gerüchte, dass Alexander »den Geist seiner Mutter nicht loswerden« könne[32]. Angeblich verfolge sie ihn ständig. Ein gemeinsamer Bekannter hatte Schiller berichtet, dass Humboldt in Paris an einigen dubiosen Séancen teilgenommen hatte. Humboldt litt zwar schon immer unter einer »großen Gespensterfurcht«[33], wie er einem Freund einige Jahre zuvor gestanden hatte, aber dieses Gefühl verstärkte sich jetzt. Nach außen war er der rationale Wissenschaftler, fühlte sich aber vom Geist seiner Mutter ständig beobachtet. Es wurde Zeit zu fliehen.

Das war jedoch nicht so einfach. Das Kommando der Bougainville'schen Expedition war einem jüngeren Mann übertragen worden, Kapitän Nicolas Baudin. Zwar hatte man Humboldt versichert, er könne Baudin begleiten, letztendlich aber scheiterte die ganze Expedition daran, dass ihr staatliche Mittel fehlten.[34] Humboldt weigerte sich aufzugeben. Er wollte sich den zweihundert Gelehrten im Tross der napoleonischen Armee anschließen, die Toulon im Mai 1798 verlassen hatte, um in Ägypten einzufallen.[35] Doch wie sollte er dorthin kommen? Humboldt klagte, dass wohl nie zuvor ein »Reisender mit so vielen Schwierigkeiten zu kämpfen gehabt«[36] hatte.

Auf der Suche nach einem Schiff wandte sich Humboldt an den schwedischen Konsul in Paris[37], der versprach, ihm eine Passage von Marseille nach Algier an der nordafrikanischen Küste zu verschaffen. Von dort aus konnte er auf dem Landweg nach Ägypten weiterreisen. Also bat Humboldt seinen Londoner Bekannten, Joseph Banks, Bonpland einen Pass zu besorgen für den Fall, dass sie einem englischen Kriegsschiff begegneten.[38] Er war auf alle Eventualitäten vorbereitet. Humboldt selbst reiste mit einem Pass, der ihm von dem preußischen Gesandten in Paris ausgestellt worden war. Neben Namen und Alter beschrieb das Dokument auch detailliert, wenn auch nicht ganz objektiv, sein Aussehen: graue Augen, ein breiter Mund, eine große Nase und ein »wohlgeformtes Kinn«. Amüsiert kritzelte Humboldt an den Rand: »*großes Maul, dicke Nase, aber menton bien fait*«[39].

Ende Oktober machten sich Humboldt und Bonpland in aller Eile auf nach Marseille, bereit, sofort abzulegen. Aber nichts geschah. Zwei Monate lang kletterten sie Tag für Tag den Hügel zur alten Kirche Notre-Dame de la Garde hinauf, um von dort den Hafen abzusuchen. Jedes weiße Segel, das am Horizont auftauchte, ließ sie erneut hoffen. Aber dann erreichte sie die Nachricht, dass die ihnen versprochene Fregatte in einem Sturm schwer beschädigt worden war. Humboldt beschloss, selbst ein Schiff zu chartern, musste aber rasch einsehen, dass dies angesichts der tobenden Seeschlachten ein Ding der Unmöglichkeit war.[40] Wohin sie sich auch wandten, »alle diese Hoffnungen scheiterten«[41], schrieb er an einen alten Freund in Berlin. Er war frustriert – er hatte die Taschen voller Geld, sein Kopf brummte nur so von wissenschaftlichen Ideen, aber er war trotzdem außerstande, seine Reise anzutreten. Der Krieg und die Politik, sagte Humboldt, hielten alles auf, und »die Welt wird versperrt«[42].

Ende 1798, fast genau zwei Jahre nach dem Tod seiner Mutter, reiste Humboldt nach Madrid, um dort sein Glück zu versuchen. Frankreich hatte er erst mal abgehakt. Die Spanier gewährten Fremden nur höchst ungern Zutritt zu ihren überseeischen Territorien; aber mit Charme und durch Beziehungen zum spanischen Hof erhielt Humboldt tatsächlich die Erlaubnis, eine absolute Ausnahme.[43] Unter der ausdrücklichen Bedingung, dass Humboldt die Reise selbst finanzierte, stellte ihm König Carlos IV. von Spanien Anfang Mai 1799 einen Pass für die Reise durch die Kolonien in Südamerika und die Philippinen aus. Im Gegenzug versprach Humboldt, Flora und Fauna für die königlichen Sammlungen und Gärten mitzubringen. Nie zuvor hatte der König einem Ausländer erlaubt, sich so frei in den spanischen Besitzungen zu bewegen. Die Entscheidung ihres Monarchen überraschte sogar die Spanier.

Humboldt wollte so schnell wie möglich abreisen. Fünf Tage später verließen er und Bonpland Madrid in Richtung La Coruña, eines Hafens an der Nordwestspitze Spaniens, wo die Fregatte *Pizarro* auf sie wartete. Anfang Juni 1799 waren sie bereit auszulaufen, trotz der Warnung vor britischen Kriegsschiffen in der Nähe. Aber nichts – weder Kanonen noch die Furcht vor dem Feind – konnte ihnen diesen Augenblick verderben. »Mir schwindelt der Kopf vor Freude«[44], schrieb Humboldt.

Er hatte viele der neuesten Instrumente gekauft, von Teleskopen und Mikroskopen bis zu einer großen Pendeluhr und zahlreichen Kompassen – alles in allem zweiundvierzig Instrumente, einzeln verpackt in samtgefütterten Kisten –, dazu Glasfläschchen für Samen- und Bodenproben, Papierbögen, Skalen und zahllose Werkzeuge.[45] »Meine Stimmung war gut«, notierte Humboldt in seinem Tagebuch, »wie sie sein muss, wenn man ein großes Werk beginnt.«[46]

In den Briefen, die er kurz vor ihrer Abreise schrieb, skizzierte er seine Pläne. Wie andere Entdeckungsreisende vor ihm wollte er Pflanzen, Samen, Gesteinsproben und Tiere sammeln, außerdem die Höhe von Bergen vermessen, Längengrade und Breitengrade bestimmen und die Temperatur von Wasser und Luft festhalten. Aber der wirkliche Zweck der Reise bestand darin, »das Zusammen- und Ineinanderweben aller Naturkräfte«[47] zu entdecken – wie organische und anorganische Natur im Wechsel aufeinander wirken. Der Mensch müsse nach »dem Guten und Großen« streben, schrieb Humboldt in seinem letzten Brief aus Spanien, »das Übrige hängt vom Schiksal ab«[48].

Je näher sie den Tropen kamen, desto aufgeregter war Humboldt. Sie fingen und untersuchten Fische, Quallen, Seetang und Vögel. Er testete seine Instrumente, maß Temperaturen und bestimmte den Sonnenstand. Eines Nachts war das Meeresleuchten so stark, dass das Wasser in Flammen zu stehen schien. Der ganze Ozean, so notierte Humboldt in seinem Tagebuch, sah aus wie eine »eßbare Flüssigkeit voll organischer Theile«[49]. Nach zwei Wochen auf See legten sie kurz auf Teneriffa an, der größten Kanarischen Insel. Die ganze Insel war in Nebel gehüllt, aber als sich der dichte Schleier hob, erblickte Humboldt den in der Sonne glitzernden weißen Gipfel des Vulkans Pico del Teide. Er stürzte zum Bug des Schiffes und starrte atemlos auf den ersten Berg, den er außerhalb Europas besteigen wollte. Allerdings war auf Teneriffa nur ein Aufenthalt von wenigen Tagen vorgesehen. Es blieb also nicht viel Zeit.[50]

Am nächsten Morgen machten sich Humboldt, Bonpland und einige

Teneriffa und Pico del Teide

einheimische Führer auf den Weg, ohne Zelte und Mäntel und lediglich mit einigen schwachen »Kiefernfackeln« ausgerüstet.[51] In den Tälern war es sehr warm, aber die Temperatur fiel rasch, als sie höherstiegen. Auf dem Gipfel des Vulkans, in einer Höhe von gut 3700 Metern, war der Wind so stark, dass sie sich kaum auf den Beinen halten konnten. Ihre Gesichter waren eiskalt, aber ihre Füße brannten von der Hitze, die vom heißen Boden aufstieg.[52] Humboldt ignorierte die Schmerzen. Etwas in der Luft erzeugte eine Art »Durchsichtigkeit«[53], schrieb er, die fast magisch war – ein verheißungsvolles Zeichen für die weitere Reise. Es fiel ihm schwer, sich von dem Anblick loszureißen, aber es wurde Zeit, wieder an Bord zu gehen.

Kaum zurück auf der *Pizarro*, hieß es »Anker lichten«, und die Reise ging weiter. Humboldt war glücklich. Er bedauerte nur, dass sie nachts keine Lampen und Kerzen anzünden durften, damit der Feind sie nicht entdeckte.[54] Für Humboldt, der nur wenige Stunden Schlaf brauchte, war es eine Qual, nachts in der Dunkelheit zu liegen, ohne lesen, sezieren oder forschen zu können. Je weiter sie nach Süden segelten, desto kürzer wurden die Tage, und schon bald war er ab sechs Uhr abends zur Untätigkeit verdammt. Also beobachtete er den Nachthimmel, und wie so viele Entdeckungsreisende und Seeleute, die vor ihm den Äquator überquert hatten, staunte auch Humboldt über die neuen Sterne und Sternbilder, die man nur am Südhimmel sieht, ein Beweis dafür, wie weit er schon gereist war. Als Humboldt zum ersten Mal das Kreuz des Südens erblickte, erkannte er, dass die Träume seiner »frühesten Jugend« in Erfüllung gingen.[55]

Am 16. Juli 1799, einundvierzig Tage nachdem sie La Coruña in Spanien verlassen hatten, tauchte am Horizont die Küste Neuandalusiens auf, heute ein Teil Venezuelas. Das Erste, was sie von der Neuen Welt sahen, war ein üppiger grüner Gürtel aus Palmen- und Bananenhainen, der sich am Strand entlangzog; dahinter hohe Berge, deren ferne Gipfel in die Wolken ragten. Eine Meile von der Küste entfernt lag, von Kakaobäumen umgeben, Cumaná, eine Stadt, die die Spanier 1523 gegründet hatten und die 1797, zwei Jahre vor Humboldts Eintreffen, von einem Erdbeben fast völlig zerstört worden war.[56] Dort verbrachten sie die nächsten Monate. Der Himmel war von unwirklichem Blau und die Luft glasklar. Es herrschte glühende Hitze, und das Licht blendete. Sofort nachdem er von Bord gegangen war, steckte Humboldt ein Thermometer in den weißen Sand: 37,7 Grad Celsius, notierte er.[57]

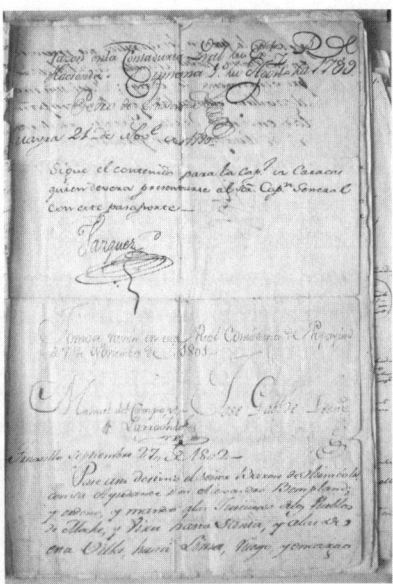

Zwei Seiten aus Humboldts spanischem Pass mit den Unterschriften zahlreicher Verwaltungsbeamter aus diversen Kolonien

Cumaná war die Hauptstadt Neuandalusiens, einer Provinz des Generalkapitanats Venezuela – und gehörte zum spanischen Kolonialreich, das sich von Kalifornien bis hinab zur Südspitze Chiles erstreckte. Alle spanischen Kolonien wurden von der spanischen Krone und dem Westindienrat in Madrid kontrolliert. Diesem wiederum unterstanden direkt und in einem absolutistischen System die örtlichen Vizekönige und Statthalter. Ohne ausdrückliche Erlaubnis durften die Kolonien keinen Handel miteinander treiben. Die Kommunikation wurde streng überwacht. Bücher und Zeitungen konnten nur mit Lizenzen gedruckt werden, Druckpressen und Manufakturen waren verboten. Allein wer in Spanien geboren war, hatte das Recht, in den Kolonien Geschäfte zu führen oder Minen zu besitzen.[58]

Als sich gegen Ende des 18. Jahrhunderts die Revolution in den britischen Kolonien Nordamerikas und in Frankreich ausbreitete, wurden die Kolonisten des spanischen Reiches noch strenger an die Kandare genommen. Sie mussten exorbitante Steuern an Spanien abführen und wurden von jeder Regierungsverantwortung ausgeschlossen. Alle nichtspanischen Schiffe wurden als Feinde behandelt, und niemand, noch nicht einmal ein Spanier, durfte die Kolonien ohne eine Vollmacht des Königs betreten. Die Bewohner der Kolonien reagierten mit zunehmender Verärgerung. Humboldt war klar, dass er in dieser angespannten Lage sehr vorsichtig sein musste. Trotz seines Passes vom spanischen König konnten ihm die Verwaltungsbeamten vor Ort das Leben außerordentlich schwermachen. Wenn es ihm nicht gelang, »bei den Regenten dieser ungeheuren Landstrecken besondere Teilnahme für uns zu wecken«, hätte er mit »zahllosen Unannehmlichkeiten«[59] während seines Aufenthalts in der Neuen Welt zu kämpfen.

Doch bevor Humboldt dem Statthalter von Cumaná seine Papiere vorlegte, ließ er das tropische Landschaftsbild auf sich wirken. Alles war so neu und spektakulär. Die Vögel, Palmen und sogar die Wellen trugen »den großartigen Stempel der tropischen Natur«[60]. Es war der Anfang eines neuen Lebens – fünf Jahre, in denen Humboldt sich vom neugierigen und begabten jungen Mann zum bemerkenswertesten Naturforscher seines Zeitalters entwickelte. Hier begann er, die Natur mit Verstand und Herz zu erleben.

TEIL II

ANKUNFT: Sammlung der Ideen

4

Südamerika

Humboldt und Bonpland entdeckten in diesen ersten Wochen überall faszinierende neue Dinge. Die Landschaft schlug sie in ihren Bann.[1] Herrliche rote Blüten schmückten die Palmen, die Vögel und Fische wetteiferten in ihrer Farbenpracht, und selbst die Flusskrebse leuchteten himmelblau und gelb. Rosafarbene Flamingos standen auf einem Bein am Strand, und das Licht, das durch die gefächerten Blätter der Palmen fiel, zauberte ein Muster aus Schatten und Sonne in den weißen Sand.[2] Es gab so viele Schmetterlinge, Affen und Pflanzen zu katalogisieren, dass Humboldt an seinen Bruder schrieb: »Wie die Narren laufen wir bis jetzt umher.«[3] Selbst der eher gelassene Bonpland räumte ein, er werde »von Sinnen kommen, wenn die Wunder nicht bald aufhören«[4].

Humboldt, der immer stolz darauf gewesen war, dass er systematisch vorging, hatte unter diesen Umständen Schwierigkeiten, an seiner rationalen Methode festzuhalten.[5] Sie füllten ihre Truhen so rasch, dass sie weitere Papierbögen bestellen mussten, zwischen denen sie ihre Pflanzen pressten, und manchmal fanden sie so viele Exemplare, dass sie sie kaum in ihre Unterkunft tragen konnten.[6] Im Gegensatz zu anderen Naturforschern war Humboldt nicht daran interessiert, taxonomische Lücken zu füllen – er sammelte Ideen, betonte er, und nicht einfach naturhistorische Objekte. Mehr als alles andere fesselte ihn »der Eindruck, den das Ganze... macht«[7], schrieb Humboldt.

Alles, was er sah, verglich Humboldt mit dem, was er zuvor in Europa beobachtet und gelernt hatte. Jedes Mal, wenn er eine Pflanze, einen Stein oder ein Insekt aufhob, gingen seine Gedanken rasch zurück zu den Dingen, die er von zu Hause kannte. Die Bäume mit den schirmartigen Kronen, die auf den Ebenen bei Cumaná wuchsen, erinnerten ihn an die Pinien in Italien.[8] Aus der Entfernung betrachtet, hatte das Meer

Humboldt in Südamerika

von Kakteen den gleichen Effekt wie das Gras auf den Wiesen der heimischen Marschen im nördlichen Deutschland.[9] Hier war ein Tal, das
ihn an Derbyshire in England erinnerte[10], oder an Höhlen, wie er sie aus
Franken in Deutschland oder den Karpaten in Osteuropa kannte[11]. Alles
schien irgendwie mit allem zusammenzuhängen – eine Idee, die seine
Vorstellung von der Natur bis ans Ende seines Lebens prägte.

Humboldt war noch nie so glücklich und gesund gewesen.[12] Er genoss die Hitze – und die Fieberanfälle und Nervenleiden, unter denen
er in Europa gelitten hatte, verschwanden. Er nahm sogar etwas zu.
Tagsüber sammelten Bonpland und er, abends saßen sie zusammen und
machten sich Notizen, nachts führten sie astronomische Beobachtungen durch. In einer dieser Nächte verfolgten sie staunend stundenlang
einen Meteorschauer, der Tausende Sternschnuppen über den Himmel
schickte.[13] Humboldts Briefe sprühten vor Begeisterung und trugen die
Wunder dieser Welt in die eleganten Salons von Paris, Berlin und Rom.

Er berichtete von Riesenspinnen, die Kolibris fraßen, und von Schlangen, die zehn Meter lang waren.[14] Währenddessen verblüffte er die Bewohner von Cumaná mit seinen Instrumenten; seine Teleskope holten ihnen den Mond heran, und seine Mikroskope verwandelten die Läuse aus ihren Haaren in grässliche Ungeheuer.[15]

Eine Sache dämpfte allerdings Humboldts Freude: der Sklavenmarkt gegenüber dem Haus, das sie an Cumanás Marktplatz gemietet hatten. Seit Beginn des 16. Jahrhunderts brachten die Spanier Sklaven in ihre südamerikanischen Kolonien. Jeden Morgen wurden junge afrikanische Männer und Frauen zum Verkauf angeboten. Sie mussten sich mit Kokosfett einreiben, damit ihre Haut schwarz glänzte, und wurden potenziellen Käufern vorgeführt, die ihnen die Münder aufrissen, um ihre Zähne zu inspizieren, »ganz wie es auf dem Pferdemarkt geschieht«[16], klagte Humboldt. Dieser tägliche Anblick machte Humboldt zu einem entschiedenen Gegner der Sklaverei.

Am 4. November 1799, keine vier Monate nach seiner Ankunft in Südamerika, wurde Humboldt zum ersten Mal mit einer der Gefahren konfrontiert, die seine Pläne zunichtemachen und sein Leben beenden konnten. Es war ein heißer und feuchter Tag. Mittags zogen dunkle Wolken auf, und gegen 16 Uhr erschallten Donnerschläge über der Stadt. Plötzlich begann der Untergrund so stark zu schwanken, dass Bonpland, der über den Tisch gebeugt einige Pflanzen betrachtete, fast zu Boden geschleudert wurde und Humboldt in seiner Hängematte heftig hin- und herschaukelte.[17] Schreiend liefen die Menschen durch die Straßen, während ihre Häuser einstürzten, doch Humboldt kletterte gelassen aus seiner Hängematte, um seine Instrumente aufzustellen. Selbst ein schwankender Erdboden konnte ihn nicht daran hindern, seine Beobachtungen durchzuführen. Er maß die Zeitabstände zwischen den Erdstößen, hielt fest, dass sich das Beben von Norden nach Süden fortpflanzte, bestimmte die Stärke der Elektrizität. Doch obwohl äußerlich ruhig, war er erschüttert. Der schwankende Boden unter seinen Füßen, sagte er, beraubte ihn einer Illusion: Wasser war das Element der Bewegung, nicht die Erde. Er fühlte sich, als würde er plötzlich und unsanft aus einem Traum geweckt. Bis zu diesem Augenblick hatte er sich fest auf die Natur verlassen, und nun schrieb er: »Man misstraut zum erstenmal einem Boden, auf den man so lange zuversichtlich den Fuß gesetzt«[18]. Humboldt war aber trotzdem immer noch entschlossen, seine Reise fortzusetzen.

Seit Jahren wollte er die Welt sehen und wusste, dass er dabei sein Leben aufs Spiel setzte, aber das hielt ihn nicht davon ab. Zwei Wochen später, und nachdem er ungeduldig auf Geld aus einer spanischen Bankgutschrift gewartet hatte (als das nicht klappte, streckte es ihm der Statthalter aus eigener Tasche vor[19]), verließen Humboldt und Bonpland Cumaná in Richtung Caracas. Mitte November charterten sie zusammen mit einem Diener, einem Mestizen namens José de la Cruz[20], ein kleines offenes Handelsboot von zehn Metern Länge,[21] das sie nach Westen bringen sollte. Sie beluden es mit ihren vielen Instrumenten und Truhen, die bereits mit mehr als viertausend Pflanzenproben, aber auch Insekten, Notizbüchern und Tabellen voller Messungen gefüllt waren.[22]

Caracas lag 900 Meter über dem Meeresspiegel und beherbergte vierzigtausend Menschen. Im Jahr 1567 von den Spaniern gegründet, war es jetzt die Hauptstadt des Generalkapitanats Venezuela. 95 Prozent der weißen Bevölkerung der Stadt waren *criollos* oder – wie Humboldt sie nannte – »Hispano-Amerikaner«[23]: weiße Kolonisten spanischer Abstammung, aber in Südamerika geboren. Obwohl diese südamerikanischen Kreolen die Mehrheit der Bewohner ausmachten, blieben sie jahrzehntelang von höheren Verwaltungs- und Militärposten ausgeschlossen. Die spanische Krone hatte Spanier aus Europa geschickt, die die Kolonien kontrollierten, wobei viele von ihnen weniger gebildet waren als die Kreolen. Die reichen kreolischen Plantagenbesitzer ärgerten sich darüber, dass sie von Kaufleuten regiert wurden, die aus dem weit entfernten Mutterland kamen. Einige klagten, sie würden von der spanischen Verwaltung behandelt, »als wären sie elende Sklaven«[24].

Nicht weit von der Küste entfernt, schmiegte sich Caracas in ein von Bergen eingefasstes Hochtal. Wieder mietete Humboldt ein Haus als Ausgangspunkt für kürzere Ausflüge. Von hier brachen er und Bonpland zur Besteigung des Doppelgipfels der Silla auf.[25] Der Berg war so nah, dass sie ihn von ihrem Haus aus sehen konnten, aber zu Humboldts Überraschung hatte ihn offenbar noch niemand aus Caracas bestiegen. Ein andermal ritten sie ins Vorgebirge, wo sie eine Quelle mit herrlich klarem Wasser fanden, das von einem schimmernden Felsen herabstürzte. Als sie dann ein paar Mädchen beim Wasserholen beobachteten, erinnerte Humboldt sich plötzlich an zu Hause. An diesem Abend schrieb er in sein Tagebuch: »Erinnerungen an Werther, Göthe und die Königstöchter«[26] – ein Verweis auf *Die Leiden des jungen Werther*, wo Goethe eine ähnliche Szene beschreibt. Manchmal kam Humboldt auch

Humboldt – zwischen den Bäumen auf der rechten Seite – skizziert Silla.

die besondere Form eines Baumes oder eines Berges unmittelbar vertraut vor. Ein Blick auf die Sterne am Südhimmel oder auf den Umriss der Kakteen am Horizont bewies ihm, wie fern er der Heimat war. Aber dann reichte das plötzliche Läuten einer Kuhglocke oder das Brüllen eines Stiers, und er fühlte sich mit einem Schlag auf die Weiden von Tegel zurückversetzt.[27]

Überall »lässt… die Natur den Menschen… eine Stimme hören, die in vertrauten Lauten zu ihm spricht«, schrieb Humboldt.[28] Diese Klänge erschienen ihm wie Stimmen von jenseits des Meeres und versetzten ihn augenblicklich von einer Hemisphäre in die andere. Ganz allmählich entwickelte er ein neues Verständnis der Natur, das auf wissenschaftlichen Beobachtungen *und* Gefühlen beruhte. Humboldt erkannte, dass Erinnerungen und emotionale Reaktionen untrennbar zur Erfahrung des Menschen gehören und die Art und Weise beeinflussen, wie er die Natur erlebt. Die Fantasie gleicht einem »Balsam voll wunderthätiger Heilkräfte«[29].

Schon bald wollte Humboldt weiterziehen – angeregt von den Geschichten, die er über den geheimnisvollen Rio Casiquiare gehört hatte. Mehr als ein halbes Jahrhundert zuvor hatte ein Jesuitenpater berichtet, dass der Rio Casiquiare die beiden großen Flusssysteme Südamerikas verbinde: das des Orinoco mit dem des Amazonas. In einem weitläufigen Bogen fließt der Orinoco von seiner Quelle im Süden nahe der Grenze zwischen Venezuela und Brasilien bis zu seinem Delta an der Nordostküste Venezuelas, wo er sich in den Atlantischen Ozean ergießt. Fast 1500 Kilometer weiter südlich mündet der gewaltige Amazonas – der Fluss, der fast den ganzen Kontinent durchquert auf dem Weg von seiner Quelle im Westen der peruanischen Anden, etwa 150 Kilometer von der Pazifikküste entfernt, bis zur brasilianischen Atlantikküste im Osten.

Tief im Regenwald, rund 1500 Kilometer südlich von Caracas, sollte der Rio Casiquiare angeblich das Netz der Nebenflüsse dieser beiden großen Ströme miteinander verbinden. Niemand konnte bisher einen solchen Zugang beweisen, und kaum jemand glaubte, dass zwei so mächtige Ströme wie der Orinoco und der Amazonas tatsächlich zusammenhingen. Alle wissenschaftlichen Erkenntnisse der Zeit sprachen dafür, dass die Becken des Orinoco und des Amazonas durch eine Wasserscheide getrennt waren. Die Vorstellung eines natürlichen Kanals, der zwei große Flüsse miteinander verknüpfte, widersprach allen empirischen Forschungsergebnissen. Die Geografen hatten nicht eine einzige solche Verbindung entdeckt. Tatsächlich verzeichnete die neueste Karte der Region eine Bergkette – die vermutete Wasserscheide – genau dort, wo sich den Gerüchten zufolge der Rio Casiquiare befinden sollte.[30]

Zunächst aber mussten Humboldt und Bonpland ihre Expedition genaustens vorbereiten: Instrumente auswählen, die klein genug waren für die schmalen Kanus, mit denen sie reisen wollten; Geld und Waren besorgen, mit denen sie ihre Führer und ihr Essen selbst im tiefsten Dschungel bezahlen konnten.[31] Bevor sie aufbrachen, schickte Humboldt Berichte nach Europa und Nordamerika und bat darum, sie in Zeitungen veröffentlichen zu lassen.[32] Er wusste, wie wichtig diese Öffentlichkeitsarbeit war. Schon in La Coruña, unmittelbar vor seiner Abreise aus Spanien, hatte er dreiundvierzig Briefe geschrieben.[33] Hätte er die Expedition nicht überlebt, wäre er zumindest nicht vergessen worden.

Am 7. Februar 1800 begannen Humboldt und Bonpland mit José, ihrem Diener aus Cumaná, von Caracas aus ihre Reise. Sie waren auf vier Maultieren unterwegs und ließen den größten Teil ihres Gepäcks und ihrer Sammlungen zurück.[34] Um den Orinoco zu erreichen, mussten sie auf einer fast exakt geraden Linie südlich die leere Weite der Llanos kreuzen – einer riesigen Ebene von der Größe Frankreichs. Ihr Ziel war der Rio Apure, ein Nebenfluss des Orinoco, ungefähr 300 Kilometer südlich von Caracas. In San Fernando de Apure, einer Kapuzinermission, wollten sie sich ein Boot und Vorräte für ihre Expedition besorgen. Doch zunächst zogen sie nach Westen. Sie machten einen etwa 150 Kilometer langen Umweg, um die fruchtbaren Täler von Aragua zu besuchen, eine der reichsten landwirtschaftlichen Regionen in den Kolonien.

Valenciasee in den Tälern von Aragua

Nach dem Ende der Regenzeit war es heiß, und sie kamen durch überwiegend trockene Gebiete. Sieben anstrengende Tage lang ritten sie durch das Gebirge, bis sie schließlich die »lachenden Thäler von Aragua«[35] erblickten. Endlos erstreckten sich nach Westen üppige Felder mit Mais, Zuckerrohr und Indigo. Dazwischen fanden sich Baumgruppen, kleine Dörfer, Bauernhäuser und Gärten. Wege, von blühenden Büschen gesäumt, verbanden die Felder miteinander; die Häuser lagen im Schatten hoher Kapokbäume, deren gelbe Blüten sich mit denen der Korallenbäume in flammendem Orange verflochten.[36]

Mitten im Tal und umgeben von Bergen erstreckte sich der Valenciasee. Rund ein Dutzend felsige Inseln ragten aus dem See, einige groß genug, um darauf Ziegen zu halten und Ackerbau zu betreiben. Bei Sonnenuntergang bot sich den Reisenden ein besonderes Schauspiel: Tausende von Fischreihern, Flamingos und Wildenten flogen über den See und setzten damit den Himmel in Bewegung, um auf den Inseln zu nächtigen – ein idyllischer Anblick. Allerdings berichteten die Einheimischen Humboldt, dass der Wasserspiegel des Sees rasch fiel.[37] Riesige Landstriche, die noch zwanzig Jahre zuvor unter Wasser gelegen hatten, waren jetzt dicht bebaute Felder. Einstige Inseln hatten sich in Hügel auf trockenem Land verwandelt, da die Uferlinie immer weiter vorrückte. Außerdem bildete der Valenciasee ein einzigartiges Ökosystem: Er hatte keinen Abfluss zum Meer, und nur kleine Bäche flossen hinein. Sein Wasserspiegel wurde allein durch Verdunstung reguliert. Die Einheimischen glaubten, dass der See infolge eines unterirdischen Abflusses austrocknete; doch Humboldt war anderer Meinung.[38]

Er maß, untersuchte und fragte. Als er feinen Sand in höheren Bereichen der Inseln entdeckte, hatte er den Beweis, dass sie einst unter Wasser gelegen hatten.[39] Außerdem verglich er die Jahresdurchschnitte der Verdunstung von Flüssen und Seen weltweit – von Südfrankreich bis zu den Westindischen Inseln.[40] Nach weiteren Untersuchungen war er sicher, dass der Wasserspiegel gesunken war, weil die Pflanzer die umliegenden Wälder abgeholzt hatten, um Ackerland zu gewinnen,[41] und das Wasser abgeleitet hatten, um damit ihre Felder zu bewässern[42]. Mit den Bäumen waren auch die unteren Schichten des Waldes – Moos, Sträucher und Wurzelsysteme – verschwunden, was wiederum dazu führte, dass der Boden darunter den Elementen schutzlos ausgesetzt war und das Wasser nicht mehr speichern konnte.[43]

Bereits die Einheimischen, die vor den Toren von Cumaná lebten, hatten Humboldt berichtet, dass die Trockenheit des Landes mit dem Roden der alten Baumbestände zugenommen hatte.[44] Auf dem Weg von Caracas nach Aragua hatte Humboldt bemerkt, wie trocken die Böden waren, und beklagte: »Die ersten Ansiedler haben unvorsichtigerweise die Wälder niedergeschlagen.«[45] Als die Böden ausgelaugt waren und die Felder weniger Erträge lieferten, waren die Pflanzer westwärts gezogen und hatten eine Spur der Zerstörung hinterlassen. »Wald sehr ausgerottet«[46], notierte Humboldt in seinem Tagebuch.

Nur einige Jahrzehnte zuvor waren die Berge und Vorgebirge, die die Täler und den Valenciasee umgaben, noch bewaldet gewesen. Nachdem man die Bäume gefällt hatte, schwemmten heftige Regenfälle den Boden davon. All dies stehe »in ursächlichem Zusammenhange«[47], meinte Humboldt, weil die Wälder den Boden früher gegen die Sonnenstrahlen abgeschirmt und damit die Verdunstung der Feuchtigkeit eingeschränkt hätten.[48]

Hier am Valenciasee entwickelte Humboldt den Begriff der vom Menschen verursachten Klimaveränderungen zuerst.[49] In seinen Veröffentlichungen ließ er keinen Zweifel an diesem Zusammenhang:

»Zerstört man die Wälder, wie die europäischen Ansiedler allerorten in Amerika mit unvorsichtiger Hast thun, so versiegen die Quellen oder nehmen doch stark ab. Die Flußbetten liegen einen Teil des Jahres über trocken und werden zu reißenden Strömen, so oft im Gebirge starker Regen fällt. Da mit dem Holzwuchs auch Rasen und Moos auf den Bergkuppen verschwinden, wird das Regenwasser im Ablaufen nicht mehr aufgehalten; statt langsam durch allmähliche Sickerung die Bäche zu schwellen, furcht es in der Jahreszeit der starken Regenniederschläge die Bergseiten, schwemmt das losgerissene Erdreich fort und verursacht plötzliches Austreten der Gewässer, welche nun die Felder verwüsten.«[50]

Einige Jahre zuvor, als Humboldt noch Bergassessor war, war ihm bereits aufgefallen, wie hemmungslos der Waldbestand des Fichtelgebirges in der Nähe von Bayreuth zur Gewinnung von Bau- und Feuerholz gerodet wurde.[51] Seine Briefe und Berichte aus jener Zeit waren gespickt mit Vorschlägen, wie man in Bergwerken und Eisenhütten den Holzbedarf verringern könnte. Dieses Problem war nicht neu, wurde aber stets eher aus ökonomischer und nicht aus ökologischer Sicht betrachtet. Die Wälder lieferten den Brennstoff für die Herstellung vieler Produkte, außerdem war Holz nicht nur ein wichtiges Baumaterial für Häuser, sondern auch für Schiffe, und die waren wiederum ein Eckpfeiler der Kolonial- und Seemächte.

Holz war das Erdöl des 17. und 18. Jahrhunderts, und jede Verknappung erzeugte ähnliche Ängste im Hinblick auf Brennmaterial, Herstellung und Transport wie heute eine Gefährdung der Ölförderung. Bereits 1664 hatte der englische Gärtner und Schriftsteller John Evelyn einen Bestseller über Forstwirtschaft geschrieben – *Sylva, a Discourse of Forest Trees* –, in dem er den Holzmangel als nationale Krise bezeichnete. »Es wäre besser, wir hätten Goldknappheit statt Holzmangel«[52], hatte Evelyn erklärt, denn ohne Bäume gäbe es keine Eisen- und Glasindustrie, kein knisterndes Feuer im Kamin, um die Häuser zu wärmen, und keine Schiffe, um Englands Küsten zu schützen.

1669, fünf Jahre später, setzte der französische Finanzminister Jean-Baptiste Colbert große Teile des Gemeinderechts außer Kraft, das den Dorfbewohnern die Waldnutzung erlaubt hatte, und ließ Bäume pflanzen, um sie später für die Marine zu nutzen. »Frankreich wird am Holzmangel zugrunde gehen«[53], hatte er bei Einführung seiner rigorosen Maßnahmen gesagt. Sogar in den weiten Gebieten der nordamerikanischen Kolonien gab es vereinzelt warnende Stimmen. 1749 beklagte der amerikanische Farmer und Pflanzensammler John Bartram: »Der Holzbestand wird bald weitgehend zerstört sein«[54] – ein Argument, das auch von seinem Freund Benjamin Franklin aufgegriffen wurde, der eine »Dezimierung des Waldes«[55] befürchtete. Unter anderem versuchte Franklin das Problem zu lösen, indem er einen energieeffizienten Kamin erfand.

Am Valenciasee in Venezuela betrachtete Humboldt die Abholzung nicht mehr allein unter rein wirtschaftlichen Aspekten, sondern sah sie in einem größeren Zusammenhang. Und er warnte vor den verheerenden Folgen der landwirtschaftlichen Techniken seiner Zeit, unter denen die künftigen Generationen leiden würden.[56] Was er am Valenciasee sah, sollte ihm wieder und wieder begegnen – in der Lombardei in Italien, in Südperu und viele Jahrzehnte später in Russland.[57] Humboldt beschrieb, wie sich das Klima durch das Verhalten der Menschen ändert, und wurde damit zum Vater der Umweltbewegung.

Humboldt erklärte als Erster die grundlegende Bedeutung des Waldes für Ökosysteme und Klima[58]: die Fähigkeit der Bäume, Wasser zu speichern, die Atmosphäre mit Feuchtigkeit anzureichern, den Boden zu schützen und ihre Umgebung abzukühlen.[*][59] Er wies auch darauf hin, dass Bäume Sauerstoff freisetzen und so das Klima positiv beeinflussen.[60] Die Auswirkungen menschlicher Eingriffe bezeichnete er als »incalculabel« und warnte vor katastrophalen Folgen, wenn der Mensch auch weiterhin die natürlichen Abläufe so »gewaltsam« unterbrach.[61]

Immer wieder sah Humboldt neue Beispiele dafür, wie die Menschen das Gleichgewicht der Natur störten. Nur wenige Wochen später, tief im Regenwald des Orinoco, beobachtete er, wie einige spanische Mönche in einer entlegenen Missionsstation ihre baufällige Kirche mit dem Öl beleuchteten, das sie aus Schildkröteneiern gewonnen hatten. Dadurch hatten sie die lokale Schildkrötenpopulation bereits erheblich dezimiert. Jedes Jahr legten die Tiere ihre Eier entlang des Flussufers; doch anstatt ausreichend Eier übrig zu lassen, aus denen die nächste Generation hätte schlüpfen können, sammelten die Missionare so viele, dass es Jahr für Jahr weniger Schildkröten gab, wie die Einheimischen Humboldt berichteten.[62] Schon vorher, an der venezolanischen Küste, hatte Humboldt

---

[*] Später formulierte Humboldt es prägnant: »Die Waldregion wirkt auf dreifache Weise: durch Schattenkühle, Verdunstung und kälteerregende Ausstrahlung.«

bemerkt, dass die unkontrollierte Perlenfischerei die Austernbänke vollkommen erschöpft hatte.[63] Das Ganze war eine ökologische Kettenreaktion. »Alles«, schrieb Humboldt später, »ist Wechselwirkung.«[64]

Humboldt verabschiedete sich von der anthropozentrischen Sicht, die
seit Jahrtausenden vorherrschte: von Aristoteles, der geschrieben hatte,
»dass die Natur alle die genannten Geschöpfe um der Menschen willen
geschaffen hat«[65], bis zum Botaniker Carl von Linné, der 1749, mehr als
zweitausend Jahre später, diese Auffassung bekräftigte, als er sagte, dass
»alle Dinge zum Nutzen des Menschen gemacht sind«[66]. Die Menschen
waren davon überzeugt, dass Gott sie als die Herren über die Natur eingesetzt hatte, heißt es doch in der Bibel: »Seid fruchtbar und mehret euch
und füllet die Erde und machet sie euch untertan und herrschet über die
Fische im Meer und über die Vögel unter dem Himmel und über das Vieh
und über alles Getier, das auf Erden kriecht.«[67] Im 17. Jahrhundert erklärte der britische Philosoph Francis Bacon: »Die Welt ist für den Menschen geschaffen«[68], und René Descartes vertrat die Ansicht, Tiere seien
im Grunde genommen nichts anderes als Automaten – vielleicht komplex, aber unfähig zum Denken und damit den Menschen unterlegen. Die
Menschen, so Descartes, sind »die Herren und Besitzer der Natur«[69].

Im 18. Jahrhundert beherrschte die Vorstellung von der Vervollkommnung der Natur das westliche Denken. Man glaubte, die Menschheit tue der Natur durch Landbau und Bearbeitung Gutes – das Mantra
war »Verbesserung«. Beackerte Felder, gerodete Wälder und ordentliche
Dörfer verwandelten wüste Wildnis in liebliche und fruchtbare Landschaft. Dagegen war der Urwald der Neuen Welt eine »heulende Wildnis«[70], die es zu erobern galt.

Chaos musste in Ordnung und Böses in Gutes verwandelt werden.
1748 schrieb der französische Philosoph Montesquieu, die Menschheit habe mit ihren Händen und Werkzeugen »die Erde in einen immer
bequemeren und geeigneteren Wohnort für sich«[71] verwandelt. Obstbäume, deren Äste sich unter Früchten bogen, gepflegte Gemüsegär-
ten und Weiden mit gut genährtem Vieh standen damals für die ideale
Natur.[72] Lange Zeit beherrschte dieses Leitbild die westliche Welt. 1833,
fast ein Jahrhundert nach Montesquieus Behauptung, glaubte der französische Historiker Alexis de Tocqueville bei einem Besuch in den Vereinigten Staaten, dass »diese Vorstellung von Zerstörung« – die Axt des
Menschen in der amerikanischen Wildnis – der Landschaft ihre »anrüh-
rende Schönheit gibt«[73].

Einige nordamerikanische Philosophen vertraten sogar die Ansicht, seit der Ankunft der ersten Siedler habe sich auch das Wetter zum Besseren gewandelt. Mit jedem Baum, den man in den unberührten Wäldern geschlagen habe, sei die Luft gesünder und milder geworden. Sie konnten ihre Behauptungen zwar durch nichts beweisen, aber das hinderte sie nicht daran, ihre Theorien zu verkünden. Zu diesen Männern gehörte Hugh Williamson, ein Arzt und Politiker aus North Carolina, der in einem 1770 publizierten Artikel die Rodung riesiger Waldgebiete pries, weil sie sich angeblich vorteilhaft auf das Klima auswirkte.[74] Andere glaubten, nach Abholzung der Wälder würde es mehr Wind geben und sich so gesündere Luft verbreiten. Noch sechs Jahre vor Humboldts Besuch am Valenciasee schlug ein Amerikaner vor, die Bäume im Landesinneren zu fällen, um entlang der Küste »die Sümpfe auszutrocknen«[75]. Die wenigen besorgten Stimmen beschränkten sich auf private Briefe und Unterhaltungen. Die meisten glaubten, die »Unterwerfung der Wildnis« sei die »Grundlage künftiger Gewinne«[76].

Den größten Anteil an der Verbreitung dieser Ansicht hatte vermutlich der französische Naturforscher Georges-Louis Leclerc, Comte de Buffon. Mitte des 18. Jahrhunderts hatte Buffon ein Horrorgemälde vom Urwald gezeichnet: Er beschrieb ihn als einen Ort voller verrottender Bäume, verfaulender Blätter, parasitischer Pflanzen, schmutziger Tümpel und giftiger Insekten. Die Wildnis sei deformiert. Obwohl Buffon ein Jahr vor der Französischen Revolution starb, hielten sich seine Ansichten über die Neue Welt hartnäckig.[77] Schönheit wurde mit Nützlichkeit gleichgesetzt, und jeder Hektar Land, der der Wildnis abgerungen wurde, war ein Sieg des zivilisierten Menschen über die unzivilisierte Natur.

Nur die »kultivierte Natur«[78] sei schön, schrieb Buffon. Humboldt hingegen warnte, dass man begreifen müsse, wie die Kräfte der Natur wirkten, wie alle diese verschiedenen Fäden miteinander verknüpft seien. Der Mensch könne die natürliche Welt nicht nach Belieben und zu seinem eigenen Vorteil verändern. Später schrieb Humboldt: »Der Mensch kann auf die Natur nicht einwirken, sich keine ihrer Kräfte aneignen, wenn er nicht die Naturgesetze nach Maß- und Zahlverhältnissen kennt.«[79] Die Menschen haben die Macht, die Umwelt zu zerstören, und die Folgen könnten katastrophal sein.[80]

5

Die Llanos und der Orinoco

Nach drei Wochen intensiver Forschungstätigkeit am Valenciasee und in den Tälern, die ihn umgaben, brach Humboldt schließlich nach Süden auf, in Richtung des Orinoco. Zuerst aber mussten die Reisenden die Llanos durchqueren. Am 10. März 1800, fast genau einen Monat nach dem Aufbruch in Caracas, ritten sie in die öde, mit Grasbüscheln bewachsene Ebene der Llanos.

Eine Staubschicht bedeckte das ganze Land. Endlos schien sich die Ebene auszudehnen, und der Horizont flirrte in der Hitze. Außer trockenem Gras und ein paar Palmen sahen sie kaum etwas. Die unbarmherzige Sonne hatte den Boden zu einer rissigen, ausgedörrten Fläche gebacken. Als Humboldt sein Thermometer in den Boden steckte, maß er eine Temperatur von 50 Grad Celsius.[1] Nachdem sie die dicht bevölkerten Araguatäler hinter sich gelassen hatten, gelangten sie in eine »weite Einöde«[2]. An manchen Tagen stand die Luft so still, schrieb er in sein Tagebuch, »als ob die ganze Natur erstarrt wäre«[3]. Nicht eine Wolke war am Himmel zu sehen, und sie stopften die Hüte mit Blättern aus, um sich auf ihrem langen Weg über den hart gebrannten Boden vor der Hitze zu schützen. Humboldt trug weite Hosen, eine Weste und einfache Leinenhemden.[4] Für niedrigere Temperaturen hatte er einen Mantel, und ungeachtet des Wetters trug er stets ein weiches weißes Halstuch. Er hatte sich die bequemsten europäischen Kleidungsstücke besorgt, die es damals gab – leicht und unproblematisch zu waschen –, trotzdem war ihm unerträglich heiß.

In den Llanos stießen sie auf Staubteufel und auf Fata Morganen, die ihnen grausam die Aussicht auf kühles, erfrischendes Wasser vorspiegelten. Manchmal ritten sie bei Nacht, um der sengenden Sonne zu entgehen. Häufig waren sie durstig und hungrig. An einem Tag gelangten

Humboldt und seine Begleiter in den Llanos

sie an einen kleinen Bauernhof – nicht mehr als ein einsames Haus, von ein paar kleinen Hütten umgeben. Staubbedeckt und verbrannt von der Sonne, sehnten sich die Männer nach einem Bad. Man zeigte ihnen einen kleinen Teich in der Nähe. Das Wasser war schlammig, aber zumindest etwas kühler als die Luft. Beglückt zogen Humboldt und Bonpland ihre schmutzige Kleidung aus, doch gerade als sie in den Teich stiegen, entschloss sich ein Krokodil, das bewegungslos am anderen Ufer gelegen hatte, ihnen Gesellschaft zu leisten. Blitzschnell sprangen die beiden Männer aus dem Wasser, schnappten sich ihre Kleider und rannten um ihr Leben.[5]

Mochten die Llanos auch eine unwirtliche Gegend sein, so war Humboldt doch fasziniert von der Weite der Landschaft. Die überwältigende Größe und Eintönigkeit dieser Ebene »erfüllt ... das Gemüth mit dem Gefühl der Unendlichkeit«[6]. Auf halber Strecke durch die Ebene erreichten sie das Handelsstädtchen Calabozo. Als Humboldt von den Einheimischen hörte, dass viele der flachen Tümpel in der Gegend von

Zitteraalen verseucht seien, vermochte er sein Glück kaum zu fassen. Seit seinen Experimenten mit tierischer Elektrizität in Deutschland hatte Humboldt sich immer gewünscht, einen dieser außergewöhnlichen Fische zu untersuchen. Er hatte seltsame Geschichten über diese anderthalb Meter langen Geschöpfe gehört, die elektrische Schläge von mehr als 600 Volt erzeugen konnten.

Das Problem war allerdings, die Aale zu fangen. Sie gruben sich nämlich in den Schlamm am Grund der Tümpel ein und konnten nicht mit Netzen herausgefischt werden. Außerdem standen die Tiere derart unter Strom, dass jede Berührung sofort zum Tod führte. Die Einheimischen hatten eine Idee. Sie kesselten dreißig Wildpferde auf den Llanos ein und trieben die Herde in den Teich. Als die Pferdehufe den Schlamm aufwühlten, kamen die Aale an die Oberfläche und teilten gewaltige Stromschläge aus. Fasziniert beobachtete Humboldt das grausige Schauspiel: Die Pferde schrien vor Schmerz, weil die Aale zuckend ihre Bäuche peitschten, und die Wasseroberfläche begann unter den wilden Bewegungen zu brodeln. Einige Pferde stürzten, wurden von den anderen niedergetrampelt und ertranken.

Kampf zwischen Pferden und Zitteraalen

Allmählich ließ die Stärke der Stromschläge nach, und die geschwächten Aale zogen sich in den Schlamm zurück, wo Humboldt sie mit trockenen Holzstöcken herausholte – er hatte jedoch nicht lange genug gewartet. Als Bonpland und er einige der Tiere sezierten, erhielten sie selbst heftige Stromschläge. Vier Stunden lang führten sie eine Reihe gefährlicher Tests durch – unter anderem fassten sie einen Aal mit beiden Händen an, hielten einen Aal mit der einen Hand und berührten mit der anderen ein Stück Metall, oder Humboldt umklammerte einen Aal mit der einen Hand, während er mit der anderen Bonplands Hand hielt (wobei auch Bonpland den Stromschlag noch spürte). Manchmal standen sie auf trockenem Untergrund, manchmal auf nassem, sie befestigten Elektroden an sich, stupsten die Aale mit nassen Stäben aus Siegelwachs an und berührten sie mit Palmenschnüren und feuchtem Lehm – sie ließen kein Material aus. Kein Wunder, dass sich Humboldt und Bonpland am Ende krank und schwach fühlten.[7]

Die Aale brachten Humboldt auch auf das allgemeinere Thema Elektrizität und Magnetismus. Während er das brutale Zusammentreffen zwischen Aalen und Pferden beobachtete, dachte er an die verschiedenen Kräfte, die Phänomene erzeugen wie Blitze, Anziehung zwischen Metallen oder Bewegungen von Kompassnadeln. Wie so häufig begann Humboldt mit einer Einzelheit oder einer Beobachtung und gelangte von dort zum größeren Zusammenhang. Alles »fließt aus einer Quelle«, schrieb er, und »schmilzt in eine ewige, allverbreitete Kraft zusammen«[8].

Ende März 1800, fast zwei Monate nach dem Aufbruch in Caracas, erreichten Humboldt und Bonpland endlich die Kapuzinermission in San Fernando de Apure am Rio Apure. Von hier aus wollten sie auf dem Rio Apure durch den Regenwald nach Osten zum Unteren Orinoco paddeln – in Luftlinie eine Entfernung von rund 150 Kilometern, aber mehr als doppelt so weit auf dem mäandernden Flusslauf. Vom Zusammenfluss des Rio Apure und des Unteren Orinoco sollte es dann auf dem Orinoco nach Süden weitergehen, über die großen Wasserfälle von Atures und Maypures tief in eine Region hinein, die bis dahin noch kaum ein Weißer betreten hatte. Sie hofften, dort auf den Rio Casiquiare zu stoßen, die sagenumwobene Verbindung zwischen dem großen Amazonas und dem Orinoco.[9]

Sie legten am 30. März ab, ihr Boot war schwer beladen mit Vorräten für vier Wochen – nicht genug für die ganze Expedition, aber mehr konnten sie in dem Gefährt nicht unterbringen. Von den Kapuzinermönchen kauften sie Bananen, Maniok, Hühner und Kakao sowie die schotenartigen Früchte des Tamarindenbaums, von denen es hieß, sie verwandelten Flusswasser in erfrischende Limonade. Den Rest der Nahrung mussten sie sammeln und jagen – Schildkröteneier, Fische, Vögel und anderes Wild – oder bei den indigenen Stämmen gegen den mitgeführten Alkohol eintauschen.[10]

Im Gegensatz zu den meisten europäischen Entdeckungsreisenden verzichteten Humboldt und Bonpland auf ein großes Gefolge. Ihre Begleitung bestand nur aus vier Einheimischen, die paddelten, einem Steuermann, ihrem Diener José aus Cumaná und dem Schwager des Statthalters der Provinz, der sich ihnen angeschlossen hatte.[11] Humboldt störte das nicht, er war im Gegenteil froh, dass ihn nichts von seinen Studien ablenkte.[12] Die Natur lieferte ihm mehr als genug Anregung. Außerdem hatte er ja in Bonpland einen wissenschaftlichen Kollegen und Freund. In den zurückliegenden Monaten waren sie zu Reisegefährten geworden, die sich blind vertrauten. Humboldt hatte Bonpland richtig eingeschätzt, als er ihn in Paris kennenlernte. Bonpland war ein ausgezeichneter Botaniker, dem die Strapazen ihrer Abenteuer nichts auszumachen schienen und der selbst in den bedrohlichsten Situationen die Ruhe bewahrte. Wichtiger noch, ganz gleich, was passiere, Bonpland sei immer munter und heiter, schrieb Humboldt.[13]

Während sie zunächst den Rio Apure und dann den Orinoco entlangfuhren, offenbarte sich ihnen eine neue Welt. Von ihrem Boot aus hatten sie eine ideale Sicht. Hunderte großer Krokodile sonnten sich mit offenen Schnauzen am Ufer – viele maßen fünf Meter und mehr. Die vollkommen bewegungslosen Tiere sahen aus wie Baumstämme, bis sie plötzlich ins Wasser glitten.[14]

Es gab so viele Krokodile, dass Humboldt sie überall sah. Die großen, gezackten Schuppenschwänze der Tiere erinnerten Humboldt an die Drachen in seinen Kinderbüchern. Riesige Exemplare der Boa constrictor schwammen an ihrem Boot vorbei, doch trotz der Gefahren badeten die Männer jeden Tag, aber immer nur abwechselnd: Einer wusch sich, während die anderen nach Tieren Ausschau hielten.[15] Auf ihrer Flussreise stießen sie auch auf Capybaras, die größten Nagetiere der Welt, die in großen Familiengruppen leben und wie Hunde im Wasser paddelten. Sie

Ein Boot auf dem Orinoco

sehen aus wie riesige stumpfnasige Meerschweinchen und wiegen rund 50 Kilogramm oder mehr. Noch größer waren die Tapire, scheue und solitär lebende Tiere, die mit ihrem Rüssel im Uferdickicht nach Blättern suchten, und wunderschön gefleckte Jaguare, die Jagd auf die Tapire und Capybaras machten. In manchen Nächten hörte Humboldt die schnarchenden Geräusche der Flussdelfine, die selbst die permanente Geräuschkulisse des Insektengesumms übertönten. Die Männer kamen an Inseln vorbei, auf denen Tausende von Flamingos, weißen Fischreihern und Rosalöfflern mit ihren charakteristischen, nach unten breiter werdenden löffelförmigen Schnäbeln lebten.

Sie reisten tagsüber und schlugen nachts ihr Lager auf den sandigen Uferbänken auf. Ihre Instrumente und Sammlungen legten sie in die Mitte und bildeten mit ihren Hängematten und mehreren Feuern einen Schutzkreis darum herum. Wenn möglich, befestigten sie ihre Hängematten an Bäumen oder an den Rudern, die sie aufrecht in den Boden steckten. Häufig war es schwierig, in dem feuchten Dschungel Holz zu finden, das trocken genug für ein Feuer war. Das aber war dringend notwendig, um sich vor Jaguaren und anderen Tieren zu schützen.[16]

Der Regenwald hatte seine Tücken. Eines Nachts wachte einer der indianischen Ruderer auf und entdeckte unter dem Tierfell, auf dem er schlief, eine zusammengerollte Schlange.[17] Ein andermal war das ganze Lager hellwach, als Bonpland plötzlich anfing zu schreien. Etwas Pelziges mit scharfen Klauen war schwer auf ihm gelandet, während er schlief. Ein Jaguar!, dachte Bonpland und lag starr vor Angst in seiner Hängematte, ohne ein Glied zu rühren. Doch als Humboldt herankroch, sah er, dass es sich um eine zahme Katze aus einem nahe gelegenen Indianerdorf handelte.[18] Ein paar Tage später wäre Humboldt beinahe in einen Jaguar hineingelaufen, der sich im dichten Blattwerk eines Baums verbarg. In Panik erinnerte sich Humboldt an die Ratschläge, die ihm seine Führer dringend ans Herz gelegt hatten. Langsam, ohne zu laufen oder die Arme zu bewegen, entfernte er sich rückwärts aus der Gefahrenzone.[19]

Aber nicht nur die Tiere waren gefährlich. Einmal wäre Humboldt fast gestorben, weil er zufällig etwas Curare berührte. Dieses Gift, das eine tödliche Lähmung hervorruft, wenn es in den Blutstrom gerät, hatte er von einem indigenen Stamm erhalten. Die Stämme benutzten es für die Giftpfeile, die sie aus ihren Blasrohren abschossen. Humboldt war von der Wirksamkeit des Curare tief beeindruckt. Als erster Europäer beschrieb er seine Herstellung, was ihn aber beinahe das Leben kostete. Das Gift war aus seinem Behältnis auf Humboldts Socken gesickert. Hätte er sie über seine Füße gezogen, die mit blutigen Insektenstichen übersät waren, wäre er qualvoll erstickt, da Curare Zwerchfell und Muskeln lähmt.[20]

Trotz der Gefahren war Humboldt fasziniert vom Dschungel. Nachts lauschte er dem Chor der Affen und versuchte die Stimmen der verschiedenen Arten zu unterscheiden – vom betäubenden Bellen der Brüllaffen, die im Regenwald über mehrere Kilometer zu hören waren, bis zu dem sanften, fast »winselnden, fein flötenden Ton« und dem »schnarrenden Murren«[21] anderer Affen. Der Wald war erfüllt von nächtlichem Leben. »Es sind ebenso viele Stimmen, die uns zurufen, dass alles in der Natur atmet«[22], schrieb Humboldt. Im Gegensatz zu der landwirtschaftlichen Region am Valenciasee war dies hier eine urwüchsige Welt, in der »der Mensch den Lauf der Natur nicht stört«[23].

Hier konnte er Tiere studieren, die er nur als ausgestopfte Exemplare aus den naturhistorischen Sammlungen Europas kannte.[24] Sie fingen Vögel und Affen, die sie in großen, weitmaschigen Flechtkörben hielten oder an lange Seile banden, in der Hoffnung, sie nach Europa schicken zu können. Die Springaffen mochte Humboldt am liebsten. Die kleinen Gesellen hatten lange Schwänze, ein weiches graues Fell und weiße Gesichter, die, so Humboldt in seinen Notizen, wie herzförmige Masken aussahen. Sie waren schön, anmutig in ihren Bewegungen und machten ihrem Namen alle Ehre – so mühelos sprangen sie von Ast zu Ast.[25] Es war äußerst schwierig, Springaffen lebendig zu fangen. Die einzige Methode, die Humboldt und Bonpland entdeckten, bestand darin, die Mutter mit einem Giftpfeil aus einem Blasrohr zu erlegen. Das Springaffen-Junge ließ seine Mutter auch dann nicht los, wenn sie vom Baum stürzte.[26] Dann mussten Humboldt und seine Leute rasch hinzuspringen und der Affenmutter das Junge entreißen. Eines dieser kleinen Tiere, die sie gefangen hatten, war so intelligent, dass es immer nach jenen Abbildungen in Humboldts wissenschaftlichen Büchern zu greifen versuchte, die Heuschrecken und Wespen darstellten. Zu Humboldts Verblüffung schien das Äffchen essbare Dinge auf den Bildern erkennen zu können – Insekten zum Beispiel –, während Bilder von Menschen- und anderen Säugetierskeletten das Tier nicht im Geringsten interessierten.

Es gab keinen besseren Ort, um Tiere und Pflanzen zu beobachten. Humboldt war auf das weltweit komplexeste und reichhaltigste Netz des Lebens gestoßen, ein Geflecht »thätiger, organischer Kräfte«[27], wie er später notierte. Fasziniert verfolgte er jedes Detail und jede Spur. Alles bezeuge die Kraft und die Zartheit der Natur, schrieb Humboldt nach Hause, wobei er auch gerne manchmal etwas übertrieb – von der Boa constrictor, die »ein Pferd verschlingen kann«, bis zum winzigen Kolibri, der auf einer zarten Blüte balanciert.[28] Dies war eine Welt, die vor Leben vibrierte, sagte Humboldt, eine Welt, »in der der Mensch nichts ist«[29].

Eines Nachts, als ihn wieder einmal ein schrilles Konzert von Tierschreien weckte,[30] ging er diesem Phänomen auf den Grund. Nach Ansicht seiner indianischen Führer heulten die Tiere einfach den Mond an. Humboldt war ganz anderer Meinung und vermutete, dass die Kakofonie »ein zufällig entstandener, lang fortgesetzter, sich steigernd entwickelnder Thierkampf« war.[31] Die Jaguare jagten bei Nacht und verfolgten die Tapire, die lärmend durch das dichte Unterholz entflohen und dadurch die Affen erschreckten, die in den Baumwipfeln über ihnen schliefen. Wenn die Affen dann anfingen zu zetern, weckte ihr Geschrei die Vögel auf und damit die ganze Tierwelt. Das Leben regte sich in jedem Busch, in der rissigen Rinde der Bäume und im Boden. Der ganze Aufruhr kam daher, schrieb Humboldt, dass sich in den Tiefen des Regenwalds »irgendwo ein Kampf entsponnen hat«[32].

Wieder und wieder wurde Humboldt auf seinen Reisen Zeuge dieser Kämpfe. Cabybaras stürzten aus dem Wasser, um den tödlichen Kiefern der Krokodile zu entkommen, nur um in den Klauen der Jaguare zu landen, die am Rande des Dschungels auf sie warteten. Es war das gleiche Schicksal, das die Fliegenden Fische erlitten, die er auf der Seereise beobachtet hatte: Wenn sie aus dem Meer sprangen, um sich vor den scharfen Zähnen der Delfine in Sicherheit zu bringen, wurden sie mitten im Flug von den Albatrossen gefangen.[33] Ohne Menschen in ihrer Umgebung, so Humboldt, konnten sich die Tiere ungehindert entfalten, eine Entwicklung, die »nur durch sich selbst beschränkt«[34] war – durch den wechselseitigen Druck der Arten.

Alles Leben befand sich in einem ununterbrochenen, blutigen Kampf, eine Auffassung, die sich radikal von der vorherrschenden Vorstellung unterschied, nach der die Natur eine gut geölte Maschine war, in der jedes Tier und jede Pflanze einen gottgewollten Platz einnahm. So hatte zwar Carl von Linné beispielsweise das Prinzip der Nahrungskette erkannt – Falken ernähren sich von kleinen Vögeln, kleine Vögel von Spinnen, Spinnen von Libellen, Libellen von Hornissen und Hornissen von Blattläusen –, aber er sah in dieser Kette ein harmonisches Gleichgewicht.[35] Jedes Tier und jede Pflanze hatte einen gottgegebenen Zweck und reproduzierte sich daher in genau der richtigen Zahl, um zu garantieren, dass diese Ausgewogenheit ewig fortdauerte.

Doch Humboldt erblickte keinen Garten Eden. »Das Goldene Zeitalter ist vorbei«[36], schrieb er. Diese Tiere fürchteten sich voreinander und kämpften um ihr Überleben. Und nicht nur die Tiere; ihm entging nicht, dass kräftige Kletterpflanzen im Dschungel riesige Bäume erstickten. Hier sei nicht »die verheerende Hand des Menschen«[37] am Werk, meinte er, sondern der Wettstreit der Pflanzen um Licht und Nahrung, die über ihre Lebensdauer und ihr Wachstum entschieden.

Als Humboldt und Bonpland ihre große Reise den Orinoco hinauf fortsetzten, paddelte ihre indianische Mannschaft häufig mehr als zwölf Stunden in glühender Hitze. Die Strömung war stark und der Fluss zunächst gut vier Kilometer breit. Doch drei Wochen nach Beginn ihrer Flussfahrt auf dem Rio Apure und nach zehn Tagen auf dem Orinoco verengte sich der Fluss.[38] Sie näherten sich den Wasserfällen von Atures und Maypures.[39] Hier, mehr als 800 Kilometer südlich von Caracas, zwängte sich der Orinoco, umgeben von riesigen, dicht bewaldeten Granitbrocken, in kleine Flusspassagen von knapp 150 Metern Breite durch eine Bergkette. Über eine Strecke von etlichen Kilometern stürzte das Wasser brüllend und wirbelnd über Hunderte von Felsstufen hinab, wobei ein dichter Dunst aufstieg, der ständig über dem Fluss hing. Die Felsen und Inseln waren üppig mit tropischen Pflanzen bedeckt. Es waren »großartige Naturszenen«[40], schrieb Humboldt. Magisch, aber auch gefährlich.

Eines Tages brachte ein plötzlich aufkommender Sturm ihr Boot fast zum Kentern.[41] Das eine Ende des Kanus begann zu sinken, und Humboldt gelang es gerade noch, sein Tagebuch zu packen, aber die Bücher und getrockneten Pflanzen wurden ins Wasser geschleudert. Er war sicher, dass sie alle umkommen würden. In dem Fluss wimmelte es von Krokodilen und Schlangen, und die ganze Mannschaft geriet in Panik – mit Ausnahme von Bonpland, der gelassen das Wasser mit ausgehöhlten Kürbissen aus dem Boot schöpfte. »Hab keine Furcht, mein Freund«, sagte er zu Humboldt, »wir werden uns retten.«[42] Bonpland hatte »mit der Kaltblütigkeit«[43] reagiert, die er in brenzligen Situationen immer an den Tag legte. Am Ende verloren sie nur ein Buch und konnten ihre Pflanzen und Tagebücher trocknen. Ihr Steuermann machte sich über die weißen Männer lustig – die *blancos*, wie er sie nannte –, die sich mehr um ihre Bücher und Sammlungen zu sorgen schienen als um ihr Leben.

Die größte Plage waren die Moskitos. Mochte Humboldt von dieser exotischen Welt auch noch so sehr fasziniert sein, es war fast unmöglich, sich angesichts der pausenlosen Angriffe der Insekten auf irgendetwas zu konzentrieren. Die Forschungsreisenden versuchten alles, doch weder Schutzkleidung noch Rauchen half, genauso wenig wie ständiges Wedeln mit Armen oder Palmblättern. Humboldt und Bonpland wurden pausenlos gestochen. Ihre Haut war geschwollen und juckte, und wenn sie sprachen, begannen sie zu husten und zu niesen, weil die Moskitos ihnen in Mund und Nase flogen.[44] Es war eine Tortur, Pflanzen zu untersuchen oder den Himmel mit ihren Instrumenten zu beobachten. Humboldt hätte gerne eine »dritte Hand«[45] gehabt, um die Mücken abzuwehren. Ständig hatte er das Gefühl, er müsse seinen Sextanten oder das Blatt, das er begutachtete, fallen lassen.

Bonpland, den die Moskitos unablässig quälten, gab es auf, Pflanzen im Freien zu trocknen, und ging dazu über, die *hornitos*[46] der indigenen Stämme zu benutzen – kleine fensterlose Kammern, die sie als Öfen verwendeten. Auf allen vieren kroch er durch eine niedrige Öffnung in den *hornito*, in dem ein kleines Feuer aus nassen Zweigen und Blättern für heftigen Rauch sorgte – großartig gegen Moskitos, aber schrecklich für Bonpland. Sobald er sich im Inneren befand, schloss er den schmalen Eingang und breitete seine Pflanzen aus. Die Hitze war mörderisch und der Rauch fast unerträglich, aber alles war besser, als von den Moskitos bei lebendigem Leib aufgefressen zu werden. Ihre Expedition war nicht gerade eine »Lustreise«[47], schrieb Humboldt.

Auf diesem Teil der Reise – tief im Regenwald und auf dem Abschnitt des Orinoco, der heute die Grenze zwischen Venezuela und Kolumbien markiert – begegneten sie nur wenigen Menschen. Einer der Missionare, die sie trafen, Pater Bernardo Zea, war so begeistert, sie kennenzulernen, dass er sich ihnen als Führer anbot, was sie mit Freude annahmen.[48] Humboldt gewann noch weitere »Teammitglieder« hinzu, unter anderem einen streunenden Mastiff, acht Affen, sieben Papageien, einen Tukan, einen Ara mit violetten Federn und mehrere andere Vögel. Humboldt nannte sie ihre »Reisemenagerie«[49]. Ihr Boot war zu klein, deshalb bauten sie eine Plattform aus geflochtenen Zweigen, die über den Rand hinausragte, um ihre Instrumente und Truhen unterbringen zu können. Sie hatte ein Strohdach und bot zusätzlichen Raum, war aber sehr eng. Viele Tage lang lagen Humboldt und Bonpland auf dieser Plattform, während ihre Beine ungeschützt bösartigen Insekten, Regen oder brennender Sonne ausgesetzt waren. Sie hatten das Gefühl, lebendig begraben zu sein, notierte Humboldt in seinem Tagebuch. Für einen rastlosen Menschen wie ihn war das eine Tortur.

Als sie weiter vordrangen, rückte der Wald so nahe an den Fluss heran, dass sie kaum einen Platz für ihre Nachtlager finden konnten.[50] Die Lebensmittel wurden knapp, und sie mussten das übel riechende Flusswasser durch Leinentücher filtern. Dazu aßen sie zerquetschte geröstete Ameisen in Maniokmehl, was Pater Bernardo Zea als ausgezeichnete Ameisenpastete bezeichnete, außerdem Fische, Schildkröteneier und manchmal Obst.[51] Wenn sie nichts Essbares fanden, unterdrückten sie ihren Hunger, indem sie kleine Portionen getrocknetes Kakaopulver zu sich nahmen. Drei Wochen lang paddelten sie auf dem Orinoco nach Süden und dann weitere zwei Wochen lang auf einem Netz von Zuflüssen entlang des Rio Atabapo und des Rio Negro. Als sie den südlichsten Punkt ihrer Flussexpedition erreicht hatten und ihre Vorräte auf einem absoluten Tiefpunkt angelangt waren, entdeckten sie riesige Nüsse – die prachtvollen Paranüsse[52], die Humboldt später in Europa einführte.

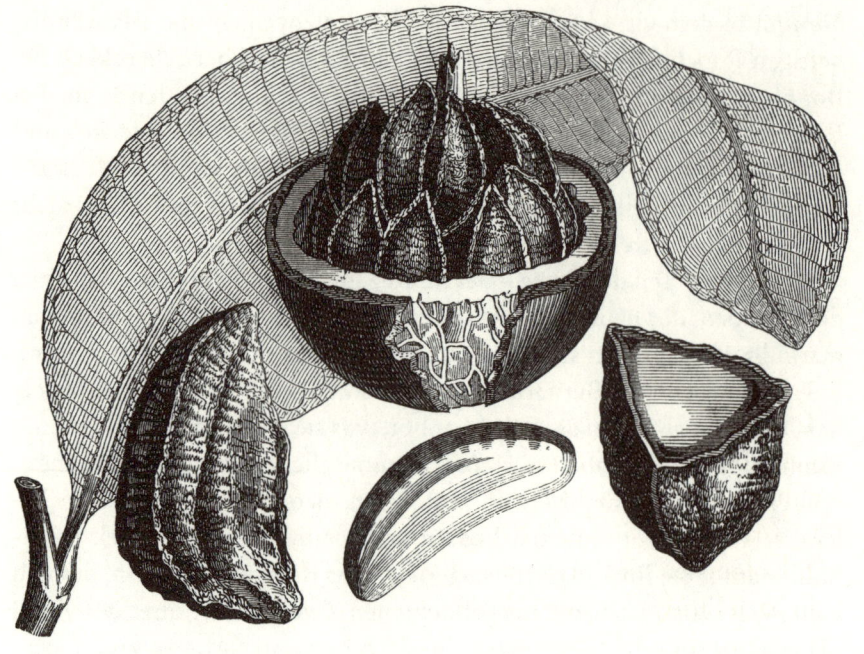

Paranuss *(Bertholletia excelsa)*

Die Lebensmittel wurden zwar knapp, aber die Reisenden waren tief beeindruckt von der Blütenpracht, die sie umgab. Überall entdeckten sie etwas Neues, aber das Pflanzensammeln war oft frustrierend. Was sie vom Waldboden aufheben konnten, war belanglos im Vergleich zu den wunderbaren Blüten, die sie oben im Blätterdach erblickten – verführerisch nahe, doch zu hoch, um sie zu erreichen.[53] Und das, was sie mitnehmen konnten, zersetzte sich häufig vor ihren Augen, weil die Luft so feucht war. Bonpland verlor die meisten Pflanzen, die er so mühselig in den *hornitos* getrocknet hatte. Sie hörten Vögel, die sie nie sahen, und Tiere, die sie nicht fangen konnten. Oft gelang es ihnen noch nicht einmal, sie angemessen zu beschreiben. Humboldt meinte, die Naturforscher in Europa würden enttäuscht sein. Es sei jammerschade, schrieb er in sein Tagebuch, dass die Affen nicht ihre Münder öffneten, »um die Zähne… zählen« zu können, wenn sie im Kanu vorbeifuhren[54].

Humboldt fand alles spannend: Pflanzen, Tiere, Steine und vieles mehr. Wie ein Weinkenner verköstigte er das Wasser der verschiedenen Flüsse. Die Proben des Orinoco kamen ihm eigenartig vor, sogar besonders eklig, wie er notierte, während der Rio Apure an verschiedenen

Stellen unterschiedlich schmeckte, hingegen sei der Rio Atabapo einfach »herrlich von Geschmack«[55]. Er beobachtete die Sterne, beschrieb die Landschaft, interessierte sich sehr für die indigenen Stämme, die sie trafen, und wollte mehr über sie erfahren. Besonders faszinierte ihn ihre Naturreligion, und er hielt sie für »vortreffliche Geographen«[56], weil sie sich auch noch im dichtesten Dschungel zurechtfanden. Sie waren die besten Naturbeobachter, denen er jemals begegnet war. Sie kannten jede Pflanze und jedes Tier im Regenwald und konnten sogar die Bäume allein am Geschmack der Rinde unterscheiden – Humboldt probierte es ebenfalls aus und scheiterte kläglich.[57] Bei den fünfzehn Bäumen, die er testete, entdeckte er nicht den geringsten Unterschied.

Im Gegensatz zu den meisten Europäern hielt Humboldt die indigenen Völker nicht für barbarisch, sondern war beeindruckt von ihren Kulturen, Überzeugungen und Sprachen. Tatsächlich sprach er von der »Barbarei des civilisirten Menschen«[58], als er sah, wie die Ureinwohner von Kolonisten und Missionaren behandelt wurden. Bei seiner Rückkehr nach Europa brachte Humboldt eine vollkommen neue Darstellung der sogenannten »Wilden« mit.

Enttäuscht war er nur, wenn die Indianer nicht auf seine vielen Fragen antworteten – Fragen, die häufig über eine ganze Kette von Dolmetschern liefen, wenn eine lokale Sprache in eine andere und in noch eine weitere übersetzt werden musste, bis jemand diese Sprache und Spanisch verstand. Häufig ging der Inhalt in der Übersetzung verloren, dann begnügten sich die Indianer damit, zu lächeln und zustimmend zu nicken. Das machte Humboldt manchmal ungehalten, und er warf ihnen »faule Gleichgültigkeit«[59] vor. Allerdings räumte er auch ein, dass »unsere Fragen sie langweilten«[60]. Diese Stammesgesellschaften mussten den Eindruck haben, dass Europäer stets in Eile und »von Dämonen geplagte Wesen«[61] seien.

Eines Nachts, als es in Strömen goss, lag Humboldt in seiner Hängematte, die an Palmen im Dschungel befestigt war. Die Lianen und Kletterpflanzen bildeten ein schützendes Dach über ihm. Er blickte hinauf in das dichte Geflecht, das geschmückt war mit lang herabhängenden orangefarbenen Helkonien und anderen seltsam geformten Blüten. Ihr Lagerfeuer erhellte dieses natürliche Gewölbe; bis zu einer Höhe von zwanzig Metern berührte das Licht der Flammen die Stämme der Palmen. Mal tanzten die Blüten im Lichtkreis, mal verschwanden sie in der

Dunkelheit, während der weiße Rauch in Kringeln in den Himmel stieg, der über dem Laubdach unsichtbar blieb. Es war ein prachtvoller Anblick, schrieb Humboldt.[62]

Die Wasserfälle des Orinoco, berichtete er, erweckten den Eindruck, als würde der ganze Strom »über seinem Bette hängen«, wenn sie »von den Strahlen der untergehenden Sonne beleuchtet« würden[63]. Obwohl er permanent maß und aufzeichnete, beschrieb Humboldt die Natur auch mit Sätzen wie: »Farbige Bögen verschwinden und kehren wieder« (die Regenbögen am Orinoco) und: »Mit farbigen Ringen umgeben, stand die Mondscheibe hoch im Zenith«. Er genoss den Anblick der dunklen Wasseroberfläche des Flusses, die tagsüber in allen Einzelheiten die Pflanzen mit ihrer Blütenpracht spiegelte, die an den Flussufern wuchsen, und nachts die südlichen Sternbilder. Noch nie zuvor hatte ein Wissenschaftler die Natur mit solchen Worten beschrieben. »Was zu unserem Gemüte spricht«, schrieb Humboldt, »entzieht sich der Messung.«[64] Die Natur war kein mechanisches System mehr, sondern eine aufregende neue Welt voller Wunder. Humboldt sah Amerika mit den Augen, die Goethe ihm gegeben hatte, und verfiel dem Zauber dieser Welt.

Die Missionare, die sie auf diesem Teil der Reise trafen, dämpften seine Freude allerdings: Offenbar war die Tatsache, dass der Rio Casiquiare den Amazonas und den Orinoco miteinander verband, in der Region seit mehreren Jahrzehnten bekannt. Für Humboldt blieb daher nur, den Fluss genau zu vermessen. Am 11. Mai 1800 fanden sie endlich den Zugang zum Casiquiare.[65] Aber die Luft war so mit Feuchtigkeit gesättigt, dass Humboldt weder die Sonne noch die Sterne sehen konnte, ohne die er die geografische Position des Flusses nicht bestimmen und folglich auch keine genaue Karte zeichnen konnte. Doch als ihr indianischer Führer einen klaren Himmel vorhersagte, wandten sich die Reisenden nach Nordosten. Nachts versuchten sie in ihren Hängematten am Flussufer zu schlafen, kamen aber kaum zur Ruhe. Einmal scheuchten Ameisenkolonnen sie auf, die auf den Seilen ihrer Hängematten heranmarschierten, in anderen Nächten wurden sie von Moskitos gequält.

Je weiter sie vordrangen, desto dichter wurde die Vegetation. Das Ufer war wie ein lebendes »Pfahlwerk«[66] – grüne Mauern, mit Blättern und Lianen bedeckt. Bald wurde es unmöglich, einen Platz zum Schlafen zu finden oder auch nur aus dem Kanu auszusteigen, um an Land zu gehen. Wenigstens klarte das Wetter auf, sodass Humboldt die notwendigen Messungen vornehmen konnte. Zehn Tage nachdem sie in den Rio

Casiquiare hineingefahren waren, stießen sie wieder auf den Orinoco – die Missionare hatten recht gehabt.[67] Es war nicht nötig, den ganzen Weg nach Süden bis zum Amazonas zurückzulegen, weil Humboldt bewiesen hatte, dass der Casiquiare eine natürliche Wasserstraße zwischen dem Orinoco und dem Rio Negro ist. Da der Rio Negro ein Nebenfluss des Amazonas ist, war klar, dass die beiden großen Ströme tatsächlich miteinander verbunden sind. Zwar hatte Humboldt den Casiquiare nicht entdeckt, aber dafür eine detaillierte Zeichnung des komplexen Flusssystems der beiden Ströme angelegt. Diese Karte war eine große Verbesserung gegenüber allen früheren Versuchen, weil die, wie er schrieb, so fantasievoll waren, als »seien sie in Madrid erfunden«[68].

Am 13. Juni 1800, nachdem sie drei weitere Wochen zunächst nach Norden und dann nach Osten auf dem Orinoco gefahren waren, erreichten sie Angostura[69] (das heutige Ciudad Bolívar), eine kleine, belebte Stadt am Orinoco, knapp 400 Kilometer südlich von Cumaná. Nach 2200 Kilometern und fünfundsiebzig Tagen qualvoller Flussfahrt im tiefsten Dschungel erschien ihnen Angostura mit seinen sechstausend Einwohnern wie eine Großstadt. Sie fanden selbst die bescheidenste Behausung prunkvoll. Nach so vielen Entbehrungen fühlte sich schon die kleinste Bequemlichkeit wie Luxus an. Sie wuschen ihre Kleidung, sortierten ihre Sammlungen und bereiteten sich auf den Rückweg vor, der sie mit Maultieren durch die Llanos führen sollte.

Bonpland und Humboldt hatten Moskitos, Jaguare, Hunger und andere Gefahren überstanden, aber gerade als sie dachten, das Schlimmste sei vorüber, warf sie plötzlich ein heftiges Fieber nieder.[70] Während Humboldt sich rasch erholte, kämpfte Bonpland schon bald um sein Leben. Als das Fieber nach zwei langen Wochen langsam zurückging, erkrankte er an Ruhr. Unter diesen Umständen wäre es für Bonpland zu gefährlich gewesen, wenn sie sich mitten in der Regenzeit auf die lange Reise durch die Llanos gemacht hätten.

Sie blieben einen Monat lang in Angostura, bis Bonpland ausreichend Kräfte für die Reise an die Küste gesammelt hatte, von wo aus sie mit dem Schiff nach Kuba und von dort nach Acapulco in Mexiko weiterreisen wollten. Abermals verstauten sie ihre Truhen auf Maultieren und ließen die Käfige mit Affen und Papageien an den Seiten herabbaumeln.[71] Zusammen mit den neuen Sammlungen schleppten sie nun so viel Gepäck mit, dass sie nur mühsam und langsam vorankamen.[72] Ende Juli 1800 traten sie aus dem Regenwald in die offene Weite der Llanos.

Mauritiapalme (*Mauritia flexuosa*)

Nach den Wochen im dichten Dschungel, wo sie die Sterne wie vom Boden eines Brunnens aus erblickt hatten, war die Ebene eine Offenbarung. Humboldt fühlte sich unendlich frei und wäre am liebsten über das weite Flachland galoppiert. Es erschien ihm völlig neu, alles um sich herum »sehen« zu können: »Die Unermesslichkeit des Raumes (die Dichter aller Zungen haben solches ausgesprochen) spiegelt sich in uns selbst wider«[73], schrieb er.

In den vier Monaten, die vergangen waren, seit sie die Llanos zum ersten Mal gesehen hatten, war die kahle Steppe von der Regenzeit in eine Art amphibische Landschaft verwandelt worden mit riesigen Seen und strömenden Flüssen, umgeben von saftigen Grasteppichen.[74] Doch da »aus Luft Wasser wird«[75], wie Humboldt in sein Tagebuch schrieb, war

104

es noch heißer als bei ihrer ersten Durchquerung. Der sanfte Duft von frischen Gräsern und Blumen lag über dem Land, Jaguare verbargen sich im hohen Gras, und Tausende von Vögeln sangen in den frühen Morgenstunden. Die Weite der Llanos wurde nur ab und zu von einzelnen Mauritiapalmen unterbrochen. Diese hohen, schlanken Gewächse breiten ihre fingerförmigen Wedel wie riesige Fächer aus. Jetzt hingen sie voller rot glänzender, essbarer Früchte, die Humboldt an Fichtenzapfen erinnerten und die die Affen offenbar besonders liebten, denn die Tiere griffen durch die Stäbe ihrer Käfige nach ihnen. Humboldt hatte die Palmen bereits im Regenwald gesehen, aber hier auf den Llanos hatten sie eine besondere Funktion.

Überrascht beobachteten sie, »wie viele Dinge an das Dasein eines einzigen Gewächses geknüpft sind«[76]. Die Mauritiafrüchte locken Vögel an, die Blätter schützen vor dem Wind, und die Erde, die der Wind vor sich hertreibt, sammelt sich an ihrem Stamm – ein idealer feuchter Lebensraum für Insekten und Würmer. Der bloße Anblick der Palmen ruft, so meinte Humboldt, ein »Gefühl angenehmer Kühlung«[77] hervor. Dieser einzeln stehende Baum verbreitet »in der Wüste Leben um sich her«[78]. Fast zweihundert Jahre bevor der Begriff geprägt wurde, hatte Humboldt das Prinzip der Schlüsselart entdeckt – einer Art, die von entscheidender Bedeutung für ein ganzes Ökosystem ist. Für Humboldt war die Mauritiuspalme der Inbegriff des »wohlthätigen Lebensbaumes«[79] – das perfekte Symbol für die Natur als lebendigen Organismus.

6

Über die Anden

Ende August 1800 kehrten Humboldt und Bonpland nach sechs extrem kräftezehrenden Monaten durch den Regenwald und die Llanos nach Cumaná zurück. Sie waren erschöpft, aber sobald sie sich erholt und ihre Sammlungen geordnet hatten, brachen sie erneut auf. Ende November segelten sie nordwärts nach Kuba, wo sie Mitte Dezember eintrafen. Eines Morgens Anfang 1801, als sie im Begriff waren, von Havanna nach Mexiko aufzubrechen, stieß Humboldt auf einen Zeitungsartikel, der ihn veranlasste, seine Pläne zu ändern: Kapitän Nicolas Baudin, dessen Expedition Humboldt sich drei Jahre zuvor in Frankreich anschließen wollte, hatte nun doch seine Weltumsegelung begonnen. 1798, als Humboldt versucht hatte, eine Schiffspassage nach Übersee zu bekommen, konnte die französische Regierung diese Reise nicht finanzieren; jetzt aber war Baudin mit zwei Schiffen ausgerüstet worden – der *Géographe* und der *Naturaliste*. Er war bereits auf dem Weg nach Südamerika, und von dort wollte er über den Südpazifik nach Australien segeln.

Humboldt vermutete, Baudin werde Lima anlaufen, und rechnete sich aus, dass die *Géographe* und die *Naturaliste*, wenn nichts Unvorhergesehenes eintrat, Ende 1801 dort ankommen würden. Der Zeitplan war eng, aber Humboldt war entschlossen, sich Baudin in Peru anzuschließen und dann mit ihm nach Australien zu fahren, anstatt nach Mexiko zu reisen.[1] Dabei hatte Humboldt natürlich keine Möglichkeit, Kontakt mit Baudin aufzunehmen. Er konnte weder einen Ort noch einen Zeitpunkt für ein Treffen vereinbaren und wusste nicht einmal sicher, ob der Kapitän Lima überhaupt anlaufen wollte, geschweige denn, ob auf einem der Schiffe Platz für zwei weitere Naturforscher war. Doch je mehr Hindernisse sich seinen Plänen in den Weg stellten, »desto eifriger betrieb ich ihre Ausführung«[2].

Um ihre Sammlungen zu sichern und um sie nicht rund um den Globus transportieren zu müssen, begannen Humboldt und Bonpland nun eiligst, Abschriften ihrer Notizen und Manuskripte anzufertigen. Sie sortierten und packten alles zusammen, was sie im Laufe der zurückliegenden anderthalb Jahre gehortet hatten, um es nach Europa zu schicken. »Es ist sehr ungewiß, fast unwahrscheinlich«[3], schrieb Humboldt an einen Freund in Berlin, dass er und Bonpland eine Weltumseglung überleben würden. Daher sei es sinnvoll, zumindest einen Teil ihrer Schätze nach Europa zu schaffen. Sie behielten lediglich ein kleines Herbarium – ein Buch mit gepressten Pflanzen, die ihnen als Vergleich mit anderen Pflanzen, die sie fanden, dienen sollten. Ein größeres Herbarium ließen sie bis zu ihrer Rückkehr in Havanna.

Da sich die europäischen Staaten immer noch im Krieg befanden, waren Seereisen nach wie vor gefährlich, und Humboldt befürchtete, dass eines der vielen feindlichen Schiffe seine wertvollen Pflanzenproben und wissenschaftlichen Beschreibungen versenken könnte. Um das Risiko zu verringern, schlug Bonpland vor, die Sammlung zu teilen.[4] Eine große Sendung wurde nach Frankreich geschickt, eine andere über England nach Deutschland. Diese enthielt die Anweisung, sie an Joseph Banks in London weiterzuleiten, sollte sie in die Hände des Feindes fallen. Seit Banks vor dreißig Jahren von Cooks Reise mit der *Endeavour* zurückgekehrt war, hatte er ein so weitreichendes und weltumspannendes Netzwerk von Pflanzensammlern geknüpft, dass Kapitäne aus aller Herren Länder seinen Namen kannten. Außerdem hatte Banks stets versucht, französischen Forschern zu helfen, indem er ihnen trotz der napoleonischen Kriege Pässe besorgte. Er glaubte, die internationale Gemeinschaft der Wissenschaftler überwinde alle Kriege und nationalen Interessen. »Die Wissenschaft zweier Nationen kann Frieden haben«, sagte er, »während ihre Politik im Krieg ist.«[5] Humboldts Pflanzensammlung wäre bei Banks sicher aufgehoben.*[6]

In seinen Briefen nach Hause versicherte Humboldt seinen Freunden und Bruder Wilhelm, dass er glücklich und gesünder als je zuvor sei.[7] In

---

* Von Cumaná aus hatte Humboldt im November 1800 bereits zwei Pakete mit Samen, die für Kew Gardens bestimmt waren, und einen Teil seiner astronomischen Beobachtungen an Banks geschickt. Dieser half Humboldt auch weiterhin. Später holte Banks sich eine von Humboldts Kisten, die mit Gesteinsproben aus den Anden gefüllt waren, von einem englischen Kapitän zurück, der das französische Schiff gekapert hatte.

allen Einzelheiten beschrieb er seine Abenteuer, von den gefährlichen Jaguaren und Schlangen bis zu den herrlichen tropischen Landschaften und seltsamen Blüten. Aber Humboldt konnte der Versuchung nicht widerstehen und beendete einen Brief an die Frau eines seiner engsten Freunde mit den Worten:»Und Sie, meine Gute, wie führen Sie indeß Ihr einförmiges Leben fort?«[8]

Sobald die Briefe und Sammlungen Mitte März 1801 abgeschickt waren, bestiegen Humboldt und Bonpland auf Kuba ein Schiff, das sie nach Cartagena an der Nordküste Neugranadas* (des heutigen Kolumbien) bringen sollte. Dort trafen sie zwei Wochen später, am 30. März, ein. Und wieder entschloss sich Humboldt zu einem Umweg, er wählte die Landroute anstelle des leichteren Seewegs. Zwar wollte er Lima Ende Dezember erreichen, um Baudins Expedition abzufangen, aber zuvor hatten er und Bonpland vor, die Anden zu überqueren und zu erforschen – die in mehreren Bergketten Südamerika der Länge nach durchlaufen, über rund 7500 Kilometer von Venezuela und Kolumbien im Norden bis hinab nach Feuerland. Es war der längste Gebirgszug der Welt, und Humboldt wollte den Chimborazo besteigen, einen imposanten schneebedeckten Vulkan südlich von Quito im heutigen Ecuador. Mit seinen fast 6300 Metern galt der Chimborazo damals als der höchste Berg der Welt.

Diese fast 4000 Kilometer von Cartagena nach Lima führten die Männer durch einige der denkbar unwirtlichsten Landschaften und brachten sie an die Grenze ihrer körperlichen Leistungsfähigkeit. Aber es war zu verlockend, Gegenden zu erkunden, die noch kein Entdeckungsreisender vor ihnen betreten hatte. »Wenn man jung und aktiv ist«[9], so Humboldt, ist es leicht, Unwägbarkeiten und Gefahren einer solchen Reise weitgehend zu ignorieren. Wenn sie Baudin in Lima treffen wollten, blieben ihnen keine neun Monate. Ihr Plan war, zunächst von Cartagena entlang des Rio Magdalena nach Bogotá – der heutigen Hauptstadt von Kolumbien – zu reisen. Von dort sollte der Weg über die Anden nach Quito und weiter nach Süden bis Lima führen. »Alle Widerstände«, war Humboldt überzeugt, »lassen sich durch Energie besiegen.«[10]

---

* Das spanische Kolonialreich in Lateinamerika bestand aus vier Vizekönigreichen und einigen autonomen Verwaltungseinheiten wie beispielsweise dem Generalkapitanat Venezuela. Das Vizekönigreich Neugranada umfasste weite Gebiete des nördlichen Teils von Südamerika: mehr oder weniger die heutigen Territorien von Panama, Ecuador und Kolumbien sowie Teile von Nordwestbrasilien, Nordperu und Costa Rica.

Außerdem wollte Humboldt auch den berühmten spanischen Botaniker José Celestino Mutis kennenlernen, der in Bogotá lebte.[11] Der neunundsechzigjährige Mutis war vierzig Jahre zuvor aus Spanien gekommen und hatte viele Expeditionen durch die Region geleitet. Kein anderer Botaniker wusste so viel über die südamerikanische Flora; daher hoffte Humboldt, seine Sammlungen in Bogotá mit den Schätzen vergleichen zu können, die Mutis im Laufe seines langen Forscherlebens zusammengetragen hatte. Obwohl er gehört hatte, dass Mutis manchmal schwierig und abweisend war, glaubte Humboldt an ein Treffen. »Mutis, so nah!«[12], dachte er, als sie in Cartagena eintrafen. Von dort schickte er dem Botaniker »einen sehr künstlichen Brief«, in dem er ihn in höchsten Tönen lobte und ihm schmeichelte. Er sei der einzige Grund, so schrieb Humboldt außerdem, warum sie sich gegen den Seeweg von Cartagena nach Lima entschieden und stattdessen die weit beschwerlichere Route über die Anden gewählt hätten. Sie würden Mutis zu gern unterwegs in Bogotá aufsuchen.

Am 6. April verließen sie Cartagena, um den rund 100 Kilometer ostwärts gelegenen Rio Magdalena zu erreichen. Sie marschierten durch dichte Wälder, in denen Glühwürmchen ihre »Wegweiser«[13] in der Dunkelheit waren – und verbrachten einige elende Nächte in ihren Mänteln auf dem harten Boden. Zwei Wochen später schoben sie ihr Kanu in den Rio Magdalena und paddelten südwärts in Richtung Bogotá. Fast zwei Monate lang fuhren sie flussaufwärts gegen eine starke Strömung an dichten Wäldern vorbei, die den Fluss säumten. Es war Regenzeit, und abermals erlebten sie Krokodile, Moskitos und unerträgliche Feuchtigkeit.[14] Am 15. Juni erreichten sie Honda[15], ein Städtchen mit einem Flusshafen und etwa viertausend Einwohnern, keine 150 Kilometer nordwestlich von Bogotá. Von dort aus stiegen sie aus dem Flusstal auf steilen Pfaden durch zerklüftete Felsen zu einem gut 2600 Meter hoch gelegenen Plateau empor, auf dem Bogotá lag. Bonpland kämpfte in der dünnen Luft – Übelkeit und Fieber setzten ihm zu.[16] Der Marsch war strapaziös und beschwerlich, aber Bogotá empfing sie am 8. Juli 1801 geradezu triumphal.[17]

Mutis und die Würdenträger der Stadt begrüßten die beiden und schleppten sie von einer Feier zur nächsten. Seit Jahrzehnten hatte es in Bogotá nichts Vergleichbares gegeben. Humboldt schätzte steife Festveranstaltungen überhaupt nicht, aber Mutis erklärte, man müsse sie wegen des Vizekönigs und der führenden Vertreter der Stadt über sich ergehen lassen. Danach aber öffnete der alte Botaniker seine Schränke. Mutis hatte auch ein botanisches Zeichenstudio, in dem 32 Künstler, darunter einige Indianer, alles in allem sechstausend Aquarelle von einheimischen Pflanzen anfertigten.[18] Vor allem aber besaß Mutis so viele botanische Bücher, dass seine Sammlung, wie Humboldt später seinem Bruder schrieb, nur von Joseph Banks' Bibliothek in London übertroffen wurde.[19] Das war eine unschätzbare Hilfe, weil Humboldt jetzt zum ersten Mal, seit er Europa zwei Jahre zuvor verlassen hatte, unzählige Bücher durchblättern konnte, um seine eigenen Beobachtungen zu überprüfen, zu vergleichen und zu relativieren. Beide Männer profitierten von diesem Besuch. Mutis war geschmeichelt, weil er damit prahlen konnte, dass ein europäischer Wissenschaftler diesen gefährlichen Umweg nur auf sich genommen hatte, um ihn, Mutis, zu besuchen, und Humboldt erhielt die botanischen Informationen, die er so dringend brauchte.

Aber gerade als sie Bogotá verlassen wollten, erlitt Bonpland erneut einen schweren Fieberanfall. Er brauchte mehrere Wochen, um sich zu erholen, was ihnen noch weniger Zeit ließ, die Anden auf dem Weg nach Lima zu überqueren.[20] Am 8. September, genau zwei Monate nach ihrer Ankunft, verabschiedeten sie sich schließlich von Mutis, der ihnen so viele Lebensmittel mitgab, dass ihre drei Maultiere sie kaum tragen konnten.[21] Der Rest ihres Gepäcks wurde auf acht weitere Maultiere und Ochsen aufgeteilt, aber die empfindlichsten Instrumente schleppten fünf Träger, einheimische *cargueros*[22], und José, der Diener, der sie seit ihrer Ankunft in Cumaná vor zwei Jahren, begleitete.[23] Sie waren bereit für die Anden, obwohl das Wetter nicht hätte schlechter sein können.

Die erste Bergkette überquerten sie auf dem Quindíopass, einem Pfad, der in etwa 3700 Metern Höhe verlief und als einer der gefährlichsten und schwierigsten der ganzen Anden galt. Sie bewegten sich auf einem schlammigen Weg, der häufig nur 20 Zentimeter breit war, und kämpften sich durch Gewitter, Regen und Stürme.[24] »Solchen Wegen in den Anden«, schrieb Humboldt in sein Tagebuch, »muss man seine Manuskripte, Instrumente, Sammlungen anvertrauen.«[25] Staunend beobachtete er, wie es den Maultieren gelang, auf dem schmalen Grat zu balancieren, obwohl es mehr ein »zusammengesetztes Fallen«[26] war als ein Gehen.

Sie verloren die Fische und Reptilien, die sie vom Rio Magdalena mitgebracht hatten, als die Glasgefäße mit den konservierten Exemplaren zerbrachen. Nach wenigen Tagen waren ihre Schuhe von den Bambus-

Überquerung der Anden auf schwer beladenen Maultieren

schösslingen zerfetzt, die im Schlamm wuchsen, sodass sie ihren Weg barfuß fortsetzen mussten.

Über Berge und durch Täler kamen sie nur langsam nach Süden, in Richtung Quito, voran. Die ständigen Höhenwechsel bescherten ihnen heftigste Schneestürme, dann wieder die drückende Hitze der Tropenwälder. Manchmal gingen sie durch dunkle Schluchten, die so tief und eng waren, dass sie sich blind an den Felswänden entlangtasten mussten, und dann wieder kamen sie in Täler mit sonnenbeschienenen Wiesen. An manchen Vormittagen hoben sich die schneebedeckten Gipfel klar und deutlich gegen die makellose blaue Himmelskuppel ab, und dann wieder waren sie in so dichte Wolken gehüllt, dass sie nichts mehr sehen konnten.[27] Hoch über ihnen breiteten riesige Andenkondore ihre drei Meter breiten Schwingen aus und zogen ihre einsamen Kreise am Himmel – Vögel in feierlichem Schwarz, abgesehen von einem Halsband aus weißen Federn und ihren weiß befransten Flügeln, die »spiegelartig«[28] in der Mittagssonne glänzten. Eines Nachts, etwa auf halbem Weg zwischen Bogotá und Quito, sahen sie in der Dunkelheit Flammen aus dem Vulkan Pasto schlagen.[29]

111

Nie hatte sich Humboldt weiter von zu Hause entfernt gefühlt. Wenn er jetzt gestorben wäre, hätte es Monate oder sogar Jahre gedauert, bis seine Freunde und sein Bruder davon erfuhren. Er hatte keine Ahnung, wie es ihnen ging und was sie taten. War Wilhelm beispielsweise noch immer in Paris? Oder waren Caroline und er wieder nach Preußen gezogen? Wie viele Kinder hatten sie jetzt? Seit Humboldt zweieinhalb Jahre zuvor Spanien verlassen hatte, hatte er von seinem Bruder nur einen Brief und von einem alten Freund zwei Briefe erhalten – und das lag schon mehr als ein Jahr zurück. Hier, in der Wildnis zwischen Bogotá und Quito, fühlte Humboldt sich dermaßen einsam, dass er einen langen Bericht für Wilhelm verfasste, in dem er die Abenteuer seines südamerikanischen Aufenthalts in allen Einzelheiten schilderte. »Ich werde nicht müde, Briefe nach Europa zu schreiben«[30], lautete die erste Zeile. Er wusste, dass es sehr unwahrscheinlich war, dass sein Schreiben je ans Ziel kam, aber das war nicht so wichtig. In dem entlegenen Andendorf, in dem die Männer die Nacht verbrachten, gab diese Beschäftigung Humboldt zumindest das Gefühl, mit seinem Bruder zu sprechen.

Früh am nächsten Tag ging es weiter. Manchmal fielen die Felswände Hunderte von Metern senkrecht ab, und die Pfade wurden so schmal, dass die wertvollen Instrumente und Sammlungen, die von den Maultierrücken herabhingen, gefährlich über dem Abgrund baumelten.[31] Diese Augenblicke waren besonders unangenehm für José, der für das Barometer verantwortlich war, das wichtigste Instrument der Expedition, mit dem Humboldt die Höhe der Berge bestimmte. Das Instrument bestand aus einem langen Holzstab, in den die Glasröhre mit dem Quecksilber eingelassen war. Obwohl Humboldt eine Schutzhülle für dieses spezielle Reisebarometer gebaut hatte, konnte das Glas immer noch leicht zu Bruch gehen. Er hatte zwölf Taler für das Instrument bezahlt, aber am Ende der fünfjährigen Expedition war sein Wert auf 800 Taler gestiegen. Jedenfalls kam Humboldt später auf diesen Betrag, als er all das Geld zusammenrechnete, mit dem er die Männer bezahlt hatte, die es sicher durch Südamerika getragen hatten.[32]

Er hatte mehrere Barometer mitgenommen, doch nur dieses eine war heil geblieben. Einige Wochen zuvor, als das vorletzte auf ihrem Weg von Cartagena zum Rio Magdalena zersplitterte, war Humboldt frustriert auf dem Marktplatz einer Kleinstadt zu Boden gesunken. Als er dort auf dem Rücken lag und in den Himmel starrte, unendlich weit entfernt von zu Hause und den europäischen Instrumentenherstellern, hatte er

Eine Ansicht Quitos, wo Humboldt mehrere Monate verbrachte.

verkündet: »Glücklich, wer ohne zerbrechliche Instrumente reist.«[33] Er fragte sich, wie er um alles in der Welt die Berge der Erde ohne seine Geräte messen und vergleichen sollte.

Als sie neun Monate nachdem sie Cartagena verlassen hatten und nach rund 2000 zurückgelegten Kilometern Anfang Januar 1802 in Quito eintrafen, erfuhren sie, dass die Berichte über Kapitän Baudin falsch waren. Baudin segelte nicht über Südamerika nach Australien, sondern fuhr stattdessen um das Kap der Guten Hoffnung vor Südafrika und von dort quer über den Indischen Ozean. Jeder andere Mann wäre verzweifelt, nicht so Humboldt. Zumindest mussten sie sich jetzt nicht länger beeilen, um Lima zu erreichen, fand er, also blieb ihnen genügend Zeit, um alle Vulkane zu besteigen, die er untersuchen wollte.[34]

Humboldt war vor allem aus zwei Gründen an Vulkanen interessiert. Der erste war die Frage, ob sie »lokale« Erscheinungen waren oder ob es eine unterirdische Verbindung zwischen ihnen gab. Wenn sie nämlich nicht nur lokale Phänomene waren, sondern Gruppen oder Haufen bildeten, die sich über riesige Entfernungen erstreckten, waren sie mög-

113

licherweise über den Erdkern miteinander verbunden. Humboldts zweiter Grund war, dass er hoffte, durch das Studium der Vulkane eine Antwort auf die Frage zu finden, wie die Erde selbst entstanden war.

Ende des 18. Jahrhunderts hatte sich unter Naturforschern allmählich die Überzeugung durchgesetzt, dass die Erde älter als in der Bibel angegeben sein müsse, aber sie konnten sich nicht darüber einigen, wie sich die Erde gebildet hatte. Die sogenannten »Neptunisten« glaubten, das Wasser sei die entscheidende Kraft gewesen, weil es durch Ablagerungen die Gesteine geschaffen habe – und aus dem Urmeer hätten sich so langsam Berge, Mineralien und geologische Formationen entwickelt. Die »Vulkanisten« hingegen vertraten die Ansicht, dass alles durch katastrophale Ereignisse wie Vulkanausbrüche entstanden sei. Noch immer schwang das Pendel zwischen den beiden Entwürfen hin und her. Die europäischen Wissenschaftler hatten zudem das Problem, dass ihr Wissen fast ausschließlich auf die wenigen aktiven Vulkane in Europa beschränkt war – besonders den Ätna und den Vesuv in Italien. Jetzt bot sich Humboldt die Möglichkeit, mehr Vulkane zu untersuchen als irgendjemand vor ihm. Er war so überzeugt davon, den Schlüssel zum Verständnis der Erdentstehung gefunden zu haben, dass Goethe später in einem Brief, in dem er Humboldt den Besuch einer Freundin ankündigte, scherzhaft meinte: »Da Sie zu den Naturforschen gehören, die alles durch Vulcane erzeugt halten, so sende ich Ihnen einen weiblichen Vulcan, der alles vollends versengt und verbrennt, was noch übrig ist.«[35]

Nachdem sein Plan gescheitert war, sich Baudins Expedition anzuschließen, nutzte Humboldt seinen neuen Stützpunkt Quito, um systematisch jeden erreichbaren Vulkan zu besteigen; egal, wie gefährlich es sein mochte. Damit war er so beschäftigt, dass man es ihm in den vornehmen Salons Quitos übel nahm. Attraktiv, wie er war, interessierten sich etliche junge, unverheiratete Frauen für ihn, aber bei Festessen und anderen gesellschaftlichen Ereignissen »verweilte er indessen nie länger, als nothwendig war«[36], beschwerte sich Rosa Montúfar, Tochter des Provinzgouverneurs und eine viel gerühmte Schönheit. Sie klagte, Humboldt scheine an seinen Vulkanbesteigungen mehr Gefallen zu finden als an der Gesellschaft hübscher Frauen.

Ironischerweise wurde Carlos Montúfar, Rosas ebenfalls gut aussehender Bruder, Humboldts Gefährte. Humboldt hat nie geheiratet – ein verheirateter Mann sei immer »ein verlorener Mensch«[37], sagte er einmal –, noch scheint er jemals intime Beziehungen zu Frauen gehabt zu haben. Stattdessen schwärmte er regelmäßig für Männer, denen er dann in Briefen gestand, sie »unsterblich und mit Innigkeit zu lieben«[38]. Obwohl er in einer Zeit lebte, in der es nicht unüblich war, dass Männer selbst in ihren platonischen Freundschaften leidenschaftliche Gefühle zeigten, waren seine Geständnisse doch ungewöhnlich heftig. »Ich war mit ehernen Ketten an Dich gebunden«[39], schrieb er einem Freund und weinte, als er einen anderen verließ, viele Stunden lang.[40]

In den Jahren vor seinem Südamerika-Aufenthalt gab es eine Reihe besonders intensiver Freundschaften. Sein Leben lang hatte Humboldt solche Beziehungen, in denen er nicht nur seine Liebe gestand, sondern auch eine für ihn ungewöhnliche Unterwürfigkeit an den Tag legte: »Alle meine Pläne sind den Deinigen untergeordnet, daß Du über mich, wie über Dein Kind, zu gebieten hast, immer Gehorsam ohne Murren finden sollst.«[41] Dagegen war Humboldts Beziehung zu Bonpland ganz anders geartet. Bonpland war ein »guter Mensch«, hatte Humboldt einem Freund kurz vor seiner Abreise aus Spanien geschrieben, »der mich aber seit sechs Monaten sehr kalt lässt, das heißt, mit dem ich ein bloß wissenschaftliches Verhältniß habe«[42]. Humboldts ausdrückliche Feststellung, dass Bonpland *nur* ein wissenschaftlicher Kollege sei, könnte vielleicht eine Andeutung darauf sein, dass seine Empfindungen gegenüber anderen Männern von ganz anderer Art waren.

Zeitgenossen ließen sich über Humboldts »Mangel an echter Liebe zu Frauen«[43] aus, und in einem Zeitungsartikel wurde später angedeutet, er könne homosexuell gewesen sein, da dort von seinem »Bettgenossen« die Rede war.[44] Caroline von Humboldt sagte einmal: »Überdies wird auf Alexandern nie etwas großen Einfluss haben, als was von Männern kommt.«[45] Noch fünfundzwanzig Jahre nach Humboldts Tod bemängelte Theodor Fontane, dass in einer Humboldt-Biografie, die er gerade gelesen hatte, die »sexuellen Uncorrectheiten«[46] nicht zur Sprache kamen.

Carlos Montúfar war zweiundzwanzig und damit zehn Jahre jünger als Humboldt – mit dunklen Locken und fast schwarzen Augen, groß gewachsen und von stolzer Haltung. Er blieb etliche Jahre Humboldts Begleiter. Montúfar war kein Wissenschaftler, lernte aber schnell, und Bonpland hatte nichts gegen das neue Mitglied ihrer Reisegruppe einzuwenden. Andere dagegen betrachteten die Freundschaft mit einer gewissen Eifersucht. Der südamerikanische Botaniker und Astronom José de Caldas hatte Humboldt einige Monate zuvor kennengelernt, als dieser sich auf dem Weg nach Quito befand, und eine höfliche Abfuhr erhalten, als er fragte, ob er sich der Expedition anschließen könne. Verärgert schrieb er jetzt an Mutis in Bogotá, Montúfar sei wohl Humboldts »Adonis«[47] geworden.

Humboldt hat sich nie explizit zu seinen Freundschaften mit anderen Männern geäußert, aber sie sind wahrscheinlich platonisch geblieben, denn er bekannte: »Sinnliche Bedürfnisse kenne ich nicht.«[48] Stattdessen floh er in die Wildnis oder stürzte sich in strapaziöse Unternehmungen. Große körperliche Anstrengungen heiterten ihn auf, und die Natur, so erklärte er, besänftige den »wilden Drange der Leidenschaften«[49]. Auch dieses Mal trieb er sich bis zur Erschöpfung an. Er bestieg Dutzende von Vulkanen – manchmal mit Bonpland und Montúfar und manchmal ohne sie, aber immer mit José, der vorsichtig das kostbare Barometer trug.[50] In den nächsten fünf Monaten bezwang Humboldt jeden erreichbaren Vulkan.

Einer von ihnen war Pichincha, ein Vulkan, der westlich von Quito liegt. Dort verschwand der arme José plötzlich fast gänzlich in einer Schneebrücke, die eine tiefe Gletscherspalte verdeckte. Glücklicherweise gelang es ihm, sich (und das Barometer) selbst wieder zu befreien. Anschließend setzte Humboldt seinen Weg zum Gipfel fort, wo er sich flach auf einen schmalen Felsvorsprung legte, der wie ein natürlicher Balkon über den tiefen Krater hinausragte. Alle zwei oder drei Minuten bebte die kleine Plattform unter heftigen Erschütterungen, doch Humboldt blieb vollkommen gelassen und kroch an den Rand des Felsvorsprungs, um in den Krater des Pichincha zu blicken. Im Inneren des Vulkans flackerten bläuliche Flammen, und Humboldt erstickte fast an den Schwefeldämpfen.[51] »Ich glaube nicht, dass die Fantasie sich etwas Finstereres, Trauer- oder Todmässigeres vorstellen kann, als wir hier sahen«[52], notierte er.

Er versuchte auch den Cotopaxi zu besteigen, einen vollkommen kegelförmigen Vulkan, mit seinen fast 5900 Metern der zweithöchste Berg Ecuadors. Aber Schnee und steile Hänge hinderten Humboldt daran, höher als 4400 Meter zu klettern.[53] Obwohl er den Gipfel nicht erreichte, war er tief beeindruckt vom schneebedeckten Cotopaxi, der einsam und majestätisch in das »azuren Himmels-Gewölbe« aufragte.[54] Cotopaxis Form war so vollkommen, und seine Oberfläche wirkte so glatt, schrieb Humboldt in sein Tagebuch, dass er aussah, als hätte ihn ein Drechsler auf seiner Drehbank hergestellt.[55]

Ein anderes Mal folgten Humboldt und seine kleine Reisegruppe einem alten, erstarrten Lavastrom in ein kleines Tal unterhalb des Antisana, eines Vulkans, der sich zu einer Höhe von 5704 Metern erhob. Weiter oben wurden die Bäume und Sträucher kleiner, und schließlich ließen die Männer die Baumgrenze hinter sich. Darüber lag der sogenannte Páramo – hier wuchs Federgras in bräunlichen Büscheln, und die Landschaft schien fast kahl. Doch als sie näher hinsahen, bemerkten sie winzige bunte Blüten, die den Boden bedeckten und deren grüne Blätter sie ganz eng in zarten Rosetten umschlossen. Außerdem fanden sie kleine Lupinen und winzige Enziane, die weiche, moosartige Kissen bildeten. Überall im Gras wuchsen entzückende lilafarbene und blaue Blumen.[56]

Es war bitterkalt und der Wind so heftig, dass es Bonpland mehrfach von den Füßen riss, wenn er sich bückte, um sie zu pflücken. Die Böen peitschten ihnen »Eisnadeln«[57] ins Gesicht. Vor der letzten Etappe des Aufstiegs mussten sie eine Nacht in der, wie Humboldt schrieb, »am höchsten gelegenen Wohnung der Welt«[58] verbringen – einer niedrigen strohgedeckten Hütte auf einer Höhe von knapp 4000 Metern, die einem einheimischen Grundbesitzer gehörte. Die Lage der Unterkunft war spektakulär: Sie schmiegte sich vor dem hoch aufragenden Gipfel des Antisana in die Falten eines sanft gewellten Plateaus. Aber die Männer litten stark an Höhenkrankheit, froren, hatten nichts zu essen und keine Kerzen und erlebten eine der schlimmsten Nächte ihrer Reise.

In dieser Nacht ging es Carlos Montúfar so schlecht, dass sich Humboldt, der ein Bett mit ihm teilte, größte Sorgen machte.[59] Mehrfach stand er auf, holte Wasser und machte Umschläge. Am Morgen hatte Montúfar sich so weit erholt, dass er Humboldt und Bonpland auf den letzten Anstieg bis zur Bergspitze begleiten konnte. Sie kamen bis zu einer Höhe von fast 5500 Metern – und damit höher, wie Humboldt mit Schadenfreude vermerkte, als die beiden französischen Forscher Charles-Marie de la Condamine und Pierre Bouguer, die diesen Teil der Anden in den 1730er-Jahren bereist hatten, um die Form der Erde zu vermessen. Sie hatten es nur auf gut 4500 Meter gebracht.[60]

Berge bezauberten Humboldt. Dabei ging es ihm nicht nur um die physischen Herausforderungen oder die Aussicht auf neues Wissen. Da war auch noch ein eher metaphysischer Aspekt. Jedes Mal, wenn er auf einem Gipfel oder einem hohen Bergkamm stand, war er so hingerissen von dem Ausblick, dass seine Fantasie ihn noch höher hinauftrug. Sie linderte, sagte er, die »tiefen Wunden«, die die reine »Vernunft« manchmal schlug.[61]

7

Chimborazo

Am 9. Juni 1802, fünf Monate nach ihrer Ankunft, verließ Humboldt Quito. Nach wie vor hatte er die Absicht, nach Lima zu reisen, obwohl er Kapitän Baudin dort nicht antreffen würde. Humboldt hoffte, von Lima aus eine Schiffspassage nach Mexiko zu finden, das er ebenfalls erforschen wollte.[1] Als Nächstes stand aber erst der Chimborazo auf seiner Liste – sein größtes und ehrgeizigstes Ziel. Dieser inaktive Vulkan – ein »ungeheurer Koloss«[2], so Humboldt – liegt rund 150 Kilometer südlich von Quito und ist mit fast 6300 Metern ein majestätischer Anblick.*

Auf ihrem Weg zum Vulkan kamen Humboldt, Bonpland, Montúfar und José durch dichte tropische Vegetation. In den Tälern bewunderten sie die großen orangefarbenen Blüten der Daturen, die Trompeten ähnelten, und die knallroten Fuchsien mit ihren fast unwirklich geformten Blütenblättern. Als die Männer langsam emporstiegen, wurde diese verschwenderische Blütenpracht von offenen Grasflächen abgelöst, auf denen Herden kleiner, lamaähnlicher Vicuñas weideten. Dann zeichnete sich der Chimborazo am Horizont ab, erhaben stand er als einzelner Berg auf einem Plateau. Für die nächsten Tage begleitete sie der Blick auf den Chimborazo, der sich scharf und klar von dem flimmernden blauen Himmel abhob. Keine Wolke verhüllte seine imposante Silhouette. Bei jedem Halt zog Humboldt begeistert sein Fernrohr heraus. Die schneebedeckten Hänge und Regionen rund um den Chimborazo wirkten kahl und trostlos. Felsbrocken und Steine bedeckten den Boden, so weit das Auge reichte.[3] Es war wie aus einer anderen Welt. Inzwischen hatte

---

* Der Chimborazo ist im üblichen Sinn nicht der höchste Berg der Welt – noch nicht einmal der Anden –, wenn man aber berücksichtigt, dass sein Gipfel am weitesten vom Mittelpunkt der Erde entfernt ist, weil der Berg so nahe am Äquator liegt, stimmt das doch.

Der schneebedeckte Chimborazo

Humboldt so viele Vulkane erklommen, dass er zu den erfahrensten Bergsteigern der Welt zählte, aber der Chimborazo war selbst für ihn ein beängstigendes Vorhaben. Doch was unerreichbar scheint, so schrieb Humboldt später, »hat eine geheimnisvolle Ziehkraft«[4].

Am 22. Juni kamen sie am Fuß des Berges an, wo sie in einem kleinen Dorf eine unruhige Nacht verbrachten. Früh am nächsten Morgen begannen Humboldt und seine Gefährten den Aufstieg, begleitet von einer Gruppe eingeborener Träger. Auf Maultieren überquerten sie die grasbewachsenen Ebenen und Hänge, bis sie eine Höhe von gut 4100 Metern erreichten. Als die Felsen steiler wurden, ließen sie die Tiere zurück und gingen zu Fuß weiter. Dann schlug das Wetter um. In der Nacht hatte es geschneit, und die Luft war kalt. Anders als an den Tagen zuvor hüllte sich der Gipfel des Chimborazo in Dunst. Hin und wieder lichteten sich die Schwaden und gewährten ihnen einen kurzen, verlockenden Blick auf ihr Ziel. Es wurde ein langer Tag.

Auf 4750 Metern weigerten sich die Träger weiterzugehen. Humboldt, Bonpland, Montúfar und José teilten die Instrumente zwischen sich auf und setzten den Aufstieg allein fort. Die Spitze des Chimborazo lag immer noch in dichtem Nebel.[5] Schon bald krochen sie auf allen vieren einen hohen Grat entlang, der an manchen Stellen nur fünf Zentimeter breit war. Rechts und links fielen die Felswände steil ab – die Spanier bezeichneten diesen Grat als *cuchilla* – »Rasierklinge«[6]. Humboldt blickte entschlossen nach vorn. In der Kälte waren Hände und Füße taub geworden, was nicht eben hilfreich war – ebenso wenig, dass der Fuß, den er sich bei einer anderen Kletterpartie verletzt hatte, entzündet war. Die Beine fühlten sich in dieser Höhe schwer an wie Blei: Sie litten an der Höhenkrankheit, ihnen war übel, sie fühlten sich benommen, ihre Augen waren blutunterlaufen, und das Zahnfleisch blutete. Ihnen war andauernd schwindelig, was, wie Humboldt später zugab, »in der Situation, in der wir uns befanden, sehr gefährlich war«[7]. Auf dem Pichincha hatte die Höhenkrankheit Humboldt so schlimm erwischt, dass er ohnmächtig wurde. Das hätte hier auf der *cuchilla* tödlich sein können.

Trotz aller Schwierigkeiten brachte Humboldt immer noch genügend Energie auf, um seine Instrumente alle paar Hundert Meter aufzustellen. Im eisigen Wind waren die Messinggeräte so kalt, dass es fast unmöglich war, die feinen Schrauben und Hebel mit halb erfrorenen Händen zu bedienen. Er steckte sein Thermometer in den Boden, las das Barometer ab und nahm Luftproben, um ihre chemischen Bestandteile zu analysieren. Außerdem maß er die Feuchtigkeit und überprüfte auf verschiedenen Höhen, wo der Siedepunkt des Wassers lag.[8] Und sie stießen Gesteinsbrocken die steilen Hänge hinunter, um zu sehen, wie weit sie rollten.

Nach einer Stunde tückischer Kletterei ließ die Steigung des Grats etwas nach, dafür zerrissen ihnen die scharfen Steine ihre Schuhe, und ihre Füße fingen an zu bluten. Doch dann lichtete sich der Nebel plötzlich und enthüllte gut 300 Meter über ihren Köpfen den weißen Gipfel des Chimborazo, der im Sonnenlicht glitzerte – aber sie sahen auch, dass ihr schmaler Grat zu Ende war.

Unmittelbar vor ihnen öffnete sich eine gewaltige Gletscherspalte. Um sie zu umgehen, hätten sie ein Tiefschneefeld überqueren müssen; aber es war mittlerweile 13 Uhr, und die Sonne hatte die eisige Kruste, die den Schnee bedeckte, aufgeweicht. Als Montúfar ihn vorsichtig betrat, sank er so tief ein, dass er vollständig verschwand. Sie konnten das Feld unmöglich überqueren. Humboldt maß noch einmal ihre Höhe und kam auf 5917 Meter.[9] Obwohl sie es nicht bis zum Gipfel schaffen würden, fühlten sie sich, als blickten sie von ganz oben auf die Welt. Noch nie war ein Mensch bis in solche Höhen vorgestoßen – noch nicht einmal die Ballonfahrer in Europa.

Als Humboldt auf die Hänge des Chimborazo und die Bergketten in der Ferne hinabsah, fügte sich alles zusammen, was er in den vergangenen Jahren gesehen hatte. Sein Bruder Wilhelm war der Meinung, Alexanders Verstand sei »dafür gemacht, Ideen zu verbinden, Ketten von Dingen zu erblikken«[10]. Auf dem Chimborazo nahm Humboldt alles in sich auf, was vor ihm lag, während seine Gedanken zurückwanderten zu all den Pflanzen, Gesteinsformationen und Messungen, die er auf den Hängen der Alpen, der Pyrenäen und auf Teneriffa gesehen und vorgenommen hatte. Alles, was er jemals beobachtet hatte, rückte jetzt an seinen Platz. Humboldt erkannte, dass die Natur ein Netz des Lebens und eine globale Kraft ist. Er war, so sagte ein Kollege später, der Erste, der begriffen hatte, dass alles mit allem wie »durch tausend Fäden«[11] verbunden ist. Dieser neue Naturbegriff veränderte auch unsere Sicht auf die Welt.

Humboldt war erstaunt »darüber, dass die verschiedensten Klimate so viele Züge miteinander gemein haben«[12]. So wuchs in den Anden ein Moos, das ihn an eine Art erinnerte, die er aus den Wäldern Norddeutschlands kannte, Tausende von Kilometern entfernt. Auf den Bergen bei Caracas hatte er rhododendronähnliche Pflanzen untersucht – die Alpenrosen des tropischen Amerika[13], wie er sie nannte, die denen der Schweizer Alpen glichen. Später in Mexiko fand er Kiefern, Zypressen und Eichen, die Ähnlichkeit mit den kanadischen Arten hatten.[14] Gebirgspflanzen wuchsen in den Schweizer Bergen, in Lappland und hier in den Anden. Alles hing irgendwie zusammen.[15]

Für Humboldt waren die Tage der Exkursionen rund um Quito und dann die Besteigung des Chimborazo wie eine botanische Reise vom Äquator in Richtung der Pole – wobei sich auf diesem Weg die gesamte Pflanzenwelt nacheinander präsentierte. Die Vegetationszonen reichten von tropischen Pflanzen in den Tälern bis zu Flechten nahe der Schneegrenze.[16] Gegen Ende seines Lebens sprach Humboldt oft davon, dass man »einen höhern Standpunkt«[17] einnehmen muss, um die Natur zu verstehen. Von oben kann man die Zusammenhänge besser erkennen.

Das wurde ihm auf dem Chimborazo bewusst. »Ein Blick«[18] umfasste die ganze vor ihm ausgebreitete Landschaft.

Nach dem Aufstieg zum Chimborazo formulierte Humboldt seinen neuen Naturbegriff. Im Vorgebirge der Anden skizzierte er mit seinem »Naturgemälde«[19] nicht nur ein »Bildnis der Natur«, sondern auch eine ganzheitliche Anschauung der natürlichen Welt. Humboldt bezeichnete es später als einen »Mikrokosmos auf einem Blatte«[20]. Im Gegensatz zu den Wissenschaftlern, die Flora und Fauna bislang in engen taxonomischen Einheiten nach einer strengen Hierarchie klassifiziert hatten und endlose Tabellen mit Kategorien ausfüllten, erklärte Humboldt seinen neuen Naturbegriff mit einer Zeichnung.

Wir sehen ein »belebtes Naturganzes«, schrieb er später, kein »totes Aggregat«[21]. Ein einziges Leben ergoss sich über Steine, Pflanzen, Tiere und Menschen. Diese »allverbreitete Fülle des Lebens«[22] hat Humboldt tief beeindruckt. Selbst die Atmosphäre trägt Keime zukünftigen Lebens in sich – Pollen, Insekteneier und Samen. Das Leben war überall, schrieb Humboldt, und die organischen Kräfte sind »unablässig bemüht, neue Gestalten«[23] hervorzubringen. Humboldt war nicht so sehr daran interessiert, neue einzelne Fakten zu entdecken, sondern suchte vielmehr nach der Verbindung zwischen ihnen. Das individuelle Phänomen ist nur von Bedeutung »in seinem Verhältnis zum Ganzen«[24], erklärte er.

Das »Naturgemälde«[25] zeigt den Chimborazo im Querschnitt und die Natur als ein Netz, in dem alles mit allem verbunden ist. Humboldt zeichnete die Pflanzen genau auf den Höhen ein, wo sie wuchsen, von den unterirdischen Pilzarten bis zu den Flechten unmittelbar unterhalb der Schneegrenze. Am Fuß des Berges lag die tropische Zone mit den Palmen, weiter oben standen im gemäßigten Klima Eichen und farnartige Büsche.

Die erste Skizze des »Naturgemäldes« fertigte Humboldt in Südamerika an. Später veröffentlichte er dann eine wunderschöne Zeichnung im Format von 90 mal 60 Zentimetern. Links und rechts vom Berg fügte er mehrere Spalten ein, die zusätzliche Einzelheiten und Informationen enthielten. Mittels der angegebenen Höhen (als Meter in der ersten Spalte rechts) lassen sich Verbindungen zwischen der Tabelle und der Zeichnung des Berges herstellen – und etwas erfahren über Feuchtigkeit, atmosphärischen Druck, Temperatur, chemische Zusammensetzung der Luft

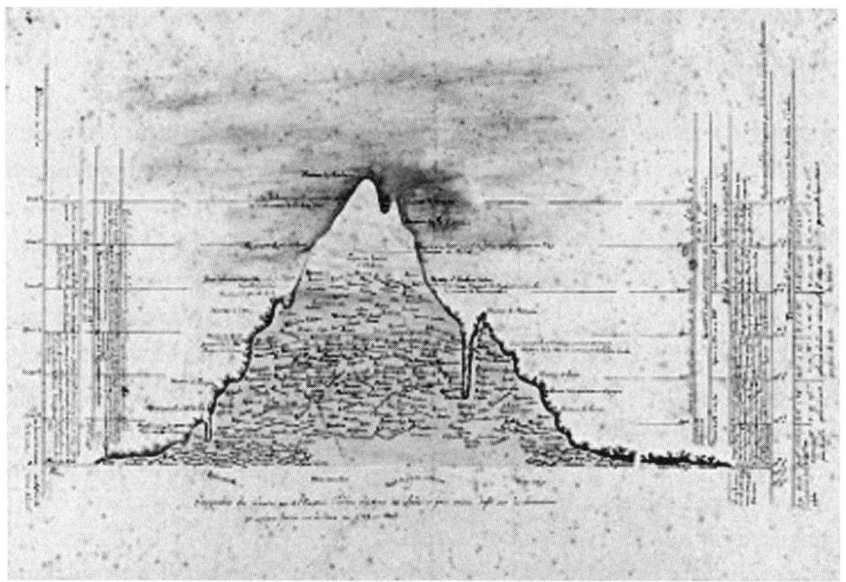

Humboldts erste Skizze für das »Naturgemälde«

sowie über die Tiere und Pflanzen, die in den verschiedenen Höhenlagen leben. Humboldt hat elf Pflanzenzonen eingezeichnet und gibt dazu detailliert an, wie sie mit Veränderungen der Höhe, der Temperatur und so fort verknüpft sind. Alle Daten sind mit anderen hohen Bergen der Erde vergleichbar, die Humboldt nach ihrer Höhe geordnet neben dem Umriss des Chimborazo aufführt.

Komplex und doch einfach ist die Grafik mit dem Reichtum der wissenschaftlichen Angaben; das hatte es in dieser Form noch nie gegeben. Als erster Naturwissenschaftler übertrug Humboldt seine Resultate in Bilder. Das »Naturgemälde« machte zum ersten Mal deutlich, dass die Natur global ist und sich Klimazonen auf allen Kontinenten entsprechen. Humboldt erkannte die »Einheit in der Vielheit«[26]. Statt Pflanzen in ihre taxonomischen Kategorien einzuordnen, betrachtete er die Vegetation aus dem Blickwinkel von Klima und Standort – ein vollkommen neuer Ansatz, der noch heute unser Verständnis von Ökosystemen prägt.

Vom Chimborazo aus ging es rund 1500 Kilometer südlich bis nach Lima. Humboldt interessierte sich für alles, von Pflanzen und Tieren bis zur Architektur der Inkas. Die Leistungen der antiken Zivilisationen Lateinamerikas beeindruckten ihn. Er kopierte Handschriften, skizzierte

Monumente der Inkas und legte Wortverzeichnisse an. Die indigenen Sprachen waren seiner Ansicht nach so hoch entwickelt, dass man jedes europäische Buch in sie übersetzen konnte.[27] Sie kannten sogar Wörter für abstrakte Begriffe wie »Zukunft, Ewigkeit, Existenz«[28]. Unmittelbar südlich vom Chimborazo besuchte er einen indigenen Stamm, der einige antike Handschriften mit Beschreibungen von Vulkanausbrüchen besaß.[29] Glücklicherweise gab es auch eine spanische Übersetzung, die er für sich abschrieb.

Auf ihrer Reise untersuchte Humboldt auch die Wälder aus Chinarindenbäumen in Loja (dem heutigen Ecuador) und stellte erneut fest, wie sehr die Menschen die Umwelt verwüsten. Die Rinde dieses Baums enthält Chinin, das man für die Behandlung von Malaria verwendete; doch wenn die Rinde entfernt wurde, starben die Bäume. Auf diese Weise hatten die Spanier riesige Urwaldgebiete vernichtet. Ältere und dickere Bäume gab es nur noch selten.[30]

Humboldts Forschungsdrang schien unerschöpflich. Er analysierte Bodenablagerungen, Klimamuster und die Ruinen der Inkatempel. Wenn seine Gefährten und er über Bergketten kletterten und in Täler hinabstiegen, stellte er seine Instrumente auf. Humboldt war deshalb so neugierig, weil er die Natur ganzheitlich verstehen wollte, als ein Netz von Kräften und Wechselbeziehungen. Daher auch seine Begeisterung für die Vegetationszonen auf verschiedenen Kontinenten, an Erdbeben und am Geomagnetismus – der Lehre von den Magnetfeldern der Erde. Seit dem 17. Jahrhundert wussten die Naturforscher, dass die Erde selbst ein Riesenmagnet ist. Ihnen war auch bekannt, dass die Kompassnadeln nicht den echten Norden anzeigten, weil der magnetische Nordpol nicht mit dem geografischen Nordpol zusammenfällt. Außerdem bewegen sich die magnetischen Pole, was die Navigation erheblich erschwerte. Allerdings wussten die Wissenschaftler nicht, ob sich die Intensität der Magnetfelder auf der Welt von Ort zu Ort zufällig oder systematisch veränderte.

Als sich Humboldt auf dem Weg von Bogotá nach Quito dem Äquator näherte, fiel ihm bei seinen Messungen auf, dass das Magnetfeld der Erde abnahm und zu seiner Überraschung selbst dann noch, als sie den Äquator nicht weit von Quito bereits überquert hatten. Erst auf dem kahlen Cajamarca-Plateau in Peru, das mehr als sieben Grad und rund 750 Kilometer südlich des geografischen Äquators liegt, drehte sich die Nadel und zeigte nach Süden statt nach Norden: Humboldt hatte den magnetischen Äquator entdeckt.[31]

Ende Oktober 1802 traf Humboldt mit seinen Reisegefährten in Lima ein. Viereinhalb Monate waren vergangen, seit er Quito, und mehr als drei Jahre, seit er Europa verlassen hatte. In Lima fanden sie ein Schiff, das sie zum nördlich gelegenen Guayaquil an der Westküste des heutigen Ecuador bringen sollte. Von dort wollte Humboldt dann nach Acapulco in Mexiko übersetzen. Als sie von Lima nach Guayaquil segelten, untersuchte Humboldt den kalten Strom, der an der Westküste Südamerikas vom südlichen Chile bis zum nördlichen Peru entlangfließt. In dem nährstoffreichen Wasser leben unglaublich viele Tiere und Pflanzen; es ist das produktivste ozeanische Ökosystem der Erde. Jahre später bekam es den Namen Humboldt-Strom. Natürlich war Humboldt geschmeichelt von der Wahl seines Namens, aber er protestierte trotzdem. Die Fischerjungen an der Küste kannten den Strom schon seit Jahrhunderten, argumentierte er, sein Verdienst sei lediglich, dass er ihn zuerst gemessen und entdeckt habe, dass er kalt sei.[32]

Humboldt trug die Daten zusammen, die er brauchte, um die Natur als einheitliches Ganzes zu begreifen. Wenn sie ein Netz des Lebens war, reichte es nicht, sie mit den Augen eines Botanikers, eines Geologen oder eines Zoologen zu betrachten. Er benötigte Information von überall, sagte Humboldt, weil »Beobachtungen aus den verschiedensten Erdstrichen miteinander verglichen werden«[33] müssen. Er trug so viele Ergebnisse zusammen und stellte so viele Fragen, dass einige Leute ihn für dumm hielten, weil er sich nach »Selbstverständlichkeiten«[34] erkundigte. Einer der Führer berichtete, Humboldts Jackentaschen waren wie die eines kleinen Jungen – vollgestopft mit Pflanzen, Steinen und Papierschnipseln.[35] Nichts war zu klein oder zu unbedeutend, um nicht untersucht zu werden. Alles hatte seinen Platz in dem großen Teppich, den das Leben knüpfte.

Am 4. Januar 1803 trafen die Reisenden in der Hafenstadt Guayaquil ein, ausgerechnet an dem Tag, an dem der Cotopaxi gut 300 Kilometer nordostwärts ausbrach.[36] Humboldt hatte jeden erreichbaren Vulkan in den Anden bestiegen, aber auf diesen Augenblick hatte er lange gewartet. Humboldt war hin- und hergerissen. Einerseits wollte er dringend Mexiko erforschen, bevor er nach Europa zurückkehrte. Dafür musste er vor der Hurrikan-Saison im Sommer ein Schiff finden, sonst saßen sie bis Jahresende in Guayaquil fest. Andererseits lockte der Vulkanausbruch. Wenn sie sich beeilten, konnten sie es vielleicht rechtzeitig bis zum Cotopaxi und zurück schaffen, um noch auf ein Schiff nach Mexiko zu kom-

Cotopaxi mit Rauchfahne

men. Allerdings war der Weg von Guayaquil zum Cotopaxi gefährlich. Humboldt musste ein weiteres Mal die hohen Anden überqueren, aber dieses Mal würde er direkt auf einen aktiven Vulkan zugehen.

Riskant, gewiss, aber viel zu aufregend, um darauf zu verzichten. Ende Januar brachen Humboldt und Montúfar auf und ließen Bonpland in Guayaquil zurück, damit er ein Schiff nach Mexiko auftrieb. Auf ihrem Weg nach Nordosten begleitete sie das Grollen des Cotopaxi. Humboldt konnte sein Glück kaum fassen. In ein paar Tagen würde er den Vulkan wiedersehen, den er acht Monate zuvor bestiegen hatte, aber dieses Mal belebt und beleuchtet vom eigenen Feuer. Doch nur fünf Tage nach ihrer Abreise traf ein Bote aus Guayaquil mit einer Nachricht von Bonpland ein. Er hatte ein Schiff nach Acapulco gefunden, das allerdings schon in zwei Wochen auslief.[37] Humboldt und Montúfar mussten sofort nach Guayaquil zurückkehren; Humboldt war am Boden zerstört.

Als ihr Schiff am 17. Februar 1803 den Hafen von Guayaquil verließ, hörte Humboldt den Cotopaxi in der Ferne brüllen.[38] Das Gepolter des Vulkans stimmte ihn traurig, zu gern hätte er ihn aktiv aus der Nähe gesehen. Außerdem führte ihm der Sternenhimmel Nacht für Nacht vor Augen, dass sie die südliche Erdhalbkugel verließen. Durch sein Teleskop verfolgte er, wie die Sternbilder des südlichen Himmels all-mählich verschwanden. »Ich werde von Tag zu Tag ärmer«[39], vertraute Humboldt seinem Tagebuch an, während sie sich der nördlichen Hemi-sphäre näherten und sich von einer Welt entfernten, die ihn für den Rest seines Lebens faszinieren würde.

In der Nacht auf den 26. Februar 1803 überquerte Humboldt zum letzten Mal den Äquator.

Er war dreiunddreißig Jahre alt, hatte mehr als drei Jahre in Latein-amerika verbracht, tropische Regenwälder durchquert und eisige Berg-gipfel bestiegen, dabei Tausende von Pflanzen gesammelt und unzählige Messungen vorgenommen. Obwohl er immer wieder sein Leben aufs Spiel gesetzt hatte, hatte er die Freiheit und das Abenteuer genossen. Vor allem aber verließ er Guayaquil mit einem neuen Naturverständnis. In seinen Truhen befand sich die Skizze des Chimborazo – sein »Naturge-mälde«. Diese Zeichnung und die Ideen, auf denen sie beruhte, beein-flussten künftige Generationen und ihre Wahrnehmung der natürlichen Welt nachhaltig.

8

Politik und Natur

Thomas Jefferson und Humboldt

Es war, als wollte die See sie verschlingen. Riesige Brecher rollten über das Deck und die Stufen hinab in den Schiffsbauch. Humboldts vierzig Truhen liefen ständig Gefahr, überflutet zu werden. Sie waren direkt in einen Hurrikan hineingesegelt und mussten den Sturm, der ihr Schiff mit solcher Kraft hin und her warf, dass sie weder schlafen noch denken konnten, sechs lange Tage aushalten. Der Koch verlor seine Töpfe und Pfannen, als sich das Wasser in die Kombüse ergoss und er dort eher herumschwamm als stand. Ans Essenkochen war nicht zu denken. Haie umkreisten das Schiff. Die Kapitänskajüte im Heck des Schiffes stand so hoch unter Wasser, dass man hindurchschwimmen musste, und selbst altgediente Seeleute wurden wie Kegel über das Deck geschleudert. Die Matrosen fürchteten um ihr Leben und verlangten größere Branntweinrationen mit der Begründung, dass sie lieber betrunken sterben wollten. Jede Woge, die heranrollte, sah aus wie eine Felswand. Humboldt glaubte sich dem Tod näher als jemals zuvor.[1]

Es war Mai 1804, Humboldt, Bonpland, Montúfar und ihr Diener José segelten von Kuba zur Ostküste der Vereinigten Staaten. Welche Ironie des Schicksals, jetzt zu sterben, dachte Humboldt, schließlich hatte er gerade fünf Jahre voller gefährlicher Expeditionen in Lateinamerika überlebt.[2] Nachdem sie im Februar 1803 in Guayaquil ausgelaufen waren, hatten sie ein Jahr in Mexiko verbracht. Humboldt war die meiste Zeit in Mexico City geblieben, der Verwaltungshauptstadt des Vizekönigreichs Neuspanien – jener riesigen Kolonie, zu der Mexiko, Teile Kaliforniens und Zentralamerikas sowie Florida gehörten. Er durchkämmte die umfangreichen Kolonialarchive und -bibliotheken und unterbrach diese Forschungsarbeiten nur für einige Expeditionen zu Bergwerken, heißen Quellen und noch mehr Vulkanen.[3]

Bei seiner Rückkehr aus Mexiko hatte Humboldt detaillierte Natur-
beobachtungen im Gepäck, aber auch Aufzeichnungen aus Archiven und
Zeichnungen von Monumenten wie diesen mexikanischen Kalender, der für
ihn ein Beweis für den hohen Entwicklungsstand der antiken Kulturen war.

Es war an der Zeit, nach Europa zurückzukehren. Seine empfind-
lichen Geräte hatten auf den vielen Reisen und Expeditionen durch
extreme Klimaverhältnisse und unberührte Gebiete gelitten, und viele
von ihnen arbeiteten nicht mehr einwandfrei.[4] Da Humboldt nur wenig Kontakt mit der wissenschaftlichen Gemeinschaft zu Hause hatte,
befürchtete er zudem, ihm könnten wichtige Fortschritte entgangen
sein. Einem Freund schrieb er, er fühle sich vom Rest der Welt so abge-
schnitten, als würde er auf dem Mond leben.[5] Im März 1804 hatten die
Gefährten einen kurzen Abstecher von Mexiko nach Kuba gemacht, um

die Sammlungen zu holen, die sie dort drei Jahre zuvor in Havanna zurückgelassen hatten.

Wie so oft überlegte es sich Humboldt in letzter Minute anders und beschloss, seine Heimreise um ein paar Wochen zu verschieben. Er wollte über Nordamerika reisen, um Thomas Jefferson zu treffen, den dritten Präsidenten der Vereinigten Staaten. Fünf Jahre lang hatte er die Natur von ihrer besten Seite kennengelernt – üppig, wunderschön, überwältigend –, und nun wollte er die Zivilisation in all ihrer Pracht sehen, als Republik, gegründet auf die Grundsätze der Freiheit.

Seit seiner frühesten Jugend war Humboldt von Aufklärern umgeben, die ihm den unerschütterlichen Glauben an Freiheit, Gleichheit, Toleranz und die Bedeutung von Bildung eingepflanzt hatten. Aber entscheidend geprägt wurden seine politischen Ansichten von der Französischen Revolution 1789, nur wenige Wochen vor seinem zwanzigsten Geburtstag. Im Gegensatz zu den Preußen, die immer noch von einem absoluten Monarchen regiert wurden, hatten die Franzosen alle Menschen für gleich erklärt. Für den Rest seines Lebens bewahrte Humboldt die »Ideen von 1789 im Herzen«[6]. 1790 besuchte er Paris und erlebte die Vorbereitungen für die Feier des ersten Jahrestages der Revolution aus nächster Nähe mit. Humboldt war davon so begeistert, dass er geholfen hatte, für den Bau des »Freiheitstempels« in Paris Sand zu karren.[7] Jetzt, vierzehn Jahre später, wollte er die Männer kennenlernen, die Amerika in eine Republik umgewandelt hatten und die das »kostbare Geschenk der Freiheit zu würdigen« wussten.[8]

Endlich legte sich der Hurrikan. Das Schiff, die Besatzung und Humboldts Schätze waren außer Gefahr. Ende Mai 1804, vier Wochen nach ihrer Abfahrt aus Havanna, gingen Humboldt und seine kleine Reisegruppe in Philadelphia von Bord, damals mit seinen fünfundsiebzigtausend Einwohnern die größte Stadt der Vereinigten Staaten. Am Vortag seiner Ankunft schrieb Humboldt in einem langen Brief an Jefferson, dass er ihn nur zu gern in Washington, der neuen Hauptstadt der Nation, besuchen würde. »Ihre Schriften, Ihre Taten und die freiheitliche Gesinnung Ihrer Ideen«, erklärte er, »waren mir von frühester Jugend an Inspiration.«[9] Er bringe eine Fülle von Informationen mit aus Lateinamerika, schrieb Humboldt. Er habe dort Pflanzen gesammelt, astronomische Beobachtungen vorgenommen, Hieroglyphen antiker Kulturen tief in den Regenwäldern des Amazonas gefunden und wichtige Daten in den Kolonialarchiven von Mexico City zusammengetragen.

Humboldt schrieb auch einen Brief an James Madison, den Außenminister und engsten Vertrauten Jeffersons, und erklärte, ihm sei »der erha-
bene Anblick der majestätischen Anden und der überwältigenden physischen Natur zuteil geworden, und nun möchte ich mich am Anblick
eines freien Volkes erfreuen«[10]. Politik und Natur gehören zusammen –
eine Idee, die Humboldt mit den Amerikanern erörtern wollte.

Mit einundsechzig hielt sich Jefferson immer noch »gerade wie ein Ge-
wehrlauf«[11] – ein großer, schlanker, fast schlaksiger Mann mit der rötlichen Gesichtsfarbe eines Farmers und einer »eisernen Konstitution«. Er
war der Präsident der jungen Nation, aber auch der Besitzer von Monticello, einer großen Plantage im Vorgebirge der Blue Ridge Mountains in
Virginia, gut 160 Kilometer südwestlich von Washington. Seine Frau war
mehr als zwanzig Jahre zuvor gestorben, und Jefferson lebte eng mit seiner Familie zusammen und freute sich über seine sieben Enkelkinder.[12]
Freunde berichteten, dass sie ihm oft auf den Schoß kletterten, wenn er
sich unterhielt.[13] Als Humboldt in die Vereinigten Staaten kam, trauerte
Jefferson noch um seine jüngere Tochter Maria, die wenige Wochen zuvor, im April 1804, bei der Geburt einer Tochter gestorben war. Martha,
seine andere Tochter, verbrachte oft viele Wochen im Weißen Haus und
zog später mit ihren Kindern dauerhaft nach Monticello.

Jefferson hasste Müßiggang.[14] Er stand vor Morgengrauen auf, las
mehrere Bücher gleichzeitig und schrieb so viele Briefe, dass er sich eine
Briefkopiermaschine gekauft hatte, um die Übersicht über seine Korrespondenz zu behalten. Er war ein ruheloser Mann, der seine Tochter
warnte, dass Faulheit das »gefährlichste Gift des Lebens«[15] sei. In den
1780er-Jahren, nach dem Unabhängigkeitskrieg, lebte Jefferson fünf Jahre
lang als Diplomat in Paris. Er nutzte den Posten dazu, weite Fahrten
durch Europa zu unternehmen, und kehrte schwer beladen mit Büchern,
Möbeln und Ideen nach Hause zurück. Er litt, wie er sie nannte, unter der
»Krankheit der Bibliomanie«[16] – er kaufte und las ständig Bücher. Außerdem nahm er sich in Europa zwischen seinen diplomatischen Pflichten
die Zeit, um die schönsten Gärten Englands zu besuchen und um die
landwirtschaftlichen Methoden in Deutschland, Holland, Italien und
Frankreich zu studieren und miteinander zu vergleichen.[17]

1804 war Thomas Jefferson auf dem Höhepunkt seiner politischen
Laufbahn. Er hatte die Unabhängigkeitserklärung verfasst, war Präsident der Vereinigten Staaten, und zum Jahresende würde er einen über-

wältigenden Wahlerfolg erzielen, der ihm seine zweite Amtszeit sichern würde. Gerade hatte er das Louisiana-Territorium von den Franzosen erworben und damit den Grundstein für die Expansion der Nation nach Westen gelegt.* Für lediglich 15 Millionen Dollar hatte Jefferson die Größe der Vereinigten Staaten verdoppelt und diese um mehr als zwei Millionen Quadratkilometer erweitert, die sich nach Westen vom Mississippi bis zu den Rocky Mountains und von Kanada im Norden bis zum Golf von Mexiko im Süden erstreckten. Außerdem hatte Jefferson gerade Meriwether Lewis und William Clark zu deren erster Landüberquerung des nordamerikanischen Kontinents ausgeschickt. In dieser Expedition kam alles zusammen, was Jefferson interessierte: Persönlich wies er die Entdeckungsreisenden an, Pflanzen, Samen und Tiere zu sammeln, sie sollten über die Bodenbeschaffenheit berichten und die landwirtschaftlichen Methoden der Indianer studieren, und sie sollten das Land und die Flüsse vermessen.[18]

Humboldt hätte keinen besseren Zeitpunkt für seine Ankunft wählen können. Vincent Gray, der amerikanische Konsul auf Kuba, hatte Madison bereits geschrieben und ihm geraten, Humboldt zu treffen, weil dieser nützliche Informationen über Mexiko habe, ihren neuen südlichen Nachbarn nach dem Erwerb des Louisiana-Territoriums.

Sobald Humboldt in Philadelphia von Bord gegangen war, tauschten der Präsident und er Briefe aus, und Jefferson lud Humboldt nach Washington ein. Er sei gespannt, schrieb Jefferson an Humboldt, da er hoffe, »dass diese neue Welt verbesserte Bedingungen des Menschenseins offenbaren könne«[19]. So bestiegen Humboldt, Bonpland und Montúfar am 29. Mai die Postkutsche in Philadelphia und machten sich auf den Weg in das rund 250 Kilometer südwestlich gelegene Washington.[20]

Die Landschaft, durch die sie kamen, bestand aus wohlbestellten Feldern, auf denen das Getreide in langen, geraden Linien stand, weit verstreuten Farmen, umgeben von gepflegten Obstgärten und Gemüsebeeten – die Verkörperung von Jeffersons Vorstellungen von der

---

* Im Jahr zuvor hatte Napoleon den Plan einer französischen Kolonie in Nordamerika aufgegeben, nachdem die meisten der fünfundzwanzigtausend Soldaten, die er nach Haiti geschickt hatte, um einen Sklavenaufstand niederzuschlagen, an Malaria gestorben waren. Ursprünglich hatte Napoleon geplant, seine Armee von Haiti nach New Orleans zu verschiffen, doch nach dem katastrophalen Feldzug und angesichts der wenigen Männer, die ihm blieben, verzichtete er darauf – und verkaufte stattdessen das Louisiana-Territorium an die Vereinigten Staaten.

wirtschaftlichen und politischen Zukunft der Vereinigten Staaten: eine Nation freier Bauern auf kleinen autarken Höfen.[21]

Die amerikanische Wirtschaft profitierte von den napoleonischen Kriegen. Amerika war – zumindest vorübergehend – neutral und lieferte einen Großteil der weltweit gehandelten Waren. Amerikanische Schiffe, beladen mit Gewürzen, Kakao, Baumwolle, Kaffee und Zucker, segelten kreuz und quer über die Weltmeere von Nordamerika in die Karibik, aber auch nach Europa und Ostindien. Ebenso expandierten die Exportmärkte für ihre landwirtschaftlichen Produkte. Jefferson schien das Land in eine blühende und glückliche Zukunft zu führen.

Doch Amerika hatte sich in den drei Jahrzehnten seit dem Unabhängigkeitskrieg verändert. Aus alten Freunden wurden politische Gegner, weil sie unterschiedliche Vorstellungen von der Zukunft der Republik hatten. Die verschiedenen Fraktionen stritten darüber, welche Form die amerikanische Gesellschaft annehmen sollte. Sollte sie eine Nation von Farmern oder Kaufleuten werden? Auf der einen Seite standen Jefferson und seine Parteigänger, die die USA als Agrarstaat sahen, der die individuelle Freiheit und die Rechte der Einzelstaaten stärkte, auf der anderen diejenigen, die für den Handel und eine starke Zentralregierung eintraten.[22]

Wie gegensätzlich ihre Auffassungen waren, zeigte sich vielleicht am deutlichsten in den unterschiedlichen Vorschlägen für die Hauptstadt Washington – eine vollkommen neue Stadt, dem wilden Sumpfgebiet des Potomac River abgerungen. Beide Parteien waren sich darin einig, dass sie die Regierung und ihre Macht (oder ihren Mangel an Macht) widerspiegeln muss. George Washington, der erste Präsident der Vereinigten Staaten und Befürworter einer starken Zentralregierung, hatte sich eine eindrucksvolle Hauptstadt mit Prachtstraßen, einem palastartigen Präsidentensitz und wunderschönen Parks gewünscht. Im Gegensatz dazu verlangten Jefferson und seine republikanischen Parteifreunde, dass die Regierung in Washington so wenig Macht wie möglich erhalte. Sie hätten eine bescheidene Hauptstadt vorgezogen – eine ländlich-republikanische Kleinstadt.[23]

Obwohl sich George Washington mit seinen Ideen durchgesetzt hatte – und die Stadt auf dem Papier prachtvoll aussah –, war in der Zeit bis zu Humboldts Ankunft im Sommer 1804 tatsächlich wenig passiert. Mit lediglich viertausendfünfhundert Einwohnern hatte Washington ungefähr die gleiche Größe wie Jena zu der Zeit, als Humboldt dort zum

Washington, D.C., zur Zeit von Humboldts Besuch

ersten Mal mit Goethe zusammentraf – und glich ganz und gar nicht dem, was Ausländer von dem Regierungssitz eines so riesigen Landes erwarteten.[24] Die Straßen waren in einem entsetzlichen Zustand und so mit Steinen und Baumstümpfen übersät, dass die Kutschen regelmäßig umgeworfen wurden.[25] Roter Schlamm klebte wie Leim an den Kutschen und Achsen, und wer zu Fuß ging, lief Gefahr, knietief in den vielen Pfützen zu versinken.

Als Jefferson nach seiner Amtsübernahme im März 1801 ins Weiße Haus[26] einzog, war es eine Baustelle. Drei Jahre später, als Humboldt zu Besuch kam, hatte sich daran nicht viel geändert. Auf dem Land, das einmal der Präsidentenpark werden sollte, standen Arbeitsschuppen und lag jede Menge Bauschutt. Das Grundstück war nur durch einen baufälligen Zaun von den benachbarten Feldern getrennt, und Jeffersons Waschfrau trocknete dort die präsidiale Wäsche vor aller Augen.[27] Im Inneren des Weißen Hauses sah es nicht viel besser aus; viele Räume waren nur zur Hälfte möbliert. Jefferson bewohnte eine Ecke des Hauses, während sich der Rest in einem »Zustand schmutziger Verwahrlosung«[28] befand, wie ein Besucher schrieb.

Dem Präsidenten machte das nichts aus. Vom ersten Tag seiner Amtszeit hatte Jefferson versucht, der Präsidentenrolle ihren Nimbus zu nehmen.[29] Er befreite die junge Administration von strengen Protokollen und allem zeremoniellem Pomp. Sich selbst stellte er als einfachen Farmer dar. Statt offizieller Empfänge lud er Gäste zu privaten Abendessen ein, die an einem runden Tisch stattfanden, womit er geschickt alle Fragen der Rangordnung oder Privilegien vermied. Jefferson kleidete sich mit voller Absicht sehr schlicht, was regelmäßig zu Bemerkungen über sein ungepflegtes Äußeres führte. Seine Hausschuhe waren so abgetragen, dass seine Zehen herausragten, die Jacke wurde als »fadenscheinig« und die Wäsche als »sehr schmutzig« beschrieben.[30] Er sah aus wie ein »grobknochiger Farmer«[31], kommentierte ein britischer Diplomat – und beschrieb damit genau den Eindruck, den Jefferson auch vermitteln wollte.

Jefferson betrachtete sich in erster Linie als Farmer und Gärtner, nicht als Politiker. »Keine Beschäftigung macht mir so viel Freude wie die Bearbeitung des Bodens«[32], sagte er. In Washington ritt Jefferson jeden Morgen aus, um seinen langweiligen Regierungsgeschäften zu entkommen. Er träumte von der Rückkehr nach Monticello. Am Ende seiner zweiten Amtszeit behauptete er: »Nie hat ein Gefangener, von seinen Ketten befreit, eine solche Erleichterung empfunden, wie ich sie erleben werde, wenn ich die Fesseln der Macht abschüttele.«[33] Der Präsident der Vereinigten Staaten zog es vor, durch Sümpfe zu waten, auf Felsen zu klettern, hier ein Blatt aufzuheben und dort ein Samenkorn, statt Kabinettssitzungen zu besuchen.[34] Eine Bekannte sagte, er finde jede Pflanze – »vom schäbigsten Unkraut bis zum höchsten Baum«[35] – äußerst bemerkenswert. Jeffersons Liebe zur Botanik und zur Gärtnerei war so bekannt, dass Diplomaten aus der ganzen Welt Samen ins Weiße Haus schickten.

Jefferson interessierte sich für alle wissenschaftlichen Disziplinen – für Gartenbau und Mathematik ebenso wie für Meteorologie und Geografie. Er war fasziniert von Fossilien, insbesondere wenn sie vom Mastodon stammten, einem riesigen ausgestorbenen Verwandten der Elefanten, der vor zehntausend Jahren das Innere des amerikanischen Kontinents durchstreifte.[36] Seine Bibliothek enthielt Tausende von Büchern, darunter auch eines, das er selbst geschrieben hatte – *Notes on the State*

of Virginia, eine detaillierte Schilderung der wirtschaftlichen und gesellschaftlichen Verhältnisse, der natürlichen Ressourcen und Pflanzen, aber
auch eine bewundernde Schilderung der Landschaft Virginias.

Wie Humboldt bewegte sich Jefferson mühelos zwischen verschiedenen wissenschaftlichen Disziplinen. Er war geradezu versessen auf Messungen und stellte eine Unmenge von Listen zusammen, die von den
Pflanzenarten, die er in Monticello anbaute, bis zu täglichen Temperaturtabellen reichten. Er zählte die Stufen von Treppen, führte ein »Konto«
mit den Briefen, die er von seinen Enkeltöchtern bekam, und trug stets
ein Lineal in der Tasche. Seine Gedanken schienen nie zur Ruhe zu kommen.[37] Mit einem solchen Universalgelehrten als Präsidenten wurde
Jeffersons Weißes Haus zu einem Schnittpunkt der Wissenschaften, und
Botanik, Geografie und Entdeckungsreisen waren beliebte Themen bei
Tisch. Außerdem war er Präsident der American Philosophical Society.[38]
Sie war vor der Revolution von Benjamin Franklin (und anderen) gegründet worden und inzwischen zum wichtigsten wissenschaftlichen
Forum in den Vereinigten Staaten avanciert. Jefferson galt als »aufgeklär-
ter Philosoph – brillanter Naturforscher – der vornehmste Staatsmann
der Erde, der Freund, die Zierde der Wissenschaft... der Vater unseres
Landes, der zuverlässige Wächter unserer Freiheiten«[39]. Und er konnte
es kaum abwarten, Humboldt kennenzulernen.

Die Reise von Philadelphia dauerte dreieinhalb Tage; am Abend des
1. Juni erreichten Humboldt und seine Gefährten endlich Washington. Am nächsten Morgen suchte Humboldt Jefferson im Weißen Haus
auf.[40] Der Präsident empfing den Wissenschaftler in seinem privaten
Arbeitszimmer. Hier bewahrte Jefferson einen Satz Schreinerwerkzeuge
auf, weil er eine Schwäche für die Mechanik und Freude am Handwerk
hatte. Er erfand zum Beispiel ein drehbares Büchergestell und verbesserte Schlösser, Uhren und wissenschaftliche Instrumente. Auf den Fens-
terbänken standen Blumentöpfe mit Rosen und Geranien, um die sich
Jefferson persönlich kümmerte. An den Wänden hingen Karten und
Tabellen, und in den Regalen stapelten sich die Bücher.[41] Die beiden
Männer waren sich auf Anhieb sympathisch.

In den folgenden Tagen trafen sie sich mehrere Male. Eines frühen
Abends, als in der Dämmerung die ersten Kerzen angezündet wurden,
betrat Humboldt den Salon des Weißen Hauses, wo der Präsident gerade
mit mehreren seiner Enkelkinder Fangen spielte und herumalberte. Es

dauerte einen Augenblick, bis Jefferson seinen Besucher bemerkte, der still die ausgelassene Familienszene beobachtete. Jefferson lächelte. »Da haben Sie mich ertappt, wie ich mich zum Narren gemacht habe«, sagte er, »aber ich bin sicher, bei *Ihnen* muss ich mich dafür nicht entschuldigen.«[42] Humboldt war begeistert, dass sein Held »so einfach wie ein Philosoph lebte«[43].

In den nächsten Wochen mussten Humboldt und Bonpland zahllose Veranstaltungen und Festessen besuchen. Jeder wollte die kühnen Forschungsreisenden kennenlernen und ihre abenteuerlichen Geschichten hören.[44] Humboldt war »Gegenstand allgemeiner Aufmerksamkeit«[45], wie ein Amerikaner sagte – so sehr, dass Charles Willson Peale, ein Maler aus Philadelphia, der die Reise nach Washington organisiert hatte, zahlreiche Scherenschnitte verteilte, die er von Humboldt (und Bonpland) angefertigt hatte. Natürlich erhielt Jefferson auch einen. Humboldt lernte Albert Gallatin kennen, den Finanzminister, der erklärte, Humboldts Geschichten zuzuhören, sei ein »intellektuelles Vergnügen ersten Ranges«[46]. Am folgenden Tag reiste Humboldt nach Mount Vernon, zu George Washingtons Landsitz, rund 25 Kilometer südlich der Hauptstadt. Viereinhalb Jahre nach Washingtons Tod war Mount Vernon ein bei Touristen beliebtes Ziel, und Humboldt wollte ebenfalls das Heim des Revolutionshelden sehen. Der Außenminister James Madison gab ein Fest zu Humboldts Ehren, bei dem seine Frau Dolley bekannte, sie sei von ihm bezaubert, und erklärte: »Alle Damen sagen, sie seien in ihn verliebt.«[47]

Während der gemeinsamen Tage bombardierten Jefferson, Madison und Gallatin ihren Besucher mit Fragen über Mexiko. Keiner der drei amerikanischen Politiker war jemals auf von Spanien kontrolliertem Gebiet gewesen, und, umgeben von Karten, Statistiken und Notizbüchern, informierte Humboldt sie über die Menschen Lateinamerikas, ihre Landwirtschaft und das Klima.[48] Humboldt hatte intensiv an der Verbesserung vorhandener Karten gearbeitet, indem er die exakten geografischen Positionen immer wieder neu berechnete. Das Ergebnis waren die besten Karten, die es damals gab; stolz berichtete er seinen neuen Freunden, dass einige Orte auf früheren Karten um bis zu zwei Breitengrade – rund 220 Kilometer – falsch eingezeichnet gewesen waren.[49] Tatsächlich wusste Humboldt mehr über Mexiko, als selbst über einige europäische Länder bekannt war, berichtete Gallatin seiner Frau. Er war restlos begeistert. Humboldt gestattete ihnen sogar, seine Aufzeichnungen abzuschreiben und seine Karten zu kopieren. Die Amerikaner waren sich einig, dass er »erstaunliche«[50] Kenntnisse besaß. Im Gegenzug lieferte Gallatin alle Informationen über die Vereinigten Staaten, um die Humboldt bat.

Monatelang hatte Jefferson versucht, sich wenigstens ein paar Fakten über das neue Louisiana-Territorium und über Mexiko zu besorgen, und plötzlich verfügte er über mehr Daten, als er jemals zu hoffen gewagt hatte.[51] Da die Spanier ihre Territorien so eifersüchtig bewachten und Ausländern selten erlaubten, ihre Kolonien zu besuchen, war Jefferson vor Humboldts Besuch kaum in der Lage gewesen, sich nennenswerte Informationen zu beschaffen. Die spanischen Kolonialarchive in Mexiko und Havanna waren für Amerikaner fest verschlossen, und der spanische Diplomat in Washington hatte sich geweigert, Jefferson mit irgendwelchen Angaben zu versorgen – und nun überschüttete ihn Humboldt geradezu mit ihnen.

Humboldt rede und rede, notierte Gallatin, »doppelt so viel wie irgendjemand, den ich kenne«[52]. Humboldt sprach Englisch mit deutschem Akzent, aber auch Deutsch, Französisch und Spanisch, wobei er die Sprachen »in rascher Rede miteinander mischte«[53]. Er war ein »Quell, aus dem das Wissen in üppigen Strömen floss«[54]. Von ihm erfuhren sie in zwei Stunden mehr, als sie sich in zwei Jahren aus Büchern hätten aneignen können. Humboldt sei ein »ganz außergewöhnlicher Mann«[55], berichtete Gallatin seiner Frau. Jefferson empfand das genauso – Humboldt sei »der vollkommenste Wissenschaftler seiner Zeit«, meinte er.

Für Jefferson war die dringendste Frage die umstrittene Grenze zwischen Mexiko und den Vereinigten Staaten.[56] Die Spanier behaupteten, der Sabine River, der an der heutigen Ostgrenze von Texas entlangfließt, bezeichne den Grenzverlauf, während die Amerikaner die Ansicht vertraten, das sei der Rio Grande, der Fluss, der heute einen Teil der texanischen Westgrenze bildet. Mit anderen Worten, es ging um ein riesiges Gebiet, denn zwischen den beiden Flüssen liegt der gesamte heutige Staat Texas.[57] Als Jefferson nach der indigenen Bevölkerung, dem Boden und den Bergwerken in dem Gebiet »zwischen diesen Linien«[58] fragte, berichtete Humboldt ihm ohne Weiteres von seinen Beobachtungen, die er dank des Schutzes und der Ausnahmegenehmigung der spanischen Krone gemacht hatte. Humboldt glaubte an die Freizügigkeit der Wissenschaft und des Informationsaustausches. Für ihn stand die Wissenschaft über nationalen Interessen, und er gab deshalb diese ungeheuer wichtigen wirtschaftlichen Fakten bedenkenlos weiter. Sie waren alle Mitglieder einer Gelehrtenrepublik, sagte Jefferson und wiederholte Joseph Banks' Worte, dass die Wissenschaften sich immer im Frieden miteinander befinden, auch wenn »ihre Nationen vielleicht gegeneinander Krieg führen«[59] – eine Haltung, die dem Präsidenten in dieser Situation sicherlich ganz besonders zusagte.

Nach Humboldts Einschätzung war das Territorium, das Jefferson für die Vereinigten Staaten beanspruchte, so groß wie zwei Drittel Frankreichs. Es war zwar nicht gerade das reichste Gebiet der Erde, denn es gab dort nur einige weit verstreute kleine Farmen, viel Steppe und, soweit bekannt, keinen Hafen an der Küste; dafür aber einige Bergwerke und ein paar indigene Stämme.[60] Genau diese Auskünfte hatten Jefferson gefehlt. Am folgenden Tag schrieb der Präsident an einen Freund, er habe gerade einen wahren »Schatz an Informationen«[61] erhalten.

Humboldt übergab Jefferson neunzehn eng beschriebene Seiten mit Auszügen aus seinen Aufzeichnungen, unterteilt in verschiedenste Kategorien wie »statistische Tabellen«, »Bevölkerung«, »Industrie, Handel«, »Militär« und so fort. Außerdem fügte er noch zwei Seiten hinzu, die sich mit der Grenzregion zu Mexiko beschäftigten, also dem umstrittenen Land zwischen Sabine River und Rio Grande.[62] Humboldt war der aufregendste und vielversprechendste Besucher, den Jefferson seit Jahren empfangen hatte. Knapp einen Monat später beriet das Kabinett über das weitere Vorgehen der USA gegenüber Spanien und erörterte, wie sie die Daten, die sie von Humboldt erhalten hatten, in ihren Verhandlungen einsetzen konnten.[63]

Humboldt half Jefferson nur zu gern, weil er die Vereinigten Staaten bewunderte. Das Land bewege sich auf eine »Vervollkommnung« der Gesellschaft zu, erklärte er, während Europa noch immer fest im Griff von Monarchie und Despotismus sei. Nicht einmal die unerträgliche Feuchtigkeit des Washingtoner Sommers machte ihm etwas aus, weil die »beste Luft überhaupt in Freiheit geatmet wird«[64]. Er liebe dieses »schöne Land«[65], versicherte er wiederholt und versprach zurückzukommen, um es zu erforschen.

In dieser einen Woche in Washington sprachen die Männer über Natur und Politik – über Feldfrüchte und Böden und die Gestaltung von Nationen. Jefferson und Humboldt waren sich einig, dass nur eine Agrarrepublik für Glück und Unabhängigkeit stand. Kolonialismus hingegen bedeutete Zerstörung. Die Spanier waren nach Südamerika gekommen, um sich Gold und Holz zu holen – »durch Gewalt oder im Tauschhandel«, sagte Humboldt, getrieben von »unersättlicher Habsucht«[66]. Die Spanier hatten antike Kulturen, indigene Stämme und gewaltige Wälder vernichtet. Das Bild, das Humboldt von Lateinamerika zeichnete, zeigte in lebhaften Farben eine brutale Wirklichkeit – und er konnte alles mit harten Fakten, Daten und Statistiken beweisen.

Als Humboldt die Bergwerke in Mexiko besichtigte, hatte er sich nicht nur auf die geologischen Verhältnisse und Produktionszahlen beschränkt, sondern auch untersucht, welche negativen Auswirkungen ihr Betrieb auf die Bevölkerung hatte. So beobachtete er in einer Mine schockiert, dass indianische Arbeiter gezwungen wurden, 23 000 Stufen mit riesigen Gesteinsbrocken beladen zu erklimmen. Sie wurden als »menschliche Maschine«[67] missbraucht, als Sklaven, – nur dass sie nicht so hießen. Die Spanier hatten ein Beschäftigungssystem eingeführt, das sogenannte *repartimiento*, in dessen Rahmen sie den Indianern wenig oder gar nichts für ihre Arbeit bezahlen mussten. Weil die Arbeiter außerdem gezwungen waren, überteuerte Waren von den Kolonialverwaltern zu kaufen, häuften sie immer mehr Schulden an und gerieten damit in einen Teufelskreis aus Schulden und Abhängigkeit.[68] In Quito, Lima und anderen Kolonialstädten hielt der spanische König sogar ein Monopol auf Schnee, mit dem Sorbet für die wohlhabenden Eliten hergestellt wurde. Humboldt fand es absurd, dass etwas, das »vom Himmel fällt«[69], der spanischen Krone gehörte. Nach seiner Auffassung gründeten sich Politik und Wirtschaft einer Kolonialregierung auf »Unmoral«[70].

Während seiner Reisen hatte Humboldt erstaunt erlebt, dass die Kolonialverwalter (genauso wie die Führer, Gastgeber und Missionare) ihn – den ehemaligen Bergassessor – ständig drängten, nach Edelmetallen und -steinen zu suchen. Immer wieder hatte Humboldt ihnen erklärt, wie unsinnig das war. Wozu, so fragte er, bräuchten sie Gold, wenn sie auf einem Boden lebten, den man »kaum umzuwenden braucht, um ihm reiche Ernten zu entlocken«?[71] War das nicht der wahre Weg zu Freiheit und Wohlstand?

Allzu oft hatte Humboldt gesehen, dass die Bevölkerung hungerte, und einst fruchtbares Land schonungslos ausgebeutet war. Im Araguatal am Valenciasee etwa trieb die Gier der Welt nach bunter Kleidung die indigene Bevölkerung in Armut und Abhängigkeit, weil Indigo, eine leicht anzubauende Pflanze, aus der sich ein blauer Farbstoff gewinnen lässt,

Mais und andere Nahrungsmittel verdrängt hatte. Indigo »erschöpft den Boden«[72] mehr als jede andere Pflanze, erkannte Humboldt. Das Land sah ausgelaugt aus, und in wenigen Jahren werde dort nichts mehr wachsen, prophezeite er.[73] Der Boden wurde ausgebeutet, »wie man eine Miene ausbaut«[74].

Auf Kuba entdeckte Humboldt, dass große Teile des Landes für Zuckerrohr und Plantagen abgeholzt worden waren.[75] Überall verdrängten Cash Crops die »Vegetabilien, die dem Menschen zur Nahrung dienen«[76]. Kuba produzierte fast ausschließlich Zucker, woraus er folgerte: Ohne Importe aus anderen Kolonien »verhungert [die] Insel Cuba«[77], die ideale Voraussetzung für Abhängigkeit und Ungerechtigkeit. Ähnlich sah es in der Region um Cumaná aus. Die Bewohner bauten so viel Zuckerrohr und Indigo an, dass sie gezwungen waren, Nahrungsmittel aus dem Ausland zu kaufen, die sie leicht selbst hätten anpflanzen können. Monokultur und Cash Crops seien eine schlechte Grundlage für eine glückliche Gesellschaft, betonte Humboldt. Erforderlich war vielmehr eine Subsistenzwirtschaft[78], in der möglichst viele verschiedene Nahrungsmittel angebaut werden wie Bananen, Quinoa, Mais und Kartoffeln.

Humboldt stellte als Erster eine Beziehung zwischen Kolonialismus und Umweltzerstörung her. Immer wieder kam er auf das Bild vom komplexen Lebensnetz der Natur zurück und auf die Rolle des Menschen darin. Am Rio Apure erschrak er angesichts der Verwüstungen, die die Spanier angerichtet hatten, als sie versuchten, die jährlichen Überflutungen durch den Bau eines Dammes zu verhindern. Noch schlimmer war, dass sie auch die Bäume fällten, die das Flussufer wie »eine sehr feste Mauer«[79] zusammengehalten hatten; was dazu führte, dass der wütende Fluss jedes Jahr mehr Land mit sich riss. Auf der Hochebene von Mexico City sah Humboldt, dass der See, der das lokale Bewässerungssystem speiste, zu einer flachen Pfütze geschrumpft und das Tal darunter verdorrt war.[80] Überall auf der Welt waren Wasserbauingenieure für solche kurzsichtigen Torheiten verantwortlich, beklagte Humboldt.[81]

Humboldt diskutierte über die Natur, über ökologische Fragen, imperialistische Macht und Politik und wie diese Aspekte aufeinander wirkten. Er kritisierte ungerechte Landverteilung, Monokulturen, Gewalt gegen indigene Gruppen und Arbeitsbedingungen – auch heute noch aktuelle Probleme. Als ehemaliger Bergassessor war Humboldt geradezu prädestiniert, die ökologischen und ökonomischen Folgen des Raubbaus an den natürlichen Ressourcen zu durchschauen. So beklagte er zum Beispiel Mexikos Abhängigkeit von Cash Crops und Bergbau, da das Land deshalb unweigerlich den Schwankungen der internationalen Marktpreise folgen musste. »Die einzigen Kapitalien, deren Wert mit der Zeit wächst«, sagte er, »[sind] die Produkte des Ackerbaus.«[82] An allen Problemen in den Kolonien, da war er sicher, sei die »unvorsichtige Tätigkeit der Europäer«[83] schuld.

Jefferson sah das ähnlich: »Ich denke, unsere Staaten werden noch viele Jahrhunderte tugendhaft bleiben, solange sie vorwiegend landwirtschaftlich ausgerichtet sind.«[84] In der Erschließung des amerikanischen Westens sah er die Entwicklung einer Republik, in der kleine unabhängige Farmer gewissermaßen die Fußsoldaten und die Wächter der Freiheit der jungen Nation waren. Der Westen sollte nach Jeffersons Überzeugung die landwirtschaftliche Selbstversorgung Amerikas und damit die Zukunft »Millionen ungeborener Menschen«[85] sichern.

Jefferson selbst war einer der fortschrittlichsten Farmer in den Vereinigten Staaten, der mit Fruchtwechsel, Dünger und neuen Saatvarianten experimentierte. Seine Bibliothek war mit allen landwirtschaftlichen Büchern bestückt, deren er habhaft werden konnte. Er hatte ein Streichbrett für einen Pflug erfunden (das Holzteil, das die Scholle hebt und wendet).[86] Landwirtschaftliche Techniken fand er weit spannender als politische Ereignisse. Nachdem er beispielsweise das Modell einer Dreschmaschine aus London bestellt hatte, freute er sich wie ein aufgeregtes Kind und hielt Madison ständig auf dem Laufenden: »Ich erwarte sie jeden Tag«, »Ich habe meine Dreschmaschine noch immer nicht bekommen« und schließlich »Sie ist in New York eingetroffen«.[87] Auf Monticello testete er neue Gemüse-, Getreide- und Obstsorten, wobei er seine Felder und Gärten als Versuchslabor benutzte. Jefferson glaubte, man könne »einem Land keinen größeren Dienst erweisen, als seiner Landwirtschaft eine nützliche Pflanze hinzuzufügen«[88]. In seinen Jackentaschen hatte er aus Italien Bergreis herausgeschmuggelt – was bei Todesstrafe verboten war –, und zu Hause versuchte er, die Farmer zum Anbau von Zuckerahorn zu überreden, um die Abhängigkeit des Landes von der Melasse zu beenden, die Amerika von den britisch verwalteten Westindischen Inseln importierte. Auf Monticello baute er 330 Varietäten von 99 Gemüse- und Kräuterarten an.[89]

Jefferson glaubte, solange ein Mann sein eigenes Stück Land habe, sei er unabhängig. Seiner Meinung nach gehörten nur Farmer in den Kongress, weil sie für ihn die »Vertreter der wahren amerikanischen Interessen«[90] waren, im Gegensatz zu den habgierigen Kaufleuten, die »kein Heimatland haben«[91]. Fabrikarbeiter, Kaufleute und Wertpapierhändler könnten niemals die gleiche Bindung an ihr Land empfinden wie die Bauern, die den Boden bestellten. »Die Kleingrundbesitzer sind der wertvollste Teil eines Staates«,[92] behauptete Jefferson und nahm in seinen Entwurf zur Verfassung von Virginia auf, dass jede freie Person Anrecht auf zwanzig Hektar Land[93] habe (was er allerdings nicht durchsetzen konnte). James Madison, sein politischer Verbündeter, meinte, je größer der Anteil der Farmer, »desto freier, unabhängiger und glücklicher muss die Gesellschaft selbst sein«[94]. Für beide Männer war die Landwirtschaft eng mit der Republik verbunden und trug entscheidend dazu bei, eine Nation zu bilden. Äcker pflügen, Gemüse pflanzen und den Fruchtwechsel planen, das waren in ihren Augen Tätigkeiten, die der Selbstversorgung und damit der politischen Freiheit dienten. Humboldt stimmte ihnen zu, weil die Kleinbauern, die er in Südamerika kennengelernt hatte, ein »Gefühl der Unabhängigkeit und der Freiheit«[95] entwickelt hatten.

Bei einem Thema waren sie indes keineswegs einer Meinung – der Sklaverei. Für Humboldt waren Kolonialismus und Sklaverei im Grunde ein und dasselbe, verwoben mit der Beziehung des Menschen zur Natur und der Ausbeutung von natürlichen Ressourcen.[96] Als die Spanier, aber auch die nordamerikanischen Kolonisten Zuckerrohr, Baumwolle, Indigo und Kaffee in ihren Territorien einführten, brachten sie auch die Sklaverei mit. In Kuba hatte Humboldt beispielsweise gesehen, dass »jeder Tropfen Zuckersaft Blut und Ächzen kostet«[97]. Die Sklaverei war überall dorthin gefolgt, »wohin europäische Kolonisten ihre sogenannte Aufklärung«[98] – und ihren »Golddurst«[99] – getragen hatten.

Jeffersons erste Kindheitserinnerung war angeblich, dass eine Sklavin ihn in einem Kissen umhertrug.[100] Als Erwachsener verdankte er seinen Wohlstand der Arbeit von Sklaven. Obwohl er behauptete, die Sklaverei zu hassen, ließ er nur eine Handvoll der Sklaven frei, die auf seinen Plantagen in Virginia schufteten. Ursprünglich glaubte Jefferson, die kleinbäuerliche Produktion könnte die Lösung zur Abschaffung der Sklaverei auf Monticello sein. Während seiner diplomatischen Tätigkeit in Europa war er hart arbeitenden deutschen Bauern begegnet, die seiner Meinung nach »gegen die Versuchung des Geldes absolut gefeit«[101] waren. Er hatte erwogen, sie auf Monticello, »vermischt« mit seinen Sklaven, auf Höfen von jeweils 20 Hektar anzusiedeln. Diese fleißigen und ehrlichen Deutschen waren für Jefferson der Inbegriff der tugendhaften Bauern. Die Sklaven sollten sein Eigentum bleiben, aber ihre Kinder würden freie und »gute Bürger« nach dem Vorbild der deutschen Bauern in ihrer Nachbarschaft werden. Aber er setzte diesen Plan nie in die Tat um. Und als Jefferson mit Humboldt zusammentraf, dachte er längst nicht mehr daran, seine Sklaven freizulassen.

Humboldt wurde nie müde zu verdammen, was er »das größte Übel«[102] nannte. Zwar wagte er nicht, den Präsidenten selbst zu kritisieren, aber er äußerte gegenüber William Thornton, Jeffersons Freund und Architekten, dass Sklaverei eine »Schande« war. Natürlich verringere sich die Baumwollproduktion, wenn es keine Sklaven mehr gebe, sagte Humboldt, aber das Gemeinwohl bemesse sich nicht »nach dem Wert seiner Exporte«[103]. Gerechtigkeit und Freiheit seien wichtiger als Zahlen und der Reichtum einer kleinen Schicht.

Dass die Briten, Franzosen und Spanier darüber stritten, wer die Sklaven menschlicher behandelte, fand Humboldt so absurd wie eine Auseinandersetzung über die Frage, »ob es angenehmer ist, sich den Bauch aufschlitzen zu lassen oder geschunden zu werden«[104]. Sklaverei war Tyrannei. Auf seiner Reise durch Lateinamerika füllte Humboldt sein Tagebuch mit Beschreibungen des Sklavenelends: Ein Pflanzer in Caracas zwang seine Sklaven, ihre Exkremente zu essen; ein anderer folterte sie mit Nadeln. Überall sah er die Narben, die die Peitschen auf den Rücken der Sklaven hinterließen. Die indigenen Indianer wurden nicht besser behandelt.[105] So erfuhr er in den Missionen am Orinoco, dass die Kinder der Indianer entführt und verkauft wurden. Eine besonders schreckliche Geschichte handelte von einem Missionar, der seinem Küchenjungen die Hoden abgebissen hatte, weil dieser ein Mädchen geküsst hatte.[106]

Es gab nur wenige Ausnahmen. Am Valenciasee traf Humboldt einen Farmer, der darauf verzichtete, eine riesige Plantage zu bewirtschaften, und stattdessen sein Land in kleine Parzellen aufgeteilt hatte. Die meisten vergab er an freigelassene Sklaven und Kleinbauern, die zu arm waren, um Land zu erwerben. Diese Familien arbeiteten nun als freie und unabhängige Bauern; sie waren nicht reich, konnten aber von ihrem Stück Land leben. Und zwischen Honda und Bogotá fand Humboldt kleine Haciendas, die von Vätern und Söhnen ohne Sklaven bewirtschaftet wurden. Sie pflanzten Zuckerrohr an, aber auch Nahrungsmittel zum eigenen Verbrauch.[107] »Gerne verbreite ich mich hier über den Landbau

Sklaven arbeiten auf einer Plantage.

in den Kolonien«[108], notierte Humboldt, denn damit untermauerte er seine Auffassung.

Humboldt war fest davon überzeugt, dass Sklaverei widernatürlich war. »Was aber gegen die Natur ist, ist unrecht, schlecht und ohne Bestand.«[109] Im Gegensatz zu Jefferson, der glaubte, dass Schwarze »Weißen in körperlicher wie geistiger Hinsicht unterlegen sind«[110], beharrte Humboldt darauf, dass es keine überlegenen oder unterlegenen Ethnien gebe. Unabhängig von Nationalität, Hautfarbe oder Religion hätten alle Menschen denselben Ursprung. Wie die Pflanzenfamilien, die sich unterschiedlich an ihre geografischen und klimatischen Verhältnisse anpassten, aber trotzdem die Merkmale eines »gemeinsamen Typus«[111] zeigten, so gehörten auch alle Mitglieder des Menschengeschlechts zu einer einzigen Familie. Alle Menschen seien gleich, und keine Gruppe sei einer anderen überlegen, weil alle »gleichmäßig zur Freiheit bestimmt«[112] seien.

Die Natur war Humboldts Lehrerin. Und die bedeutendste Lektion der Natur war die Freiheit. »Die Natur ist das Reich der Freiheit«[113], sagte Humboldt; denn das Gleichgewicht der Natur werde durch Vielfalt hergestellt, und auch das könne als Vorlage für Politik und Moral dienen. Alle Wesen, vom unscheinbaren Moos bis zu den gewaltigen Eichen, vom Insekt bis zum Elefanten, haben laut Humboldt ihre Aufgabe, und zusammen ergeben sie das Ganze. Die Menschheit sei nur ein kleiner Teil. Aber die Natur selbst sei eine Republik der Freiheit.

TEIL III

RÜCKKEHR: Sichtung der Ideen

9

Europa

Ende Juni 1804 verließ Humboldt die Vereinigten Staaten auf der französischen Fregatte *Favorite*[1]. Im August, ein paar Wochen vor seinem fünfunddreißigsten Geburtstag, traf er in Paris ein, wo man ihm einen triumphalen Empfang bereitete. Mehr als fünf Jahre war er fort gewesen, und nun kam er zurück mit Truhen, die mit Dutzenden von Notizheften, Hunderten von Skizzen und Zehntausenden von astronomischen, geologischen und meteorologischen Beobachtungen gefüllt waren. Rund 60 000 Pflanzenproben brachte er mit – 6000 Arten, von denen fast 2000 für die europäischen Botaniker neu waren. Das waren schier unglaubliche Zahlen, denn Ende des 18. Jahrhunderts waren überhaupt nur etwa 6000 Pflanzenarten bekannt. Er habe mehr zusammengetragen, so rühmte sich Humboldt, als irgendein Forscher vor ihm.[2]

»Wie ich mich danach sehne, wieder in Paris zu sein!«[3], hatte Humboldt fast zwei Jahre zuvor aus Lima an einen französischen Naturforscher geschrieben. Aber dieses Paris war anders als die Stadt, die er 1798 zum letzten Mal gesehen hatte. Humboldt hatte eine Republik verlassen und fand bei seiner Rückkehr eine Nation vor, die ein Diktator regierte. Nach einem Staatsstreich im November 1799 hatte Napoleon sich selbst als Ersten Konsul eingesetzt und war nun der mächtigste Mann Frankreichs. Nur wenige Wochen vor Humboldts Rückkehr hatte Napoleon angekündigt, sich zum Kaiser der Franzosen krönen zu lassen. Baulärm hallte in den Straßen der Stadt wider – Napoleons große Vision von Paris war bereits in Arbeit. »Ich bin so neu, dass ich mich erst orientieren muss«[4], schrieb Humboldt an einen alten Freund. Notre-Dame wurde für Napoleons Krönung im Dezember restauriert, und die mittelalterlichen Fachwerkhäuser der Stadt mussten öffentlichen Plätzen, Brunnen und Boulevards weichen. Die Trinkwasserversorgung sicherte ein neuer,

Humboldt bei seiner Rückkehr nach Europa

100 Kilometer langer Kanal, und der ebenfalls neue Quai d'Orsay sollte Überschwemmungen der Seine verhindern.

Die meisten Zeitungen, die Humboldt gekannt hatte, waren verboten oder wurden von regimetreuen Redakteuren geleitet. Karikaturen vom Ersten Konsul und seiner Regierung wurden bestraft. Napoleon hatte eine Staatspolizei eingesetzt und die Banque de France gegründet, die die französische Geldpolitik steuerte. Paris war der Mittelpunkt seiner zentralistischen Herrschaft, die das gesamte Leben in Frankreich streng kontrollierte. Nur eines schien sich nicht geändert zu haben: Noch immer wütete in Europa Krieg.

Humboldt wählte Paris als neue Heimat, weil die Stadt ein Mekka für Wissenschaftler war. Nirgendwo in Europa durften sie sich so liberal und frei austauschen. Mit der Französischen Revolution hatte die katholische Kirche an Einfluss verloren und schränkte Naturforscher nicht länger durch den religiösen Kanon und die orthodoxen Dogmen ein. Frei von allen Vorurteilen konnten sie experimentieren und spekulieren und alles und jedes infrage stellen. Die Vernunft war die neue Religion, und das Geld floss nur so in die Wissenschaften.[5] Im Jardin des Plantes, wie der einstige Jardin du Roi jetzt hieß, entstanden neue Gewächshäuser, und das Naturhistorische Museum erhielt ständig neue Sammlungen, die Napoleons Armee in ganz Europa erbeutete – Herbarien, Fossilien, ausgestopfte Tiere und sogar zwei lebende Elefanten aus Holland[6]. In Paris fand Humboldt nicht nur gleichgesinnte Forscher, sondern auch Kupferstecher, wissenschaftliche Gesellschaften, Institutionen und Salons. Außerdem war hier das europäische Zentrum der Verlage. Humboldt hätte also keinen besseren Ort wählen können, um der Welt seine neuen Ideen zu verkünden.

Die Stadt summte vor Aktivität – eine echte Metropole und mit rund einer halben Million Einwohner nach London die zweitgrößte Stadt Europas. In dem Jahrzehnt nach der Revolution hatte die französische Hauptstadt unter Zerstörung und Entbehrungen gelitten, aber jetzt herrschten wieder Leichtigkeit und Fröhlichkeit. Die Frauen wurden wie früher mit »Madame« oder »Mademoiselle« und nicht mehr als »Citoyenne« angeredet, und Zehntausende von vertriebenen oder geflüchteten Franzosen durften zurückkehren. Überall gab es Cafés, und seit der Revolution war die Zahl der Restaurants von hundert auf fünfhundert gestiegen.[7] Häufig waren Ausländer überrascht, in welchem Maße sich das Pariser Leben im Freien abspielte. Alle Einwohner schienen in der Öffentlichkeit zu leben, »als hätten sie ihre Häuser nur, um darin zu schlafen«, schrieb der britische Dichter Robert Southey.[8]

An den Ufern der Seine, unweit der kleinen Wohnung, die sich Humboldt in Saint-Germain gemietet hatte, schrubbten Hunderte von Waschfrauen mit aufgekrempelten Ärmeln ihre Wäsche, beobachtet von Passanten auf einer der vielen Brücken der Stadt. Straßenstände boten alles an, was das Herz begehrte – von Austern und Weintrauben bis hin zu Möbeln. Flickschuster, Scherenschleifer und Hausierer priesen lautstark ihre Waren und Dienste an. Tiere führten Kunststücke vor, Jongleure zeigten ihre Geschicklichkeit, und »Philosophen« hielten Vorträge oder demonstrierten Experimente. Hier spielte ein alter Mann Harfe, dort schlug ein kleines Kind das Tamburin und ein Hund trat auf die Pedale einer Orgel. »Grimasseure« verzogen ihre Gesichter zu scheußlichen Fratzen, während der Duft von gerösteten Kastanien sich mit anderen, weniger angenehmen Aromen mischte.[9] Ein Besucher hatte den Eindruck, als gäbe sich die ganze Stadt »gänzlich dem Vergnügen hin«[10]. Selbst um Mitternacht waren die Straßen noch voll von Musikanten, Schauspielern und Taschenspielern, die die Massen unterhielten. Die

Pariser Straßenleben

Menschen, so ein anderer Reisender, schienen sich in »fortwährender Erregung« zu befinden.[11]

Ausländer staunten, weil unterschiedliche Gesellschaftsklassen in großen Häusern unter einem Dach wohnten – von den Adligen in großen Appartements der Beletage bis zu Dienstmädchen oder Putzmacherinnen in Kammern auf dem Dachboden im fünften Stock. Außerdem schien jeder lesen und schreiben zu können, denn selbst die Mädchen, die Blumen verkauften, vertieften sich in Bücher, wenn sie keine Kundschaft hatten.[12] Auf den Straßen reihte sich ein Bücherstand an den anderen, und die Gespräche an den vielen Tischen vor den Restaurants und Cafés drehten sich häufig um Schönheit und Kunst oder um ein »kniffliges Problem der höheren Mathematik«[13].

Humboldt schwärmte für Paris und das Wissen, das durch die Straßen, die Salons und die Laboratorien pulsierte. Die Académie des Sciences* war der Mittelpunkt der Forschung, aber es gab noch viele andere Orte

---

* Nach der Revolution wurde die Académie des Sciences in das Staatliche Institut der Wissenschaften und Künste (Institut national des sciences et des arts) eingegliedert. Einige Jahre später, 1816, wurde sie wieder zur Académie des Sciences – als Teil des Institut de France. Aus Gründen der Einheitlichkeit werde ich sie im ganzen Buch als Académie des Sciences bezeichnen.

der Wissenschaft. Der Anatomiehörsaal in der École de Médecine fasste etwa tausend Studenten, das Observatorium war mit den besten Instrumenten der Zeit ausgerüstet, und der Jardin des Plantes hatte eine Menagerie, eine riesige Sammlung von naturhistorischen Objekten und neben einem botanischen Garten auch noch eine gut ausgestattete Bibliothek. Es gab so viel zu tun und so viele Leute, die man kennenlernen musste.

Der fünfundzwanzigjährige Chemiker Louis Joseph Gay-Lussac fesselte die wissenschaftliche Welt mit kühnen Ballonfahrten, bei denen er den Erdmagnetismus in großen Höhen untersuchte. Am 16. September 1804, nur drei Wochen nach Humboldts Ankunft, maß Gay-Lussac Magnetismus, Temperaturen und Luftdruck in einer Höhe von 7000 Metern[14] – rund 1000 Meter höher als Humboldt bei seiner Besteigung des Chimborazo. Natürlich brannte Humboldt darauf, Gay-Lussacs Ergebnisse mit seinen zu vergleichen, die er aus den Anden mitgebracht hatte. Schon nach wenigen Monaten hielten Gay-Lussac und Humboldt gemeinsam Vorträge in der Académie. Sie wurden enge Freunde, reisten zusammen und teilten sich einige Jahre später sogar ein kleines Schlaf- und Arbeitszimmer im Dachgeschoss der École polytechnique.[15]

Überall stieß Humboldt auf neue und aufregende Theorien. Im naturhistorischen Museum des Jardin des Plantes lernte er die Naturforscher Georges Cuvier und Jean-Baptiste Lamarck kennen. Cuvier hatte das damals strittige Konzept des Aussterbens von Lebewesen und ganzen Arten in eine wissenschaftliche Tatsache verwandelt. Seine Untersuchung von Fossilien ergab nämlich, dass sie nicht zu noch existierenden Tieren gehören konnten. Und Lamarck hatte kurz zuvor eine These der allmählichen Artenwandel entwickelt, die den Weg für die Evolutionstheorie bereitete. Der namhafte Astronom und Mathematiker Pierre-Simon Laplace arbeitete an einer Theorie zur Entstehung von Erde und Universum, die Humboldt half, seine eigenen Vorstellungen klarer zu fassen. Die Pariser Gelehrten erweiterten permanent die Grenzen der wissenschaftlichen Gedankenwelt.

Alle freuten sich, dass Humboldt wohlbehalten zurückgekehrt war. Er sei so lange fort gewesen, schrieb Goethe an Wilhelm von Humboldt, dass man das Gefühl habe, Alexander sei »gewissermaßen von den Todten wieder«[16] auferstanden. Andere schlugen vor, Humboldt zum Präsidenten der Berliner Akademie der Wissenschaften zu ernennen; aber er hatte keine Lust, nach Berlin zurückzukehren.[17] Selbst seine Familie war nicht mehr dort. Seine Eltern waren gestorben, und Wilhelm lebte als preu-

Ein Heißluftballon über Paris

ßischer Gesandter im Vatikan in Rom – Humboldt zog nichts mehr in seine Heimatstadt.

Zu seiner großen Überraschung erfuhr Humboldt, dass Wilhelms Frau Caroline in Paris lebte. Sie erwartete ihr sechstes Kind und war von Rom zurück nach Paris gezogen, nachdem ihr neunjähriger Sohn im Sommer zuvor gestorben war. Wilhelm und Caroline glaubten, dass das gemäßigtere Klima in Paris besser für zwei ihrer anderen Kinder sei, die ebenfalls an gefährlichen Fieberanfällen litten, als die glühende Hitze des römischen Sommers.[18] Wilhelm, der Rom nicht verlassen konnte, drängte seine Frau, ihm alle Einzelheiten über die Rückkehr des Bruders zu berichten. Wie ging es ihm? Welche Pläne hatte er? Hatte er sich verändert? Starrten ihn die Leute nach seiner abenteuerlichen Reise an, als wäre er ein »Wundertier«[19]?

Er sehe sehr gut aus, antwortete Caroline. Die Strapazen der Expeditionsjahre hatten ihm nicht geschadet – im Gegenteil, Alexander war nie gesünder. Die vielen Bergbesteigungen hatten ihn stark und zäh gemacht, außerdem war ihr Schwager in den vergangenen Jahren scheinbar nicht gealtert. Es sei fast so, »daß ich meine, er wäre vorgestern erst von uns gereist«[20]. Sein Verhalten, seine Gestik und sein Auftreten hatten sich nicht verändert. Er hatte lediglich etwas zugenommen und sprach noch mehr und schneller als früher – auch wenn das fast unmöglich schien. Doch weder Caroline noch Wilhelm billigten Alexanders Wunsch, in Frankreich zu bleiben. Sie hielten es für seine patriotische Pflicht, nach Berlin zurückzukehren und dort eine Zeit lang zu leben, und erinnerten ihn an seine »Deutschheit«[21]. Als Wilhelm schrieb, »vor der Welt muss man das Vaterland ehren«[22], ignorierte Alexander diese Ermahnung seines Bruders. Kurz vor seinem Abstecher in die Vereinigten Staaten hatte er Wilhelm bereits von Kuba aus mitgeteilt, dass er nicht die Absicht hatte, Berlin jemals wiederzusehen.[23] Caroline schrieb ihrem Mann, dass Alexander bei Wilhelms Wunsch, dass er nach Berlin ziehen solle, nur »Gesichter bei Deinem Brief geschnitten habe«[24]. Es gefiel ihm viel zu gut in Paris. »Der Ruhm ist größer als je«[25], prahlte Humboldt gegenüber seinem Bruder.

Nach ihrer Rückkehr hatte Bonpland zunächst seine Familie in der Hafenstadt La Rochelle an der französischen Atlantikküste besucht[26]; doch Humboldt und Carlos Montúfar, der sie nach Frankreich begleitet hatte, waren sofort nach Paris gereist. Humboldt stürzte sich in das neue Leben der Hauptstadt. Er konnte es kaum erwarten, die Ergebnisse seiner Expedition bekannt zu machen. Binnen drei Wochen hielt er eine Folge von Vorträgen über seine Entdeckungen in der Académie des Sciences, wo sich die Zuhörer drängten.[27] Dabei sprang er so rasch von einem Thema zum anderen, dass niemand ihm folgen konnte. Humboldt vereinige »eine ganze Akademie in sich«[28], meinte ein französischer Chemiker. Die Wissenschaftler, die seinen Vorträgen lauschten, seine Manuskripte lasen und seine Sammlungen sichteten, staunten darüber, dass ein einzelner Mensch so viele verschiedene Disziplinen beherrschte. Selbst diejenigen, die seine Fähigkeiten bisher eher skeptisch beurteilt hatten, waren jetzt begeistert, teilte Humboldt seinem Bruder voller Stolz mit.[29]

Er führte Experimente durch, schrieb über seine Expedition und erörterte seine Theorien mit seinen neuen wissenschaftlichen Freunden. Humboldt stürzte sich so intensiv in die Arbeit, dass es ihm vorkam, als ob »Tag und Nacht ein einziges Zeitkontinuum bilden würden«. Er arbeitete, schlief und aß, wie ein amerikanischer Besucher in Paris schrieb, »ohne irgendeine bewusste Unterscheidung dazwischen zu treffen«[30]. Humboldt bewältigte dieses Pensum nur, weil er sehr wenig schlief – wenn er unbedingt musste. Wenn er mitten in der Nacht erwachte, stand er auf und arbeitete. Wenn er keinen Hunger hatte, ignorierte er die Mahlzeiten. Wurde er müde, trank er noch mehr Kaffee.

Wo immer Humboldt auftauchte, verbreitete er hektische Aktivität. Das Bureau des Longitudes verwendete seine exakten geografischen Messungen, andere kopierten seine Karten, Kupferstecher arbeiteten nach seinen Illustrationen, und der Jardin des Plantes eröffnete eine Ausstellung, die seine botanischen Funde zeigte. Die Gesteinsproben vom Chimborazo verursachten einen ähnlichen Hype wie die Steine, die Astronauten im 20. Jahrhundert vom Mond mitbrachten.[31] Humboldt schickte Exemplare an Wissenschaftler in ganz Europa, weil er überzeugt war, dass ihre Verbreitung der beste Weg zu neuen und größeren Entdeckungen war.[32] Aus Dankbarkeit gegenüber seinem treuen Freund Aimé Bonpland ließ Humboldt seine Beziehungen spielen und verschaffte ihm eine Staatspension von 3000 Francs jährlich. Humboldt erklärte, Bonpland habe wesentlich zum Erfolg der Expedition beigetragen und den größten Teil der botanischen Exemplare beschrieben.[33]

Zwar ließ sich Humboldt in Paris mit großem Vergnügen feiern, aber er fühlte sich dort oft fremd und fürchtete vor allem den ersten europäischen Winter. Kein Wunder, dass er sich einer Gruppe junger Südamerikaner anschloss, die er vermutlich durch Montúfar kennengelernt hatte.[34] Einer von ihnen war der einundzwanzigjährige Venezolaner Simón Bolívar[35], der spätere Führer der Revolutionen in Südamerika.*[36]

Bolívar wurde 1783 geboren und stammte aus einer der reichsten kreolischen Familien in Caracas. Ihr Stammbaum reichte zurück bis zu einem anderen Simón de Bolívar, der Ende des 16. Jahrhunderts nach Venezuela gekommen war. Die Bolívars besaßen mehrere Plantagen, Bergwerke und elegante Stadthäuser. Bolívar hatte Caracas verlassen, nachdem seine junge Frau nur wenige Monate nach der Hochzeit am Gelbfieber gestorben war. Er hatte sie leidenschaftlich geliebt und war vor dem Schmerz auf eine Kavalierstour durch Europa geflohen. Bolí-

---

* Zwar lernte Humboldt die Südamerikaner in Paris vermutlich durch Carlos Montúfar kennen – aber Humboldt und Bolívar hatten auch zahlreiche andere gemeinsame Bekannte, beispielsweise Bolívars Kindheitsfreund Fernando del Toro, den Sohn des Marquis del Toro, mit dem Humboldt in Venezuela öfter zusammengekommen war. Außerdem war Humboldt in Caracas Bolívars Schwestern und dem Dichter Andrés Bello, dem ehemaligen Hauslehrer des zukünftigen Revolutionärs, begegnet.

var war zur gleichen Zeit wie Humboldt nach Paris gekommen und hatte sich in einen wilden Strudel aus Alkohol, Glücksspiel, Sex und mitternächtlichen Diskussionen über die Philosophie der Aufklärung gestürzt. Er kleidete sich stets nach der neuesten Mode und war ein leidenschaftlicher Tänzer. Er hatte einen dunklen Teint, schwarze Locken und strahlend weiße Zähne (die er besonders sorgfältig pflegte[37]). Die Frauen flogen auf ihn.[38]

Bolívar besuchte Humboldt in seiner Unterkunft, die voll war mit Büchern, Zeichnungen und Tagebüchern aus Südamerika, und entdeckte in ihm einen Mann, der von seinem – Bolívars – Heimatland hingerissen war und ununterbrochen von der Schönheit und Vielfalt eines Kontinents schwärmte, der den meisten Europäern unbekannt war.[39] Als Humboldt von den großen Wasserfällen des Orinoco und den hoch aufragenden Gipfeln der Anden, den schlanken Palmen und den Zitteraalen sprach, wurde Bolívar bewusst, dass noch kein Europäer Südamerika jemals in so lebhaften Farben geschildert hatte.[40]

Sie sprachen auch über Politik und Revolutionen.[41] Beide Männer waren in Paris, als Napoleon sich in diesem Winter zum Kaiser krönte. Bolívar war schockiert, als er feststellen musste, dass sich sein Held in einen Despoten und »heuchlerischen Tyrannen«[42] verwandelt hatte. Er sah aber auch, welche Mühe Spanien hatte, sich gegen Napoleons militärische Ambitionen zu wehren, und machte sich Gedanken darüber, was diese Machtverschiebung in Europa für die spanischen Kolonien bedeutete. Als sie über Südamerikas Zukunft diskutierten, vertrat Humboldt die Ansicht, dass die Kolonien zwar reif für eine Revolution seien, dass es aber niemanden gab, der sie führen könnte.[43] Allerdings erklärte ihm Bolívar, dass die Menschen »so stark wie Gott«[44] sein würden, sobald sie sich zum Kampf entschlössen. Bolívar begann über die Möglichkeit einer Revolution in den Kolonien nachzudenken.

Beide Männer wünschten sich, dass die Spanier aus Südamerika vertrieben würden.[45] Humboldt hielt sich begeistert an die Ideale der Amerikanischen und Französischen Revolution und befürwortete deshalb die Befreiung Lateinamerikas. Allein schon die Vorstellung einer Kolonie, argumentierte Humboldt, war unmoralisch, und eine Kolonialverwaltung eine »Regierung des Mistrauens«[46]. Auf seiner Reise durch Südamerika hatte er erstaunt die Begeisterung der Menschen für George Washington und Benjamin Franklin registriert.[47] Die Amerikanische Revolution lasse sie auf die Zukunft hoffen, hatten sie Humboldt erklärt, aber er war sich auch des Rassismus der südamerikanischen Gesellschaft bewusst.

Drei Jahrhunderte lang schürten die Spanier Misstrauen zwischen den Klassen und Ethnien in ihren Kolonien. Humboldt war sich sicher, dass die reichen Kreolen lieber unter spanischer Herrschaft lebten, als ihre Macht mit den Mestizen, Sklaven und indigenen Völkern teilen zu müssen.[48] Wenn überhaupt, so fürchtete er, würden sie eine auf Sklaverei basierende »weiße Republik«[49] gründen. Nach Humboldts Ansicht waren die ethnischen Unterschiede so tief in der Sozialstruktur der spanischen Kolonien verwurzelt, dass diese noch nicht reif waren für eine Revolution. Bonpland sah das anders und bestärkte Bolívar so sehr in seinen neuen Ideen[50], dass Humboldt seinen Reisegefährten für ebenso verblendet hielt wie den ungestümen jungen Kreolen. Doch Jahre später erinnerte er sich stolz an seine Begegnung mit Bolívar und sprach von einer Zeit, »in der wir gelobten, für die Unabhängigkeit und Freiheit des neuen Kontinents einzutreten«[51].

Obwohl er ständig von allen möglichen Leuten umgeben war, wahrte Humboldt stets eine gewisse emotionale Distanz. Er war rasch mit einem Urteil über die Menschen bei der Hand – zu schnell und zu unbesonnen, wie er zugab.[52] Voller Schadenfreude stellte er andere gerne bloß.[53] Äußerst schlagfertig ließ er sich gelegentlich dazu hinreißen, abfällige Spitznamen zu erfinden oder hinter dem Rücken der Menschen schlecht über sie zu reden. So taufte er den König von Sizilien beispielsweise »Nudelkönig«[54], während er einen konservativen preußischen Minister als »Gletscher« titulierte: Er sei so eisig, scherzte Humboldt, dass er sich bei ihm Rheumatismus in der linken Schulter zugezogen habe.[55] Doch sein Bruder Wilhelm glaubte, dass sich hinter Alexanders Ehrgeiz, seinem hektischen Tätigkeitsdrang und seiner scharfen Zunge ein sanfter und verletzlicher Mann verbarg, den niemand wirklich erkannte.[56] Alexander brauchte Ruhm und Anerkennung, und trotzdem, da war sich Wilhelm sicher, war er damit nicht glücklich. Auf seinen Forschungsreisen hatten ihn die Natur und die körperliche Anstrengung ausgefüllt, doch zurück in Europa fühlte sich Alexander wieder allein.

Während er in der Natur danach strebte, alles miteinander zu verbinden und in Beziehung zu setzen, war er in seinen Freundschaften manchmal seltsam eindimensional. Als Humboldt beispielsweise hörte, dass ein guter Freund während seiner Abwesenheit gestorben war, schrieb er der Witwe einen Brief, der eher eine philosophische Abhandlung als ein Beileidsschreiben war. Humboldt ließ sich mehr über den jüdischen und griechischen Todesbegriff aus als über den Verstorbenen; außerdem hatte er den Brief auf Französisch geschrieben, obwohl er wusste, dass sie die Sprache nicht verstand.[57] Als Carolines und Wilhelms drei Monate alte Tochter nach einer Pockenimpfung starb – das zweite Kind, das sie in wenig mehr als einem Jahr verloren –, verfiel Caroline in tiefe Melancholie. Allein in ihrem Kummer, weil sich ihr Ehemann weit fort in Rom befand, hoffte Caroline auf etwas seelische Unterstützung von ihrem viel beschäftigten Schwager, musste aber feststellen, dass sein Mitleid »mehr eine Demonstration der Empfindung als ein tiefes Gefühl«[58] waren.

Doch trotz des eigenen Elends sorgte sich Caroline um Humboldt. Obwohl er seine Expedition mit Bravour gemeistert hatte, erwies er sich in den praktischen Dingen des Alltags als weit weniger tüchtig. Beispielsweise war ihm nicht klar, wie sehr die fünfjährige Reise an seinem Vermögen gezehrt hatte. Caroline hielt ihn für so naiv in Bezug auf seine finanzielle Situation, dass sie Wilhelm bat, Alexander aus Rom einen ernsten Brief zu schreiben und ihn über seine bedrohlich schwindenden Mittel aufzuklären.[59] Eigentlich plante Caroline im Herbst 1804, Paris zu verlassen und nach Rom zurückzukehren. Aber der Gedanke an Alexander bereitete ihr Sorgen. »Ganz ungezügelt sich selbst überlassen zu bleiben«, schrieb sie Wilhelm, wäre fatal. »Für seinen inneren Menschen ist mir eigentlich bange.«[60] Und Wilhelm schlug ihr vor, ihren Aufenthalt etwas zu verlängern.

Alexander war so ruhelos wie immer, berichtete Caroline ihrem Ehemann, ständig heckte er neue Reisepläne aus. Griechenland, Italien, Spanien – »alle europäischen Länder gehn ihm im Kopf herum«[61]. Nach seinen Besuchen in Philadelphia und Washington hoffte er, den nordamerikanischen Kontinent erforschen zu können. Er wollte nach Westen reisen, schrieb er einem seiner neuen amerikanischen Bekannten, ein Plan, bei dem Thomas Jefferson »genau der richtige Mann wäre, um mir zu helfen«. Es gab so vieles zu sehen. »Ich denke dabei an Missouri, den Polarkreis und Asien«; und: »Man muss das Beste aus seiner Jugend machen.«[62] Aber bevor er zum nächsten Abenteuer aufbrechen konnte, musste er erst einmal die Ergebnisse der letzten Expedition niederschreiben. Doch wo sollte er anfangen?

Humboldt dachte nicht nur an ein Buch. Eine ganze Reihe von großformatigen, aufwendig illustrierten Bänden sollte es werden, die beispielsweise die hohen Gipfel der Anden, exotische Blüten, alte Handschriften und Ruinen der Inka zeigten. Außerdem hatte er die Absicht, einige eher wissenschaftliche Bücher zu verfassen: botanische und zoologische Veröffentlichungen, die die Pflanzen und Tiere Lateinamerikas exakt beschrieben, dazu noch einige astronomische und geografische Werke. Weiterhin plante er einen Atlas, der seine neuen Karten enthalten sollte – mit der Verteilung der Pflanzen auf der Erde, der genauen Ortsangabe von Vulkanen und Bergketten, Flüssen und so fort. Aber Humboldt wollte auch erschwinglichere Bücher für das breite Publikum schreiben; Bücher, die von seinem neuen Naturkonzept handelten. Die botanischen Bücher wollte er Bonpland überlassen, alle anderen aber selbst verfassen.[63]

Humboldt dachte immer an mehrere Dinge gleichzeitig und verzettelte sich manchmal. Während er schrieb, kamen ihm neue Ideen, die er auf die Seite quetschte, an der er gerade arbeitete – hier eine kleine Skizze und dort einige Berechnungen, die er auf dem Rand notierte. Wenn kein Platz mehr war, kratzte oder kritzelte Humboldt seine Einfälle direkt auf den großen Schreibtisch. Schon bald war die ganze Schreibtischplatte vollständig mit Zahlen, Linien und Wörtern bedeckt, und ein Tischler musste sie abschleifen.[64]

Das Schreiben hinderte ihn nicht daran, zu reisen, solange er in Europa und unweit der Zentren wissenschaftlicher Forschung unterwegs war. Wenn es sein musste, konnte Humboldt überall arbeiten – selbst auf dem Rücksitz einer Kutsche, wo er seine Notizhefte auf den Knien balancierte und die Seiten mit einer fast unleserlichen Handschrift füllte. Er wollte Wilhelm in Rom besuchen, und er wollte die Alpen und den Vesuv sehen. Im März 1805, sieben Monate nach seiner Ankunft in Frankreich und nur wenige Wochen nachdem Caroline endgültig wieder nach Rom gezogen war, brachen auch Humboldt und sein neuer Freund, der Chemiker Gay-Lussac, nach Italien auf.[65] Humboldt verbrachte jetzt viel Zeit mit dem sechsundzwanzigjährigen unverheirateten Gay-Lussac, der offenbar Carlos Montúfar als engsten Freund ersetzte, nachdem dieser kurz zuvor nach Madrid weitergezogen war.*

Humboldt und Gay-Lussac reisten zunächst nach Lyon und von dort nach Chambéry, einer Kleinstadt im Südosten Frankreichs, hinter der am

---

* 1810 kehrte Montúfar nach Südamerika zurück, wo er sich den Revolutionären anschloss. 1816 geriet er in Gefangenschaft und wurde hingerichtet.

Horizont die Alpen aufragten. Der Frühling kam, und die warme Luft hauchte neues Leben in die Natur. Die Bäume entfalteten ihre Blätter und hüllten sich in frisches Grün, Vögel bauten ihre Nester, und an den Straßen zeigten Frühlingsblumen ihre bunten Blüten. Die Reisenden hatten hervorragende Instrumente dabei und hielten regelmäßig an, um meteorologische Messungen vorzunehmen, die Humboldt mit denen aus Lateinamerika vergleichen wollte. Von Chambéry aus setzten sie ihren Weg nach Südosten fort und überquerten die Alpen nach Italien.[66] Humboldt liebte es, wieder in den Bergen zu sein.

Am letzten Apriltag trafen sie in Rom ein und wohnten zunächst bei Wilhelm und Caroline.[67] Seit das Paar zweieinhalb Jahre zuvor nach Rom gezogen war, war ihr Haus zu einem Treffpunkt für Künstler und Intellektuelle geworden. Jeden Mittwoch und Sonntag luden Caroline und Wilhelm zum Mittagessen ein, und abends empfingen sie noch mehr Gäste. Aus allen Teilen Europas kamen Bildhauer, Archäologen und Wissenschaftler – berühmte Intellektuelle ebenso wie aristokratische Reisende und Not leidende Künstler.[68] Hier fand Humboldt ein wissbegieriges Publikum für seine Erzählungen aus dem Regenwald und aus den Anden, aber auch Maler, die seine rohen Skizzen in prachtvolle Bilder für seine Veröffentlichungen verwandelten. Humboldt wollte sich mit Leopold von Buch treffen, einem alten Freund aus seiner Zeit an der Bergakademie in Freiberg, der jetzt einer der angesehensten Geologen Europas war. Sie hatten vor, gemeinsam den Vesuv und die Alpen zu erforschen.[69]

In Rom begegnete Humboldt noch weiteren Bekannten. Im Juli traf Simón Bolívar aus Frankreich ein. Im Winter, als die Tage kalt waren und ein grauer Himmel über Paris alles Licht dämpfte, war Bolívar in düstere Stimmung versunken. Simón Rodríguez, sein alter Lehrer aus Caracas, der sich ebenfalls in Paris befand, hatte deshalb eine Wanderung vorgeschlagen. Im April waren sie mit der Postkutsche nach Lyon gefahren und hatten dort ihre Wanderung begonnen. Sie gingen über Felder, durchquerten Wälder und genossen die ländliche Umgebung. Dabei unterhielten sie sich, sangen und lasen. Allmählich erholte sich Bolívar von den Ausschweifungen der letzten Monate. Er hatte das Leben im Freien schon immer geliebt, und jetzt spürte er, wie ihm die körperliche Betätigung, frische Luft und Natur neue Kräfte verliehen. Als er die Alpen am Horizont auftauchen sah, fühlte sich Bolívar an die wilden Landschaften seiner Jugend erinnert, an die Berge bei Caracas. Er dachte viel über sein

Ein Ausbruch des Vesuv

Land nach. Im Mai überquerte er die Savoyer Alpen und legte den ganzen Weg bis Rom zu Fuß zurück.[70]

In Rom sprachen Bolívar und Humboldt wieder über Südamerika und die Revolution. Obwohl Humboldt hoffte, die spanischen Kolonien würden sich selbst befreien können, sah er Bolívar während ihrer gemeinsamen Zeit in Paris und später in Rom nie als potenziellen Revolutionsführer. Wenn Bolívar von der Befreiung seines Volkes schwärmte, war er für Humboldt lediglich ein junger Mann mit blühender Fantasie – »ein Träumer«[71], der noch immer zu unreif war. Und Bolívar verdankte Humboldts »überlegener Vernunft und Besonnenheit«[72], dass er gut über die wilde Zeit seiner Jugend hinwegkam, wie ein gemeinsamer Freund es ausdrückte. Humboldts Freund Leopold von Buch allerdings – ein Mann, der nicht nur bekannt war für seine geologischen Kenntnisse, sondern auch für sein unhöfliches Verhalten – war empört darüber, dass ein Treffen, das er für eine wissenschaftliche Zusammenkunft gehalten hatte, zu politischen Zwecken missbraucht wurde. Rasch tat Buch den jungen Südamerikaner als »Fabulant«[73] ab, der den Kopf voller aufrührerischer Ideen hatte. Buch war erleichtert, als er Rom am 16. Juli Richtung

162

Neapel und Vesuv verließ – zusammen mit Humboldt und Gay-Lussac, aber ohne Bolívar.

Der Zeitpunkt hätte nicht besser gewählt sein können. Einen Monat später, am Abend des 12. August, als Humboldt eine Gruppe von Deutschen, die Neapel besuchten, mit Geschichten vom Orinoco und von den Anden unterhielt, brach der Vesuv vor ihren Augen aus.[74] Humboldt konnte sein Glück kaum fassen. Einer der Wissenschaftler meinte, es sei eine »Höflichkeit, die der Vesuv Humboldt« erweisen wollte.[75] Vom Balkon des Hauses seines Gastgebers aus sah Humboldt, wie die glühende Lava sich den Berg hinabwälzte und dabei Weinberge, Dörfer und Wälder zerstörte. Neapel war in ein unheimliches Licht getaucht. Binnen weniger Minuten hatte Humboldt alle Vorbereitungen getroffen, um zu dem Lava speienden Vulkan zu reiten, damit er den Ausbruch aus nächster Nähe beobachten konnte. In den folgenden Tagen bestieg er den Vesuv sechsmal. Das sei alles sehr eindrucksvoll, schrieb Humboldt an Bonpland, aber doch nichts, gemessen an Südamerika. Der Vesuv erschien ihm im Vergleich zum Cotopaxi wie ein »Asteroid neben Saturn«[76].

Derweilen stiegen in Rom Bolívar, Rodríguez und ein weiterer südamerikanischer Freund an einem besonders heißen Tag Mitte August auf den Monte Sacro. Dort, mit der Stadt zu ihren Füßen, erzählte Rodríguez die Geschichte der Plebejer im alten Rom, die – auf ebenjenem Hügel – damit drohten, sich aus Protest gegen die Herrschaft der Patrizier von der Republik loszusagen. Als Bolívar diese Geschichte hörte, fiel er auf die Knie, ergriff Rodríguez' Hand und gelobte, Venezuela zu befreien.[77] Er werde nicht eher Ruhe geben, bis »ich die Ketten gesprengt habe«[78]. Von nun an wurde die Unabhängigkeit seines Landes zu Bolívars Lebensziel. Als er zwei Jahre später nach Caracas zurückkehrte, war er nicht mehr der auf Feste versessene Dandy, sondern ein Mann, der sich der Revolution und der Freiheit verschrieben hatte. Er hatte nur noch einen Gedanken: die Befreiung Südamerikas.

Ende August, als Humboldt nach Rom zurückkehrte, hatte Bolívar die Stadt bereits verlassen. Von Rastlosigkeit getrieben, beschloss Humboldt, quer durch Europa nach Berlin zu reisen. Nur kurz machte er in Florenz, Bologna und Mailand halt. Auf den geplanten Besuch in Wien musste er verzichten, weil Gay-Lussac ihn immer noch begleitete. Da Österreich und Frankreich sich bekriegten, war es für den Franzosen in Wien zu gefährlich. In diesem unberechenbaren politischen Klima boten auch die Wissenschaften keine Sicherheit mehr, klagte Humboldt.

Wie sich herausstellte, war es eine weise Entscheidung, Wien vom Reiseplan zu streichen, denn die französische Armee hatte den Rhein überquert und nahm Mitte November nach einem Marsch durch Schwaben und Österreich die Stadt Wien ein. Drei Wochen später besiegte Napoleon die Österreicher und Russen bei Austerlitz (heute Slavkov u Brna in der Tschechischen Republik). Der entscheidende Sieg, den Napoleon dort errang, markierte das Ende des Heiligen Römischen Reiches und Europas in seiner bisherigen Form.

10

Berlin

Humboldt wollte die Schlachtfelder unbedingt meiden und entschied sich deshalb für einen anderen Weg nach Berlin. Er reiste zunächst an den Comer See in Norditalien, wo er Alessandro Volta traf, einen italienischen Wissenschaftler, der gerade die elektrische Batterie erfunden hatte. Dann überquerte er die Alpen trotz heftiger Winterstürme. Regen, Hagel und Schnee prasselten auf ihn nieder – Humboldt war in seinem Element. Auf seiner Reise nach Norden durch die deutschen Staaten besuchte er alte Freunde, darunter auch seinen ehemaligen Professor Johann Friedrich Blumenbach in Göttingen. Am 16. November 1805 – mehr als ein Jahr seit seiner Rückkehr nach Europa – trafen Alexander von Humboldt und Gay-Lussac in Berlin ein.[1]

Nach Paris und Rom erschien ihnen Berlin provinziell und die flache Landschaft vor der Stadt platt und eintönig.[2] Humboldt, der die Hitze und Feuchtigkeit des Regenwaldes liebte, hatte für seine Ankunft die denkbar ungeeignetste Jahreszeit gewählt. In den ersten unwirtlichen Wintermonaten war es bitterkalt in Berlin. Humboldt wurde krank, hatte hohes Fieber und einen Ausschlag, der aussah wie Masern. Das Wetter, so schrieb er Goethe Anfang Februar 1806, war unerträglich. Eine »Tropen-Natur«[3] wie er hielt das kalte und feuchte norddeutsche Klima nicht mehr aus.

Er wollte so schnell wie möglich wieder fort. Wie sollte er dort arbeiten und genug gleichgesinnte Wissenschaftler finden? In Berlin gab es nicht einmal eine Universität, und ihm »brannte der Boden unter den Füßen«[4]. König Friedrich Wilhelm III. aber war äußerst erfreut über die Rückkehr des berühmtesten Preußen. Dieser Humboldt, in ganz Europa wegen seiner wagemutigen Forschungsreisen gefeiert, würde eine Zierde seines Hofes sein, und daher setzte ihm der König eine großzügige jährliche

Pension von 2500 Talern aus, an die keinerlei Verpflichtungen geknüpft waren.[5] Das war eine beträchtliche Summe zu einer Zeit, als Handwerker wie Zimmerleute und Tischler keine 200 Taler im Jahr verdienten; aber eher ein magerer Betrag, verglichen mit den 13 400 Talern, die sein Bruder Wilhelm als preußischer Gesandter erhielt.[6] Außerdem ernannte der König Humboldt zu seinem Kammerherrn, wiederum ohne erkennbare Bedingungen. Da Humboldt ein Großteil seines Erbes ausgegeben hatte, brauchte er das Geld, fand aber gleichzeitig, dass der König ihn »fast zu sehr« mit Aufmerksamkeit überschüttete.[7]

Friedrich Wilhelm III. war ein mürrischer, sparsamer Mann und kein charismatischer Herrscher. Er liebte weder das Vergnügen noch die Kunst, wie sein Vater Friedrich Wilhelm II., noch besaß er die brillanten militärischen und intellektuellen Fähigkeiten seines Großonkels Friedrich des Großen. Stattdessen war er so fasziniert von Uhren und Uniformen, dass Napoleon gesagt haben soll, Friedrich Wilhelm III. hätte lieber Schneider werden sollen, weil »er stets gewusst hat, wie viele Ellen Tuch für die Uniform eines Soldaten vonnöten waren«[8].

Humboldt war seine Beziehung zum Hof peinlich, und er forderte seine Freunde auf, nicht über die Berufung durch den König zu sprechen.[9] Vielleicht hatte er dafür auch noch einen anderen Grund, denn einige Leute beobachteten schockiert, wie unterwürfig der scheinbar so unabhängig und revolutionär gesinnte Humboldt dem König begegnete. Seinem Freund Leopold von Buch zufolge verbrachte Humboldt mehr Zeit in den königlichen Schlössern als die Höflinge selbst. Statt sich auf seine wissenschaftlichen Studien zu konzentrieren, verlor er sich im Hofklatsch, sagte Buch.[10] Tatsächlich aber beschäftigte sich Humboldt viel mehr mit Problemen der Forschung als mit höfischen Angelegenheiten. Zwar musste er regelmäßig beim König antreten, aber ihm blieb auch genügend Zeit für Vorträge in der Berliner Akademie der Wissenschaften, um zu schreiben und die vergleichenden Beobachtungen des Erdmagnetismus fortzusetzen, die er in Südamerika begonnen hatte.

Ein alter Bekannter der Familie, ein wohlhabender Besitzer einer Brennerei, bot Humboldt sein Gartenhaus als Unterkunft an. Das Grundstück lag an der Spree und nur einige Hundert Meter nördlich der berühmten Prachtstraße Unter den Linden. Das kleine Haus war einfach, reichte aber für Humboldts Bedürfnisse vollkommen aus – er sparte Geld und konnte sich auf seine magnetischen Beobachtungen konzentrieren.[11] Da-

für baute er sich eine Hütte im Garten. Um zu vermeiden, dass irgendetwas die Messungen beeinflusste, verwendete er beim Bau kein einziges
Stück Eisen, nicht einmal Nägel.[12] Ein Kollege und er verbrachten bei
einem Experiment mehrere Tage und Nächte damit, jede halbe Stunde
Daten abzulesen. Nur in den kurzen Pausen gönnten sie sich ein bisschen Schlaf. Das Ergebnis waren 6000 Messungen und zwei ziemlich
erschöpfte Männer.

Anfang April 1806, nach einem ganzen Jahr in Humboldts Gesellschaft, kehrte Louis Joseph Gay-Lussac nach Paris zurück.[13] Humboldt war unglücklich und allein in Berlin und schrieb einige Tage später
einem Freund, er sei »fremd und isolirt«[14]. Zu Preußen hatte er keine
Beziehung. Außerdem sorgte er sich um seine botanischen Veröffentlichungen, für die Bonpland verantwortlich war. Dabei handelte es sich
um wissenschaftliche Bücher, die auf den lateinamerikanischen Pflan-
zensammlungen basierten. Als Botaniker war Bonpland für diese Aufgabe besser geeignet als Humboldt. Doch Bonpland ging dieser Arbeit
so weit wie möglich aus dem Weg. Er fand es schrecklich mühsam, Pflanzen zu beschreiben, und überhaupt gefiel es ihm im Regenwald sehr viel
besser als am Schreibtisch.[15] Frustriert von den langsamen Fortschritten,
versuchte Humboldt immer wieder, Bonpland anzutreiben. Aber als er
dann endlich einige Probeseiten erhielt, ärgerte sich der akribische Humboldt über die vielen Fehler und warf Bonpland vor, nicht genau genug
zu arbeiten, »besonders was das Latein und die Zahlen anbelangt«[16].

Bonpland ließ sich nicht drängen, und als er ankündigte, dass er Paris
für eine weitere Forschungsreise verlassen wolle, war Humboldt verzweifelt. Seine eigene Pflanzensammlung hatte er an Wissenschaftler in
ganz Europa verteilt, und außerdem hatte er alle Hände voll zu tun mit
seinen vielen anderen Buchprojekten. Humboldt war darauf angewiesen,
dass Bonpland sich auf die botanische Arbeit konzentrierte, und verlor langsam die Geduld. Aber es blieb ihm nichts anderes übrig, als seinen alten Freund mit Briefen zu bombardieren, die eine Mischung aus
Schmeicheleien, Vorwürfen und flehenden Bitten enthielten.

Humboldt selbst war fleißiger gewesen und hatte den ersten Band seines sogenannten »Amerikanischen Reisewerks« fertiggestellt. Das erste
Buch hieß *Ideen zu einer Geographie der Pflanzen* und wurde auf Französisch und Deutsch veröffentlicht. Es enthielt die wunderbare Zeichnung des sogenannten »Naturgemäldes« – die Visualisierung jenes Be-
griffs, den er in Südamerika entwickelt hatte – die Natur als eine Einheit

aus vielfältigen Beziehungen und Zusammenhängen. Der Haupttext des Buches war im Wesentlichen eine Erklärung der Zeichnung – wie ein Kommentar zu dem Bild oder eine sehr lange Bildunterschrift. Im Vorwort zu diesem Buch schrieb Humboldt: »Im Angesichte der Objekte, die ich schildern sollte; von einer mächtigen, aber selbst durch ihren innern Streit wohltätigen Natur umgeben, am Fuße des Chimborazo, habe ich den größern Teil dieser Blätter niedergeschrieben.«[17]

Der 90 mal 60 Zentimeter große, handkolorierte Kupferstich war eine große Ausklapptafel, die den Zusammenhang zwischen Klimazonen und Pflanzen anhand von Höhenlagen, Längen- und Breitengraden demonstrierte. Das Bild beruhte auf der Skizze, die Humboldt nach seiner Besteigung des Chimborazo angefertigt hatte. Humboldt präsentierte damit eine vollkommen neue Sicht der Pflanzenwelt. Die Darstellung zeigt den Chimborazo im Querschnitt und die Vegetationszonen mit allen Pflanzen vom Tal bis zur Schneegrenze. Neben dem Chimborazo sind die Höhen anderer Berge zum visuellen Vergleich eingetragen: Montblanc, Vesuv, Cotopaxi und die Höhe, die Gay-Lussac bei seinen Ballonfahrten in Paris erreichte. Eine weitere Markierung zeigt, wie hoch Humboldt, Bonpland und Montúfar bei der Besteigung des Chimborazo kamen – Humboldt konnte übrigens der Versuchung nicht widerstehen, darunter die geringere Höhe einzutragen, die die beiden französischen Wissenschaftler Charles-Marie de la Condamine und Pierre Bouguer in den 1730er-Jahren erreicht hatten. Links und rechts des Berges gab es mehrere Spalten mit sich entsprechenden Daten – unter anderem über Gravitation, Temperatur, die chemische Zusammensetzung der Luft und den Siedepunkt des Wassers – nach der jeweiligen Höhe sortiert. Alles ist zueinander in Beziehung gesetzt und lässt sich vergleichen.

Humboldt entschied sich bewusst für diese neue, visuelle Methode, denn, wie er einem Freund gegenüber äußerte, »die Leute wollen *sehen*«[18]. In den *Ideen zu einer Geographie der Pflanzen* betrachtete er die Flora in einem Gesamtzusammenhang und sah die Natur als ein ganzheitliches Zusammenspiel von Phänomenen – sämtlich als eine unermesslich ausgebreitete »Pflanzendecke«.[19] Es war das erste ökologische Buch der Welt.

Zuvor lag der Botanik das Prinzip der Klassifizierung zugrunde. Pflanzen ordnete man oft nach ihrer Beziehung zum Menschen – zum Beispiel entsprechend ihrem unterschiedlichen Einsatz als Arzneimittel oder Dekoration; oder die Klassifizierung orientierte sich an ihrem Geruch, Geschmack oder ihrer Genießbarkeit. Im 17. Jahrhundert, während der naturwissenschaftlichen Revolution, versuchten die Botaniker, die Pflanzen rationaler einzuteilen – etwa nach den Unterschieden ihrer Gestalt oder nach Ähnlichkeiten bei Samen, Blättern, Blüten und so fort. So wurde der Natur eine Ordnung aufgezwungen. In der ersten Hälfte des 18. Jahrhunderts revolutionierte der schwedische Botaniker Carl von Linné dieses Konzept durch sein sogenanntes Sexualsystem, bei dem die Welt der Blütenpflanzen anhand der Zahl von Reproduktionsorganen – Stempeln und Staubgefäßen – eingeteilt wird. Ende des 18. Jahrhunderts setzten sich allmählich auch andere Klassifikationssysteme durch, was aber nichts an der festen Überzeugung der Botaniker änderte, dass die Taxonomie das Leitprinzip ihrer Disziplin blieb.

In den *Ideen zu einer Geographie der Pflanzen* definierte Humboldt einen vollkommen anderen Naturbegriff. Seinen Reisen verdankte er eine ganz neue Perspektive, er sah die Natur als Einheit: Nirgendwo erkenne man die »gegenseitige Verbindung« der Naturerscheinungen so deutlich wie in Südamerika, schrieb er.[20] Die Ideen, die er in den Jahren zuvor entwickelt hatte, stellte er jetzt in einen breiteren Kontext. Und er übernahm auch Theorien anderer Forscher, zum Beispiel von seinem früheren Professor Johann Friedrich Blumenbach. Dessen Konzept der Lebenskräfte – die alle lebendige Materie zu einem Organismus erklärt, dessen Kräfte miteinander zusammenhängen – wendete Humboldt auf die Natur als Einheit an. Statt nur einen einzigen Organismus zu betrachten, beschrieb Humboldt jetzt die Beziehungen zwischen Pflanzen, Klima und Geografie. Die Pflanzen teilte er in Zonen und Regionen ein und nicht mehr in taxonomische Einheiten. In der *Geographie der Pflanzen* erläuterte Humboldt die Idee der Vegetationszonen – der »langen Züge«[21], wie er sie nannte –, die quer über den Globus verliefen.*[22] Er eröffnete den Wissenschaftlern der westlichen Welt eine ganz neue Sicht auf die Natur.

In der *Geographie der Pflanzen* ergänzte Humboldt sein »Naturgemälde« um noch mehr Einzelheiten und Erklärungen; seitenweise fügte er Tabellen, Statistiken und Quellen hinzu. Humboldt verband Kultur,

---

* In der *Geographie der Pflanzen* erklärte Humboldt die Verteilung der Pflanzen in allen Einzelheiten. Er verglich die Koniferen, die in großen Höhen Mexikos wachsen, mit den Nadelgewächsen Kanadas und entdeckte in den Anden Eichen, Kiefern und blühende Büsche, »denen wir eine nordische Physiognomie zuzuschreiben gewohnt sind«. Außerdem beschrieb er Moos an den Ufern des Rio Magdalena, das einer bestimmten Art in Norwegen ähnelte.

Biologie und Physik miteinander zu einem Gesamtbild globaler Strukturen.

Seit Jahrtausenden folgten Feldfrüchte, Getreide, Gemüse und Obst den Wanderbewegungen der Menschheit. Als die Menschen Kontinente und Meere überquerten, brachten sie Pflanzen mit und veränderten dadurch das Antlitz der Erde.[23] Die Landwirtschaft verknüpfte die Pflanzen mit Politik und Ökonomie. Kriege wurden um Pflanzen geführt, und Tee, Zucker oder Tabak entschieden über Kolonialreiche.[24] Die Geschichte einiger Pflanzen enthielt ebenso viele Informationen über die Menschheit wie über die Natur selbst, während andere geologische Daten lieferten, etwa über die Kontinentalverschiebungen.[25] Aus der Ähnlichkeit von Küstenpflanzen schloss Humboldt auf eine »ehemalige Verbindung«[26] zwischen Afrika und Südamerika und auf die Trennung ehemals zusammenhängender Inseln – eine phänomenale Schlussfolgerung, mehr als hundert Jahre bevor Wissenschaftler anfingen, sich mit Kontinentaldrift und Plattentektonik auch nur zu befassen.[27] Humboldt »las« in Pflanzen wie andere in Büchern – für ihn offenbarten sie eine gemeinsame, der Natur zugrundeliegende Kraft: verantwortlich für die Bewegungen der Kulturen ebenso wie die der Landmassen. Noch nie hatte jemand die Natur unter diesem Blickwinkel betrachtet.

Die *Geographie der Pflanzen* und der beigefügte Kupferstich des »Naturgemäldes« zeigten ein bislang unsichtbares Netz des Lebens.[28] Humboldt dachte in Zusammenhängen. Die Natur, schrieb er, sei »ein Abglanz des Ganzen«[29] – daher müssten Wissenschaftler die Flora, Fauna und Gesteinsschichtung global betrachten. Andernfalls liefen sie Gefahr, jenen Geologen nachzueifern, die den »ganzen Erdkörper nach dem Modelle der Hügel konstruieren, welche ihnen zunächst liegen«[30]. Die Wissenschaftler sollten ihre Dachstuben verlassen und die Welt bereisen.

Ähnlich revolutionär war Humboldts Wunsch, sich an unsere »Wißbegierde und Einbildungskraft«[31] zu wenden, was er in der Einleitung der deutschen Ausgabe durch einen Verweis auf Friedrich Schellings *Naturphilosophie* unterstrich.[32] 1798, mit dreiundzwanzig Jahren, wurde Schelling Professor der Philosophie an der Universität Jena und gehörte schon bald zu Goethes innerem Kreis. Seine sogenannte *Naturphilosophie* wurde zum theoretischen Gerüst des deutschen Idealismus und der Romantik.[33] Schelling sprach von der »Notwendigkeit, die Natur in ihrer Einheit zu erfassen«[34]. Er lehnte die Idee einer irreversiblen Trennung zwischen innen und außen ab – zwischen der subjektiven Welt des Ichs und der objektiven Welt der Natur. Stattdessen betonte er die Bedeutung der Lebenskraft, die Natur und Mensch vereint, und war der Ansicht, dass es eine organische Verbindung zwischen dem Ich und der Natur gab. Er erklärte, dass er selbst »mit der Natur identisch«[35] war, eine These, die den Weg bahnte für die Romantiker, die davon überzeugt waren, dass sich der Mensch in der unberührten Natur selbst finden konnte. Humboldt, der glaubte, dass er nur in Südamerika wirklich er selbst war, fand diese Idee äußerst überzeugend.

Humboldts Verweis auf Schelling zeigte auch, wie sehr er sich selbst in den zurückliegenden zehn Jahren verändert hatte. Gestützt auf Schellings Überlegungen, führte er eine neue Perspektive in die Naturwissenschaft ein. Zwar löste er sich nicht vollständig von der rationalen Methode, dem Mantra der aufgeklärten Denker, öffnete jedoch ganz unauffällig der Subjektivität eine Tür. Humboldt, einst der »Fürst der Empirie«[36], wie ein Freund an Schelling schrieb, hatte sich stark gewandelt. Viele Forscher hielten Schellings *Naturphilosophie* für unvereinbar mit empirischem Wissen und wissenschaftlichen Methoden. Humboldt jedoch behauptete nachdrücklich, dass aufgeklärtes Denken und Schelling keine »streitenden Pole«[37] seien. Schellings Betonung der Einheit entsprach genau Humboldts Sicht der Dinge.

Schelling schlug vor, den Begriff des »Organismus« zur Grundlage des Naturverständnisses zu machen. Man sollte die Natur nicht länger als mechanisches System betrachten, sondern sie als lebendigen Organismus begreifen. Der Unterschied entsprach dem zwischen einer Uhr und einem Tier. Eine Uhr besteht aus Teilen, die man zerlegen und dann wieder zusammensetzen kann, aber ein Tier nicht – die Natur ist ein einheitliches Ganzes, ein Organismus, in dem die Teile nur in Beziehung zueinander funktionieren.[38] In einem Brief an Schelling schrieb Humboldt, es handle sich um nicht weniger als eine »Revolution« in den Naturwissenschaften[39], eine Abkehr von der »nüchternen Anhäufung von Thatsachen« und dem »rohen Empirismus«[40].

Urheber dieser Ideen war Goethe. Humboldt hatte nicht vergessen, wie sehr ihn die Zeit in Jena geformt und wie stark ihn Goethes Ansicht über die Natur geprägt hatte. Dass Natur und Fantasie so eng in seinen Büchern verwoben waren, verdankte er dem »Einfluß Ihrer Schriften auf mich«[41], bekannte er Goethe später. Deshalb widmete Humboldt die *Ideen zu einer Geographie der Pflanzen* auch seinem alten Freund.

Frontispiz von Humboldts *Ideen zu einer Geographie
der Pflanzen* und seine Widmung an Goethe

Das Frontispiz zeigte Apollo, den Gott der Dichtkunst, der den Schleier
von der Göttin der Natur zieht. Die Dichtkunst war notwendig, um die
Geheimnisse der Natur zu verstehen. Goethe revanchierte sich, indem
er Ottilie, eine der Hauptprotagonisten in seinem Roman *Die Wahlverwandtschaften,* sagen lässt: »Wie gern möchte ich nur einmal Humbold-
ten erzählen hören!«[42]

Goethe »verschlang«[43] die *Geographie der Pflanzen,* als er sie im
März 1807 erhielt, und las sie gleich danach noch mehrmals.[44] Humboldts neues Konzept war so aufschlussreich, dass er es kaum abwarten konnte, darüber zu sprechen.[*45] Er war sehr begeistert von diesem
Buch und hielt zwei Wochen später in Jena einen botanischen Vortrag
über die *Geographie der Pflanzen.*[46] »Durch einen ästhetischen Hauch«,

* Goethe hatte allerdings das Pech, dass die unentbehrliche Zeichnung – das »Naturgemälde« – nicht in seinem Exemplar des Buches enthalten war. Er beschloss,
es selbst anzufertigen, und schickte Humboldt seine Skizze – »halb im Scherz,
halb im Ernst«. Als das fehlende »Naturgemälde« sieben Wochen später endlich
eintraf, war Goethe so begeistert, dass er es mit auf eine Urlaubsreise nahm und
an die Wand heftete, um es ständig vor Augen zu haben.

Das Brandenburger Tor, durch das Napoleon 1806, nach der Schlacht
bei Jena und Auerstedt, im Triumphzug in Berlin einmarschierte.

schrieb Goethe, habe Humboldt die Wissenschaft zu einer »lichten
Flamme«[47] entfacht.

Als die *Geographie der Pflanzen* Anfang 1807 in Deutschland erschien, hatten sich Humboldts Pläne für eine Rückkehr nach Paris zerschlagen.[48] Wieder einmal machte ihm der Krieg einen Strich durch die
Rechnung. Seit dem Frieden von Basel im April 1795 hatte sich Preußen aus den napoleonischen Kriegen herausgehalten, da König Friedrich
Wilhelm III. ganz entschieden auf Preußens Neutralität in dem Tauziehen pochte, das Europa auseinanderriss. Diese Entscheidung war ihm
vielfach als Schwäche ausgelegt worden und hatte ihm keine Sympathien
bei den europäischen Staaten eingebracht, die gegen Frankreich kämpften. Nach der Schlacht bei Austerlitz im Dezember 1805, die zum Zu-
sammenbruch des Heiligen Römischen Reiches führte, rief Napoleon
im Sommer 1806 den sogenannten Rheinbund ins Leben, eine Konföderation aus sechzehn deutschen Staaten mit Napoleon als »Protektor«.
Der Bund bildete gewissermaßen einen Puffer zwischen Frankreich und
Mitteleuropa. Preußen – das nicht zum Rheinbund gehörte – sorgte sich
zunehmend über die Übergriffe der Franzosen auf preußisches Gebiet.

Nach ein paar Gefechten an der Grenze und Provokationen der Franzosen im Oktober 1806 stolperten die Preußen schließlich in einen Krieg gegen Frankreich, ohne einen einzigen Verbündeten. Ein Desaster. Am 14. Oktober vernichteten Napoleons Truppen die preußische Armee in den beiden Schlachten von Jena und Auerstedt. An einem einzigen Tag verlor Preußen die Hälfte seines Landes. Zwei Wochen später erreichte Napoleon Berlin. Im Juli 1807 unterzeichneten Preußen und Frankreich den Friedensvertrag von Tilsit; Frankreich erhielt die preußischen Gebiete westlich der Elbe und Teile der östlichen Territorien. Einige dieser Landstriche gliederte Frankreich ein, aber Napoleon schuf auch eine Reihe neuer Staaten, die allerdings nur dem Namen nach unabhängig waren – so etwa das Königreich Westphalen, das von einem seiner Brüder regiert wurde und eng mit Frankreich verbunden blieb.

Preußen war keine europäische Großmacht mehr. Die immensen Reparationen, die Frankreich im Friedensvertrag von Tilsit verlangte, zwangen die preußische Wirtschaft in die Knie. Mit dem Verlust seines Staatsgebietes verlor Preußen auch die meisten seiner Bildungszentren, darunter seine größte und bekannteste Universität in Halle, die jetzt zum neuen Königreich Westphalen gehörte. In Preußen gab es nur noch zwei Universitäten: eine in Königsberg, die mit dem Tod von Immanuel Kant im Jahr 1804 ihren einzigen namhaften Professor verlor, und das Provinzinstitut Viadrina in Frankfurt an der Oder, wo Humboldt als Achtzehnjähriger ein Semester lang studiert hatte.[49]

Humboldt hatte das Gefühl, »unter den Trümmern eines unglücklichen Vaterlandes begraben«[50] zu sein. »Warum blieb ich nicht in den Wäldern am Orinoko oder auf dem hohen Rücken der Andenkette?«[51] Frustriert widmete er sich dem Schreiben. Er saß in seinem kleinen Gartenhaus in Berlin, umgeben von Stapeln mit Notizen, seinen Tagebüchern aus Lateinamerika und Zeichnungen und arbeitete an mehreren Manuskripten gleichzeitig. Am meisten half ihm über diese schwierige Zeit das Schreiben seines Buches *Ansichten der Natur* hinweg.

Dieses Buch wurde ein Bestseller und in elf Sprachen übersetzt.[52] Mit *Ansichten der Natur* schuf Humboldt eine vollkommen neue Gattung – ein Buch, das eine lebendige Prosa mit herrlichen Landschaftsbeschreibungen und wissenschaftlichen Beobachtungen verband, ein Vorbild für die moderne Form der Naturbeschreibung, das *Nature Writing*. Es war Humboldts Lieblingsbuch.[53]

In *Ansichten der Natur* beschwört Humboldt die stille Einsamkeit der

Andengipfel und die fruchtbare Vegetation des Regenwaldes, den Zauber der Meteorschauer und das grausige Schauspiel, wie Zitteraale in den Llanos gefangen werden. Er schreibt vom »glühenden Schooß der Erde«[54] und von einer Wüste, die zum »Sandmeer« wird. Blätter öffnen sich und »begrüssen die aufgehende Sonne«, und Affen erfüllen den Dschungel mit »melancholischem Geheul«. Im Dunst über den Wasserfällen des Orinoco irrlichtern Regenbögen und erzeugen einen »optischen Zauber«. Immer wieder streut Humboldt diese poetischen Vignetten ein, etwa wenn er von seltsamen Insekten berichtet, die »ihr röthliches Phosphorlicht über die krautbedeckte Erde« gießen, und »von lebendigem Feuer glühte der Boden, als habe die sternvolle Himmelsdecke sich auf die Grasflur niedergesenkt[55]«.

Es war ein wissenschaftliches Buch voller lyrischer Passagen. Für Humboldt war die Sprache ebenso wichtig wie der Inhalt, und er gestattete seinem Verleger nicht, nur eine einzige Silbe zu verändern, damit der »Wohlklang« seiner Sätze erhalten blieb.[56] Die wissenschaftlichen Erklärungen waren sehr umfangreich und detailliert, ließen sich aber leicht übergehen, weil Humboldt sie in den Anmerkungen am Ende eines jeden Kapitels versteckte.*[57]

In den *Ansichten der Natur* zeigte Humboldt, wie die Natur die Vorstellung der Menschen beeinflusste. Die Natur stehe in einer geheimnisvollen Kommunikation mit unserem »inneren Leben«[58], sagte er. Ein klarer blauer Himmel löst beispielsweise andere Gefühle aus als tief hängende, dunkle Wolken. Eine tropische Landschaft mit dicht an dicht stehenden Bananenstauden und Palmen wirkt sich anders auf uns aus als ein lichter Wald aus schlanken Birken mit weißen Stämmen. Was wir heute für selbstverständlich halten – dass es einen Zusammenhang zwischen der Außenwelt und unserer Stimmung gibt –, war für Humboldts Leser eine Offenbarung. Dichter hatten das vielleicht bereits erwähnt, aber keine seriösen Wissenschaftler.

In den *Ansichten der Natur* beschrieb Humboldt die Natur erneut als Netz des Lebens[59], in dem Pflanzen und Tiere voneinander abhängen – eine Welt voll pulsierendem Leben. Immer wieder betonte er »den inneren Zusammenhang der Naturkräfte«[60]. Er verglich die Wüsten Afrikas

---

* Diese Anmerkungen erwiesen sich jedoch selbst als literarische Kostbarkeiten: Einige waren kleine Essays, andere Gedankensplitter oder Hinweise auf künftige Entdeckungen. Hier sprach Humboldt auch über evolutionstheoretische Ideen, lange bevor Darwin sein Buch *Über die Entstehung der Arten* veröffentlichte.

175

mit den Llanos in Venezuela und den Heideflächen in Nordeuropa: Landschaften, weit voneinander entfernt, die Humboldt in »einem Naturgemälde«[61] vereinigte. Den neuen Ansatz, den er mit seiner Skizze nach der Besteigung des Chimborazo entworfen hatte, das »Naturgemälde«, weitete er jetzt aus und erklärte damit seine neue Sichtweise. Sein »Naturgemälde« war nicht mehr bloß eine Zeichnung – es konnte auch ein Prosatext wie die *Ansichten der Natur* sein, ein wissenschaftlicher Vortrag oder ein philosophischer Begriff.

Ansichten der Natur entstand vor dem Hintergrund der verzweifelten politischen Lage Preußens und zu einer Zeit, in der sich Humboldt in Berlin elend und verlassen fühlte.[62] Er entführte seine Leser in eine verzauberte Welt fern von Krieg und »der stürmischen Lebenswelle«[63] und lud sie ein, ihm »in das Dickigt der Wälder, durch die unabsehbare Steppe und auf den hohen Rücken der Andenkette«[64] zu folgen, denn »auf den Bergen ist Freyheit«[65].

Diese neue Form der Naturbeschreibung sei so verführerisch, schrieb ihm Goethe, dass er sich gern mit Humboldt »in die wildesten Gegenden« gestürzt hätte[66]. Und der französische Schriftsteller François-René de Chateaubriand fand Humboldts Text außergewöhnlich; er hatte den Eindruck, »man reite mit ihm auf den Wellen und verliere sich in den Tiefen der Wälder«[67]. Die *Ansichten der Natur* inspirierten in den nächsten Jahrzehnten Wissenschaftler und Dichter. Henry David Thoreau las sie[68] genauso wie Ralph Waldo Emerson, der erklärte, Humboldt habe »diesen Himmel von seinen Spinnweben«[69] gereinigt. Und Charles Darwin bat seinen Bruder, ihm ein Exemplar nach Uruguay zu schicken, wo er es bei einem Zwischenstopp der *Beagle* vorzufinden hoffte.[70] In der zweiten Hälfte des 19. Jahrhunderts nutzte der Science-Fiction-Autor Jules Verne Humboldts Beschreibungen Südamerikas für seine Romanreihe *Voyages extraordinaires* und zitierte sie oft wörtlich in seinen Dialogen.[71] Vernes Roman *Der stolze Orinoco* war eine Hommage an Humboldt, und in *Die Kinder des Kapitän Grant* erklärte ein Forschungsreisender, es sei sinnlos, den Pico del Teide auf Teneriffa zu besteigen, da Humboldt ja schon dort oben gewesen sei: »›Zu welchem Zweck, bitte ich‹«, sagte darin Monsieur Paganel, »›nach Humboldt?‹«[72] Sogar Kapitän Nemo in Vernes berühmtem Roman *20 000 Meilen unter dem Meer* besaß Humboldts gesammelte Werke.[73]

Humboldt saß in Berlin fest, aber er sehnte sich nach Abenteuern. Er wollte fort aus dieser Stadt, die nicht von Erkenntnis und Wissenschaft geprägt war, sondern seiner Meinung nach nur von »blühenden Kartoffelfeldern«[74]. Dann, im Winter 1807, war ihm die Politik endlich einmal günstig gesinnt. Friedrich Wilhelm III. bat Humboldt, an einer preußischen Friedensmission in Paris teilzunehmen. Der König schickte seinen jüngeren Bruder, Prinz Wilhelm, damit er die finanziellen Lasten, die die Franzosen den Preußen im Friedensvertrag von Tilsit auferlegt hatten, neu verhandelte. Prinz Wilhelm würde jemanden brauchen, der Leute in einflussreichen Positionen kannte, um ihm die Türen zu diplomatischen Gesprächen zu öffnen – Humboldt mit seinen Pariser Verbindungen war der ideale Begleiter.

Nur zu gern willigte Humboldt ein und verließ Berlin Mitte November 1807. In Paris setzte er alle Hebel in Bewegung, aber Napoleon ließ sich auf keinen Kompromiss ein. Als Prinz Wilhelm einige Monate später nach Preußen zurückkehrte, blieb Humboldt in Paris. Humboldt war gut vorbereitet an die Seine gekommen – er hatte alle seine Aufzeichnungen und Manuskripte mitgenommen. Preußen und Frankreich standen sich als erbitterte Feinde gegenüber, aber Humboldt setzte sich über Politik und Patriotismus hinweg und ließ sich in Paris nieder. Seine preußischen Freunde waren entsetzt, nicht zuletzt Wilhelm von Humboldt, der die Entscheidung seines Bruders nicht verstehen konnte. »Ich gestehe Dir frei, was ich sonst nicht sage, daß ich auch an Alexander sein Bleiben in Paris nicht billige«[75], teilte er Caroline mit. Er hielt Alexander für unpatriotisch und egoistisch.

Humboldt schien das nicht zu kümmern. Er erklärte Friedrich Wilhelm III. in einem Brief, dass er in Berlin nicht arbeiten und die Ergebnisse seiner Reisen veröffentlichen konnte, weil es dort weder genügend Wissenschaftler noch Künstler oder Verleger gab.[76] Überraschenderweise durfte Humboldt in Paris bleiben – wo er noch immer stillschweigend sein Gehalt als Kammerherr des preußischen Königs einkassierte. Erst fünfzehn Jahre später kehrte er zu einem kurzen Besuch nach Berlin zurück.

11

Paris

In Paris fiel Humboldt rasch wieder in seinen alten Rhythmus zurück: Er schlief wenig und arbeitete ununterbrochen. Goethe schrieb er, wie sehr ihn das Gefühl quälte, nicht schnell genug zu sein.[1] Er arbeitete an so vielen Büchern gleichzeitig, dass er häufig die Abgabefristen versäumte. Also versuchte er, seine Verleger mit verzweifelten Entschuldigungen zu vertrösten – von der Behauptung, ihm sei das Geld ausgegangen, um die Kupferstecher zu bezahlen, die seine Bücher illustrieren sollten, über »melancholische Stimmung« bis hin zu »schmerzhaften haemorroidalischen Zufällen«.[2] Die botanischen Veröffentlichungen verzögerten sich weiter, weil Bonpland jetzt Chefgärtner bei Napoleons Frau Joséphine in Malmaison war, ihrem Landsitz vor den Toren von Paris. Bonpland war viel zu langsam. Als er acht Monate brauchte, um gerade einmal zehn Pflanzenbeschreibungen zustande zu bringen, warf Humboldt ihm vor, dass »jeder Botaniker in Europa das in vierzehn Tagen geschafft«[3] hätte.

Im Januar 1810, gut zwei Jahre nach seiner Rückkehr nach Frankreich, schloss Humboldt endlich den ersten Teil der *Vues des Cordillères et monumens des peuples indigènes de l'Amérique*[4] ab. Es war seine opulenteste Veröffentlichung – eine große Folioausgabe mit neunundsechzig prachtvollen Stichen vom Chimborazo, von Vulkanen, aztekischen Handschriften, mexikanischen Kalendern und vielem anderem. Zu jeder Tafel gab es mehrere Seiten Text, in dem der Zusammenhang erklärt wurde; doch die wunderbaren Stiche waren die Hauptattraktion. Das Buch feierte die Natur, die antiken Kulturen und die Menschen Lateinamerikas. »Natur und Kunst sind in meinem Werk eng verschwistert«[5], schrieb Humboldt in einer Begleitnotiz, als er das Buch am 3. Januar 1810 per preußischem Kurier zu Goethe nach Weimar schickte.[6] Goethe, der es eine Woche später erhielt, wollte es gar nicht mehr aus der Hand legen. Egal, wann er an den folgenden Abenden nach Hause kam, er schlug den Folianten auf, um in Humboldts neuer Welt zu versinken.[7] Wenn Humboldt nicht schrieb, führte er Experimente durch und verglich seine Beobachtungen mit denen anderer Wissenschaftler. Seine Korrespondenz war enorm. Er bombardierte Kollegen, Freunde und Fremde mit Fragen über Themen, die extrem breit gefächert waren – von der Einführung der Kartoffeln in Europa über detaillierte Statistiken des Sklavenhandels bis hin zum Breitengrad des nördlichsten Dorfs in Sibirien.[8] Humboldt korrespondierte mit Kollegen in ganz Europa, erhielt aber auch Briefe aus Südamerika, in denen es um den wachsenden Widerstand gegen die spanische Kolonialherrschaft ging. Jefferson schickte Berichte über die Fortschritte des Transportwesens in den Vereinigten Staaten und fügte hinzu, Humboldt gelte als eine der »bedeutendsten Persönlichkeiten der Welt«[9] – im Gegenzug schickte Humboldt Jefferson seine neuesten Veröffentlichungen.[10] Ein weiterer treuer Korrespondent war Joseph Banks, der Präsident der Royal Society in London, den Humboldt zwanzig Jahre zuvor dort kennengelernt hatte. Humboldt sandte ihm getrocknete Pflanzen aus Südamerika und seine Bücher, und Banks aktivierte sein eigenes internationales Netz, wenn Humboldt Informationen brauchte.[11]

In Paris eilte Humboldt von einem Ort zum anderen. Er bewohnte, wie ein durchreisender deutscher Wissenschaftler berichtete, »drei verschiedene Häuser«[12] – sodass er arbeiten und ruhen konnte, wann und wo immer es erforderlich war. Eine Nacht verbrachte er in der Pariser Sternwarte, wo er zwischen Sternenbeobachtungen und Aufzeichnungen ein paar Stunden Schlaf bekam, während er in der nächsten bei seinem Freund Louis Joseph Gay-Lussac an der École polytechnique oder bei Bonpland nächtigte.*[13] Morgens zwischen acht und elf Uhr machte Humboldt seine Runde, auf der er junge Wissenschaftler in ganz Paris besuchte. Das waren Humboldts sogenannte »Dachstuben-Stunden«[14], wie ein Kollege scherzte, weil diese mittellosen Forscher gewöhnlich in billigen Dachkammern wohnten.

Einer dieser neuen Freunde war François Arago, ein begabter jun-

---

* 1810 zog Humboldt in eine Wohnung, die er sich mit dem deutschen Botaniker Karl Sigismund Kunth teilte, einem Neffen seines einstigen Erziehers, den er beauftragt hatte, sich um die botanischen Veröffentlichungen zu kümmern – damit entband er Bonpland nach einigen Diskussionen und Streitigkeiten von dieser Aufgabe.

ger Mathematiker und Astronom, der an der Sternwarte und der École polytechnique arbeitete. Wie Humboldt hatte auch Arago einen Hang zum Abenteuer. 1806, mit zwanzig Jahren, war der Autodidakt von der französischen Regierung mit einem wissenschaftlichen Auftrag auf die Balearen entsandt worden, wurde aber von den Spaniern verhaftet, die ihn für einen Spion hielten.[15] Ein Jahr lang war Arago in Spanien und Algier inhaftiert, entkam aber schließlich im Sommer 1809 – die kostbaren wissenschaftlichen Aufzeichnungen unter seinem Hemd versteckt. Als Humboldt von Aragos kühner Flucht hörte, schrieb er ihm sofort, um ihn kennenzulernen. Rasch wurde Arago Humboldts engster Freund – vielleicht nicht zufällig genau zu dem Zeitpunkt, als Gay-Lussac heiratete.

Arago und Humboldt sahen sich fast jeden Tag. Sie arbeiteten zusammen und tauschten ihre Ergebnisse aus, was auch zu heftigen Diskussionen zwischen den beiden führte und gelegentlich zum Streit. Humboldt hat das »beste Herz«, sagte Arago, aber gelegentlich auch »das größte Schandmaul, das ich kenne«[16]. Manchmal ging es in ihrer Freundschaft ziemlich stürmisch zu. Meistens rannte dann einer von ihnen davon und zog sich »oft schmollend wie ein Kind«[17] zurück, berichtete ein Kollege, aber das dauerte nie lange. Arago gehörte zu den wenigen Menschen, denen Humboldt bedingungslos vertraute – ihm offenbarte er seine Ängste und Selbstzweifel. Sie waren wie »siamesische Zwillinge«[18], schrieb Humboldt später, und ihre Freundschaft war die »Freude meines Lebens«[19]. Sie waren sich so nah, dass Wilhelm von Humboldt sich darüber Sorgen machte. »Du kennst seine Passion, immer mit einem Menschen zu sein«, schrieb Wilhelm seiner Frau Caroline, und nun war Alexander mit Arago zusammen, und »von diesem will er sich nicht trennen«[20].

Das war nicht die einzige Auseinandersetzung zwischen den Brüdern. Nach wie vor missbilligte Wilhelm Alexanders Entscheidung, in Paris zu bleiben, mitten im Land des Feindes. Wilhelm selbst war Anfang 1809 von Rom nach Berlin zurückgekehrt, wo er zum Erziehungsminister ernannt wurde. Zu dem Zeitpunkt war Alexander schon nach Paris gezogen, und Wilhelm hatte erbittert festgestellt, dass der Familiensitz in Tegel nach der Schlacht bei Jena von französischen Soldaten geplündert worden war und dass sein Bruder es noch nicht einmal für nötig gehalten hatte, das Inventar in Sicherheit zu bringen. »Alexander hätte alles retten können«[21], beklagte er sich bei Caroline.

Wilhelm war wütend auf seinen Bruder. Im Gegensatz zu Alexander diente Wilhelm seinem Land. Zunächst verließ er das geliebte Rom, um das preußische Bildungssystem zu reformieren und Berlins erste Universität zu gründen, dann ging er im September 1810 als preußischer Gesandter nach Wien. Dort erfüllte er *seine* patriotische Pflicht, indem er dazu beitrug, dass Österreich als Verbündeter im Krieg gegen Frankreich näher an Preußen und Russland heranrückte.[22]

Nach Wilhelms Ansicht hatte Alexander »aufgehört [...] Deutsch zu sein«[23]. Sogar die meisten seiner Bücher erschienen zuerst auf Französisch. Immer wieder versuchte Wilhelm, seinen Bruder nach Deutschland zu locken. Als er in diplomatischer Mission nach Wien geschickt wurde, hatte er Alexander als seinen Nachfolger als Erziehungsminister in Berlin vorgeschlagen. Aber Alexanders Antwort war unmissverständlich: Er habe nicht die Absicht, sich in Berlin begraben zu lassen, während Wilhelm sich in Wien amüsiere. Schließlich, so stichelte er, scheine sich doch auch Wilhelm lieber im Ausland aufzuhalten.[24]

Nicht nur Wilhelm und seine preußischen Gesinnungsgenossen waren irritiert, dass sich Humboldt in Paris niedergelassen hatte – auch Napoleon war misstrauisch. Bereits bei ihrem ersten Treffen, kurz nach Humboldts Rückkehr aus Südamerika, hatte Napoleon ihn süffisant gefragt: »Sie beschäftigen sich mit der Botanik? Ich weiß, dass auch meine Frau sie treibt.«[25] Napoleon mochte Humboldt nicht, weil sich dessen »Gesinnung nicht beugen lässt«[26]. Zunächst hatte Humboldt versucht, ihn mit Exemplaren seiner Bücher zu besänftigen, wurde aber ignoriert.[27] Napoleon begegnete ihm, sagte Humboldt, »voll Hass«[28].

Damals ging es den meisten Naturforschern in Frankreich sehr gut, weil Napoleon die Wissenschaften stark förderte. Vernunft bestimmte das Zeitalter und war eine enge Verbindung mit der Politik eingegangen. Wissen war Macht, und noch nie zuvor waren die Wissenschaften so sehr mit den Zentren der Macht verknüpft. Seit der Französischen Revolution bekleideten Wissenschaftler hohe politische Posten, unter anderen auch Humboldts Kollegen von der Académie des Sciences, etwa der Naturforscher Georges Cuvier sowie die Mathematiker Gaspard Monge und Pierre-Simon Laplace.[29]

Napoleon liebte die Wissenschaften fast ebenso wie seine militärischen Großtaten, Humboldt aber lehnte er vehement ab. Vielleicht war er eifersüchtig, denn Humboldts mehrbändiges »Amerikanisches Reisewerk« konkurrierte mit Napoleons *Description de l'Egypte*. Fast zweihundert Wissenschaftler hatten Napoleons Armee 1798 bei ihrer Invasion in Ägypten begleitet, um alle verfügbaren Daten über Ägypten zu sammeln. *Description de l'Egypte* war das wissenschaftliche Ergebnis der Invasion und wie Humboldts Veröffentlichungen ein ehrgeiziges Projekt, das am Ende dreiundzwanzig Bände mit rund tausend Bildtafeln umfasste.[30] Obwohl Humboldt weder über die militärische Macht einer Armee noch die scheinbar unerschöpflichen Geldmittel eines Großreiches verfügte, erreichte er mehr – sein Werk enthielt mehr Bände und Bildtafeln. Trotz allem las Napoleon Humboldts Bücher, angeblich sogar vor der Schlacht bei Waterloo.[31]

Offiziell erhielt Humboldt keine Unterstützung von Napoleon. Im Gegenteil – Napoleon verdächtigte Humboldt als Spion und wies die Geheimpolizei an, seine Briefe zu öffnen und Humboldts Diener zu bestechen, um Informationen zu erhalten, und ließ mehr als einmal die Räume des Deutschen durchsuchen.[32] Als Humboldt kurz nach seiner Ankunft aus Berlin eine mögliche Forschungsreise nach Asien erwähnte, verlangte Napoleon von einem Wissenschaftler aus der Académie einen Geheimbericht über den ehrgeizigen preußischen Kollegen.[33] 1810 sollte Humboldt dann auf Anordnung Napoleons das Land binnen vierundzwanzig Stunden verlassen. Einen Grund dafür gab es nicht. Erst als der Chemiker Jean-Antoine Chaptal (damals Schatzmeister des Senats) intervenierte, durfte Humboldt in Paris bleiben. Es sei eine Ehre für Frankreich, dass der berühmte Humboldt in Paris lebe, erklärte Chaptal Napoleon. Wenn Humboldt ausgewiesen werde, verliere das Land seinen größten Wissenschaftler.[34]

Ungeachtet des Misstrauens von Napoleon lag Paris Humboldt zu Füßen. Wissenschaftler und Intellektuelle waren von seinen Büchern und Vorträgen beeindruckt, Schriftsteller bewunderten seine abenteuerlichen Geschichten, und die vornehme Pariser Gesellschaft war von seinem Charme und Witz entzückt. Humboldt eilte von einem Treffen zum nächsten und von einem Diner zum anderen. Inzwischen war er so berühmt, dass ihn Zuschauer umringten, wenn er im Café Procope, unweit des Odéon, frühstückte.[35] Droschkenkutscher brauchten keine Adresse, um Besucher bei ihm abzuliefern, »chez Monsieur de Humboldt«[36] genügte. Humboldt war, wie ein amerikanischer Besucher feststellte, das »Idol der Pariser Gesellschaft«[37]. Jeden Abend besuchte er fünf verschiedene Salons, gab in jedem eine halbstündige Vorstellung, sprach unheimlich schnell und verschwand dann wieder. Er ist überall[38], meinte ein preußischer Diplomat, und, wie der Präsident der Harvard University bei einem Besuch in Paris erklärte, »in jedem Thema zu Hause«[39]. Humboldt ist »ein von der Liebe zur Wissenschaft trunkener Schüler«[40], bemerkte ein Bekannter.

In Salons und bei Festen begegnete er Wissenschaftlern, aber auch den Künstlern und Intellektuellen der Epoche.[41] Wie so häufig umschwärmten viele Frauen den gut aussehenden und unverheirateten Humboldt. Eine, die hoffnungslos in ihn verliebt war, fand, dass er hinter seinem ständigen Lächeln eine »Eisschicht« verbarg. Als sie ihn fragte, ob er nie geliebt habe, erwiderte er, aber ja, »mit einem Feuer« – aber es brenne für die Wissenschaft, »meine erste, meine einzige Liebe«[42].

Humboldt sprach zwar schneller als alle anderen, aber stets mit sanfter Stimme.[43] Nirgends blieb er lange, sondern war wie ein »Irrwisch«[44], so schilderte ihn eine Gastgeberin; eben noch da und in der nächsten Minute schon wieder fort. Er war »schlank, elegant und behände wie ein Franzose«, mit einem widerspenstigen Haarschopf und lebhaften Augen. Obwohl mittlerweile Anfang vierzig, sah er mindestens zehn Jahre jünger aus. Wenn Humboldt bei einer Gesellschaft eintraf, war es, wie sich ein anderer Freund erinnerte, als öffnete sich eine »Schleuse«[45]. Wilhelm, der gelegentlich ein paar Geschichten zu viel von seinem Bruder ertragen musste, berichtete Caroline nach einem besonders langen Treffen mit Alexander, er »ermüdet furchtbar die Ohren, da sein Redefluß unerbittlich dahinrauscht«[46]. Ein anderer Bekannter verglich ihn mit einem »überladenen Instrument«[47], das unaufhörlich spielte. Was Humboldt unter Sprechen verstehe, sei »eigentlich ein lautes Denken«[48].

Andere fürchteten seine scharfe Zunge so sehr, dass sie sich weigerten, eine Gesellschaft vor Humboldt zu verlassen, aus Angst, sie könnten sonst zum Gegenstand seiner bissigen Kommentare werden.[49] Ein Zeitgenosse sagte, Humboldt sei wie ein »angestaunter Meteor«[50], der durch den Raum zische. Bei Festessen hielt er Hof und sprang von einem Thema zum anderen. Eben erzählte er noch von Schrumpfköpfen, doch wenn sich einer der Gäste, der seinen Nachbarn leise um das Salz gebeten hatte, dem Gespräch wieder zuwendete, dozierte Humboldt bereits über die assyrische Keilschrift.[51] Humboldt elektrisiere seine Zuhörer, lautete ein anderer Kommentar[52], er habe einen scharfen Verstand, und seine Gedanken seien frei von Vorurteilen[53].

In dieser Zeit lebten die wohlhabenden Pariser unbehelligt von den fort-
dauernden europäischen Kriegen.[54] Während Napoleons Armee quer
durch den Kontinent in das ferne Russland marschierte, veränderte sich
das Leben von Humboldt und seinen Freunden und Kollegen nicht.
Paris wuchs und gedieh mit Napoleons Siegen. Die Stadt war eine gigantische Baustelle. Neue Paläste entstanden, und die Fundamente des Arc
de Triomphe wurden gelegt, allerdings dauerte der Bau zwei Jahrzehnte.
Die Bevölkerung der Stadt wuchs unaufhaltsam – von gut 500 000 im
Jahr 1804, zur Zeit der Rückkehr Humboldts aus Lateinamerika, auf
rund 700 000 zehn Jahre später.[55]

Napoleon unterwarf Europa, und seine Truppen kehrten mit Wagen-
ladungen voller Kunstwerke aus den eroberten Ländern zurück, die
die Museen von Paris füllten. Berge von Kriegsbeute kamen so zusammen: von griechischen Statuen über römische Schätze und Renaissance-
gemälde bis zu herrlichen Skulpturen aus Ägypten. Zu Ehren der napoleonischen Siege wurde eine 42 Meter hohe Säule, die Vendôme-Säule,
errichtet, eine Nachahmung der römischen Trajanssäule. 12 000 vom
Feind erbeutete Geschütze wurden eingeschmolzen, um das Basrelief zu
gießen; es windet sich in Spiralen bis zur Spitze empor, auf der Napoleon
im Gewand eines römischen Kaisers über seine Stadt wachte.

Doch dann wendete sich das Blatt. 1812 verlor Frankreich fast eine
halbe Million Soldaten in Russland. Die Russen dezimierten Napoleons
Armee mit der Taktik der verbrannten Erde – sie fackelten Dörfer und
Ernten ab, sodass die französischen Soldaten keine Lebensmittel mehr
fanden. Der Beginn des russischen Winters reduzierte dann den Rest der
Grande Armée auf nicht einmal 30 000 Soldaten. Es war der Wendepunkt
des Krieges. Als sich die Pariser Straßen mit Kriegsinvaliden füllten – auf
den Schlachtfeldern verwundet und geschlagen –, begriffen die Pariser
allmählich, dass Frankreich möglicherweise verlieren würde. Es war, wie
Napoleons ehemaliger Außenminister Talleyrand sagte, »der Anfang
vom Ende«[56].

Ende 1813 vertrieb das britische Heer unter dem Kommando des
Duke of Wellington die Franzosen aus Spanien, und eine Koalition aus
Österreichern, Russen, Schweden und Preußen brachte Napoleon auf
deutschem Gebiet eine entscheidende Niederlage bei. In der Schlacht bei
Leipzig – der sogenannten »Völkerschlacht« – trafen im Oktober 1813
rund 600 000 Soldaten aufeinander und lieferten sich die blutigste europäische Auseinandersetzung bis zum Ersten Weltkrieg. Russische Ko-

saken, mongolische Reiter, schwedische Reservisten, österreichische Grenztruppen und schlesische Milizen kämpften gegen die französische Armee und vernichteten sie.

Fünfeinhalb Monate später, Ende März 1814, als die Alliierten die Champs-Elysées entlangmarschierten, konnte sich niemand mehr etwas vormachen. Rund 170 000 Österreicher, Russen und Preußen trafen in Paris ein, stürzten Napoleons Statue von der Vendôme-Säule und ersetzten sie durch eine weiße Flagge.[57] Der britische Maler Benjamin Robert Haydon, der damals Paris besuchte, beschrieb das wilde Treiben, das darauf folgte: halb nackte Kosakenreiter, die Gürtel voller Pistolen, neben hochgewachsenen Soldaten aus der russischen Kaisergarde »mit geschnürten Wespentaillen«[58]. Überall auf den Straßen waren englische Offiziere mit sauber geschrubbten Gesichtern zu sehen, dicke Österreicher, vorschriftsmäßig gekleidete preußische Soldaten und Tataren in Kettenpanzern, mit Pfeil und Bogen bewaffnet. Sie inszenierten ihren Sieg dermaßen, dass sich jeder Pariser versucht fühlte, »einen Fluch zwischen den Zähnen hervorzustoßen«[59].

Am 6. April 1814 musste Napoleon ins Exil auf die kleine Mittelmeerinsel Elba gehen. Ein Jahr später entkam er seinen Bewachern jedoch und marschierte erneut nach Paris, wobei er eine Armee von 200 000 Männern um sich versammelte. Es war ein letzter verzweifelter Versuch, Europa noch einmal unter seine Kontrolle zu bringen; aber nur einige Wochen später, im Juni 1815, schlugen Briten und Preußen Napoleon in der Schlacht bei Waterloo. Er wurde erneut verbannt, dieses Mal auf die ferne Insel Sankt Helena, ein winziges Stück Land im Südatlantik, gut 1800 Kilometer von Afrika und mehr als 3200 Kilometer von Südamerika entfernt. Napoleon kehrte nie wieder nach Europa zurück.

Humboldt hatte beobachtet, wie Napoleon 1806 Preußen zerstörte, und nun, acht Jahre später, erlebte er den triumphalen Einmarsch der Alliierten in Frankreich, seinem zweiten Vaterland.[60] Es schmerze ihn zu sehen, wie die Ideale der Französischen Revolution – der persönlichen und politischen Freiheit – offenbar verloren gingen, schrieb er James Madison nach Washington[61], der inzwischen Jefferson als Präsident der Vereinigten Staaten abgelöst hatte. Humboldts Lage war schwierig. Wilhelm, immer noch preußischer Gesandter in Wien, war mit den Alliierten in Paris eingetroffen und hatte den Eindruck, sein Bruder sei mehr Franzose als Deutscher.[62] Offenbar fühlte Alexander sich unwohl, denn

Der Jardin des Plantes in Paris, der einen großen botanischen Garten,
eine Menagerie und ein naturhistorisches Museum einschloss.

er klagte über »häufiges Trübsinn erregendes Magenweh«[63]. Trotzdem
blieb er in Paris.

Humboldt wurde auch öffentlich angegriffen. So warf der Verfasser eines Artikels in der Zeitung *Rheinischer Merkur* Humboldt vor, er
ziehe die Freundschaft mit den Franzosen der »Ehre«[64] seines Volkes
vor. Tief verletzt antwortete Humboldt dem Verfasser mit einem zornigen Brief, blieb aber trotzdem in Frankreich. Für Humboldt war dieser
Balanceakt nicht leicht, für die Wissenschaft aber von Vorteil.

Als die Alliierten in Paris eintrafen, wurde geplündert und geraubt –
manches war gerechtfertigt, weil sie die gestohlenen Schätze aus Napoleons Museen zurückholten und ihren rechtmäßigen Besitzern übergaben –, aber noch häufiger waren es undisziplinierte Besatzungssoldaten.

Doch als die preußische Armee plante, den Jardin des Plantes in ein
Militärlager umzuwandeln, wandte sich der Naturforscher Georges
Cuvier an Humboldt. Dieser ließ seine Beziehungen spielen und überzeugte den verantwortlichen preußischen General, seine Truppen woanders unterzubringen. Als die Preußen ein Jahr später, nach dem Sieg

bei Waterloo, nach Paris zurückkehrten, rettete Humboldt die kostbaren Sammlungen im botanischen Garten ein zweites Mal. Cuvier machte sich Sorgen um seine Schätze, weil 2000 Soldaten in unmittelbarer Nachbarschaft des Gartens kampierten. Er berichtete Humboldt, dass sie die Tiere in der Menagerie störten und ständig seltene Exponate anfassten. Nach einem Besuch bei dem preußischen Kommandanten wurde Humboldt versichert, dass die Pflanzen und Tiere nicht in Gefahr waren.[65]

Nicht nur Soldaten kamen nach Paris. Bald auch folgten die Touristen – allen voran Briten, die in den vielen Jahren der napoleonischen Kriege Paris nicht besuchen konnten. Viele wollten die Schätze im Louvre sehen, denn kein anderes europäisches Museum beherbergte so viele Kunstwerke. Studenten zeichneten die berühmtesten Gemälde und Skulpturen, bevor die Arbeiter mit Schubkarren, Leitern und Seilen erschienen, um sie einzupacken, damit sie ihren Besitzern zurückgegeben werden konnten.[66]

Auch britische Wissenschaftler kamen nach Paris und besuchten Humboldt – wie Charles Bladgen[67], ein ehemaliger Sekretär der Royal Society, oder Humphry Davy[68], ein künftiger Präsident dieser Institution. Davy war ein gutes Beispiel für Humboldts Wissenschaftsanschauung, denn er war Dichter *und* Chemiker. So schrieb er auf die eine Seite seiner Notizhefte die objektiven Berichte über seine Experimente, während er auf der anderen Seite seine persönlichen Reaktionen und Gefühle notierte. Seine wissenschaftlichen Vorträge in der Royal Institution in London waren so berühmt, dass die Straßen in der Umgebung des Gebäudes an diesen Tagen verstopft waren.[69] Der Dichter Samuel Taylor Coleridge – ein anderer großer Bewunderer von Humboldts Werk – besuchte Davys Vorträge, um, wie er schrieb, »meinen Metaphernbestand zu vergrößern«[70]. Wie Humboldt glaubte auch Davy, dass nur Fantasie *und* Vernunft zusammen das philosophische Verständnis abrundeten – sie seien »der schöpferische Ursprung der Entdeckung«[71].

Humboldt genoss es, andere Wissenschaftler kennenzulernen, um Ideen und Informationen auszutauschen, aber das Leben in Europa frustrierte ihn zusehends. In all diesen Jahren voller politischer Wirrungen war er ruhelos. Nur wenig hielt ihn in diesem tief zerrissenen Europa. »Meine Ansicht der Welt ist trübe«, schrieb er an Goethe. Er vermisste die Tropen und war überzeugt, dass er sich nur besser fühlen würde, »wenn ich in der heißen Zone lebe«[72].

12

Revolutionen und Natur

Simón Bolívar und Humboldt

Ich kam, in den Mantel der Iris gehüllt, von dorther, wo der wasserreiche Orinoco dem Gott der Fluten seinen Tribut zollt. Ich hatte die verzauberten Quellen des Amazonas besucht, und es trieb mich, den Wartturm der Welt zu ersteigen. Ich suchte die Spuren von La Condamine und von Humboldt, folgte ihnen unerschrocken – keiner hielt mich –, ich gelangte in die Gletscherregion, der Äther benahm mir den Atem. Kein menschlicher Fuß hatte je die diamantene Krone betreten, die die Hände der Ewigkeit auf die erhabenen Schläfen des Herrn der Anden gedrückt... Ich sagte mir: Dieser Mantel der Iris, der mir als Standarte gedient, hat in meinen Händen höllische Regionen durcheilt, hat Flüsse und Meere durchpflügt, hat die Riesenschultern der Anden erklommen. Die Erde hat sich Columbien zu Füßen gelegt, und die Zeit hat den Marsch der Freiheit nicht aufhalten können. Belona ist vom Glanze der Iris gedemütigt – und ich sollte nicht die grauen Haare der Giganten der Erde mit Füßen treten können? Doch werd' ich es können! Und hingerissen von der Gewalt eines mir unbekannten Geistes, der mir ein göttlicher schien, ließ ich die Spuren Humboldts hinter mir und trübte mit meinem Tritt die ewigen Kristalle, die den Chimborazo umgeben.

Simón Bolívar, »Mein Traumgesicht auf dem Chimborazo«, 1822[1]

Nicht Humboldt kehrte nach Südamerika zurück, sondern sein Freund Simón Bolívar. Drei Jahre nachdem sie sich 1804 zum ersten Mal in Paris getroffen hatten, verließ Bolívar Europa, angetrieben von den großen

Chimborazo und Carquairazo im heutigen Ecuador – eine der vielen
großartigen Illustrationen in Humboldts *Vues des Cordillères*

Ideen der Aufklärung wie Freiheit, Gewaltenteilung und der Vorstellung von einem Gesellschaftsvertrag zwischen einem Volk und seinen
Herrschern. Als er südamerikanischen Boden betrat, war Bolívar noch
ganz erfüllt von seinem Gelübde auf dem Monte Sacro in Rom, in dem
er geschworen hatte, sein Land zu befreien. Aber der Kampf gegen die
Spanier sollte lange dauern. Die Revolution kostete das Blut unzähliger Patrioten, und gute Freunde verrieten einander. Fast zwanzig Jahre
brutaler, chaotischer und häufig mörderischer Kämpfe waren nötig, um
die Spanier von dem Kontinent zu vertreiben – und am Ende herrschte
Bolívar als Diktator.[2]

Der Kampf wurde aber auch von Humboldts Schriften gestärkt – es
schien fast so, als begriffen die Kolonisten erst durch seine Beschreibung
der Landschaften, Pflanzen und Menschen, wie einzigartig und herrlich
ihr Kontinent war. Humboldts Bücher und Ideen trugen so zur Befreiung der spanischen Kolonien bei – von seiner Kritik am Kolonialismus
und der Sklaverei bis zur Schilderung der majestätischen Landschaften Südamerikas. 1809, zwei Jahre nach ihrer Erstveröffentlichung in
Deutschland, wurden Humboldts *Ideen zu einer Geographie der Pflanzen* ins Spanische übersetzt und in einer wissenschaftlichen Zeitschrift[3]
veröffentlicht, die in Bogotá von Francisco José de Caldas gegründet
worden war, einem der Naturforscher, die Humboldt von seiner Expedition in den Anden kannte. »Mit seiner Feder«[4] habe Humboldt Südamerika erweckt, schrieb Bolívar später, und dadurch gezeigt, wie viele

189

Gründe die Südamerikaner hatten, stolz auf ihren Kontinent zu sein. Bis zum heutigen Tag ist Humboldts Name in Lateinamerika bekannter als in großen Teilen Europas oder der Vereinigten Staaten.

Während der Revolution verwendete Bolívar Bilder und Metaphern aus der Natur, um seine politischen Überzeugungen zu erklären – als würde er mit Humboldts Feder schreiben. Er sprach von einer »stürmischen See«[5] und beschrieb die Revolutionäre als Menschen, die »ein Meer durchpflügen«[6]. Wenn Bolívar in den vielen Jahren der Aufstände und Schlachten seine Landsleute um sich scharte, beschwor er die südamerikanischen Landschaften. Er sprach von den herrlichen Ausblicken und bezeichnete den Kontinent als »das wahre Herz des Universums«[7], um seine Mitrevolutionäre daran zu erinnern, warum sie kämpften. Wenn nur noch Chaos zu herrschen schien, zog sich Bolívar in die Wildnis zurück, auf der Suche nach einem Sinn für ihren Kampf. In der unberührten Natur entdeckte er Parallelen zur Brutalität der Menschen – und obwohl dies nicht das Geringste an der Situation änderte, wirkte es doch seltsam tröstlich. Für Bolívar waren diese Bilder, Naturmetaphern und Allegorien die Sprache der Freiheit.

Wälder, Berge und Flüsse beflügelten Bolívars Fantasie. Er sei ein »wahrer Naturliebhaber«[8], sagte später einer seiner Generäle. »Meine Seele ist geblendet von der Gegenwart der ursprünglichen Natur«[9], erklärte Bolívar. Er war schon immer gern draußen gewesen, und als junger Mann genoss er das Landleben und die Arbeit in der Landwirtschaft. Die alte Familienhacienda San Mateo lag unweit von Caracas, und Bolívar verbrachte damals seine Tage damit, zu Pferd die Felder und Wälder zu durchstreifen. Seitdem liebte er die Natur. Berge übten einen besonderen Reiz auf ihn aus, weil sie ihn an zu Hause erinnerten. Als er im Frühjahr 1805 von Frankreich nach Italien wanderte, war es der Anblick der Alpen, der ihn in Gedanken in seine Heimat zurückversetzte, fort von den Spieltischen und Alkoholexzessen in Paris.[10] In jenem Sommer, in dem Bolívar Humboldt in Rom traf, begann er, ernsthaft über eine Rebellion nachzudenken. Und als er 1807 nach Venezuela zurückkehrte, erklärte er, »wie Feuer brennt der Wunsch in mir, mein Land zu befreien«[11].

Die spanischen Kolonien in Lateinamerika waren in vier Vizekönigreiche unterteilt, in denen 17 Millionen Menschen lebten. Neuspanien umfasste Mexiko, Teile Kaliforniens und Zentralamerikas, während sich das Vizekönigreich Neugranada quer über den nördlichen Teil Südamerikas erstreckte und in etwa dem heutigen Panama, Ecuador und Kolumbien sowie Teilen von Nordwestbrasilien und Costa Rica entsprach. Weiter südlich lagen das Vizekönigreich Peru und das Vizekönigreich des Rio de La Plata mit Buenos Aires als Hauptstadt, das aus Teilen des heutigen Argentinien, Paraguay und Uruguay bestand. Daneben gab es die sogenannten Generalkapitanate, wie zum Beispiel Venezuela, Chile und Kuba. Sie waren autonome Verwaltungsbezirke und unterschieden sich nur im Namen von den Vizekönigreichen. Das Ganze war ein Riesenreich, von dem die spanische Wirtschaft dreihundert Jahre lang kräftig profitierte. Mit dem Verlust des riesigen Louisiana-Territoriums, das zum Vizekönigreich Neuspanien gehört hatte, zeigten sich die ersten Risse. Die Spanier hatten es an die Franzosen verloren, die es dann 1803 an die Vereinigten Staaten verkauften.

Die napoleonischen Kriege waren für die spanischen Kolonien nicht ohne Folgen geblieben. Britische und französische Seeblockaden beeinträchtigten den Handel, was zu riesigen Verlusten führte. Gleichzeitig erkannten wohlhabende *criollos* wie Bolívar, dass sie Spaniens geschwächte europäische Position zu ihrem Vorteil nutzen konnten. 1805, in der Schlacht von Trafalgar, zerstörten die Briten zahlreiche spanische Kriegsschiffe und errangen den wichtigsten Seesieg des gesamten Krieges. Zwei Jahre später war Napoleon auf die Iberische Halbinsel einmarschiert und zwang den spanischen König Fernando VII. abzudanken. Napoleon setzte einen seiner Brüder als Herrscher ein. Spanien war damit keine allmächtige Kolonialmacht mehr, sondern ein Werkzeug in den Händen Frankreichs. Und einige Südamerikaner begannen, an eine andere Zukunft zu glauben.[12]

1809, ein Jahr nach der Abdankung von Fernando VII., regten sich erste Unabhängigkeitsbestrebungen in Quito. Die *criollos* übernahmen dort die Macht von der spanischen Verwaltung. Ein Jahr später, im Mai 1810, folgten die Kolonisten in Buenos Aires ihrem Beispiel. Wenige Monate danach, im September, vereinte ein Priester namens Miguel Hidalgo y Costilla in dem kleinen Städtchen Dolores, gut 300 Kilometer nordwestlich von Mexico City, Kreolen, Mestizen, Indianer und freigelassene Sklaven zum Kampf gegen die spanische Herrschaft – binnen eines Monats zählte diese Armee 60 000 Mann.[13] Als die Revolten und Unruhen über die spanischen Vizekönigreiche hinwegfegten, erklärte die kreolische Elite von Venezuela am 5. Juli 1811 ihre Unabhängigkeit.

Neun Monate später schien sich die Natur auf die Seite der Spanier zu schlagen. Als sich die Bewohner von Bolívars Heimatstadt Caracas am Nachmittag des 26. März 1812 in den Kirchen zur Ostermesse versammelten, erschütterte ein gewaltiges Erdbeben die Stadt und tötete Tausende Menschen. Kathedralen und Kirchen stürzten ein und begruben die Gläubigen unter sich. Dichter Staub hing in der Luft. Noch während die Erde bebte, verschaffte sich der entsetzte Bolívar einen Eindruck von der Verwüstung. Viele Menschen sahen in dem Erdbeben ein Zeichen für Gottes Zorn über ihren Aufstand. Priester verdammten die »Sünder« und verkündeten ihnen, die »göttliche Gerechtigkeit« habe sie für ihre Revolution bestraft.[14] Bolívar stand hemdsärmelig in den Trümmern und erwiderte trotzig: »Wenn die Natur selbst beschließt, sich gegen uns zu wenden, werden wir kämpfen und sie zwingen, uns zu gehorchen.«[15]

Acht Tage später folgte ein zweites Erdbeben und erhöhte die Zahl der Toten auf 20 000, rund die Hälfte der Bevölkerung von Caracas.[16] Auf den Plantagen im Westen des Valenciasees rebellierten Sklaven, plünderten Haciendas und brachten ihre Besitzer um – Venezuela versank in Anarchie. Bolívar hatte das Kommando über die strategisch wichtige Hafenstadt Puerto Cabello an der Nordküste Venezuelas, 150 Kilometer westlich von Caracas. Gegen die anrückenden royalistischen Truppen hatte er mit seinen fünf Offizieren und drei Soldaten keine Chance. Nach wenigen Wochen ergaben sich die republikanischen Kämpfer den spanischen Streitkräften, und bereits ein Jahr nachdem die Kreolen ihre Unabhängigkeit erklärt hatten, war die sogenannte Erste Republik am Ende. Die spanische Flagge wurde wieder aufgezogen, und Bolívar floh Ende August 1812 auf die Karibikinsel Curaçao.[17]

Als die Revolutionen ausbrachen, bombardierte der ehemalige amerikanische Präsident Thomas Jefferson seinen Freund Humboldt mit Fragen: Welche Regierungsform würden die Revolutionäre wählen, und wie viel Gleichheit würde in ihrer Gesellschaft herrschen, wenn sie Erfolg hätten? Würde sich der Despotismus durchsetzen? »Alle diese Fragen können Sie besser beantworten als jeder andere«[18], meinte Jefferson in einem Brief. Als einer der Gründungsväter der nordamerikanischen Revolution interessierte sich der Expräsident lebhaft für die spanischen Kolonien und fürchtete, dass in Südamerika keine republikanischen Regierungen gebildet werden könnten. Aber Jefferson machte sich auch Sorgen um die wirtschaftlichen Folgen für sein Land, wenn der südliche

Halbkontinent unabhängig war.[19] Die Vereinigten Staaten exportierten riesige Mengen Getreide in die spanischen Kolonien nach Südamerika. Wenn die aber den Anbau kolonialer Cash Crops einstellten, um selber Getreide anzubauen, »würden ihre Produktion und ihr Handel mit den unseren konkurrieren«[20], teilte Jefferson dem spanischen Gesandten in Washington mit.

Inzwischen plante Bolívar seine nächsten Schritte. Ende Oktober 1812, zwei Monate nachdem er aus Venezuela geflohen war, traf er in Cartagena ein, einer Hafenstadt an der Nordküste des Vizekönigreichs Neugranada, des heutigen Kolumbien.[21] Bolívar sprudelte über vor Ideen für ein starkes Südamerika, in dem alle Kolonien gemeinsam, statt wie bisher separat kämpfen sollten. Er hatte zwar nur eine kleine Armee und wenig militärische Erfahrung, aber besaß angeblich Humboldts ausgezeichnete Karten[22] und startete nun eine kühne Guerillaoffensive. Von Cartagena aus wandte er sich nach Venezuela, und es gelang ihm, die royalistischen Kräfte auf schwierigem Gelände immer wieder zu überraschen – auf hohen Bergen, in dichten Wäldern und an Flüssen voller Schlangen und Krokodile. Langsam übernahm Bolívar die Kontrolle über den Rio Magdalena, auf dem Humboldt vor mehr als einem Jahrzehnt von Cartagena nach Bogotá gepaddelt war.

Auf seinem Kriegspfad hielt Bolívar begeisternde Reden vor den Menschen von Neugranada. »Überall, wo das spanische Reich herrscht«, rief er, »herrschen Tod und Verzweiflung!«[23] Und er gewann neue Rekruten. Bolívar fand, die Kolonien von Südamerika müssten sich vereinigen. Wenn eine versklavt sei, sagte er, seien es auch die anderen. Die spanische Herrschaft sei wie ein »Wundbrand«, der auf alle Teile übergreife, »wenn er nicht abgetrennt werde wie eine infizierte Gliedmaße«.[24] Nur an ihrer eigenen Uneinigkeit könnten sie scheitern, nicht an den spanischen Waffen.[25] Die Spanier seien wie »Heuschrecken«, die die »Saat und die Wurzeln des Baums der Freiheit vernichten«[26], sagte er, eine Pest, die sie nur besiegen könnten, wenn sie sich alle zusammenschlössen. Er schmeichelte, fluchte und drohte, um die Männer von Neugranada dazu zu bringen, sich ihm auf dem Weg nach Venezuela anzuschließen und Caracas zu befreien.

Wenn Bolívar nicht seinen Willen bekam, konnte er grob und beleidigend werden. »Marschier! Entweder du erschießt mich oder, bei Gott, ich werde dich erschießen«[27], brüllte Bolívar, als ein Offizier sich weigerte, venezolanisches Territorium zu betreten. »Ich brauche 10000 Gewehre«, verlangte er bei einer anderen Gelegenheit, »oder ich werde verrückt.«[28] Seine Entschlossenheit war ansteckend.

Er war ein Mann voller Widersprüche, ebenso zufrieden in einer einfachen Hängematte, die an Bäumen in einem dichten Wald befestigt war, wie auf einer vollen Tanzfläche. Ungeduldig entwarf er die erste Verfassung in einem Kanu auf dem Orinoco, verschob aber auch militärische Aktionen, weil er auf eine Geliebte wartete.[29] Tanzen war für ihn die »Poesie der Bewegung«[30], aber er hatte auch kein Problem damit, Hunderte von Gefangenen kaltblütig hinrichten zu lassen. Er konnte charmant sein, wenn er gut gelaunt war, und »grausam«, wenn er gereizt wurde, wobei seine Stimmungen so rasch wechselten, »dass die Veränderung unglaublich«[31] war, wie einer seiner Generäle notierte.

Bolívar war ein Mann der Tat, glaubte aber auch, dass das geschriebene Wort die Macht hatte, die Welt zu verändern. Später nahm er auf seine Feldzüge stets eine Druckerpresse mit, die er die Anden hinauf und hinunter und durch die weiten Ebenen der Llanos schleppen ließ.[32] Er war intelligent und ein schneller Denker[33] – oft diktierte er verschiedenen Sekretären mehrere Briefe gleichzeitig – und er war bekannt für seine raschen Entschlüsse. Es gebe Männer, die die Einsamkeit bräuchten, um nachzudenken, sagte Bolívar, doch »ich überlegte, sinnierte, grübelte am besten inmitten ausgelassener Lustbarkeit – bei den Freuden und dem Lärm eines Balls«[34].

Vom Rio Magdalena aus marschierten Bolívar und seine Männer durch das Gebirge nach Venezuela, bekämpften und besiegten unterwegs royalistische Truppen. Im Frühjahr 1813, sechs Monate nachdem sie in Cartagena gelandet waren, hatte Bolívar Neugranada befreit, doch Venezuela war noch immer in spanischer Hand. Im Mai 1813 stieg seine Armee von den Bergen hinab in das Hochtal, in dem die venezolanische Stadt Mérida lag. Als die Spanier hörten, dass Bolívar im Anmarsch war, verließen sie Mérida in panischer Hast. Bolívar und seine Truppen wurden triumphal empfangen – auch wenn sie, zerlumpt, hungrig und fieberkrank, nicht gerade wie Sieger aussahen. Die Bürger von Mérida verliehen Bolívar den Beinamen »El Libertador«, und sechshundert neue Freiwillige traten in seine Armee ein.[35]

Drei Wochen später, am 15. Juni 1813, erließ Bolívar das Dekret »Krieg bis zum Tod«.[36] Darin drohte er allen Spaniern in den Kolonien mit der Todesstrafe, wenn sie nicht bereit wären, mit seiner Armee zu kämpfen. Es war grausam, zeigte aber Wirkung. Als er Spanier hinrichten ließ,

Simón Bolívar

liefen die Royalisten zum Feind über und schlossen sich den Republikanern an – und je weiter Bolívars Armee nach Osten Richtung Caracas vorrückte, desto größer wurde sie. Als sie am 6. August die Hauptstadt erreichte, hatten die Spanier das Feld geräumt. Kampflos nahm Bolívar die Stadt ein. »Eure Befreier sind gekommen«, teilte er den Bewohnern mit, »von den Ufern des reißenden Magdalena und den blühenden Tälern von Aragua.«[37] Er sprach von den weiten Hochebenen, die sie überquert, und von den gewaltigen Gebirgen, die sie erklommen hatten – und verband so seine Siege mit der ungezähmten südamerikanischen Natur.

Als Bolívars Soldaten auf dem Marsch durch Venezuela die blutige Spur ihres »Kriegs bis zum Tod« hinterließen – sie töteten fast jeden Spanier, den sie fanden –, formierte sich eine andere Armee: die sogenannten »Höllenlegionen«[38]. Bei diesen Truppen kämpften vorwiegend die rauen Llanos-Bewohner, Mestizen und Sklaven. Sie wurden von José Tomás Boves befehligt, einem wüsten und sadistischen Spanier, der als Viehhändler in den Llanos gelebt hatte. Seine Männer töteten im Verlauf der Kämpfe insgesamt 80000 Republikaner.[39] Boves' Leute kämpften gegen Bolívars privilegierte Klasse der *criollos*, die ihrer Meinung nach schlimmer waren als die spanischen Herrscher. Bolívars Revolution entartete zu einem erbarmungslosen Bürgerkrieg. Ein spanischer Offizieller bezeichnete Venezuela als Todeszone: »Städte mit Tausenden von Einwohnern sind nun auf wenige Hundert oder sogar Dutzend dezimiert«[40], Dörfer wurden niedergebrannt, und Leichen verwesten auf den Straßen und Feldern.

Humboldt hatte vorhergesagt, dass der südamerikanische Unabhängigkeitskampf blutig sein würde, weil die Kolonialgesellschaft zerrissen war. Seit drei Jahrhunderten gaben sich die Europäer alle erdenkliche Mühe, um den »Hass der Kasten untereinander«[41] zu schüren, schrieb Humboldt an Jefferson. Kreolen, Mestizen, Sklaven und indigene Völker begegneten einander voller Misstrauen. An diese Warnung wurde auch Bolívar erinnert.

In Europa war Spanien inzwischen aus Napoleons militärischem Griff befreit und konnte sich wieder um seine aufrührerischen Kolonien kümmern. Der spanische König Fernando VII. saß wieder auf seinem Thron und rüstete eine riesige Armada von rund sechzig Schiffen aus, mit der er mehr als 14 000 Soldaten nach Südamerika entsandte – die größte spanische Flotte, die jemals in die Neue Welt geschickt worden war.[42] Als die Spanier im April 1815 in Venezuela eintrafen, war ihnen Bolívars Armee – geschwächt durch die Kämpfe gegen Boves – hoffnungslos unterlegen. Im Mai nahmen die Royalisten Caracas ein, und die Revolution schien ein für alle Mal beendet.

Abermals floh Bolívar aus dem Land – dieses Mal nach Jamaika. Von dort warb er für internationale Unterstützung seiner Revolution. Er schrieb an Lord Wellesley, den ehemaligen britischen Außenminister, und erklärte ihm, dass er Hilfe von England brauche. »Die schönste Hälfte der Erde«, warnte er, drohe »in Trostlosigkeit zu versinken.«[43] Er war bereit, zu Fuß zum Nordpol zu gehen, wenn es sein musste, setzte er hinzu – aber weder England noch die Vereinigten Staaten waren bereit, sich in die explosiven spanischen Kolonialangelegenheiten einzumischen.

James Madison, der vierte amerikanische Präsident, erklärte, dass es keinem US-Bürger erlaubt war, sich auf irgendeine militärische Expedition gegen die »spanischen Herrschaftsgebiete«[44] einzulassen. Der ehemalige Präsident John Adams hielt den Gedanken an eine südamerikanische Demokratie für lachhaft – für so absurd, wie eine Demokratie »für Vögel, wilde Tiere und Fische«[45] einzuführen. Thomas Jefferson wiederholte seine Furcht vor Despotismus. Wie solle denn, fragte er Humboldt, eine so »von Priestern durchwirkte« Gesellschaft eine Republik und eine freie Regierung schaffen können?[46] Drei Jahrhunderte katholischer Herrschaft in den spanischen Kolonien habe die Kolonisten in unwissende Kinder verwandelt und »ihre Gedanken in Ketten gelegt«[47].

Aufmerksam und gespannt beobachtete Humboldt von Paris aus das Geschehen. Er schickte Briefe an die Mitglieder der US-Regierung, in denen er sie aufforderte, ihre Brüder im Süden zu unterstützen, und klagte ungeduldig, dass er die Antworten nicht rasch genug bekam. Seine Anfragen müssten als eine Angelegenheit von höchster Dringlichkeit behandelt werden, schrieb ein amerikanischer General aus Paris an Jefferson, da Humboldts Einfluss »größer ist als der irgendeines anderen Menschen in Europa«[48].

Niemand in Europa oder Nordamerika wusste mehr über Südamerika als Humboldt – er war *die* Autorität auf diesem Gebiet. Seine Bücher seien eine Fundgrube für Informationen über einen Kontinent, der bis dahin »so schändlich unbekannt«[49] geblieben war, sagte Jefferson. Dabei erregte besonders eine Veröffentlichung Aufmerksamkeit: Humboldts *Versuch über den politischen Zustand des Königreichs Neuspanien*.[50] Das Werk wurde in vier Bänden (zuerst in Frankreich) zwischen 1808 und 1811 veröffentlicht und erschien just in dem Augenblick, als die Welt ihre Aufmerksamkeit den Unabhängigkeitsbewegungen in Südamerika zuwandte.

Jefferson las die Bände, die Humboldt ihm sofort nach ihrer Veröffentlichung schickte, sehr sorgfältig, um so viel wie möglich über die rebellischen Kolonien zu erfahren.[51] »Außer durch Sie«, teilte Jefferson Humboldt mit, »wissen wir wenig über diese Gebiete.«[52] Jefferson und viele seiner politischen Freunde waren hin- und hergerissen zwischen dem Wunsch, freie Republiken entstehen zu sehen, mit der Gefahr, offiziell ein potenziell instabiles Regime in Südamerika zu unterstützen, und dem Schreckgespenst eines ernst zu nehmenden wirtschaftlichen Konkurrenten in der südlichen Hemisphäre. Laut Jefferson ging es nicht so sehr darum, was sich die Vereinigten Staaten wünschten, sondern darum, »was praktikabel«[53] war. Er hoffte, dass die Kolonien separate Länder blieben und nicht zu einer einzigen Nation vereinigt würden, weil sie »als eine einzige Masse ein sehr respekteinflößender Nachbar wären«[54].

Jefferson war nicht der Einzige, der Humboldts Bücher als Informationsquelle nutzte: Auch Bolívar studierte die Bände, weil er die meisten Teile des Kontinents, den er vereinigen und befreien wollte, gar nicht kannte.[55] Im *Versuch über den politischen Zustand des Königreichs Neuspanien* hatte Humboldt seine genauen Beobachtungen zu Geografie, Pflanzen, Rassenkonflikten und spanischer Ausbeutung immer wieder mit den Umweltfolgen der Kolonialherrschaft und mit den Arbeitsbedingungen in den Bergwerken und der Landwirtschaft verflochten. Er lieferte Informationen über Einkünfte und militärische Verteidigungsanlagen, über Straßen und Häfen und nahm Tabellen auf, die unter anderem Auskunft gaben über die Silberproduktion in Bergwerken, über landwirtschaftliche Ernteerträge sowie die Gesamteinfuhren und -ausfuhren der verschiedenen Kolonien.

Das mehrbändige Werk kam zu folgenden Ergebnissen: Der Kolonialismus war eine Katastrophe für Mensch und Umwelt; die Kolonialgesellschaften beruhten auf Ungleichheit; die indigenen Völker waren weder Barbaren noch Wilde, und die Kolonisten verfügten über die gleichen Fähigkeiten für wissenschaftliche Entdeckungen, Kunst und Handwerk wie die Europäer; die Zukunft Südamerikas lag in der Subsistenzlandwirtschaft und nicht in Monokulturen oder Bergbau. Zwar konzentrierte sich Humboldt in erster Linie auf das Vizekönigreich Neuspanien, aber er verglich seine Daten stets mit Beobachtungen aus Europa, den Vereinigten Staaten und anderen spanischen Kolonien in Südamerika. Wie er Pflanzen im Kontext anderer Länder und Erdteile betrachtete, mit dem Schwerpunkt auf aufschlussreichen globalen Mustern, so stellte er jetzt einen Zusammenhang zwischen Kolonialismus, Sklaverei und Wirtschaft her. Der *Versuch über den politischen Zustand des Königreichs Neuspanien* war weder ein Reisebericht noch eine Beschreibung exotischer Landschaften, sondern ein Handbuch voller Fakten, Daten und Zahlen. Allerdings war er so detailliert und akribisch, dass der Übersetzer im Vorwort zur englischen Ausgabe schrieb, gelegentlich ermüde das Buch »die Aufmerksamkeit des Lesers«[56]. Kein Wunder, dass Humboldt seine späteren Veröffentlichungen anderen Übersetzern anvertraute.

Der Mann, der vom spanischen König die seltene Erlaubnis erhalten hatte, dessen lateinamerikanische Territorien zu erforschen, unterzog jetzt die Kolonialherrschaft einer strengen und öffentlichen Kritik. Wie er Jefferson mitteilte, machte er in seinem Buch keinen Hehl aus seinen »unabhängigen Empfindungen«[57]. Humboldt warf den Spaniern vor, dass sie zwischen den verschiedenen ethnischen Gruppen Hass säten.[58]

Die Missionare behandelten die Indianer brutal und seien von »Fanatismus«[59] getrieben. Die Kolonialherrscher beuteten die Rohstoffe der Kolonien aus und zerstörten dabei die Umwelt.[60] Die europäische Kolonialpolitik sei gewissenlos und verdächtig[61]; Südamerika werde von seinen Eroberern zugrunde gerichtet. Ihre Gier nach Reichtum habe den »Mißbrauch der Gewalt«[62] nach Lateinamerika getragen.

Humboldts Kritik beruhte auf seinen eigenen Beobachtungen, ergänzt durch Informationen von Wissenschaftlern, die er auf seiner Forschungsreise in Lateinamerika getroffen hatte. All das wurde mit statistischen und demografischen Daten aus Regierungsarchiven unterlegt, vorwiegend aus Mexico City und Havanna. In den Jahren nach seiner Rückkehr bewertete und veröffentlichte Humboldt diese Ergebnisse, zunächst in dem *Versuch über den politischen Zustand des Königreichs Neuspanien* und später in dem *Versuch über den politischen Zustand der Insel Cuba*. Diese vehementen Anklagen gegen Kolonialismus und Sklaverei zeigten, wie eng alles mit allem verflochten war: Klima, Böden und Landwirtschaft mit Sklaverei, Demografie und Wirtschaft. Humboldt behauptete, die Kolonien könnten nur frei und autark werden, wenn sie »von den Banden des gehässigen Monopols erlöst«[63] würden. Die »europäische Grausamkeit«[64] sei für diese ungerechte Welt verantwortlich.

Humboldt verfüge über enzyklopädische Kenntnisse des Kontinents[65], schrieb Bolívar in September 1815 in seinem sogenannten »Brief aus Jamaika«, indem er seinen alten Freund als größte Autorität für Südamerika bezeichnet. Bolívar war nach Jamaika geflohen, als die spanische Armada eintraf. Der Brief enthielt in konzentrierter Form Bolívars politisches Credo und seine Zukunftsvision. Darin übernahm er auch Humboldts Kritik an der zerstörerischen Wirkung des Kolonialismus: Die Kolonialvölker würden versklavt und dazu gezwungen, Cash Crops anzubauen und in den Bergwerken zu arbeiten, um Spaniens unersättliches Verlangen zu stillen, klagte Bolívar, aber selbst die üppigsten Felder und die reichsten Erzvorkommen könnten »niemals das Verlangen dieser gierigen Nation befriedigen«[66]. Die Spanier seien dabei, riesige Regionen zu zerstören und »ganze Provinzen in Wüsten zu verwandeln«[67].

Humboldt hatte über Böden geschrieben, die so fruchtbar waren, dass man die Erde kaum zu pflügen brauchte, um reiche Ernten einzufahren.[68] Auch Bolívar fragte jetzt, wie ein Land, das von der Natur so »reich bedacht«[69] worden war, dermaßen unterdrückt und in allen Aktivitäten behindert werden konnte. Humboldt behauptete in dem *Versuch über den politischen Zustand des Königreichs Neuspanien,* dass alle Fehler der Feudalregierung von der einen Halbkugel auf die andere verpflanzt worden seien.[70] Auch Bolivar schrieb in seinem Brandbrief, dass die spanischen Kolonien wie »eine Art Feudalbesitz«[71] behandelt würden. Aber die Revolutionäre würden weiterkämpfen, versicherte Bolívar, weil »die Ketten zerbrochen sind«[72].

Bolívar hatte erkannt, dass die Sklaverei ein zentraler Aspekt des Konfliktes war. Die versklavte Bevölkerung war gegen ihn und die Kreolen, wie er schmerzlich während des brutalen Bürgerkriegs mit José Tomás Boves und seinen Höllenlegionen erfahren musste. Ohne Hilfe der Sklaven gab es keine Revolution. Dieses Thema erörterte er mit Alexandre Pétion, dem ersten Präsidenten der Republik Haiti – der Insel, auf die er nach einem Attentatsversuch auf Jamaika geflüchtet war.

Haiti war früher eine französische Kolonie. Nach einem erfolgreichen Sklavenaufstand Anfang der 1790er-Jahre hatten die Revolutionäre 1804 ihre Unabhängigkeit erklärt. Pétion, ein Mulatte – Sohn eines wohlhabenden Franzosen und einer Mutter afrikanischer Herkunft –, war einer der Gründungsväter der Republik. Außerdem war er der einzige Herrscher und Politiker, der Bolívar Hilfe zusicherte. Pétion sagte ihm Waffen und Schiffe zu, und im Gegenzug versprach Bolívar, die Sklaven freizulassen.[73] »Sklaverei«, so sagte er, »war die Tochter der Finsternis.«[74]

Nach drei Monaten auf Haiti nahm Bolívar mit einer kleinen Flotte von Pétions Schiffen, die bis zum Rand Schießpulver, Waffen und Männer geladen hatten, Kurs auf Venezuela. Im Sommer 1816 trafen sie dort ein, und Bolívar erklärte alle Sklaven für frei.[75] Das war der erste und ein wichtiger Schritt, aber Bolívar hatte Schwierigkeiten, die kreolische Elite zu überzeugen. Drei Jahre später klagte er, die Sklaverei hülle das Land noch immer in einen »schwarzen Schleier«, und bediente sich abermals einer Metapher aus der Natur: »Sturmwolken verfinstern den Himmel und drohen mit einem Feuerregen.«[76] Bolívar ließ seine eigenen Sklaven frei und versprach Freiheit gegen Militärdienst; doch erst in der bolivianischen Verfassung von 1826, zehn Jahre später, erhob er die bedingungslose Abschaffung der Sklaverei zum Gesetz.[77] Das war ein kühner Schritt zu einer Zeit, in der scheinbar aufgeklärte amerikanische Staatsmänner wie Thomas Jefferson und James Madison noch immer Hunderte von Sklaven auf ihren Plantagen arbeiten ließen. Humboldt, der Sklaverei vehement ablehnte, seit er kurz nach seiner Ankunft in Südamerika den Sklavenmarkt in Cumaná gesehen hatte, war von Bolívars

Entscheidung tief beeindruckt. Einige Jahre später erklärte er, die Welt müsse sich ein Beispiel an Bolívar nehmen, besonders im Unterschied zu den Vereinigten Staaten.[78]

Während der nächsten Jahre verfolgte Humboldt die Ereignisse in Südamerika von Paris aus. Nach und nach brachte Bolívar die regionalen Kriegsherren zusammen, die die Spanier auf ihren Territorien bekämpften. Denn die Revolutionäre kontrollierten zwar einige Regionen, aber diese lagen oft so weit auseinander, dass die Männer nicht als geschlossene Streitmacht auftreten konnten. José Antonio Páez hatte nach Boves' Tod Ende 1814 die Unterstützung der Llanos-Bewohner, der *Llaneros*, für die republikanische Sache gewonnen. Seine 1100 Krieger – wilde *Llaneros* auf Pferden und barfüßige Indianer, die nur mit Pfeil und Bogen bewaffnet waren – besiegten Anfang 1818 fast 4000 kampferprobte spanische Soldaten auf den offenen Steppen der Llanos.[79] Diese abgehärteten, rauen Männer waren hervorragende Reiter. Bolívar, den *criollo* und Städter, hätten sie nie zu ihrem Führer gewählt, aber er erwarb sich ihren Respekt. Er war zwar unglaublich dünn – bei einer Größe von einem Meter siebzig wog er knapp unter 60 Kilogramm –, zeigte aber im Sattel so viel Ausdauer und Kraft, dass er den Spitznamen »Eisenarsch« erhielt. Er bewies seinen Mut, indem er mit auf dem Rücken gefesselten Händen schwamm oder über den Kopf seines Pferdes absprang (was er trainiert hatte, nachdem er die *Llaneros* dabei beobachtet hatte). Páez' Männer waren von Bolívars physischen Fähigkeiten tief beeindruckt.[80]

Humboldt hätte Bolívar wahrscheinlich nicht wiedererkannt. Der elegante junge Mann, der in der neuesten Mode durch Paris spaziert war, begnügte sich jetzt mit Jutesandalen und einer einfachen Jacke. Obwohl Bolívar erst Mitte dreißig war, war sein Gesicht bereits von Falten durchzogen und die Haut gelblich verfärbt, doch sein Blick war scharf und durchdringend und seine Stimme so kraftvoll, dass seine Soldaten ihm begeistert zuhörten. In den vorangegangenen Jahren hatte Bolívar seine Plantagen verloren und war mehrfach aus seinem Land vertrieben worden. Er war unerbittlich gegen seine Männer, aber auch gegen sich selbst. Oft schlief er, nur in ein Cape gewickelt, auf der nackten Erde oder verbrachte den ganzen Tag auf seinem Pferd und trieb es durch raues Gelände, hatte abends aber trotzdem noch genügend Energie, um französische Philosophen zu lesen.[81]

Die Spanier kontrollierten nach wie vor den Norden Venezuelas einschließlich Caracas sowie große Teile des Vizekönigreichs Neugranada; doch Bolívar hatte Gebiete in den Ostprovinzen Venezuelas und entlang des Orinoco erobert. Die Revolution machte nicht so rasche Fortschritte, wie er gehofft hatte. Dennoch hielt er die Zeit für gekommen, Wahlen in den befreiten Regionen durchzuführen und dem Land eine Verfassung zu geben. Er rief einen Kongress in Angostura (dem heutigen Ciudad Bolívar in Venezuela) an den Ufern des Orinoco zusammen – der Stadt, in der Humboldt und Bonpland nach ihren anstrengenden Wochen auf der Suche nach dem Rio Casiquiare an Fieber erkrankt waren. Da Caracas in spanischer Hand war, wurde Angostura die zeitweilige Hauptstadt der neuen Republik. Am 15. Februar 1819 nahmen sechsundzwanzig Delegierte in einem einfachen Ziegelgebäude ihre Sitze ein, um Bolívar zuzuhören, der seine Vorstellung von der Zukunft erläuterte.[82] Er stellte ihnen die Verfassung vor, die er während der Flussfahrt auf dem Orinoco entworfen hatte. Wieder ging es um die Bedeutung der Einheit zwischen Rassen und Klassen sowie zwischen den verschiedenen Kolonien.[83]

In Angostura sprach Bolívar über Südamerikas »Pracht und Kraft«[84], um seine Landsleute daran zu erinnern, wofür sie kämpften. Kein anderer Ort in der Welt habe eine so »verschwenderisch ausgestattete Natur«[85]. Er sprach von seiner Seele, die in große Höhen emporsteige, um die Zukunft dieses Landes mit einem einzigen Blick aufnehmen zu können – eine Zukunft, die diesen riesigen Kontinent von Küste zu Küste vereinige. Er selbst sei nur ein »Spielball des revolutionären Hurrikans«[86], aber er war bereit, dem Traum eines freien und vereinigten Südamerika bedingungslos zu folgen.

Ende Mai 1819, drei Monate nach seiner Rede vor dem Kongress, trieb Bolívar seine gesamte Armee mit äußerster Entschlossenheit von Angostura quer über den Kontinent in Richtung Anden, um Neugranada zu befreien.[87] Seine Truppen bestanden aus Páez' Reitern, Indianern, freigelassenen Sklaven, Mestizen, Kreolen, Frauen und Kindern. Unter ihnen befanden sich auch viele britische Veteranen, die sich Bolívar nach dem Ende der napoleonischen Kriege angeschlossen hatten, als Hunderttausende Soldaten von den Schlachtfeldern zurückkehrten und weder Arbeit noch Einkommen hatten. Bolívars inoffizieller Gesandter in London hatte sich nicht nur um internationale Unterstützung für die Revolution bemüht, sondern auch damit begonnen, die arbeitslosen Veteranen in großer Zahl anzuwerben. Im Laufe von fünf Jahren trafen mehr als 5000 Soldaten aus Großbritannien und Irland – die sogenannten britischen Legionen – zusammen mit 50000 Gewehren und Musketen sowie Hunderten von Tonnen Munition in Südamerika ein. Einige kamen um ihrer politischen Überzeugungen willen, anderen ging es ums Geld; doch ganz gleich, welche Gründe sie hatten, Bolívars Blatt begann sich zu wenden.[88]

Bolívars bunt zusammengewürfelter Truppe gelang in den folgenden Wochen das Unmögliche. Bei sintflutartigen Regenfällen schleppten sie sich durch die überschwemmten Ebenen der Llanos westwärts, den Anden entgegen.[89] In der Nähe des Städtchens Pisba, rund 150 Kilometer nordöstlich von Bogotá, erklommen sie die majestätische Bergkette; ihre Schuhe waren längst zerfetzt, und viele trugen Decken statt Hosen. Barfuß, hungrig und frierend kämpften sie gegen Eis und dünne Luft und überwanden eine Höhe von rund 4000 Metern, um auf der anderen Seite mitten ins Feindesland hinabzusteigen. Einige Tage später, Ende Juli, brachen sie völlig überraschend über die royalistische Streitmacht herein – die speerschwingenden *Llaneros* mit ihrem wilden Mut, die britischen Soldaten mit ihrer ruhigen Entschlossenheit und Bolívar mit seiner fast gottgleichen Fähigkeit, überall zur gleichen Zeit aufzutauchen.

Wenn sie den Marsch über die Anden überlebt hatten, dachten diese verwegenen Kämpfer, waren sie auch in der Lage, die Royalisten zu vernichten. Und das taten sie. Am 7. August 1819, beflügelt von ihrem Triumph einige Tage zuvor, besiegten Bolívars Truppen die Spanier in der Schlacht von Boyacá. Als Bolívars Männer von den Bergen herabstürmten, ergriffen die Royalisten entsetzt die Flucht.[90] Jetzt war die Straße nach Bogotá frei für Bolívar. Einer seiner Offiziere sagte, Bolívar sei der Hauptstadt wie ein »Blitzstrahl«[91] entgegengeritten, mit offener Jacke, nackter Brust und wehenden Haaren. Bolívar nahm Bogotá ein und entriss den Spaniern damit Neugranada. Im Dezember schlossen sich Quito, Venezuela und Neugranada zur Republik Großkolumbien zusammen, mit Bolívar als Präsidenten.

Im Laufe der nächsten Jahre setzte Bolívar seinen Krieg fort. Im Sommer 1821 holte er sich Caracas zurück, und ein Jahr später, im Juni 1822, marschierte er siegreich in Quito ein.[92] Er ritt durch dieselbe zerklüftete Landschaft, die Humboldts Ideen zwei Jahrzehnte zuvor so nachhaltig beeinflusst hatte. Bolívar hatte diesen Teil Südamerikas noch nie gesehen. Die fruchtbare Erde der Täler produzierte eine verschwenderische Blütenpracht und Stauden, die sich unter der Last der Bananen bogen. Auf den höheren Ebenen grasten die Herden der kleinen Vicuñas, während hoch über ihnen Kondore schwerelos mit dem Wind segelten. Südlich von Quito säumten die vielen Vulkane die Täler fast wie Bäume eine Allee. An keinem anderen Ort in Südamerika, dachte Bolívar, war die Natur so »verschwenderisch mit ihren Gaben«[93]. Doch so schön die Landschaft war, sie führte ihm auch vor Augen, was er aufgegeben hatte. Schließlich hätte er ein friedliches Leben führen und, umgeben von der erhabenen Natur, einfach seine Felder bestellen können. Diese eindrucksvolle Landschaft berührte Bolívar zutiefst – und er fasste seine Gefühle in dem Prosagedicht »Mein Traumgesicht auf dem Chimborazo«[94] in Worte. Es war seine Allegorie auf die Befreiung Lateinamerikas.

Mit seinem Gedicht tritt Bolívar in Humboldts Fußstapfen. Als er beschreibt, wie er den majestätischen Chimborazo besteigt, wird der Vulkan zum Bild für seinen Kampf um die Erlösung der spanischen Kolonien. Und er klettert höher, lässt Humboldts Spuren hinter sich und drückt dem Schnee seine eigenen auf. Als jeder Schritt in der sauerstoffarmen Luft zur Qual wird, hat Bolívar eine Vision von der Zeit selbst. Im Fieberdelirium tauchen vor ihm Vergangenheit und Zukunft auf. Hoch über ihm, in der Kuppel des Himmels, erfasst er die Unendlichkeit: »Ich reiche mit den Händen an das Ewige heran«, heißt es, »ich spüre die Kerker der Hölle brodeln unter meinen Schritten.«[95] Mit dem Land vor Augen, das sich am Fuß des Berges ausbreitete, nutzte Bolívar den Chimborazo, um sein Leben in den Kontext Südamerikas zu stellen. Er ist Gran Colombia, die neue Nation, die er geschaffen hat, und Gran Colombia ist in ihm. Er ist El Libertador, der Retter der Kolonien, und der Mann, der ihr Schicksal in seinen Händen hält. Hier, auf den eisigen Hängen des Chimborazo, »ruft die gewaltige Stimme Columbiens mich an«[96]. Damit beendet Bolívar sein Gedicht.

Der Chimborazo wurde Bolívars Metapher für seine Revolution und sein Schicksal – auch heute noch ist der Vulkan auf der ecuadorianischen Flagge abgebildet. Wie so häufig hielt sich Bolívar an die Natur, um seine Gedanken und Überzeugungen zu veranschaulichen. Drei Jahre zuvor hatte er dem Kongress in Angostura erklärt, dass die Natur Südamerika mit großem Reichtum ausgestattet habe. Sie würde der Alten Welt »die Majestät«[97] der Neuen Welt vor Augen führen. Insbesondere der Chimborazo – der durch Humboldts Bücher weltweit bekannt war – wurde zum Sinnbild der Revolution. »Komm zum Chimborazo«[98], schrieb

Bolívar an seinen ehemaligen Lehrer Simón Rodriguez, um diese Krone der Erde, diese Himmelsleiter, diese Festung der Neuen Welt zu sehen. Vom Chimborazo hat man einen freien Blick auf Vergangenheit und Zukunft. Er ist der »Thron der Natur«[99] – unbezwinglich, ewig und unwandelbar.

Bolívar war auf der Höhe seines Ruhms, als er 1822 »Mein Traumgesicht auf dem Chimborazo« schrieb.[100] Er kontrollierte fast 2 600 000 Quadratkilometer südamerikanischen Bodens – damit war sein Herrschaftsgebiet größer als das napoleonische Reich zur Zeit seiner weitesten Ausdehnung. Die Kolonien im Norden – im Wesentlichen das heutige Kolumbien, Panama, Venezuela und Ecuador – waren befreit, nur noch Peru befand sich unter spanischer Kontrolle. Aber Bolívar wollte mehr. Er träumte von einer panamerikanischen Föderation, die sich vom Isthmus von Panama bis zur Südspitze des Vizekönigreichs Peru und von Guayaquil an der Pazifikküste im Westen bis zum Karibischen Meer an der venezolanischen Küste im Osten erstreckte. Ein solcher Zusammenschluss wäre »ein Koloss« und würde »die Erde mit einem einzigen Blick zum Beben bringen«[101] – der mächtige Nachbar, den Jefferson so fürchtete.

Im Jahr zuvor hatte Bolívar einen Brief an Humboldt geschrieben, in dem er betonte, welche Bedeutung dessen Beschreibung der südamerikanischen Flora und Fauna hatte. Humboldts inspirierende Schriften hätten ihn und seine Mitrevolutionäre aus der Unwissenheit »gerissen«[102]; sie hätten ihnen, fuhr Bolívar fort, den Stolz auf ihren Kontinent gegeben. Humboldt sei der »Entdecker der Neuen Welt«[103]. Gut möglich, dass Humboldts obsessives Interesse an südamerikanischen Vulkanen Bolívar auch zu seiner Durchhalteparole anregte, um sein Land in seinem Kampf zu vereinigen: »Ein großer Vulkan liegt zu unseren Füßen... [und] das Joch der Sklaverei wird zerbrechen.«[104]

Immer wieder entlehnte Bolívar seine Metaphern der Natur. Die Freiheit etwa war eine »kostbare Pflanze«[105]. Als die neuen Nationen später in Chaos und Uneinigkeit unterzugehen drohten, warnte Bolívar die Revolutionäre, dass sie »am Rande eines Abgrunds taumelten«[106] und kurz davor waren, »im Meer der Anarchie zu ertrinken«[107]. Am häufigsten verwendete er das Bild des Vulkans. In einer Revolution stehe man gewissermaßen auf einem Untergrund, der »jederzeit explodieren«[108] könne, sagte Bolívar. Die Südamerikaner bewegten sich auf »vulkanischem Gelände«[109], womit er gleichzeitig die Majestät und die Gefahr der Anden beschwor.

Humboldt hatte sich in Bolívar geirrt. Als sie sich im Sommer 1804 in Paris kennenlernten und ein Jahr später in Rom wiedertrafen, hatte er den leicht erregbaren Kreolen als Träumer abgetan[110] – doch jetzt, wo er den Erfolg seines alten Freundes sah, änderte er seine Meinung. Im Juli 1822 schrieb Humboldt einen Brief an Bolívar und pries ihn als »Begründer der Freiheit und Unabhängigkeit Ihres herrlichen Vaterlandes«[111]. Humboldt nannte Südamerika seine zweite Heimat. »Ich erneuere mein Bekenntnis zum wunderbaren Volk von Amerika«[112], schrieb er Bolívar.

Natur, Politik und Gesellschaft bildeten ein Geflecht von Beziehungen. Eines beeinflusste das andere. Gesellschaften wurden von ihrer Umwelt geformt: Natürliche Ressourcen können einer Nation Reichtum bringen, oder, wie Bolívar selbst erlebt hatte, eine ungezähmte Wildnis wie die Andenkette konnte den Menschen Kraft und Überzeugungen vermitteln. Diese Idee ließ sich aber auch anders interpretieren. Seit Mitte des 18. Jahrhunderts vertraten einige europäische Philosophen und Wissenschaftler die These von der »Degeneration Amerikas«[113]. Einer von ihnen war der Naturforscher Georges-Louis Leclerc, Comte de Buffon, der in den 1760er- und 1770er-Jahren geschrieben hatte, dass in Amerika alle Dinge »unter einem kärglichen Himmel und auf unfruchtbarem Land schrumpfen und verkümmern«[114]. Seine vielbändige *Histoire Naturelle* war das meistgelesene Werk seiner Art in der zweiten Hälfte des 18. Jahrhunderts. Darin behauptete Buffon, die Neue Welt sei der Alten Welt unterlegen. Pflanzen, Tiere und sogar Menschen seien in der Neuen Welt kleiner und schwächer. Dort gebe es weder große Säugetiere noch zivilisierte Menschen, und sogar die »Wilden« fand er »schwächlich«[115].

Buffons Theorien und Argumente hatten sich weit verbreitet, und so war die Natur Amerikas zu einer Metapher für dessen politische und kulturelle Bedeutung beziehungsweise Bedeutungslosigkeit geworden – je nach Standpunkt. Jefferson hatte sich schrecklich über Buffons Behauptungen geärgert und jahrelang versucht, sie zu widerlegen. Da Buffon die Größe als Maßstab für Stärke und Überlegenheit verwendete, brauchte Jefferson nur zu zeigen, dass in der Neuen Welt tatsächlich alles größer war, um die Vormachtstellung seines Landes gegenüber den europäischen Staaten zu beweisen. 1782, mitten im Amerikanischen Unabhängigkeitskrieg, hatte Jefferson *Notes on the State of Virginia* veröffentlicht, in der Flora und Fauna der Vereinigten Staaten zu Fußsoldaten des patriotischen Kampfes wurden. Nach dem Motto »Je größer desto besser« listete Jefferson die Gewichte von Bären, Büffeln und Panthern auf, um seine These zu belegen. Selbst das Wiesel, schrieb er, ist »in Amerika größer als in Europa«[116].

Vier Jahre später, als amerikanischer Gesandter in Frankreich, prahlte Jefferson gegenüber Buffon, das skandinavische Rentier sei so klein, dass es »unter dem Bauch unseres Elches hindurchgehen könnte«[117]. Jefferson bezahlte aus eigener Tasche viel Geld dafür, einen ausgestopften Elch aus Vermont nach Paris zu transportieren. Die Franzosen waren davon nicht beeindruckt, da der Elch in einem höchst traurigen Zustand in Paris eintraf. Er hatte kaum noch Fell und stank entsetzlich.[118] Aber Jefferson gab nicht auf und bat Freunde und Bekannte, ihm genaue Daten über »die höchsten Gewichte unserer Tiere… von der Maus bis zum Mammut«[119] zuzuschicken. Später, als Präsident, ließ Jefferson riesige fossile Knochen und Stoßzähne des nordamerikanischen Mastodons an die Académie des Sciences in Paris schicken, um den Franzosen zu zeigen, wie riesig die in Nordamerika heimischen Arten waren.[120] Natürlich hoffte Jefferson, dass irgendwo in den noch unerforschten Weiten des Kontinents lebende Mastodonten auftauchten. Berge, Flüsse, Pflanzen und Tiere wurden zu Waffen im politischen Wettstreit.*[121]

Humboldt tat das Gleiche für Südamerika. Dabei attestierte er dem Kontinent nicht nur beispiellose Schönheit, Fruchtbarkeit und Herrlichkeit, sondern er griff Buffon auch direkt an. Man wisse jetzt, dass Buffon manches »ganz falsch beurteilt«[122] habe, schrieb er und stellte später infrage, wie Buffon es überhaupt wagen könne, den amerikanischen Kontinent zu beurteilen, wenn er ihn doch nie mit eigenen Augen gesehen habe. So seien die indigenen Völker keineswegs schwach; ein Blick auf die Kariben-Indianer widerlege die abenteuerlichen Vermutungen der französischen Wissenschaftler. Er war auf dem Weg vom Orinoco nach

---

* Jefferson war nicht der erste Amerikaner, der den Fehdehandschuh aufnahm. In den 1780er-Jahren war Benjamin Franklin in seiner Zeit als amerikanischer Gesandter in Paris bei einem Abendessen auf Abbé Raynal getroffen, einen der Naturforscher, die diese kränkenden Behauptungen verbreiteten. Franklin bemerkte, dass alle amerikanischen Gäste auf der einen Seite des Tisches saßen, den Franzosen gegenüber. Franklin ergriff die Gelegenheit und forderte seine Gegenüber heraus: »Lassen wir doch beide Parteien aufstehen, und wir werden sehen, auf welcher Seite die Natur degeneriert ist.« Zufällig waren alle Amerikaner von »prächtiger Statur«, wie Franklin später Jefferson berichtete, und alle Franzosen Winzlinge – besonders Raynal, den er als »kleinen Wicht« bezeichnete.

Cumaná auf den Stamm gestoßen und sagte, dass sie die größten, stärksten und schönsten Menschen seien, die er je gesehen habe – wie Bronzestatuen von Jupiter.[123]

Außerdem nahm Humboldt Buffons These auseinander, Südamerika sei eine »neue Welt« – ein Kontinent, der erst vor Kurzem aus dem Meer aufgetaucht und ganz ohne Geschichte und Kultur sei. Die antiken Monumente, die er gesehen und dann in seinen Veröffentlichungen abgebildet hatte – Paläste, Aquädukte, Statuen und Tempel –, waren Zeugnisse von kulturell hoch entwickelten Gesellschaften. In Bogotá hatte Humboldt einige Prä-Inka-Dokumente entdeckt (und ihre Übersetzungen gelesen), die von weitreichenden Kenntnissen auf dem Gebiet der Astronomie und der Mathematik zeugten. Auch die Kariben-Sprache war so hoch entwickelt, dass sie abstrakte Begriffe wie Zukunft und Ewigkeit kannte. Es gebe keinen Beweis für die Armut der Sprache, von der frühere Entdeckungsreisende berichtet hätten, denn sie sei voller Reichtum, Anmut, Kraft und Zartheit.[124]

Das waren nicht jene »Wilden«, wie sie seit dreihundert Jahren von den Europäern dargestellt wurden. Bolívar, der mehrere Bücher von Humboldt besaß, dürfte begeistert zur Kenntnis genommen haben, dass Humboldt in dem *Versuch über den politischen Zustand des Königreichs Neuspanien* die Auffassung vertrat, Buffons Degenerationstheorie sei nur deshalb so beliebt, »weil sie der Eitelkeit der Europäer schmeichelte«[125].

Humboldt belehrte die Welt auch weiterhin über Lateinamerika. Seine Ansichten wurden über den ganzen Erdball durch Artikel und Magazine verbreitet, die gespickt waren mit Hinweisen wie »meint M. de Humboldt« oder »wie uns M. de Humboldt mitgeteilt hat«[126]. Humboldt habe »mehr für Amerika getan als alle Eroberer«[127], meinte Bolívar, indem er die Natur als ein Spiegelbild der südamerikanischen Identität darstellte – das Porträt eines starken, tatkräftigen und schönen Kontinents. Genau das tat auch Bolívar, wenn er sich auf die Natur berief, um seine Landsleute für die Revolution zu begeistern oder seine politische Auffassung zu erklären.

Statt irgendeine abstrakte Theorie oder Philosophie zu entwickeln, forderte Bolívar seine Landsleute auf, von den Wäldern, Flüssen und Bergen zu lernen. »Ihr werdet in der Natur eures Landes – in den erhabenen Regionen der Anden und an den glühend heißen Ufern des

Orinoco wichtige Anleitungen zu eurem Handeln entdecken«, sagte er vor dem Kongress in Bogotá. »Studiert sie genau, und ihr werdet dort begreifen, was der Kongress beschließen muss, um dem Glück des Volkes von Kolumbien zu dienen.« Die Natur sei, so Bolívar, »die unfehlbare Erzieherin der Menschen«[128].

13

London

Während Simón Bolívar blutige Schlachten austrug, um die kolonialen Ketten zu sprengen, versuchte Humboldt von den Briten die Erlaubnis zu bekommen, nach Indien zu reisen. Er wollte sein »Naturgemälde« vervollständigen und dafür den Himalaja erforschen, um dort die Daten zu erfassen, die er für den Vergleich mit den Anden brauchte. Noch nie hatte ein Wissenschaftler den Himalaja bestiegen. Und den Briten war nie eingefallen, diese erhabenen Berge zu vermessen, stellte Humboldt fest. Sie hätten sie einfach »gedankenlos betrachtet, ... ohne auch nur von Ferne die Frage aufzuwerfen, wie hoch sind diese Kolosse des Himalaya?«[1]. Humboldt wollte die Höhen messen, die geologischen Merkmale und die Pflanzenverteilung untersuchen – so wie in den Anden.

Seitdem Humboldt von seiner Expedition 1804 zurückgekehrt war, sehnte er sich danach, Europa wieder zu verlassen. Das Fernweh war sein treuester Begleiter.[2] Seiner Ansicht nach konnte man Wissen nicht allein aus Büchern beziehen. Um die Welt zu verstehen, musste ein Wissenschaftler in der Natur sein – sie fühlen und erleben –, ein Gedanke, mit dem sich Goethe im *Faust* auseinandergesetzt hatte. Dort beschreibt er Wagner, Heinrich Fausts Gehilfen, als nüchternen, eindimensionalen Charakter, der keinen Grund sieht, aus der Natur selbst zu lernen, wenn man denn Bücher hat.

> Man sieht sich leicht an Wald und Feldern satt,
> Des Vogels Fittich werd' ich nie beneiden.
> Wie anders tragen uns die Geistesfreuden,
> Von Buch zu Buch, von Blatt zu Blatt![3]

Eine Ansicht des Himalaja

Goethes Wagner ist der Inbegriff des engstirnigen Gelehrten, der sich in sein Labor einschließt und in Büchern vergräbt. Humboldt war das genaue Gegenteil: ein Wissenschaftler, der die Natur nicht nur verstandesmäßig begreifen, sondern auch mit allen Sinnen erleben wollte.

Allerdings brauchte Humboldt die Erlaubnis der britischen Ostindien-Kompanie, die große Teile Indiens kontrollierte. Die Gesellschaft wurde 1600 gegründet und war ein Kartell von Kaufleuten, die ihre Ressourcen bündelten, um ein Handelsmonopol zu schaffen. Inzwischen hatte sie mithilfe privater Armeen ihren Einfluss auf ganz Indien ausgeweitet. Von einem Handelsunternehmen, das Waren importierte und exportierte, hatte sich die Ostindien-Kompanie zu einer gewaltigen Militärmacht entwickelt. Als Humboldt eine Expedition in den Himalaja plante, war die Ostindien-Kompanie so mächtig, dass sie praktisch einen Staat im Staate bildete. Einst brauchte Humboldt die Erlaubnis des spanischen Königs, um durch Südamerika zu reisen, jetzt mussten die Direktoren der Ostindien-Kompanie zustimmen.

Der erste Band des *Versuchs über den politischen Zustand des Königreichs Neuspanien* erschien 1811 auf Englisch, und Humboldts scharfe Angriffe auf den spanischen Kolonialismus blieben in London nicht unbemerkt. Was sollte man dort von einem Mann halten, der von der »europäischen Grausamkeit«[4] sprach? Wenig hilfreich war sicherlich auch, dass Humboldt häufig einen Vergleich zwischen der spanischen Herrschaft in Lateinamerika und dem Verhalten der Briten in Indien zog. Die Geschichte der Eroberung Südamerikas *und* Indiens sei, so schrieb Humboldt im *Versuch über den politischen Zustand des Königreichs Neuspanien*, die eines »ungleichen Streits«, und er bezog Groß-

211

britannien auch weiter ein, denn die Südamerikaner und die »Bewohner von Indostan« hatten lange »unter bürgerlichem und religiösem Despotismus geschmachtet«[5]. Die Direktoren der Ostindien-Kompanie waren deshalb wohl kaum von seinen Reiseplänen begeistert.

Humboldt hatte schon einmal versucht, ihre Einwilligung zu bekommen. Im Sommer 1814 begleitete er den preußischen König Friedrich Wilhelm III. zur Feier des Sieges der Alliierten über Napoleon nach London. In diesen zwei Wochen traf Humboldt Politiker, Herzöge, Lords und Ladys, Wissenschaftler und Intellektuelle – kurz jeden, der ihm nützen konnte. Doch er hatte nichts erreicht. Er war begeistert empfangen worden, alle ermunterten ihn und versprachen zu helfen; aber den alles entscheidenden Pass hatte er am Ende nicht erhalten.[6]

Drei Jahre später, am 31. Oktober 1817, war Humboldt wieder in London[7] und versuchte erneut, eine Petition bei der Ostindien-Kompanie einzureichen. Sein Bruder Wilhelm, der gerade für seine neue Funktion als preußischer Gesandter in Großbritannien nach England gezogen war, empfing ihn in seinem Haus am Portland Place. Wilhelm mochte seine neue Heimat nicht – die Stadt war zu groß und das Wetter scheußlich. Kutschen, Karren und Menschen verstopften die Straßen. Touristen beklagten sich regelmäßig, wie gefährlich die Stadt für Fußgänger sei, besonders an Montagen und Freitagen, wenn Viehherden durch die engen Gassen getrieben wurden. Häufig erzeugten der Rauch von Kohlenfeuern und Nebel eine klaustrophobische Atmosphäre.[8] Richard Rush, der amerikanische Gesandte in London, fragte sich, wie die Engländer jemals »mit so wenig Tageslicht so groß«[9] werden konnten.

Portland Place, wo Wilhelm wohnte, lag in einem der elegantesten Viertel Londons. Doch in jenem Winter war es eine einzige Baustelle. Der Architekt John Nash nahm sein prachtvolles Stadtplanungsprojekt in Angriff, das das Londoner Stadtpalais Carlton House im St. James's Park mit dem neuen Regent Park verband. Teil dieses Projekts war auch die Regent Street, die durch das labyrinthische Gassengewirr von Soho führte und in den Portland Place mündete. 1814 hatte die Arbeiter begonnen, die alten Gebäude abzureißen, die den neuen breiten Straßen weichen mussten, und seitdem erfüllte der Baulärm das Viertel.

Alexanders Zimmer war bereit, und Wilhelm freute sich auf seinen Bruder. Doch wie so oft reiste Alexander mit einem männlichen Begleiter, in diesem Fall François Arago. Wilhelm hegte eine tiefe Abneigung gegen die intensiven Freundschaften seines Bruders – vermutlich war er eifersüchtig und fand diese Verbindungen zudem unpassend. Wilhelm weigerte sich, Arago aufzunehmen, und Alexander nahm mit seinem Freund Zimmer in einem nahen Wirtshaus. Das war kein besonders gelungener Auftakt für den Besuch.[10]

Wilhelm bedauerte, dass er seinen Bruder nur noch in Gegenwart anderer sah.[11] Nicht ein einziges Mal aßen sie abends zu Hause, aber Wilhelm räumte auch ein, dass es mit Alexander stets erfrischend lebhaft zuging. Wilhelm hielt ihn immer noch für zu französisch und war häufig über seinen endlosen »Redefluss«[12] irritiert. Meistens ließ er aber seinen Bruder einfach reden, ohne ihn zu unterbrechen.[13] Denn trotz ihrer gelegentlichen Meinungsverschiedenheiten war Wilhelm froh, ihn zu sehen.

Alexander mochte das Viertel, selbst mit der chaotischen Baustelle um den Portland Place. Richtung Norden war er schon nach wenigen Minuten über verschlungene Wege in den Feldern; und bis zum Sitz der Royal Society war es nur eine kurze Fahrt mit der Kutsche. Ein Spaziergang von zwanzig Minuten brachte ihn zum British Museum, eine der größten Attraktionen des Jahres. Tausende von Menschen bestaunten dort die berühmten Elgin Marbles, die der Earl of Elgin erst wenige Monate zuvor auf höchst fragwürdige Weise aus der Akropolis in Athen entfernt hatte und die nun im Britischen Museum ausgestellt wurden.[14] Die Elgin Marbles seien sehr beeindruckend, teilte Wilhelm seiner Frau mit, aber »so hat niemand geraubt! Man glaubt, ganz Athen zu sehen«[15].

Im Unterschied zu Paris war London eine Stadt des regen Handels. London war die größte Stadt der Welt, und die Geschäfte im Westend zeigten alles, was die britische Wirtschaft zu bieten hatte – eine glänzende Schau der britischen Kolonialherrlichkeit.[16] Mit Napoleons Verbannung nach Sankt Helena war Frankreich nicht länger eine Bedrohung, und für Großbritannien begann eine lange Periode, in der es unangefochten die Welt beherrschte. Diese »Anhäufung aller möglichen Dinge« sei, so fanden Besucher, »überwältigend«.[17] Die Stadt war laut, chaotisch und überfüllt.

Auch der elegante Sitz der Ostindien-Kompanie in der Leadenhall Street kündete von der wirtschaftlichen Stärke Großbritanniens. Am Eingang trugen sechs riesige geriffelte Säulen einen imposanten Portikus mit der Darstellung der Britannia, die ihre Hand einer knienden Figur entgegenstreckt, die Indien verkörpert, um die dargebotenen Schätze entgegenzunehmen. Im Inneren verbreiteten die opulent eingerichteten Räume einen Eindruck von Reichtum und Macht. Das Marmorrelief über dem

Kaminsims im Sitzungssaal der Direktoren brachte es auf den Punkt – es hieß »Britannia empfängt die Reichtümer des Ostens«. Abgebildet waren die Schätze des Ostens – Perlen, Tee, Porzellan und Baumwolle – sowie die weibliche Figur der Britannia und, als Symbol für London, Vater Themse. Außerdem zeigten große Gemälde die Niederlassungen der Kompanie in Indien – Kalkutta, Madras, Bombay und andere. Hier im Ostindien-Haus besprachen die Direktoren alle wichtigen Dinge: militärische Aktionen, Schiffe, Ladungen, Angestellte, Einkünfte und natürlich auch die Genehmigungen für Reisen in ihre Gebiete.

Außer seinen Bemühungen um eine Erlaubnis für seine Forschungsreise durch Indien hatte Alexander auch sonst einen prall gefüllten Terminkalender für London. Er ging mit Arago ins Royal Observatory in Greenwich, besuchte Joseph Banks am Soho Square und assistierte dem berühmten deutschstämmigen Astronomen Wilhelm Herschel zwei Tage lang in dessen Haus in Slough vor den Toren von London. Der inzwischen achtzigjährige Herschel war eine Legende – er hatte 1781 Uranus entdeckt und Teile des Universums mit seinen riesigen Teleskopen näher an die Erde herangeholt.[18] Wie alle Besucher wollte Humboldt das gut zwölf Meter messende Riesenteleskop sehen, das Herschel gebaut hatte, eines der »Weltwunder«[19], wie es hieß.

Am meisten aber interessierte Humboldt Herschels These von einem sich entwickelnden Universum – eine These, die sich nicht nur auf die Mathematik stützte, sondern auch an Lebewesen orientierte, die sich verändern und wachsen. Herschel hatte den Vergleich mit einem Garten gewählt, er sprach vom »Keimen, Blühen, Belauben, Fortpflanzen, Welken und Faulen«[20] der Sterne und Planeten und beschrieb so ihren Lebenszyklus. Genau das gleiche Bild verwendete Humboldt Jahre später, als er den »großen Weltgarten« beschwor, in dem Sterne in verschiedenen Entwicklungsstadien erscheinen, genau wie wir in unseren Wäldern »dieselbe Baumart gleichzeitig in allen Stufen des Wachsthums sehen«[21].

Arago und Humboldt besuchten auch Sitzungen der Royal Society.[22] In den 1660er-Jahren wurde sie »zur Förderung des natürlichen Wissens mittels Experimenten«[23] gegründet und hatte sich seitdem zum Zentrum der wissenschaftlichen Forschung in Großbritannien entwickelt. Jeden Donnerstag trafen sich die *Fellows*, wie ihre Mitglieder hießen, um die neuesten wissenschaftlichen Entwicklungen zu erörtern. Sie führten Experimente durch, »elektrifizierten« Menschen, sammelten Nachrichten über neue Teleskope, Kometen, botanische Entdeckungen und Fossilien.

Der Sitzungssaal in der Royal Society

Sie diskutierten, tauschten Ergebnisse aus und lasen Briefe von Freunden und Fremden vor, die sich für die Wissenschaft interessierten.

Die Royal Society war perfekt für wissenschaftliches Networking. »Alle Gelehrten sind Brüder«[24], sagte Humboldt nach einer dieser Sitzungen. Die *Fellows* hatten Humboldt zwei Jahre zuvor zum auswärtigen Mitglied gewählt und damit ausgezeichnet. Und er platzte fast vor Stolz, als sein alter Freund Joseph Banks, nunmehr Präsident der Royal Society, vor der illustren Versammlung erklärte, dass Humboldts botanische Schriften zweifellos zu den »schönsten und prächtigsten«[25] gehörten, die jemals veröffentlicht wurden. Banks lud Humboldt in den noch exklusiveren Dining Club der Royal Society ein, wo er unter anderem den Chemiker Humphry Davy wiedersah.[26] An die Pariser Küche gewöhnt, war Humboldt nicht eben begeistert von dem Essen und bemerkte hinterher: »Ich habe in der Royal Society gegessen, wo man vergiftet wird.«[27] Aber selbst wenn das Essen ungenießbar war, stieg die Zahl der Wissenschaftler, die in den Dining Club kamen, merklich, wenn Humboldt in der Stadt war.[28]

Arago folgte Humboldt geduldig von einem Treffen zum nächsten, aber spätabends kapitulierte er. Denn der unermüdliche Humboldt drehte selbst nachts seine Besuchsrunden.[29] Mit achtundvierzig Jahren war er noch ebenso begeisterungsfähig wie als junger Mann. Das Einzige, was ihm an London missfiel, war die strenge Kleiderordnung. Es sei »greulich«, klagte er einem Freund gegenüber, »um 9 Uhr muss man die Halsbinde *so* tragen, um 10 Uhr *so* und um 11 Uhr wieder anders«[30]. Doch geschmeichelt, weil alle ihn treffen wollten, nahm er selbst die rigiden Modevorschriften bereitwillig in Kauf. Humboldt wurde überall mit größter Hochachtung empfangen. Alle einflussreichen Leute hießen seine Projekte und seine Indienpläne gut, schrieb er.[31] Doch die Direktoren der Ostindien-Kompanie ließen sich von diesen Erfolgen nicht beeindrucken.

Nach einem Monat in London kehrte Humboldt nach Paris zurück, den Kopf voller Ideen, aber immer noch ohne die Genehmigung, nach Indien reisen zu dürfen. Es gibt keine offiziellen Dokumente über Humboldts Antrag, deshalb ist es nicht ganz klar, warum die Ostindien-Kompanie sein Ersuchen ablehnte. Allerdings stand einige Jahre später in einem Artikel der *Edinburgh Review*, dass der Grund eine »nichtswürdige politische Eifersüchtelei«[32] war. Höchstwahrscheinlich wollte die Ostindien-Kompanie nicht riskieren, dass ein liberaler preußischer Unruhestifter die Ungerechtigkeiten in der Kolonie untersuchte. Jedenfalls ließen sie Humboldt nicht einmal in die Nähe Indiens.

Seine Bücher indessen verkauften sich gut in England. Die erste englische Übersetzung war *Political Essay of New Spain* 1811, aber noch erfolgreicher war *Personal Narrative* (der erste der sieben Bände wurde 1814 übersetzt). Es war eine Reisebeschreibung – wenn auch mit umfangreichen wissenschaftlichen Anmerkungen –, die sich an das breite Publikum wendete. Die *Reise in die Aequinoctial-Gegenden des neuen Continents* (englisch: *Personal Narrative*) war eine chronologische Schilderung der Abenteuer von Humboldt und Bonpland seit ihrer Abreise aus Spanien im Jahr 1799.* Dieses Buch veranlasste später Charles Darwin, an der Reise der *Beagle* teilzunehmen – ein Werk, »das ich fast auswendig kannte«[33], wie er sagte.

Die *Reise in die Aequinoctial-Gegenden* war, wie Humboldt erklärte, anders als andere Reisebücher. Viele Entdeckungsreisende messen nur,

---

* Der erste Band des Werkes wurde 1814 veröffentlicht, im selben Jahr, als die englische Übersetzung von Humboldts *Vues des Cordillères* erschien. In Großbritannien wurden seine Bücher von einem Konsortium herausgegeben, dem unter anderem John Murray angehörte, damals der beliebteste Verleger in London – mit Lord Byron als seinem erfolgreichsten Autor.

sagte er, andere sammelten, nur Pflanzen, und wieder andere erfassten lediglich die wirtschaftlichen Daten in Handelszentren, aber niemand verbinde genaue Beobachtungen mit einer »malerischen Beschreibung der Landschaft«[34]. Humboldt nahm seine Leser mit in die überfüllten Straßen von Caracas, über die staubigen Ebenen der Llanos und tief in den Regenwald am Orinoco. Da Humboldt einen Kontinent beschrieb, den nur wenige Briten jemals gesehen hatten, waren sie begeistert. Seine Schilderungen seien so anschaulich, hieß es in der *Edinburgh Review*, »dass wir die Gefahren hautnah miterleben; wir teilen seine Ängste, seine Erfolge und seine Enttäuschungen«[35].

Es gab auch ein paar negative Rezensionen, aber nur in Zeitschriften, die Humboldts liberalen politischen Ansichten kritisch gegenüberstanden. Die konservative *Quarterly Review* missbilligte Humboldts neuen weitreichenden Naturbegriff und warf ihm vor, dass er keiner bestimmten Theorie folgte. Er »gibt sich jeder Eingebung hin, segelt mit jedem Wind und schwimmt mit jeder Strömung«[36]. Doch einige Jahre später lobte selbst die *Quarterly Review* Humboldts einzigartiges Talent, wissenschaftliche Forschung mit »intensiven Gefühlen und großer Vorstellungskraft«[37] zu verbinden. Er schreibe wie ein »Dichter«, räumte der Rezensent ein.

Langsam flossen Humboldts Beschreibung Lateinamerikas und seine neuen Naturansichten in die britische Literatur und Dichtung ein. In Mary Shelleys Roman *Frankenstein*, der 1818 erschien – nur vier Jahre nach dem ersten Band der englischen Ausgabe der *Reise in die Aequinoctial-Gegenden* –, wünschte sich Frankensteins Monster »in die weiten Urwälder Südamerikas«[38]. Kurz darauf wurde Humboldt von Lord Byron in *Don Juan* verewigt, wo sich der Dichter über das Zyanometer lustig macht – das Instrument, mit dem Humboldt die Bläue des Himmels gemessen hatte.

> Humboldt, »der erste Reisende«, (nicht mehr
> Der letzte nach den neuesten Zeitungsspalten,)
> Erfand (der Name war mir gar zu schwer,
> Und auch das Datum hab ich nicht behalten)
> Ein luftig Instrument, mit welchem er
> Den Dunstkreis untersucht und sein Verhalten
> Durch Messung der »Intensität des Blaus«, –
> O Lady Daphne! Meß ich *dich* so aus![39]

Auch die britischen Romantiker Samuel Taylor Coleridge, William Wordsworth und Robert Southey begannen nun, Humboldts Bücher zu lesen. Southey war so beeindruckt, dass er Humboldt 1817 in Paris besuchte.[40] Humboldt verbinde seinen riesigen Wissensschatz mit »dem Auge eines Malers und den Gefühlen eines Dichters«[41], schrieb Southey. Er sei »unter den Forschungsreisenden das, was Wordsworth unter den Dichtern ist«[42]. Als Wordsworth von diesem Lob hörte, bat er Southey, ihm Humboldts *Reise in die Aequinoctial-Gegenden* zu leihen, das kurz zuvor erschienen war.[43] Damals arbeitete Wordsworth gerade an einer Reihe von Sonetten über den River Duddon, einen Fluss in Cumbria. Einiges von dem, was er schrieb, nachdem er Humboldts Bücher gelesen hatte, hängt damit zusammen. In der *Reise in die Aequinoctial-Gegenden* berichtet Humboldt, dass er einen indigenen Stamm am oberen Orinoco nach den Darstellungen einiger Tiere und Sterne gefragt hatte, die ziemlich weit oben in den Fels am Ufer des Flusses eingeritzt worden waren. Sie erwiderten »lächelnd, als sprächen sie eine Thatsache aus, mit der nur ein Weißer nicht bekannt sein kann, ›zur Zeit des großen Wassers seien ihre Väter so hoch oben im Kanœ gefahren‹«[44].

In Wordsworths Gedicht wurde aus Humboldts Original:

> There would the Indian answer with a smile
> Aimed at the White Man's ignorance the while
> Of the GREAT WATERS telling how they rose
> …
> O'er which his Fathers urged, to ridge and steep
> Else unapproachable, their buoyant way;
> And carved, on mural cliff's undreaded side
> Sun, moon, and stars, and beast of chase and prey.[45]*

Wordsworths Freund, der Dichter Coleridge, fand Humboldts Bücher ebenso anregend. Vermutlich hatte Coleridge zum ersten Mal von Humboldts Ideen bei Wilhelm und Caroline von Humboldt in Rom gehört, wo er sich Ende 1805 einige Zeit lang aufhielt. Coleridge hatte Wilhelm –

---

* Drauf der Indianer mit einem Lächeln / Ob des Weißen Mannes Ahnungslosigkeit / fing von den Großen Wassern zu berichten an … die die Väter drängten, in das tosend Wasser / das so feindlich, sich zu werfen und drüben auf des Felsens / schwindelnd, schroffer Seite einzugraben / Sonne, Mond und Sterne nebst dem Raubtier und der Beute. (Übertragung des Übersetzers)

den er den »Bruder des großen Reisenden«[46] nannte – kurz nach seiner Ankunft kennengelernt. Alexanders Erzählungen aus Südamerika belebten den Salon der Humboldts, aber auch sein neuer Naturbegriff wurde angeregt erörtert. Zurück in England begann Coleridge, Humboldts Bücher zu lesen und ganze Abschnitte in seine Notizhefte zu kopieren. Bei Fragen der Wissenschaft und Philosophie griff er auf diese Notizen zurück, weil er sich mit ähnlichen Ideen auseinandersetzte.[47]

Wordsworth und Coleridge waren »Wanderdichter«[48], die nicht nur den Aufenthalt in der Natur brauchten, sondern auch unter freiem Himmel schrieben. Wie Humboldt, der immer wieder darauf bestand, dass Wissenschaftler ihre Laboratorien verlassen müssten, um die Natur wirklich zu verstehen, so glaubten Wordsworth und Coleridge, dass Dichter durch Wiesen, über Hügel und an Flüssen entlangstreifen müssen. Coleridge behauptete, ein holpriger Pfad oder dichtes Unterholz eignete sich für ihn am besten zum Schreiben. Ein Freund schätzte, dass Wordsworth bis Mitte sechzig fast 300 000 Kilometer zurückgelegt hatte. Beide Dichter fühlten sich als ein Teil der Natur und suchten nach der Einheit in ihr; aber auch nach der Einheit von Mensch und Umwelt.

Coleridge bewunderte wie Humboldt Immanuel Kants Philosophie – »ein wahrhaft großer Mann«[49], wie er sagte. Er war zunächst auch von Schellings *Naturphilosophie* und seiner Suche nach der Einheit von Ich und Natur – von Innen- und Außenwelt – begeistert. Die Naturwissenschaft müsse erfüllt sein von Fantasie, schrieb Schelling, damit die »Physik einmal wieder Flügel«[50] erhalte.

Coleridge sprach fließend Deutsch. Er war seit Langem gründlich vertraut mit der deutschen Literatur und Naturwissenschaft.* Er hatte sogar seinem Verleger John Murray mitgeteilt, dass er Goethes *Faust* übersetzen wollte. *Faust* sprach Themen an, die Coleridge intensiv beschäftigten.[51] Auch Heinrich Faust sah überall Beziehungen und Zusammenhänge. In der ersten Szene sagt er: »Wie alles sich zum Ganzen webt, Eins in dem andern wirkt und lebt!«[52] Ein Satz, der ebenso gut von Humboldt oder Coleridge stammen könnte.

Coleridge beklagte den Schwund der »verbindenden Kräfte des Ver-

---

* Möglicherweise hat Coleridge einige der Humboldt'schen Bücher auf Deutsch gelesen, bevor sie auf Englisch erschienen, denn er hatte Deutschland bereist und dort studiert. Zehn Jahre nach Humboldt, 1799, schrieb Coleridge sich an der Universität Göttingen ein und wurde von Johann Friedrich Blumenbach unterrichtet, bei dem auch Humboldt studiert hatte.

standes«[53]. Es sei eine »Epoche der Teilung und Trennung«[54], der Zersplitterung und des Verlustes der Einheit. Er lastete das Philosophen und Naturwissenschaftlern wie René Descartes oder Carl von Linné an, die das Naturverständnis in eine rigide Praxis des Sammelns, Klassifizierens oder mathematischen Abstrahierens verwandelt hatten. Diese »mechanistische Philosophie« sei, so schrieb Coleridge an Wordsworth, »wie der *Tod*«.[55] Wordsworth stimmte dem zu; ein Naturforscher war in seinem Drang zu klassifizieren in seinen Augen »ein alles befingernder Sklav'/der noch auf der Mutter Grab/die Blüten und die Blätter zählt«[56]. Beide wandten sich gegen die Vorstellung, der Natur das Wissen »mit Hebeln und mit Schrauben«[57], wie Faust sagt, zu entreißen, und ebenso gegen den Newton'schen Entwurf eines Universums aus inaktiven Atomen, die den Naturgesetzen folgen wie Automaten. Sie sahen die Natur genauso wie Humboldt – dynamisch, organisch und berstend vor Leben.

Coleridge rief nach einem neuen Entwurf der Wissenschaften, als Reaktion auf das Verschwinden des »Geistes der Natur«[58]. Coleridge und Wordsworth wendeten sich nicht gegen die Wissenschaft selbst, sondern nur gegen die vorherrschende »mikroskopische Sichtweise«[59]. Wie Humboldt wehrten sie sich gegen die Aufsplitterung der Naturwissenschaften in immer stärker spezialisierte Disziplinen. Coleridge nannte diese Philosophen die »Little-ists«[60] (»Klein-isten«), während Wordsworth in *The Excursion* (1814) schrieb:

> For was it meant
> That we should pore, and dwindle as we pore,
> For ever dimly pore on things minute,
> On solitary objects, still beheld
> In disconnection dead and spiritless,
> And still dividing and dividing still
> Break down all grandeur.[61]*

Humboldts Vorstellung von der Natur als lebendigem Organismus, der von dynamischen Kräften angeregt wird, fiel in England auf frucht-

---

* Denn das ist der Sinn/dass wir grübeln und im Grübeln schwinden/ewig trübe grübeln über winzig Dinge/über isolierte Sachen, stets getrennt gehalten/damit sie tot und geistlos werden,/und dass wir sie teilen ohne Ende/bis wir ihnen alle Größe fortgenommen. (Übertragung des Übersetzers)

baren Boden. Die Romantiker übernahmen diese Idee als Leitprinzip und wichtige Metapher. Die *Edinburgh Review* schrieb, dass Humboldts Werke der beste Beweis für das »geheime Band«[62] seien, das alles Wissen, Fühlen und moralische Empfinden verknüpfe. Alle Dinge seien miteinander verbunden und »spiegeln sich ineinander«[63].

Doch egal, wie erfolgreich seine Bücher waren und wie sehr ihn die britischen Dichter, Denker und Wissenschaftler bewunderten, Humboldt bekam von der Kolonialverwaltung trotzdem keine Genehmigung, nach Indien zu reisen. Hartnäckig blieb die Ostindien-Kompanie bei ihrer Weigerung. Aber ebenso hartnäckig setzte Humboldt seine ausführliche Planung fort. Er wollte vier oder fünf Jahre in Indien bleiben, erzählte er Wilhelm, und nach seiner Rückkehr Paris verlassen. Er hatte vor, die Bücher über die Indienreise auf Englisch zu schreiben, und dazu wollte er sich in London niederlassen.[64]

14

Sich im Kreis drehen: Maladie Centrifuge

Am 14. September 1818, dem Tag seines neunundvierzigsten Geburtstags, bestieg Humboldt in Paris die Postkutsche und machte sich erneut auf den Weg nach London – sein dritter Besuch in vier Jahren. Fünf Tage später traf er mitten in der Nacht bei Wilhelm am Portland Place ein. Inzwischen war er so berühmt, dass die Londoner Zeitungen seinen Besuch unter der Rubrik »Fashionable Arrivals« bekannt gaben.[1] Noch immer versuchte Alexander, seine Expedition nach Indien zu organisieren, und Wilhelms diplomatische Position öffnete ihm in London einige Türen. So ermöglichte Wilhelm ihm eine Privataudienz beim Prinzregenten, der Humboldt seine Unterstützung für die geplante Forschungsreise zusagte.[2] Außerdem traf Humboldt George Canning, den Präsidenten des Board of Control, das die Ostindien-Kompanie beaufsichtigte. Auch Canning versprach zu helfen. Nach diesem Treffen war sich Humboldt sicher, dass er alle Hindernisse, die die Ostindien-Kompanie »mir in den Weg legen«[3] konnte, überwinden würde. Mehr als zehn Jahre hatte er geschmeichelt und gebettelt, und endlich schien Indien in Reichweite zu sein. Überzeugt, dass die Direktoren ihre Genehmigung nicht länger verweigern würden, wandte Humboldt nun seine Aufmerksamkeit König Friedrich Wilhelm III. zu, der erwähnt hatte, dass er möglicherweise die Reise finanzieren würde.

Praktischerweise befand sich der preußische König zum Zeitpunkt von Humboldts Londonbesuch auf dem Kongress von Aachen. Dort kamen am 1. Oktober 1818 die vier alliierten Mächte – Preußen, Österreich, Großbritannien und Russland – zusammen, um über den Rückzug ihrer Truppen aus Frankreich sowie über die Zukunft der europäischen Allianz zu sprechen. Aachen liegt nur gut 300 Kilometer östlich von Calais, und Humboldt reiste von London direkt nach Aachen. Damit ersparte er sich den gefürchteten Besuch in Berlin, das er seit elf Jahren gemieden hatte, und eine Fahrt von gut 1600 Kilometern.

Am 8. Oktober, keine drei Wochen nach seiner Ankunft in London, war Humboldt wieder unterwegs[4], und die Gerüchteküche brodelte. Britische Zeitungen berichteten, dass Humboldt auf dem Kongress von Aachen »in südamerikanischen Fragen konsultiert«[5] werden sollte. Die französische Geheimpolizei hatte einen ähnlichen Verdacht; sie glaubte, dass er mit Nachrichten aus den aufständischen Kolonien kam.[6] Ein spanischer Gesandter wurde nach Aachen geschickt, um europäische Unterstützung für Spanien im Kampf gegen Simón Bolívars Heer zu erwirken.[7] Als Humboldt eintraf, war bereits klar, dass die Alliierten kein Interesse daran hatten, sich in Spaniens Kolonialangelegenheiten einzumischen – das Machtgleichgewicht in Europa war von weit größerer Dringlichkeit.[8] Stattdessen konnte sich Humboldt auf, wie die *Times* schrieb, seine »eigenen Angelegenheiten«[9] konzentrieren – nämlich die Preußen dazu zu bewegen, seine Expedition nach Indien zu finanzieren.

In Aachen teilte Humboldt dem preußischen Staatskanzler Karl August von Hardenberg mit, dass seiner Forschungsreise so gut wie nichts mehr im Wege stehe. Das einzige Problem für die »völlige Sicherheit meines Unternehmens«[10] waren die Finanzen. Vierundzwanzig Stunden später hatte Friedrich Wilhelm III. Humboldt das Geld bewilligt. Dieser war außer sich vor Freude.[11] Nach vierzehn Jahren in Europa durfte er es endlich wieder verlassen. Er konnte den mächtigen Himalaja erklimmen und sein »Naturgemälde« auf den ganzen Erdball ausweiten.

Humboldt kehrte von Aachen nach Paris zurück und begann ernsthaft mit seinen Vorbereitungen. Er kaufte Bücher und Instrumente, korrespondierte mit Leuten, die Asien bereist hatten, und arbeitete eine exakte Route aus. Zuerst wollte er Konstantinopel aufsuchen und dann den schneebedeckten, schlafenden Vulkan Ararat in der Nähe der heutigen Grenze zwischen dem Iran und der Türkei besteigen. Von dort aus sollte es südwärts gehen, über Land durch ganz Persien nach Bandar Abbas am Persischen Golf, wo er die Reise per Schiff nach Indien fortsetzen wollte. Er lernte Persisch und Arabisch, und eine riesige Karte von Asien nahm eine gesamte Wand des Schlafzimmers in seiner kleinen Pariser Wohnung ein. Doch wie immer dauerte alles länger, als Humboldt zunächst gedacht hatte.[12]

Er hatte noch längst nicht alle Resultate seiner lateinamerikanischen

Expedition veröffentlicht. Das »Amerikanische Reisewerk« umfasste schließlich vierunddreißig Bände – darin enthalten die mehrbändige *Reise in die Aequinoctial-Gegenden des neuen Continents*, aber auch speziellere Bücher über Botanik, Zoologie und Astronomie. Einige Bücher wie *Reise in die Aequinoctial-Gegenden* und *Versuch über den politischen Zustand des Königreichs Neuspanien* hatten nur wenige oder keine Bildtafeln und waren auch für ein breiteres Publikum erschwinglich. Andere wie *Vues des Cordillères* mit ihren fantastischen Abbildungen lateinamerikanischer Landschaften und Monumente waren riesige Folianten und kosteten ein Vermögen. Das Gesamtwerk wurde zur teuersten Veröffentlichung, die ein Wissenschaftler jemals privat publiziert hatte. Jahrelang beschäftigte Humboldt Kartografen, Maler, Kupferstecher und Botaniker, und die Kosten ruinierten ihn. Er erhielt zwar immer noch sein Einkommen vom preußischen König und aus seinen Buchverkäufen, aber er musste bescheiden leben. Sein Erbe war vollständig aufgezehrt. Er hatte 50 000 Taler für seine Forschungsreise ausgegeben und ungefähr das Doppelte für seine Veröffentlichungen und das Leben in Paris.

Aber Humboldt ließ sich nicht aufhalten. Er lieh sich Geld von Freunden und Banken und zog es in den meisten Fällen vor, seine finanzielle Situation zu ignorieren. Seine Schulden wuchsen unaufhaltsam.[13]

Humboldt arbeitete an seinen Büchern und setzte gleichzeitig seine Vorbereitungen für die Reise nach Indien fort. Karl Sigismund Kunth wurde in die Schweiz entsandt. Er war Botaniker und der Neffe von Humboldts altem Erzieher Gottlob Johann Christian Kunth. Als Bonpland die botanischen Veröffentlichungen zu sehr vernachlässigte, hatte Kunth die Sache übernommen. Er sollte Humboldt nach Indien begleiten, aber zuerst die Pflanzen in den Alpen untersuchen, damit er sie später mit denen auf dem Berg Ararat und im Himalaja vergleichen konnte.[14] Aimé Bonpland, Humboldts alter Reisegefährte, war nicht mehr da. Nachdem Joséphine Bonaparte im Mai 1814 gestorben war, hatte Bonpland die Arbeit in ihrem Garten in Malmaison aufgegeben. Das Leben in Paris langweilte ihn – »mein ganzes Dasein ist zu vorhersagbar«[15], hatte Bonpland seiner Schwester geschrieben –, und er sehnte sich nach neuen Abenteuern. Da Humboldt seine Reisepläne aber immer wieder verschieben musste, hatte er schließlich die Geduld verloren.

Bonpland wollte schon lange nach Südamerika zurückkehren. Er reiste nach London, um Simón Bolívars Männer und andere Revolutionäre zu treffen, die nach Großbritannien gekommen waren, um Hilfe für ihren Kampf gegen Spanien zu erbitten.[16] Bonpland versorgte sie mit Büchern und einer Druckerpresse und schmuggelte Waffen für sie. Schon bald wetteiferten die Südamerikaner um Bonplands Dienste. Francisco Antonio Zea, der Botaniker, der später unter Bolívar Vizepräsident von Kolumbien wurde, bat Bonpland, die Arbeit des verstorbenen Botanikers José Celestino Mutis in Bogotá fortzusetzen.[17] Gleichzeitig hofften die Abgesandten aus Buenos Aires, Bonpland würde dort einen botanischen Garten anlegen. Die neuen Nationen versprachen sich wirtschaftliche Vorteile von Bonplands Kenntnissen über potenziell nützliche Pflanzen. Die Argentinier wollten den Briten nacheifern, die einen botanischen Garten in Kalkutta angelegt hatten, um eine Vorratskammer für das Empire und für Nutzpflanzen zu haben. Bonpland sollte ihnen helfen, »neue Methoden der praktischen Landwirtschaft«[18] aus Europa einzuführen.

Die Revolutionäre versuchten generell, europäische Wissenschaftler nach Lateinamerika zu locken. Die Wissenschaft war wie eine Nation ohne Grenzen, sie vereinigte Menschen und würde – so hofften die Aufständischen zumindest – Lateinamerika eine ebenbürtige Beziehung zu Europa ermöglichen. Zea wurde zum generalbevollmächtigten Gesandten Kolumbiens in Großbritannien ernannt und erhielt den Auftrag, nicht nur für die Unterstützung des politischen Kampfes zu werben, sondern auch für die Einwanderung von Wissenschaftlern, Handwerkern und Landwirten. »Der viel gerühmte Franklin hat in Frankreich durch die Naturwissenschaften mehr für sein Land erreicht als durch all seine diplomatischen Bemühungen.«[19]

Bonpland war wegen seiner umfangreichen Kenntnisse über Lateinamerika besonders wichtig für die Revolutionäre. Alle »warten ungeduldig auf Sie«[20], hatte einer von ihnen zu Bonpland gesagt. Im Frühjahr 1815, als royalistische Truppen große Gebiete am Rio Magdalena in Neugranada zurückeroberten und die revolutionäre Armee durch Desertion und Krankheit dezimiert wurde, hatte selbst Bolívar Zeit gefunden und an Bonpland geschrieben, um ihm Mutis' Position in Bogotá anzubieten. Doch am Ende fand Bonpland den brutalen Bürgerkrieg, der in Neugranada und Venezuela tobte, zu bedrohlich. Und so reiste er Ende 1816 von Frankreich Richtung Buenos Aires.[21]

Zwölf Jahre nachdem Bonpland mit Humboldt Südamerika verlassen hatte, kehrte er wieder zurück – dieses Mal hatte er Schösslinge von Obstbäumen, Gemüsesaat, Weintrauben und Arzneipflanzen im Reisegepäck, um ein neues Leben zu beginnen. Doch nach wenigen Jahren in Buenos Aires hatte Bonpland genug vom Stadtleben. Die geregelte Arbeit eines fleißigen Gelehrten war nicht seine Sache. Er war ein Feldforscher, der mit größtem Vergnügen nach seltenen Pflanzen suchte, aber wenig motiviert war, sie einzuordnen. Im Laufe der Jahre sammelte er 20 000 getrocknete Gewächse, aber sein Herbarium war ein totales Durcheinander – Exemplare, die achtlos in Schachteln gestopft, lose zusammengebunden und noch nicht einmal auf Papier geklebt waren.[22] 1820 ließ sich Bonpland in Argentinien nieder, in Santa Ana am Rio Paraná, unweit der Grenze zu Paraguay; dort suchte er nach Pflanzen und baute Mate an – aus dessen Blättern ein in ganz Südamerika beliebter Tee aufgebrüht wird.

Am 25. November 1821, genau fünf Jahre nachdem Bonpland Frankreich in Richtung Argentinien verlassen hatte, schrieb Humboldt ihm und schickte etwas Geld, beklagte sich aber auch, weil er von seinem Schicksalsgenossen nichts gehört hatte.[23] Bonpland hat den Brief nie erhalten. Am 8. Dezember 1821, zwei Wochen nachdem Humboldt den Brief aufgegeben hatte, überschritten vierhundert paraguayische Soldaten die Grenze nach Argentinien und stürmten Bonplands Plantage in Santa Ana. Auf Befehl von José Gaspar Rodríguez de Francia, dem Diktator von Paraguay, brachten die Männer Bonplands Arbeiter um und legten ihn selbst in Ketten.[24] Francia beschuldigte Bonpland der landwirtschaftlichen Spionage und befürchtete, dessen gut gehende Plantage könnte den paraguayischen Matehandel beeinträchtigen. Bonpland wurde nach Paraguay verschleppt und dort inhaftiert.

Alte Freunde bemühten sich zu helfen. Bolívar, der sich zu diesem Zeitpunkt in Lima aufhielt und versuchte, die Spanier aus Peru zu vertreiben, schrieb an Francia. Er forderte ihn auf, Bonpland freizulassen, und drohte, sonst zur Rettung seines alten Freundes in Paraguay einzumarschieren. Francia könne auf ihn als Verbündeten zählen, aber nur, wenn dieser »Unschuldige, den ich liebe, nicht zum Opfer der Ungerechtigkeit«[25] werde. Humboldt ließ seine europäischen Beziehungen spielen. Er schickte Briefe nach Paraguay, die von berühmten Wissenschaftlern unterzeichnet waren, und bat seinen alten Londoner Bekannten George Canning (der inzwischen Außenminister war), den britischen Konsul in Buenos Aires einzuschalten – aber Francia weigerte sich, Bonpland freizulassen.[26]

Inzwischen gerieten Humboldts Reisepläne ins Stocken. Trotz der

Unterstützung des Prinzregenten und George Cannings weigerte sich die Ostindien-Kompanie, Humboldt nach Indien zu lassen. Es war, als wäre er in den letzten Jahren ständig im Kreis gelaufen. In Lateinamerika und in der Zeit unmittelbar danach war er ununterbrochen aktiv gewesen, immer ging es voran; jetzt aber glaubte Humboldt in Stagnation zu ersticken. Er war nicht mehr der strahlende, verwegene junge Entdecker, der für seine abenteuerlichen Großtaten gefeiert wurde, sondern ein namhafter und angesehener Wissenschaftler in seinen Fünfzigern. Die meisten seiner Kollegen mittleren Alters wären glücklich gewesen, hätte man sie wegen ihres Wissens so bewundert und hofiert, aber Humboldt war noch nicht bereit, sich zur Ruhe zu setzen. Es gab einfach noch zu viel zu tun. Er war so unruhig, dass ein Freund seine Rastlosigkeit als »*maladie centrifuge*«[27] bezeichnete, seine zentrifugale Krankheit.

Humboldt war frustriert, gereizt und verärgert und fühlte sich betrogen und abgelehnt. Und so verkündete er, Europa nun für immer zu verlassen. Er wollte nach Mexiko gehen und dort ein Institut für die Naturwissenschaften gründen. In Mexiko werde er sich mit gelehrten Männern umgeben, teilte er seinem Bruder im Oktober 1822 mit, und die »Freiheit der Meinung«[28] genießen. Dort werde er zumindest »außerordentlich geschätzt«[29]. Er war sich absolut sicher, dass er den Rest seines Lebens außerhalb Europas verbringen würde. Einige Jahre später erklärte er Bolívar, dass er nach wie vor plante, in Lateinamerika zu leben.[30] Niemand wusste wirklich, was Humboldt wollte oder wohin es ihn zog. Wilhelm fasste diese Situation so zusammen: »Alexander stellt sich immer die Sachen groß vor, und hernach kommt nicht die Hälfte heraus.«[31]

Bis auf die Ostindien-Kompanie, die sich unkooperativ verhielt, war jedermann in Großbritannien von Humboldt begeistert. Viele britische Wissenschaftler, die ihn in London kennengelernt hatten, besuchten ihn jetzt in Paris. Der berühmte Chemiker Humphry Davy kam, und auch John Herschel, der Sohn des Astronomen Wilhelm Herschel, und Charles Babbage, der Mathematiker, der heute als Vater des Computers verehrt wird.[32] Humboldt »macht es Freude zu helfen«[33], sagte Babbage, egal, wie berühmt oder unbekannt der Besucher war. Auch der Oxford-Geologe William Buckland war von seinem Treffen mit Humboldt in Paris begeistert. Noch nie habe er einen Mann rascher oder klüger sprechen hören, schrieb Buckland an einen Freund.[34] Wie immer ging Humboldt großzügig mit seinen Kenntnissen und Sammlungen um: Er öffnete seine Schränke und Notizhefte für Buckland.

Eine der bedeutsamsten wissenschaftlichen Begegnungen hatte er mit Charles Lyell[35], dem britischen Geologen, dessen Arbeit später Charles Darwin bei der Entwicklung seiner Evolutionstheorie half. Fasziniert von der Frage, wie die Erde entstanden sein könnte, war Lyell Anfang der 1820er-Jahre durch Europa gereist und hatte Berge, Vulkane und andere geologische Formationen untersucht, um sein revolutionäres Werk *Principles of Geology* vorzubereiten. Im Sommer 1823, etwa zu der Zeit, als Bolívar die Nachricht von Bonplands Inhaftierung erhielt, traf ein begeisterter fünfundzwanzigjähriger Lyell mit einer Fülle von Empfehlungsschreiben im Gepäck bei Humboldt in Paris ein.

Seit seiner Rückkehr aus Lateinamerika sammelte und verglich Humboldt Daten über Gesteinsschichten auf dem ganzen Erdball. Nach fast zwanzig Jahren veröffentlichte er die Ergebnisse schließlich in der Schrift *Geognostischer Versuch über die Lagerung der Gebirgsarten*, nur wenige Monate, bevor Lyell Paris erreichte. Genau diese Art Informationen brauchte Lyell für seine eigene Forschung. Der *Geognostische Versuch* war eine »hervorragende Lektion für mich«[36], schrieb Lyell, und die wissenschaftliche Welt hätte Humboldt auch dann höchste Anerkennung gezollt, wenn er nichts anderes veröffentlicht hätte. In den nächsten zwei Monaten verbrachten die beiden Männer viele Nachmittage zusammen, sprachen über Geologie, über Humboldts Beobachtungen auf dem Vesuv und über gemeinsame Freunde in Großbritannien. Humboldts Englisch sei ausgezeichnet, fand Lyell.[37] Er schrieb seinem Vater, dass »Hoombowl«[38] – so Humboldts Name in der Aussprache seines französischen Dieners – ihn mit Materialien und nützlichen Daten überschüttete.

Außerdem erörterten sie Humboldts Erfindung der Isothermen – die Linien, die wir heute auf Wetterkarten sehen und die verschiedene geografische Punkte auf dem Globus mit gleichen Temperaturen verbinden.* Humboldt hatte sie für eine Abhandlung »Von den isothermen Linien und die Verteilung der Wärme auf dem Erdkörper« (1817) entworfen, mit der er die globalen Klimamuster visuell veranschaulichte. Diese Abhandlung half Lyell, seine eigenen Theorien zu entwickeln, und war zugleich der Beginn eines neuen Klimaverständnisses[39] – auf sie stützten sich alle späteren Studien über die Wärmeverteilung.

---

* Oder im Fall von Isobaren mit gleichem Luftdruck.

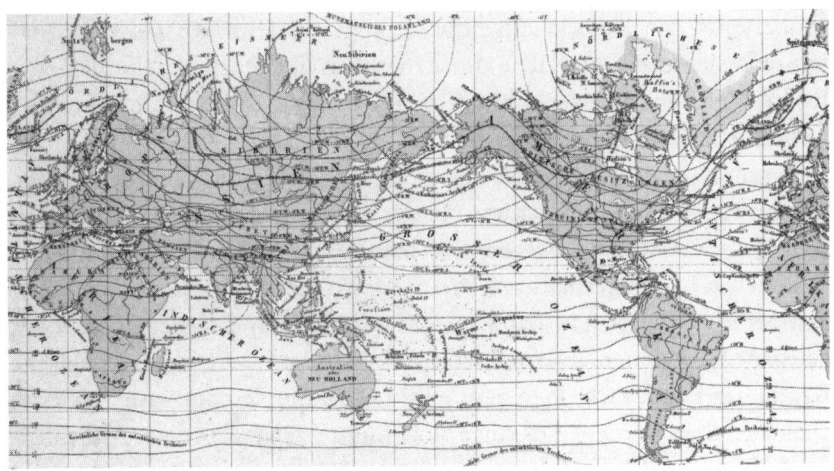

Karte mit Isothermen

Bis zu Humboldts Isothermen wurden meteorologische Daten in langen Temperaturtabellen gesammelt – endlose Listen mit verschiedenen geografischen Orten und ihren klimatischen Bedingungen, die zwar die genauen Temperaturen festhielten, aber nur schwer zu vergleichen waren. Humboldts grafische Veranschaulichung dieser Daten war ebenso neu wie einfach. Anstelle von verwirrenden Tabellen offenbarte ein Blick auf die Isothermenkarte eine neue Welt von Verbindungen, die die Erde in wellenförmigen Linien umgaben. Humboldt hielt diese Isothermen für die Grundlage einer neuen Disziplin, die er »vergleichende Klimatologie«[40] nannte. Damit lag er genau richtig, denn noch heute verwenden Wissenschaftler Isothermen, um Klimaveränderungen und globale Erwärmung zu verstehen und darzustellen. Isothermen ermöglichten Humboldt und den späteren Forschern, globale Muster zu betrachten. Lyell verwendete das Konzept, um geologische Veränderungen im Zusammenhang mit dem klimatischen Wandel zu untersuchen.[41]

Das zentrale Argument von Lyells *Principles of Geology* besagte, dass die Erde allmählich und durch winzige Modifikationen geformt wurde und nicht, wie gemeinhin angenommen, durch plötzliche katastrophale Ereignisse wie Erdbeben oder Überschwemmungen. Lyell war überzeugt, dass diese langsamen Kräfte auch noch in der Gegenwart wirkten – um die Vergangenheit zu verstehen, musste er sich deshalb mit den aktuellen Verhältnissen beschäftigen. Zur Verteidigung seiner Auffassung vom Einfluss der allmählichen Kräfte und zur Widerlegung der eher apokalyptischen Theorien über die Anfänge der Erde musste Lyell erklären, wie sich die Oberfläche der Erde nach und nach abgekühlt hatte. Er habe Humboldt »gepaukt«[42], berichtete Lyell später einem Freund, während er seine eigene Theorie ausarbeitete.

In seiner detaillierten Analyse kam Humboldt zu dem überraschenden Ergebnis, dass die Temperaturen auf denselben Breitengraden nicht gleich waren, wie man bisher angenommen hatte. Auch Höhe, Landmasse, Meeresnähe und Windverhältnisse beeinflussten die Wärmeverteilung.[43] Die Temperaturen waren an Land höher als auf See und niedriger in höher gelegenen Regionen. Daraus schloss Lyell, dass dort, wo geologische Kräfte das Land nach oben gedrückt hatten, die Temperaturen entsprechend gefallen waren.[44] Auf lange Sicht kühlte sich durch diese Anhebung der Landmasse das Weltklima ab – mit der geologischen Veränderung der Erde wandelte sich also auch das Klima. Jahre später, als ihn ein Rezensent der *Principles of Geology* dazu drängte, bezeichnete Lyell die Lektüre von Humboldts Abhandlung über die Isotherme als »Beginn« seiner Theorien – »lassen Sie Humboldt die gebührende Anerkennung für seinen wunderbaren Essay zuteilwerden«[45]. In seinem eigenen Werk habe er Humboldts Klimatheorien lediglich »geologisch angewendet«[46].

Humboldt unterstützte junge Wissenschaftler, so gut er konnte, intellektuell, aber auch finanziell; egal, wie schwierig seine eigene Situation war. Er war so hilfsbereit, dass seine Schwägerin Caroline sich sorgte, seine sogenannten Freunde könnten seine Gutmütigkeit ausnutzen – »er isst trocken Brot, damit jene Braten essen«[47]. Doch Humboldt kümmerte sich nicht darum. Er war wie die Nabe eines rotierenden Rades, immer in Bewegung und mit allem und allen in Verbindung.

Humboldt rüstete einen jungen französischen Wissenschaftler für eine Reise durch Südamerika mit seinen eigenen Instrumenten aus und gab ihm ein Empfehlungsschreiben an Simón Bolívar mit.[48] Und für einen portugiesischen Botaniker, der in die Vereinigten Staaten auswandern wollte, legte er ein gutes Wort bei Thomas Jefferson ein.[49] Der deutsche Chemiker Justus von Liebig, der später berühmt wurde, weil er entdeckte, wie wichtig Stickstoff als Nährstoff für Pflanzen ist, berichtete, wie die Begegnung mit Humboldt in Paris »die Grundlage meiner zukünftigen Berufslaufbahn schuf«[50]. Und Albert Gallatin, der ehemalige amerikanische Finanzminister, der Humboldt aus Washington kannte und ihn später in London und Paris traf, ließ sich von Humboldts Begeisterung für indigene Völker so sehr anstecken, dass er sich intensiv dem Studium der Ureinwohner der Vereinigten Staaten widmete. Heute gilt Gallatin als Begründer der amerikanischen Ethnologie; der Auslöser für sein Interesse, so Gallatin, sei die »Anfrage seines hochverehrten Freundes, des Barons Alexander von Humboldt, gewesen«[51].

Während Humboldt Freunden und Kollegen half, ihre Laufbahnen voranzutreiben und Expeditionen zu verwirklichen, sanken seine Aussichten, eine Genehmigung für die Reise nach Indien zu bekommen. Er versuchte, sein Fernweh mit Reisen durch Europa – Schweiz, Frankreich, Italien und Österreich – zu kurieren, aber das war eben nicht dasselbe. Er war unglücklich. Außerdem wurde es immer schwieriger, seine Entscheidung, in Paris zu leben, gegenüber dem preußischen König zu rechtfertigen. Friedrich Wilhelm III. drängte Humboldt seit zwanzig Jahren, seit seiner Rückkehr aus Lateinamerika, wieder nach Berlin zu kommen. Die ganze Zeit zahlte der König ihm eine jährliche Pension, ohne irgendwelche Bedingungen daran zu knüpfen. Humboldt behauptete immer, er brauche das wissenschaftliche Umfeld von Paris, um seine Bücher zu schreiben; aber das Klima in der Stadt und in Frankreich hatte sich verändert.

Nachdem Napoleon abgesetzt und auf die ferne Insel Sankt Helena verbannt worden war, kamen mit der Thronbesteigung Louis' XVIII.* – des Bruders von Louis XVI., der während der Französischen Revolution guillotiniert worden war – die Bourbonen wieder an die Macht. Die Zeit des Absolutismus war endgültig vorbei, doch das Land, das die Fackel der Freiheit und Gleichheit entzündet hatte, war nun eine konstitutionelle Monarchie. Nur ein Prozent der französischen Bevölkerung konnte das Unterhaus des Parlaments wählen. Louis XVIII. duldete die eine oder andere liberale Auffassung, aber er war mit ultraroyalistischen Emigranten in Frankreich eingetroffen, die das Ancien Régime aus der Zeit vor der Revolution wiederherstellen wollten. Humboldt erkannte rasch, dass in ihnen Hass und Rache brodelten. »Ihre Neigung zur absoluten Monarchie ist unausrottbar«[52], schrieb Charles Lyell aus Paris an seinen Vater.

1820 wurde der Duc de Berry – ein Neffe des Königs, der an dritter Stelle der Thronfolge stand – von einem Bonapartisten ermordet.

---

* Während Napoleons Herrschaft hatte Louis XVIII. in Preußen, Russland und Großbritannien im Exil gelebt.

Danach kannten die Royalisten kein Halten mehr. Sie verschärften die Zensur, Menschen konnten ohne Gerichtsverhandlung inhaftiert werden, und die reichsten Leute erhielten bei Wahlen eine doppelte Stimme. 1823 errangen die Ultraroyalisten die Mehrheit im Unterhaus des Parlaments. Humboldt war bestürzt und sagte zu einem amerikanischen Besucher, ein Blick in das *Journal des Débâts* – eine Zeitung, die 1789 während der Französischen Revolution gegründet worden war – genüge, um zu erkennen, wie sehr die Pressefreiheit beschnitten worden sei. Außerdem verfolgte Humboldt besorgt, wie die Religion wieder Einfluss auf die französische Gesellschaft gewann.[53] Mit der Rückkehr der Ultraroyalisten wuchs die Macht der katholischen Kirche. Mitte der 1820er-Jahre begannen neue Kirchtürme die Silhouette von Paris zu prägen.

Paris war »nie weniger als derzeit«[54] ein geeigneter Mittelpunkt der Wissenschaft, schrieb Humboldt an einen Freund in Genf, weil die Mittel für Laboratorien, Forschung und Lehre gekürzt wurden. Wissenschaftler könnten nicht richtig forschen, wenn sie den König um Vergünstigungen bitten müssten. Sie seien zu »willigen Werkzeugen«[55] in den Händen von Politikern und Fürsten geworden, teilte Humboldt 1823 Charles Lyell mit, und selbst der große George Cuvier habe seine geniale Begabung als Naturforscher für das neue Wetteifern um »Bänder, Kreuze, Titel und Vergünstigungen des Hofes« geopfert. In Paris war das politische Gerangel so heftig, dass Regierungsposten rascher gewechselt wurden, als die Zeitungen melden konnten. Jeder, den er derzeit treffe, so Humboldt, sei entweder ein Minister oder Exminister. »Sie sind so dicht gestreut wie Blätter im Herbst«, meinte er zu Lyell, »und bevor eine Lage Zeit hat zu verfaulen, wird sie schon wieder von einer anderen und wieder einer anderen bedeckt.«[56]

Die französischen Wissenschaftler befürchteten, Paris werde seinen Status als Zentrum innovativer wissenschaftlicher Forschung verlieren. In der Académie des Sciences täten die Gelehrten nur wenig, sagte Humboldt, und das Wenige, was sie täten, ende oft in Streitereien. Schlimmer noch, ein Geheimausschuss von Wissenschaftlern säuberte die Bibliothek und entfernte die Bücher mit liberalen Inhalten, so zum Beispiel die Schriften von aufgeklärten Denkern wie Jean-Jacques Rousseau und Voltaire. Als der kinderlose Louis XVIII. im September 1824 starb, wurde sein Bruder Charles X., der Wortführer der Ultraroyalisten, König. Allen, die an die Freiheit und die Werte der Revolution glaubten, war klar, dass das geistige Klima noch repressiver werden würde.

Auch Humboldt selbst hatte sich verändert. Er war Mitte fünfzig, und sein braunes Haar war nun silbergrau, sein rechter Arm vom Rheuma fast gelähmt – eine späte Folge der Nächte, die er auf dem feuchten Boden des Regenwaldes am Orinoco verbracht hatte, wie er seinen Freunden erzählte. Er kleidete sich altmodisch, im Stil der Jahre kurz nach der Französischen Revolution: eng sitzende gestreifte Kniehosen, blauer Frack, gelbe Weste, weiße Krawatte, hohe Stiefel und ein abgetragener schwarzer Hut. Niemand in Paris zog sich so an, sagte ein Freund. Humboldts Gründe waren sowohl politischer als auch wirtschaftlicher Natur. Sein Erbe war schon lange verbraucht, und er lebte in einer schlichten kleinen Wohnung mit Blick auf die Seine, die aus einem sparsam möblierten Schlafzimmer und einem Arbeitszimmer bestand. Humboldt hatte weder das Geld noch die Neigung für Luxus, elegante Kleidung oder opulente Möbel.[57]

Dann, im Herbst 1826, nach mehr als zwei Jahrzehnten, verlor Friedrich Wilhelm III. schließlich die Geduld. Er schrieb Humboldt: »Sie müssen nun mit der Herausgabe der Werke fertig sein, welche Sie nur in Paris bearbeiten zu können glaubten.« Der König konnte ihm nicht mehr erlauben, länger in Frankreich zu bleiben – einem Land, das »jedem wahren Preußen ein verhasstes sein sollte«. Als Humboldt las, dass der König jetzt seine Rückkehr »in kürzester Zeit« erwarte, wusste er, dass es sich um einen Befehl handelte.[58]

Humboldt brauchte das Geld aus einer jährlichen Pension dringend, weil ihn die Veröffentlichung seiner Bücher »arm wie eine Kirchenmaus«[59] gemacht hatte. Er musste von dem leben, was er verdiente, aber er konnte überhaupt nicht mit Geld umgehen. »Es gibt im Himmel und auf Erden nur ein Gebiet, von dem M. Humboldt *nichts* versteht«, stellte seine englische Übersetzerin einmal fest, »und das ist der Umgang mit Geld.«[60]

Paris war seit mehr als zwanzig Jahren seine Heimat, und seine besten Freunde lebten dort. Die Entscheidung schmerzte, aber schließlich erklärte sich Humboldt einverstanden, nach Berlin zu ziehen – allerdings unter der Bedingung, dass er regelmäßig für mehrere Monate nach Paris reisen durfte, um seine Forschungsarbeiten fortzusetzen. Es sei nicht leicht, schrieb er im Februar 1827 dem deutschen Mathematiker Carl Friedrich Gauß, die Freiheit und das wissenschaftliche Leben aufzugeben.[61] Erst kurz zuvor hatte er George Cuvier vorgeworfen, er verrate den revolutionären Geist, und jetzt wurde Humboldt selbst ein Höfling. Von nun an musste er vorsichtig ein Gleichgewicht zwischen seinen liberalen politischen Überzeugungen und seinen höfischen Pflichten schaffen. Er fürchtete, es würde fast unmöglich sein, »einen Mittelweg zwischen oscillirenden Ansichten«[62] zu finden.

Am 14. April 1827 verließ Humboldt Paris in Richtung Berlin, allerdings nicht ohne einen seiner üblichen Umwege. Er reiste über London, möglicherweise für einen letzten verzweifelten Versuch, die Ostindien-Kompanie zu überzeugen, ihm seine Forschungsreise doch noch zu erlauben. Neun Jahre waren seit seinem letzten Besuch vergangen. Damals hatte er bei seinem Bruder Wilhelm gewohnt. Inzwischen war Wilhelm von seinem diplomatischen Posten in Großbritannien abberufen worden und lebte in Berlin*, aber Alexander erneuerte rasch die Beziehungen zu seinen britischen Bekannten und versuchte, das Beste aus seinem dreiwöchigen Aufenthalt zu machen.

Humboldt wurde von einer Person zur nächsten geschickt – zu Politikern, Wissenschaftlern und einer »ganzen Reihe von Adligen«[63]. In der Royal Society traf er seine alten Freunde John Herschel und Charles Babbage wieder. Einer der *Fellows* stellte zehn Karten aus einem neuen Atlas von Indien vor – ein Auftrag der Ostindien-Kompanie. Das weckte in Humboldt schmerzliche Erinnerungen an seine eigenen Reisepläne.[64] Er aß zu Abend mit Mary Somerville,**[65] einer der wenigen Naturwissenschaftlerinnen in Europa, und besuchte den Botaniker Robert Brown im botanischen Garten in Kew, westlich von London. Brown hatte als einer von Joseph Banks' Pflanzensammlern Australien erforscht, und Humboldt brannte darauf, die dort heimische Flora kennenzulernen.

Außerdem wurde Humboldt zu einem eleganten Fest in der Royal Academy eingeladen und dinierte mit seinem alten Bekannten George

---

* Wilhelm hatte London 1818 verlassen. Kurzzeitig hatte er dann einen Ministerposten in Berlin inne, war aber von Preußens reaktionärer Politik zunehmend frustriert. Ende 1819 zog sich Wilhelm ganz aus der Politik zurück und lebte auf dem Familiensitz in Tegel, den er geerbt hatte.

** Die sechsundvierzigjährige Mary Somerville war eine berühmte Mathematikerin und Universalgelehrte. 1827 arbeitete sie an der englischen Übersetzung von Laplace' Buch *Mechanik des Himmels*. Ihre Sprache war so klar und einfach, dass das Buch in Großbritannien ein Bestseller wurde. Sie sei die einzige Frau, sagte Laplace, die seine Werke »verstehen *und* verbessern konnte«. Andere nannten sie die »Königin der Wissenschaften«. Später veröffentlichte sie die Schrift *Physical Geography*, die viele Ähnlichkeiten mit Humboldts Wissenschafts- und Naturverständnis aufwies.

Canning, der zwei Wochen zuvor britischer Premierminister geworden war.[66] Bei Cannings Diner sah Humboldt zu seiner Freude Albert Gallatin wieder, seinen alten Freund aus Washington, der jetzt amerikanischer Gesandter in London war. Nur die Aufmerksamkeit der britischen Aristokratie ging Humboldt auf die Nerven. Paris sei eine verschlafene Stadt im Vergleich zu »meinen Qualen hier«, schrieb er an einen Freund, denn jeder wolle ein Stück von ihm haben. In London beginne »jeder Satz« mit: »Sie werden doch nicht wieder abreisen wollen, ohne mein Landhaus gesehen zu haben Es liegt nur 40 Meilen von London entfernt.«[67]

Den aufregendsten Tag seines Londoner Aufenthalts verbrachte Humboldt jedoch nicht mit Wissenschaftlern oder Politikern, sondern mit einem jungen Ingenieur – Isambard Kingdom Brunel, der Humboldt eingeladen hatte, sich den Bau des ersten Tunnels unter der Themse anzusehen. Die Idee, einen Tunnel unter einem Fluss zu bauen, war so kühn wie gefährlich, und niemandem war bislang etwas Ähnliches gelungen.

Die Bedingungen an der Themse hätten schlechter nicht sein können, denn der Untergrund bestand aus Sand und weichem Lehm. Brunels Vater Marc hatte eine geniale Methode für den Tunnelbau entwickelt: ein gusseisernes Schild, das in Höhe und Breite der Tunnelröhre entsprach. Angeregt vom Schiffsbohrwurm, der sich durch die härtesten Planken arbeitet, indem er seinen Kopf mit einer harten Schale schützt, hatte Marc Brunel eine riesige Vorrichtung gebaut, die die Aushöhlung des Tunnels ermöglichte, während sie gleichzeitig die Decke stützte und den weichen Lehm daran hinderte, abzusacken. Die Arbeiter schoben den Metallschild unter dem Flussbett vor sich her und richteten gleichzeitig hinter sich die Tunnelwand aus Ziegelsteinen auf. Zentimeter um Zentimeter, Meter um Meter rückte der Tunnel vor. Der Bau hatte zwei Jahre zuvor begonnen, und als Humboldt jetzt in London war, hatten Brunels Männer die halbe Wegstrecke des fast 400 Meter langen Tunnels geschafft.[68]

Die Arbeit war tückisch und Marc Brunels Tagebuch voller Bedenken und Sorgen: »Angst wächst täglich«, »Die Sache wird jeden Tag schlimmer« oder »Jeden Morgen sage ich mir: wieder ein gefährlicher Tag vorbei«.[69] Sein Sohn Isambard, der im Januar 1827 im Alter von zwanzig Jahren zum »Verbindungsingenieur« ernannt worden war, trieb das Projekt mit grenzenloser Energie und Zuversicht voran. Aber die Aufgabe

Die Taucherglocke, in der Humboldt zusammen mit Brunel auf den Grund
der Themse hinabstieg, um die Konstruktion des Tunnels zu betrachten.

war eine Herausforderung. Anfang April, kurz bevor Humboldt eintraf, sickerte immer mehr Wasser in den Tunnel, sodass Isambard vierzig
Männer an den Pumpen beschäftigen musste, um den Wassereinbruch
unter Kontrolle zu halten. Es befinde sich nur »tonhaltiger Schlamm
über ihren Köpfen«[70], sorgte sich Marc Brunel und fürchtete, der Tunnel
könne jederzeit zusammensacken. Isambard wollte sich die Konstruktion von außen ansehen und lud Humboldt ein, ihn zu begleiten. Es war
ein gefährliches Unternehmen, aber das hielt Humboldt nicht ab – es war
viel zu aufregend, um das zu verpassen. Außerdem wollte er den Luftdruck auf dem Grund des Flusses messen, um ihn mit seinen Beobachtungen in den Anden zu vergleichen.

Am 26. April wurde eine riesige Taucherglocke aus Metall, die fast
zwei Tonnen wog, mit einem Schiffskran hinabgelassen. Auf dem Fluss
wimmelte es von Booten mit neugierigen Zuschauern, während Brunel
und Humboldt im Inneren des eisernen Kastens in eine Tiefe von rund
elf Metern abgesenkt wurden. Mit einem Lederschlauch, der von oben in
die Glocke führte, wurden sie mit Luft versorgt, und durch zwei dicke
Glasscheiben konnten sie in das schlammige Flusswasser blicken. Wäh-

rend sie langsam hinabsanken, empfand Humboldt den Druck in seinen Ohren zunächst als fast unerträglich, gewöhnte sich aber nach einigen Minuten daran.[71] Sie hatten dicke Jacken an und sahen wie »Eskimos«[72] aus, schrieb Humboldt an François Arago in Paris. Tief unten am Boden des Flussbetts, den Tunnel unter sich und nichts als Wasser über sich, war es gespenstisch dunkel, abgesehen vom schwachen Schein ihrer Laternen. Sie waren vierzig Minuten unter Wasser; und als sie langsam aufstiegen, platzten durch die Veränderung des Wasserdrucks Blutgefäße in Humboldts Nase und Kehle. Während der nächsten vierundzwanzig Stunden spuckte und nieste er Blut, genau wie bei der Besteigung des Chimborazo. Brunel habe nicht geblutet, notierte Humboldt und scherzte, das sei offenbar »ein Privileg der Preußen«[73].

Zwei Tage später stürzten Teile des Tunnels ein. Mitte Mai brach dann das Flussbett über dem Tunnel vollständig ein und riss ein riesiges Loch, durch das das Wasser in den Tunnel strömte.[74] Erstaunlicherweise gab es keine Toten, und nach Beendigung der Reparaturarbeiten wurde die Arbeit fortgesetzt. Zu diesem Zeitpunkt hatte Humboldt London bereits verlassen und war in Berlin eingetroffen.

Er war der berühmteste Wissenschaftler Europas und wurde von Kollegen, Dichtern und Denkern gleichermaßen bewundert. Ein Mann hatte Humboldts Werk jedoch noch nicht gelesen. Das war der achtzehnjährige Charles Darwin, der gerade sein Medizinstudium an der Universität Edinburgh aufgegeben hatte, als Humboldt in London gefeiert wurde. Robert Darwin, Charles' Vater war wütend. »Außer der Jagd, Hunden und Rattenfangen hast Du nichts im Kopf«, schrieb er an seinen Sohn. »Du wirst noch zur Schande für Dich selbst und Deine ganze Familie.«[75]

TEIL IV

EINFLUSS: Verbreitung der Ideen

15

Rückkehr nach Berlin

Am 12. Mai 1827 traf Alexander von Humboldt in Berlin ein. Er war siebenundfünfzig Jahre alt und hasste die Stadt genauso wie vor zwei Jahrzehnten. Er wusste, dass sein Leben nie wieder wie früher sein würde. Von nun an verbrachte er den Großteil seiner Zeit mit dem »langweiligen und rastlosen Hofleben«[1]. Friedrich Wilhelm III. hatte zweihundertfünfzig Kammerherren, wobei es sich in den meisten Fällen nur um einen Ehrentitel handelte. Von Humboldt erwartete er jedoch, dass er Teil des inneren höfischen Kreises wurde, allerdings ohne eine politische Aufgabe. Er musste den König unterhalten und ihm nach dem Abendessen etwas vorlesen.[2] Humboldt überlebte hinter einer lächelnden und plaudernden Fassade. Der Mann, der dreißig Jahre zuvor geschrieben hatte, »dass Fürstennähe auch den geistreichsten Männern von ihrem Geiste und ihrer Freiheit raubt«[3], war jetzt selbst in die höfische Routine eingebunden. Das war der Anfang dessen, was Humboldt »Pendelschwingungen«[4] nannte – ein Leben, in dem er mit dem König ständig umherzog, von einem Schloss zur nächsten Sommerresidenz und zurück nach Berlin, immer auf der Straße und immer mit Manuskripten und Kisten voller Bücher und Aufzeichnungen beladen. Nur zwischen Mitternacht und drei Uhr morgens blieb ihm Zeit, um seine Bücher zu schreiben.

Humboldt kehrte in ein Land zurück, das sich in einen Polizeistaat verwandelt hatte und in dem die Zensur zum Alltag gehörte. Öffentliche Versammlungen – selbst wissenschaftliche Zusammenkünfte – wurden mit großem Argwohn beobachtet und studentische Verbindungen gewaltsam aufgelöst. Preußen hatte keine Verfassung und kein nationales Parlament, sondern nur die Provinziallandtage mit beratender Funktion, die aber weder Gesetze verabschieden noch Steuern erheben konnten. Jede Entscheidung unterlag strenger königlicher Aufsicht. In Berlin

Stadtschloss in Berlin

dominierte das Militär. Vor fast allen öffentlichen Gebäuden standen Wachen, und Besuchern fielen das fast ununterbrochene Trommeln und die ständigen Militärparaden auf. Es schien mehr Uniformierte als Zivilisten in der Stadt zu geben. Ein Tourist berichtete, dass ständig marschiert werde und »auf allen öffentlichen Plätzen ununterbrochen Uniformen aller Art zur Schau gestellt« würden.[5]

Humboldt hatte zwar keinen politischen Einfluss, war aber entschlossen, Berlin zumindest den Geist intellektueller Neugier einzuhauchen. Das war auch dringend erforderlich. Bereits als junger Bergassessor hatte Humboldt eine Privatschule für Bergleute gegründet und finanziert. Wie sein Bruder Wilhelm, der nahezu im Alleingang zwei Jahrzehnte zuvor ein neues preußisches Erziehungssystem aufgebaut hatte, glaubte Alexander, dass Bildung die Grundlage einer freien und glücklichen Gesellschaft sei. Viele hielten es für gefährlich, so zu denken. In Großbritannien wurde beispielsweise auf Flugblättern davor gewarnt, dass Wissen die Armen über »ihre niederen und mühseligen Pflichten«[6] erhebe.

Humboldt glaubte an die Macht des Lernens und schrieb deshalb Bücher wie seine *Ansichten der Natur* für eine breite Leserschaft und nicht für die Wissenschaftler in ihren Elfenbeintürmen. Kaum in Berlin angekommen, versuchte Humboldt, an der Universität ein chemisch-mathematisches Seminar zu gründen.[7] Mit Kollegen korrespondierte er über die Möglichkeiten für Laboratorien und die Vorteile eines Polytechnikums. Außerdem überzeugte er den König davon, dass Berlin eine neue Sternwarte mit modernsten Instrumenten brauchte. Auch wenn manche lästerten, dass Humboldt eine »Hofschranze«[8] geworden sei, war es doch seine Position am Hof, die es ihm ermöglichte, Wissenschaftler, Forschungsreisende und Künstler zu unterstützen. Man müsse den König »in einem müßigen Augenblick«[9] erwischen, erläuterte Humboldt einem Freund, und dann nicht lockerlassen. Schon wenige Wochen nach seiner Ankunft setzte er seine Ideen energisch um. Humboldt hatte, wie ein Kollege sagte, »zu einem Mittelpunkte des geselligen und wissenschaftlichen Verkehrs musterhaftes Talent«[10].

Jahrzehntelang hatte sich Humboldt kritisch über Regierungen und Staaten geäußert und aus seinen Einwänden und Meinungen nie ein Hehl gemacht. Aber als er wieder nach Berlin zog, war seine Einstellung zur Politik bereits sehr viel nüchterner geworden. Als junger Mann begeisterte ihn die Französische Revolution, aber dann erlebte er, wie die Ultraroyalisten des Ancien Régime das Rad der Zeit in Frankreich wieder zurückdrehten. Auch überall sonst in Europa war die Stimmung reaktionär. Wohin er auch blickte, sah er, wie die Hoffnung auf Veränderung erstickt wurde.

Bei seinem letzten Besuch in England hatte er seinen alten Bekannten George Canning getroffen, den neuen britischen Premierminister.[11] Und Humboldt hatte gesehen, welche Mühe Canning damit hatte, eine Regierung zu bilden, weil seine eigene Tory-Partei uneins war über gesellschaftliche und wirtschaftliche Reformen. Ende Mai 1827, zehn Tage nach Humboldts Ankunft in Berlin, sah sich Canning gezwungen, bei der Oppositionspartei, den Whigs, Unterstützung zu suchen. Soweit Humboldt den Berliner Zeitungen entnehmen konnte, verschlechterte sich die Situation in Großbritannien mit jeder neuen Wendung. Binnen einer Woche hatte das House of Lords einen Zusatz zu den umstrittenen Corn Laws zum Scheitern gebracht, der eine Schlüsselposition in den Reformdebatten inne gehabt hatte. Die Corn Laws waren so brisant, weil die Regierung damit hohe Einfuhrzölle auf ausländisches Getreide erheben konnte. Billiger Mais und Getreide aus den Vereinigten Staaten wurde beispielsweise mit so hohen Abgaben belegt, dass er unerschwinglich war und die britischen Landbesitzer ihr Preismonopol verteidigen konnten, weil die gesamte Konkurrenz ausgeschaltet war. Die Hauptleidtragenden waren die Armen, weil die Brotpreise in schwindelnde Höhen kletterten. Die Reichen blieben reich und die Armen arm. »Wir stehen an der Schwelle eines erbitterten Kampfes zwischen Besitz und Bevölkerung[12]«, sagte Canning voraus.

Ähnlich reaktionär war die Situation auf dem Kontinent. 1815, nach dem Ende der napoleonischen Kriege und des Wiener Kongresses, hatte für die deutschen Staaten eine Phase relativen Friedens, aber mit nur wenigen Reformen begonnen. Unter Leitung des österreichischen Außenministers Klemens Fürst von Metternich gründeten die deutschen Staaten auf dem Wiener Kongress den Deutschen Bund. Es war ein loser Zusammenschluss von vierzig Staaten, die früher das Heilige Römische Reich bildeten und später teilweise Mitglieder des von Napoleon geschaffenen Rheinbundes waren. Metternich war für diese föderative Form, um ein Machtgleichgewicht in Europa herzustellen und den Aufstieg einer einzelnen Großmacht zu verhindern. Es gab kein Staatsoberhaupt, und die Bundesversammlung in Frankfurt war weniger ein gesetzgebendes Parlament als ein Kongress von Gesandten, die dort ihre eigenstaatlichen Interessen vertraten. Nach dem Ende der napoleonischen Kriege gewann Preußen erneut an wirtschaftlicher Macht – das Staatsgebiet hatte sich wieder vergrößert und schloss nun sowohl das Rheinland und Teile Sachsens als auch mehrere napoleonische Vasallenstaaten wie zum Beispiel das kurzlebige Königreich Westphalen ein. Preußen erstreckte sich jetzt von seiner Grenze mit den Niederlanden im Westen bis nach Russland im Osten.

In den deutschen Staaten waren Reformen suspekt und galten als erster Schritte auf dem Weg zur Revolution. Demokratie, sagte Metternich, sei »der Vulkan, der erstickt werden muss«.[13] Humboldt, der Metternich mehrfach in Paris und in Wien getroffen hatte, war über diese Entwicklungen enttäuscht. Die beiden Männer führten einen Briefwechsel über die Förderung der Wissenschaften und kannten sich gut genug, um politische Diskussionen zu vermeiden. Privat bezeichnete der österreichische Kanzler Humboldt als einen »politisch schiefen Kopf«[14], während Humboldt Metternich einen »Mumienkasten«[15] nannte, weil seine Politik so antiquiert war.

Das Land, in das Humboldt zurückkehrte, war entschieden antiliberal. Die politischen Rechte waren sehr eingeschränkt, und liberale Ideen wurden generell unterdrückt. Preußens Mittelschicht hatte sich deshalb aus dem öffentlichen Leben zurückgezogen und widmete sich ihren Privatinteressen. Musik, Literatur und Kunst drückten Gefühle aus anstelle revolutionärer Ansichten. Den Geist von 1789, wie Humboldt ihn nannte, gab es nicht mehr.[16]

Anderswo sah es nicht besser aus. Simón Bolívar musste feststellen, dass die Bildung einer Nation weit schwieriger war, als Krieg zu führen. Als Humboldt nach Berlin zog, hatten mehrere Kolonien die spanische Herrschaft abgeschüttelt. Mexiko, die Bundesrepublik von Zentralamerika, Argentinien und Chile waren Republiken, ebenso wie die Staaten, die Bolívar führte: Großkolumbien (das Venezuela, Panama, Ecuador und Neugranada umfasste), Bolivien und Peru. Aber Bolívars Vision von einem Bund freier Nationen in Lateinamerika löste sich auf, als sich alte Verbündete gegen ihn wandten.

Den panamerikanischen Kongress, den er im Sommer 1826 einberief, besuchten nur Abgesandte von vier der lateinamerikanischen Republiken.[17] Bolívar hatte sich davon den Anfang einer Andenföderation erhofft, die von Panama im Norden bis nach Bolivien im Süden reichen sollte. Aber es war ein totaler Fehlschlag. Die ehemaligen Kolonien zeigten kein Interesse an einer Vereinigung. Schlimmer noch, im Frühjahr 1827 erreichte Bolívar die Nachricht, dass seine Truppen in Peru rebellierten. Und statt El Libertador zu unterstützen, begrüßte Francisco de Paula Santander, Bolívars alter Freund und Vizepräsident von Kolumbien, diesen Aufstand und verlangte Bolívars Absetzung als Präsident. Einer von Bolívars Vertrauten bemerkte treffend, es sei eine »Ära der Patzer«[18] angebrochen. Auch Humboldt war der Meinung, Bolívar habe sich zu viel diktatorische Macht angeeignet. Natürlich verdanke Südamerika Bolívar sehr viel, schrieb Humboldt an einen kolumbianischen Wissenschaftler und Diplomaten, aber seine autoritäre Vorgehensweise sei »ungesetzlich, verfassungswidrig und erinnere in gewisser Weise an Napoleon«[19].

Auch im Hinblick auf Nordamerika war Humboldt nicht optimistischer. Thomas Jefferson und John Adams starben in perfekter Übereinstimmung am selben Tag, dem 4. Juli 1826, dem fünfzigsten Jahrestag der Unabhängigkeitserklärung. Mit ihnen trat die alte Garde der Gründungsväter ab. Humboldt hatte Jefferson immer für das Land bewundert, das mit seiner Hilfe geformt wurde, war aber verzweifelt, dass nicht genug getan worden war für die Abschaffung der Sklaverei. Als der US-Kongress 1820 den Missouri-Kompromiss verabschiedete, öffnete man den Sklavenhaltern damit eine weitere Hintertür. Neue Staaten wurden gegründet und zugelassen, die Republik wuchs. Dabei kam es zu heftigen Diskussionen über die Frage der Sklaverei. Humboldt war enttäuscht, dass der Missouri-Kompromiss neuen Staaten, die südlich des Breitengrades von 36°30' lagen (ungefähr die gleiche Breite wie die Grenze zwischen Tennessee und Kentucky), die Sklavenhaltung erlaubte. Bis zu seinem Lebensende teilte Humboldt Besuchern, Briefpartnern und Journalisten aus Nordamerika mit, wie entsetzt er darüber sei, dass der »Einfluss der Sklaverei zunimmt«[20].

Deprimiert von Politik und Revolutionen, zog Humboldt sich schließlich in die Welt der Forschung zurück. Als ein Vertreter der mexikanischen Regierung per Brief anfragte, ob er an Verhandlungen über Handelsabkommen zwischen Europa und Mexiko teilnehmen wolle, war seine Antwort unmissverständlich: Seine »Entfremdung von der Politik«[21] verbiete seine Teilnahme an diesen Gesprächen. Von nun an konzentrierte er sich auf Natur, Wissenschaft und Erziehung. Er wollte den Menschen helfen, ihre Verstandeskräfte freizusetzen. »Mit dem Wissen kommt das Denken«, schrieb er, und mit dem Denken die »Kraft«.[22]

Am 3. November 1827, keine sechs Monate nach seiner Ankunft in Berlin, begann Humboldt eine Vortragsreihe mit einundsechzig Veranstaltungen an der Universität. Sie waren so beliebt, dass er ab dem 6. Dezember noch weitere sechzehn in der Berliner Sing-Akademie anbot. Ein halbes Jahr lang hielt er an mehreren Tagen in der Woche Vorträge. Jedes Mal hatte Humboldt Hunderte von Zuhörern. Er sprach frei, seine Notizen brauchte er nicht. Seine Vorträge waren lebendig, aufregend, unterhaltsam und in ihrer Art vollkommen neu. Humboldt nahm kein Eintrittsgeld und demokratisierte damit die Wissenschaft: Seine Zuhörer kamen aus den unterschiedlichsten Schichten – von Mitgliedern der königlichen Familie bis zu Kutschern, von Studenten bis zu Dienstboten, von Gelehrten bis zu Maurern – und die Hälfte waren Frauen.[23]

So etwas hatte Berlin noch nie gesehen, sagte Wilhelm von Humboldt.[24] Sobald die Zeitungen die Vorträge ankündigten, eilten die Leute herbei, um sich Plätze zu sichern. An den Tagen der Veranstaltungen kam es zu Verkehrsstaus, und Polizisten auf Pferden versuchten das Chaos zu kontrollieren.[25] Eine Stunde bevor Humboldt das Podium betrat, war der Saal bereits überfüllt. Das »Gedränge ist fürchterlich«[26], sagte Fanny Mendelssohn Bartholdy, die Schwester des Komponisten

Felix Mendelssohn Bartholdy. Aber es war die Sache wert. Frauen durften damals nicht an Universitäten studieren oder auch nur die Sitzungen von wissenschaftlichen Gesellschaften besuchen; aber endlich war es ihnen gestattet, »auch einmal ein gescheites Wort zu hören«[27]. »Die Herren mögen spotten, soviel sie wollen«[28], schrieb Fanny Mendelssohn Bartholdy einem Freund, aber das Erlebnis sei wunderbar. Andere waren weniger erfreut über die neue weibliche Zuhörerschaft und machten sich über ihre Begeisterung für die Wissenschaften lustig. Eine der Frauen sei offenbar so fasziniert von Humboldts Bemerkungen über Sirius, den hellsten Stern am Nachthimmel, berichtete der Direktor der Sing-Akademie Goethe, dass sie ihre neu entdeckte Leidenschaft für die Astronomie sofort in ihrer Garderobe zum Ausdruck brachte. Sie habe von ihrem Schneider verlangt, »die Oberärmel zwei Siriusweiten geräumig zu machen«[29].

Mit seiner sanften Stimme[30] nahm Humboldt seine Zuhörer mit auf eine Reise durch den Himmel und die Tiefsee, über den Globus, die höchsten Gebirge hinauf und dann wieder zurück zu einem winzigen Fleckenmoos auf einem Stein. Er sprach über Dichtung und Astronomie, aber auch über Geologie und Landschaftsmalerei. Meteorologie, Erdgeschichte, Vulkane und die Verteilung der Pflanzen waren ebenfalls Teil seiner Vorträge. Von Fossilien kam er auf Nordlichter und vom Magnetismus auf Flora, Fauna und die Wanderbewegungen der Menschheit. In seinen Ausführungen entwarf er ein lebhaftes Kaleidoskop von Beziehungen, die das gesamte Universum umspannten. Oder, wie seine Schwägerin Caroline von Humboldt es ausdrückte, zusammengenommen wurden sie zu Alexanders »ganzem großen Naturgemälde«[31].

Humboldts Notizen für die Vorbereitung seiner Vorträge zeigen, wie sein Verstand arbeitete – wie er Querverbindungen von einer Idee zur nächsten entwickelte. Er begann durchaus konventionell mit einem Stück Papier, auf dem er seine Gedanken weitgehend in geraden Linien notierte. Doch dann kamen ihm neue Einfälle, die er auch auf das Papier quetschte – schräg an die Seite oder auf den Rand, wobei er die verschiedenen Punkte durch Schnörkel und Linien voneinander trennte. Je länger er über seine Ausführungen nachdachte, desto mehr Informationen fügte er hinzu.

Wenn die Seite voll war, bekritzelte er zahllose weitere Blätter mit seiner winzigen Handschrift und klebte sie dann aufeinander. Humboldt hatte keine Bedenken, Bücher auseinanderzunehmen und Seiten aus dicken

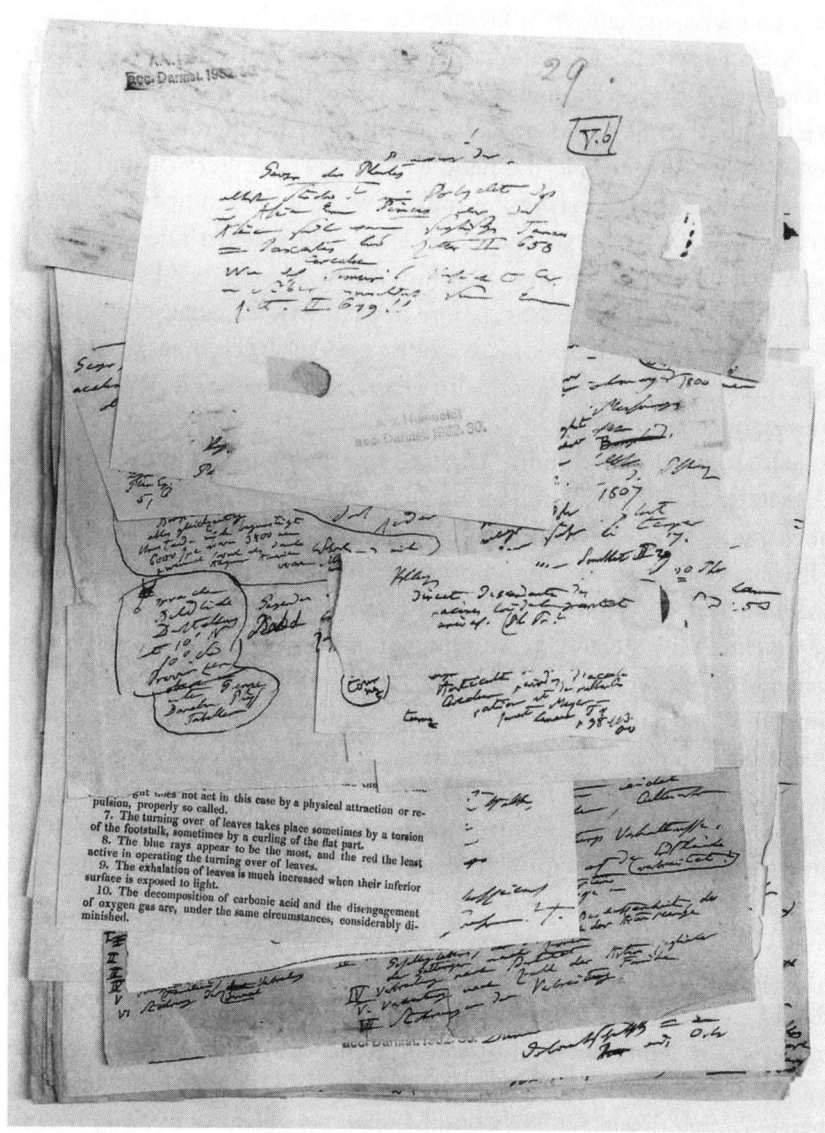

Humboldts Notizen zu einem Vortrag über Pflanzengeografie[32]

Bänden zu reißen, die er dann mittels roter und blauer Klebepunkte – der Version des 19. Jahrhunderts von Blu-Tack – auf seine Notizen klebte. Er legte die Papiere aufeinander, wobei einige vollkommen unter neuen Schichten begraben wurden, während sich andere von unten auffalten ließen. Die Anmerkungen waren voller Fragen, die er sich selber stellte, außerdem kleinere Skizzen, Statistiken, Literaturhinweise und Gedächtnisstützen. Das Resultat war eine vielschichtige Collage aus Gedanken, Zahlen, Zitaten und Kommentare ohne erkennbare Ordnung, außer für Humboldt.

Alle waren hingerissen. In einer Zeitung hieß es, »dass seine Methode mit diesem Vortrage eine neue Epoche ihrer Geschichte« einläute[33]. Er verblüffte seine Zuhörer, indem er scheinbar völlig verschiedene Disziplinen und Tatsachen miteinander verknüpfte. Seine Worte, hieß es in einer anderen Zeitung, »fesselten die Zuhörer mit unwiderstehlicher, anhaltender Kraft«[34]. Es war der Höhepunkt von Humboldts Schaffen der letzten drei Jahrzehnte. »Nie habe ich einen Menschen in anderthalb Stunden so viele und interessante und neue Ansichten und Tatsachen vortragen gehört«, schrieb ein Forscher an seine Frau.[35] Die Menschen bewunderten die außerordentliche Klarheit, mit der Humboldt dieses komplexe Netz der Natur beschrieb.[36] Caroline von Humboldt war tief beeindruckt. Nur Alexander, sagte sie, könne solch »wunderbare Tiefe«[37] mit so leichter Hand darbieten. Die Vorträge läuteten ein »neues Zeitalter«[38] ein, hieß es in einer Zeitung. Als Humboldts deutscher Verleger Johann Georg von Cotta von dem Erfolg des ersten Vortrags hörte, schlug er sofort vor, dass jemand mitschrieb, damit er die Vorträge veröffentlichen könne. Er bot Humboldt die stattliche Summe von 5000 Talern an, aber dieser lehnte ab. Er hatte seine eigenen Pläne und wollte sich nicht drängen lassen.[39]

Humboldt revolutionierte die Wissenschaften. Im September 1828 lud er Hunderte von Wissenschaftlern aus ganz Deutschland und Europa zu einer Konferenz in Berlin ein.* Im Gegensatz zu früheren Treffen, bei denen Wissenschaftler endlos über ihre eigene Arbeit referierten, stellte Humboldt ein ganz anderes Programm zusammen. Er forderte die Konferenzteilnehmer auf, nicht *zu* den anderen, sondern *mit* ihnen zu sprechen. Zudem standen gesellige Mahlzeiten und gemeinsame

---

* Humboldt organisierte diese Konferenz für die Gesellschaft Deutscher Naturforscher und Ärzte.

Veranstaltungen wie Konzerte und Ausflüge zur königlichen Menagerie auf der Pfaueninsel auf dem Programm. Sitzungen fanden sowohl in der Universität als auch im Botanischen Garten zwischen botanischen, zoologischen und fossilen Sammlungen statt.[40] Humboldt brachte die Wissenschaftler in kleinen, fachübergreifenden Gruppen zusammen. Er verband die Konferenzteilnehmer auf einer persönlicheren Ebene und sorgte dafür, dass sie Freundschaften schlossen, was ein dichtes Netzwerk förderte. Ihm schwebte eine interdisziplinäre Bruderschaft von Forschern vor, die ihr Wissen austauschten und teilten. »Entschleierung der Wahrheit ist ohne Divergenz der Meinungen nicht denkbar«[41], rief er den Zuhörern in seiner Eröffnungsrede ins Gedächtnis.

Rund fünfhundert Wissenschaftler folgten seiner Einladung. Es war eine »Eruption nomadischer Naturforscher«[42], schrieb Humboldt an seinen Freund Arago in Paris. Aus Cambridge, Zürich, Florenz und sogar aus dem fernen Russland kamen Teilnehmer. Aus Schweden traf beispielsweise Jöns Jacob Berzelius ein, einer der Gründer der modernen Chemie, und aus England waren es gleich mehrere Wissenschaftler, unter ihnen auch Humboldts alter Bekannter Charles Babbage. Der brillante Mathematiker Carl Friedrich Gauß war aus Göttingen angereist und wohnte drei Wochen in Humboldts Wohnung. Er meinte, dass der Kongress wie reines »Sauerstoffgas«[43] sei.

Trotz aller Hektik in seinem Leben fand Humboldt die Zeit, um seine Freundschaft mit Goethe zu erneuern. Der fast achtzigjährige Goethe war zu gebrechlich, um die knapp 300 Kilometer nach Berlin zurückzulegen, daher besuchte Humboldt ihn. Goethe beneidete seine Freunde in Berlin, die das Vergnügen hatten, Humboldt regelmäßig zu sehen. Genauestens hatte der alternde Dichter Humboldts Lebensweg verfolgt und gemeinsame Freunde gelöchert, um irgendwelche Neuigkeiten zu erfahren, wenn Humboldt längere Zeit nicht geschrieben hatte.[44] Im Geist, sagte Goethe, habe er seinen alten Freund »jederzeit begleitet«[45], und die Begegnung mit Humboldt sei der »lichteste Punkt« in seinem Leben gewesen. In den vergangenen zwanzig Jahren hatten sie sich regelmäßig geschrieben, und Goethe fand jeden Brief von Humboldt außerordentlich spannend.[46] Immer wenn Humboldt seine neuesten Bücher schickte, las Goethe sie sofort, aber er vermisste ihre lebhaften Diskussionen.

Goethe fühlte sich mehr und mehr vom wissenschaftlichen Fortschritt ausgeschlossen. Anders als Paris, klagte er, wo die französischen Intellektuellen in einer einzigen Großstadt versammelt sind, habe Deutschland das Problem, dass alle zu weit voneinander entfernt lebten.[47] Wenn der eine Wissenschaftler in Berlin zu Hause war, der nächste in Königsberg und wieder ein anderer in Bonn, würge allein schon die Entfernung den Austausch ab. Wie anders wäre sein Leben, dachte Goethe nach Humboldts Besuch, wenn sie nahe beieinander wohnten. Ein einziger Tag mit Humboldt bringe ihn weiter als mehrere Jahre »auf meinem einsamen Wege«[48].

Bei aller Freude darüber, dass er seinen wissenschaftlichen Sparringspartner wiederhatte, gab es ein Thema – allerdings ein sehr wichtiges –, bei dem sie unterschiedlicher Ansicht waren: die Entstehung der Erde. Während seines Studiums an der Bergakademie in Freiberg hatte Humboldt zunächst die Theorie seines Professors Abraham Gottlob Werner übernommen, des Hauptvertreters des Neptunismus. Werner ging davon aus, dass die Gebirge und die Erdkruste durch Sedimente geformt wurden, die sich im Urmeer abgesetzt hatten. Doch aufgrund der Beobachtungen, die Humboldt in Lateinamerika gemacht hatte, war er zum »Vulkanisten«[49] geworden – er glaubte, dass die Erde durch katastrophale Ereignisse wie Vulkanausbrüche und Erdbeben gebildet worden sei.

Unter der Erdoberfläche, so Humboldt, sei alles miteinander verbunden. Die Vulkane, die er in den Anden bestiegen hatte, hingen unterirdisch alle zusammen wie »ein einziger vulkanischer Heerd«[50]. Über große Entfernungen bildeten Vulkane Gruppen und Ketten – für Humboldt war das der Beleg, dass sie nicht einzeln und lokal vorkamen, sondern Teile einer erdumspannenden Kraft waren. Seine Beispiele waren so anschaulich wie erschreckend: In einer einzigen, weit ausholenden Hypothese verband er das plötzliche Auftauchen einer Insel in den Azoren am 30. Januar 1811 mit einer Reihe von Erdbeben, die den Planeten noch mehr als ein Jahr lang danach erschütterten – von den Westindischen Inseln über die Ebenen am Ohio und Mississippi bis zu dem verheerenden Beben, das Caracas im März 1812 zerstörte. Daran schloss sich ein Vulkanausbruch auf der Karibikinsel Saint Vincent am 30. April 1812 an – dem Tag, an dem die Anwohner des Rio Apure (auf dem Humboldt seine Orinoco-Expedition begonnen hatte) behaupteten, ein lautes Grollen tief unter ihren Füßen gehört zu haben. Alle diese Ereignisse seien Teil einer gewaltigen Kettenreaktion, erklärte Humboldt.[51]

Obwohl die Theorien der Plattentektonik erst Mitte des 20. Jahrhunderts bestätigt wurden, äußerte Humboldt bereits 1807 in den

Ideen zu einer Geographie der Pflanzen die Vermutung, dass die Erdteile Afrika und Südamerika einst miteinander verbunden waren. Später schrieb er, »dass die wirkende Ursach unterirdisch«[52] sei. Als über-
zeugter Neptunist war Goethe darüber entsetzt. Jedermann höre sich
diese verrückten Theorien an, klagte er, »wie ohngefähr die Wilden den
Vortrag eines Missionars«[53]. Die Vorstellung, dass der Himalaja und die
Anden – diese riesigen, »starr und stolz«[54] aufragenden Gebirgsketten –
plötzlich aus dem Bauch der Erde aufgestiegen sein könnten, war völlig
»absurd«[55]. Er werde sein ganzes »Zerebralsystem«[56] neu verkabeln müssen, scherzte der Dichter, wenn er Humboldt in diesem Punkt jemals
zustimmen müsste. Doch trotz dieser wissenschaftlichen Meinungsverschiedenheiten blieben Goethe und Humboldt gute Freunde. Vielleicht
sei er einfach alt, schrieb Goethe an Wilhelm von Humboldt, denn »ich
erscheine mir selbst immer mehr und mehr geschichtlich«[57].

Auch Humboldt freute sich, Goethe wiederzusehen, aber noch glücklicher war er über die Zeit, die er mit Wilhelm verbringen konnte. Die
beiden Brüder hatten sich in der Vergangenheit durchaus gestritten,
doch Wilhelm war seine ganze Familie. »Ich weiß, wo mein Glück ist«,
schrieb Alexander. »Es ist nahe bei Dir!«[58] Wilhelm hatte seine öffentlichen Ämter niedergelegt und war mit der Familie nach Tegel gezogen,
unmittelbar vor die Tore von Berlin. Zum ersten Mal seit ihrer Jugend
lebten die Brüder nahe zusammen und sahen sich regelmäßig. Erst jetzt
in Berlin und Tegel waren sie endlich in der Lage, »vereint wissenschaftlich zu arbeiten«[59], sagte Alexander.

Wilhelm interessierte sich leidenschaftlich für Sprachen. Als Junge
hatte er sich in die griechische und römische Mythologie vertieft. Während seiner politischen Laufbahn nutzte er jeden diplomatischen Aus-
landsposten, um noch mehr Sprachen zu lernen. Alexander hatte ihn außerdem mit seinen Aufzeichnungen über indigene lateinamerikanische
Sprachen versorgt – einschließlich der Abschriften von den inkaischen
und präinkaischen Dokumenten. Kurz nach Alexanders Rückkehr von
seiner Expedition sprach Wilhelm von dem »innren geheimnißvoll
wunderbaren Zusammenhang aller Sprachen«[60]. Jahrzehntelang litt er
darunter, dass er zu wenig Zeit hatte, sie gründlicher zu studieren, aber
jetzt hatte er die Muße dazu. Sechs Monate nach seiner Pensionierung
hielt er einen Vortrag über vergleichende Sprachstudien an der Akademie
der Wissenschaften in Berlin.

Ganz ähnlich wie Alexander, der die Natur als ein vernetztes Gan-

252

zes betrachtete, untersuchte Wilhelm die Sprache wie einen lebendigen Organismus. Wilhelm glaubte, man müsse sie, wie die Natur, im größeren Zusammenhang von Landschaft, Kultur und Menschen betrachten. Beide Brüder arbeiteten über Ländergrenzen und Kontinente hinweg: Alexander forschte nach globalen Pflanzengruppen, Wilhelm untersuchte Gruppen und gemeinsame Wurzeln verschiedener Landessprachen. Er lernte nicht nur Sanskrit, sondern studierte auch Chinesisch und Japanisch sowie polynesische und malaiische Sprachen. Für Wilhelm waren das die Rohdaten, die er für seine Theorien brauchte, genauso wie Alexander seine botanischen Sammlungen und meteorologischen Messungen als Bausteine seiner Hypothesen benötigte.

Obwohl sie in unterschiedlichen Disziplinen arbeiteten, waren ihre Prämissen und Ansätze durchaus ähnlich. Oft verwendeten sie sogar die gleiche Terminologie. Alexander suchte nach dem Bildungstrieb in der Natur, und Wilhelm schrieb: »Die Sprache ist das bildende Organ des Gedankens.«[61] Die Natur war weit mehr als nur eine Ansammlung von Pflanzen, Gesteinen und Tieren – und genauso bestanden Sprachen aus mehr als nur Wörtern, Grammatik und Lautlehre. Wilhelms vollkommen neue Theorie erläuterte, dass verschiedene Sprachen verschiedene Weltsichten widerspiegelten. Die Sprache war nicht nur ein Werkzeug zum Ausdruck von Gedanken, sondern prägte auch die Gedanken – durch Grammatik, Wortschatz, Tempora und so fort. Sie war kein mechanisches Konstrukt aus einzelnen Elementen, sondern ein Organismus, ein Netz, gewebt aus Handeln, Denken und Sprechen. All das wollte Wilhelm zusammenfügen zu einem, wie er sagte, »Bild eines organischen Ganzen«[62] – wie Alexanders »Naturgemälde«. Beide Brüder arbeiteten auf einer globalen Ebene.

Für Alexander bedeutete das, dass er noch seine Reiseträume verwirklichen musste. Seit der Fahrt nach Lateinamerika, fast drei Jahrzehnte zuvor, hatte er mehrfach vergeblich versucht, andere Expeditionen zu organisieren, um seine Studien abzuschließen. Humboldt glaubte, dass er mehr sehen musste, wenn er die Natur wirklich als globale Kraft darstellen wollte. Das Bild der Natur als Netz des Lebens, das sich während seiner südamerikanischen Expedition herauskristallisiert hatte, ließ sich nur durch weitere Daten aus der ganzen Welt vervollständigen. Er musste so viele Kontinente wie möglich untersuchen. Diese Vergleichsdaten waren zum Studium von Klimamustern, Vegetationszonen und geologischen Formationen dringend nötig.

Seit Jahren lockten Humboldt die höheren Gebirge Zentralasiens. Er wollte unbedingt die Berge des Himalaja besteigen, damit er sie mit den Anden vergleichen konnte. Endlos hatte er die Briten bestürmt, ihm die Einreise auf den indischen Subkontinent zu gestatten. Er hatte sogar einen russischen Diplomaten in Paris gefragt, ob es möglich sei, aus dem Russischen Reich nach Indien oder Tibet zu reisen, ohne in Auseinandersetzungen an der Grenze zu geraten.[63]

Aber das war schon fast zwanzig Jahre her. Dann erhielt Humboldt plötzlich einen Brief vom russischen Finanzminister, dem deutschstämmigen Graf Georg von Cancrin. Im Herbst 1827, als Humboldt gerade seine Vorlesungsreihe in Berlin vorbereitete, schrieb ihm Cancrin und bat ihn um Informationen über die Möglichkeit, Platin als russische Währung einzuführen. Fünf Jahre zuvor war Platin im Ural gefunden worden, und Cancrin hoffte, Humboldt könnte ihm Einzelheiten über die Platinwährung berichten, die in Kolumbien verwendet wurde. Er wusste nämlich, dass Humboldt noch immer enge Verbindungen nach Südamerika unterhielt.[64] Sofort ergriff Humboldt die Gelegenheit. In einem mehrseitigen Brief beantwortete er Cancrins Anfragen in aller Ausführlichkeit und fügte ein kurzes Postskriptum hinzu, in dem er erklärte, dass ein Besuch Russlands sein »heißester Wunsch«[65] sei. Ural, Ararat und der Baikalsee schwebten ihm als »liebliche Bilder«[66] vor. Das war zwar nicht Indien, aber vermutlich konnte er trotzdem genügend Daten über Asien sammeln, falls er in den asiatischen Teil des russischen Reiches reisen durfte. Humboldt versicherte Cancrin, dass er trotz seiner weißen Haare den Strapazen einer langen Expedition gewachsen war und noch immer neun bis zehn Stunden ohne Unterbrechung marschieren konnte.[67]

Weniger als einen Monat später hatte Cancrin bereits mit Zar Nikolaj I. gesprochen, der Humboldt zu einer Expedition nach Russland einlud und alle Kosten übernahm.[68] Vermutlich trugen auch die engen Beziehungen zwischen dem preußischen und russischen Hof zu der freundlichen Einladung bei, denn Alexandra, die Tochter Friedrich Wilhelms III., war die Ehefrau von Zar Nikolaj I. Humboldt würde endlich nach Asien reisen.

16

Russland

Der Himmel war klar und die Luft warm. In der Sommersonne erstreckte sich die leere, glühende Ebene bis zum fernen Horizont. Ein Konvoi von drei Kutschen fuhr auf der sogenannten Transsibirischen Fernstraße entlang, die von Moskau aus mehrere Tausend Kilometer nach Osten führte.

Es war Mitte Juni 1829, Alexander von Humboldt hatte Berlin zwei Monate zuvor verlassen.[1] Der Neunundfünfzigjährige starrte durch das Kutschenfenster auf die vorbeifliegende Landschaft Sibiriens, in der sich niedrige Grassteppen mit endlosen Wäldern abwechselten, die hauptsächlich aus Pappeln, Birken, Linden und Lärchen bestanden. Hin und wieder zeichnete sich vor den weißen Birkenstämmen mit ihrer abblätternden Rinde ein grüner Wacholder ab. Die wilden Rosen blühten, und auch die kleinen Frauenschuhorchideen zeigten ihre prallen Blüten, die kleinen Beuteln glichen. Das sah zwar hübsch aus, aber so hatte sich Humboldt Russland nicht vorgestellt. Die Landschaft hatte ein wenig zu viel Ähnlichkeit mit der Umgebung des Humboldt'schen Familiensitzes in Tegel.[2]

So ging das nun schon seit Wochen – alles irgendwie vertraut. Die Straßen bestanden aus Lehm und Schotter, wie er es aus England kannte, während er Flora und Fauna »ziemlich gemein«[3] fand. Es gab nur wenige Tiere, gelegentlich ein Kaninchen oder ein Eichhörnchen, und nie mehr als zwei oder drei Vögel: eine stumme Landschaft mit wenig Vogelgezwitscher. Alles in allem ein bisschen enttäuschend. Eine sibirische Expedition sei gewiss »nicht so entzückend«[4] wie eine nach Südamerika, meinte er, aber zumindest war er draußen und nicht am Hof in Berlin eingespannt. Damit war er seinen Wünschen so nahe wie möglich gekommen – nämlich einem »Leben in der freien Natur«[5].

Humboldt auf rasender Fahrt durch Russland

Die Landschaft rauschte an ihnen vorüber. Alle 20 bis 30 Kilometer wechselten sie die Pferde an einer der Relaisstationen in den weit verstreuten Dörfern, die diese Transitstrecke nach Osten säumten. Die Straße war breit und gut instand gehalten – so gut, dass ihre Kutschen mit beängstigendem Tempo dahinrasten.[6] Da es am Weg keine Herbergen oder Gasthäuser gab, fuhren sie die meisten Nächte durch, und Humboldt schlief in seiner Kutsche[7], während sie Kilometer um Kilometer zurücklegten.

Anders als in Lateinamerika, reiste Humboldt durch Russland mit einem größeren Gefolge. Ihn begleiteten Gustav Rose, ein einunddreißigjähriger Professor für Mineralogie aus Berlin, und der vierunddreißigjährige Christian Gottfried Ehrenberg, ein erfahrener Naturforscher, der bereits eine Expedition in den Nahen Osten unternommen hatte. Außerdem waren da noch Johann Seifert, ihr Jäger für zoologische Exemplare, der viele Jahre lang Humboldts treuer Diener in Berlin bleiben sollte, sowie ein russischer Bergwerksinspektor, der sich ihnen in Moskau angeschlossen hatte, ein Koch, eine Begleitmannschaft Kosaken zu ihrem Schutz und Graf Adolphe Polier – ein alter Bekannter aus Paris, der eine reiche russische Gräfin mit einem Gut an der Westflanke des Ural unweit von Jekaterinburg geheiratet hatte. Polier war in Nischni

Nowgorod zu ihnen gestoßen, gut 1000 Kilometer südöstlich von Sankt Petersburg. Er war auf dem Weg zum Landsitz seiner Frau.[8] Sie teilten sich drei Kutschen, die mit Menschen, Instrumenten, Koffern und ihren unaufhaltsam wachsenden Sammlungen vollgestopft waren. Humboldt war auf alle Eventualitäten vorbereitet und hatte vieles eingepackt – von einem dick gefütterten Mantel über Barometer, Papierstapel, Fläschchen, Arzneien bis hin zu einem eisenfreien Zelt für seine magnetischen Beobachtungen.[9]

Jahrzehnte hatte Humboldt auf diesen Augenblick gewartet. Sobald Zar Nikolaj Ende 1827 seine Zustimmung gegeben hatte, nahm sich Humboldt viel Zeit für eine minutiöse Planung. Nach einigem Hin und Her waren Cancrin und er übereingekommen, dass die Expedition im Frühjahr 1829 von Berlin starten sollte. Doch dann hatte Humboldt seine Abfahrt um einige Wochen verschoben, weil sich der Gesundheitszustand von Wilhelms Frau Caroline, die an Krebs erkrankt war, rasch verschlechterte. Er mochte seine Schwägerin sehr und wollte in dieser schwierigen Zeit auch für Wilhelm da sein. Alexander ist »lieb und teilnehmend«[10], schrieb Caroline in ihrem letzten Brief. Als sie am 26. März nach fast vierzigjähriger Ehe starb, war Wilhelm am Boden zerstört. Alexander blieb noch zweieinhalb Wochen, doch dann brach er zu seinem russisches Abenteuer auf. Er versprach seinem Bruder, regelmäßig zu schreiben.

Humboldt hatte vor, von Sankt Petersburg nach Moskau und dann weiter ostwärts nach Jekaterinburg und Tobolsk in Sibirien zu reisen und von dort in einer großen Schleife zurückzukehren. Das Gebiet um das Schwarze Meer würde er meiden müssen, weil Russland dort seit dem Frühjahr 1828 einen Krieg mit dem Osmanischen Reich führte. Wie gern hätte er das Kaspische Meer und den schneebedeckten Ararat gesehen, einen inaktiven Vulkan, der an der heutigen türkisch-iranischen Grenze liegt; aber die Russen hatten ihm erklärt, das sei unmöglich. Sein Wunsch, »einen indiskreten Blick auf den Kaukasus und den Ararat« zu werfen, musste auf »friedlichere Zeiten«[11] warten.

Nichts war so, wie Humboldt es sich wünschte. Die gesamte Expedition war ein Kompromiss. Zar Nikolaj I. finanzierte die Reise, weil er hoffte, von Humboldt zu erfahren, wie sich Gold, Platin und andere Edelmetalle in seinem Riesenreich gewinnbringender abbauen ließen. Obwohl die Expedition offiziell dazu diente, »die Wißenschaft zu befördern«[12], interessierte sich der Zar weit mehr für die Förderung von

Handel und Wirtschaft. Im 18. Jahrhundert war Russland einer der größten Erzexporteure und Eisenproduzenten Europas, doch das industrielle England hatte es längst überholt. Schuld daran waren die feudalen Arbeitsverhältnisse in Russland, veraltete Produktionsmethoden und eine partielle Erschöpfung einiger Bergwerke.[13] Als ehemaliger Bergassessor mit immensem geologischem Wissen war Humboldt für den Zaren ein perfekter Kandidat. Aus wissenschaftlicher Sicht war die Situation nicht ideal, aber Humboldt sah keine andere Möglichkeit, sein Ziel zu erreichen. Er war fast sechzig, und die Zeit wurde knapp.

Wie mit Cancrin vereinbart, besichtigte Humboldt die Bergwerke entlang seines Weges durch Sibirien gewissenhaft. Er erfüllte diesen mühevollen Auftrag allerdings auch ganz begeistert. Er hatte nämlich eine Idee, die beweisen würde, wie weitsichtig seine vergleichende Methode war. Im Laufe der Jahre war Humboldt aufgefallen, dass verschiedene Mineralien oft zusammen aufzutreten schienen. In den brasilianischen Bergwerken wurden beispielsweise häufig Diamanten in Gold- und Platinlagerstätten gefunden. Humboldt wendete nun sein detailliertes geologisches Wissen aus Südamerika auf Russland an. Da sich im Ural ähnliche Gold- und Platinlagerstätten fanden wie in Südamerika, war Humboldt davon überzeugt, dass es dort auch Diamanten geben musste.[14] Er war sich so sicher, dass er der Zarin Alexandra in Sankt Petersburg etwas gewagt versprochen hatte, Diamanten für sie zu finden.[15]

In jeder Mine, die sie besichtigten, suchte Humboldt nach Diamanten. Er vergrub die Arme tief im Sand und durchsiebte die feinen Körner. Mit der Lupe in der Hand studierte er den Sand und glaubte, so seine glitzernden Schätze zu finden. Es sei alles nur eine Frage der Zeit, meinte er. Die meisten Beobachter hielten ihn für komplett verrückt, weil noch nie außerhalb der Tropen Diamanten gefunden worden waren. Einer der Kosaken aus der Begleitmannschaft nannte ihn sogar »den verrückten preussischen Prinzen Humplot«[16].

Aber einige Mitglieder der Reisegruppe ließen sich anstecken, unter anderem auch Humboldts Pariser Bekannter Graf Polier. Er begleitete die Expedition einige Wochen und beobachtete die Suche nach Diamanten. Am 1. Juli trennte Polier sich von Humboldt, um das Gut seiner Frau bei Jekaterinburg zu inspizieren, wo sie Gold und Platin abbauten. Davon angesteckt, wie sicher sich Humboldt seiner Sache war, wies Polier seine Leute sofort an, nach den Edelsteinen Ausschau zu halten. Und tatsächlich – wenige Stunden nach seiner Ankunft fanden sie den ersten Diamanten, der im Ural entdeckt wurde.[17] Als Polier einen Artikel über seinen Fund veröffentlichte, verbreitete sich die Nachricht rasch in ganz Russland und Europa. In nur einem Monat fand man in Russland siebenunddreißig Diamanten.[18] Humboldt hatte recht gehabt. Und obwohl er wusste, dass sich seine Annahme auf harte wissenschaftliche Daten stützte, erschien es vielen Leuten so geheimnisvoll, dass sie an Zauberei glaubten.[19]

Begeistert schrieb Humboldt an Cancrin, der Ural sei ein »wahres Dorado«[20]. Für ihn war seine exakte Vorhersage eher der Beweis für eine wunderschöne wissenschaftliche Analogie, doch die Russen sahen darin das Versprechen von wirtschaftlichen Gewinnen. Humboldt zog es vor, diesen Aspekt zu ignorieren – und das war nicht das Einzige, was er bei dieser Expedition überging. In Lateinamerika hatte er alle Aspekte der spanischen Kolonialherrschaft kritisiert, vom Raubbau an den natürlichen Ressourcen und von der Zerstörung der Wälder bis zu den Grausamkeiten an der indigenen Bevölkerung und den Schrecken der Sklaverei. Damals hatte er nachdrücklich erklärt, dass Reisende, die Zeugen von Qualen und Erniedrigungen wurden, verpflichtet seien, »diese Klagen der Unglückseligen denjenigen zu übermitteln, die sie lindern können«[21]. Nur wenige Monate bevor er nach Russland aufbrach, hatte Humboldt gegenüber Cancrin begeistert geäußert, dass er sich sehr darauf freue, die Landbevölkerung in den »ärmern Provinzen« des Ostens zu besuchen.[22] Doch das war nicht im Sinne der Russen. Mit großer Entschiedenheit hatte Cancrin erwidert, die Expedition diene ausschließlich wissenschaftlichen und wirtschaftlichen Zwecken. Humboldt war es nicht gestattet, die russische Gesellschaft oder die Leibeigenschaft in irgendeiner Weise zu kommentieren oder zu kritisieren.

Unter Zar Nikolaj I. herrschten in Russland Absolutismus und Ungleichheit. Es war kein Land, in dem die Menschen zu liberalen Ideen und offener Kritik ermuntert wurden. Als am ersten Tag seiner Herrschaft, im Dezember 1825, ein Aufstand ausbrach, hatte Nikolaj I. geschworen, er werde Russland mit eiserner Faust regieren. Über das ganze Land zog sich ein lückenloses Netz von Spionen und Informanten. Die Regierung war zentralisiert und fest in der Hand des Zaren. Jedes geschriebene Wort – egal, ob es sich um Gedichte oder Zeitungsartikel handelte – wurde streng zensiert und jeder liberale Gedanke unterdrückt. Wer den Zaren oder die Regierung kritisierte, wurde postwendend nach

Sibirien deportiert. Nikolaj I. betrachtete sich als einen Wächter vor Revolutionen.

Er legte großen Wert auf sehr genaue Anordnungen, Förmlichkeit und Disziplin. Nur wenige Jahre nach Humboldts Russlandexpedition verkündete Nikolaj I. die drei Fundamente der ideologischen Doktrin Russlands: »Orthodoxie, Autokratie und Volkstum« – das orthodoxe Christentum, die Herrschaft des Hauses Romanow und die Betonung der russischen Tradition im Gegensatz zur verwestlichten Kultur.

Humboldt wusste, was von ihm erwartet wurde, und hatte Cancrin versprochen, sich bei seinen Beobachtungen auf die Natur des Landes zu beschränken. Er würde alles vermeiden, was die Regierungspolitik und die »Verhältnisse der unteren Volks-Classen«[23] berührte. Er würde das russische Feudalsystem keiner öffentlichen Kritik unterziehen – ganz gleich, wie schlecht die Bauern behandelt würden. Nicht ganz aufrichtig hatte er Cancrin sogar mitgeteilt, dass Ausländer, die die Landessprache nicht beherrschten, die Verhältnisse im Lande ohnehin nicht verstehen könnten und nur falsche Gerüchte in die Welt setzen würden.

Schon bald erkannte Humboldt, wie weit Cancrins Kontrolle reichte, denn entlang der gesamten Route erwarteten ihn Beamte und berichteten dann nach Sankt Petersburg. Obwohl er weit von Moskau und Sankt Petersburg entfernt war, befand sich Humboldt keineswegs in unberührter Natur. Beispielsweise war Jekaterinburg, das etwa 1500 Kilometer östlich von Moskau lag und das Tor zum asiatischen Teil Russlands bildete, ein großes Industriezentrum – eine Stadt mit rund 15 000 Einwohnern, die großenteils in den Bergwerken und Manufakturen beschäftigt waren.[24] Hier gab es Goldminen, Stahlwerke, Hochöfen, Steinschleifereien, Gießereien und Schmieden. Gold, Platin, Kupfer, Erze, Edel- und Halbedelsteine gehörten zu den vielen Naturvorkommen der Region. Die Transsibirische Fernstraße war die wichtigste Handelsroute, die die Fabrik- und Bergwerksstädte des Riesenreichs miteinander verband. Überall, wo Humboldt und sein Team haltmachten, hießen sie Gouverneure, Stadtvertreter und andere ordenbedeckte Würdenträger willkommen. Es gab lange Festessen, Reden und Bälle – und keine Zeit, um allein zu sein. Humboldt hasste diese Formalitäten, weil er auf Schritt und Tritt überwacht und begleitet wurde – »wie ein Kranker«[25], schrieb er Wilhelm.

Ende Juli, mehr als drei Monate nach dem Aufbruch in Berlin, erreichte Humboldt Tobolsk – fast 3000 Kilometer von Sankt Petersburg entfernt und der östlichste Punkt seiner vorgeschriebenen Route –, aber es war immer noch nicht wild und unberührt genug für seinen Geschmack.[26] Humboldt hatte nicht den langen Weg auf sich genommen, um jetzt umzukehren. Er hatte andere Pläne. Statt, wie ursprünglich vereinbart, direkt nach Sankt Petersburg zurückzufahren, setzte er sich einfach über Cancrins Anweisungen hinweg und machte einen Umweg von mehr als 3000 Kilometern. Er wollte das Altaigebirge im Osten sehen, wo Russland, China und die Mongolei zusammentreffen – das Gegenstück zu seinen Beobachtungen in den Anden.

Nachdem sich alle Pläne für eine Himalajaexpedition zerschlagen hatten, war das Altaigebirge die beste Möglichkeit, um Daten über eine zentralasiatische Gebirgskette zu sammeln. Das Ergebnis der russischen Expedition basierte, wie er später schrieb, auf diesen »Analogien und Contrasten«[27]. Der Altai war der wahre Grund, warum er viele unbequeme Nachtfahrten in der Kutsche in Kauf genommen hatte. Dadurch hatten sie so viel Zeit gewonnen, dass Humboldt dachte, er könne die Reise ausdehnen, ohne in zu viele Schwierigkeiten zu geraten. Von Jekaterinburg aus hatte er bereits Wilhelm über seine Absichten informiert, aber sonst niemanden eingeweiht. Cancrin berichtete er erst am Tag vor seiner Abreise aus Tobolsk von »einer kleinen Erweiterung«[28] ihrer Route – wobei er sehr genau wusste, dass Cancrin im fernen Sankt Petersburg nichts dagegen unternehmen konnte.

Humboldt versuchte Cancrin zu besänftigen, indem er ihm versprach, noch mehr Bergwerke zu besichtigen, und erwähnte, dass er einige seltene Pflanzen und Tiere zu finden hoffte. Etwas melodramatisch fügte er hinzu, dass dies die letzte Chance »vor meinem Tode«[29] sei. Statt den Rückweg anzutreten, setzte Humboldt also seine Reise nach Osten durch die Barabasteppe Richtung Barnaul bis zur Westflanke des Altaigebirges fort. Als Cancrin den Brief fast einen Monat später erhielt, hatte Humboldt sein Ziel längst erreicht.[30]

Sobald Humboldt Tobolsk verlassen hatte und von der vorgeschriebenen Reiseroute abgewichen war, machte ihm sein Abenteuer endlich Spaß. Das Alter hatte seine Energie nicht gedämpft. Sein Team staunte über den Neunundfünfzigjährigen, der noch stundenlang »ohne sichtbare Ermüdung«[31] wanderte. Er trug immer einen dunklen Gehrock, ein weißes Halstuch und einen runden Hut und marschierte vorsichtig, aber entschlossen und ohne Pause. Je anstrengender die Reise, desto mehr genoss Humboldt sie. Bisher war diese Expedition wohl nicht so aufregend wie die Abenteuer in Südamerika, doch jetzt erreichten sie weit unberührtere Gegenden. Humboldt war Tausende von Kilometern von den wissenschaftlichen Zentren Europas entfernt, in einer rauen Landschaft. Die Steppe zwischen Tobolsk und Barnaul im Vorland der Altaikette erstreckte sich über rund 1500 Kilometer gen Osten. Auf ihrem weiteren Weg auf der Transsibirischen Fernstraße kamen sie durch immer weniger Dörfer – es waren zwar noch genug, um die Pferde regelmäßig zu wechseln, aber das Land zwischen ihnen war häufig verlassen.[32]

Diese Leere war von eigenartiger Schönheit. Die Sommerblüte hatte die Ebenen in ein Meer aus Rot und Blau verwandelt. Humboldt sah die rötlichen Blütenkerzen des Weidenröschens *(Epilobium angustifolia)* und das leuchtende Blau des Rittersporns *(Delphinium elatum)*. An anderer Stelle dominierte das lebhafte Rot der Brennenden Liebe *(Lychnis chalcedonica)*, aber nach wie vor gab es kaum wilde Tiere, vor allem auffällig wenige Vögel.

Das Thermometer sank nachts auf sechs Grad Celsius und kletterte auf dreißig Grad Celsius am Tag. Humboldt und seine Begleiter litten genauso unter Stechmücken wie Bonpland und er während der Orinoco-Expedition rund dreißig Jahre zuvor. Um sich zu schützen, trugen sie jetzt schwere Ledermasken.[33] Diese Masken hatten kleine Augenöffnungen mit einem durchsichtigen Gitter aus Pferdehaar – sie schützten zwar vor den bösartigen Insekten, ließen jedoch kaum Luft herein. Es war unerträglich heiß, aber das machte alles nichts. Humboldt war bester Stimmung, weil er endlich von der strengen Aufsicht der russischen Behörden befreit war. Sie fuhren Tag und Nacht und schliefen in ihren holpernden Kutschen. Es fühlt sich an wie »eine wahre Schifffahrt zu Lande«[34], schrieb Humboldt, während sie über die monotone Ebene segelten wie über einen Ozean. Im Schnitt schafften sie mehr als 150 Kilometer pro Tag und manchmal sogar 300 Kilometer in 24 Stunden. Die Transsibirische Fernstraße war so gut wie die besten Straßen Europas. Stolz notierte Humboldt, dass sie schneller waren als jeder europäische Eilbote.

Doch fünf Tage nachdem sie Tobolsk verlassen hatten, am 29. Juli 1829, stoppte der Konvoi plötzlich. Die Einheimischen berichteten ihnen, dass sich in der Barabasteppe eine Milzbrandepidemie ausbreitete – die »Sibirische Pest«, wie die Deutschen sie nannten.[35] Milzbrand befällt gewöhnlich zuerst Pflanzenfresser wie Rinder und Ziegen, da die Tiere die extrem harten Sporen der Bakterien verdauen, die die Krankheit verursachen. Sie kann auf den Menschen übertragen werden – eine tödliche

Humboldt auf dem Weg durch die Barabasteppe

Krankheit, für die es keine Heilung gibt. Allerdings führte der einzige Weg zum Altaigebirge mitten durch die betroffene Region. Humboldt entschied sich schnell. Milzbrand oder nicht, sie würden ihre Reise fortsetzen. »Bei meinem Alter«, sagte er, »muß man nicht aufschieben.«[36] Alle Bediensteten fuhren nun in den Kutschen mit, und sie versorgten sich mit Wasservorräten, um ihren Kontakt mit möglicherweise infizierten Menschen oder Lebensmitteln so weit wie möglich zu reduzieren. Allerdings mussten sie weiterhin ihre Pferde wechseln und riskierten, ein erkranktes Kutschpferd einzuspannen.

Schweigend saßen sie im Inneren ihrer kleinen Gefährte bei fest verschlossenen Fenstern und fuhren durch eine Landschaft des Todes. Die »Spuren der Pest«[37] waren überall zu sehen, schrieb Humboldts Reisegefährte Gustav Rose in sein Tagebuch. An den Ein- und Ausgängen der Dörfer brannten Feuer – ein Ritual, das »die Luft reinigen sollte«[38]. Sie kamen an improvisierten Krankenhäusern vorüber und an toten Tieren, die auf den Feldern lagen. In einem kleinen Dorf waren allein fünfhundert Pferde verendet.

Nach ein paar unbequemen Reisetagen erreichten sie den Fluss Ob und damit das Ende der Steppe. Zugleich markierte er die Grenze der Milzbrandepidemie. Sie brauchten also nur über den Fluss zu setzen, um der Krankheit zu entkommen. Doch als sie die Überquerung vorberei-

teten, kam ein Wind auf, der sich rasch zu einem wütenden Sturm entwickelte.[39] Die Wellen waren zu hoch für das Fährboot, das die Kutschen
und Menschen befördern sollte. Dieses Mal hatte Humboldt nichts gegen die Verzögerung einzuwenden. In den letzten Tagen waren alle sehr
angespannt gewesen, aber nun war es fast vorüber. Sie brieten sich ein
paar frisch gefangene Fische und genossen den Regen, weil er die Stechmücken vertrieb. Endlich konnten sie ihre stickigen Masken abnehmen.
Am anderen Ufer warteten die Berge auf Humboldt. Als der Sturm sich
legte, überquerten sie den Fluss und erreichten am 2. August die florie-
rende Bergwerksstadt Barnaul – Humboldt war fast am Ziel. Sie hatten
die gut 1500 Kilometer von Tobolsk in nur neun Tagen zurückgelegt.[40]
Jetzt waren sie 5500 Kilometer östlich von Berlin – nach Humboldts Berechnungen so weit, wie Caracas westlich von Berlin lag.[41]

Drei Tage später, am 5. August, sah Humboldt das Altaigebirge zum
ersten Mal in der Ferne aufragen.[42] An dessen Ausläufern lagen etliche
Bergwerke und Gießereien, die sie auf dem Weg nach Ust-Kamenogorsk erkundeten, einer Festung an der Grenze zur Mongolei – Öske-
men im heutigen Kasachstan. Von dort aus wurden die Wege in die Berge
so steil, dass sie ihre Kutschen und den größten Teil ihres Gepäcks in
der Festung zurückließen und sich mit den schmalen, flachen Karren be-
halfen, die die Einheimischen verwendeten.[43] Als sie höher kamen, gingen sie häufig zu Fuß, vorbei an gewaltigen Granitwänden und Höhlen;
dort untersuchte Humboldt die Gesteinsschichten, machte sich Notizen und fertigte Skizzen an. Wenn seine wissenschaftlichen Gefährten
Gustav Rose und Christian Gottfried Ehrenberg Pflanzen und Steine
sammelten, wurde Humboldt gelegentlich ungeduldig und eilte voraus,
um höher zu klettern oder um eine Höhle zu erforschen.[44] Ehrenberg
war so begeistert auf der Jagd nach Pflanzen, dass die Kosaken der Begleitmannschaft ihn regelmäßig suchen mussten. Einmal fanden sie ihn
triefend nass in einem Sumpfloch wieder, in der einen Hand etwas Gras,
in der anderen eine moosartige Pflanze, von der er mit verklärtem Blick
verkündete, es handle sich um die gleiche Art, mit der »der Grund des
Roten Meeres bedeckt ist«[45].

Humboldt war wieder in seinem Element. Er kroch in tiefe Stollen,
schlug Gesteinsproben ab, presste Pflanzen, kletterte auf Berge und
verglich die entdeckten Erzadern mit denen in Neugranada, das Gebirge mit den Anden und die sibirischen Steppen mit den Llanos in
Venezuela. Der Ural mochte für den kommerziellen Bergbau von Be-

deutung sein, aber die »eigentliche Freude«[46] kam erst im Altaigebirge auf.

In den Tälern wuchsen die Grasbüschel und Sträucher so hoch, dass sie sich nicht sehen konnten, selbst wenn sie nur ein paar Schritte voneinander entfernt waren; weiter oben gab es überhaupt keine mehr.[47] Die riesigen Berge glichen »mächtigen Domen«[48], notierte Rose in seinem Tagebuch. Sie konnten den Gipfel des Belucha sehen, mit seinem schneebedeckten Doppelspitzen der höchste Berg des Altai, wenn auch mit 4506 Metern fast 2000 Meter niedriger als der Chimborazo. Mitte August waren sie so tief in die Bergkette vorgedrungen, dass die höchsten Gipfel verlockend nahe waren. Doch es war schon zu spät im Jahr – der Schnee hinderte sie daran, höher zu steigen. Ein Teil war zwar im Mai geschmolzen, aber im Juli präsentierten sich die Berge bereits wieder tief verschneit. Humboldt musste seine Niederlage eingestehen, obwohl ihn der Anblick des Belucha ungemein reizte, ihn zu erklimmen.[49] Bei diesen Verhältnissen war es jedoch unmöglich – tatsächlich gelang es erst im zweiten Jahrzehnt des 20. Jahrhunderts, den Belucha zu besteigen. Für Humboldt waren die höchsten Gipfel Zentralasiens unerreichbar. Die Jahreszeit und sein Alter waren gegen ihn.

Trotz seiner Enttäuschung hatte Humboldt genug gesehen. Seine Truhen waren vollgestopft mit gepressten Pflanzen, langen Messtabellen sowie Gesteins- und Erzproben. Als er auf heiße Quellen stieß, schloss er daraus, dass sie mit den leichten Erdbeben in der Region zusammenhingen.[50] Ganz gleich, wie viel sie während des Tages wanderten und kletterten, abends hatte er immer noch genügend Energie, um die Instrumente für die astronomischen Beobachtungen aufzustellen. Er fühlte sich stark und fit. »Meine Gesundheit ist hervorragend«, schrieb er Wilhelm.[51]

Sie machten sich wieder auf die Reise, und Humboldt beschloss, die chinesisch-mongolische Grenze zu überqueren. Ein Kosak wurde vorausgeschickt, um den Beamten, die diese Region beaufsichtigten, ihre Ankunft anzukündigen. Am 17. August trafen Humboldt und seine Reisegruppe in Baty am Fluss Irtysch ein. Auf dem linken Ufer lag der mongolische Grenzposten, auf dem rechten der chinesische.[52] Es gab ein paar Jurten, einige Kamele, Ziegenhirten und rund achtzig raue Soldaten, die laut Humboldt »in Lumpen«[53] gekleidet waren.

Humboldt nahm zunächst Kontakt zu dem chinesischen Grenzposten auf und besuchte den Kommandanten in seiner Jurte. Dort saßen sie auf Kissen und Teppichen, und er breitete seine Geschenke aus: Tücher, Zucker, Bleistifte und Wein. Eine Kette von Dolmetschern übermittelte die Freundschaftsbekundungen, zuerst vom Deutschen ins Russische, dann vom Russischen ins Mongolische und schließlich vom Mongolischen ins Chinesische. Im Gegensatz zu den ungepflegten Soldaten wirkte ihr Kommandant sehr eindrucksvoll. Er war erst wenige Tage zuvor aus Beijing eingetroffen und trug eine lange blaue Seidenjacke und einen Hut, der mit mehreren bunten Pfauenfedern geschmückt war.

Danach wurde Humboldt über den Fluss zum mongolischen Offizier in der anderen Jurte gerudert. Inzwischen wuchs die Zahl der Schaulustigen. Fasziniert von ihren fremden Gästen, berührten und betasteten die Mongolen Humboldt und seine Gefährten. Dieses Mal war Humboldt das exotische Geschöpf. Die Einheimischen piksten ihm mit dem Finger in den Bauch, hoben seine Jacke an und stupsten ihn – und er genoss jede Minute der seltsamen Begegnung. Er war in China, dem »himmlischen Reich«[54], schrieb er nach Hause.

Es wurde Zeit umzukehren. Da Cancrin ihn angewiesen hatte, auf keinen Fall über Tobolsk hinaus nach Osten zu reisen, wollte Humboldt wenigstens zur vereinbarten Zeit wieder in Sankt Petersburg eintreffen. Sie mussten ihre Kutschen in der Festung Ust-Kamenogorsk abholen und dann am Südrand des Russischen Reiches über Omsk, Miass und Orenburg nach Westen fahren, eine Reise von fast 5000 Kilometern und zum großen Teil entlang der chinesischen Grenze. Diese Grenze von über 3500 Kilometern Länge war mit zahlreichen Grenzposten, Wachttürmen und kleinen, mit Kosaken bemannten Festungen bewehrt; es war die Heimat der nomadischen Kirgisen.[*55]

Am 14. September feierte Humboldt in Miass seinen sechzigsten Geburtstag mit dem Apotheker des Ortes, der kein Geringerer als der Großvater von Wladimir Iljitsch Lenin werden sollte.[56] Am folgenden Tag schickte Humboldt Cancrin einen Brief und teilte ihm mit, dass er einen Wendepunkt in seinem Leben erreicht hatte. Obwohl sich nicht alle seine Wünsche realisiert hatten, bevor er alt und schwach wurde, hatte er den Altai und die Steppen gesehen. Das erfüllte ihn mit größter Befriedigung und hatte ihm außerdem die Daten geliefert, die er brauchte. »Vor dreißig Jahren war ich in den Wäldern des Orinoco und auf den Cordilleren«, schrieb er. Jetzt sei er endlich in der Lage, die ver-

---

* Die Kasachen- oder Kirgisensteppe ist die größte Trockensteppe der Welt und erstreckt sich vom Altaigebirge im Osten bis zum Kaspischen Meer im Westen.

bleibende »große Masse von Ideen« zusammenzufassen.[57] Das Jahr 1829 sei »das wichtigste meines unruhigen Lebens«.

Von Miass aus setzten sie ihren Weg bis Orenburg fort, wo Humboldt erneut beschloss, von ihrer Route abzuweichen.[58] Statt in nordwestlicher Richtung nach Moskau und von dort nach Sankt Petersburg zu fahren, wandte er sich jetzt nach Süden zum Kaspischen Meer – ein weiterer großer und nicht genehmigter Umweg. Als Junge hatte er davon geträumt, zum Kaspischen Meer zu reisen, schrieb er Cancrin am Morgen seines Aufbruchs. Er musste diesen riesigen Binnensee sehen, bevor es für ihn zu spät war.

Vermutlich ermutigte die Nachricht von Russlands Sieg über das Osmanische Reich Humboldt dazu, seine Pläne zu ändern. Eilkuriere von Cancrin hatten ihn auf dem Laufenden gehalten.[59] Während der vergangenen Monate waren russische Soldaten von beiden Seiten des Schwarzen Meeres in Richtung Konstantinopel marschiert und hatten das osmanische Heer immer wieder besiegt. Als eine türkische Festung nach der anderen fiel, erkannte Sultan Mahmud II., dass der Sieg den Russen gehörte. Am 14. September beendete der Frieden von Adrianopel den Krieg – und nun konnte Humboldt plötzlich in eine riesige Region reisen, die bisher zu gefährlich gewesen war. Nur zehn Tage später unterrichtete Humboldt seinen Bruder darüber, dass er jetzt nach Astrachan am Ufer der Wolga unterwegs sei, wo sich der Riesenstrom in das Nordende des Kaspischen Meeres ergoss.[60] Der Frieden, der »vor den Thoren Constaninopels geschlossen ist«[61], so schrieb Humboldt an Cancrin, sei »gewiss glorreichern«.

Mitte Oktober erreichte die Expedition Astrachan und ging an Bord eines Dampfschiffes, um das Kaspische Meer und die Wolga zu erkunden.[62] Das Kaspische Meer war bekannt für seine wechselnden Wasserstände – was Humboldt genauso faszinierte, wie ihn dreißig Jahre zuvor der Valenciasee in Venezuela gefesselt hatte. Wie er nach seiner Reise den Wissenschaftlern in Sankt Petersburg erläuterte, war er überzeugt, dass man Messstationen rund um den See einrichten müsse, um einerseits das Steigen und Sinken des Wassers methodisch aufzuzeichnen, andererseits auch mögliche Bewegungen am Seeboden zu untersuchen. Er vermutete nämlich, dass Vulkane und unterirdische Kräfte für das Phänomen verantwortlich waren.[63] Später spekulierte er, dass die Kaspische Senke – die Region am Nordteil des Kaspischen Meeres, die fast 30 Meter unterhalb des Meeresspiegels liegt – zur gleichen Zeit abgesunken sei, wie das zentralasiatische Hochplateau und der Himalaja aufgestiegen waren.[64]

Heute wissen wir, dass es unterschiedliche Gründe für die wechselnden Wasserstände gibt. Ein Faktor ist die jeweilige Wassermenge der Wolga, und die wiederum hängt von der Regenmenge ab, die auf eine riesige Auffangfläche fällt – all das steht in Verbindung mit den atmosphärischen Verhältnissen im Nordatlantik. Viele Wissenschaftler vertreten aktuell die Meinung, dass die Schwankungen der Wasserstände im Kaspischen Meer die Klimaveränderungen in der nördlichen Hemisphäre widerspiegeln, weshalb dieser See eine wichtige Rolle in Untersuchungen zum Klimawandel spielt. Andere Theorien gehen davon aus, dass die Wasserstände von tektonischen Kräften beeinflusst werden. Diese globalen Zusammenhänge interessierten auch Humboldt. Das Kaspische Meer zu sehen, schrieb er an Wilhelm, sei »ein Glanzpunkt des Lebens«[65].

Es war Ende Oktober, und der russische Winter hatte sie schon fast im Griff. Humboldt wurde in Moskau erwartet und dann in Sankt Petersburg, wo er über seine Expedition berichten sollte. Er kehrte glücklich zurück. Er hatte tiefe Bergwerke und schneebedeckte Berge gesehen, die größte Trockensteppe der Welt durchquert und am Ufer des Kaspischen Meeres gestanden. An der mongolischen Grenze trank er mit dem chinesischen Kommandanten Tee und bei den Kirgisen vergorene Stutenmilch. Zwischen Astrachan und Wolgograd gab der gebildete Khan des Kalmückenvolks ein Konzert zu Humboldts Ehren, bei dem ein Kalmückenchor Mozart-Ouvertüren sang. Humboldt hatte Saiga-Antilopen beobachtet, die über die Kasachensteppe preschten, Schlangen, die sich auf einer Wolgainsel sonnten, und einen nackten indischen Fakir, den es nach Astrachan verschlagen hatte. Er behielt recht mit seiner Vorhersage, dass es Diamanten in Sibirien gebe, hatte entgegen seinen Anweisungen mit politisch Verbannten gesprochen und sogar einen nach Sibirien deportierten Polen getroffen, der Humboldt stolz sein Exemplar von dem *Versuch über den politischen Zustand des Königreichs Neuspanien* zeigte. In den zurückliegenden Monaten hatte Humboldt eine Milzbrandepidemie überlebt und stark abgenommen, weil er das sibirische Essen unverdaulich fand. Er hatte sein Thermometer in tiefe Brunnen getaucht, die Instrumente quer durch das Russische Reich geschleppt und Tausende von Messungen vorgenommen. Ihre Kutschen waren schwer beladen mit Steinen, gepressten Pflanzen, Fischen in kleinen Flaschen, ausgestopften Tieren sowie alten Handschriften und Büchern für Wilhelm.[66]

Humboldt interessierte sich ja nicht nur für Botanik, Zoologie oder Geologie, sondern auch für Land- und Forstwirtschaft. Als ihm auffiel, wie rasch die Wälder rund um die Bergbauzentren verschwanden, klagte er in einem Brief an Cancrin über den »Mangel an Holz«[67] und riet ihm, keine Dampfmaschinen zu verwenden, um überflutete Bergwerke trockenzulegen, weil die viel zu viel Holz brauchten. In der Barabasteppe, in der die Milzbrandepidemie gewütet hatte, waren Humboldt die Umweltauswirkungen intensiver Landwirtschaft aufgefallen. Die Region war (und ist) ein wichtiges Agrarzentrum Sibiriens. Die Bauern dort hatten Sümpfe und Seen trockengelegt, um Land für Äcker und Weiden zu gewinnen. Dadurch waren die Marschebenen stark ausgetrocknet, und dieser Prozess setzte sich laut Humboldt weiter fort.[68]

Humboldt suchte nach den »Beziehungen, welche alle Phänomene und alle Kräfte der Natur verketten«[69]. Russland war das letzte Kapitel in seinem Werk über sein Naturverständnis – er überprüfte und verifizierte alle Daten, die er in den vergangenen Jahrzehnten zusammengetragen hatte, und verknüpfte sie miteinander. Dabei ging es ihm in erster Linie um einen Vergleich und nicht um Entdeckung. Die Ergebnisse der russischen Expedition veröffentlichte er in zwei Büchern* und berichtete darin auch über die Zerstörung der Wälder und die langfristigen Veränderungen der Umwelt durch Menschenhand.[70] Dabei kam er zu dem Schluss, dass die Menschheit das Klima hauptsächlich auf drei Arten beeinträchtige: Abholzung, rücksichtslose Bewässerung und, vielleicht besonders prophetisch, die »Entwicklung großer Dampf- und Gasmassen an den Mittelpunkten der Industrie«[71]. Noch nie hatte jemand die Beziehung zwischen Mensch und Natur auf diese Weise betrachtet.**[72]

Am 13. November 1829 traf Humboldt schließlich wieder in Sankt Petersburg ein. Seine Ausdauer war erstaunlich. Seit die Reisegruppe am 20. Mai in Sankt Petersburg aufgebrochen war, hatte sie mehr als

---

* Bei den beiden Büchern handelt es sich um *Fragmente einer Geologie und Klimatologie Asiens* (1832) und *Central-Asien. Untersuchungen über die Gebirgsketten und die vergleichende Klimatologie* (1844), zuerst in Frankreich veröffentlicht unter den Titeln *Fragmens de géologie et de climatologie asiatiques* (1831) und *Asie centrale, recherches sur les chaînes de montagnes et la climatologie comparée* (1843).

** Humboldts Auffassungen unterschieden sich so grundlegend von der allgemeinen Meinung, dass sein Übersetzer ihm nicht folgen wollte. In der deutschen Ausgabe fügte er eine Fußnote ein und bemerkte, dass der Einfluss der Abholzung, so wie er von Humboldt dargestellt werde, »zweifelhaft« sei.

Kaiserliche Akademie der Wissenschaften in Sankt Petersburg

15 000 Kilometer in weniger als sechs Monaten zurückgelegt und dabei an 658 Relaisstationen 12 244 Pferde gewechselt.[73] Humboldt fühlte sich gesünder denn je, gestärkt durch den langen Aufenthalt im Freien und die Aufregungen ihrer Abenteuer.[74] Jeder wollte von seiner Expedition hören. Ein paar Tage zuvor hatte er in Moskau bereits ein ähnliches Spektakel über sich ergehen lassen müssen, als offenbar die halbe Stadt zu seiner Begrüßung erschienen war, in Galauniformen und mit Bändern und Ehrenzeichen behängt.[75] In beiden Städten wurden zu seinen Ehren Feste gegeben und Reden gehalten, in denen man ihn als »Prometheus unserer Zeit«[76] feierte. Niemand schien ihm übelzunehmen, dass er von seiner ursprünglichen Route abgewichen war.

Wie so oft irritierten Humboldt diese offiziellen Empfänge. Statt über seine Klimabeobachtungen und geologischen Untersuchungen zu berichten, sah er sich gezwungen, einen Zopf zu bewundern, der aus dem Haar von Peter dem Großen geflochten war. Während die Zarenfamilie mehr über die spektakulären Diamantenfunde erfahren wollte, insistierten die russischen Wissenschaftler, seine Sammlungen zu sehen. Und so wurde Humboldt wieder einmal von einem zum anderen weitergereicht. Doch so sehr ihm diese Veranstaltungen auch gegen den Strich gingen, er blieb immer charmant und geduldig. Der russische Dichter Alexander Puschkin war begeistert von Humboldt. »Hinreißende Reden springen ihm nur so aus dem Munde«[77], sagte er – wie das Wasser, das aus dem Maul des Marmorlöwen in der Großen Kaskade vom Zarenpalast in Sankt Petersburg sprudelte. Privat beklagte sich Humboldt über all die pompösen Festlichkeiten: Die »Last all der Pflichten« sei so groß, dass er »beinahe zusammenbreche«[78], schrieb er an Wilhelm; aber er versuchte auch, seinen Ruhm und seinen Einfluss zu nutzen. Obwohl er keine öffentliche Kritik an den Lebensverhältnissen der Kleinbauern und Landarbeiter äußerte, bat er den Zaren doch, einige der Menschen zu begnadigen, denen er auf seiner Reise begegnet war.[79]

An der Kaiserlichen Akademie der Wissenschaften in Sankt Petersburg hielt Humboldt einen Vortrag, der eine umfangreiche internationale wissenschaftliche Zusammenarbeit auslöste. Seit Jahrzehnten beschäftigte sich Humboldt mit dem Geomagnetismus – genauso wie mit dem Klima –, weil er eine globale Kraft war. Entschlossen, mehr über den, wie er es formulierte, »geheimnißvollen Gang der Magnetnadel«[80] in Erfahrung zu bringen, schlug Humboldt die Einrichtung einer Kette von Beobachtungsstationen im gesamten Russischen Reich vor. Er wollte herausfinden, ob die magnetischen Schwankungen irdischen Ursprungs waren – beispielsweise durch Klimaveränderungen erzeugt – oder ob die Sonne sie verursachte. Der Geomagnetismus sei ein Schlüsselphänomen zum Verständnis der Beziehung zwischen Himmel und Erde, erläuterte Humboldt, weil er »uns offenbaren kann, was ganz tief im Inneren unseres Planeten oder in den oberen Regionen unserer Atmosphäre vor sich geht«[81].

Humboldt erforschte das Phänomen schon seit Langem. In den Anden hatte er den magnetischen Äquator entdeckt, und 1806, als er in Berlin festsaß, weil die französische Armee in Preußen seine Rückkehr nach Paris verhinderte, hatten er und ein Kollege jede Stunde bei Tag und Nacht magnetische Beobachtungen vorgenommen, ein Experiment, das er nach seiner Rückkehr im Jahr 1827 wiederholte.[82] Im Anschluss an seine russische Expedition forderte Humboldt seine deutschen Kollegen sowie führende britische, französische und amerikanische Gelehrte auf, sich an der Sammlung weiterer globaler Daten zu beteiligen. Er appellierte an sie als Mitglieder eines »großen Bündnisses«[83].

Schon nach wenigen Jahren umspannte ein Netz von Magnetstationen den Globus: in Sankt Petersburg, Beijing und Alaska, in Kanada und Jamaika, Australien und Neuseeland, Ceylon und sogar auf der entlegenen Insel Sankt Helena im Südatlantik, auf die Napoleon verbannt wurde. In drei Jahren wurden fast zwei Millionen Beobachtungen zusammengetragen.[84] Wie die Wissenschaftler, die sich heute mit dem Klimawandel beschäftigen, sammelten auch diese Forscher in den neuen Stationen globale Daten und beteiligten sich an einem Vorhaben, das wir als wissenschaftliches Großprojekt bezeichnen würden. Es war eine internationale Zusammenarbeit in enormem Maßstab – der sogenannte »Magnetische Kreuzzug«.

Humboldt nutzte seinen Petersburger Vortrag auch, um in dem riesigen Russischen Reich Klimastudien anzuregen. Er wünschte sich Daten, die darüber Aufschluss gaben, wie sich die Zerstörung von Wäldern auf das Klima auswirkte – die erste große Studie über den Einfluss des Menschen auf die Klimabedingungen. Es sei die Pflicht der Wissenschaftler, so Humboldt, zu untersuchen, »was in der Ökonomie der Natur veränderlich ist«[85].

Zwei Wochen später, am 15. Dezember, brach Humboldt in Sankt Petersburg auf. Vor seiner Abfahrt gab er Cancrin ein Drittel des Geldes zurück, das er für seine Expedition erhalten hatte, und bat ihn, einen anderen Forschungsreisenden damit zu finanzieren[86] – der Erwerb von Wissen war ihm wichtiger als sein finanzieller Vorteil. Seine Kutschen waren gefüllt mit den Sammlungen, die er für den preußischen König zusammengetragen hatte. Sie waren derart beladen, sagte Humboldt, dass sie einem »Naturaliencabinet«[87] auf Rädern glichen. Zwischen den Steinproben und gepressten Pflanzen waren seine Instrumente verstaut, seine Notizhefte und eine opulente, zwei Meter hohe Vase auf einem Sockel, die ihm der Zar zusammen mit einem kostbaren Zobelpelz geschenkt hatte.*

Es war eisig kalt, als sie sich in rasender Fahrt nach Berlin aufmachten. Bei Riga verlor Humboldts Kutscher auf einer gefährlich vereisten Straße die Kontrolle über das Gefährt, und die Kutsche krachte ungebremst in eine Brücke. Als das Geländer unter der Wucht des Aufpralls zerbrach, stürzte eines der Pferde in den zweieinhalb Meter tiefer gelegenen Fluss und zog seine Fracht mit sich. Eine Seite der Kutsche war vollkommen zerschmettert. Humboldt und die anderen Passagiere wurden hinausgeschleudert und landeten nur wenige Zentimeter vom Brückenrand entfernt. Überraschenderweise war nur das Pferd verletzt, aber die

---

* Die Vase schenkte Humboldt dem Alten Museum in Berlin. Heute befindet sie sich in der Alten Nationalgalerie.

Der Chimborazo im heutigen Ecuador galt als höchster Berg der Welt, als Humboldt den Vulkan 1802 bestieg. Der Chimborazo regte Simón Bolívar dazu an, ein Gedicht über die Befreiung der spanischen Kolonien in Lateinamerika zu schreiben.

Alexander von Humboldt und Aimé Bonpland sammeln Pflanzen am Fuß des Chimborazo.

In Turbaco (im heutigen Kolumbien) spricht Humboldt auf dem Weg nach Bogotá mit einem Ureinwohner.

Humboldt und seine kleine Reisegruppe am Vulkan Cayambe bei Quito

Dieses Gemälde mit Humboldt und Bonpland in einer Dschungelhütte wurde 1856 fertiggestellt, mehr als fünfzig Jahre nach ihrer Expedition. Humboldt mochte es nicht, weil die Instrumente ungenau abgebildet waren.

Thomas Jefferson im Jahr 1805, kurz nachdem er Humboldt in Washington D. C. getroffen hatte. Im Gegensatz zu den würdevolleren Porträts von George Washington gibt sich Jefferson bewusst »rustikal«, um einen Eindruck von Schlichtheit zu vermitteln.

Geographie der Pflanzen in den Tropen-Ländern,

Ein Naturgemälde der Anden,

gegründet auf Beobachtungen und Messungen, welche vom 10ten Grade nördlicher bis zum 10ten Grade südlicher Breite angestellt worden sind, in den Jahren 1799 bis 1803.

von ALEXANDER von HUMBOLDT und A. G. BONPLAND.

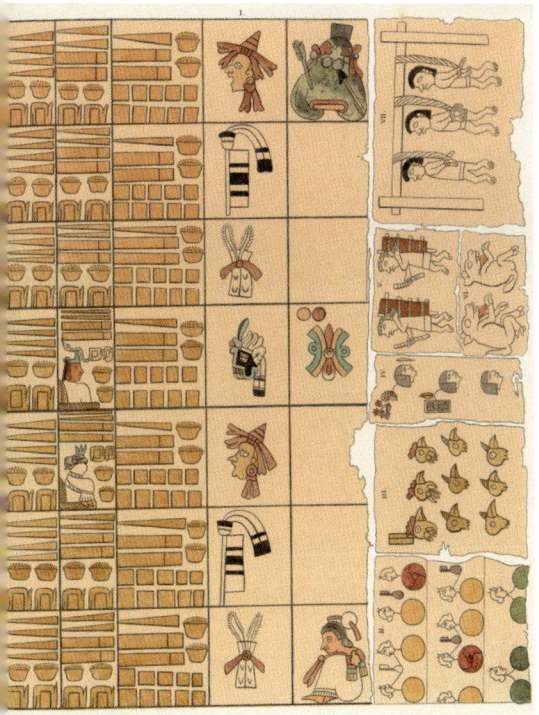

Fragment einer alten aztekischen Handschrift, die Humboldt in Mexiko erwarb

Abb. auf der linken Seite: Humboldts spektakuläres *Naturgemälde* (ca. 90 × 60 cm), das seiner Schrift *Ideen zu einer Geographie der Pflanzen* beigefügt war.

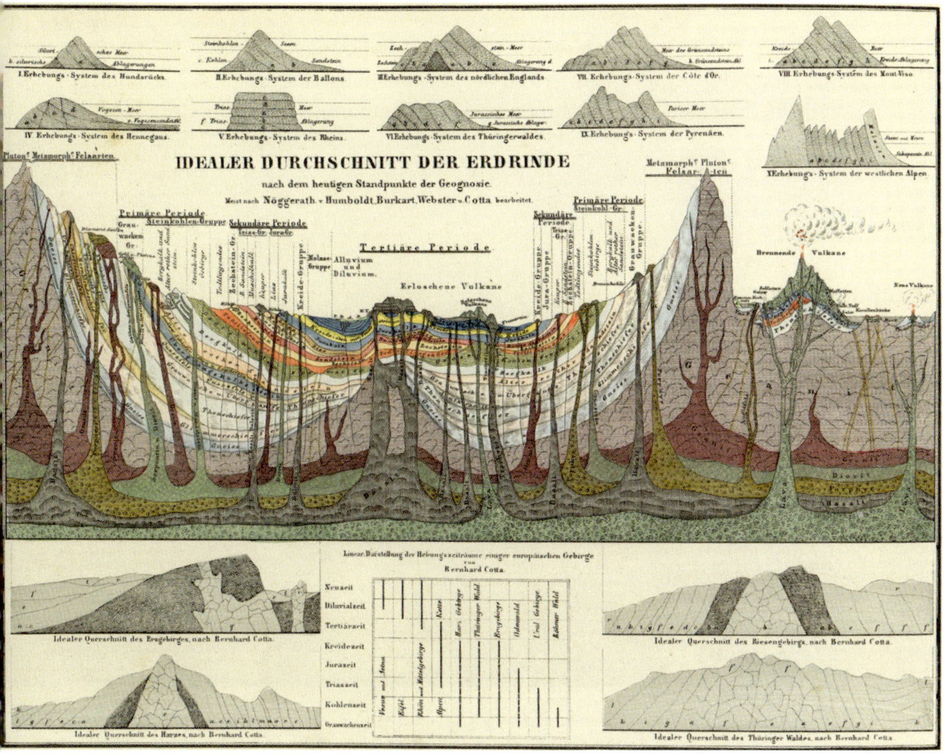

IDEALER DURCHSCHNITT DER ERDRINDE

nach dem heutigen Standpunkte der Geognosie.

Ausschnitt aus einem nicht autorisierten Atlas, der Humboldts *Kosmos* illustrierte: eine Karte, die Gesteinsschichten verschiedener Erdzeitalter und die unterirdischen Verbindungen von Vulkanen zeigt.

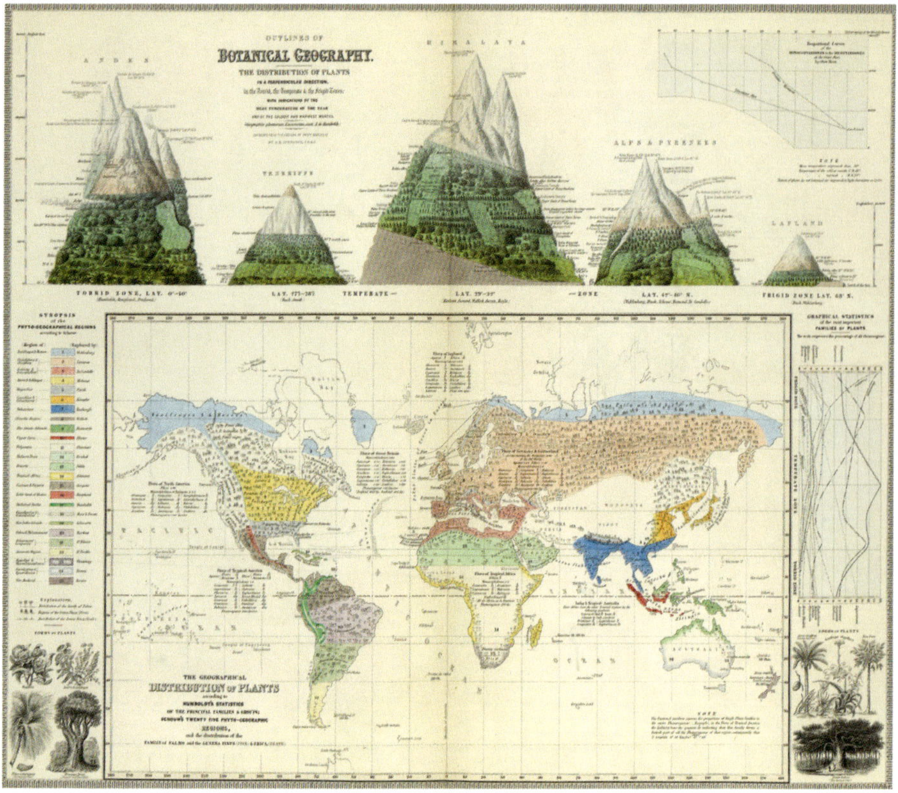

Eine Doppelseite aus einem Atlas, der *Kosmos* illustriert und die Verteilung verschiedener Vegetationszonen und Pflanzenfamilien auf der Erde zeigt

Der amerikanische Maler Frederic Edwin Church reiste auf Humboldts Spuren durch Südamerika und verband wissenschaftliche Detailgenauigkeit mit atemberaubenden Landschaftsansichten. Die Ausstellung des großartigen Bildes mit dem Titel *Heart of the Andes (ca.*170 × 300 cm) löste einen Sturm der Begeisterung aus; als Church das Gemälde gerade nach Berlin schicken wollte, erhielt er die Nachricht, Humboldt sei bereits gestorben.

Humboldt 1843, zwei
Jahre bevor er den ersten
Band seines *Kosmos*
veröffentlichte

Laut Humboldt war dieser Stich eine sehr realitätsnahe Wiedergabe der Bibliothek
seiner Wohnung in der Oranienburger Straße zu Berlin. Er begrüßte seine vielen
Besucher entweder in der Bibliothek oder in seinem Studierzimmer, in das man durch
die geöffnete Tür blickt.

Ernst Haeckels Zeichnungen von Quallen. Die große in der Mitte nannte er *Desmonema Annasethe* nach seiner Frau Anna Sethe. In der Bildlegende hieß es, er verdanke ihr »die glücklichsten Jahre seines Lebens«.

Yosemite Valley, Kalifornien. John Muir bezeichnete die Sierra Nevada als »Bergkette des Lichts«.

Kutsche war so beschädigt, dass ihre Reparatur die Reisegruppe mehrere Tage lang aufhielt. Humboldt fand das Ganze eher aufregend. Sie hätten wohl ziemlich »pittoresk«[88] ausgesehen, wie sie am Rand der Brücke hingen, meinte er. Mit drei gebildeten Männern in der Kutsche, scherzte er weiter, sei natürlich eine Menge sich »widersprechender Theorien«[89] über die Ursachen des Unglücks zusammengekommen. Weihnachten verbrachten sie in Königsberg (dem heutigen Kaliningrad), und am 28. Dezember 1829 traf Humboldt in Berlin ein, den Kopf voller Ideen »wie ein siedender Topf«[90], so versicherte ein Freund Goethe gegenüber.

Es war Humboldts letzte Expedition. Er bereiste die Welt nicht mehr selbst, aber seine Ansichten über die Natur hatten sich bereits in den Köpfen vieler Wissenschaftler und Philosophen in Europa und Amerika festgesetzt und waren nicht mehr aufzuhalten.

17

Evolution und Natur

Charles Darwin und Humboldt

Immer und immer wieder kämpfte sich die HMS *Beagle* mit erbarmungsloser Regelmäßigkeit über die Kämme und durch die Täler der Wellen, und der Wind zerrte an den geblähten Segeln. Vier Tage zuvor, am 27. Dezember 1831, war das Schiff in Plymouth an der Südküste Englands zu einer Weltumseglung ausgelaufen. Dabei sollten Küstenverläufe vermessen und die exakten geografischen Positionen von Häfen bestimmt werden. An Bord befand sich der zweiundzwanzigjährige Charles Darwin, in »höchst jämmerlicher Verfassung«[1]. So hatte er sich sein Abenteuer nicht vorgestellt. Statt auf Deck zu stehen und die tobende See zu betrachten, während sie mit Kurs auf Madeira den Golf von Biskaya durchquerten, fühlte sich Darwin so elend wie nie zuvor in seinem Leben. Er war so seekrank, dass er seinen Zustand nur ertragen konnte, indem er sich in seiner Kabine verkroch, auf dem Rücken lag und sich von Schiffszwieback ernährte.[2]

Die kleine Achterkajüte, die er mit zwei Seeleuten teilte, war so vollgestopft, dass seine Hängematte quer über dem Tisch befestigt war, an dem die Offiziere ihre Seekarten studierten. Die Kabine maß ungefähr drei mal drei Meter; an den Wänden rund um den großen Messtisch in der Mitte standen Bücherregale, Spinde und eine Kommode.[3] Darwin war knapp über einen Meter achtzig groß und konnte in dem Raum nicht aufrecht stehen. Mitten durch die Kajüte führte der Besanmast, der wie eine massige Säule neben dem Tisch aufragte. Wenn die Männer sich in der Kabine bewegen wollten, mussten sie über die dicken Balken der Ruderanlage klettern, die quer über den Fußboden liefen. Es gab kein Fenster, sondern nur eine Dachluke, durch die Darwin den Mond und die Sterne betrachtete, wenn er in seiner Hängematte lag.

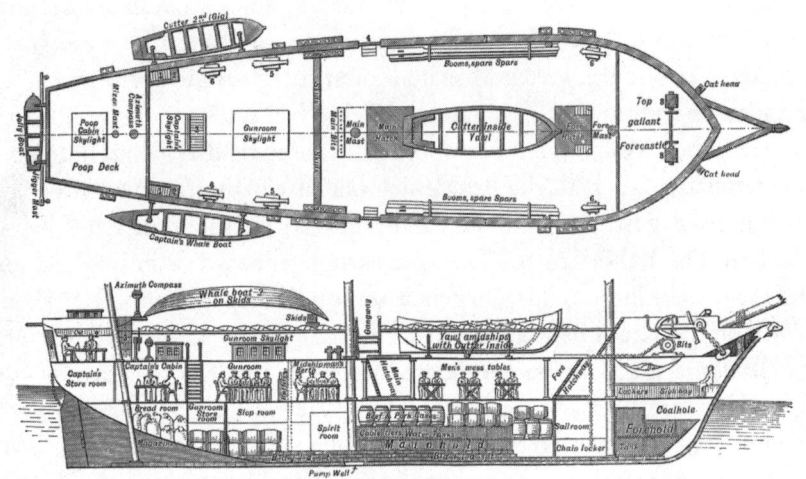

Plan der *Beagle* mit Darwins Kabine (Heck) nach achtern

Auf dem kleinen Regal neben Darwins Hängematte befanden sich seine kostbarsten Besitztümer: die Bücher, die er sorgfältig als Reiselektüre ausgewählt hatte.[4] Neben zahlreichen botanischen und zoologischen Schriften standen dort ein nagelneues spanisch-englisches Wörterbuch, mehrere Reiseberichte von Forschungsreisenden und der erste Band von Charles Lyells bahnbrechendem Werk *Principles of Geology*, das im Jahr zuvor erschienen war.[5] Daneben stand Alexander von Humboldts *Personal Narrative* (deutsch: *Reise in die Aequinoctial-Gegenden des neuen Continents*), der mehrbändige Bericht über die Südamerikaexpedition und der eigentliche Grund, warum Darwin auf der *Beagle* war.*[6] »Meine Bewunderung für sein berühmtes *Personal Narrative* (das ich teilweise auswendig kann)«, sagte Darwin, »bewog mich, als Naturforscher auf seiner Majestät Schiff *Beagle* in ferne Länder zu reisen.«[7]

Von der Seekrankheit geschwächt, begann Darwin an seiner Entscheidung zu zweifeln. Als sie am 4. Januar 1832 an Madeira vorbeisegelten, fühlte er sich so elend, dass er sich noch nicht einmal aufraffen konnte, an Deck zu steigen, um die Insel anzuschauen.[8] Stattdessen lag er in seiner Kajüte und las Humboldts Beschreibungen der Tropen, weil es, wie

* Besorgt wegen der Raumnot in der Achterkabine, hatte Darwin den Kapitän vor Beginn der Reise gefragt, ob er sein eigenes Exemplar von *Personal Narrative* mitnehmen dürfe. »Natürlich dürfen Sie Ihren Humboldt aufstellen«, hatte der Kapitän ihm versichert.

er sagte, nichts Besseres gab, »um das Gemüt eines seekranken Mannes aufzuheitern«[9]. Zwei Tage später erreichten sie Teneriffa – die Insel, von der Darwin seit vielen Monaten träumte. Er wollte unter schlanken Palmen spazieren und den Pico del Teide bewundern, den rund 3700 Meter hohen Vulkan, den Humboldt vor mehr als drei Jahrzehnten bestiegen hatte. Doch als die *Beagle* sich der Insel näherte, wurden sie von einem Boot gestoppt, und sie erfuhren, dass sie nicht an Land gehen durften. Die Behörden auf Teneriffa hatten gehört, dass in England vor Kurzem die Cholera ausgebrochen sei, und befürchteten, die Seeleute könnten die Krankheit auf der Insel einschleppen. Als der Konsul eine zwölftägige Quarantäne verhängte, beschloss der Kapitän der *Beagle*, die Reise fortzusetzen, statt zu warten. Darwin war fassungslos. »Oh, Elend, Elend«[10], schrieb er in sein Tagebuch.

Als die *Beagle* Teneriffa nachts verließ, beruhigte sich die See. Sanfte Wellen plätscherten gegen den Bug, die Segel flatterten sachte in der warmen Luft, und Darwins Seekrankheit legte sich. Der Himmel war blank geputzt, und unzählige Sterne spiegelten sich glitzernd im dunklen Wasser. Es war ein magischer Moment. »Schon jetzt verstehe ich Humboldts Begeisterung über die tropischen Nächte«[11], notierte Darwin. Als er am nächsten Morgen den kegelförmigen Pico del Teide in der Ferne verschwinden sah – in orangefarbenes Sonnenlicht getaucht, der Gipfel in den Wolken –, fühlte er sich für seine Seekrankheit entschädigt. Nachdem er in Humboldts *Personal Narrative* so viel über den Vulkan gelesen habe, schrieb er, sei es, als müsse er sich »von einem Freund verabschieden«[12].

Noch einige Monate zuvor wäre ihm die Vorstellung, die Tropen zu sehen und als Naturforscher an einer Expedition teilzunehmen, »als vollkommen unrealistische Luftschlösser«[13] erschienen, gab er zu. Er war dem Wunsch seines Vaters gefolgt, einen konventionellen Beruf zu erlernen, und hatte in Cambridge Theologie studiert, um Landpfarrer zu werden. Mit diesem Kompromiss wollte er seinen Vater besänftigen, weil er ein Medizinstudium an der Universität in Edinburgh abgebrochen hatte. Darwin war überzeugt, dass er eines Tages genügend Geld erben würde, damit »mein Auskommen gut gesichert sei«[14], und war deshalb bei seinen Studien nicht besonders ehrgeizig. In Edinburgh hatte er lieber wirbellose Meerestiere untersucht, als sich auf sein Medizinstudium zu konzentrieren, und in Cambridge botanische Vorlesungen

Charles Darwin

gehört, statt theologische Seminare zu besuchen.[15] Käfer fand er besonders spannend, und auf langen Spaziergängen drehte er jeden Stein und
jedes Stückchen Holz um auf der Suche nach entomologischen Schätzen,
mit denen er sich die Taschen vollstopfte. Darwin brachte es nicht fertig, sich auch nur von einem einzigen seiner Funde zu trennen, deshalb
steckte er eines Tages – als er schon beide Hände voll Käfer hatte – einen
in den Mund, um ihn nicht zu verlieren. Der Käfer protestierte gegen
diese ungewöhnliche Behandlung, indem er eine so unangenehme Säure
absonderte, dass Darwin ihn ausspuckte.[16]

Während seines letzten Jahres in Cambridge las Darwin zum ersten
Mal Humboldts *Personal Narrative*, ein Buch, das in ihm »den brennenden Wunsch« weckte, »wenigstens einen kleinen Stein zum großartigen
Bauwerk der Natur beizutragen«.[17] Humboldts Schriften beeindruckten Darwin tief, er kopierte ganze Passagen und las sie seinem Bota-
nikprofessor John Stevens Henslow und anderen Freunden auf ihren
botanischen Exkursionen vor.[18] Im Frühjahr 1831 hatte Darwin sich so

intensiv mit Humboldt beschäftigt, »dass ich nur noch von dem fast schon beschlossenen Plan, die Kanaren aufzusuchen, sprach, dachte und träumte«[19], wie er seinem Cousin mitteilte.

Er wollte mit Henslow und einigen Kommilitonen nach Teneriffa reisen. Er sei so aufgeregt, schrieb er, dass »ich kaum noch stillsitzen konnte«[20]. Zur Vorbereitung auf die Reise lief er morgens in die Gewächshäuser des botanischen Gartens von Cambridge, um »die Palmen zu betrachten«[21], dann eilte er nach Hause und studierte Botanik, Geologie und Spanisch. Er träumte von dichten Regenwäldern, weiten Ebenen und schwindelerregenden Gipfeln, las »Humboldt immer und immer aufs Neue«[22] und sprach so oft von der Reise, dass sich einige seiner Freunde in Cambridge langsam wünschten, er wäre schon abgereist. »Ich plage sie«, schrieb er seinem Cousin im Scherz, »weil ich nur von tropischen Landschaften spreche.«[23]

Mitte Juli 1831 forderte Darwin Henslow auf, mehr Alexander von Humboldt zu lesen, »um Ihre Kanaren-Begeisterung weiter zu entfachen«[24]. Seine Briefe waren voller Überschwang und gespickt mit frisch gelernten spanischen Ausdrücken. »Ich habe mich in tropische Glut geschrieben«[25], eröffnete er etwa seiner Schwester. Mitten in der Vorbereitung für die Abreise sagte Henslow Darwin ab. Er hatte andere berufliche Verpflichtungen, und zudem war seine Frau schwanger.[26] Dann stellte Darwin auch noch fest, dass nur wenige britische Schiffe zu den kanarischen Inseln segelten – und lediglich in den frühen Sommermonaten. Es war also bereits zu spät, er musste die Reise auf das folgende Jahr verschieben.

Einen Monat später, am 29. August 1831, war auf einmal alles anders. Henslow teilte Darwin in einem Brief mit: Ein gewisser Kapitän Robert FitzRoy suche einen kultivierten Naturforscher als Begleiter für eine Fahrt auf der *Beagle*[27] – einem Schiff, das in vier Wochen zu einer Weltumsegelung aufbrechen sollte. Das war ein weit aufregenderes Projekt als Teneriffa. Doch Darwins Begeisterung erhielt umgehend einen Dämpfer, weil sein Vater ihm die Erlaubnis und die dringend erforderliche finanzielle Unterstützung verweigerte, die er brauchte, um die Passage zu bezahlen. Es sei »ein abenteuerlicher Plan«, begründete Robert Darwin seine Entscheidung, und ein »unnützes Unterfangen«[28]. Eine Reise um die Welt schien dem Vater nicht gerade eine notwendige Voraussetzung für ein Leben als Landpfarrer.

Darwin war verzweifelt. Natürlich war die Reise nicht billig, aber seine Familie konnte sie sich leisten. Sein Vater war ein erfolgreicher Arzt, der den größten Teil seines Vermögens durch kluge Investitionen erworben hatte[29], und schon dank Darwins Großvätern war die Familie bekannt und wohlhabend. Der berühmte Unternehmer Josiah Wedgwood war sein Großvater mütterlicherseits – ein Mann, der wissenschaftliche Prinzipien auf die Fertigungsprozesse angewendet und dadurch die Porzellanproduktion industrialisiert hatte. Wedgwood starb als reicher und hoch geachteter Mann.

Charles Darwins Großvater väterlicherseits, der Physiker, Naturforscher und Erfinder Erasmus Darwin, war nicht weniger prominent. 1794 hatte er erste radikale evolutionäre Ideen in seinem Buch *Zoonomia* vertreten, in dem er behauptete, Tiere und Menschen stammten von winzigen Organismen im Urmeer ab. Außerdem hatte er Carl von Linnés botanisches Klassifikationssystem in das außerordentlich populäre Gedicht *Loves of Plants* übertragen – das Humboldt und Goethe in den 1790er-Jahre gelesen hatten. Die Familie war stolz auf diese Leistungen, hielt sich vielleicht sogar für berühmt, wonach Charles Darwin sicherlich ebenfalls strebte.

Am Ende half ein Onkel, Darwins Vater zu überzeugen. »Wenn Charles jetzt in berufliche Studien vertieft wäre«, erklärte Josiah Wedgwood II. in einem Brief an Robert Darwin, hielte er es nicht für ratsam, ihn darin zu unterbrechen, »aber ich denke, das wird weder jetzt noch in Zukunft der Fall sein«[30]. Da Charles sich ausschließlich für Naturgeschichte interessiere, schrieb sein Onkel, sei die Expedition eine hervorragende Gelegenheit für ihn, sich in der Welt der Wissenschaft einen Namen zu machen. Am folgenden Tag erklärte sich Darwins Vater endlich bereit, für die Kosten seines Sohnes aufzukommen. Darwin würde um die Welt reisen.

Die ersten drei Wochen der Reise, in denen die *Beagle* südwärts segelte, verliefen ereignislos. Nachdem sie Teneriffa passiert hatten, ging es Darwin besser. Als die Tage wärmer wurden, zog er sich luftiger an.[31] Er fing Quallen und andere wirbellose Meeresbewohner, um sie zu sezieren. Außerdem nutzte er die Zeit, um den Rest der Mannschaft kennenzulernen. Darwin teilte seine Kabine mit einem neunzehnjährigen Hilfsvermesser und einem Seekadetten, der erst vierzehn Jahre alt war. Insgesamt waren vierundsiebzig Männer an Bord – Matrosen, Zimmerleute, Vermesser sowie ein Instrumentenbauer, ein Maler und ein Arzt.*[32] Kapitän FitzRoy war sechsundzwanzig, nur vier Jahre älter als Darwin. Er stammte aus einer aristokratischen Familie und hatte sein Leben, seit er vierzehn Jahre alt war, auf See verbracht. Für ihn war es schon die zweite Reise mit der *Beagle*. Wie die Mannschaft bald herausfand, konnte der Kapitän gereizt und missmutig sein – besonders am frühen Morgen. Da sich einer seiner Onkel das Leben genommen hatte, machte FitzRoy sich Sorgen, dass er die Veranlagung vielleicht geerbt hätte. Gelegentlich verfiel der Kapitän in tiefe Depression, die, wie Darwin glaubte, »bis an die Grenze der Geisteskrankheit ging«[33]. FitzRoys Gemütsverfassung wechselte zwischen scheinbar grenzenloser Energie und stummer Melancholie. Aber er war intelligent, fasziniert von der Naturgeschichte und ein unermüdlicher Arbeiter.

FitzRoy führte eine staatlich finanzierte Expedition durch, die das Ziel hatte, im Zuge einer Weltumseglung eine vollständige Längenvermessung mit ein und demselben Satz an Instrumenten vorzunehmen, um so die Karten und die Navigation zu standardisieren. Er sollte auch die Vermessung der Südküste Südamerikas vervollständigen, wo die Briten hofften, wirtschaftlichen Einfluss auf die seit Kurzem unabhängigen südamerikanischen Staaten zu gewinnen.

Mit ihren knapp 30 Metern war die *Beagle* ein kleines Schiff, aber bis zum Rand beladen: von Tausenden Fleischkonserven bis hin zu den neuesten Vermessungsinstrumenten. FitzRoy hatte darauf bestanden, die enorme Zahl von zweiundzwanzig Chronometern zur Zeit- und Längenmessung sowie Blitzableiter zum Schutz des Schiffes mitzunehmen. Außerdem hatte die *Beagle* neben den üblichen Mitteln gegen Skorbut wie eingelegtem Gemüse und Zitronensaft auch Zucker, Rum und Trockenerbsen an Bord. »Der Laderaum hätte kaum noch einen Beutel Brot gefasst«[34], notierte Darwin voller Bewunderung für die extrem platzsparend gestaute Ladung.

Das erste Mal legte die *Beagle* in Santiago an, der größten der Kapverdischen Inseln im Atlantischen Ozean, rund 800 Kilometer vor der Westküste Afrikas.[35] Als Darwin die tropische Insel betrat, stürmten neue Eindrücke auf ihn ein. Sie waren verwirrend, exotisch und aufregend.

---

* Außerdem befanden sich auf der *Beagle* ein Missionar und drei Feuerländer, die FitzRoy auf einer früheren Reise gefangen genommen und nach England gebracht hatte. Jetzt nahm er sie wieder mit in ihre Heimat Feuerland, wo sie, wie FitzRoy hoffte, ihre Landsleute zum Christentum bekehren sollten, sobald er dort eine Missionssiedlung eingerichtet hatte.

Palmen, Tamarinden, Bananenstauden und die knolligen Affenbrot-
bäume wetteiferten um seine Aufmerksamkeit. Er lauschte den Melo-
dien unbekannter Vogelstimmen und sah seltsame Insekten in die Blüten
noch seltsamerer Blumen tauchen. Wie Humboldt und Bonpland 1799 in
Venezuela empfand Darwin zunächst »einen wahren Hurrikan aus Ent-
zücken und Staunen«[36], als er die Vulkangesteine untersuchte, Pflanzen
presste, Tiere sezierte und Nachtfalter aufspießte. Darwin schlug Gesteinsproben ab, kratzte Rinde herunter und suchte unter Steinen nach
Insekten und Würmern; er sammelte alles ein, was ihm unter die Finger
kam: von Muscheln und riesigen Palmblättern bis hin zu Plattwürmern
und winzigen Insekten. Wenn er abends zurückkehrte, »schwer beladen
mit meiner reichen Ernte«[37], war er überglücklich. Darwin sei wie ein
Kind mit einem neuen Spielzeug, dachte Kapitän FitzRoy.

Es sei, »als gebe man einem blinden Mann Augen«[38], schrieb Darwin
in sein Tagebuch. Die Tropen zu beschreiben, sei unmöglich, erläuterte
er in seinen Briefen nach Hause, da alles so anders und verwirrend sei,
»dass mir meistens nicht einfällt, wie ich einen Satz anfangen oder beenden soll«[39]. Er empfahl seinem Cousin William Darwin Fox, Humboldts
Personal Narrative zu lesen, um zu verstehen, was er gerade erlebte,
und teilte seinem Vater mit: »Wenn Du wirklich eine Vorstellung von
tropischen Ländern bekommen möchtest, dann studiere Humboldt.«[40]
Darwin hatte Humboldts Bücher gelesen und sah diese neue Welt gewissermaßen durch Humboldts Augen. In seinem Tagebuch wimmelte es
von Kommentaren wie »verblüfft über die Trefflichkeit von Humboldts
Beobachtungen« oder »wie Humboldt anmerkt«[41].

Es gab noch ein anderes Werk, das Darwins Vorstellungen ähnlich
nachhaltig prägte – Charles Lyells *Principles of Geology*[42], ein Buch,
das seinerseits stark von Humboldts Ideen beeinflusst war. Darin wird
Humboldt immer wieder zitiert, von der Idee des globalen Klimas
und der Vegetationszonen bis zu Informationen über die Anden. In
den *Principles of Geology* erklärt Lyell die Entstehung der Erde durch
Erosionen, Ablagerungen und durch eine Reihe sehr langsamer Land-
hebungen und -absenkungen über einen unvorstellbar langen Zeitraum,
die immer wieder von Vulkanausbrüchen und Erdbeben begleitet wurden. Als Darwin die Gesteinsschichten entlang der Felswände von Santiago betrachtete, ergab alles, was Lyell geschrieben hatte, einen Sinn. Er
studierte die verschiedenen Schichten der Klippen und konnte »lesen«,
wie die Insel entstanden war: die Reste eines alten Vulkans, weiter oben

ein weißer Streifen aus Muscheln und Korallen und noch höher eine Schicht Lava.[43] Die Lava hatte die Muscheln bedeckt, und seither war die Insel langsam von einer unterirdischen Kraft nach oben geschoben worden. Der wellige und unregelmäßige weiße Streifen zeugte von einer jüngeren Bewegung – Lyells Kräfte waren noch aktiv. Als Darwin durch Santiago streifte, sah er die Pflanzen und Tiere mit Humboldts Augen und die Felsen mit Lyells. Zurück auf der *Beagle*, schrieb er einen Brief an seinen Vater: Was er auf der Insel beobachtet habe, »wird mich in die Lage versetzen, ganz eigenständige Arbeit auf dem Gebiet der Naturforschung zu leisten«[44].

Einige Wochen später, als die *Beagle* Ende Februar Bahia (das heutige Salvador) in Brasilien erreichte, staunte Darwin immer noch über alles, was er entdeckte. Er fühle sich wie in einem Traum, wie in einer verzauberten Szene aus *Tausendundeiner Nacht*[45], erklärte er. Wiederholt betonte er, dass nur Humboldt die Tropen beschreiben konnte. »Meine Bewunderung wächst, je mehr ich ihn lese«[46], bekannte er in einem Brief nach Hause, und in einem anderen heißt es: »Früher bewunderte ich Humboldt, jetzt bete ich ihn fast an.«[47] Humboldts Schilderungen seien unvergleichlich, erklärte er, als er Brasilien zum ersten Mal sah; denn in ihnen gebe es eine »seltene Verbindung von Dichtkunst und Wissenschaft«[48].

Er gehe durch eine neue Welt, teilte Darwin seinem Vater mit.[49] »Augenblicklich bin ich ganz versessen auf Spinnen«[50], schwärmte er, und die Blumen könnten »einen Floristen um den Verstand bringen«[51]. Es war fast zu viel für ihn. Er wusste nicht, was er zuerst betrachten oder einsammeln sollte – den bunt schillernden Schmetterling, das Insekt, das in eine exotische Blüte kroch, oder eine neue Blume. »Gegenwärtig kann ich nur Humboldt lesen«, notierte Darwin in seinem Tagebuch, denn »er beleuchtet wie eine zweite Sonne alles, was ich sehe.«[52] Es war fast so, als hätte Humboldt ihm ein Seil zugeworfen, an dem er sich festhalten konnte, um in den neuen Eindrücken nicht zu ertrinken.

Die *Beagle* segelte südlich nach Rio de Janeiro und Montevideo, von dort aus zu den Falklandinseln, Feuerland und Chile – wobei sie im Laufe der nächsten dreieinhalb Jahre häufig auf ihrer Route zurückfuhren, um die Genauigkeit der Vermessungen zu überprüfen. Darwin ging regelmäßig für mehrere Wochen an Land und unternahm ausgedehnte Exkursionen (nachdem er mit FitzRoy einen Punkt ausgemacht hatte, wo ihn die *Beagle* wieder an Bord nahm). Er ritt durch den brasilianischen Regenwald und schloss sich den Gauchos in den Pampas an. Er sah die grenzenlosen Horizonte über den staubigen Ebenen von Patagonien und fand riesige fossile Knochen an der Küste Argentiniens. Er war, wie er seinem Cousin Fox schrieb, »ein großer Wanderer«[53] geworden.

Auf der *Beagle* hatte Darwin einen festen Tagesablauf, von dem er kaum abwich.[54] Morgens frühstückte er mit FitzRoy, dann gingen beide Männer ihren Geschäften nach; der Kapitän nahm Vermessungen vor und erledigte seine Schreibtischarbeit, während Darwin seine Proben untersuchte und seine Notizen ergänzte. Er arbeitete in der Achterkajüte an dem Messtisch, auf dem auch der Hilfsvermesser seine Karten ausgebreitet hatte. In einer Ecke hatte Darwin das Mikroskop aufgestellt und seine Notizhefte abgelegt. Dort sezierte, beschriftete, konservierte und trocknete er seine Proben. Es war eng, aber Darwin hielt die Kajüte für das ideale Arbeitszimmer eines Naturforschers, weil »man alles in Reichweite hat«[55].

Draußen an Deck reinigte er die Fossilien und fing Quallen. Abends nahm er die Mahlzeiten zusammen mit FitzRoy ein, aber hin und wieder wurde er in die Mannschaftsmesse eingeladen, wo es etwas ausgelassener zuging – was er immer genoss.[56] Da die *Beagle* für die Vermessungen die Küste hinauf- und hinabsegelte, gab es frische Nahrung im Überfluss. Sie aßen Thunfisch, Schildkröten und Haie, berichtete Darwin in seinen Briefen nach Hause, aber auch Klöße aus Straußenfleisch und Gürteltiere, die ohne ihren Panzer wie Enten aussähen und schmeckten.

Darwin genoss sein neues Leben. Er war beliebt bei der Mannschaft, die ihn »Philos«[57] und »flycatcher« [Fliegenfänger] nannte. Seine Leidenschaft für die Natur erwies sich als ansteckend, und schon bald betätigten sich viele andere Crewmitglieder als Sammler und trugen zur Erweiterung seiner Kollektionen bei.[58] Einer der Offiziere neckte ihn mit dem »verdammten tierischen Durcheinander« von Fässern, Kisten und Knochen an Deck und meinte, »wenn ich der Skipper wäre, würde ich Sie samt Ihrem ganzen Kram umgehend von Bord schmeißen«.[59] Jedes Mal, wenn sie in einem Handelshafen auf Schiffe trafen, die nach England segelten, schickte Darwin Berichte nach Hause und kistenweise Fossilien, Vogelbälge und gepresste Pflanzen an Henslow in Cambridge.[60]

Je länger sie unterwegs waren, desto dringender wollte Darwin alles lesen, was Humboldt geschrieben hatte. Als sie im April 1832 Rio de Janeiro anliefen, bat er seinen Bruder per Brief, ihm Humboldts *Views of Nature* (*Ansichten der Natur*) nach Montevideo in Uruguay zu schicken, wo er es später auf ihrer Reise abholen konnte.[61] Er bekam Bücher von seinem Bruder – allerdings nicht *Views of Nature*, sondern Humboldts neueste Veröffentlichung *Fragmens de géologie et de climatologie asiatiques*, das Ergebnis der russischen Expedition, sowie den *Political Essay on the Kingdom of New Spain (Versuch über den politischen Zustand des Königreichs Neuspanien)*.

Während der gesamten Reise auf der *Beagle* stand Darwin in einem inneren Dialog mit Humboldt – er strich ganze Abschnitte in *Personal Narrative* an. Humboldts Beschreibungen wurden fast zu einer Art Vorlage für Darwins eigene Erfahrungen. Als er zum ersten Mal die Sternbilder der südlichen Hemisphäre sah, erinnerte er sich an Humboldts Schilderungen.[62] Und als er später nach tagelanger Erkundung des Regenwalds die chilenischen Ebenen erblickte, glichen seine Reaktionen exakt Humboldts Empfindungen, als dieser nach der Orinoco-Expedition die Llanos erreichte. Humboldt hatte von »neuen Gefühlen«[63] geschrieben und von der Freude, wieder »sehen« zu können nach den langen Wochen im dichten Regenwald, und jetzt schilderte Darwin, wie erholsam der ungewohnte Anblick war, »nachdem er so lange von der dichten Wildnis der Bäume eingeengt und begraben wurde«[64].

Und Darwins Tagebucheintrag über ein Erdbeben, das er am 20. Februar 1835 in der südchilenischen Stadt Valdivia erlebte, klang fast wie eine Zusammenfassung der Erfahrung, die Humboldt 1799 bei seinem ersten Erdbeben in Cumaná gemacht hatte. Humboldt hatte angemerkt, dass ein Erdbeben in »einem Augenblick ausreicht, um langfristige Vorstellungen zu zerstören«[65] – in Darwins Tagebuch wurde daraus: »Ein solches Erdbeben zerstört sofort die ältesten Verbindungen.«*

Es gibt zahllose solcher Beispiele – und selbst Darwins Abhandlung über den Seetang an der Küste von Feuerland als wichtigste Pflanze in der Nahrungskette ähnelt Humboldts Beschreibung der Mauritiapalme, der in den Llanos eine Schlüsselfunktion zukommt, weil sie »Leben verbreitet«[66]. Die großen Unterwasserwälder aus Seetang, schrieb Darwin, seien die Lebensgrundlage für eine reiche Vielfalt von Lebensformen,

---

* Die gesamte Beschreibung liest sich sehr ähnlich. Humboldts »die Erde wird in ihren alten Grundfesten erschüttert, die wir für so stabil gehalten haben« wird in Darwins Tagebuch zu »die Welt, das Symbol für alles Solide, bewegt sich unter unseren Füßen«. Humboldt schrieb: »Zum ersten Mal mistrauen wir einem Boden, auf dem wir so lange mit größtem Vertrauen unsere Füße gesetzt haben«, und Darwin folgt mit »eine Sekunde übermittelt dem Verstand eine seltsame Idee von Unsicherheit«.

von winzigen hydraähnlichen Polypen bis hin zu Mollusken, kleinen Fischen und Krebsen – die ihrerseits Kormoranen, Ottern, Seehunden und schließlich auch den indigenen Völkern als Nahrung dienten. Von Humboldt übernahm Darwin die Vorstellung, dass die Natur ein ökologisches System ist. Wie die Zerstörung eines tropischen Waldes, erläuterte Darwin, würde die Vernichtung des Seetangs den Verlust unzähliger Arten und vermutlich auch den Untergang der indigenen Bevölkerung Feuerlands nach sich ziehen.

Auch als Schriftsteller eiferte Darwin Humboldt nach; wie sein Vorbild verband er wissenschaftliche Ausführungen in so hohem Maße mit poetischen Beschreibungen, dass sein Tagebuch von der *Beagle*-Reise in Stil und Inhalt eine bemerkenswerte Ähnlichkeit mit *Personal Narrative* aufweist. So sehr, dass seine Schwester nach Erhalt des ersten Teils im Oktober 1832 klagte, er habe in seinem Tagebuch, »vermutlich durch zu intensive Lektüre von Humboldts Schriften, dessen Phraseologie übernommen« und sich auch »die blumigen französischen Wendungen, die er so gerne verwendet« zu eigen gemacht.[67] Andere Leser waren freundlicher in ihrem Urteil und teilten Darwin mit, wie sehr sie seine »lebhaften, an Humboldt erinnernden Bilder«[68] genossen hätten.

Humboldt zeigte Darwin, dass man die Natur nicht nur unter dem einengenden Blickwinkel des Geologen oder Zoologen erforschen durfte, sondern sie von innen und außen betrachten musste. Sowohl Humboldt als auch Darwin besaßen die seltene Fähigkeit, sich auf kleinste Einzelheiten konzentrieren zu können – auf winzige Flechten oder Käfer – und sich von dort wieder zurückzuziehen und globale oder komparative Muster zu untersuchen. Diese flexible Perspektive ermöglichte beiden, die Welt auf eine vollkommen neue Weise zu verstehen. Es war eine zugleich teleskopische und mikroskopische Methode, die, weit ihrer Zeit voraus, zwischen schweifendem Panoramablick und zellulärer Ebene oder zwischen der fernen geologischen Vergangenheit und der künftigen wirtschaftlichen Situation eines indigenen Volkes hin- und herspringen konnte.

Im September 1835, knapp vier Jahre nachdem sie in England aufgebrochen waren, verließ die *Beagle* schließlich Südamerika, um ihre Weltumsegelung fortzusetzen. Von Lima ging es zu den Galapagosinseln, die etwa 1000 Kilometer westlich der ecuadorianischen Küste liegen. Es war eine seltsam kahle Inselgruppe, auf der Vögel und Reptilien lebten, die so zutraulich und so wenig an Menschen gewöhnt waren, dass sie sich mühelos fangen ließen.[69] Hier untersuchte Darwin Gesteinsarten und geologische Formationen, sammelte Finken und Spottdrosseln und maß die Größe der Riesenschildkröten, die die Inseln gemächlich durchstreiften. Doch erst als er nach England zurückgekehrt war und seine Sammlungen gesichtet hatte, kristallisierte sich allmählich heraus, welche Bedeutung die Galapagosinseln für seine Evolutionstheorie haben würden. Für Darwin markierten die Inseln einen Wendepunkt, auch wenn ihm das vor Ort noch nicht bewusst war.

Nach fünf Wochen im Galapagosarchipel segelte die *Beagle* in die Weite des Südpazifik hinaus und nahm Kurs auf Tahiti. Von dort ging es weiter nach Neuseeland und Australien. Von der Westküste Australiens kreuzten sie auf dem Indischen Ozean zur Südspitze Afrikas und um sie herum. Ihre Route führte sie über den Atlantischen Ozean zurück nach Südamerika. Die letzten Monate der Reise waren für alle äußerst hart. »Es hat wohl noch nie ein Schiff gegeben«, schrieb Darwin, »das so voller heimwehkranker Helden war.«[70] Jedes Mal, wenn ihnen in diesen Wochen ein Handelsschiff begegnete, verspürte er »das höchst gefährliche Verlangen, Reißaus zu nehmen«[71] und sich heimlich von Bord zu stehlen. Seit fast fünf Jahren waren sie jetzt von zu Hause fort – so lange, dass Darwin immer häufiger von Englands grüner, lieblicher Landschaft träumte.

Am 1. August 1836, nachdem sie den Indischen Ozean und den Atlantik überquert hatten, machten sie kurz halt im brasilianischen Bahia – wo sie im Februar 1832 das erste Mal die südamerikanische Küste gesichtet hatten –, bevor sie sich endgültig zur letzten Etappe ihrer Reise nach Norden wandten. Dieser Besuch in Bahia ernüchterte Darwin. Statt die tropischen Blüten des brasilianischen Regenwalds zu bewundern, wie bei seinem ersten Aufenthalt, wünschte er sich jetzt die stattlichen Kastanienbäume aus einem englischen Park.[72] Er sehnte sich verzweifelt nach Hause. Er habe genug von dieser »Zick-Zack-Segelei«, schrieb er seiner Schwester; »ich hasse und verabscheue das Meer und alle Schiffe, die darauf segeln«[73].

Ende September passierten sie die Azoren im Nordatlantik und nahmen Kurs auf England. Darwin lag in seiner Kajüte, seekrank wie am ersten Tag. Selbst nach all diesen Jahren hatte er sich immer noch nicht an den Rhythmus des Meeres gewöhnt und stöhnte: »Ich hasse jede einzelne Welle des Ozeans.«[74] In seiner Hängematte schrieb er in das prallvolle Tagebuch seine letzten Beobachtungen und das Fazit seiner

Gedanken der letzten fünf Jahre. Die ersten Eindrücke seien oft von vorgefassten Meinungen beeinflusst, notierte er, »alle meine Schilderungen sind an die lebhaften Beschreibungen in *Personal Narrative* angelehnt«[75].

Am 2. Oktober 1836, fast fünf Jahre nach dem Aufbruch, lief die *Beagle* in den Hafen von Falmouth an der Südküste Cornwalls ein.[76] Um seinen Auftrag abzuschließen, musste Kapitän FitzRoy noch eine Längenmessung in Plymouth vornehmen, an haargenau jener Stelle, an der er seine erste durchgeführt hatte. Doch Darwin ging in Falmouth von Bord. Ungeduldig bestieg er die Postkutsche nach Shrewsbury, um seine Familie zu sehen.

Als die Kutsche nordwärts ratterte, blickte er aus dem Fenster auf den hügeligen Flickenteppich aus Feldern und Hecken, der sich draußen ausbreitete. Alles erschien ihm viel grüner als früher; aber als er die anderen Passagiere fragte, um sich seine Beobachtung bestätigen zu lassen, sahen sie ihn verständnislos an.[77] Nach einer mehr als zwei Tage und zwei Nächte dauernden Kutschfahrt traf Darwin spätnachts in Shrewsbury ein und schlich sich leise ins Haus, weil er seinen Vater und seine Schwestern nicht aufwecken wollte. Als er am nächsten Morgen in den Frühstücksraum trat, glaubten sie ihren Augen nicht zu trauen. Er war zurück, gesund und unversehrt – aber »er sah sehr dünn aus«[78], wie seine Schwester feststellte. Es gab so unendlich viel zu erzählen; doch Darwin konnte nur ein paar Tage bleiben, weil er in London seine Koffer und Kisten aus der *Beagle* entladen musste. [79]

Das Land, in das Darwin zurückkehrte, wurde noch immer von William IV. regiert. Während seiner langen Abwesenheit aber waren zwei wichtige Gesetze beschlossen worden. Im Juni 1832 wurde nach heftigen politischen Auseinandersetzungen die umstrittene Reform Bill verabschiedet, ein erster großer Schritt in Richtung Demokratie. Die im Zuge der industriellen Revolution stark gewachsenen Städte erhielten künftig Sitze im Unterhaus, und neben den wohlhabenden Grundeigentümern wurde nun auch der oberen Mittelschicht das Wahlrecht zugebilligt. Darwins Familie hatte den Gesetzesentwurf unterstützt und Charles über die Streitereien im Parlament unterrichtet, so gut es in den Briefen möglich war, die sie ihm während seiner Reise geschickt hatte. Die andere bedeutsame Neuigkeit war die Verabschiedung des Slavery Abolition Act im August 1834, die Verordnung zur Abschaffung der Sklaverei, als Darwin sich gerade in Chile aufhielt. Obwohl der Sklavenhandel bereits 1807 verboten worden war, untersagte das neue Gesetz jetzt auch die Sklavenhaltung in den meisten Teilen des Britischen Empire. Die Familien Darwin und Wedgwood, die sich seit Langem am Kampf gegen die Sklaverei beteiligten, waren hocherfreut; wie natürlich auch Humboldt, der sich seit seiner Südamerika-Expedition entschieden gegen jede Versklavung von Mitmenschen ausgesprochen hatte.

Vor allem aber interessierte sich Darwin für die Neuigkeiten aus der wissenschaftlichen Welt. Er hatte genug Material für mehrere Bücher, und Pfarrer wollte er schon längst nicht mehr werden. Seine Kisten waren vollgestopft – mit Vögeln, Tieren, Insekten, Pflanzen, Gesteinsarten und riesigen fossilen Knochen –, und seine vielen Notizhefte mit unzähligen Beobachtungen und Ideen gefüllt. Jetzt wollte Darwin sich in der wissenschaftlichen Gemeinschaft etablieren. Deshalb hatte er bereits vor einigen Monaten von der entlegenen Insel Sankt Helena im Südatlantik einen Brief an seinen alten Freund geschickt, den Botaniker John Stevens Henslow, und ihn gebeten, ihm den Eintritt in die Geological Society zu erleichtern.[80] Er brannte darauf, seine Schätze zu zeigen, und die britischen Wissenschaftler, die sich anhand der Briefe und Berichte über die Abenteuer der Beagle informiert hatten, die in den Zeitungen veröffentlicht worden waren, konnten es nicht abwarten, ihn kennenzulernen. »Die Reise auf der *Beagle*«, schrieb Darwin später, »war das wichtigste Ereignis in meinem Leben und hat meine ganze Berufslaufbahn bestimmt.«[81]

In London war Darwin ständig unterwegs, um die Sitzungen der Royal Society, der Geological Society und der Zoological Society zu besuchen; außerdem arbeitete er an seinen Papieren. Er hatte seine Sammlungen von namhaften Forschern untersuchen lassen – Anatomen, Ornithologen und auch Spezialisten, die seine Fossilien, Fische, Reptilien und Säugetiere klassifizieren konnten.[*82] Außerdem wollte er sein Tagebuch sofort herausgeben.[83] Als das Buch *Voyage of the Beagle (Reise der Beagle)* 1839 erschien, wurde Darwin berühmt.[84] Darin beschrieb er bildhaft Pflanzen, Tiere und Geologie, aber auch die Farbe des Himmels, die Besonderheit des Lichts, die Bewegungslosigkeit der Luft und den Dunst der Atmosphäre – wie mit den lebhaften Pinselstrichen eines Malers. Wie Humboldt begnügte Darwin sich nicht nur mit wissenschaftliche Daten

---

[*] Darwin sicherte sich außerdem staatliche Fördermittel für die Veröffentlichung der *Zoology of the Voyage of H. M. S. Beagle* – damit dieses Buch in »bescheidenem Maße« Humboldts wunderbaren zoologischen Büchern »ähnelte«, wie er sagte.

und Informationen, etwa über indigene Völker, sondern schilderte auch, mit welchen Gefühlen er auf die Natur reagiert hatte.

Als Mitte Mai 1839 die ersten Exemplare vom Drucker kamen, schickte Darwin sofort eines an Humboldt in Berlin. Da er die Adresse nicht kannte, fragte er einen Freund, »denn ich wusste es ebenso wenig, als hätte ich Post für den König von Preußen oder den Zaren aller Reußen«[85]. Aufgeregt, weil das Buch an sein Vorbild ging, schmeichelte Darwin Humboldt in seinem Begleitbrief und erwähnte, dass er reisen wollte, seitdem er Humboldts Berichte über Südamerika gelesen hatte. Außerdem habe er lange Abschnitte aus *Personal Narrative* kopiert, »damit sie mir in Gedanken stets gegenwärtig waren«[86].

Darwins Sorge war überflüssig. Nachdem Humboldt sein Exemplar erhalten hatte, antwortete er mit einem langen Brief, in dem er die *Voyage of the Beagle* als ein »ausgezeichnetes und bewundernswertes Buch«[87] pries. Wenn sein eigenes Werk zur Entstehung einer solchen Schrift beigetragen habe, dann sei das sein größter Erfolg. »Sie haben eine hervorragende Zukunft vor sich«, schrieb er. Da teilte also der berühmteste Wissenschaftler seiner Zeit dem dreißigjährigen Darwin liebenswürdig mit, dass er die Fackel der Wissenschaft hochhalte. Obwohl er vierzig Jahre älter war als Darwin, hatte Humboldt in dem Jüngeren sofort den Geistesverwandten erkannt.

In seiner Antwort begnügte Humboldt sich nicht mit oberflächlichen Komplimenten – Zeile für Zeile ging er auf Darwins Beobachtungen ein, zitierte Seitenzahlen, listete Beispiele auf und erörterte Argumente. Humboldt hatte jede Seite in Darwins Buch gelesen. Mehr noch, er richtete auch einen Brief an die Geographical Society in London – der in der Zeitschrift der Gesellschaft veröffentlicht wurde – und erklärte, Darwins Buch sei »eines der bemerkenswertesten Werke, die veröffentlicht zu sehen ich im Laufe eines langen Lebens das Vergnügen hatte«[88]. Darwin war außer sich vor Freude: »Nur wenige Dinge in meinem Leben haben mir mehr Befriedigung verschafft, selbst ein junger Autor kann so viel Schmeichelei nicht schlucken.«[89] Ein solches öffentliches Lob ehre ihn, erwiderte Darwin.[90] Als Humboldt später eine deutsche Übersetzung der *Voyage of the Beagle* anregte, schrieb Darwin an einen Freund: »Mit unverzeihlicher Eitelkeit muss ich Dir gegenüber prahlen.«[91]

Darwin war wie im Rausch. Er arbeitete gleichzeitig an mehreren Themen, von Korallenriffen über Vulkane bis hin zu Regenwürmern. »Ich ertrage es nicht, meine Arbeit auch nur einen halben Tag liegen zu lassen«,[92] gestand er seinem alten Professor und Freund John Stevens Henslow. Er arbeitete so viel, dass er oft unter Herzrasen litt, wenn ihn etwas, wie er sagte, »aufregte«[93]. Das geschah vermutlich auch bei einer bedeutsamen Entdeckung über die Vogelarten, die sie von den Galapagosinseln mitgebracht hatten. Als Darwin seine Funde analysierte, kam ihm der bahnbrechende Gedanke, dass die Arten möglicherweise eine Entwicklung durchlaufen – »Transmutation der Arten« nannte man das damals.[94]

Die verschiedenen Finken und Spottdrosseln, die sie auf einzelnen Inseln gesammelt hatten, waren nicht, wie Darwin ursprünglich gemeint hatte, Varianten der Vögel, die er vom Festland kannte.[95] Der britische Ornithologe John Gould – der die Vögel nach der Rückkehr der *Beagle* bestimmte – erklärte, dass es sich tatsächlich um verschiedene Arten handelte. Darwin schloss daraus, dass auf jeder Insel eine einheimische Art zu Hause war. Da die Inseln selbst vulkanischen Ursprungs und vor nicht allzu langer Zeit entstanden waren, gab es nur zwei mögliche Erklärungen: Entweder hatte Gott diese Arten speziell für die Galapagos geschaffen, oder in ihrer geografischen Isolation hatten sie sich alle aus einem gemeinsamen Vorfahren entwickelt, den es auf die Inseln verschlagen hatte.

Die Schlussfolgerungen daraus waren revolutionär. Wenn Gott ursprünglich die Pflanzen und Tiere geschaffen hatte, folgte dann aus der These von der Entwicklung der Arten, dass er am Anfang Fehler begangen hatte? Oder anders: Musste aus der Annahme, dass Arten ausstarben und Gott ständig neue entstehen ließ, der Schluss gezogen werden, dass Gott dauernd seine Meinung änderte? Für viele Wissenschaftler waren das Furcht einflößende Gedanken. Die Diskussion über die mögliche Transmutation der Arten wurde bereits seit geraumer Zeit sehr lautstark geführt. Schon Darwins Großvater Erasmus hatte sich in seinem Buch *Zoonomia* mit dieser Frage auseinandergesetzt, genauso wie Jean-Baptiste Lamarck, Humboldts alter Bekannter aus dem Naturkundemuseum im Jardin des Plantes in Paris.

Im ersten Jahrzehnt des 19. Jahrhunderts hatte Lamarck behauptet, dass sich Organismen unter dem Einfluss ihrer Umwelt allmählich verändern könnten.[96] 1830, ein Jahr bevor Darwin auf der *Beagle* seine Weltumsegelung begann, war die Kontroverse zwischen der These von der Veränderlichkeit der Arten und jener von der Unwandelbarkeit der Arten zu einem erbitterten öffentlichen Streit in der Académie des Scien-

1. Geospiza magnirostris.
3. Geospiza parvula.

2. Geospiza fortis.
4. Certhidea olivacea.

Darwins Finken von den Galapagosinseln

ces in Paris ausgeartet.* Als Humboldt von Berlin aus in Paris zu Besuch war, hatte er den wütenden Debatten in der Académie zugehört und den neben ihm sitzenden Wissenschaftlern dauernd abfällige Bemerkungen über die These der unveränderlichen Arten zugeraunt. Bereits zwanzig Jahre zuvor hatte er in den *Ansichten der Natur* Formulierungen wie die »allmählichen Umänderungen der Arten«[97] verwendet.

Auch Darwin war davon überzeugt, dass die These der unveränderlichen Arten falsch war. Alles war im Fluss oder, wie Humboldt sagte, wenn die Erde sich veränderte, wenn Land und Meer in ständiger Bewegung waren, wenn die Temperaturen abkühlten oder anstiegen – dann müssten alle Organismen »schon vielfachem Wechsel unterworfen ge-

---

* Zu den Anhängern der These von der Unveränderlichkeit der Arten gehörten jene Wissenschaftler, die glaubten, dass Tiere und Pflanzen regelmäßig aussterben würden und dass Gott dann immer neue erschaffe. Ihre Gegner vertraten die Ansicht, es gebe eine fundamentale Einheit, einen grundlegenden Entwurf, aus dem sich die verschiedenen Arten im Zuge ihrer Anpassung an eine besondere Umwelt entwickelten – Spielarten dessen, was Goethe die »Urform« genannt hatte. Ihrer Meinung nach handelte es sich beispielsweise bei den Flügeln einer Fledermaus oder den Brustflossen von Tümmlern um Variationen der vorderen Gliedmaßen.

wesen sein«[98]. Wenn die Umwelt die Entwicklung der Organismen beeinflusst, mussten die Wissenschaftler Klimata und Habitate genauer untersuchen. Daher rückte die weltweite Verteilung der Organismen in den Mittelpunkt von Darwins neuen Überlegungen, ein Thema, das Humboldts Spezialgebiet war – zumindest soweit es die Welt der Pflanzen betraf. Die Pflanzengeografie war, so Darwin, ein »Schlüssel zu den Gesetzen der Schöpfung«[99].

Als Humboldt Pflanzenfamilien verschiedener Kontinente und verschiedener Klimate verglich, hatte er die Vegetationszonen entdeckt, die sich über den Globus erstrecken. Ihm war klar geworden, dass in ähnlichen Umgebungen häufig eng verwandte Pflanzen wuchsen, selbst wenn sie durch Ozeane oder Gebirge voneinander getrennt waren.[100] Verwirrend war nur, dass ein ähnliches Klima trotz dieser transkontinentalen Analogien nicht immer – oder gar zwingend – ähnliche Pflanzen oder Tiere hervorbrachte.[101] Als Darwin *Personal Narrative* las, strich er viele dieser Beispiele an.[*102] Wie kommt es, hatte Humboldt gefragt, dass die Vögel in Indien weniger bunt sind als in Südamerika, oder warum gibt es Tiger nur in Asien?[103] Warum lebten im unteren Orinoco so viele große Krokodile, im oberen dagegen keine? Darwin stürzte sich auf diese Beispiele und fügte am Rand häufig seine Kommentare hinzu: »wie in Patagonien«, »in Paraguay«, »wie das Guanako« oder manchmal auch nur ein bekräftigendes »Ja« oder »!«.[104]

Wissenschaftler wie Charles Lyell erklärten, dass diese verwandten Pflanzen, die über riesige Entfernungen zu finden waren, in verschiedenen Schöpfungszentren entstanden sein mussten. Gott habe diese ähnlichen Arten parallel zur gleichen Zeit und in verschiedenen Regionen entstehen lassen, das heißt, in einer Reihe sogenannter »multipler Schöpfungen« geschaffen. Darwin war anderer Meinung und begann seine Thesen mit Argumenten über Migration und Verteilung zu belegen, wobei ihm Humboldts *Personal Narrative* als eine seiner Quellen diente. Er unterstrich und kommentierte Humboldts Bücher und legte private Indizes für sie an. Außerdem machte er sich Merkzettel und klebte sie auf die Vorsatzblätter: »Bei der Erörterung von Geographie der kanari-

---

* In Darwins Manuskripten gibt es mehrere Hundert Verweise auf Humboldt – von Darwins Bleistiftmarkierungen in seinen Humboldt-Büchern bis hin zu Anmerkungen über Humboldts Werke in Darwins Notizbüchern, wie etwa »in Humboldts großartiger Schrift« oder »Humboldt hat über die Geographie der Pflanzen geschrieben«.

schen Botanik diesen Teil beachten«, oder kritzelte in sein Notizbuch »Humboldt studieren« und »in Bd. IV Pers. Narra. nachsehen«[105]. Aber er kommentierte auch: »Nichts in Hinblick auf die Artentheorie«, als der sechste Band nicht die notwendigen Beispiele lieferte.

Die Artenwanderung wurde zu einer Säule der Darwin'schen Evolutionstheorie. Wie bewegten sich diese verwandten Arten über die Erde? Um eine Antwort auf diese Frage zu finden, führte Darwin viele Experimente durch, beispielsweise testete er die Überlebensrate von Samen in Salzwasser, um festzustellen, ob es Pflanzen möglich war, übers Meer zu wandern.[106] Als Humboldt erwähnte, dass eine Eiche auf dem Hang des Pico del Teide in Teneriffa wuchs, die einer Eiche in Tibet ähnelte, notierte Darwin die Frage: »Wie wurden die Eicheln transportiert… Tauben bringen Getreide nach Norfolk – Mais in die Arktis«[107]. Als Darwin Humboldts Bericht über Nagetiere las, die die harten Schalen der Paranüsse öffneten, und über Affen, Papageien, Eichhörnchen und über Aras, die sich um Samen zankten, schrieb Darwin an den Rand seines Exemplars: »So werden sie verstreut.«[108]

Humboldt meinte, das Rätsel der Pflanzenwanderung lasse sich nicht lösen, aber Darwin war entschlossen, das Problem anzugehen. »Mit dem Ursprung der Wesen«, schrieb Humboldt, habe die Pflanzen- und Tiergeografie nichts zu tun.[109] Wir wissen nicht, was Darwin dachte, als er diese Äußerung in seinem Exemplar von *Personal Narrative* unterstrich, aber er steuerte exakt darauf zu, die Entstehung der Arten, also den Ursprung der Wesen, zu entdecken.

Darwin begann nämlich über die gemeinsame Abstammung der Arten nachzudenken, ein weiteres Thema, für das Humboldt eine Vielzahl von Beispielen geliefert hatte. Die Krokodile des Orinoco waren gigantische Versionen der europäischen Eidechsen, so Humboldt, während sich bei Tigern und Jaguaren »die Gestalt eines unserer kleinsten Hausthiere nach einem größeren Maßstaabe«[110] wiederholten. Aber warum veränderten sich Arten? Wodurch kam ihre Mutabilität zustande? Einer der Hauptvertreter der Transmutationstheorie, der französische Naturwissenschaftler Lamarck, vertrat die Meinung, dass es der allmähliche Einfluss der Umwelt war – eine Gliedmaße wurde beispielsweise in einen Flügel verwandelt. Darwin hielt das für »ausgemachten Unsinn«[111].

Er fand die Antwort in der Idee der natürlichen Selektion. Im Herbst 1838 beschäftigte er sich mit einem Buch, das ihm bei der Entwicklung dieser Hypothese half: Es war um die Abhandlung *Essay on the Principle of Population (Das Bevölkerungsgesetz)* des britischen Ökonomen Thomas Malthus[112] mit der düsteren Vorhersage, dass die menschlichen Bevölkerungen rascher wachsen würden als ihr Nahrungsangebot, wenn nicht »Gegenreaktionen« wie Kriege, Hungersnöte und Epidemien die Bevölkerungszahlen eindämmten. Das Überleben einer Art, so Malthus, hängt von einer Überproduktion der Nachkommenschaft ab – etwas, das Humboldt ebenfalls in *Personal Narrative* beschrieben hatte. Er schilderte dort, dass Schildkröten so ungeheuer viele Eier ablegten, um zu überleben.[113] Samen, Eier und Laich würden in enormer Zahl produziert, aber nur aus einem winzigen Bruchteil entstünden tatsächlich Lebewesen. Malthus hatte zweifellos eine, wie Darwin es nannte, »Theorie, mit der sich arbeiten lässt,«[114] geliefert. Aber der Keim zu dieser Theorie war sehr viel früher gelegt worden, als Darwin Humboldts Werk gelesen hatte.

Humboldt hatte berichtet, wie Pflanzen und Tiere »einander der Zahl nach beschränken«[115], und von ihrem »Kampf«[116] um Raum und Nahrung gesprochen. Es war ein unerbittlicher Kampf. Humboldt hatte bei den Tieren im Dschungel beobachtet, dass sie »einander fürchten« und »dass Sanftmut und Stärke selten beisammen sind«[117] – ein entscheidender Gedanke für Darwins Begriff der natürlichen Selektion.

Am Orinoco hatte Humboldt sich mit der Populationsdynamik der Capybara beschäftigt, des größten Nagetiers der Welt. Während er den Fluss entlangpaddelte, hatte Humboldt beobachtet, dass sich die Tiere rasch vermehrten, aber auch, wie an Land Jaguare sie jagten und im Wasser Krokodile sie verschlangen. Humboldt schloss daraus, dass die Zahl der Capybara ohne diese beiden so »gewaltigen Feinde«[118] explodiert wäre. Er beschrieb auch, wie Jaguare die Tapire verfolgten und dass dann die Affen schrien, weil sie »erschrecken ob dieser Jagd«[119].

»Welch stündliches Gemetzel in der prachtvollen Stille der tropischen Wälder«, notierte Darwin am Rand, »zu zeigen, wie Tiere einander reißen; was für ein gelungener Nachweis.«[120] Hier ist also, mit Bleistift am Rand notiert, im fünften Band von Humboldts *Personal Narrative*, der erste Beleg für Darwins »Theorie, mit der sich arbeiten lässt«.

Im September 1838 schrieb Darwin in sein Notizheft, dass alle Pflanzen und Tiere »durch ein Netz von komplexen Beziehungen miteinander verbunden sind«[121]. Das war Humboldts Netz des Lebens – aber Darwin ging noch einen Schritt weiter und machte daraus einen Lebensbaum, von dem alle Organismen abstammen und dessen Äste und Zweige zu ausgestorbenen und neuen Arten führen.[122] 1839 hatte Darwin bereits die meisten Grundgedanken seiner Evolutionstheorie formuliert, doch er arbeitete noch weitere zwanzig Jahre daran, bevor er die *Entstehung der Arten* im November 1859 veröffentlichte. Sogar den letzten Absatz der *Entstehung der Arten* gibt es so ähnlich in *Personal Narrative* – Darwin hatte ihn in seinem eigenen Exemplar angestrichen und ließ sich von ihm inspirieren.[123] Darwin ließ sich von Humboldts anschaulicher Beschreibung des Dschungeldickichts mit seinem Gewimmel an Vögeln, Insekten und anderen Tieren*[124] zu seiner berühmten *Entangled-Bank***-Metapher anregen, dem Bild von der dicht bewachsenen Uferböschung:

> Wie anziehend ist es, ein mit verschiedenen Pflanzen bedecktes Stückchen Land zu betrachten, mit zahlreichen Insekten, die durch die Luft schwirren, mit Würmern, die über den feuchten Erdboden kriechen, und sich dabei zu überlegen, dass alle diese so kunstvoll gebauten, so sehr verschiedenen und doch in so verzwickter Weise voneinander abhängigen Geschöpfe durch Gesetze erzeugt worden sind, die noch rings um uns wirken.[125]

Darwin stand auf Humboldts Schultern.

---

* In *Personal Narrative* schrieb Humboldt: »Die Waldtiere verbergen sich im Dickicht, die Vögel schlüpfen unter das Laub der Bäume oder in Felsspalten. Horcht man aber in dieser scheinbaren tiefen Stille auf die leisesten Laute, die die Luft an unser Ohr trägt, so vernimmt man ein dumpfes Schwirren, ein beständiges Brausen und Summen der Insekten, von denen alle unteren Luftschichten wimmeln. Nichts kann dem Menschen lebendiger vor die Seele führen, wie weit und wie gewaltig das Reich des organischen Lebens ist. Myriaden Insekten kriechen auf dem Boden oder umgaukeln die von der Sonnenhitze verbrannten Gewächse. Ein wirres Getöne dringt aus jedem Busch, aus faulen Baumstämmen, aus den Felsspalten, aus dem Boden, in dem Eidechsen, Tausendfüße, Cäcilien ihre Gänge graben. Es sind ebenso viele Stimmen, die uns zurufen, daß alles in der Natur atmet, daß in tausendfältiger Gestalt das Leben im staubigen, zerklüfteten Boden waltet, so gut wie im Schoße der Wasser und in der Luft, die uns umgibt.«

** *entangled bank*: etwa »verfilztes Ufergestrüpp« A. d. Ü.

18

Humboldts *Kosmos*

»Ich habe den tollen Einfall, die ganze materielle Welt... in Einem Werke darzustellen«[1], erklärte Humboldt im Oktober 1834. Er wollte in einem Buch alle Dinge im Himmel und auf Erden zusammenfassen – von den fernsten Sternennebeln bis zur Geografie der Moose, von der Landschaftsmalerei bis zur Völkerwanderung und zur Dichtkunst. Solch ein »Buch von der Natur muß den Eindruck wie die Natur selbst hervorbringen«[2].

Im Alter von fünfundsechzig Jahren begann Humboldt mit dem Buch, das sein einflussreichstes werden sollte: *Kosmos, Versuch einer physischen Weltbeschreibung.* Es folgte frei Humboldts Berliner Vortragsreihe, aber die Expedition nach Russland hatte ihm die letzten Vergleichsdaten geliefert, die er noch brauchte. *Kosmos* war ein gewaltiges Vorhaben, »ein Schwerdt in der Brust, das nun heraus muss«[3], wie er sagte, und es war »das Werk meines Lebens«[4]. Der Titel leitete sich von dem griechischen Wort *κόσμος (kósmos)* ab und bedeutet »Schönheit« und »Ordnung«; er besagt, dass das Universum ein geordnetes System ist. Humboldt verwendete es nun als Schlagwort, um damit zugleich »Himmel und Erde«[5] zu erfassen, wie er sagte.

1834, im gleichen Jahr, in dem der Begriff *scientist** (»Wissenschaftler«) geprägt wurde, was die Professionalisierung der Naturwissenschaften und die Verfestigung disziplinärer Grenzen einleitete, schickte Humboldt sich an, ein Buch zu schreiben, das genau das Gegenteil tat. Während die Wissenschaft sich von der Natur entfernte, sich in Laboratorien und Universitäten verschanzte und sich in streng voneinander

---

* Der britische Universalgelehrte William Whewell prägte den Begriff *scientist* in seiner Rezension zu Mary Somervilles Buch *On the Connexion of the Physical Sciences* in der *Quarterly Review* von 1834.

abgegrenzte Disziplinen aufteilte, schuf Humboldt ein Werk, in dem er alles zusammenbrachte, was die professionelle Wissenschaft auseinanderhalten wollte.

Kosmos behandelte ein riesiges Themenspektrum, und Humboldts Forschungen erstreckten sich auf alle nur denkbaren Bereiche. Humboldt war sich seiner Grenzen sehr bewusst und rekrutierte eine ganze Heerschar von Helfern – Naturwissenschaftler, Altertumsforscher und Historiker –, alles Fachleute auf ihren Gebieten.[6] Britische Botaniker, die weit in der Welt herumgekommen waren, schickten ihm bereitwillig lange Listen mit Pflanzen aus Ländern, die sie besucht hatten. Astronomen stellten ihm ihre Daten zur Verfügung, Geologen überließen ihm Karten, und Altertumsforscher untersuchten alte Texte für ihn. Auch seine früheren Kontakte in Frankreich erwiesen sich als nützlich. So erhielt Humboldt etwa von einem französischen Entdeckungsreisenden ein Manuskript über polynesische Pflanzen, und enge Freunde aus Paris wie François Arago standen Humboldt regelmäßig zur Verfügung. Manchmal stellte Humboldt spezielle Fragen, oder er wollte wissen, welche Seiten er in welchem Buch zurate ziehen müsse; bei anderen Gelegenheiten schickte er lange Fragebögen. Wenn Kapitel fertig waren, versandte er die Druckfahnen mit Lücken und bat seine Korrespondenten, sie mit den entsprechenden Zahlen oder Daten auszufüllen, oder er forderte sie auf, seine Entwürfe zu korrigieren.

Humboldt behielt den Überblick über das gesamte Werk, während seine Helfer die spezifischen Einzelheiten und Informationen beitrugen, die er brauchte. Er hatte die weite kosmische Perspektive, und sie waren die Werkzeuge für seinen großen Plan. Humboldt arbeitete äußerst genau und befragte zu jedem Thema mehrere Experten. Sein Verlangen nach Fakten war unersättlich – so wollte er von einem Missionar in China Genaueres über die chinesische Abneigung gegen Milchprodukte wissen, und einen anderen Korrespondenten befragte er nach der Zahl der Palmenarten in Nepal.[7] Er stand unter dem Zwang, wie er einräumte, »einen und denselben Gegenstand zu verfolgen, bis ich ihn aufgeklärt habe«[8]. Er verschickte Tausende von Briefen und bestürmte seine Besucher mit Fragen. So war ein junger Schriftsteller, der kurz zuvor aus Algerien zurückgekehrt war, entsetzt, dass Humboldt ihn mit Fragen über Gesteinsarten, Pflanzen und Bodenschichten bombardierte. Humboldt konnte unerbittlich sein. »Diesmal... entwischen Sie mir nicht«, eröffnete er einem anderen Besucher, »ich muss Sie plündern.«[9]

Seine Korrespondenten antworteten, und regelrechte Flutwellen von Erkenntnissen und Daten rollten auf Berlin zu. Jeden Monat traf neues Material ein und musste gelesen, verstanden, geordnet und eingeflochten werden. Im Laufe der Zeit nahm das Werk immer größere Ausmaße an. Die Menge an Informationen und Wissen nehme ständig zu, erläuterte er seinem Verleger, »wenn die Materialien unter den Händen anwachsen«[10]. *Kosmos* sei »eine Art unmögliches Unternehmen«[11], räumte Humboldt ein.

Die einzige Möglichkeit, alle diese Daten zu bewältigen, war, die Forschung perfekt zu organisieren. Humboldt sammelte sein Material in Kästen, die mittels Umschlägen in Sachgebiete unterteilt waren. Immer wenn er einen Brief erhielt, schnitt er die wichtigen Informationen heraus und steckte sie in den betreffenden Umschlag, in dem sich schon andere möglicherweise nützliche Materialien befanden – Zeitungsausschnitte, Seiten aus Büchern und unendlich viele kleine Zettel mit kleinen Zeichnungen oder ein paar Zahlen und Zitaten. In einem solchen Kasten, der mit geologischen Daten unterschiedlichster Art gefüllt war, fanden sich zum Beispiel: Tabellen mit den Höhenangaben von Bergen, Landkarten, Vortragsnotizen, Bemerkungen von seinem alten Bekannten Charles Lyell, eine Russlandkarte von einem anderen britischen Geologen, Kupferstiche von Fossilien und Mitteilungen eines Altertumsforschers über die geologischen Kenntnisse der alten Griechen.[12] Der Vorteil dieses Systems war, dass Humboldt seine Quellen über einen Zeitraum von vielen Jahren zusammentragen konnte, und wenn er über das Thema schrieb, musste er nur nach der entsprechenden Kiste oder dem Umschlag greifen. So unordentlich er auch in seinem Arbeitszimmer und mit seinen Finanzen war, in seiner Forschung war Humboldt von nicht nachlassender Genauigkeit.[13]

Manchmal kritzelte er auf eine bestimmte Notiz »sehr wichtig«[14] oder »wichtig, im Kosmos nachzuholen«[15]. Dann wieder klebte er Zettel mit eigenen Gedanken auf einen Brief oder riss eine Seite aus einem relevanten Buch. Der Inhalt eines Kastens konnte aus Zeitungsartikeln, einem getrockneten Stück Moos[16] und einer Liste mit Pflanzen aus dem Himalaja bestehen.[17] In einem anderen Kasten befand sich ein Umschlag mit dem wohlklingenden Titel »Luftmeer«[18] – Humboldts poetischer Ausdruck für die Atmosphäre –, außerdem enthielt er Unterlagen über die Antike[19], lange Temperaturtabellen[20] und eine Seite mit Zitaten über Krokodile und Elefanten aus der hebräischen Dichtung[21]. Ein Kollege erklärte, niemand außer Humboldt könne so geschickt so viele »zerstreute Enden« der wissenschaftlichen Forschung zu einem hübschen Knoten binden.[22]

Gewöhnlich bedankte sich Humboldt für jegliche Hilfe, die er bekam, aber hin und wieder ließ er sich zu seinen berüchtigten boshaften Kommentaren hinreißen. Einer traf auch ungerechterweise Johann Franz Encke, den Direktor der Berliner Sternwarte. Encke hatte sich unglaublich viel Mühe gegeben und viele Wochen damit verbracht, astronomische Daten für *Kosmos* zusammenzutragen. Zum Dank spottete Humboldt bei einem Kollegen über den »im Mutterleibe gletscherartig erkalteten Encke«[23]. Selbst seinen Bruder verschonte Humboldt nicht immer. Als Wilhelm versuchte, Alexander in seiner heiklen finanziellen Situation zu helfen, und ihn als Direktor eines neuen Museums in Berlin vorschlug, war Alexander empört. Die Aufgabe entspreche weder seinem Stand noch Ruf, erklärte Alexander seinem Bruder, und er habe Paris ganz gewiss nicht verlassen, um Direktor einer armseligen »Gemäldegalerie«[24] zu werden.

Humboldt war daran gewöhnt, bewundert und umschmeichelt zu werden. Die vielen jungen Männer, die sich um ihn scharten, bildeten eine Art »Hofstaat«[25], wie einer der Berliner Professoren anmerkte. Wenn Humboldt einen Raum betrat, war er sofort der Mittelpunkt – »alles wandte sich ihm zu.« In schweigender Verehrung hingen diese jungen Männer an Humboldts Lippen.[26] Er war die größte Attraktion, die Berlin zu bieten hatte, und setzte selbstverständlich voraus, dass er im Zentrum der allgemeinen Aufmerksamkeit stand. Niemand sei in der Lage, ein einziges Wort einzuwerfen, wenn Humboldt spreche, beklagte ein deutscher Schriftsteller.[27] Seine Neigung zu endlosen Monologen war so legendär, dass der französische Schriftsteller Honoré de Balzac eine satirische Erzählung schrieb, in der er Humboldt verewigte. Protagonisten waren ein Gehirn, das in einem Glasgefäß aufbewahrt wurde und den Menschen Ideen lieferte, und ein »gewisser preußischer Gelehrter, der für seinen nie abreißenden Redefluss bekannt war«[28].

Ein junger Pianist, der sich sehr geehrt fühlte, weil er für Humboldt spielen durfte, entdeckte rasch, dass der alte Mann sehr unhöflich sein konnte (und dass er sich nicht im Geringsten für Musik interessierte). Als der Pianist zu spielen begann, herrschte einen Augenblick lang Stille, aber dann begann Humboldt wieder so laut zu sprechen, dass niemand der Musik lauschen konnte. Wie immer hielt Humboldt seinen Zuhörern

Die Universität in Berlin, die Wilhelm von Humboldt 1810
gegründet hatte und in der Alexander Vorlesungen besuchte.

einen Vortrag, und als der Pianist seine *crescendos* und *fortes* spielte, hob
Humboldt seine Stimme einfach, sodass er die Musik ständig übertönte.
»Es war ein Duett«, sagte der Pianist, »das ich nicht lange durchhalten
konnte.«[29]

Vielen Menschen blieb Humboldt ein Rätsel. Einerseits konnte er
arrogant sein, andererseits räumte er bescheiden ein, dass er noch weit
mehr lernen müsse. Die Studenten der Universität Berlin staunten nicht
schlecht, als sie den alten Mann in den Hörsaal schlurfen sahen, seinen
Ordner unter dem Arm – nicht um eine Vorlesung zu halten, sondern um
sich die eines jungen Professors anzuhören.[30] Humboldt besuchte zum
Beispiel Vorlesungen über griechische Literatur, weil er aufholen wollte,
was bei seiner Erziehung versäumt worden war, wie er sagte. Während er
Kosmos schrieb, informierte er sich über die neuesten wissenschaftlichen
Entwicklungen, indem er den Experimenten eines Chemieprofessors zu-
sah und die Vorträge des Geologen Carl Ritter besuchte. Stets setzte er
sich in die vierte oder fünfte Reihe des Hörsaals ans Fenster und machte
sich in aller Ruhe Notizen wie die jungen Studenten neben ihm. Egal,
wie schlecht das Wetter war, der alte Mann versäumte keine Lehrveran-
staltung. Nur wenn der König Humboldts Anwesenheit verlangte, fehlte

er, und die Studenten scherzten: »Alexander schwänzt heute das Kolleg, weil er beim König zum Tee ist.«[31]

Seine Einstellung zu Berlin aber hat Humboldt nie geändert; er blieb dabei, dass es »eine kleine, unlitterarische und dazu überhämische Stadt« sei[32]. Ein großer Trost in seinem Leben war Wilhelm. In den letzten Jahren war das Verhältnis zwischen den Brüdern so eng geworden, dass sie so viel Zeit wie möglich miteinander verbrachten. Nach Carolines Tod im Frühjahr 1829 verließ Wilhelm Tegel nicht mehr, aber Alexander besuchte ihn, so oft er konnte. Wilhelm war nur zwei Jahre vor seinem Bruder geboren, alterte aber rasch. Er wirkte älter als siebenundsechzig und wurde schnell schwächer.[33] Auf einem Auge war er blind, seine Hände zitterten so stark, dass er nicht mehr schreiben konnte, und sein entsetzlich dünner Körper war tief gebeugt. Ende März 1835 bekam Wilhelm Fieber, nachdem er Carolines Grab im Tegeler Park besucht hatte. Die nächsten Tage verbrachte Alexander am Bett seines Bruders. Sie sprachen über den Tod und über Wilhelms Wunsch, neben Caroline begraben zu werden. Am 3. April las Alexander dem Bruder noch ein Gedicht von Friedrich Schiller vor. Als Wilhelm am 8. April starb, war Alexander an seiner Seite.

Ohne seinen Bruder fühlte Humboldt sich allein und verlassen. »Ich glaubte nicht, daß meine alten Augen so viel Thränen hätten«[34], schrieb er an einen langjährigen Freund. Mit Wilhelms Tod hatte er seine Familie und, wie er sagte, »die Hälfte meines Lebens«[35] verloren. Eine Zeile in einem Brief an seinen französischen Verleger fasst seine Gefühle zusammen: »Beklagen Sie mich; ich bin der unglücklichste der Menschen.«[36]

Humboldt fühlte sich elend in Berlin. »Alles ist öde um mich her, so öde«[37], schrieb er ein Jahr nach Wilhelms Tod. Glücklicherweise hatte er mit dem König ausgehandelt, dass er jedes Jahr für ein paar Monate nach Paris reisen durfte, um für *Kosmos* die neuesten Forschungsergebnisse zu recherchieren.[38] Er bekannte, dass der Gedanke an Paris das Einzige sei, was ihn aufheiterte.

In Paris fiel er wieder mühelos in den Rhythmus von intensiver Arbeit und Abendunterhaltungen. Nach einem frühen Morgenkaffee, schwarz und stark – »conzentrirte Sonnenstrahlen«[39], wie Humboldt ihn nannte – arbeitete er den ganzen Tag, bis er sich am Abend auf seinen üblichen Rundgang durch die Salons machte, von dem er erst um zwei Uhr morgens zurückkehrte. Überall in der Stadt suchte er Wissenschaftler auf und versuchte, ihnen mit allen Mitteln ihre neuesten Erkenntnisse zu entlocken.[40] Je anregender er Paris empfand, desto mehr fürchtete er seine Rückkehr nach Berlin, in diese »carnevalslustige, tanzende Nekropolis«[41]. Jeder Besuch in Paris erweiterte Humboldts internationales Netzwerk, und bei jeder Rückkehr nach Berlin waren seine Kisten und Koffer mit neuem Material gefüllt, das in *Kosmos* aufgenommen werden musste. Aber mit jeder Entdeckung, jeder neuen Messung oder jedem neuen Gedanken verzögerte sich die Veröffentlichung des Buchs aufs Neue.

Außerdem musste Humboldt in Berlin sein wissenschaftliches Leben mit seinen höfischen Pflichten in Einklang bringen. Seine finanzielle Situation blieb schwierig, und er brauchte sein Gehalt als Kammerherr. Also war er gezwungen, dem König von einem Schloss aufs nächste zu folgen. Der Lieblingssitz des Königs war Sanssouci in Potsdam, rund 30 Kilometer von Humboldts Wohnung in Berlin entfernt. Für Humboldt hieß das, sich mit den zwanzig bis dreißig Kästen Unterlagen auf den Weg zu machen, die er brauchte, um an *Kosmos* zu schreiben – seinen »mobilen Hilfsmitteln«[42], wie er sie nannte. An manchen Tagen schien er mehr Zeit auf der Straße zu verbringen als irgendwo sonst: »gestern Pfaueninsel, Tee in Charlottenhof, Komödie und Abendessen in Sanssouci, heute in Berlin, morgen nach Potsdam«[43] – kein ungewöhnlicher Wochenverlauf. Humboldt fühlte sich wie ein Planet, der auf seiner Bahn kreist, immer in Bewegung ist, niemals innehält.[44]

Seine höfischen Verpflichtungen kosteten ihn zu viel seiner Zeit.[45] Er musste dem König bei den Mahlzeiten Gesellschaft leisten und ihm vorlesen und am Abend die Privatkorrespondenz des Königs erledigen. Friedrich Wilhelm III. starb im Juni 1840, und sein Sohn und Nachfolger Friedrich Wilhelm IV. forderte von seinem Kammerherrn noch mehr Aufmerksamkeit. Liebevoll nannte ihn der frischgebackene König »mein bester Alexandros«[46] und verwendete ihn als sein »Wörterbuch«[47], wie ein Besucher am Hof meinte, weil Humboldt immer stets auf die verschiedensten Themen antworten musste. Egal, ob es um die Höhe von Gebirgen ging, die Geschichte Ägyptens oder die Geografie Afrikas.[48] Er lieferte dem König genaue Angaben über die größten Diamanten, die jemals gefunden worden waren, über den Zeitunterschied zwischen Paris und Berlin (44 Minuten), über wichtige Regentschaften und den Sold türkischer Soldaten. Er beriet den König auch, wenn es um Anschaffungen für die königlichen Sammlungen und die Bibliothek ging, oder wenn entschieden werden musste, welche Forschungsreisen finanziert werden sollten – wobei er häufig an den Ehrgeiz seines königlichen Herrn appellierte, wenn er ihn aufforderte, sich nicht von anderen Ländern übertrumpfen zu lassen.

Subtil versuchte Humboldt, einen gewissen Einfluss auszuüben – »ich wirke, so viel ich kann, oft nur als eine Atmosphäre«[49] –, obwohl der König weder an sozialen Reformen noch an europäischer Politik interessiert war. Preußen ging rückwärts, sagte Humboldt, wie der britische Forschungsreisende William Parry, der glaubte, er marschiere in Richtung Nordpol, während er tatsächlich auf den beweglichen Eisschollen zurückdriftete.[50]

Meistens war es Mitternacht, bevor Humboldt in seine kleine Wohnung in der Oranienburger Straße zurückkehrte, die knapp anderthalb Kilometer nördlich vom königlichen Stadtschloss lag.[51] Doch selbst hier fand er nicht die Ruhe, die er brauchte. Ständig klingelten Besucher, klagte Humboldt, »fast wie in einem Brandweinladen«[52]. Um überhaupt weiterzukommen, musste er die halbe Nacht durcharbeiten. »Ich gehe keine Nacht vor halb drei zu Bette«[53], versicherte Humboldt seinem Verleger, der allmählich daran zweifelte, dass *Kosmos* jemals abgeschlossen würde. Immer wieder verschob Humboldt die Veröffentlichung, weil er ständig neues Material fand, das er berücksichtigen wollte.

Im März 1841, mehr als sechs Jahre nachdem er zum ersten Mal von *Kosmos* gesprochen hatte, gelobte Humboldt, das Manuskript des ersten Bandes nun wirklich abzuschicken – scheiterte aber wieder einmal. Scherzend wies er seinen Verleger darauf hin, wie gefährlich es sei, »mit einem Menschen sich einzulassen, der halb fossil… ist«, aber er ließ sich nicht drängen. *Kosmos* sei zu wichtig – »die gewissenhafteste meiner Arbeiten«.[54]

Hin und wieder, wenn die Frustration überhandnahm, ließ Humboldt seine Manuskripte und Bücher ungeöffnet auf dem Schreibtisch liegen und fuhr die drei Kilometer zu der neuen Sternwarte. Nach seiner Rückkehr nach Berlin hatte er geholfen, sie zu gründen. Wenn er durch das große Teleskop in den Nachthimmel starrte, entfaltete sich das Universum – hier präsentierte sich der Kosmos in seiner ganzen Pracht. Er sah die dunklen Krater des Mondes, farbige Doppelsterne, die ihr Licht in seine Richtung zu schicken schienen, und ferne Sternennebel, die sich am Himmelsgewölbe ausbreiteten. Das neue Teleskop brachte ihm Saturn so nahe wie nie zuvor, die Ringe sahen aus, als hätte sie jemand gemalt. Diese gestohlenen Augenblicke intensiver Schönheit inspirierten ihn, wie er seinem Verleger mitteilte, weiterzumachen.

In den Jahren, in denen er den ersten Band von *Kosmos* schrieb, reiste Humboldt mehrere Male nach Paris; aber 1842 begleitete er Friedrich Wilhelm IV. auch nach England zur Taufe des Prinzen von Wales (des künftigen Königs Edward VII.) auf Schloss Windsor. Der Besuch war eine hastige Angelegenheit von nicht einmal zwei Wochen, klagte Humboldt, und ließ ihm kaum Zeit für wissenschaftliche Anliegen.[55] Er konnte weder einen Besuch in der Sternwarte in Greenwich noch im botanischen Garten in Kew hineinzwängen; aber immerhin gelang es ihm, Charles Darwin zu treffen.

Humboldt hatte den Geologen Roderick Murchison, einen alten Bekannten aus Paris, gebeten, ein Zusammentreffen zu organisieren.[56] Murchison kam seiner Bitte gern nach, obwohl gerade Jagdsaison war und er dadurch »die beste Jagd des Jahres versäumen«[57] würde. Das Treffen war für den 29. Januar verabredet. Darwin war nervös und aufgeregt, weil er nun endlich Humboldt kennenlernen würde, und eilte schon am frühen Morgen zu Murchison, der am Belgrave Square wohnte, nur einige Hundert Meter hinter dem Buckingham Palace in London.[58] Darwin wollte vieles fragen und erörtern. Er arbeitete an seiner Evolutionstheorie und beschäftigte sich noch immer mit der Pflanzenverteilung und Artenwanderung.

In der Vergangenheit hatte Humboldt seine Vorstellungen von der Pflanzenverteilung dazu benutzt, um eine mögliche Verbindung zwischen den Kontinenten Afrika und Südamerika zu diskutieren. Er hatte dabei aber auch über Hindernisse wie Wüsten und Gebirgsketten gesprochen, die die Wanderbewegungen der Pflanzen immer wieder blockierten. Er schrieb zum Beispiel auch vom tropischen Bambus, der »in den Erdschichten des kalten Nordens vergraben« gefunden wurde[59], und argumentierte, der Planet habe sich verändert und mit ihm die Pflanzenverteilung.

Als der zweiunddreißigjährige Darwin bei Murchison eintraf, sah er einen alten Mann mit silbergrauem Haar, der gekleidet war wie bei seiner Russlandexpedition: dunkler Gehrock und weißes Halstuch. Das war sein »kosmopolitischer Anzug«[60], wie Humboldt ihn nannte, weil er zu jedem Anlass passte, egal, ob er Könige oder Studenten traf. Mit zweiundsiebzig ging Humboldt jetzt vorsichtiger und langsamer, aber er wusste immer noch, wie er seinen Auftritt inszenieren musste. Wenn er ein Fest oder eine Gesellschaft besuchte, schlurfte er gewöhnlich durch den Raum[61], den Kopf etwas geneigt, und grüßte nach links und rechts, während er an den anderen Gästen vorbeiging. Dabei redete er ununterbrochen. Sobald er den Raum betrat, verstummte alles. Jeder Kommentar hätte lediglich zu einem weiteren langen philosophischen Exkurs Humboldts geführt.

Darwin war fassungslos. Mehrfach versuchte er, eine Bemerkung einzuwerfen, doch schließlich gab er es auf. Zwar war Humboldt so liebenswürdig, ihm »einige grandiose Komplimente«[62] zu machen, aber der alte Mann sprach einfach zu viel. Drei Stunden lang monologisierte Humboldt vor sich hin, ein Wortschwall »ohne Maß und Ziel«[63], wie Darwin sagte. Er hatte sich ihr erstes Treffen ganz anders vorgestellt. Nach all den Jahren, in denen er Humboldt verehrt und seine Bücher bewundert hatte, war Darwin ein wenig ernüchtert. »Aber meine Erwartungen waren wohl auch zu hoch geschraubt«[64], räumte er später ein.

Humboldts endloser Monolog machte es Darwin unmöglich, ein vernünftiges Gespräch mit ihm zu führen. Als Humboldts Vortrag fortdauerte, schweiften Darwins Gedanken immer wieder ab. Doch plötzlich hörte er Humboldt von einem Fluss in Sibirien sprechen, an dessen gegenüberliegenden Ufern die Vegetation trotz des gleichen Bodens und gleichen Klimas »*höchst* verschieden«[65] war. Darwins Interesse war geweckt. Die Pflanzen auf der einen Seite des Flusses seien vorwiegend asiatisch und die auf der anderen europäisch, berichtete Humboldt. Darwin verstand gerade genug, um fasziniert zu sein, überhörte aber viele Details in Humboldts Wortgewitter und wagte nicht, ihn zu unterbrechen. Wieder zu Hause, notierte sich Darwin sofort alles, woran er sich erinnern konnte. Aber er war sich nicht sicher, ob er den älteren Wissenschaftler richtig verstanden hatte: »Sind zwei Floren von entgegengesetzten Seiten aufeinander zugewandert & treffen sich hier?? – seltsamer Fall.«[66]

Darwin sammelte Ideen und Material für seine »Artentheorie«. Von außen betrachtet, verlief Darwins Leben nach eigenem Bekunden gleichförmig wie ein »Uhrwerk«[67.] und drehte sich um Arbeit, Mahlzeiten und Zeit für die Familie. Im Januar 1839, gut zwei Jahre nach seiner Rückkehr von der Reise mit der *Beagle*, hatte er seine Cousine Emma Wedgwood geheiratet und lebte jetzt mit ihr und den beiden kleinen Kindern in London.* In Gedanken aber war Darwin mit höchst revolutionären Dingen beschäftigt. Außerdem war er häufig krank[68]; er litt unter Kopf- und Bauchschmerzen, Müdigkeit und Gesichtsentzündungen, veröffentlichte aber trotzdem laufend Artikel und Bücher. Das Thema der Evolution verlor er dabei nie aus den Augen.

Die meisten Gedanken, die er Jahre später in der *Entstehung der Arten* vorstellte, hatten sich bereits herauskristallisiert; aber Darwin war viel zu sorgfältig, um irgendetwas zu veröffentlichen, das nicht in sich schlüssig und ausreichend mit Fakten belegt war. Bevor er Emma einen Antrag machte, hatte er zum Beispiel eine lange Liste mit dem Für und Wider der Ehe zusammengestellt[69], und auch jetzt wollte er erst einmal alles sammeln und überdenken, was mit seiner Evolutionstheorie zu tun hatte, bevor er sie der Welt präsentierte.

Hätten die beiden Männer an diesem Tag richtig miteinander gesprochen, so hätte Humboldt vielleicht seine Vorstellungen von einer Welt erläutert, die nicht von Gleichgewicht und Stabilität bestimmt wird, sondern von dynamischer Veränderung – Gedanken, die er schon bald im ersten Band von *Kosmos* darlegte. Dort hieß es, eine Art sei ein Teil des Ganzen, gleichermaßen mit der Vergangenheit wie mit der Zukunft verknüpft und eher wandelbar als »abgeschlossen«[70]. In *Kosmos* erörterte er auch die »Übergangsformen« und »Mittelstufen«[71], die sich in den Fossilien zeigten. Er schrieb vom »periodischen Wechseln«[72], von Übergängen und fortwährender Erneuerung. Mit einem Wort, Humboldts Natur war ständig im Fluss. Alle diese Ideen waren Vorläufer von Darwins Evolutionstheorie. Durchaus berechtigt sagte ein befreundeter Wissenschaftler später, Humboldt sei ein »vordarwinischer Darwinianer«[73] gewesen.[74]**

Darwin kam zwar nicht dazu, mit Humboldt über diese Fragen zu sprechen, doch die Geschichte über den Fluss in Sibirien ließ ihn nicht

---

* Noch im selben Jahr, im September 1842, zogen Charles und Emma Darwin nach Down House in Kent.

** Humboldt hatte keine Gelegenheit mehr, die *Entstehung der Arten* zu lesen, weil er vor ihrer Veröffentlichung im November 1859 starb. Aber er äußerte sich zu einem anderen Buch – Robert Chambers' anonym veröffentlichten *Vestiges of the Natural History of Creation* (1844). Obwohl sie nicht auf wissenschaftliche Belege gestützt waren wie Darwins *Entstehung der Arten*, enthielten die *Vestiges* ähnlich aufrührerische Thesen über Evolution und Transmutation der Arten. In wissenschaftlichen Kreisen Großbritanniens ging Ende 1845 das Gerücht um, Humboldt unterstütze »in fast jedem einzelnen Punkt Chambers' Theorien«.

mehr los. Im Januar 1845, drei Jahre nach Humboldts Besuch in London, reiste der Botaniker Joseph Dalton Hooker, ein enger Freund von Darwin, nach Paris. Da Darwin wusste, dass Humboldt sich auf einer seiner Forschungsreisen ebenfalls in Paris aufhielt, bat er Hooker, Humboldt genauer nach der rätselhaften Flora des sibirischen Flusses zu fragen. Er legte Hooker ans Herz, Humboldt zunächst daran zu erinnern, dass *Personal Narrative* Darwins ganzes Leben geprägt habe. Nach den Schmeicheleien sollte Hooker Humboldt »nach dem Fluss in NO-Europa befragen, an dessen entgegengesetzten Ufern die Floren grundverschieden sind«[75].

Hooker nahm sich ein Zimmer im selben Hotel wie Humboldt, dem Hôtel de Londres in Saint-Germain.[76] Wie immer half Humboldt nur zu gern; aber es war auch nützlich, dass Hooker ihn mit Informationen über die Antarktis versorgte. Gut ein Jahr zuvor war Hooker von einer vierjährigen Reise zurückgekehrt, die zu dem sogenannten »Magnetischen Kreuzzug« gehörte. Er hatte sich Kapitän James Clark Ross angeschlossen, der den magnetischen Südpol suchte – eine Expedition, die Teil der britischen Antwort auf Humboldts Aufruf zur Einrichtung eines globalen Netzes von Beobachtungsstationen war.

Wie Darwin stellte sich der siebenundzwanzigjährige Hooker Humboldt als Helden von fast mythischen Dimensionen vor. Als er den Fünfundsiebzigjährigen dann in Paris traf, war er zunächst enttäuscht. »Zu meinem Entsetzen«, schrieb Hooker, habe er einen »energischen kleinen Deutschen«[77] erblickt anstelle des kühnen, hochgewachsenen Forschungsreisenden, den er erwartet hatte. Hookers Reaktion war typisch. Viele andere Zeitgenossen hatten angenommen, der legendäre Deutsche müsse eindrucksvoller, »jupiterartig«[78] sein. Humboldt war nie besonders groß und breit gebaut gewesen, doch das Alter hatte ihn gebeugt und noch stärker abmagern lassen. Hooker schien es unmöglich, dass dieser kleine, dürre Mann jemals den Chimborazo bestiegen hatte; aber er fasste sich schnell und war verzaubert von dem älteren Wissenschaftler.

Sie redeten über gemeinsame Freunde in Großbritannien und über Darwin. Hooker amüsierte sich über Humboldts Angewohnheit, sich selbst und seine Bücher zu zitieren, war aber beeindruckt, wie scharfsinnig sein Gegenüber nach wie vor war. Humboldts Gedächtnis und seine »Fähigkeit zur Verallgemeinerung«, sagte Hooker, waren noch immer »ganz wunderbar«[79]. Hooker wünschte sich lediglich, dass Darwin ihn begleitet hätte, weil sie gemeinsam in der Lage gewesen wären, Humboldts Fragen alle zu beantworten. Natürlich sprach Humboldt wie gewohnt ohne Unterbrechung, schrieb Hooker an Darwin, aber »sein Verstand ist immer noch lebhaft«[80]. Das zeigte sich besonders deutlich, als er Darwins Frage nach dem sibirischen Fluss beantwortete. Es war der Ob, berichtete Hooker, der Fluss, den Humboldt nach der rasanten Fahrt durch die milzbrandverseuchte Steppe überquert hatte, um die Stadt Barnaul zu erreichen. Humboldt erzählte Hooker alles, was er über die Verteilung der sibirischen Pflanzen wusste, obwohl mehr als fünfzehn Jahre seit der russischen Expedition vergangen waren. »Ich glaube, er hat 20 Minuten lang nicht ein einziges Mal Luft geholt«[81], schrieb Hooker an Darwin.

Zu Hookers Erstaunen zeigte ihm Humboldt dann die Fahnen des ersten Bands von *Kosmos*. Hooker traute kaum seinen Augen. Wie alle Wissenschaftler hatte er »Kosmos aufgegeben«[82], weil Humboldt für den ersten Band mehr als zehn Jahre gebraucht hatte. Da Hooker wusste, dass Darwin über die Nachricht genauso begeistert sein würde wie er selbst, benachrichtigte er sofort seinen Freund.

Zwei Monate später, Ende April 1845, wurde endlich der erste Band in Deutschland veröffentlicht.[83] Das Warten hatte sich gelohnt. *Kosmos* war sogleich ein Bestseller: In den ersten Monaten wurden mehr als 20 000 Exemplare der deutschen Ausgabe verkauft. Schon nach wenigen Wochen brachte Humboldts Verleger eine neue Auflage auf den Markt, und in den nächsten Jahre erschienen Übersetzungen – seine »undeutschen Kosmoskinder«[84], wie Humboldt sie nannte – auf Englisch, Holländisch, Italienisch, Französisch, Dänisch, Polnisch, Schwedisch, Spanisch, Russisch und Ungarisch.

Kosmos war anders als alle anderen Bücher über die Natur. Humboldt nahm seine Leser auf eine Reise mit vom Weltall zur Erde und dann von der Oberfläche unseres Planeten bis in den inneren Kern. Er erörterte Kometen, die Milchstraße und das Sonnensystem, aber auch Erdmagnetismus, Vulkane und die Schneegrenze der Gebirge. Er schrieb über die Wanderbewegungen der Menschheit, aber auch von Pflanzen und Tieren, und über die mikroskopischen Organismen, die in stehenden Gewässern oder auf den verwitterten Oberflächen von Felsen lebten. Andere Forscher behaupteten, die Natur werde ihres Zaubers beraubt, wenn der Mensch in ihre tiefsten Geheimnisse eindringe, aber Humboldt war vom genauen Gegenteil überzeugt. Wie sollte das möglich sein, fragte Humboldt, wenn sich die bunten Strahlen des Nordlichts »in ein zuckendes Flammenmeer« von so überirdischer Erscheinung verwandelten, dass deren »Pracht keine Schilderung erreichen kann«?[85] Niemals könnten Erkenntnis und Wissen »das Gefühl erkälten, die schaffende Bildkraft der Phantasie ertödten«[86] – stattdessen riefen sie Erstaunen, Aufregung und Ergriffenheit hervor.

Der wichtigste Teil von *Kosmos* war die fast hundert Seiten lange Einleitung. Hier erklärte Humboldt seine Vision – von einer Welt, in der Leben pulsierte. Alles sei Teil »in dem ewigen Treiben und Wirken der lebendigen Kräfte«[87]. Er sah die Natur als »ein lebendiges Ganzes«[88], in dem sich die Organismen zu einem »netzartig verschlungenen Gewebe«[89] verbinden.

Der Rest des Buches bestand aus drei Teilen: Im ersten ging es um Himmelserscheinungen; im zweiten um die Erde, einschließlich Geomagnetismus, Meere, Erdbeben, Meteorologie und Geografie; im dritten um das organische Leben, also Pflanzen, Tiere und Menschen. Alles in allem war *Kosmos* eine Untersuchung der »ungemessenen Schöpfungskreise«[90] und brachte daher ein weit größeres Spektrum an Themen zusammen als irgendein früheres Buch. Aber es war mehr als nur eine Sammlung von Fakten und Wissen, wie beispielsweise Diderots berühmte *Encyclopédie*, weil Humboldt die Zusammenhänge in den Vordergrund stellte. Wie er das Klima erörterte, war nur eines von vielen Beispielen, die seinen ganz eigenen Ansatz zeigten. Andere Forscher konzentrierten sich nur auf meteorologische Daten wie Temperatur und Wetter, Humboldt dagegen bemühte sich als Erster, das Klima als ein System komplexer Beziehungen zwischen Atmosphäre, Meeren und Landmassen zu verstehen. In *Kosmos* schrieb er über das »perpetuirliche Zusammenwirken«[91] von Luft, Wind, Meeresströmungen sowie Höhenlage und Dichte der Pflanzendecke an Land.

Der geistige Horizont war weit umfassender als bei jeder anderen Veröffentlichung. Und erstaunlicherweise hatte Humboldt ein Buch über das Universum geschrieben, in dem er nicht ein einziges Mal das Wort »Gott« erwähnte. Gewiss, Humboldts Natur war lebendig, »wie von einem Hauche beseelt von Pol zu Pol nur ein Leben ausgegossen ist in Steinen, Pflanzen und Tieren und in des Menschen schwellender Brust«[92], aber der Lebenshauch kam aus der Erde selbst, nicht von irgendeiner göttlichen Instanz. Wer ihn kannte, war nicht überrascht, denn Humboldt war nicht religiös;[93] ganz im Gegenteil. Sein Leben lang hatte er die schrecklichen Folgen des religiösen Fanatismus angeprangert – egal, ob es um die Missionare in Südamerika oder um die Kirche in Preußen ging. Statt von Gott sprach Humboldt lieber von »dem wundervollen Gewebe des Organismus«[94]*[95].

Die Welt war elektrisiert. »Änderte die Gelehrtenrepublik ihre Verfassung«, schrieb ein Rezensent des *Kosmos*, »und wählte sie einen Souverän, böte man das Zepter des Geistes Alexander von Humboldt an.«[96] Humboldts deutscher Verleger erklärte, das Buch mache »in der Geschichte des Buchhandels wirklich Epoche«[97]. Er hatte noch nie so viele Bestellungen bekommen – noch nicht einmal für Goethes Meisterwerk *Faust*.

Studenten, Wissenschaftler, Künstler und Politiker lasen *Kosmos*. Der österreichische Staatskanzler Fürst von Metternich, der über Reformen und Revolutionen ganz anders dachte als Humboldt, ließ jetzt die Politik beiseite und erklärte, nur Humboldt habe die Fähigkeit zu solch einem großen Werk.[98] Dichter bewunderten es ebenso wie Musiker – so erklärte der französische Komponist Hector Berlioz, Humboldt sei ein »überwältigender«[99] Autor. Das Buch war bei Musikern äußerst beliebt; Berlioz kannte beispielsweise einen Orchestermusiker, der Pausen, in denen seine Kollegen weitermusizierten, dazu verwendete, *Kosmos* »zu lesen, noch einmal zu lesen, darüber nachzusinnen und zu verstehen«[100].

In England bestellte Prinz Albert, der Gemahl von Königin Victoria, ein Exemplar, und Darwin wartete ungeduldig auf die englische Übersetzung.[101] Wenige Wochen nach der Veröffentlichung des Buchs auf Deutsch und Französisch kam eine englische Raubübersetzung in Umlauf, die so hölzern und schlecht war, dass Humboldt befürchtete, sie könne seinem Ruf in Großbritannien »sehr schaden«. Sein »armer Cosmos« war in dieser Version übel verstümmelt und unlesbar.[102]

Als Hooker ein Exemplar ergatterte, bot er es Darwin an. »Kannst Du wirklich darauf verzichten?«, schrieb Darwin im September 1845 an Hooker, »ich bin sehr begierig, es zu lesen.«[103] Knapp zwei Wochen später hatte er es eingehend studiert, aber es war die Raubübersetzung. Darwin schimpfte über das »miserable Englisch«[104], war aber trotzdem

---

* Schockiert über das vermeintlich blasphemische Buch, bezichtigte ein deutsches Kirchenblatt Humboldt nach Erscheinen von *Kosmos* sogar, »mit dem Teufel im Bunde zu stehen«.

beeindruckt, weil es »ein exakter Ausdruck der eigenen Gedanken« war, und wollte unbedingt mit Hooker über das Buch diskutieren. Charles Lyell schrieb er, wie verblüfft er über die »Kraft und Information«[105] sei. Einige Abschnitte fand Darwin ein wenig enttäuschend, weil sie lediglich Teile aus *Personal Narrative* wiederholten, aber andere waren »bewundernswert«. Außerdem war er geschmeichelt, weil Humboldt seine *Voyage of the Beagle* erwähnte. Als ein Jahr später eine autorisierte Übersetzung des *Kosmos* bei John Murray erschien, kaufte Darwin sie sofort.[106]

Trotz des Riesenerfolgs blieb Humboldt unsicher. Nie vergaß er eine schlechte Kritik – und wie schon einmal über *Personal Narrative* äußerte sich auch jetzt die konservative britische *Quarterly Review* kritisch über das neue Buch. Hooker berichtete Darwin, Humboldt sei »sehr erzürnt über den *Kosmos*-Artikel in der *Quarterly Review*«[107]. 1847, zwei Jahre später, als der zweite Band herauskam, machte sich Humboldt solche Sorgen darüber, wie die Leser das Buch annehmen würden, dass er seinen Verleger bat, ehrlich mit ihm zu sein.[108] Doch es gab nicht den geringsten Grund zur Furcht. Die Menschen hätten »wirkliche Schlachten« um die Bücher ausgefochten, schrieb Humboldts Verleger, und die Verlagsräume seien »regelrecht geplündert« worden.[109] Bestechungsgelder wurden geboten, und Bücherpakete, die für Buchhandlungen in Sankt Petersburg und London bestimmt waren, wurden abgefangen und an Händler umgeleitet, die ihre verzweifelten Kunden in Hamburg und Wien beliefern wollten.

Im zweiten Band nahm Humboldt seine Leser mit auf eine fiktive Reise durch die gesamte Menschheitsgeschichte, von den ältesten Kulturen bis in die Neuzeit. In einer wissenschaftlichen Veröffentlichung war das völlig neu. Nie hatte ein Wissenschaftler auch über Dichtkunst, Malerei und Gartenarchitektur geschrieben, über Landwirtschaft und Politik, über Empfindungen und Gefühle. Der zweite *Kosmos*-Band war eine Geschichte der »dichterischen Naturbeschreibung«[110] und der Landschaftsmalerei, von den Anfängen in Griechenland und Persien bis zur modernen Literatur und Kunst. Und er war eine Geschichte der Naturwissenschaft, der Entdeckungen und Forschungsreisen, die alles umfasste, von Alexander dem Großen bis zur arabischen Welt, von Christoph Kolumbus bis zu Isaac Newton.

Während es im ersten Band um die Außenwelt ging, beschäftigte sich der zweite mit der Innenwelt – mit den Eindrücken, die die Außenwelt

»auf das Gefühl«[111] überträgt, wie Humboldt erklärte. In einer Hommage an seinen alten Freund Goethe, der 1832 gestorben war, und an ihre Freundschaft in Jena, als der ältere Dichter ihn »mit neuen Organen«[112] versah, durch die er lernte, die Natur zu sehen, betonte Humboldt im *Kosmos* die Bedeutung der Sinneswahrnehmungen. Das Auge, schrieb Humboldt, ist das Organ der »Weltanschauung«[113], durch das wir die Welt sehen, aber auch deuten, verstehen und definieren. Zu einer Zeit, als das Vorstellungsvermögen strikt aus den Naturwissenschaften verbannt war, vertrat Humboldt mit Nachdruck die These, dass man die Natur gar nicht anders begreifen konnte. Ein Blick auf den Himmel genügte vollkommen: Die funkelnden Sterne »erfreuen und begeistern«[114] die Sinne, und doch kreisen sie auf mathematisch exakten Bahnen am Himmel.

Die ersten beiden Bände des *Kosmos* waren so erfolgreich, dass innerhalb von vier Jahren drei miteinander konkurrierende englische Ausgaben veröffentlicht wurden. »In England ist reine Tollheit mit dem Cosmos«[115], berichtete Humboldt seinem deutschen Verleger, und es herrschte »Krieg« zwischen den verschiedenen Übersetzern. 1849 waren rund 40000 englische Exemplare[116] verkauft worden, nicht mitgerechnet die vielen Tausend in den Vereinigten Staaten.*[117]

Bis dahin hatten nur wenige Amerikaner Humboldts frühere Werke gelesen, doch das änderte sich mit *Kosmos*. Der Name Humboldt wurde auf dem nordamerikanischen Kontinent zum Begriff. Als einer der Ersten besorgte sich Ralph Waldo Emerson ein Exemplar. »Der wundervolle Humboldt«, schrieb er in sein Tagebuch, »marschiert mit seinem erweiterten Zentrum und ausgebreiteten Schwingen wie eine Armee und sammelt im Voranschreiten alles ein.«[118] Niemand wisse mehr über die Natur als Humboldt, sagte Emerson. Ein anderer amerikanischer Schriftsteller, der Humboldts Werk sehr schätzte, war Edgar Allan Poe. Seine letzte große Arbeit – das 130 Seiten umfassende Prosagedicht *Eureka* aus dem Jahr 1848 – widmete er Humboldt, sie war eine direkte Antwort auf *Kosmos*. Wie Humboldt, der Außen- und Innenwelt als Einheit begriff, versuchte Poe, das Universum samt allen »geistigen und materiellen«[119] Dingen zu erfassen. Das Weltall bezeichnete Poe als »das erhabenste der poetischen Werke«[120]. Ebenso inspiriert schrieb Walt Whitman seine

---

* Humboldt verdiente keinen Pfennig an diesen Übersetzungen, da es kein Urheberrecht gab. Erst nach 1849, als neue Gesetze verabschiedet worden waren, verdiente Humboldt etwas Geld an den Bänden, die danach veröffentlicht wurden.

berühmte Gedichtsammlung *Leaves of Grass* mit einem Exemplar von *Kosmos* auf seinem Schreibtisch. Whitman verfasste sogar ein Gedicht mit dem Titel »Kosmos«[121] und bezeichnete sich in dem berühmten Gedicht »Song of Myself« als einen »Kosmos«[122].

Humboldts *Kosmos* prägte zwei Generationen amerikanischer Wissenschaftler, Maler, Schriftsteller und Dichter – und, vielleicht noch wichtiger, *Kosmos* beeinflusste entscheidend die Entwicklung von Henry David Thoreau, einem der bedeutendsten amerikanischen Naturschriftsteller.

19

Dichtung, Wissenschaft und Natur

Henry David Thoreau und Humboldt

Im September 1847 verließ Henry David Thoreau seine Hütte am Walden Pond und zog wieder in seine nahe gelegene Heimatstadt Concord in Massachusetts. Thoreau war dreißig Jahre alt und hatte in den vergangenen zwei Jahren, zwei Monaten und zwei Tagen in einem kleinen Haus im Wald gelebt, »weil mir daran lag, bewusst zu leben, es nur mit den wesentlichen Tatsachen des Daseins zu tun zu haben«[1].

Thoreau hatte die schindelgedeckte Hütte eigenhändig erbaut.[2] Das Häuschen maß drei mal viereinhalb Meter, hatte auf beiden Seiten ein Fenster und einen kleinen Ofen zum Beheizen des Raums. Es gab ein Bett, einen kleinen hölzernen Schreibtisch und drei Stühle. Wenn Thoreau sich auf die Türschwelle setzte, konnte er die leicht gekräuselte Seeoberfläche in der Sonne glitzern sehen. Der See sei »der Erde Auge«, sagte Thoreau, und im Winter, wenn es fror, »schließt der See die Lider«.[3] Der Uferweg rund um den See war etwa drei Kilometer lang. Oben auf der steilen Uferböschung wuchsen hohe Weymouth-Kiefern mit langen grünen Nadelbüscheln, Hickorys und Eichen; sie waren »die langen Wimpern«[4], die das Wasser säumten. Im Frühjahr bedeckten Teppiche aus zarten Blumen den Waldboden, und im Mai hingen an den Blaubeersträuchern glockenförmige Blüten. Das helle Gelb der Goldrute schmückte den Sommer, und der Sumach mischte sein Rot in die Herbstfarben.[5] Im Winter, wenn der Schnee alle Geräusche dämpfte, folgte Thoreau den Fährten von Kaninchen und Vögeln. Im Herbst ging er laut singend durch den Wald und raschelte mit den Füßen im Herbstlaub, um möglichst viel Lärm zu machen.[6] Er beobachtete, lauschte, und er wanderte. Seine Wege führten ihn kreuz und quer durch die liebliche Landschaft um den Walden Pond, und er wurde zum Entdecker. Er gab den Orten Namen wie ein For-

Thoreaus Hütte am Walden Pond

schungsreisender: Mount Misery, Thrush Alley, Blue Heron Rock und so fort.[7]

Die beiden Jahre in seiner Hütte verarbeitete Thoreau in einem der bekanntesten Werke der amerikanischen Naturschriftstellerei: *Walden*. Das Buch erschien 1854, rund sieben Jahre nach seiner Rückkehr nach Concord. Thoreau hatte zunächst Schwierigkeiten beim Schreiben. *Walden*, wie wir es heute kennen, wurde es erst, als Thoreau eine neue Welt in Humboldts *Kosmos* entdeckte. Humboldts Natursicht ermutigte ihn, Naturwissenschaft und Dichtung miteinander zu verbinden. »Fakten, die von einem Dichter gesammelt werden, lassen sich am Ende als geflügelte Samen der Wahrheit nieder«[8], schrieb Thoreau später. *Walden* war seine Antwort auf Humboldts *Kosmos*.

Thoreau wurde im Juli 1817 geboren. Sein Vater war Händler und Bleistiftmacher, hatte aber Mühe, seine Familie zu ernähren. Sie lebten in Concord, einer geschäftigen Ortschaft mit rund zweitausend Einwohnern, gut 20 Kilometer westlich von Boston. Thoreau war ein scheuer Junge, der lieber allein blieb. Wenn sich seine Klassenkameraden mit wilden Spielen vergnügten, stand er abseits, den Blick auf den Boden gerichtet, immer auf der Suche nach einem Blatt oder einem Insekt.[9] Er war nicht beliebt, weil er sich den anderen nie anschloss, und sie nannten ihn den »genauen Gelehrten mit der großen Nase«[10]. Aber er konnte wie ein Eichhörnchen klettern[11] und fühlte sich am wohlsten in der freien Natur.

Mit sechzehn Jahren schrieb sich Thoreau an der Harvard University ein, gut 15 Kilometer südöstlich von Concord.[12] Dort studierte er Griechisch, Latein und moderne Sprachen, unter anderem auch Deutsch. Außerdem belegte er Kurse in Mathematik, Geschichte und Philosophie. Er benutzte eifrig die Bibliothek und liebte ganz besonders Reiseberichte, mit denen er sich in ferne Länder träumte.

Nach seinem Examen im Jahr 1837 kehrte Thoreau nach Concord zurück, wo er kurzzeitig als Lehrer arbeitete und seinem Vater gelegentlich in der Bleistiftmanufaktur der Familie half. In Concord traf Thoreau auch den Schriftsteller und Dichter Ralph Waldo Emerson, der drei Jahre zuvor dorthin gezogen war. Der vierzehn Jahre ältere Emerson ermutigte Thoreau zu schreiben und öffnete ihm seine gut ausgestattete Bibliothek.[13]* Auch das Stück Land am Walden Pond, auf dem Thoreau seine kleine Hütte baute, gehörte Emerson. Damals trauerte Thoreau um seinen einzigen Bruder John, der nach einer Tetanusinfektion in seinen Armen gestorben war. Johns plötzlicher Tod traumatisierte Thoreau, und er entwickelte sogar eine »sympathische« Erkrankung mit ähnlichen Symptomen wie Kiefersperre und Muskelkrämpfen.[14] Er fühlte sich wie ein »verwelktes Blatt«[15] – elend, nutzlos und so unglücklich, dass ein Freund ihm riet: »Bau Dir eine Hütte & mach Dich dort an das große Werk, Dich bei lebendigem Leib zu verschlingen. Ich sehe keine andere Möglichkeit, keine Hoffnung für Dich.«[16]

Die Natur half Thoreau. Eine vergängliche Blume ist kein Grund zur Trauer, teilte er Emerson mit, genauso wenig wie dicke Schichten vermodernder Herbstblätter auf dem Waldboden, da im folgenden Jahr alles wieder zum Leben erwacht. Der Tod gehört zum Kreislauf der Natur und ist folglich ein Zeichen für ihre Gesundheit und Kraft.[17] »Es kann keine *wahrhaft* schwarze Melancholie geben für den, der inmitten der Natur lebt«[18] – sagte Thoreau, der nach dem Sinn des Lebens suchte, sowohl in der Welt um ihn herum als auch in sich selbst.

---

* Außerdem lebte Thoreau zwei Jahre lang bei den Emersons und verdiente Unterkunft und Verpflegung, indem er sich in Haus und Garten nützlich machte, während Emerson auf seinen häufigen Vortragsreisen unterwegs war.

Das Amerika, das Thoreaus seine Heimat nannte, hatte sich stark verändert, seit sich Humboldt im Sommer 1804 mit Thomas Jefferson in
Washington getroffen hatte. Inzwischen waren Meriwether Lewis und
William Clark über den ganzen Kontinent gereist, von St. Louis bis zur
Pazifikküste. Sie waren von ihrer Expedition mit Berichten über reiche
und weite Landstriche zurückgekehrt, die für die expandierende Nation
verlockende Aussichten boten. 1846, vier Jahrzehnte später, erwarben die
Vereinigten Staaten große Teile des Oregonterritoriums von Großbritannien, einschließlich der heutigen Staaten Washington, Oregon und Idaho
sowie Teilen von Montana und Wyoming. Amerika hatte Texas annek-
tiert, wo noch Sklaven arbeiteten, und bekriegte sich mit Mexiko. Kurz
nachdem Thoreau seine Blockhütte verlassen hatte, beendeten die Vereinigten Staaten diese Auseinandersetzung mit einem überwältigenden Sieg;
Mexiko musste ein riesiges Gebiet abtreten, darunter die künftigen Staaten Kalifornien, Nevada, New Mexico, Utah, fast ganz Arizona und Teile
von Wyoming, Oklahoma, Kansas und Colorado. Unter Präsident James
K. Polk gewann das Land zwischen 1845 und 1848 mehr als zweieinhalb
Millionen Quadratkilometer hinzu, das war ein Drittel seines Staatsgebietes. Nun erstreckten sich die Vereinigten Staaten zum ersten Mal quer
über den ganzen Kontinent. Im Januar 1848 wurde das erste Gold in Kalifornien gefunden, und im nächsten Jahr machten sich 40 000 Menschen
auf den Weg, um ihr Glück im Westen zu suchen.

Amerika hatte außerdem große technologische Fortschritte erzielt.
1825 wurde der Eriekanal und fünf Jahre später der erste Abschnitt der
Baltimore and Ohio Railroad eröffnet. Im April 1838 traf die *Great
Western*, das erste transatlantische Dampfschiff, aus England in New
York ein, und im Winter 1847, als Thoreau nach Concord zurückkehrte,
wurde das Kapitol in Washington erstmals mit Gas beleuchtet.

Boston war noch immer ein wichtiger Hafen, und mit ihm wuchs
Thoreaus nahe gelegene Heimatstadt Concord. Das Städtchen hatte
eine Baumwollspinnerei, Manufakturen für Schuhe und Bleirohre sowie mehrere Lagerhallen und Banken.[19] Jede Woche kamen vierzig Post-
kutschen durch die Ortschaft, die auch Sitz der Bezirksverwaltung war.
Pferdewagen mit Waren aus Boston fuhren durch die Hauptstraße zu
den Marktflecken in New Hampshire und Vermont.

Die Landwirtschaft hatte die Wildnis längst in offene Felder, Weiden
und Wiesen verwandelt. Es war unmöglich, durch Concords Wälder zu
wandern, schrieb Thoreau in sein Tagebuch, ohne das Geräusch von

Concord, Massachusetts

Äxten zu vernehmen.[20] Die Landschaft Neuenglands hatte sich in den zurückliegenden zwei Jahrhunderten so dramatisch verändert, dass kaum noch alte Bäume standen. Der Wald wurde für die Landwirtschaft und für Brennholz gerodet und schließlich, mit der Ausbreitung der Eisenbahnen, von den Lokomotiven verschlungen. Die Eisenbahn war in 1844 nach Concord gekommen.[21] Ihre Gleise verliefen am Westrand des Walden Pond, wo Thoreau oft an ihnen entlanggewandert war. Die unberührte Natur wurde zurückgedrängt, und die Menschen entfernten sich von ihr.

Das Leben am Walden Pond sagte Thoreau zu. Hier konnte er sich in ein Buch vertiefen oder stundenlang eine Blume betrachten, ohne darauf zu achten, was um ihn herum vor sich ging. Schon lange pries er die Freuden des einfachen Lebens. »Darum vereinfachen, vereinfachen!«[22], sollte er später in *Walden* schreiben. Um ein Philosoph zu sein, sagte er, müsse man »ein Leben in Einfachheit«[23] führen. Er war sich selbst genug und legte keinen Wert auf gesellschaftliche Vergnügungen, Frauen oder Geld. Sein Erscheinungsbild spiegelte seine Haltung wider. Seine Kleidung saß schlecht, die Hosen waren zu kurz und die Schuhe ungeputzt. Sein Gesicht war gerötet von der frischen Luft, er hatte eine große Nase, einen ungepflegten Bart und ausdrucksvolle blaue Augen.[24] Ein Freund berichtete von ihm, er könne »Stachelschweine sehr gut nachahmen«[25], andere beschrieben ihn als mürrisch und »streitsüchtig«[26]. Manche sagten, Thoreau habe »höfliche Manieren« – wenn auch ein wenig

»ungeschliffen und grob«[27], andere fanden ihn unterhaltsam und lustig. Aber selbst der Schriftsteller Nathaniel Hawthorne, sein Freund und Nachbar in Concord, bezeichnete Thoreau als »unerträglichen Langweiler«[28], der einem das Gefühl gab, man müsse sich dafür schämen, dass man Geld hatte oder ein Haus besaß oder ein Buch schrieb, das die Leute lesen werden. Thoreau war zweifellos exzentrisch, aber, wie ein anderer Freund sagte, auch erfrischend »wie Eiswasser an Hundstagen für dürstende Mitmenschen«[29].

Einig waren sich allerdings alle, dass Thoreau besser mit der Natur und mit Worten zurechtkam als mit Menschen. Eine Ausnahme waren Kinder, mit denen Thoreau sich gern abgab. Emersons Sohn Edward erinnerte sich mit Vergnügen an Thoreau, der immer Zeit für die Dorfkinder hatte und ihnen lustige Geschichten erzählte, wie die über das »Duell«[30] zweier Schildkröten im Fluss, oder wenn er Bleistifte verschwinden und wieder auftauchen ließ. Wenn die Kinder ihn in seiner Hütte am Walden Pond besuchten, nahm er sie mit auf lange Waldspaziergänge. Manchmal pfiff er seltsame Töne, woraufhin nach und nach die Tiere des Waldes auftauchten – das Waldmurmeltier warf einen Blick aus dem Unterholz, Eichhörnchen kamen angelaufen, und Vögel setzten sich auf seine Schulter.

Die Natur, sagte Hawthorne, »scheint ihn als ihr bevorzugtes Kind zu adoptieren«[31], denn die Tiere und die Pflanzen kommunizierten mit ihm. Zwischen Thoreau und der Natur bestand eine unerklärliche Bindung. Mäuse liefen über seine Arme, Krähen ließen sich auf ihm nieder, Schlangen legten sich um seine Beine, und er war immer der Erste, der die versteckten frühen Blüten des Frühlings fand. Die Natur sprach zu ihm und Thoreau zu ihr. Wenn er ein Feld mit Bohnen pflanzte, fragte er: »Was werde ich von den Bohnen lernen oder die Bohnen von mir?«[32] Die Freude seines Alltags war, wie er es nannte, »eine Handvoll gefangenen Sternenstaubs, ein Stückchen Regenbogen«[33].

In der Zeit am Walden Pond beobachtete Thoreau die Natur aufmerksam. Morgens badete er, dann setzte er sich vor die Tür in die Sonne.[34] Er ging durch den Wald oder hockte sich still auf eine Lichtung und wartete auf die vorbeikommenden Tiere. Gewissenhaft notierte er das Wetter und wurde »aus eigener Berufung Inspektor der Schneestürme und Regenschauer«[35]. Im Sommer holte er sein Boot heraus, spielte Flöte und ließ sich auf dem Wasser treiben, im Winter legte er sich flach auf die gefrorene Oberfläche des Sees und presste sein

Henry David Thoreau

Gesicht auf das Eis, um den Grund zu betrachten – »wie ein Bild hinter Glas«[36]. Nachts lauschte er den Zweigen der Bäume, die sich an den Schindeln des Hüttendachs rieben, morgens dem Konzert, das die Vögel für ihn sangen. Er sei »ein sylvanisches Fabelwesen«, sagte ein Freund, »ein Waldgeschöpf«[37].

So sehr Thoreau auch die Einsamkeit genoss, so lebte er in seiner Hütte doch nicht wie ein Einsiedler. Oft ging er in die Ortschaft, um bei seiner Familie oder mit den Emersons zu essen.[38] Außerdem hielt er Vorträge am Concord Lyceum und empfing Besucher am Walden Pond. Im August 1846 hielt die Antisklavereigesellschaft von Concord vor Thoreaus Hütte ihre Jahresversammlung ab, und Thoreau machte einen Ausflug nach Maine. Aber er schrieb auch. In den zwei Jahren am Walden Pond füllte Thoreau zwei dicke Notizbücher, eines mit seinen Walderlebnissen (die Notizen wurden später die erste Fassung von *Walden*[39]), das andere mit einem Entwurf von *A Week on the Concord and Merrimack Rivers (Ich befuhr einen Fluss bei günstigen Winden: Eine Bootfahrt auf dem Concord und Merrimack)*, ein Buch über eine Bootsfahrt, die er einige Jahre zuvor mit seinem Bruder unternommen hatte, den er schmerzlich vermisste.

Als er seine Hütte verließ und nach Concord zurückkehrte, versuchte er vergeblich, einen Verleger für *A Week* zu finden. Aber niemand interessierte sich für ein Manuskript, das zu einem Teil aus Naturbeschreibungen und zum anderen Teil aus Erinnerungen bestand. Am Ende erklärte sich ein Verleger bereit, es auf Thoreaus Kosten zu drucken und zu vertreiben. Es wurde ein fulminanter kommerzieller Flop. Niemand kaufte das Buch, und viele Kritiken waren vernichtend. So wurde Thoreau zum Beispiel vorgeworfen, er habe eine schlechte Emerson-Kopie angefertigt. Einer der wenigen Bewunderer erklärte allerdings, das Buch sei »durch und durch amerikanisch«[40].

Thoreau brachte das Unternehmen mehrere Hundert Dollar Schulden und viele unverkaufte Exemplare von *A Week*. Er besitze nun eine Bibliothek von neunhundert Büchern, scherzte er, »von denen ich mehr als siebenhundert selbst geschrieben habe«[41]. Die erfolglose Veröffentlichung führte auch zu Reibungen zwischen Thoreau und Emerson. Thoreau fühlte sich von seinem Mentor im Stich gelassen, der *A Week* gelobt hatte, obwohl es ihm nicht gefiel. »Als mein Freund noch mein Freund war, schmeichelte er mir, sodass ich nie die Wahrheit von ihm hörte, aber als er mein Feind wurde, verpasste er sie mir mit einem vergifteten Pfeil«[42], schrieb Thoreau in sein Tagebuch. Vermutlich förderte es ihre Freundschaft auch nicht, dass Thoreau für Emersons Frau Lydian schwärmte.[43]

Heute ist Thoreau einer der meistgelesenen und populärsten amerikanischen Autoren – obwohl sich Freunde und Angehörige zu seinen Lebzeiten wegen seines mangelnden Ehrgeizes Sorgen um ihn machten. Emerson nannte ihn den »einzigen müßigen Menschen«[44] in Concord, der »hier in der Stadt unbedeutend«[45] sei, und Thoreaus Tante glaubte, ihr Neffe könne Besseres tun, »als ständig fortzulaufen«[46]. Thoreau kümmerte sich nie viel darum, was andere dachten. Stattdessen mühte er sich mit seinem *Walden*-Manuskript ab, dessen Abschluss ihm nicht gelingen wollte. »Wozu gibt es diese Kiefern und diese Vögel? Was macht dieser Teich?«, schrieb er in sein Tagebuch und kam zu dem Schluss: »Ich muss ein wenig mehr wissen.«[47]

Thoreau versuchte immer noch, den Sinn der Natur zu erfassen. Er setzte seine Spaziergänge in der ländlichen Umgebung fort, kerzengerade wie eine Tanne, wie seine Freunde sagten, und mit langen Schritten.

Außerdem begann er als Landvermesser zu arbeiten, wofür er ein kleines Einkommen erhielt und was ihm ermöglichte, noch mehr Zeit in der freien Natur zu verbringen. Thoreau zählte seine Schritte und konnte damit, so Emerson, Entfernungen genauer messen als andere mit den traditionellen Instrumenten der Landvermessung.[48] Er sammelte Pflanzen und kleine Tiere für Botaniker und Zoologen der Harvard University. Er maß die Tiefe der Bäche und Teiche, vermerkte die Temperatur und presste Pflanzen. Im Frühjahr notierte Thoreau, wann die Vögel kamen, und im Winter zählte er die gefrorenen Blasen, die in der Eisdecke des Sees gefangen waren.[49] »Statt einen Gelehrten aufzusuchen«, wanderte er oft viele Kilometer durch den Wald, um eine »Verabredung«[50] mit bestimmten Pflanzen einzuhalten. Thoreau bemühte sich zu verstehen, was die Bäume und Vögel tatsächlich bedeuteten.

Wie Emerson suchte Thoreau nach der Einheit der Natur, aber am Ende schlugen sie unterschiedliche Wege ein.[51] Thoreau übernahm von Humboldt die Überzeugung, dass man das »Ganze« nur begreifen konnte, wenn man die Verbindungen, Beziehungen und Einzelheiten verstand. Emerson dagegen glaubte, dass diese Einheit sich nicht nur durch rationales Denken erkennen ließ, sondern auch durch Intuition oder eine Art göttlicher Offenbarung. Wie die Romantiker in England, zum Beispiel Samuel Taylor Coleridge, und deutsche Idealisten wie Friedrich Schelling lehnten Emerson und die anderen Transzendentalisten in Amerika die naturwissenschaftlichen Methoden ab, die sich auf deduktives Denken und empirische Forschung gründeten. Wer die Natur auf diese Weise untersuche, sagte Emerson, »verstelle sich gewöhnlich den Blick«[52]. Stattdessen müsse der Mensch die geistige Wahrheit in der Natur finden. Naturwissenschaftler seien lediglich Materialisten, deren »Geist extrem verdünnte Materie«[53] sei.

Die Transzendentalisten orientierten sich an dem deutschen Philosophen Immanuel Kant und seiner Erkenntnistheorie. Kant sprach von reinen Verstandesbegriffen, sogenannten Kategorien, die, so Emerson, »sich nicht aus der Erfahrung herleiten«[54]. Damit wandte sich Kant gegen Empiristen wie den britischen Philosophen John Locke, der Ende des 17. Jahrhunderts behauptet hatte, dass alle Erkenntnis auf Sinneserfahrungen beruhe. Emerson und seine transzendentalistischen Mitstreiter vertraten die Ansicht, dass der Mensch die Fähigkeit besitze, »die Wahrheit intuitiv zu erkennen«[55]. Für sie waren die Fakten und Erscheinungen der Natur wie ein Vorhang, den es beiseitezuziehen galt, um das göttliche Gesetz dahinter zu entdecken. Doch Thoreau fand es zunehmend schwierig, seine Faszination für naturwissenschaftliche Fakten mit dieser Weltanschauung in Einklang zu bringen, weil für ihn alles in der Natur einen Sinn an sich besaß. Er war ein Transzendentalist, der das große Ganze der Natur begreifen wollte, indem er die Blütenblätter einer Blume oder die Jahresringe eines gefällten Baums zählte.

Thoreau hatte angefangen, die Natur wie ein Wissenschaftler zu beobachten. Er maß und zeichnete auf, und sein Interesse an solchen Details wuchs ständig. Im Herbst 1849, zwei Jahre nachdem er seine Hütte verlassen hatte und sich abzuzeichnen begann, wie erfolglos *A Week* tatsächlich war, traf Thoreau eine Entscheidung, die sein Leben umkrempelte und zur Entstehung von *Walden* führte, wie wir es heute kennen. Thoreau folgte von nun an einem Tagesprogramm, das gründliche Studien morgens und abends vorschrieb, die von einem langen Nachmittagsspaziergang unterbrochen wurden.[56] In diesem Augenblick unternahm er die ersten Schritte weg von einem reinen Dichter, den die Natur faszinierte, hin zu einem der bedeutendsten Naturschriftsteller Amerikas. Auslöser war vielleicht die schmerzliche Erfahrung, die er mit der Veröffentlichung von *A Week* gemacht hatte, oder sein Bruch mit Emerson. Oder Thoreau hatte das Selbstvertrauen gefunden, sich endlich auf das zu konzentrieren, was ihm wirklich am Herzen lag. Was immer die Gründe sein mochten, alles veränderte sich.

Dieser neue Tagesablauf markierte den Beginn seiner wissenschaftlichen Studien, zu denen ausführliche Tagebucheintragungen gehörten. Jeden Tag notierte Thoreau, was er auf seinen Spaziergängen gesehen hatte. Aus vereinzelten fragmentarischen Beobachtungen, die im Wesentlichen Entwürfe für Abschnitte geplanter Aufsätze und Bücher waren, wurden jetzt regelmäßige und chronologische Aufzeichnungen, die die Jahreszeiten in Concord in all ihren Erscheinungsformen dokumentierten. Statt seine Tagebücher wie bisher zu zerschneiden und sie in seine literarischen Manuskripte einzukleben, ließ er die neuen Hefte jetzt unversehrt. Aus willkürlich notierten Daten und Fakten wurden »Feldnotizen«[57].

Ausgerüstet mit seinem Hut als »Botanisiertrommel«[58], in dem er seine gesammelten Pflanzen während der langen Ausflüge frisch hielt, einem dicken Musikbuch zum Pressen seiner Pflanzen, einem Fernglas und seinem Spazierstock als Maßstab, erforschte Thoreau jetzt die Natur in all ihren Facetten. Auf seinen Spaziergängen machte er sich auf kleinen Zetteln Notizen, die er am Abend in sein Tagebuch umtrug und erweiterte. Seine botanischen Beobachtungen wurden so minutiös, dass Wissenschaftler sie heute noch verwenden, um die Auswirkungen der Klimaveränderungen zu erforschen – sie verglichen die Daten über die ersten Blüten von Wildblumen oder über das »Ausschlagen« von Bäumen in Thoreaus Tagebüchern mit heutigen Beobachtungen.[59]

»Ich lasse das Ungewöhnliche aus – die Hurrikane und Erdbeben – und beschreibe das Gewöhnliche«, notierte Thoreau in seinem Tagebuch, »das ist der wahre Gegenstand der Dichtkunst.«[60] Während Thoreau kreuz und quer durch das Umland wanderte, seine Beobachtungen notierte und Messungen vornahm, entfernte er sich immer weiter von Emersons großen, spirituellen Naturvorstellungen und hielt sich stattdessen an die detaillierte Vielfalt, die er auf seinen Wanderungen sah. Zur gleichen Zeit, als Thoreau anfing, sich gegen den Einfluss von Emerson zu wehren, vertiefte er sich zum ersten Mal in Humboldts Schriften. »Ich fühle mich reif für etwas«, schrieb Thoreau in sein Tagebuch. »Bei mir ist die Saatzeit gekommen – ich habe lange genug brachgelegen.«[61]

Thoreau ging Humboldts bekannteste Bücher durch: *Kosmos*, *Ansichten der Natur* und die *Reise in die Aequinoctial-Gegenden*.[62] Bücher über die Natur, sagte Thoreau, seien »eine Art Lebenselixier«[63]. Bei der Lektüre machte er sich stets Notizen. »Er las immer mit einem Stift in der Hand«[64], berichtete ein Freund. In dieser Zeit tauchte Humboldts Name regelmäßig in Thoreaus Tagebüchern und Notizheften auf, genauso wie in seinen veröffentlichten Arbeiten.[65] Thoreau vermerkte »Humboldt sagt« oder »Humboldt hat geschrieben«.[66] So wollte er eines Tages, als der Himmel in einem besonders reinen Blau erstrahlte, dieses Blau unbedingt ganz genau messen. »Wo ist mein Zyanometer?«, klagte Thoreau. »Humboldt hat es auf seinen Reisen benutzt«[67] – gemeint war das Instrument, mit dem Humboldt die Bläue des Himmels über dem Chimborazo bestimmt hatte. Als Thoreau in der *Reise in die Aequinoctial-Gegenden* las, dass das Grollen der Wasserfälle des Orinoco bei Nacht lauter war als am Tage, schrieb er in sein Tagebuch, dass er die gleiche Erscheinung beobachtet habe – nur dass es sich nicht um den mächtigen Orinoco handelte, sondern um ein plätscherndes Bächlein in Concord.[68] In Thoreaus Vorstellung waren die Hügel im benachbarten New Hampshire mit den Anden zu vergleichen[69], und der Atlantik wurde zu einem »großen Walden Pond«[70]. »Als ich auf den Klippen von Concord stand«, schrieb Thoreau, war er »mit Humboldt«[71].

Was Humboldt in fernen Weltgegenden beobachtet hatte, nahm Thoreau zu Hause wahr. Alles war miteinander verwoben. Wenn die Eisschneider im Winter zum Teich kamen, um das Eis zu zerteilen und zu fernen Bestimmungsorten zu transportieren, dachte Thoreau an die Menschen, die es weit fort in der glühenden Hitze von Charleston oder sogar Bombay und Kalkutta genießen würden. Sie werden »von meiner Quelle trinken«, und dann ist das »reine Wasser des Waldensees… mit dem heiligen Wasser des Ganges vermengt«[72]. Es sei nicht notwendig, Expeditionen in ferne Länder zu unternehmen, schrieb Thoreau in sein Tagebuch. Warum nicht zu Hause reisen?[73] Es spielte keine Rolle, wie weit die Exkursion ging, sondern nur, »wie lebendig man ist«[74]. In *Walden* riet er seinem Leser: Sei ein Entdeckungsreisender »deiner eigenen Ströme und Ozeane«[75], ein Kolumbus der Gedanken und nicht des Handels oder des imperialen Ehrgeizes.

Wie mit sich selbst stand Thoreau auch in ständigem Dialog mit den Büchern, die er las – er fragte, hakte nach, nörgelte und kritisierte. Wenn er an einem frostigen Wintertag eine blutrote Wolke tief über dem Horizont hängen sah, dann schimpfte er mit sich selbst: »Du willst mir also erzählen, dass es sich um eine gewaltige Zusammenballung von Dampf handelt, die alle Strahlen absorbiert«, um dann fortzufahren, dass ihm diese Erklärung nicht genügt, »denn der Anblick dieses Rots erregt mich, wühlt mein Blut auf«[76]. Als Naturwissenschaftler wollte er die Wolkenbildung verstehen, und als Dichter war er hingerissen von diesen wogenden roten Gebirgen des Himmels.

Was für eine Wissenschaft war das, fragte Thoreau, »die den Verstand bereichert, aber die Phantasie verarmt?«[77]. Genau das hatte Humboldt in *Kosmos* erörtert: Die Natur musste mit wissenschaftlicher Genauigkeit beschrieben werden, aber ohne dass ihr »darum der belebende Hauch der Einbildungskraft entzogen bleibt«[78]. Wissen ist nicht in der Lage, »das Gefühl erkälten«[79] zu lassen, weil die Sinne und der Verstand miteinander verknüpft sind. Thoreau teilte Humboldts Glauben an den »alten Bund«[80], der Erkenntnis und Dichtung vereinigt. Humboldt ermöglichte es Thoreau, Naturwissenschaft und Fantasie, das Besondere und das Ganze, das Tatsächliche und das Wunderbare in Einklang zu bringen.

Thoreau setzte die Suche nach diesem Gleichgewicht fort. Im Laufe der Jahre wurden die Bemühungen weniger stark, aber dieses Problem beschäftigte ihn weiter. Als er beispielsweise einen Tag am Fluss verbracht und Seite um Seite mit Notizen über Pflanzen und Tiere gefüllt hatte, beendete er den Eintrag mit dem Satz: »Jeder Dichter hat furchtsam an der Schwelle der Wissenschaft innegehalten.«[81] Doch als er sich tiefer in die Schriften Humboldts versenkte, verlor er seine Furcht allmählich. *Kosmos* lehrte ihn, dass sich die Sammlung einzelner Beobachtungen zu einem Porträt der Natur als Ganzem zusammenfügte, in dem jede Einzelheit wie ein Faden im großen Teppich war, aus dem die Natur gewebt war. Und es erging Thoreau wie Humboldt: Er fand die Harmonie in der Vielfalt. Das Detail führte zum Ganzen oder, wie Thoreau es formulierte: »Ein wahrer Bericht des Wirklichen ist die erlesenste Dichtkunst.«[82]

Der deutlichste Beweis für diesen Wandel war, als Thoreau aufhörte, ein Tagebuch für »Dichtung« und ein anderes für »Tatsachen« zu führen. Er wusste nicht mehr, welches wozu diente. Es war alles eins geworden, denn, so schrieb Thoreau, »die interessantesten und schönsten Tatsachen sind so viel stärker der Dichtkunst zuzurechnen«[83]. Das Buch, in dem dies zum Ausdruck kam, war *Walden*.

Als Thoreau im September 1847 seine Hütte am Walden Pond verließ, brachte er eine erste Fassung von *Walden* mit, die er anschließend mehrfach von Grund auf überarbeitete. Mitte 1849 legte er sie für drei Jahre beiseite – drei Jahre, in denen er zu einem ernsthaften Naturforscher wurde, einem sorgfältigen Beobachter und Berichterstatter der Natur und zu einem Bewunderer von Humboldts Büchern. Im Januar 1852 nahm Thoreau sich das Manuskript noch einmal vor und begann, *Walden* vollkommen umzuschreiben.[84]*

In den nächsten Jahren verdoppelte er den ursprünglichen Umfang des Buches, indem er seine wissenschaftlichen Beobachtungen einfügte.[85] Damit wurde *Walden* zu einem gänzlich anderen Buch als ursprünglich geplant. Er sei bereit, sagte er, »ich fühle mich ungewöhnlich gerüstet für eine literarische Arbeit«[86]. Thoreau hielt jedes Detail der jahreszeitlichen Veränderungen fest und entwickelte eine enorme Sensibilität für die Kreisläufe und Wechselbeziehungen der Natur. Sobald er erkannt hatte, dass Schmetterlinge, Blumen und Vögel in jedem Frühjahr wiederkehr-

---

* Thoreau schrieb sieben Fassungen von *Walden*. Die erste beendete er während seiner Zeit am Walden Pond. An den Fassungen zwei und drei arbeitete er vom Frühjahr 1848 bis Mitte 1849. Im Januar 1852 wandte er sich wieder dem Manuskript zu und arbeitete bis Frühjahr 1854 an den nächsten vier Fassungen.

ten, ergab auch alles andere einen Sinn. »Das Jahr ist ein Kreis«[87], notierte er im April 1852. Er begann lange saisonale Listen zusammenzustellen mit Daten, wann die Bäume zu grünen begannen und wann die verschiedenen Pflanzen blühten.[88] Niemand habe diese komplizierten Unterschiede so genau beobachtet wie er, behauptete Thoreau nun selbstbewusst. Sein Tagebuch werde ein »Buch der Jahreszeiten«[89], schrieb er in einem Eintrag, in dem auch Humboldt erwähnt wurde.

In den frühen *Walden*-Fassungen stand Thoreaus Kritik an der amerikanischen Kultur und Habsucht im Vordergrund und an der, wie er es sah, immer stärkeren Bedeutung von Geld und Stadtleben – wobei ihm der Aufenthalt in seiner Hütte als Gegenentwurf diente. In der neuen Version wurde der Wechsel von Frühling, Sommer, Herbst und Winter zum Leitbild. Er erfreue sich »der Freundschaft der Jahreszeiten«,[90] schrieb er in *Walden*. Er begann, »die Natur mit neuen Augen zu betrachten«[91] – Augen, die Humboldt ihm gegeben hatte. Er erkundete, sammelte, maß und stellte Zusammenhänge her, wie Humboldt es getan hatte. Seine Methoden und Beobachtungen, so teilte Thoreau 1853 der American Association for the Advancement of Science mit, hätten sich aus seiner Bewunderung für *Ansichten der Natur* entwickelt, jenes Buch, in dem Humboldt elegante Prosa und lebendige Beschreibungen mit wissenschaftlicher Analyse verband.

Alle bedeutenden Abschnitte in *Walden* stammen aus Thoreaus Tagebüchern. Hier sprang Thoreau von einem Thema zum nächsten, übergangslos beschäftigte er sich mit der Natur, der Erde als »lebendiger Poesie«[92], den Fröschen, die »im Fluss schnarchen«[93], und dem Vogelgesang im Frühling. Sein Tagebuch war »das Dokument meiner Liebe« und »Ekstase«[94] – gleichzeitig Dichtung und Wissenschaft. Sogar Thoreau selbst bezweifelte, ob irgendetwas, das er jemals schreiben würde, besser sein könnte als sein Tagebuch. Dabei verglich er seine Wörter mit Blumen und fragte sich, wie sie wohl besser aussahen: arrangiert in einer Vase (seine Metapher für ein Buch) oder auf der Wiese, wo er sie gefunden hatte (sein Tagebuch).[95] Inzwischen war er so stolz auf seine genaue Kenntnis der Natur rund um Concord, dass er zornig wurde, wenn jemand eine Pflanze bestimmen konnte, die er nicht erkannte. »Henry Thoreau vermochte kaum seinen Ärger zu unterdrücken«, schrieb Emerson nicht ohne Schadenfreude an seinen Bruder, »als ich ihm eine Beere brachte, die er noch nie gesehen hatte.«[96]

Der neue Ansatz bedeutete allerdings nicht, dass damit alle seine

Zweifel beseitigt waren. Es blieben durchaus noch Fragen. »Ich verzettele mich mit so vielen Beobachtungen«[97], notierte er 1853. Er sorgte sich, sein Wissen könnte zu »detailliert und wissenschaftlich«[98] werden, und befürchtete, dass er möglicherweise den großen Überblick – weit wie der Himmel – gegen die engen Ausschnitte des Mikroskops eingetauscht habe. »Könntet ihr mir mit all eurer Wissenschaft erklären«, fragte er verzweifelt, »wie es kommt, dass Licht in die Seele dringt?«[99] Aber trotzdem beendete er diesen Tagebucheintrag mit detaillierten Beschreibungen von Blüten, Vogelgesang, Schmetterlingen und reifenden Beeren.

Statt Gedichte zu schreiben, beobachtete er die Natur – und diese Beobachtungen wurden sein Rohmaterial für *Walden*.[100] »Die Natur wird meine Sprache voller Poesie sein«[101], erklärte er. In seinem Tagebuch beschrieb er das sprudelnde kristallklare Wasser eines Baches als das »reine Blut der Natur«. Einige Zeilen weiter stellt er den Dialog zwischen sich und der Natur infrage, schließt dann aber mit den Worten: »Diese feste Gewohnheit der Beobachtung – bei Humboldt, Darwin und anderen. Muss lange beibehalten werden – diese Wissenschaft.«[102] Thoreau verflocht Wissenschaft und Dichtung zu einem dicken Strang.

Um dem Ganzen einen Sinn zu verleihen, suchte Thoreau nach einer verbindenden Perspektive. Als er einen Berg bestieg, sah er die Flechten auf dem Gestein zu seinen Füßen, aber auch die Bäume weit in der Ferne. Wie Humboldt auf dem Chimborazo nahm er sie in ihrer Beziehung zueinander wahr und »reduzierte sie so zu einem einzigen Bild«[103] – womit er das Prinzip des »Naturgemäldes« wiederholte. Ein andermal beobachtete Thoreau an einem kalten Januarmorgen bei einem Wintersturm die wirbelnden Schneeflocken um sich herum und verglich ihre zarten Kristallstrukturen mit der perfekten Symmetrie von Blütenblättern. Dasselbe Gesetz, das die Erde forme, schrieb er, verleihe auch den Schneeflocken ihre Gestalt, woraufhin er mit Nachdruck »Ordnung. Kosmos.«[104] notierte.

Humboldt hatte das Wort *Kosmos* aus dem Altgriechischen übernommen, wo es »Ordnung« oder »Schönheit« bedeutet – allerdings eine Ordnung und Schönheit, die durch das menschliche Auge geschaffen wird. Dadurch verband Humboldt die materielle Außenwelt mit der geistigen Innenwelt. In Humboldts *Kosmos* ging es um die Beziehung zwischen Mensch und Natur, und Thoreau fügte sich entschieden in diesen Kosmos ein. Am Walden Pond hatte er seine eigene kleine Welt –

Sonne, Sterne und Mond – »ganz für mich allein«[105]. »Warum sollte ich mich einsam fühlen?«, fragte er. »Befindet sich unser Planet nicht in der Milchstraße?«[106] Thoreau fühlte sich nicht einsamer als eine Blume oder eine Hummel auf einer Wiese, weil er wie sie ein Teil der Natur war. »Bin ich denn nicht selbst zum Teil Blatt und Humus?«, fragte er in *Walden*.[107]

Einer der bekanntesten Abschnitte aus *Walden* zeigt deutlich Thoreaus Veränderung, nachdem er Humboldt gelesen hatte. Seit Jahren beobachtete er in jedem Frühling das Auftauen des sandigen Bahndamms in der Nähe des Walden Pond.[108] Wenn die Sonne den gefrorenen Boden erwärmte und das Eis schmolz, liefen purpurfarbene Sandströme aus der Böschung und bildeten zarte Formen von Blättern – wie Laub aus Sand, das wuchs, bevor die Bäume und Büsche im Frühling ausschlugen.

In seinem ursprünglichen Manuskript, das Thoreau in der Hütte am See geschrieben hatte, war dieses »Erblühen« des Sandes in einem Exkurs von weniger als hundert Wörtern behandelt worden.[109] Jetzt erstreckte sich der Abschnitt über mehr als eintausendfünfhundert Wörter und wurde zu einer der zentralen Passagen in *Walden*. Im Sand, erklärte Thoreau, könne man »eine Vorstufe des Pflanzenblatts erkennen«[110]. Das war der »Prototyp«, genau wie Goethes Urform. Eine Erscheinung, die in dem ursprünglichen Manuskript nur einfach »unerklärlich interessant und schön«[111] war, diente jetzt dazu, nichts weniger »als das Prinzip aller Naturvorgänge«[112], wie Thoreau es bezeichnete, zu veranschaulichen.

Diese wenigen Seiten zeigen, wie sehr Thoreau als Schriftsteller gereift war. Er beschrieb das Phänomen am letzten Dezembertag des Jahres 1851, während er gerade Humboldt las. Es wurde zu einer Metapher für den Kosmos. Die Sonne, die die Böschung auftaut, sei wie die Gedanken, die sein Blut erwärmten, schrieb er. Die Erde sei nicht tot, sondern »lebt und wächst«[113]. Und als er das Phänomen im Frühjahr 1854 wieder beobachtete, gerade als er die endgültige *Walden*-Fassung fertiggestellt hatte, schrieb er in sein Tagebuch, dass die Erde »lebendige Poesie« sei, »keine versteinerte, sondern lebendige Erde«[114], ein Satz, den er fast Wort für Wort in seine Endfassung von *Walden* übernahm. »Die ganze Erde ist lebendig«[115] und die Natur »mit Hochdruck«[116] am Werk. Das war Humboldts Natur, sie pulsierte vor Leben. Die Ankunft des Frühlings war »wie die Schaffung des Kosmos aus dem Chaos«[117]. Leben, Natur und Poesie – und das alles zugleich.

Walden war Thoreaus Mini-*Kosmos* eines bestimmten Ortes, eine

Beschwörung der Natur, in der alles miteinander in Verbindung stand, voller minutiöser Informationen über Tiergewohnheiten, Blüten und die Dicke des Eises auf dem See.[118] Objektive oder rein wissenschaftliche Untersuchungen gibt es nicht, schrieb Thoreau, nachdem er *Walden* beendet hatte, weil sie immer mit Subjektivität und sinnlichen Erfahrungen gepaart seien. »Fakten fallen vom poetischen Beobachter wie reife Samen.«[119] Das Fundament für alles war die Beobachtung.

»Ich melke Himmel und Erde«[120], sagte Thoreau.

TEIL V

NEUE WELTEN:
Entwicklung der Ideen

20

Der größte Mann seit der Sintflut

Das Jahr nach der Veröffentlichung des zweiten Bands von *Kosmos* wurde für Humboldt zunehmend schwieriger, weil der Balanceakt in Berlin zwischen seinen liberalen politischen Ansichten und seinen Pflichten am preußischen Hof riskanter wurde. Im Frühjahr 1848, als in ganz Europa Unruhen ausbrachen, wurde er fast unmöglich. Nach Jahrzehnten reaktionärer Politik schwappte eine Welle von Revolutionen über den Kontinent.

Der wirtschaftliche Niedergang und das Verbot politischer Versammlungen lösten in Paris heftige Proteste aus, und der verängstigte König Louis-Philippe dankte panisch ab und floh nach Großbritannien. Zwei Tage später riefen die Franzosen die Zweite Republik aus, und innerhalb weniger Wochen brachen weitere Revolutionen unter anderem in Italien, Dänemark, Ungarn und Belgien aus. In Wien versuchte der konservative Staatskanzler Fürst von Metternich vergebens, die Aufstände niederzuschlagen, zu denen sich Studenten und Arbeiter zusammengeschlossen hatten. Am 13. März trat Metternich zurück und floh ebenfalls nach London. Zwei Tage später versprach der österreichische Kaiser Ferdinand I. seinem Volk eine Verfassung. Überall in Europa gerieten die Herrscher in Panik.

Als die Zeitungen über die Aufstände in Europa berichteten, lasen sich die Besucher in den Berliner Kaffeehäusern die Artikel gegenseitig vor.[1] In München, Köln, Leipzig, Weimar und Dutzenden anderer deutscher Städte und Staaten erhoben sich die Menschen gegen ihre Herrscher. Sie verlangten ein vereinigtes Deutschland, eine Nationalversammlung und eine Verfassung. Im März dankte der König von Bayern ab, der Großherzog von Baden beugte sich den Forderungen seines Volkes und versprach Pressefreiheit und ein Parlament. Auch in Berlin schlossen sich die protestierenden Menschen zusammen und riefen nach Reformen, aber Friedrich Wilhelm IV. war nicht so leicht bereit, ihren Forderungen nachzugeben, und mobilisierte seine Soldaten. Als sich 20 000 Menschen versammelten und aufrührerischen Rednern zuhörten, befahl der König seinen Soldaten, durch die Straßen von Berlin zu marschieren und sein Schloss zu bewachen.

Preußens Liberale waren schon lange enttäuscht von ihrem neuen König. Wie viele andere hatte Humboldt gehofft, dass die Thronbesteigung Friedrich Wilhelms IV. das Ende des Absolutismus ankündigte. Anfang 1841, in den ersten Monaten der Regierungszeit von Friedrich Wilhelm, hatte Humboldt einem Freund gesagt, der neue König sei ein aufgeklärter Herrscher, »der nur einige mittelalterliche Vorstellungen noch los werden muss«[2]. Aber er hatte sich geirrt. Zwei Jahre danach gestand Humboldt demselben Freund, der König tue, »was er grade will«[3]. Friedrich Wilhelm IV. hatte eine Schwäche für Architektur und schien sich für nichts anderes zu interessieren als für Pläne für neue, prachtvolle Bauwerke, eindrucksvolle Parks und großartige Kunstsammlungen. Das »Irdische« hingegen – wie etwa Außenpolitik, das preußische Volk oder die Wirtschaft – »bekümmerte ihn wenig«[4].

Als der König das erste preußische Parlament im April 1847 eröffnete, waren alle Hoffnungen auf Reformen sofort dahin. Als die Menschen nach einer Verfassung riefen, ließ Friedrich Wilhelm IV. keinen Zweifel daran, dass er sich damit niemals einverstanden erklären würde. In seiner Auftaktrede erklärte er den Delegierten, dass ein König nach göttlichem Recht und niemals nach Volkes Willen regiere.[5] Preußen werde unter keinen Umständen eine konstitutionelle Monarchie werden. Zwei Monate später wurde das Parlament aufgelöst; nichts war erreicht.

Im Frühjahr 1848 verlor das preußische Volk, angespornt nicht zuletzt von den revolutionären Bewegungen in ganz Europa, endgültig die Geduld. Am 18. März rollten die Berliner Revolutionäre Fässer auf die Straßen, stapelten Kisten und verbauten sie mit Brettern und Ziegelsteinen zu Barrikaden. Dann gruben sie Pflastersteine aus und schleppten sie zur Vorbereitung des erwarteten Kampfes auf die Hausdächer. Als es Abend wurde, begann die Schlacht. Steine und Ziegel wurden von den Dächern geschleudert, und die ersten Gewehrschüsse hallten durch die Straßen. Humboldt, der sich in seiner Wohnung in der Oranienburger Straße aufhielt, fand wie viele andere Bürger keinen Schlaf, als die Trommeln der

Soldaten durch die Stadt dröhnten. Frauen brachten den Revolutionären Essen, Wein und Kaffee, weil die Kämpfe in der Nacht fortdauerten. Mehrere Hundert Männer starben, aber die Truppen des Königs schafften es nicht, die Lage zu kontrollieren.[6] In dieser Nacht ließ sich Friedrich Wilhelm IV. in einen Sessel fallen und stöhnte: »O Gott, o Gott, hast du mich denn ganz verlassen?«[7]

Humboldt hielt Reformen zwar für notwendig, lehnte aber aufrührerische Volksmassen und brutale Polizeiinterventionen ab – er hatte auf eine frühere, langsamere und infolgedessen friedlichere Veränderung gehofft.[8] Wie viele andere Liberale sehnte er sich nach einem vereinigten Deutschland, wünschte sich aber eine Herrschaft von Konsens und Parlament und nicht von Blut und Furcht. Jetzt waren Hunderte auf den Straßen von Berlin gestorben, und der achtundsiebzigjährige Humboldt stand zwischen den Fronten.

Als die Revolutionäre die Kontrolle über Berlin an sich rissen, gab Friedrich Wilhelm IV. nach und versprach eine Verfassung und ein Nationalparlament.[9] Am 19. März erklärte der König sich bereit, seine Truppen zurückzuziehen. In dieser Nacht waren die Straßen von Berlin erleuchtet, und die Menschen feierten ihren Sieg. Anstelle von Schüssen erklangen Gesang und Jubel. Am 21. März, nur drei Tage nach Beginn der Kämpfe, besiegelte der König seine Niederlage symbolisch, indem er, geschmückt mit den Farben der Revolutionäre – Schwarz, Rot, Gold –, durch Berlin ritt.[10]* Der König kehrte in sein Schloss zurück, vor dem sich die Menge versammelt hatte, und trat auf den Balkon. Humboldt stand schweigend hinter ihm und verbeugte sich vor den Menschen.[11] Am folgenden Tag vernachlässigte Humboldt seine Pflichten bei Hofe und marschierte an der Spitze des Trauerzugs für die gefallenen Revolutionäre.

Friedrich Wilhelm IV. hatte seinem Kammerherrn seine revolutionären Neigungen nie übelgenommen. Er schätzte Humboldts Wissen und vermied ihren »Zwiespalt in politischen Ansichten«[12]. Andere konnten sich nicht so leicht mit Humboldts Einstellung abfinden. Ein preußi-

---

* Der Ursprung der deutschen Farben Schwarz, Rot und Gold ist nicht ganz geklärt, bekannt ist aber, dass besonders unabhängig gesinnte Gruppen preußischer Soldaten, die zwischen 1813 und 1815 gegen Napoleons Armee kämpften, schwarze Uniformen mit roten Kragenspiegeln und goldenen Messingknöpfen trugen. Als später in vielen deutschen Staaten radikale Studentenburschenschaften verboten wurden, wählten diese die Farben als Symbol des Kampfes für Einheit und Freiheit. 1848 wurden sie häufig von den Revolutionären verwendet und später für die deutsche Flagge übernommen.

scher Philosoph bezeichnete ihn als »erzliberal«[13] und ein Minister als »Revolutionär in Hofgunst«, während Prinz Wilhelm, der Bruder des Königs (und spätere Kaiser Wilhelm I.), in Humboldt eine Gefahr für die existierende Ordnung sah.

Humboldt war es gewöhnt, zwischen unterschiedlichen politischen Ansichten zu manövrieren. Fünfundzwanzig Jahre zuvor hatte er geschickt die reaktionären und revolutionären Positionen in Frankreich umschifft, ohne jemals seine Stellung zu riskieren. »Es ist ihm durchaus bewusst«, hatte Charles Lyell geschrieben, »dass er, selbst wenn er zu liberal wird, seine Stellung und die Vorteile, die ihm seine Geburt verschafft, nicht aufs Spiel setzt.«[14]

Im privaten Kreis kritisierte Humboldt die europäischen Herrscher auf seine übliche sarkastische Weise. Als Königin Victoria ihn bei einem ihrer Besuche in Deutschland eingeladen hatte, spottete er, sie habe ihm zum Frühstück »harte Coteletts und kaltes Hühnerfleisch« vorgesetzt und vollendete »philosophische Abstinenz« bewiesen.[15] Nach einem Treffen mit dem Kronprinzen von Württemberg und den künftigen Königen von Dänemark, England und Bayern in Friedrich Wilhelms Schloss Sanssouci beschrieb Humboldt diese Gäste einem Freund als eine Gruppe von Thronerben, die aus »einem lendenlahmen blassen, einem versoffenen Isländer, einem blinden politisch-wüthigen, einem eigensinnigen, geisteslahmen« bestand. Das, so meinte Humboldt ironisch, sei »die künftige monarchische Welt«[16].

Einige Beobachter bewunderten Humboldts Fähigkeit, seinem königlichen Herrn zu dienen und gleichzeitig »den Mut der eigenen Meinung«[17] zu bewahren. Ernst August I., der König von Hannover, sagte allerdings, Humboldt sei »immer derselbe, immer Republikaner und immer im Vorzimmer des Palastes«[18]. Doch vermutlich verdankte Humboldt gerade dieser Fähigkeit, in beiden Welten zu Hause zu sein, so viel Freiheit. Wie er selbst zugab, wäre er sonst wohl schon längst »als Revolutionär und Autor des gottlosen ›Kosmos‹ ausgewiesen«[19] worden.

Humboldt beobachtete, wie sich die Revolutionen in den deutschen Staaten ausbreiteten. Es gab einen kurzen Augenblick, in dem Reformen möglich schienen; aber der war fast so schnell vorbei, wie er gekommen war. Die deutschen Staaten beschlossen, eine Nationalversammlung einzuberufen, um die Zukunft eines vereinten Deutschland zu erörtern. Aber Ende Mai 1848, etwas mehr als zwei Monate nach den ersten Schüssen von Berlin, wusste Humboldt nicht, von wem er tiefer enttäuscht war: dem König, den preußischen Ministern oder den Mitgliedern der in Frankfurt zusammengetretenen Nationalversammlung.[20]

Selbst die Abgeordneten, die Reformen für notwendig hielten, konnten sich nicht über die künftige Gestalt dieses neuen Deutschland einigen. Humboldt glaubte, ein vereintes Deutschland sollte nach den Grundsätzen des Föderalismus organisiert werden. Eine gewisse Macht müsse bei den verschiedenen Staaten bleiben, erklärte er, allerdings ohne den »Organismus und die Einheit des Ganzen«[21] zu vernachlässigen – wobei er sich zur Bekräftigung seines Arguments der gleichen Terminologie bediente wie bei seinen Ausführungen über die Natur.

Die einen befürworteten die Einheit aus rein wirtschaftlichen Gründen – sie wollten ein Deutschland ohne Zölle und Handelshindernisse –, andere waren eher Nationalisten, die eine gemeinsame und romantisierte germanische Vergangenheit verherrlichten. Und selbst dort, wo sie übereinstimmten, unterschieden sich ihre Auffassungen hinsichtlich des Grenzverlaufs und der Staaten, die einbezogen werden sollten. Einige schlugen ein Großdeutschland unter Einschluss Österreichs vor, während andere eine kleindeutsche Lösung unter Führung Preußens vorzogen. Diese schier endlosen Meinungsverschiedenheiten sorgten für chaotische Verhandlungen, Argumente wurden vorgebracht, abgelehnt, Diskussionen vertagt. In der Zwischenzeit hatten die Konservativen Zeit, sich wieder zu sammeln.

Im Frühjahr 1849, ein Jahr nach den Aufständen, waren alle revolutionären Erfolge verspielt. Die Aussichten, sagte Humboldt, seien düster.[22] Als die Nationalversammlung in Frankfurt schließlich – nach vielem Hin und Her – Friedrich Wilhelm IV. die Kaiserkrone anbot, und damit die Herrschaft in einer konstitutionellen Monarchie eines vereinten Deutschland, erhielt sie eine schroffe Abfuhr. Der König, der noch ein Jahr zuvor aus Furcht vor dem Mob die Farben der Aufständischen durch Berlin getragen hatte, besaß jetzt wieder genug Selbstvertrauen, um das Angebot abzulehnen. Die Mitglieder der Nationalversammlung hätten keine echte Krone zu vergeben, erklärte Friedrich Wilhelm einem Abgeordneten, weil nur Gott dazu in der Lage sei. Diese Krone sei aus »Lehm und Dreck« und kein »Diadem von Gottes Gnaden«.[23] Sie sei ein »Hundehalsband«[24], mit dem man ihn an die Revolution ketten wolle. Deutschland war noch weit von einer Einigung entfernt; und die Mitglieder der Nationalversammlung, die im Mai 1849 nach Hause zurückkehrten, hatten wenig vorzuweisen.

Humboldt war tief enttäuscht von Revolutionen und Revolutionären.[25] Zu seinen Lebzeiten erklärten die Amerikaner ihre Unabhängigkeit, verbreiteten aber immer noch die »Pest des Sklaventhums«[26]. In den Monaten vor den Unruhen in Europa verfolgte Humboldt die Nachrichten über den Krieg der Vereinigten Staaten gegen Mexiko – schockiert, wie er sagte, über Amerikas imperialistisches Verhalten, das ihn »an die alte spanische Conquista«[27] erinnere. Als junger Mann erlebte er die Französische Revolution, aber musste auch erfahren, dass sich Napoleon selbst zum Kaiser krönte. Später verfolgte er, wie Simón Bolívar die südamerikanischen Kolonien von der spanischen Tyrannei befreite, nur um sehen zu müssen, dass »El Libertador« sich selbst zum Diktator machte. Und nun scheiterte sein eigenes Land so kläglich. Im Alter von achtzig Jahren schrieb er im November 1849, er würde sich auf die »schale Hoffnung«[28] zurückziehen, dass der Wunsch der Menschen nach Reformen nicht für immer verschwunden sei. Obwohl dieser von Zeit zu Zeit »in Schlaf zu fallen« schien, hoffte er doch, dass das Verlangen nach Veränderung »ewig sei wie der elektromagnetische Sturm, den die Sonne ausstrahlt«. Vielleicht werde ja die nächste Generation erfolgreicher sein.

Wie so oft vergrub er sich auch jetzt in Arbeit, um »dem unaufhörlichen Schaukeln«[29] zu entkommen. Als ein Mitglied der Frankfurter Nationalversammlung Humboldt fragte, wie er in solch turbulenten Zeiten arbeiten könne, erwiderte er gelassen, er habe im Laufe seines langen Lebens so viele Revolutionen gesehen, dass sich der Reiz des Neuen und die Aufregung allmählich verschlissen.[30] Stattdessen konzentrierte er sich darauf, *Kosmos* abzuschließen.

1847 hatte Humboldt den zweiten Band von *Kosmos* herausgebracht. Er sollte ursprünglich der letzte sein, aber Humboldt erkannte rasch, dass er noch mehr zu sagen hatte. Anders als die ersten beiden Bände sollte der dritte ein spezielles Thema behandeln, die »kosmischen Erscheinungen«[31] – von den Sternen und Planeten bis hin zur Lichtgeschwindigkeit und den Kometen. Als die Wissenschaft Fortschritte machte, kämpfte Humboldt darum, »Herr der Materialien«[32] zu bleiben, allerdings machte es ihm nie etwas aus einzuräumen, dass er eine neue Theorie nicht verstand. Er war entschlossen, auch die aktuellen Entdeckungen einzubeziehen, und bat einfach andere, sie ihm zu erklären, wobei er sie aufforderte, sich zu beeilen, da ihm in seinem Alter die Zeit davonlief – »die Halbtoten reiten schnell«[33.] *Kosmos* drückte ihn »wie ein Alp auf den Schultern«[34].

Nach dem Erfolg der ersten beiden Bände von *Kosmos* veröffentlichte Humboldt eine neue und erweiterte Ausgabe seines Lieblingsbuchs *Ansichten der Natur* – zunächst auf Deutsch und dann in rascher Folge zwei miteinander konkurrierende englische Ausgaben. Außerdem gab es eine neue, allerdings nicht autorisierte englische Übersetzung von *Reise in die Aequinoctial-Gegenden*. Um etwas zusätzliches Geld zu verdienen, versuchte Humboldt seinem deutschen Verleger die Idee eines »Mikro-Kosmos«[35] schmackhaft zu machen – einer preiswerteren einbändigen Kurzfassung von *Kosmos*, allerdings ohne Erfolg.

Im Dezember 1850 veröffentlichte Humboldt die erste Hälfte des dritten Bands von *Kosmos* und ein Jahr später die andere Hälfte. In der Einleitung schrieb er: »Dem dritten und letzten Bande des Kosmos ist es vorbehalten, vieles des Fehlenden zu ergänzen.«[36] Aber kaum hatte er das zu Papier gebracht, begann er mit dem vierten Band, wobei er sich dieses Mal auf die Erde konzentrierte und Geomagnetismus, Vulkane und Erdbeben behandelte. Offensichtlich konnte er einfach nicht aufhören.

Das Alter schien ihn nicht zu bremsen. Abgesehen davon, dass Humboldt schriftstellerisch tätig war und seinen Pflichten am Hof nachkam, empfing er auch einen nicht abreißenden Strom von Besuchern. Einer war Simón Bolívars ehemaliger Ordonnanzoffizier General Daniel O'Leary, der bei Humboldt im April 1853 in seiner Berliner Wohnung vorbeischaute.[37] Die beiden Männer tauschten einen Nachmittag lang Erinnerungen an die Revolution und an Bolívar aus, der 1830 an Tuberkulose gestorben war. Inzwischen war Humboldt so berühmt, dass es bei Amerikanern zum guten Ton gehörte, dem alten Mann seine Aufwartung zu machen. Ein amerikanischer Reiseschriftsteller sagte, er sei nicht wegen Museen und Bildergalerien nach Berlin gekommen, sondern um »den bedeutendsten lebenden Menschen der Welt zu sehen und zu sprechen«.[38*][39]

Humboldt bemühte sich auch weiterhin, jungen Wissenschaftlern, Künstlern und Entdeckungsreisenden zu helfen, oft auch trotz seiner

---

* Humboldt mochte die Amerikaner und empfing sie stets sehr herzlich: »Amerikaner zu sein, war eine fast sichere Eintrittskarte zu ihm«, erinnerte sich ein Besucher. In Berlin hieß es, der liberale Humboldt empfange lieber einen Amerikaner als einen Fürsten.

eigenen Schulden. So profitierte der Schweizer Geologe und Paläontologe Louis Agassiz wiederholt von Humboldts »gewohnter Gutmütigkeit«[40]. Ein andermal gab Humboldt einem jungen Mathematiker hundert Taler und organisierte an der Universität kostenlose Mahlzeiten für den Sohn des königlichen Kaffeezubereiters. Er machte den König auf Maler aufmerksam und ermutigte den Direktor des Neuen Museums in Berlin, Gemälde und Zeichnungen zu kaufen. Da er keine Familie hatte, verriet Humboldt einem Freund, waren diese jungen Männer wie seine Kinder.[41]

Der Mathematiker Friedrich Gauß sagte, der Eifer, mit dem Humboldt andere förderte und ermutigte, sei »eine der schönsten Juwelen in Humboldts Krone«[42] gewesen. Humboldt hatte durch seine Hilfsbereitschaft großen Einfluss auf das Schicksal von Wissenschaftlern in der ganzen Welt. Wer Humboldts Protegé wurde, konnte Karriere machen. Gerüchteweise verlautete sogar, er kontrolliere inzwischen den Ausgang der Wahlen an der Académie des Sciences in Paris, weil sich die Kandidaten zunächst einer Prüfung in Humboldts Berliner Wohnung unterziehen müssten, bevor sie Zutritt zur Akademie erhielten.[43] Ein Empfehlungsbrief von Humboldt konnte über ihre Zukunft entscheiden, und wer anderer Meinung war, lernte seine scharfe Zunge fürchten. Humboldt habe Giftschlangen in Südamerika untersucht »und viel von ihnen gelernt«[44], meinte ein junger Wissenschaftler.

Obwohl er manchmal ironisch reagierte, war Humboldt meistens großzügig, was ganz besonders Forschungsreisenden zugute kam. So ermutigte er seinen alten Bekannten Joseph Dalton Hooker, den Botaniker und Freund von Charles Darwin, in den Himalaja zu reisen. Humboldt nutzte seine Londoner Kontakte, um die britische Regierung dazu zu bringen, die Expedition zu finanzieren. Außerdem gab er Hooker zahlreiche Anweisungen mit, was er messen, beobachten und sammeln sollte.[45] Einige Jahre später, 1854, half Humboldt drei deutschen Brüdern – Hermann, Rudolph und Adolf Schlagintweit, dem »Kleeblatt«[46], wie er sie nannte –, nach Indien und in den Himalaja zu reisen, wo sie die magnetischen Felder der Erde untersuchen sollten. Diese Entdeckungsreisenden wurden Humboldts kleine Forschungsarmee, die ihn mit den weltweiten Daten versorgte, die er brauchte, um den *Kosmos* abzuschließen. Obwohl er akzeptiert hatte, dass er zu alt war, um sich in den Himalaja aufzumachen, war er schrecklich enttäuscht, dass es ihm nicht vergönnt war, diese beeindruckende Berge selbst zu besteigen – »nichts hat mich in meinem Leben mit lebhafterem Bedauern erfüllt«[47].

Er forderte auch Maler auf, in die fernsten Winkel der Erde zu reisen, half ihnen, sich die Mittel zu beschaffen, schlug geeignete Routen vor und beklagte sich manchmal, wenn sie nicht auf seine Vorschläge eingingen.[48] Seine Anweisungen waren exakt und detailliert. Einem deutschen Maler gab Humboldt eine lange Liste mit Pflanzen, die dieser abbilden sollte.[49] Er sollte »wirkliche Landschaften«[50] festhalten, und keine idealisierten Szenen, wie es Künstler seit Jahrhunderten taten. Er beschrieb sogar, wo genau auf dem Berg er seinen Standort wählen sollte, um den besten Ausblick zu haben.

Und er verfasste Hunderte von Empfehlungsschreiben. Wenn ein solcher Brief von Humboldt seinen Empfänger erreichte, begann jedes Mal das schwierige »Entzifferungsgeschäft«[51]. Seine Handschrift – unmögliche »mikroskopisch-hieroglyphische Zeilen«[52], wie er selbst zugab – war schon früher entsetzlich, aber im Alter fast unlesbar. Seine Briefe machten bei Freunden die Runde, wobei jeder andere Wörter, Wendungen oder Sätze herausbekam. Selbst mithilfe von Lupen dauerte es oft Tage, um Humboldts winziges Gekritzel zu entschlüsseln.

Noch mehr Briefe, als er selbst schrieb, kamen bei Humboldt an.[53] Mitte der 1850er-Jahre schätzte er, dass pro Jahr 2500 bis 3000 Briefe bei ihm eintrafen. Seine Wohnung in der Oranienburger Straße war, so klagte er, zu einem Umschlagplatz für Adressen geworden. Er hatte nichts gegen die wissenschaftlichen Briefe, aber er war genervt von der Post, die er seine »alberne Correspondenz« nannte – beispielsweise von Hebammen und Lehrern, die auf königliche Orden hofften, von Autografenjägern oder sogar Frauengruppen, die seine »Bekehrung« zu einer bestimmten Religion im Sinn hatten. Er erhielt Fragen über Heißluftballons, Bitten um Hilfe bei Migration und Angebote, »mich zu pflegen«[54].

Aber über ein paar Briefe freute er sich, vor allem wenn sie von seinem alten Reisegefährten Aimé Bonpland stammten, der seit seinem Aufbruch nach Südamerika im Jahr 1816 nie wieder nach Europa zurückgekehrt war. Nach fast zehnjähriger Haft in Paraguay war Bonpland 1831 plötzlich wieder freigelassen worden, hatte aber beschlossen, in seiner Wahlheimat zu bleiben. Jetzt war Bonpland Anfang achtzig und bestellte ein Stück Land in Argentinien nahe der Grenze zu Paraguay. Dort lebte er bescheiden, kultivierte Obstbäume und unternahm hin und wieder Ausflüge zur Jagd auf Pflanzen.[55]

Aimé Bonpland

Die beiden alten Männer tauschten sich über Pflanzen, Politik und Freunde aus. Humboldt schickte Bonpland seine neuesten Bücher[56] und informierte ihn über politische Ereignisse in Europa. Das Leben am preußischen Hof könne seinen liberalen Idealen nichts anhaben, versicherte er seinem Freund, er glaube noch immer an Freiheit und Gleichheit. Je älter die beiden Männer wurden, desto liebevoller wurden ihre Briefe, in denen sie sich gegenseitig an ihre lange Freundschaft und ihre gemeinsamen Abenteuer erinnerten. Es vergehe keine Woche, schrieb Humboldt, in der er nicht an Bonpland denke. Als im Laufe der Zeit ihre gemeinsamen Freunde nach und nach starben, fühlten sie sich einander noch näher. »Wir überleben«, schrieb Humboldt, nachdem drei ihrer wissenschaftlichen Kollegen – unter ihnen auch sein enger Freund Arago – innerhalb von drei Monaten gestorben waren, »aber leider trennt uns die unermessliche Weite des Ozeans.«[57] Auch Bonpland sehnte sich nach einem Wiedersehen. Wie sehr fehlte doch ein guter Freund, um die »heimlichen Gefühle des Herzens«[58] mit ihm zu teilen. 1854, mit einundachtzig Jahren, sprach Bonpland noch immer davon, Europa zu besuchen und Humboldt in die Arme zu schließen. Doch er starb im Mai 1858 in Argentinien, und in seiner Heimat Frankreich war sein Name fast vergessen.

Humboldt dagegen war der berühmteste Wissenschaftler seiner Zeit, nicht nur in Europa, sondern in der ganzen Welt. Sein Porträt wurde bei der Weltausstellung in London ausgestellt und hing in fernen Palästen, wie zum Beispiel beim König von Siam in Bangkok. Sein Geburtstag wurde selbst in Hongkong gefeiert,[59] und ein amerikanischer Journalist behauptete: »Frage irgendein Schulkind, wer Humboldt ist, und es wird dir die Antwort nennen.«[60]

John B. Floyd, der US-Kriegsminister, schickte Humboldt neun nordamerikanische Karten, die zeigten, was alles nach ihm benannt war. Sein Name, so Floyd, sei überall im Land »in aller Munde«[61]. Es gab sogar einen Vorschlag, die Rocky Mountains in »Humboldt-Anden«[62] umzubenennen. Inzwischen trugen zahlreiche Bezirke und Städte, ein Fluss, mehrere Buchten, Seen und Berge in den Vereinigten Staaten seinen Namen, außerdem ein Hotel in San Francisco und die Zeitung *Humboldt Times* in Eureka, Kalifornien.[63] Halb geschmeichelt und halb verlegen, scherzte Humboldt, als er hörte, dass ein weiterer Fluss nach ihm benannt wurde, nun sei er also 550 Kilometer lang, habe nur wenige Nebenflüsse – aber »ich bin voller Fische«[64]. Es gab so viele Schiffe, deren Namenspate er war, dass er sie zu seiner »Seemacht«[65] erklärte.

Zeitungen in aller Welt berichteten über den Gesundheitszustand und die Arbeit des alternden Wissenschaftlers. Als das Gerücht aufkam, er sei krank, bat ihn ein Anatom aus Dresden um seinen Schädel, woraufhin Humboldt erwiderte, »für einige Zeit brauche er selber noch seinen Schädel, später stehe er gern zu Diensten«[66]. Eine Bewunderin beschwor Humboldt, ihr ein Telegramm zu senden, wenn er im Sterben liege, damit sie an sein Totenbett eilen könne, um ihm die Augen zu schließen. Bei so viel Ruhm blieb der Klatsch nicht aus, und Humboldt war keineswegs erfreut, als eine französische Zeitung berichtete, er habe eine Affäre mit der »häßlichen Baronin Berzelius«[67] gehabt, der Witwe des schwedischen Chemikers Jöns Jacob Berzelius. Wobei allerdings nicht ganz klar war, was ihn mehr beleidigte, die Behauptung, überhaupt eine Affäre gehabt zu haben, oder die Unterstellung, er habe sich eine Frau ausgesucht, die so unattraktiv war.

Obwohl er Mitte achtzig war und sich wie ein »halbpetrifirtes Curiosum«[68] vorkam, blieb Humboldt an allem interessiert, was neu war. Trotz aller Liebe zur Natur war er begeistert von den Möglichkeiten der Technik. So fragte er Besucher nach ihren Fahrten auf Dampfschiffen und war erstaunt, dass die Reise von Europa nach Boston oder Philadelphia nur noch zehn Tage dauerte. Durch Erfindungen wie Eisenbahnen, Dampfschiffe und Telegrafenapparate »verschwindet gegenwärtig der Raum«[69], erklärte er. Seit Jahrzehnten versuchte er, seine nord- und südamerikanischen Freunde davon zu überzeugen, dass ein Kanal durch die Landenge von Panama eine wichtige Handelsroute eröffnen würde und ein durchführbares technisches Vorhaben sei.[70] Bereits 1804, bei seinem Besuch in den Vereinigten Staaten, hatte er James Madison entsprechende Vorschläge geschickt und später Bolívar überredet, das Gebiet von zwei Ingenieuren vermessen zu lassen. Bis zum Ende seines Lebens beschäftigte er sich in seinen Schriften mit dem Kanal.

Über Humboldts Bewunderung für die Telegrafie wurde so oft berichtet, dass ihm ein Bekannter aus Amerika ein kurzes Stück Kabel schickte – »einen Teil des subatlantischen Telegrafs«[71]. Zwanzig Jahre lang korrespondierte Humboldt mit dem Erfinder Samuel Morse, nachdem er in den 1830er-Jahren dessen Telegrafenapparat in Paris gesehen hatte. Morse, der auch den Morsecode entwickelte, berichtete Humboldt 1856 in einem Brief von seinen Experimenten mit einem unterseeischen Kabel zwischen Irland und Neufundland.[72] Humboldts Interesse daran war nur zu verständlich, denn eine Nachrichtenverbindung zwischen Europa und Amerika hätte ihm ermöglicht, über fehlende Fakten für *Kosmos* augenblicklich Auskunft von Wissenschaftlern auf der anderen Seite des Atlantiks zu erhalten.*

Trotz all der Aufmerksamkeit fühlte Humboldt sich häufig von seinen Zeitgenossen isoliert. Zeitlebens war Einsamkeit seine treueste Begleiterin. Nachbarn berichteten, dass sie den alten Mann oft auf der Straße sahen, wenn er in den frühen Morgenstunden die Spatzen fütterte, und dass tief in der Nacht ein einsames Licht in seinem Fenster flackerte, während er am vierten Band des *Kosmos* arbeitete.[73] Humboldt ging immer noch gern jeden Tag spazieren und war häufig zu sehen, wie er mit gesenktem Kopf langsam im Schatten der hohen Bäume über die Prachtstraße Unter den Linden schlenderte. Wenn er im Potsdamer Stadtschloss beim König war, ging er den kleinen Hügel – »unseren Potsdamer Chimborazo«[74], wie er sagte – zur Sternwarte hinauf.

---

* Nur zwei Jahre später, im August 1858, wurde mittels des neuen Überseekabels die erste telegrafische Nachricht zwischen England und den Vereinigten Staaten übermittelt – doch schon nach einem Monat riss die Verbindung wieder ab. Erst 1866 wurde ein neues Kabel ausgelegt.

Die berühmte Prachtstraße Unter den Linden –
mit der Universität und der Akademie der Wissenschaften rechts

Als Charles Lyell 1856, kurz vor Humboldts siebenundachtzigstem Geburtstag, in Berlin war, berichtete der britische Geologe, er habe Humboldt genauso angetroffen, wie »ich ihn seit mehr als dreißig Jahren kenne: über die Vorgänge in vielen Wissensbereichen bestens informiert«[75]. Humboldt hatte noch immer einen scharfen Verstand, kaum Falten, und sein Haar war zwar weiß, aber voll. Ein anderer Gast meinte, es war »keinerlei Schlaffheit in seinem Gesicht«. Obwohl er »im Alter mager« geworden war, wurde sein ganzer Körper lebendig, wenn er sprach, sodass die Menschen vergaßen, wie alt er war. Er besitze noch »das Feuer und den Geist« eines Dreißigjährigen, sagte ein Amerikaner.[76] Er war immer noch so quirlig, wie er als junger Mann gewesen war. Vielen Besuchern fiel auf, dass Humboldt einfach nicht ruhig bleiben konnte. Eben noch stand er vor seinen Regalen und suchte nach einem Buch, und im nächsten beugte er sich über den Tisch, um einige Zeichnungen auszurollen. Wenn es sein musste, war er durchaus noch in der Lage, acht Stunden zu stehen, behauptete er. Der einzige Tribut an das Alter war das Eingeständnis, dass er nicht mehr die Leiter hochklettern konnte, um sich in seinem Arbeitszimmer etwas vom obersten Regal zu holen.

Humboldt lebte noch immer in seiner gemieteten Wohnung in der Oranienburger Straße und in schwierigen finanziellen Verhältnissen.[77] Er besaß nicht einmal eine vollständige Ausgabe seiner eigenen Bücher, weil sie zu teuer war. Obwohl Humboldt über seine Verhältnisse lebte, unterstützte er nach wie vor junge Wissenschaftler. Am Zehnten des Monats ging ihm gewöhnlich das Geld aus, gelegentlich musste er seinen Diener Johann Seifert anpumpen, der ihm sehr ergeben war und seit drei Jahrzehnten in Humboldts Diensten stand. Seifert hatte Humboldt nach Russland begleitet und führte ihm jetzt zusammen mit seiner Frau den Haushalt in der Oranienburger Straße.

Die meisten Besucher waren überrascht, in welch einfachen Verhältnissen Humboldt lebte: eine Wohnung in einem schlichten Haus unweit der Universität, die sein Bruder Wilhelm gegründet hatte. Gäste wurden von Seifert empfangen. Er führte sie in die Wohnung im zweiten Stock, wo sie einen Raum voller ausgestopfter Vögel, Gesteinsproben und anderer naturhistorischer Objekte durchquerten; dann ging es durch die Bibliothek in das Arbeitszimmer, wo weitere Bücherschränke die Wände säumten.[78] Humboldts Räume quollen über von Manuskripten und Zeichnungen, wissenschaftlichen Instrumenten und noch mehr ausgestopften Tieren, Folianten voller gepresster Pflanzen, von Porträts und sogar einem lebendigen Chamäleon. Auf dem nackten Holzfußboden lag ein »prächtiges«[79] Leopardenfell. Ein Papagei unterbrach die Gespräche, indem er Humboldts häufigste Anordnung an seinen Diener rief: »Viel Zucker, viel Kaffee, Herr Seifert!«[80] Kisten türmten sich auf dem Fußboden, und der Schreibtisch war von Bücherstapeln umgeben. Auf einem Tisch in der Bibliothek stand ein Globus, und jedes Mal, wenn Humboldt von einem bestimmten Berg, Fluss oder Ort sprach, stand er auf und ließ die Kugel rotieren.

Humboldt hasste die Kälte, und in seinem Arbeitszimmer herrschte eine fast unerträgliche tropische Hitze, die alle klaglos ertrugen. Wenn Humboldt sich mit Ausländern unterhielt, sprach er gleichzeitig in mehreren Sprachen, sodass er in einem einzigen Satz manchmal zwischen Deutsch, Französisch, Spanisch und Englisch wechselte. Obwohl er langsam sein Gehör verlor, hatte er nichts von seinem Witz eingebüßt. Zuerst komme die Taubheit, scherzte er, und dann die »Imbecilität«[81]. Der einzige Grund für seine »Berühmtheit«[82], erklärte er einem Bekannten, sei der Umstand, dass er es zu solch einem hohen Alter gebracht habe. Viele Besucher erwähnten seinen jungenhaften Humor, etwa den oft wiederholten Scherz über sein Chamäleon, das wie »unsre Pfaffen«[83] sei, weil es die Fähigkeit besitze, mit einem Auge zum Himmel und mit dem anderen zur Erde zu schielen.

Reisende beriet er, wohin sie fahren, welche Bücher sie lesen und welche Menschen sie aufsuchen sollten. Er sprach über Wissenschaft, Natur, Kunst und Politik und wurde nie müde, Gäste aus den Vereinigten Staaten nach der Sklaverei und der Unterdrückung der Indianer zu fragen. Die amerikanische Nation sei ein »beflecktes Land«[84], sagte er.* Besonders wütend war er, als ein Südstaatler, der die Sklaverei befürwortete, 1856 eine englische Ausgabe vom *Versuch über den politischen Zustand der Insel Cuba* herausbrachte, in der alle Kritik an der Sklaverei herausgestrichen worden war. Empört ließ Humboldt überall in den USA eine Pressemitteilung veröffentlichen, in der er sich von der Ausgabe distanzierte und erklärte, die gestrichenen Passagen seien die wichtigsten im ganzen Buch.[85]

Die meisten Menschen waren beeindruckt, wie geistig rege der alte Mann noch war; so berichtete einer, Humboldt produziere einen »ununterbrochenen Strom reichhaltigsten Wissens«[86]. Aber all diese Aufmerksamkeit kostete ihn Kraft. Hinzu kam, dass er jetzt bis zu viertausend Briefe pro Jahr erhielt und selbst immer noch zweitausend schrieb, wobei er das Gefühl hatte, »unaufhörlich von meiner Korrespondenz verfolgt zu werden«[87]. Zum Glück erfreute er sich einer bemerkenswert kräftigen Konstitution.[88] Von gelegentlichen Magenbeschwerden, Erkältungen und unangenehm juckenden Hautausschlägen abgesehen war er gesund.

Anfang September 1856, nur wenige Tage vor seinem siebenundachtzigsten Geburtstag, teilte er einem Freund mit, er werde allmählich schwächer.[89] Zwei Monate später, bei dem Besuch einer Ausstellung in Potsdam, wäre er fast ernsthaft verletzt worden, als ein Gemälde von der Wand fiel und ihn traf – glücklicherweise fing sein steifer Zylinder den größten Teil des Aufpralls ab. In der Nacht des 25. Februar 1857 hörte sein Diener Johann Seifert dann ein Geräusch, stand auf und fand Humboldt auf dem Fußboden. Seifert holte schnell einen Arzt. Humboldt hatte zwar nur einen leichten Schlaganfall erlitten, aber der Arzt machte

---

* Im Hinblick auf die Vereinigten Staaten konnte Humboldt nichts unternehmen, aber es gelang ihm, für ein Gesetz zu sorgen, gemäß dem Sklaven in dem Augenblick die Freiheit erhielten, wo sie einen Fuß auf preußischen Boden setzten – eine seiner wenigen politischen Leistungen. Der Gesetzesentwurf wurde im November 1856 fertiggestellt und im März 1857 verabschiedet.

Humboldt im Jahr 1857

ihm nur wenig Hoffnung auf eine Erholung. Derweilen zeichnete der Patient alle seine Symptome mit der üblichen Sorgfalt auf: vorübergehende Lähmung, Puls unverändert, Sehfähigkeit unbeeinträchtigt und so fort. Die nächsten Wochen musste Humboldt im Bett verbringen, was er hasste. Weil er »viel auf dem Bett habe unbeschäftigt ruhen müssen«, schrieb er im März, seien »Traurigkeit und Unfrieden mit der Welt«[90] in ihm stärker geworden.

Zum allseitigen Erstaunen erholte sich Humboldt, obwohl er seine alte Stärke nie ganz zurückgewann. Die »Maschinerie«, sagte er, sei in seinem »Alter eben rostig«[91]. Freunde meinten, sein Gang sei unsicher geworden, aber aus Stolz und Eitelkeit lehnte er es ab, einen Stock zu benutzen. Im Juli 1857 erlitt Friedrich Wilhelm IV. einen Schlaganfall, der ihn teilweise lähmte und daran hinderte, sein Amt als Herrscher weiter auszuüben, woraufhin sein Bruder Wilhelm Regent wurde – Humboldt konnte sein offizielles Amt bei Hofe endlich niederlegen. Zwar besuchte er Friedrich Wilhelm IV. auch weiterhin, aber es wurde nicht mehr von ihm erwartet, ständig präsent zu sein.

Im Dezember erschien endlich der vierte Band des *Kosmos*, der sich auf die Erde konzentrierte und den etwas schwerfälligen Untertitel »Specielle Ergebnisse der Beobachtung in dem Gebiete tellurischer Erscheinungen«[92] trug. Es war eine dichte wissenschaftliche Abhandlung, die wenig Ähnlichkeit mit Humboldts früheren Veröffentlichungen aufwies. Von dem vierten Band wurden 15 000 Exemplare gedruckt, aber der Verkauf war nicht mehr mit dem Absatz der beiden ersten Bände zu vergleichen, die sich an eine breitere Leserschaft gewandt hatten.[93] Trotzdem hielt Humboldt es für notwendig, noch einen weiteren Band hinzuzufügen – eine Fortsetzung, wie er erklärte, mit noch mehr Informationen über die Erde und die Pflanzenverteilung.[94] Die Abfassung des fünften Bandes war ein Wettlauf mit dem Tod, wie er zugab, während er den Bibliothekar der königlichen Bibliothek mit ständigen Bücherbestellungen bombardierte. Aber ihm wuchs alles ein wenig über den Kopf. Da sein Kurzzeitgedächtnis nachließ, musste Humboldt ständig in seinen Aufzeichnungen nachsehen oder nach verlegten Büchern suchen.

Als in diesem Jahr zwei der drei Schlagintweit-Brüder von ihrer Himalajaexpedition zurückkehrten, waren sie erschrocken, wie alt Humboldt geworden war. Freudig erzählten sie ihm, dass sie seine umstrittene Hypothese, nach der die Dauerschneegrenzen an den nördlichen und südlichen Hängen des Himalaja unterschiedlich hoch lagen, verifiziert hätten. Zu ihrer Überraschung bestritt Humboldt, dass er dergleichen je behauptet habe. Um ihm zu beweisen, dass es tatsächlich seine Theorie war, gingen die Brüder in sein Arbeitszimmer und holten die Schrift aus dem Regal, die er 1820 zu diesem Thema verfasst hatte. Mit Tränen in den Augen wurde ihnen klar, dass Humboldt sich beim besten Willen nicht erinnern konnte.[95]

Humboldt fühlte sich auch »unbarmherzig gequält«[96] von den enorm vielen Briefen, fast fünftausend im Jahr, aber er lehnte jede Hilfe ab. Er möge keine Privatsekretäre, erklärte er, weil diktierte Briefe einen »steifen, geschäftsmäßigen«[97] Eindruck vermittelten. Im Dezember 1858 war er wieder ans Bett gefesselt – dieses Mal mit einer Grippe. Er fühlte sich krank und elend.

Im Februar 1859 hatte sich Humboldt hinreichend erholt, um mit siebzig Amerikanern George Washingtons Geburtstag in Berlin zu feiern.[98] Er fühlte sich noch immer schwach, war aber entschlossen, den fünften Band des *Kosmos* abzuschließen. Am 15. März 1859, ein halbes Jahr vor seinem neunzigsten Geburtstag, setzte Humboldt eine Anzeige in die Zeitungen: »Leidend unter dem Drucke einer immer noch zunehmenden Korrespondenz« und bei »abnehmenden physischen und geistigen Kräften« ersuchte er »die Personen, welche mir ihr Wohlwollen schenken, öffentlich aufzufordern, dahin zu wirken, dass man sich weniger mit meiner Person in beiden Kontinenten beschäftige«, damit ihm »einige Ruhe und Muße zu eigener Arbeit verbleibe«[99]. Einen Monat später, am 19. April, schickte er das Manuskript des fünften Bandes von Kosmos an seinen Verleger.[100] Zwei Tage später brach Humboldt zusammen.

Als seine Gesundheit sich nicht verbesserte, begannen die Zeitungen in Berlin tägliche Bulletins zu veröffentlichen[101]: Am 2. Mai wurde berichtet, Humboldt sei »sehr schwach«, am nächsten Tag war sein Zustand »in hohem Maße bedenklich«, dann »kritisch« mit heftigen Hustenanfällen und Atemproblemen, und am 5. Mai »verstärkte« sich seine Schwäche. Am Morgen des 6. Mai 1859 wurde bekannt gegeben, dass die Kraft des Patienten »von Stunde zu Stunde« nachließ. Am Nachmittag um 14.30 Uhr wachte Humboldt noch einmal auf; die Sonne malte Muster auf die Wände seines Schlafzimmers, und seine letzten Worte waren: »Wie herrlich, diese Strahlen! Sie scheint die Erde zum Himmel zu rufen!«[102] Er war neunundachtzig, als er starb.

Der Schock wanderte um den Globus, von den europäischen Hauptstädten bis in die Vereinigten Staaten, von Panama City und Lima bis in kleine Ortschaften in Südafrika.[103] »Der große, gute und hoch verehrte Humboldt ist nicht mehr!«[104], schrieb der US-amerikanische Gesandte in Preußen an das Außenministerium in Washington in einer Depesche, die mehr als zehn Tage brauchte, um nach Amerika zu gelangen. Ein Telegramm aus Berlin erreichte die Londoner Nachrichtenredaktionen wenige Stunden nach Humboldts Tod und verkündete: »Berlin ist in tiefe Trauer verfallen.«[105] Am selben Tag, aber in Unkenntnis der Ereignisse in Deutschland, schickte Charles Darwin von seinem Wohnsitz in Kent seinem Verleger in London einen Brief und teilte ihm mit, er werde ihm in Kürze die ersten sechs Kapitel der Entstehung der Arten zusenden.[106] Als wäre die Entwicklung synchron verlaufen – wenn auch mit umgekehrten Vorzeichen: So wie Humboldt immer mehr nachließ, erhöhte Darwin sein Tempo und beendete das Buch, das die wissenschaftliche Welt erschüttern würde.

Zwei Tage nach seinem Tod erschienen in den englischen Zeitungen umfangreiche Nachrufe auf Humboldt. Ein langer Artikel in der Londoner *Times* begann mit der schlichten Feststellung: »Alexander von Humboldt ist tot.«[107] An dem Tag, an dem die Briten ihre Zeitungen aufschlugen und von Humboldts Tod lasen, standen Hunderte von Menschen in New York Schlange, um ein riesiges Gemälde zu sehen, das von Humboldt inspiriert worden war: *The Heart of the Andes* von dem jungen amerikanischen Maler Frederic Edwin Church.[108]

Das Gemälde war so sensationell, dass sich die Warteschlangen rund um den Häuserblock wanden. Stundenlang harrten die Menschen aus, um gegen ein Eintrittsgeld von 25 Cent die riesige, drei Meter breite Leinwand zu sehen, die die Anden in ihrer ganzen Pracht wiedergab. Die Stromschnellen in der Mitte des Bildes waren so realistisch, dass die Betrachter die Gischt des Wassers förmlich spürten. Die Bäume, Blätter und Blumen waren so exakt abgebildet, dass Botaniker sie bestimmen konnten, und die schneebedeckten Berge beherrschten majestätisch den Hintergrund. Mehr als jeder andere Maler war Church Humboldts Aufruf zur Vereinigung von Kunst und Wissenschaft gefolgt. Seine Bewunderung für Humboldt war so groß, dass er der Route seines Helden durch Südamerika zu Fuß und mit dem Maultier gefolgt war.[109]

The Heart of the Andes verband Schönheit mit geologischer, botanischer und physikalischer Detailtreue. Das Gemälde versetzte den Betrachter mitten in die unberührte Natur Südamerikas. Church war, wie es in der *New York Times* hieß, der »künstlerische Humboldt der Neuen Welt«[110]. Am 9. Mai, nicht ahnend, dass Humboldt drei Tage zuvor gestorben war, schrieb Church einem Freund, er habe vor, das Gemälde nach Berlin zu schicken, um dem alten Mann die Landschaft zu zeigen, »die seine Augen vor sechzig Jahren entzückt hat«[111].

Am nächsten Morgen folgten in Deutschland Zehntausende dem Trauerzug, der von Humboldts Wohnung über den Boulevard Unter den Linden zum Berliner Dom führte, wo Humboldt ein Staatsbegräbnis bekam.[112] Große schwarze Fahnen flatterten im Wind, und die Straßen waren von einer dichten Menschenmenge gesäumt. Die Pferde des Königs zogen den Leichenwagen mit dem schlichten Eichensarg, der mit zwei Kränzen geschmückt war und von Studenten begleitet wurde, die Palmzweige in den Händen hielten. Es war die prächtigste Trauerfeier, die in Berlin jemals für einen Privatmann ausgerichtet wurde. Zu den Trauergästen gehörten Universitätsprofessoren und Mitglieder der Akademie der Wissenschaften, Soldaten, Diplomaten und Politiker. Es kamen

Handwerker, Händler, Ladenbesitzer, Maler, Dichter, Schauspieler und Schriftsteller. Dem langsam fahrenden Leichenwagen folgten Humboldts Verwandte und ihre Familien mit dem Diener Johann Seifert. Der gesamte Zug erstreckte sich über eine Strecke von anderthalb Kilometern. Das Geläut der Kirchenglocken hallte durch die Straßen, während die königliche Familie im Berliner Dom wartete, um Abschied zu nehmen. Am Abend wurde der Sarg nach Tegel gebracht, wo Humboldt auf dem Familienfriedhof beigesetzt wurde.

Als das Dampfschiff, das die Nachricht von Humboldts Tod brachte, Mitte Mai die Vereinigten Staaten erreichte,[113] trauerten Intellektuelle, Maler und Wissenschaftler gleichermaßen. Er habe das Gefühl, »einen Freund verloren«[114] zu haben, sagte Frederic Edwin Church. Der Naturwissenschaftler Louis Agassiz, einer von Humboldts früheren Protegés, hielt eine Trauerrede in der Bostoner Academy of Art and Sciences, in der er behauptete, jedes amerikanische Schulkind profitiere »von den geistigen Mühen Humboldts«[115]. Am 19. Mai 1859 berichteten die Zeitungen überall in Amerika vom Tod des Mannes, von dem viele meinten, er sei der »bemerkenswerteste«[116] Mensch, den es jemals gegeben habe. Sie waren glücklich, in dem, wie sie sagten, »Zeitalter Humboldts«[117] gelebt zu haben.

Während der nächsten Jahrzehnte überstrahlte Humboldts Ruhm alles. Am 14. September 1869 feierten Zehntausende Menschen seinen hundertsten Geburtstag mit Festlichkeiten rund um den Globus – in New York und Berlin, in Mexico City und Adelaide und in zahllosen anderen Städten. Mehr als zwanzig Jahre nach seinem Tod bezeichnete Darwin ihn noch immer als den »größten Forschungsreisenden, der jemals gelebt hat«[118]. Bis an sein Lebensende zog Darwin Humboldts Bücher zurate. 1881, mit zweiundsiebzig Jahren, nahm er den dritten Band von *Personal Narrative* noch einmal zur Hand. Als er ihn durchgelesen hatte, schrieb er auf die Rückseite: »beendet am 3. April 1882«[119]. Sechzehn Tage später, am 19. April, war auch er tot.

Darwin war nicht der Einzige, der Humboldts Werke bewunderte. Humboldt habe das »Samenkorn«[120] gesät, aus dem die neuen Naturwissenschaften hervorgegangen seien, schrieb ein deutscher Wissenschaftler. Humboldts Naturbegriff überwand die Grenzen der Disziplinen – und setze sich auch in Kunst und Literatur fest.[121] Seine Ideen flossen in die Gedichte von Walt Whitman und in die Romane von Jules Verne ein.

Das Humboldt'sche Familiengrab bei Schloss Tegel

Aldous Huxley bezog sich 1934 in seinem eigenen Reisebuch *Beyond the Mexique Bay* auf Humboldts *Versuch über den politischen Zustand des Königreichs Neuspanien;* Mitte des 20. Jahrhunderts tauchte sein Name in den Gedichten von Ezra Pound und Erich Fried auf. Einhundertdreißig Jahre nach Humboldts Tod ließ ihn der kolumbianische Schriftsteller Gabriel García Márquez in dem Roman *Der General in seinem Labyrinth* – einem fiktiven Bericht über die letzten Tage von Simón Bolívar – auferstehen.

Für viele Menschen war Humboldt, wie der preußische König Friedrich Wilhelm IV. gesagt hatte, »der größte Mann seit der Sintflut«[122].

21

Mensch und Natur

George Perkins Marsh und Humboldt

Just zu dem Zeitpunkt, als die Nachricht von Humboldts Tod in den Vereinigten Staaten eintraf, verließ George Perkins Marsh New York, um in sein Haus in Burlington, Vermont, zurückzukehren.[1] So verpasste der achtundfünfzigjährige Marsh die Reden, mit denen Humboldt zwei Wochen später, am 2. Juni 1859, in der American Geographical and Statistical Society in Manhattan gefeiert wurde, deren Mitglied Marsh war. Marsh, in Burlington tief in seine Arbeit vergraben, hatte sich zur »langweiligsten Eule der ganzen Christenheit«[2] entwickelt, wie er einem Freund schrieb. Außerdem war er völlig pleite.[3] Um seine Finanzen wieder aufzufüllen, schrieb er gleichzeitig eine Vorlesungsreihe über die englische Sprache, die er in den vergangenen Monaten am Columbia College in New York gehalten hatte, stellte einen Bericht über Eisenbahngesellschaften in Vermont zusammen, verfasste einige Gedichte für eine Anthologie und mehrere Artikel für eine Zeitung.[4]

Er sei aus New York nach Burlington zurückgekehrt, sagte er, »wie ein entflohener Sträfling in seine Zelle«[5]. Er verbrachte seine Tage gebeugt über Papierstapel, Bücher und Manuskripte, verließ kaum das Arbeitszimmer und sprach nur selten mit einer Menschenseele. Er schreibe und schreibe, teilte er einem Freund mit, »mit aller Macht«[6] und nur in Gesellschaft seiner Bücher. Seine Bibliothek umfasste fünfhundert Bände aus aller Welt mit einer ganzen Abteilung, die ausschließlich Humboldt gewidmet war.[7] Die Deutschen, so meinte Marsh, hätten »mehr dazu beigetragen, die Grenzen des modernen Wissens auszuweiten, als der Rest der christlichen Welt mit vereinten Kräften«; deutsche Bücher seien »allen anderen unendlich überlegen«,[8] wobei Humboldts Veröffentlichungen den absoluten Höhepunkt bildeten. Marsh schwärmte dermaßen für Humboldt, dass er begeistert war, als seine Schwägerin einen Deutschen heiratete, einen Doktor und Botaniker namens Friedrich Adolph Wislizenus. Marsh akzeptierte das neue Familienmitglied, weil Wislizenus in der letzten Ausgabe von Humboldts *Ansichten der Natur* erwähnt wurde – seine Eignung als Ehemann schien eine eher untergeordnete Rolle zu spielen.[9]

Marsh konnte zwanzig Sprachen lesen und sprechen, darunter Deutsch, Spanisch und Isländisch. Er eignete sich Sprachen an, wie andere ein Buch lesen. »Holländisch«, behauptete er, »kann von einem Gelehrten, der Dänisch und Deutsch kann, in einem Monat gelernt werden.«[10] Deutsch war seine Lieblingssprache, weshalb er seine Briefe häufig mit deutschen Ausdrücken spickte, so verwendete er beispielsweise »Blätter« statt *newspapers* und »Klapperschlangen« statt *rattlesnakes*.

Als ein Freund wegen einer Wolkendecke Mühe hatte, in Peru eine Sonnenfinsternis zu beobachten, verwies ihn Marsh auf das, »was Humboldt über den *unastronomischen Himmel Perus* sagt«[11]. Humboldt sei der »Größte in der Priesterschaft der Natur«[12], meinte Marsh, weil er die Welt als eine Wechselbeziehung zwischen Mensch und Natur begriffen habe – eine Verbindung, die Marshs eigene Arbeit untermauern sollte, weil er Material für ein Buch sammelte, in dem er darlegen wollte, wie die Menschheit ihre Umwelt zerstört.

Marsh war ein Autodidakt mit einem unersättlichen Hunger nach Wissen. 1801 wurde er als Sohn eines calvinistischen Rechtsanwalts in Woodstock, Vermont, geboren und entwickelte sich rasch zu einer Art Wunderkind, das schon im Alter von fünf Jahren die Wörterbücher seines Vaters auswendig lernte. Er las so rasch und so viele Bücher gleichzeitig, dass sich Freunde und Angehörige immer wieder verblüfft fragten, wie er den Inhalt einer Seite mit einem einzigen Blick erfassen konnte. Zeit seines Lebens fiel den Menschen sein außerordentliches Gedächtnis auf. Er sei, wie ein Freund bemerkte, eine »wandelnde Enzyklopädie«[13]. Aber Marsh lernte nicht nur aus Texten, er war auch gern draußen, in freier Natur. Er war ein »Waldgeschöpf«, sagte er, und »der plätschernde Bach, die Bäume, die Blumen, die wilden Tiere sind für mich Personen und keine Dinge«[14]. Als kleiner Junge liebte er die langen Wanderungen mit seinem Vater, der ihm die Namen der verschiedenen Bäume beibrachte. »Ich habe meine frühen Jahre fast buchstäblich im Wald verbracht«[15], teilte Marsh einem Freund mit, und er war dieser tiefen Liebe zur Natur sein Leben lang treu.

George Perkins Marsh

Bei all diesem heftigen Hunger nach Wissen war Marsh erstaunlich unsicher, was seinen Berufsweg betraf. Er hatte Jura studiert, war aber zum Rechtsanwalt vollkommen ungeeignet, weil er seine Klienten roh und ungehobelt fand.[16] Zwar war er ein großer Gelehrter, doch er lehnte es ab zu unterrichten. Als Unternehmer besaß er einen unfehlbaren Instinkt für desaströse Geschäftsentscheidungen, und seine eigenen Angelegenheiten beschäftigten ihn bei Gericht manchmal so stark, dass ihm für die seiner Klienten kaum noch Zeit blieb.[17] Als er sich als Schafzüchter versuchte, verlor er alles, weil der Wollpreis fiel. Ihm gehörte eine Wollspinnerei, die erst abbrannte und dann vom Treibeis zerstört wurde. Er spekulierte mit Grundstücken, verkaufte Bauholz und betrieb einen Marmorsteinbruch – und stets machte er Verluste.

Sicherlich war Marsh eher Gelehrter als Unternehmer. In den 1840er-Jahren gehörte er zu den Gründern der Smithsonian Institution in Washington, dem ersten Nationalmuseum der Vereinigten Staaten. Er gab ein Wörterbuch der nordischen Sprachen heraus und war ein Spezialist für englische Etymologie. Außerdem saß er als Abgeordneter für

Vermont im Kongress in Washington, doch selbst seine loyale Ehefrau räumte ein, dass er kein besonders charismatischer Politiker sei. Er sei »bar jedes rhetorischen Charmes«,[18] sagte Caroline Marsh. Er versuchte sein Glück in so vielen verschiedenen Berufen, dass ein Freund spottete: »Solltest du noch sehr viel länger leben, wirst du gezwungen sein, neue Gewerbe zu *erfinden*.«[19]

Doch in einer Hinsicht war sich Marsh vollkommen sicher: Er wollte reisen und die Welt sehen. Sein Problem war, dass er nie genug Geld hatte. Die Lösung war, so beschloss er im Frühjahr 1849, sich einen diplomatischen Posten zu suchen.[20] Sein Traum war die Gesandtschaft in Berlin, Humboldts Heimatstadt. Aber Marshs Hoffnungen zerschlugen sich, als ein Senator aus Indiana, der ebenfalls mit Berlin liebäugelte, mehrere Kisten Champagner nach Washington schickte, um die Politiker zu bestechen, die über den Kandidaten entschieden. Freunde berichteten Marsh, die Männer seien innerhalb weniger Stunden »so fürchterlich berauscht«[21] gewesen, dass sie getanzt und gesungen hätten. Am Ende der Nacht hätten die betrunkenen Politiker verkündet, der Senator aus Indiana werde nach Berlin gehen.

Marsh war entschlossen, im Ausland zu leben. Da er mehrere Jahre Kongressabgeordneter gewesen war, war er sicher, dass er durch seine Kontakte in Washington einen diplomatischen Posten finden würde. Wenn es nicht Berlin sein konnte, würde es eben woanders sein. Marsh hatte Glück, denn einige Wochen später, Ende Mai 1849, wurde er zum amerikanischen Gesandten in Konstantinopel ernannt, mit dem Auftrag, die Handelsbeziehungen zwischen den beiden Ländern auszuweiten.[22] Auch wenn es nicht Berlin war, der Reiz des Osmanischen Reichs an der Schnittstelle zwischen Europa, Afrika und Asien war groß genug. Er nehme an, dass die Verwaltungsaufgaben »sehr leicht« seien, schrieb Marsh einem Freund. »Es wird mir freistehen, einen beträchtlichen Teil des Jahres außerhalb Konstantinopels zu verbringen.«[23]

Und das tat er dann auch. Während der nächsten vier Jahre reisten Marsh und seine Frau Caroline ausgiebig durch Europa und Teile des Nahen Ostens. Sie waren ein glückliches Paar. Intellektuell war Caroline ihrem Mann ebenbürtig – sie las fast ebenso unersättlich wie er, veröffentlichte eine eigene Gedichtsammlung und redigierte alle Artikel, Aufsätze oder Bücher, die ihr Mann schrieb.[24] Sie war eine entschiedene Verfechterin der Gleichberechtigung – genau wie Marsh, der sich für Frauenwahlrecht und Frauenbildung einsetzte. Caroline war gesellig, lebhaft und eine »brillante Rednerin«. Häufig neckte sie Marsh, der zu Schwermut neigte, er sei eine »alte Eule« und eine »Unke«.[25]

Doch den größten Teil ihres Erwachsenenlebens kämpfte Caroline mit Gesundheitsproblemen – häufig hinderten sie unerträgliche Rückenschmerzen, mehr als einige wenige Schritte zu tun.[26] Im Laufe der Jahre verschrieben ihr die Ärzte alle möglichen Therapien – von Meerwasserbädern über Beruhigungspräparate bis zu Eisenergänzungsmitteln, aber nichts half, und kurz vor ihrer Abreise in die Türkei diagnostizierte ein Arzt in New York Carolines mysteriöse Erkrankung als »unheilbar«[27]. Voller Hingabe pflegte Marsh seine Frau und trug sie häufig auf seinen Armen. Erstaunlicherweise begleitete Caroline ihren Mann trotzdem auf den meisten seiner Touren. Manchmal wurde sie von lokalen Führern getragen, oder sie lag auf einer Vorrichtung, die auf einem Maultier oder sogar einem Kamel festgebunden wurde; aber sie war immer guter Dinge und entschlossen, mit Marsh unterwegs zu sein.

Auf ihrer Reise von den Vereinigten Staaten nach Konstantinopel machten sie einen Umweg von mehreren Monaten über Italien, doch ihre erste echte Expedition führte nach Ägypten. Im Januar 1851, ein Jahr nach ihrer Ankunft in Konstantinopel, reisten sie nach Kairo und fuhren von dort aus mit einem Schiff den Nil aufwärts. Vom Deck aus sahen sie eine exotische Welt vorbeigleiten. Dattelpalmen säumten den Fluss, und auf Sandbänken sonnten sich Krokodile. Pelikane und Schwärme von Kormoranen begleiteten sie, und Marsh bewunderte die Reiher, die ihr Spiegelbild im Wasser betrachteten. Sie erwarben einen jungen Strauß, »frisch aus der Wüste«[28], der häufig seinen Kopf auf Carolines Knie legte. Sie sahen den Flickenteppich von Feldern, die den Fluss einfassten und auf denen Reis, Baumwolle, Bohnen, Weizen und Zuckerrohr wuchsen. Vom ersten Morgengrauen bis spät in die Nacht hörten sie die quietschenden Räder der Bewässerungssysteme – lange, von Ochsen gezogene Ketten aus Krügen und Eimern, die das Nilwasser auf die umliegenden Felder verteilten. Unterwegs besichtigten sie die Überreste der antiken Stadt Theben, wo Marsh Caroline durch die großen Tempel trug, und weiter im Süden besuchten sie die nubischen Pyramiden.

Es war eine geschichtsträchtige Welt. Die Bauwerke erzählten von einstigen Reichtümern und lange versunkenen Königreichen, und die Landschaften zeigten die Spuren von Pflugscharen und Spaten. Karge Terrassen verwandelten das Land in eine geometrische Patchworkdecke, und jede gewendete Grassode, jeder gefällte Baum hinterließ unauslösch-

Felder und Terrassen entlang des Nils in Nubien

liche Narben im Boden. Marsh erblickte eine Welt, die vom Menschen geprägt war – gekennzeichnet von Jahrtausenden landwirtschaftlicher Tätigkeit. »Ebenjene Erde«[29], notierte er, die nackten Felsen und die abrasierten Hügel zeugten von der mühevollen Arbeit des Menschen. Für Marsh bestand das Vermächtnis der alten Kulturen nicht nur aus Pyramiden und Tempeln, sondern auch aus den Wunden, die sie dem Boden beigebracht hatten.

Dieser Teil der Welt erschien ihm alt und erschöpft, und ihm ging auf, wie kraftvoll und jung sein eigenes Land im Vergleich zu dieser Landschaft war. »Ich würde gerne wissen«, schrieb er einem englischen Freund, »ob die Neuheit und Frische Amerikas einem Europäer ebenso lebhaft bewusst wird wie uns der antike Charakter des östlichen Erdteils.«[30] Marsh erkannte, dass das Erscheinungsbild der Natur mit der Tätigkeit der Menschheit eng verflochten war. Auf der Fahrt auf dem Nil konnte Marsh sehen, wie die ausgedehnten Bewässerungssysteme die Wüste in fruchtbare Felder verwandelten, aber er bemerkte auch, dass es keine einzige wilde Pflanze gab, weil die Natur »durch lange Bewirtschaftung unterdrückt wurde«.[31]

Alles, was Marsh in Humboldts Büchern gelesen hatte, ergab plötzlich einen Sinn. Humboldt hatte geschrieben, dass der »umschaffende Geist der Nationen der Erde allmählich den Schmuck raubt«[32] – genau das, was Marsh jetzt vor Augen hatte. Humboldt hatte erklärt, die Natur sei

»in die moralische und politische Geschichte des Menschen«[33] verflochten, von den imperialen Bestrebungen der Ausbeutung kolonialer Feldfrüchte, bis hin zur Pflanzenwanderung entlang der Wege antiker Kulturen. Er hatte beschrieben, wie die Zuckerpflanzungen auf Kuba und das Schmelzen des Silbers in Mexiko zu massiver Waldzerstörung geführt hatten. Die Gier hatte Gesellschaften *und* Natur geprägt. Der Mensch hinterließ eine Spur der Zerstörung, »wo er hintritt«[34].

Als Marsh durch Ägypten reiste, nahm seine Faszination für die Flora und Fauna immer mehr zu. »Wie beneide ich Dich um Dein Wissen der vielen Zungen, in denen die Natur spricht«,[35] schrieb er jetzt an einen Freund. Obwohl Marsh nie eine formelle wissenschaftliche Ausbildung erhalten hatte, begann er nun zu messen und aufzuzeichnen. Er sei ein »Studiosus der Natur«[36] geworden, verkündete er stolz, während er für befreundete Botaniker Pflanzen, für einen Entomologen in Pennsylvania Insekten und für das neu gegründete Smithsonian Institute in Washington Hunderte von Proben sammelte. »Skorpione haben noch keine Saison«,[37] meldete er dem dortigen Kurator, seinem Freund Spencer Fullerton Baird, aber er habe bereits Schnecken und zwanzig verschiedene Arten kleiner Fische in Alkohol konserviert. Baird war interessiert an den Schädeln von Kamelen, Schakalen und Hyänen sowie an Fischen, Reptilien, Insekten »und allem anderen«[38]. Und als Marsh seine Proben nicht mehr konservieren konnte, schickte Baird ihm fast 60 Liter Alkohol.

Marsh machte sich sorgfältig Notizen, er schrieb, wohin er auch ging – dabei hielt er das Papier auf seinen Knien und fing es wieder ein, wenn der Wind es verwehte; er machte sich selbst in Sandstürmen schnell Aufzeichnungen. »Vertraue nicht auf dein Gedächtnis«[39], vermerkte der Mann, der berühmt war für seine Begabung, alles zu behalten, was er las.

Acht Monate lang reisten Marsh und Caroline auf Kamelen durch Ägypten und die Sinai-Wüste nach Jerusalem und Beirut. In Petra besichtigten sie die prachtvollen Bauwerke, die aus dem marmorierten, rosafarbenen Fels geschlagen waren, auch wenn Marsh immer wieder die Augen schließen musste, wenn er sah, wie das Kamel, das Caroline trug, sich durch enge Passagen und an tiefen Abgründen entlangtastete. Zwischen Hebron und Jerusalem stellte er fest, dass die alten Terrassenhügel, die seit Tausenden von Jahren bewirtschaftet wurden, inzwischen »größtenteils unfruchtbar und verlassen«[40] aussahen. Am Ende der Expedition war Marsh davon überzeugt, dass die »unablässige landwirtschaftliche

Tätigkeit Hunderter von Generationen« diesen Teil der Erde in einen »erschöpften und ausgelaugten Planeten«[41] verwandelt habe. Es war ein Wendepunkt in seinem Leben.

Ende 1853, als Marsh aus Konstantinopel zurückgerufen wurde, hatte er die Türkei, Ägypten, Kleinasien und Teile des Nahen Ostens sowie Griechenland, Italien und Österreich bereist. Zurück in Vermont, sah er die Landschaft, in der er aufgewachsen war, im Licht seiner Beobachtungen in der Alten Welt und erkannte, dass Amerika sich auf die gleiche Umweltzerstörung zubewegte. Daher wandte er nun die Lektionen der Alten Welt auf die Neue Welt an. Vermont hatte sich laut Marsh seit der Ankunft der ersten weißen Siedler von Grund auf gewandelt, und nun war »die Natur nur noch in dem kahl geschlagenen und verkrüppelten Zustand vorhanden, in den der menschliche Fortschritt sie versetzt hat«[42].

Amerikas Umwelt hatte zu leiden begonnen. Industrieabfälle verschmutzten die Flüsse, und ganze Wälder wurden abgeholzt, weil das Holz als Brennstoff, Baumaterial oder für die Eisenbahn gebraucht wurde. »Der Mensch ist überall ein Störfaktor«[43], sagte Marsh, wobei ihm bewusst war, dass er als kurzzeitiger Besitzer einer Wollspinnerei und als Schafzüchter selbst zu diesen Schäden beigetragen hatte. Vermont hatte bereits drei Viertel seines Baumbestands verloren, aber der stetige Treck der Siedler quer durch den Kontinent veränderte auch den Mittleren Westen. Chicago war zu einem der größten Lagerplätze für Holz und Getreide in den Vereinigten Staaten geworden. Es sei erschreckend zu sehen, schrieb Marsh, dass Teile des Lake Michigans mit riesigen Flößen aus Holzstämmen bedeckt seien, die aus »allen Wäldern der USA«[44] stammten.

Inzwischen stellte die amerikanische Landwirtschaft mit der Leistungsfähigkeit ihrer Maschinen zum ersten Mal die Europas in den Schatten.[45] 1855 nahmen Besucher der Weltausstellung in Paris erstaunt zur Kenntnis, dass ein amerikanischer Mähdrescher ein Feld von rund 4000 Quadratmetern in 21 Minuten mähen konnte und damit nur ein Drittel der Zeit brauchte, die vergleichbare europäische Modelle benötigten. Amerikanische Farmer waren auch die Ersten, die ihre Maschinen mit Dampf betrieben, und mit der Industrialisierung der amerikanischen Landwirtschaft fielen die Getreidepreise. Gleichzeitig stieg die Industrieproduktion stetig an, und um 1860 waren die USA die viertgrößte Industrienation der Welt. Im selben Jahr, im Frühjahr 1860, holte Marsh seine Notizbücher heraus und begann, *Man and Nature*[46] zu schreiben, ein Buch, in dem er Humboldts frühe Warnung vor der Abholzung der Wälder konsequent zu Ende dachte. *Man and Nature* erzählt eine Geschichte von Zerstörung und Gier, von Artenvernichtung und Raubbau, von ausgelaugten Böden und sintflutartigen Überschwemmungen.

Nach der gängigen Meinung kontrollierten die Menschen die Natur. Deutlichstes Beispiel dafür war die Anhebung Chicagos aus dem Schlamm.[47] Die Fundamente Chicagos befanden sich auf gleicher Höhe wie der Lake Michigan, und die Stadt litt unter feuchten Böden und Epidemien. Die kühne Lösung der Stadtplaner bestand darin, ganze Häuserblocks und mehrstöckige Gebäude um ein bis zwei Meter höher zu legen und darunter neue Entwässerungssysteme zu installieren. Als Marsh *Man and Nature* schrieb, trotzten Chicagos Ingenieure der Schwerkraft, indem sie Häuser, Geschäfte und Hotels mit Hunderten von hydraulischen Hubstützen anhoben, während die Menschen in diesen Gebäuden weiterhin wohnten und arbeiteten.

Den Fähigkeiten, aber auch der Gier des Menschen schienen keine Grenzen gesetzt. In Seen, Teichen und Flüssen, in denen es einst von Fischen gewimmelt hatte, herrschte nun gespenstische Leblosigkeit.[48] Marsh erklärte als Erster die Gründe. Zum einen lag es an der Überfischung, zum anderen aber auch an der Verschmutzung durch Industrie und Produktion. Chemikalien vergiften die Fische, warnte Marsh, die Mühlendämme verhinderten ihre Wanderung flussaufwärts, und Sägespäne verstopften ihre Kiemen. Detailversessen belegte Marsh seine Argumente mit Tatsachen. Er stellte nicht einfach fest, dass die Fische verschwanden oder dass die Eisenbahn Wälder vernichtete, sondern ergänzte seine Aussagen auch durch genaueste Statistiken über globale Fischexporte und durch exakte Berechnungen der Holzmengen, die für eine Meile Eisenbahngleis benötigt wurden.[49]

Wie Humboldt machte Marsh den Anbau von Cash Crops wie Tabak und Baumwolle für einige der Schäden verantwortlich.[50] Aber es gab noch weitere Auslöser. In dem Maße, wie das Einkommen durchschnittlicher Amerikaner stieg, erhöhte sich beispielsweise auch der Fleischkonsum, der seinerseits erhebliche Auswirkungen auf die Natur hatte. Die Fläche, die erforderlich war, um Tiere zu füttern, war nach Marshs Berechnungen viel größer als das Ackerland, auf dem Getreide und Gemüse mit gleichem Nährwert angebaut werden konnte. Marsh zog daraus den Schluss, dass es aus ökologischer Sicht verantwortlicher war, sich vegetarisch zu ernähren.[51]

Mit Wohlstand und Konsum komme die Umweltzerstörung, behauptete er. Doch zu jener Zeit gingen seine ökologischen Bedenken in der Kakofonie des Fortschritts unter – im Knarren der Mühlenräder, im Zischen der Dampfmaschinen, im rhythmischen Kreischen der Sägen in den Wäldern und im Pfeifen der Lokomotiven.

Derweilen war Marshs finanzielle Situation äußerst prekär geworden. Sein Gehalt in der Türkei hatte nicht ausgereicht, seine Spinnerei Konkurs gemacht, sein Geschäftspartner ihn betrogen, und alle seine Investitionen hatten sich als katastrophal erwiesen. Am Rande des Bankrotts suchte er jetzt nach einer Stellung mit »wenig Pflichten und viel Gehalt«[52]. Die Rettung kam im März 1861, als der neu gewählte Präsident Abraham Lincoln ihn zum amerikanischen Gesandten in dem neu gegründeten Königreich Italien ernannte.

Wie Deutschland hatte Italien vorher aus vielen unabhängigen Staaten bestanden. Nach jahrelangen Kämpfen waren die italienischen Staaten schließlich vereinigt worden, mit Ausnahme Roms, das immer noch unter päpstlicher Herrschaft stand, und Venetien im Norden, das von Österreich regiert wurde. Marsh war seit seinem ersten Besuch in Italien, zehn Jahre zuvor, ein glühender Anhänger der italienischen Einigungsbestrebungen. »Ich wünschte, ich wäre dreißig Jahre jünger und *kugelfest*«[53], schrieb er an einen Freund, denn dann hätte er an dem Kampf teilgenommen. Amerikanischer Gesandter in dieser neuen Nation zu werden, war eine aufregende Aussicht, genauso wie das regelmäßige Einkommen. Er hätte »keine weiteren zwei Jahre überleben« können, sagte Marsh, »wie die beiden letzten«[54]. Er und seine Frau hatten vor, nach Turin zu ziehen, in die provisorische Hauptstadt Norditaliens, wo sich das erste italienische Parlament bereits in jenem Frühjahr versammelt hatte. Es blieb nicht mehr viel Zeit für die Vorbereitung, aber es gab reichlich zu tun. Innerhalb von drei Wochen hatte Marsh sein Haus in Burlington vermietet und seine Möbel, Bücher, Kleidung sowie die Aufzeichnungen und Entwürfe für *Man and Nature* zusammengepackt.[55]

Es war ein günstiger Zeitpunkt, Amerika zu verlassen, das gerade dabei war, in einem Bürgerkrieg zu versinken. Noch bevor Lincoln am 4. März 1861 sein Amt antrat, hatten sich sieben Südstaaten losgesagt und ein neues Bündnis geschlossen: die Konföderation.* Am 12. April, knapp einen Monat nach der Berufung Marshs durch Lincoln, gaben die Konföderierten die ersten Schüsse ab, als sie die im Fort Sumter in Charleston Harbour stationierten Streitkräfte der Union angriffen. Nach einem mehr als dreißigstündigen ununterbrochenen Granatbeschuss ergab sich die Besatzung des Forts. Damit begann ein Krieg, der am Ende mehr als 600 000 amerikanische Soldaten das Leben kostete. Sechs Tage später verabschiedete sich Marsh von tausend seiner Mitbürger mit einer leidenschaftlichen Rede im Burlingtoner Rathaus.[56] Es sei ihre Pflicht, sagte er, die Union mit Geld und Soldaten in dem Kampf gegen die Konföderierten und die Sklaverei zu unterstützen. Dieser Krieg sei wichtiger als die Revolution von 1776, sagte Marsh, weil es in ihm um die Gleichheit und Freiheit aller Amerikaner gehe. Eine halbe Stunde nach dieser Rede bestiegen der sechzigjährige Marsh und Caroline einen Zug nach New York, und von dort ging es per Schiff nach Italien.

Marsh verließ ein Land, das sich selbst entzweiriss, und zog in eines, das dabei war, sich zu vereinigen. Er bemühte sich, seiner durch den Krieg stark gespaltenen Heimat so gut zu helfen, wie es aus der Ferne ging. In Turin versuchte er, den gefeierten italienischen Heerführer Giuseppe Garibaldi zu überreden, sich der Union im amerikanischen Bürgerkrieg anzuschließen. Außerdem schrieb er diplomatische Depeschen und kaufte Waffen für die Streitkräfte der Union.[57] Während der ganzen Zeit beschäftigte er sich in Gedanken mit seinem Manuskript von *Man and Nature*, für das er weiterhin Material sammelte. Als er den italienischen Ministerpräsidenten Baron Bettino Riscasoli traf, einen Mann, der für die innovative Bewirtschaftung seines Familiengutes bekannt war, stellte Marsh ihm eine Reihe landwirtschaftlicher Fragen – insbesondere zur Entwässerung der Maremma, einer Region in der Toskana. Riscasoli versprach ihm einen ausführlichen Bericht.[58]

Allerdings war sein neuer Posten erheblich zeitaufwendiger, als Marsh gehofft hatte. Die gesellschaftliche Etikette in Turin verlangte eine permanente Besuchstour; außerdem musste sich Marsh um amerikanische Touristen kümmern, die ihn fast wie einen Privatsekretär behandelten. Sie erwarteten von ihm, dass er ihr verloren gegangenes Gepäck suchte, ihnen Pässe besorgte und die besten Ausflugsziele empfahl. Ständig gab

---

* Die sieben Sklavenstaaten, die zuerst abfielen, waren South Carolina, Florida, Mississippi, Georgia, Texas, Louisiana und Alabama. Bis Mai 1861 kamen vier weitere hinzu: Virginia, Arkansas, Tennessee und North Carolina.

es Unterbrechungen. »In Hinblick auf die Ruhe und Erholung, die ich erwartet hatte, war ich zutiefst enttäuscht«[59], meldete Marsch an Freunde zu Hause. Die Hoffnung auf eine Stellung, die ihn wenig beanspruchte, aber gut bezahlt wurde, zerschlug sich rasch.

Hin und wieder blieben ihm ein paar Stunden, in denen er die Bibliothek oder den botanischen Garten in Turin besuchen konnte.[60] Turin liegt im Tal des Po und ist umgeben von den schneebedeckten Bergriesen der Alpen. Wann immer Marsh und Caroline etwas Zeit fanden, unternahmen sie kurze Ausflüge oder Fahrten in das Umland. Marsh liebte Berge und Gletscher und bezeichnete sich schon bald als »verrückt nach Eis«. Er hatte noch immer eine gute Kondition und sagte von sich: »Gemessen an meinen Jahren und Zentimetern (den Umfang betreffend), bin ich kein schlechter Bergsteiger.«[61] Wenn er so fortfahre, scherzte Marsh, werde er den Himalaja im hohen Alter von hundert erklimmen.

Als der Winter in den Frühling überging, verlockte sie das Umland von Turin noch mehr. Das Po-Tal verschwand unter einem Blumenteppich. »Wir stahlen eine Stunde«[62], schrieb Caroline im März 1862 in ihr Tagebuch, weil sie sehen wollten, wie Tausende von Veilchen mit gelben Primeln wetteiferten. Die Mandelbäume blühten, und die hängenden Zweige der Trauerweiden erstrahlten in frischem Grün. Caroline pflückte sehr gern Wildblumen, aber ihr Mann hielt das für »ein Verbrechen«[63] an der Natur.

In den frühen Morgenstunden arbeitete Marsh manchmal an seinen Projekten. Im Frühjahr 1862 wandte er sich kurze Zeit *Man and Nature* zu, dann hatte er erst wieder im Winter Gelegenheit dazu, als sie einige Wochen bei Genua an der Riviera lebten.[64] Mit dem halb fertigen Manuskript von *Man and Nature* zog das Paar im Frühjahr 1863 in das kleine Dorf Piòbesi, rund 20 Kilometer südwestlich von Turin. Hier, in einem alten, baufälligen Herrenhaus mit einem Turm aus dem 10. Jahrhundert, von dem sie freien Ausblick auf die Alpen hatten, fand Marsh endlich die Zeit, die er brauchte, um sein Buch zu beenden. Sein Arbeitszimmer ging auf eine breite, sonnenbeschienene Terrasse neben dem Turm hinaus, und er konnte Tausende Schwalben beobachten, die in den alten Mauern nisteten. Der Raum war vollgestopft mit Kartons und so vielen Manuskripten, Briefen und Büchern, dass er sich manchmal überfordert fühlte. Seit Jahren sammelte er Daten. Es gab so viel einzubeziehen, so viele Zusammenhänge herzustellen und so viele Beispiele zu bedenken.

Während Marsh schrieb, war Caroline damit beschäftigt, zu lesen und zu korrigieren; auch sie gab zu, dass sie sich von all dem »ziemlich erschlagen«[65] fühlte. Marsh war so verzweifelt, dass Caroline fürchtete, er könne einen »Librizid«[66] begehen. Er schrieb schnell, fast getrieben, weil er überzeugt war, dass die Menschheit sich rasch verändern müsse, wenn die Erde vor den Verwüstungen durch Pflug und Axt geschützt werden sollte. »Ich unternehme dies«, berichtete Marsh dem Chefredakteur der *North American Review*, »um aus meinem Gehirn die Gespenster zu vertreiben, die darin seit Langem ihr Unwesen treiben.«[67]

Als der Frühling in den Sommer überging, wurde die Hitze schwer erträglich, und überall saßen Fliegen – auf Marshs Augenlidern ebenso wie auf der Feder seines Füllers. Anfang Juli 1863 beendete er die letzte Durchsicht und schickte das Manuskript nach Amerika. Marsh wollte das Buch *Der Mensch, der Störenfried der Harmonien in der Natur*[68] nennen – was er sich von seinem Verleger ausreden ließ, der meinte, der Titel würde den Absatz beeinträchtigen. Schließlich einigten sie sich auf *Man and Nature*. Ein Jahr später, im Juli 1864, erschien das Buch.

Man and Nature war die Synthese aus Marshs Lektüre und Beobachtungen der vergangenen Jahrzehnte. »Ich werde eine ganze Menge stehlen«, hatte er im Scherz seinem Freund Baird gesagt, »aber ein paar Sachen weiß ich auch selbst.«[69] Marsh durchsuchte Bibliotheken nach Manuskripten und Veröffentlichungen aus Dutzenden von Ländern, um Informationen und Beispiele zu sammeln. Er hatte klassische Texte gelesen, um frühe Beschreibungen von Landschaften und landwirtschaftlichen Methoden im antiken Griechenland und Rom zu finden. Die ergänzte er durch eigene Beobachtungen in der Türkei, in Ägypten, dem Nahen Osten, Italien und im Rest Europas. Außerdem nahm Marsh Berichte von deutschen Förstern auf, Zitate aus Zeitungen, Daten von Ingenieuren, Auszüge aus französischen Aufsätzen und Geschichten aus der eigenen Kindheit – und natürlich Informationen aus Humboldts Büchern.

Humboldt hatte Marsh die Augen über den Zusammenhang zwischen Mensch und Umwelt geöffnet.[70] In *Man and Nature* nannte Marsh ein Beispiel nach dem anderen für die Eingriffe des Menschen in den Rhythmus der Natur[71]: Als ein Pariser Hutmacher Seidenhüte erfand, kamen Pelzmützen aus der Mode – und daraufhin begannen sich die dezimierten Biberpopulationen in Kanada zu erholen. Oder ein anderer

Fall: Landwirte, die Vögel in großer Zahl erlegt hatten, um ihre Ernten zu schützen, hatten anschließend mit Schwärmen von Insekten zu kämpfen, die vorher die Beute von Vögeln gewesen waren. Während der napoleonischen Kriege, so schrieb Marsh, waren in einigen Teilen Europas wieder Wölfe aufgetaucht, weil die Männer, die sie üblicherweise jagten, auf den Schlachtfeldern beschäftigt waren. Selbst winzige Wasserorganismen, schrieb Marsh, waren von großer Bedeutung für das Gleichgewicht der Natur: Die allzu sorgfältige Reinigung des Bostoner Aquädukts hatte sie beseitigt und das Wasser trüb werden lassen. »Die ganze Natur ist durch unsichtbare Bande verknüpft.«[72]

Die Erde war den Menschen nicht zum »Verbrauch«[73] gegeben worden. Die Produkte der Erde würden verschwendet, erklärte Marsh, Bisons erlege man wegen ihrer Felle, Strauße wegen ihrer Federn, Elefanten wegen ihrer Stoßzähne und Wale wegen ihres Trans. Die Menschen seien verantwortlich für das Aussterben von Tieren und Pflanzen[74], steht in *Man and Nature*, und ein weiteres Beispiel für deren rücksichtslose Gier sei die hemmungslose Nutzung des Wassers.[*75] Bewässerung verkleinere große Flüsse und mache den Boden salzig und unfruchtbar.[76]

Marshs Zukunftsvision war trostlos. Wenn sich nichts ändere, drohe unserem Planeten ein finsteres Schicksal: »zerborstene Oberflächen, klimatische Exzesse… und vielleicht sogar das Aussterben der Menschheit«[77]. Er betrachtete die amerikanische Landschaft verstärkt durch das, was er auf seinen Reisen beobachtet hatte – von den überweideten Hügeln entlang des Bosporus bei Konstantinopel bis zu den kahlen Berghängen in Griechenland. Große Ströme, unberührte Wälder und fruchtbare Wiesen waren verschwunden, und Europas ländliche Regionen waren bewirtschaftet worden bis zu einer »Öde, fast so ausgeprägt wie auf dem Mond«[78]. Marsh glaubte, das Römische Reich sei untergegangen, weil die Römer ihre Wälder zerstörten und damit auch den Boden, der sie ernährte.

Die Alte Welt musste für die Neue Welt ein abschreckendes Beispiel

---

* Diese Gefahren hatte bereits Humboldt gesehen und gewarnt, dass der Plan, die Llanos in Venezuela durch einen Kanal vom Valenciasee zu bewässern, unverantwortlich sei. Kurzfristig könne man dadurch zwar fruchtbare Felder in den Llanos anlegen, aber langfristig könne das nur zu einer »dürren Wüste« führen. Am Ende werde das Araguatal so kahl und unfruchtbar wie die abgeholzten Gebirge rundum sein.

sein. Der Homestead Act* aus dem Jahr 1862 sicherte jedem, der in den amerikanischen Westen aufbrach, gegen kaum mehr als eine Anmeldegebühr 160 Acre (etwas mehr als 60 Hektar) Land zu. Millionen Hektar gingen so in Privatbesitz über und wurden mit Axt und Pflug »verbessert«. »Lasst uns vernünftig sein«, verlangte Marsh, »und aus den Fehlern unserer älteren Brüder lernen!«[79] Die Konsequenzen menschlichen Handelns seien unvorhersehbar. »Wir können nie wissen, wie weit der Kreis der Störung geht, die wir in der Harmonie der Natur hervorrufen, wenn wir den kleinsten Kiesel in den Ozean des organischen Lebens werfen.«[80] Er wusste aber, dass mit dem Einzug des »*Homo sapiens Europae*«[81] in Amerika die Zerstörung vom Osten in den Westen gewandert war.

Andere kamen zu ähnlichen Schlussfolgerungen. James Madison war der Erste, der in den Vereinigten Staaten einige Ideen von Humboldt aufgegriffen hatte. 1804 traf er ihn in Washington und las später viele seiner Bücher.[82] Dabei übertrug er Humboldts Beobachtungen von Südamerika auf die Vereinigten Staaten. Im Mai 1818, ein Jahr nachdem er aus dem Präsidentenamt ausgeschieden war, wiederholte Madison in einer viel beachteten Rede vor der Agricultural Society in Albemarle, Virginia, Humboldts Warnungen vor der Abholzung und hob die katastrophalen Auswirkungen des großflächigen Tabakanbaus auf den einst so fruchtbaren Boden Virginias hervor.[83] Im Kern enthielt diese Rede bereits die Ideen der amerikanischen Umweltbewegung. Die Natur dürfe nicht dem Nutzen des Menschen unterworfen werden, hatte Madison gefordert und seine Mitbürger aufgerufen, sich für den Schutz der Umwelt einzusetzen – seine Warnungen waren aber weitgehend ignoriert worden.

Es war Simón Bolívar, der als Erster Humboldts Ideen in Gesetze fasste, als er 1825 einen visionären Erlass herausgab, der die Regierung von Bolivien verpflichtete, eine Million Bäume zu pflanzen.[84] Inmitten von Schlachten und Krieg hatte Bolívar den Weitblick, an die verheerenden Folgen von Trockenheit und Dürre für die Zukunft des Landes zu denken. Bolívars neues Gesetz war dazu gedacht, die Wasserwege zu schützen und überall in der neuen Republik Wälder anzulegen. Vier

---

* Jeder, der einundzwanzig oder älter war und nicht gegen die Vereinigten Staaten gekämpft hatte, durfte das Gesetz in Anspruch nehmen. Die Bedingung war, dass man mindestens fünf Jahre auf dem Land lebte und es »verbesserte«.

Jahre später verfügte er für Kolumbien die »Maßnahmen zum Schutz und zur vernünftigen Nutzung der Staatsforsten«[85], in denen es insbesondere um die Kontrolle der Chiningewinnung aus der Rinde des wild wachsenden Chinarindenbaums ging – ein rücksichtsloses Verfahren, das die Bäume ihrer schützenden Rinde beraubte und das Humboldt bereits auf seiner Expedition kritisiert hatte.*[86]

In Nordamerika forderte Henry David Thoreau 1851 den Schutz der Wälder. »In der unberührten Natur liegt die Erhaltung der Welt[87], sagte Thoreau, und später, im Oktober 1859, wenige Monate nach Humboldts Tod, fügte er hinzu, dass jede Stadt mehrere Hundert Hektar Wald haben solle, der »auf immer unveräußerlich«[88] sei. Während Madison und Bolívar den Schutz der Bäume für eine wirtschaftliche Notwendigkeit hielten, verlangte Thoreau, diese »nationalen Reservate«[89] als Erholungsgebiete zu erhalten. Marsh brachte jetzt in *Man and Nature* alles zusammen und widmete dem Thema ein ganzes Buch, in dem er die Beweise vorlegte, dass die Menschheit die Erde zerstörte.

»Humboldt war der große Apostel«[90], verkündete Marsh, als er *Man and Nature* begann. In dem Buch bezog er sich oft auf Humboldt, führte aber seine Ideen weiter.[91] Während Humboldt Warnungen über seine Bücher verstreut hatte – kleine Juwelen der Einsicht hier und dort, die häufig im größeren Kontext untergingen –, verband sie Marsh jetzt alle zu einem schlüssigen und überzeugenden Argument. Seite um Seite legte er die Übel der Waldzerstörung dar. Er erklärte, wie Wälder den Boden und die natürlichen Quellen schützten. Wenn der Wald fort war, blieb der Boden Wind, Sonne und Regen schutzlos ausgeliefert. Fortan war die Erde kein Schwamm mehr, sondern nur noch ein Haufen Staub. Sei der Boden fortgewaschen, verschwänden alle wertvollen Inhaltsstoffe, und dann »ist die Erde für den Menschen nicht mehr bewohnbar«[92]. Es war eine bedrückende Lektüre. Die Schäden, die von nur zwei oder drei Generationen angerichtet werden konnten, sagte Marsh, seien so katastrophal wie der Ausbruch eines Vulkans oder ein Erdbeben. »Wir sind im Begriff«, warnte er prophetisch, »die Dielen und Wände, die Tür- und Fensterrahmen unserer Heimstatt zu zerschlagen.«[93]

Marsh erklärte den Amerikanern, dass sie sofort handeln müssten, bevor es zu spät sei. »Unverzügliche Maßnahmen« sollten ergriffen wer-

---

* Bolívar stellte das Fällen von Bäumen in staatlichen Wäldern unter Strafe. Außerdem machte er sich Sorgen, dass die wilden Herden der Vicuñas aussterben könnten.

den, weil »die schlimmsten Ängste in Erwägung gezogen werden müssen«.[94] Wälder gehörten geschützt und aufgeforstet. Einige sollten als Orte der Erholung, Besinnung und als Habitate für Pflanzen- und Tierarten bewahrt werden – als »unveräußerliches Eigentum«[95] aller Bürger. Andere Gebiete müssten so bewirtschaftet werden, dass sie als nachhaltige Holzquelle dienen könnten. »Wir haben jetzt genug Wälder gefällt«[96], schrieb Marsh.

Er sprach nicht nur über eine öde Region in Südfrankreich, über eine Trockenregion in Ägypten oder einen überfischten See in Vermont. Er hatte die ganze Erde im Blick. *Man and Nature* gewann die Kraft seiner Argumentation aus der globalen Perspektive, denn Marsh betrachtete und verstand die Welt als Ganzheit. Statt sich mit lokalen Ereignissen zu begnügen, hob Marsh die ökologischen Bedenken auf eine neue und erschreckende Ebene. Der ganze Planet sei in Gefahr. »Die Erde wird rasch zu einem unwirtlichen Ort für seinen vornehmsten Bewohner.«[97]

Man and Nature war das erste naturhistorische Werk, das die amerikanische Politik nachhaltig beeinflusste. Das Buch war, wie der amerikanische Schriftsteller und Umweltaktivist Wallace Stegner sagte, der »brutalste Schlag ins Gesicht«[98] des amerikanischen Optimismus. Genau zu dem Zeitpunkt, als das Land die Industrialisierung mit halsbrecherischer Geschwindigkeit vorantrieb – rücksichtslos seine natürlichen Ressourcen plünderte und seine Wälder abholzte –, versuchte Marsh, seine Landsleute zum Innehalten und Nachdenken zu bewegen. Zu seiner großen Enttäuschung verkaufte sich *Man and Nature* zunächst nur mäßig. Doch im Laufe der nächsten Monate stieg die Nachfrage. Nachdem sein Verleger mehr als tausend Exemplare abgesetzt hatte, begann er mit dem Nachdruck.*[99]

Die vollen Auswirkungen von *Man and Natur* waren mehrere Jahrzehnte lang nicht zu spüren, aber das Buch beeinflusste zahlreiche Menschen in den Vereinigten Staaten, die zu Schlüsselfiguren der Bewegung zur Erhaltung und Bewahrung der Natur wurden. John Muir, der sogenannte »Vater der Nationalparks« in den USA, las es ebenso wie Gifford Pinchot, der erste Direktor des United States Forestry Service, der ame-

---

* Marsh hatte das Urheberrecht für *Man and Nature* einer gemeinnützigen Organisation gestiftet, die sich um verwundete Bürgerkriegssoldaten kümmerte. Zum Glück für Marsh kauften sein Bruder und sein Neffe das Copyright zurück, bevor die Verkaufszahlen anstiegen.

rikanischen Waldschutzbehörde, der es als »epochemachend«[100] beschrieb. Marshs Ausführungen in *Man and Nature* über Waldzerstörung führten 1873 zu dem Passus im Timber Culture Act, der die Siedler auf den Great Plains anspornte, Bäume zu pflanzen. Er bereitete auch den Boden für den Schutz der amerikanischen Wälder, der 1891 zum Forest Reserves Act führte und sich bis in den Wortlaut hinein an Marshs Buch und Humboldts früheren Ideen orientierte.[101]

Auch international machte sich der Einfluss von *Man and Nature* bemerkbar. Das Buch löste in Australien ein lebhaftes Echo aus, beeindruckte die französische Forstbehörde und diente den Parlamentariern in Neuseeland als Grundlage für ihre Gesetzgebung. Umweltschützer in Südafrika und Japan fühlten sich ermutigt, sich in ihren Ländern für die Erhaltung der Wälder einzusetzen. Marsh wurde in italienischen Forstgesetzen zitiert, und indische Umweltschützer trugen seine Abhandlung sogar »die Hänge des nördlichen Himalaja hinauf bis nach Kaschmir und Tibet«[102]. *Man and Nature* prägte eine neue Generation von Aktivisten und wurde in der ersten Hälfte des 20. Jahrhunderts als »Ursprung der Naturschutzbewegung«[103] gefeiert.

Marsh glaubte, die Lektionen seien in den Narben verborgen, die die Menschheit seit Jahrtausenden in der Landschaft hinterlassen hat. Er schrieb: »Die Zukunft ist ungewisser als die Vergangenheit.«[104] Indem er zurückblickte, sah Marsh nach vorn.

22

Kunst, Ökologie und Natur

Ernst Haeckel und Humboldt

Als der fünfundzwanzigjährige Zoologe Ernst Haeckel von Humboldts Tod erfuhr, fühlte er sich elend. »Zwei Seelen wohnen, ach, in meiner Brust«[1], schrieb Haeckel an seine Verlobte Anna Sethe und benutzte ein bekanntes Bild aus Goethes *Faust*, um seine Gefühle zu erklären. Während Faust zwischen seiner Liebe zu der irdischen Welt und der Sehnsucht nach höheren Sphären hin- und hergerissen ist, konnte sich Haeckel nicht zwischen Kunst und Wissenschaft entscheiden und ob er die Natur emotional erleben oder mit den Mitteln der Zoologie erforschen sollte. Ausgelöst wurde diese Krise durch die Nachricht von Humboldts Tod. Es waren nämlich Humboldts Bücher, die in Haeckel seit frühester Kindheit die Liebe zu Natur, Wissenschaft, Forschung und Malerei geweckt hatten.

Haeckel befand sich gerade in Neapel, wo er hoffte, einige zoologische Entdeckungen zu machen, die seine akademische Laufbahn in Deutschland in Gang bringen würden. Doch bislang war der wissenschaftliche Teil der Reise ein Reinfall. Er war gekommen, um die Anatomie von Seeigeln, Quallen und Seesternen zu untersuchen, aber es war unmöglich, genügend lebende Exemplare im Golf von Neapel zu finden. Statt reiche Meeresbeute zu machen, war er, wie er sagte, den »lockenden Versuchungen«[2] der italienischen Landschaft ausgesetzt. Wie sollte er Wissenschaftler in einer Disziplin werden, die er als extrem eng empfand, während die Natur gleichzeitig ihre verführerischen Angebote wie auf einem orientalischen Basar ausbreitete? Es war so schlimm, schrieb Haeckel an Anna, dass er förmlich das »mephistophelische Hohngelächter« hören konnte.

In diesem Brief ließ Haeckel seine Zweifel aus der Sicht von Humboldts Vision der Natur durchschimmern. Wie sollte er detaillierte zoologische Beobachtungen mit dem Streben vereinbaren, »das Naturganze zu erfassen«? Wie sollte er seine künstlerische Wahrnehmung der Natur mit der wissenschaftlichen Wahrheit in Einklang bringen? In *Kosmos* hatte Humboldt von dem Band geschrieben, das Erkenntnis, Wissenschaft, Poesie und künstlerisches Empfinden verknüpfte, aber Haeckel wusste nicht recht, wie er das auf seine zoologische Arbeit anwenden sollte.[3] Flora und Fauna forderten ihn auf, ihre Geheimnisse zu entschlüsseln, lockten und reizten ihn, aber er wusste nicht, ob er Pinsel oder Mikroskop benutzen sollte.

Humboldts Tod löste eine Phase der Unsicherheit in Haeckels Leben aus, in der er nach seiner wahren Bestimmung suchte. Es war der Beginn einer Laufbahn, die streckenweise von Ärger, Krise und Trauer geprägt war. Der Tod wurde zu einer lenkenden Kraft in Haeckels Leben – doch statt Stillstand oder Stagnation hervorzurufen, veranlasste er ihn, noch härter zu arbeiten, noch verbissener und ohne Rücksicht auf seinen Ruf. Haeckel wurde zu einem der umstrittensten und gleichzeitig bemerkenswertesten Wissenschaftler seiner Zeit[*4] – ein Mann, der Künstler und Wissenschaftler gleichermaßen beeinflusste und der Humboldts Naturbegriff ins 20. Jahrhundert brachte.

Von Anfang an spielte Humboldt eine wichtige Rolle in Haeckels Leben. Haeckel wurde 1834 in Potsdam geboren – im selben Jahr, als Humboldt mit *Kosmos* begann. Schon als Junge las er Humboldts Bücher. Sein Vater arbeitete für die preußische Regierung, interessierte sich aber auch für die Naturwissenschaften, und die Familie Haeckel verbrachte viele Abende damit, sich gegenseitig aus wissenschaftlichen Veröffentlichungen vorzulesen. Obwohl Haeckel Humboldt nie persönlich kennenlernte, war er seit seiner Kindheit mit dessen Ideen vertraut.[5] Er schwärmte so für Humboldts Beschreibungen der Tropen, dass er eben-

---

* Haeckels Ruf erlitt den größten Schaden in der zweiten Hälfte des 20. Jahrhunderts, als Historiker ihm vorwarfen, er habe die Nazis mit dem geistigen Fundament für ihre Rassengesetze ausgestattet. Aber in seiner Haeckel-Biografie *The Tragic Sense of Life* vertritt Robert Richards die Ansicht, dass Haeckel, der mehr als ein Jahrzehnt vor der Machtergreifung der Nazis starb, kein Antisemit gewesen sei. Haeckel hatte die Juden in seinen umstrittenen »Stammbäumen« unmittelbar neben den Kaukasiern platziert. Auch wenn sie heute nicht mehr akzeptabel sind, wurden Haeckels Rassentheorien, die einen fortschreitenden Aufstieg von den »wilden« zu den »zivilisierten« Rassen postulierten, von Darwin und vielen anderen Naturwissenschaftlern des 19. Jahrhunderts geteilt.

falls davon träumte, Entdeckungsreisender zu werden; doch Haeckels Vater hatte traditionellere Pläne für die Karriere seines Sohnes.

Haeckel folgte dem väterlichen Wunsch und schrieb sich mit achtzehn Jahren 1852 an der medizinischen Fakultät in Würzburg ein, um Arzt zu werden. Aber er hatte Heimweh und fühlte sich einsam. Nach den langen Tagen an der Universität zog er sich in sein Zimmer zurück und vertiefte sich in *Kosmos*.[6] Jeden Abend, wenn er seine zerlesenen Exemplare öffnete, tauchte er in Humboldts herrliche Welt ein. Wenn er nicht las, wanderte er durch die Wälder und suchte das Alleinsein und die Verbundenheit mit der Natur. Haeckel war groß und sah gut aus, hatte strahlend blaue Augen, lief und schwamm jeden Tag und war so sportlich wie Humboldt als junger Mann.[7]

»Ich kann Euch gar nicht sagen, welche Freude mir ein solcher Naturgenuß… gewährt«, schrieb Haeckel seinen Eltern aus Würzburg; »ich fühle mich dann mit einmal all der Sorgen enthoben.«[8] Er berichtete vom lieblichen Gesang der Vögel und vom Wind, der die Blätter erzittern ließ, von doppelten Regenbögen und von Berghängen, gesprenkelt von den Schatten der dahineilenden Wolken. Manchmal kehrte Haeckel von seinen langen Wanderungen mit Efeu beladen zurück und flocht Kränze daraus, mit denen er das Humboldt-Porträt in seinem Zimmer schmückte.[9] Aber er wollte in Berlin leben, um näher bei seinem Helden zu sein. Im Mai 1853, nur wenige Monate nach seiner Ankunft in Würzburg, schrieb er seinen Eltern, dass er gerne am Jahresbankett der Geographischen Gesellschaft in Berlin teilnehmen wolle, weil Humboldt anwesend sei. Ihn zu sehen – wenn auch nur aus der Ferne –, war sein »sehnlichster Wunsch«[10].

Im Frühling darauf durfte Haeckel ein Semester in Berlin studieren – und obwohl es ihm nicht gelang, einen Blick auf Humboldt zu werfen, fand er jemand anderen, den er bewundern konnte: Haeckel besuchte einige Seminare über vergleichende Anatomie bei Johannes Müller, dem bekanntesten deutschen Zoologen jener Zeit, der über Fische und wirbellose Meerestiere forschte.[11] Müllers lebendige Geschichten über das Sammeln von Organismen an der Nordsee begeisterten ihn, und er ging daraufhin für einen Sommer nach Helgoland. Dort verbrachte Haeckel seine Tage im Freien, schwamm und suchte Meerestiere. Er bewunderte die Quallen, die er fing – ihre durchsichtigen Körper waren von Farbstreifen durchzogen, und ihre langen Tentakel bewegten sich elegant durch das Wasser. Als ihm ein besonders spektakuläres Exem-

Ernst Haeckel mit seiner Ausrüstung
zum Fang von Meerestieren

plar – eine »schöne Meduse«[12] – ins Netz ging, hatte Haeckel sein Lieb-
lingstier gefunden und eine wissenschaftliche Disziplin entdeckt, der er
sich widmen wollte: der Zoologie.

Zwar fügte sich Haeckel den Wünschen seines Vaters und setzte
sein Medizinstudium fort, aber er wollte nicht als Arzt praktizieren.
Er mochte die Botanik und die vergleichende Anatomie, Meerestiere
und Mikroskope, Bergsteigen und Schwimmen, Malen und Zeichnen,
aber er verabscheute die Medizin. Gleichzeitig wuchs sein Interesse an
Humboldts Werk, je mehr er darin las. Als er seine Eltern besuchte,
nahm er *Ansichten der Natur* mit und bat seine Mutter, ihm die *Reise
in die Aequinoctial-Gegenden* zu kaufen, weil er, wie er sagte, darauf
»versessen«[13] war. In der Würzburger Universitätsbibliothek lieh er sich
Dutzende der Humboldt'schen Bücher aus, von botanischen Werken bis
hin zu den großen Foliobänden der *Vues des Cordillères* mit ihren un-

glaublichen Kupferstichen lateinamerikanischer Landschaften und Monumente – »kostbare Prachtwerke«[14], wie er sie bezeichnete. Und er bat seine Eltern, ihm als Weihnachtsgeschenk den Bildatlas zu schicken, der als Begleitwerk zum *Kosmos* erschienen war.[15] Er könne die Dinge leichter anhand von Zeichnungen und Karten als von Wörtern verstehen und sich merken, erklärte er ihnen.[16]

Während eines Besuchs in Berlin unternahm Haeckel eine Pilgerfahrt zum Humboldt'schen Familiensitz Tegel.[17] Es war ein herrlicher Sommertag, auch wenn Humboldt nirgends zu sehen war. Er badete in dem See, in dem sein Held einst schwamm, und saß am Ufer, bis der Mond einen Silberschleier über die Wasserfläche legte. Noch nie war er Humboldt so nah gewesen.

Er wollte seinen Spuren folgen und Südamerika sehen. Das sei die einzige Möglichkeit, sagte er, die beiden widerstreitenden Seelen in seiner Brust zu versöhnen: den »Verstandesmenschen« und den Künstler, der von »Gefühl und Poesie« geleitet wurde[18]. Der einzige Beruf, in dem sich die Wissenschaft mit Gefühl und Abenteuer verband, war der des Entdeckungsreisenden und Naturforschers, da war sich Haeckel absolut sicher. »Tag und Nacht« träumte er von einer großen Fahrt und begann Pläne zu schmieden. Er würde das Medizinstudium abschließen und sich dann eine Stellung als Schiffsarzt suchen. Sobald er die Tropen erreicht hatte, wollte er das Schiff verlassen und das »Robinson'sche Projekt«[19] in Angriff nehmen. Der Vorteil dieses Plans war, wie Haeckel seinen zunehmend besorgten Eltern versicherte, dass er dafür sein Studium in Würzburg beenden musste. Er würde alles tun, solange er die Aussicht hatte, »weit, weit in die Welt hinaus«[20] zu gelangen.

Doch Haeckels Eltern hatten andere Vorstellungen und verlangten von ihrem Sohn, dass er als Arzt in Berlin arbeitete. Zunächst tat Haeckel, was von ihm gefordert wurde, aber insgeheim versuchte er, ihre Pläne zu sabotieren. Als er seine Praxis in Berlin eröffnete, legte er ziemlich exzentrische Öffnungszeiten fest – zwischen fünf und sechs Uhr morgens hielt er Sprechstunde.[21] Wenig überraschend, kamen in diesem Jahr höchstens ein halbes Dutzend Patienten – allerdings war keiner, wie er stolz verkündete, in seiner Obhut gestorben.

Doch schließlich erklärte sich Haeckel aus Liebe zu seiner Verlobten Anna bereit, tatsächlich einen konventionellen Berufsweg zu wählen. Haeckel nannte Anna sein »echtes, deutsches Waldkind«[22]. Anstelle materieller Dinge – Kleider, Möbel oder Schmuck – liebte sie die einfachen Freuden des Lebens – auf dem Land spazieren zu gehen oder in einer Wiese mit Wildblumen zu liegen. Sie war, wie Haeckel sagte, ein »gänzlich unverdorbenes, reines Naturgemüt«[23]. Zufällig hatte sie am gleichen Tag Geburtstag wie Humboldt – dem 14. September –, und an diesem Datum gab das Paar auch seine Verlobung bekannt.[24] Haeckel beschloss, Zoologieprofessor zu werden. Das war ein angesehener Beruf, der ihm ersparen würde, sich mit seinem »unüberwindlichen Abscheu« vor »kranken Körpern«[25] auseinanderzusetzen. Jetzt brauchte er nur noch ein passendes Forschungsprojekt, um sich in der wissenschaftlichen Welt einen Namen zu machen.

Anfang Februar 1859 traf Haeckel in Italien ein, wo er inständig hoffte, neue wirbellose Meerestiere zu entdecken. Alles wäre ihm recht gewesen – egal, ob Quallen oder winzige einzellige Organismen –, solange ihm die Entdeckung dazu verhalf, auf seinem neuen Berufsweg voranzukommen. Nach ein paar Wochen Sightseeing in Florenz und Rom fuhr Haeckel nach Neapel, um dort ernsthaft mit seiner Arbeit zu beginnen; aber nichts verlief nach Plan.[26] Die Fischer weigerten sich, ihm zu helfen. Die Stadt war schmutzig und laut. Auf den Straßen wimmelte es von Gaunern und Betrügern – und er zahlte ständig völlig überhöhte Preise. Es war heiß und staubig, und es gab nicht genügend Seeigel und Quallen.

In Neapel erhielt Haeckel auch den Brief, in dem sein Vater ihm von Humboldts Tod berichtete. Diese Nachricht regte ihn nicht nur dazu an, über die Beziehung von Kunst und Wissenschaft nachzudenken, sondern auch über seine eigene Zukunft. Im Labyrinth der lauten Gassen von Neapel, über denen sich die beherrschende Silhouette des Vesuv erhob, erlebte Haeckel erneut den Widerstreit der beiden Seelen in seiner Brust.[27] Am 17. Juni, drei Wochen nachdem ihn die Nachricht vom Tod seines Helden erreicht hatte, konnte Haeckel Neapel nicht mehr ertragen. Kurzerhand reiste er nach Ischia, einer kleinen Insel, die nur eine kurze Bootsfahrt entfernt im Golf von Neapel liegt.

Auf Ischia lernte Haeckel Hermann Allmers kennen, einen deutschen Dichter und Maler.[28] Eine Woche lang wanderten die beiden Männer kreuz und quer über die Insel, zeichneten, kletterten, schwammen und unterhielten sich. Sie verstanden sich so gut, dass sie beschlossen, eine Zeit lang zusammen zu reisen. Sie kehrten nach Neapel zurück, bestiegen gemeinsam den Vesuv und fuhren per Schiff nach Capri, einer anderen kleinen Insel im Golf von Neapel, wo Haeckel hoffte, die Natur als »zusammenhängendes Ganzes«[29] zu erleben.

Haeckel packte seine Staffelei und Wasserfarben – und aus Pflichtbewusstsein auch seine Instrumente und Notizhefte. Aber nach seiner Ankunft auf Capri hatte er sich innerhalb einer Woche an eine neue Lebensweise gewöhnt, die eines Künstlers. Er setze seine Träume um, gestand er Anna, die in Berlin geduldig auf ihren Verlobten wartete. Das Mikroskop blieb in seiner Box. Stattdessen malte Haeckel. Er wolle kein »mikroskopierender Wurm«[30] werden, schrieb er Anna – wie denn auch, wenn ihm die Natur in all ihrer Herrlichkeit zurufe: »Hinaus! Hinaus!« Da könne wirklich nur ein »verknöcherter Gelehrter« widerstehen. Seit Haeckel als Junge *Ansichten der Natur* gelesen hatte, träumte er von dieser Art »halbwilden Naturlebens«. Hier auf Capri sah er endlich die »entzückende Pracht des Makrokosmos«, gestand er Anna. Alles, was er brauche, sei ein »treuer Pinsel«. Er wollte sein Dasein dieser poetischen Welt aus Licht und Farben widmen. Die Krise, die Humboldts Tod ausgelöst hatte, wurde zu einer richtiggehenden Verwandlung.

Seine Eltern erhielten ähnliche Briefe, allerdings schrieb er ihnen nicht so ausführlich über die wilden Aspekte seines neuen Lebens. Stattdessen berichtete Haeckel ihnen, dass er Maler werden wolle. Er erinnerte sie daran, was Humboldt über das Band zwischen Kunst und Wissenschaft geschrieben hatte. Mit seiner künstlerischen Begabung – die ihm, wie er seinen Eltern versicherte, von anderen Malern auf Capri bestätigt worden sei – und seinen botanischen Kenntnissen war er seiner Meinung nach in einer einzigartigen Position, den Fehdehandschuh aufzunehmen, den Humboldt hingeworfen hatte. Schließlich war die Landschaftsmalerei eine von »Humboldts Lieblingsneigungen« gewesen. Also verkündete Haeckel seine Absicht, ein Maler zu werden, »der alle Zonen vom Eismeer bis zum Äquator mit seinem Pinsel durchmißt«[31].

Haeckels Vater in Berlin war nicht besonders erfreut über diese Entwicklung und schrieb seinem Sohn einen ernsten Brief. Lange Zeit hatte er dessen ständig wechselnden Pläne erduldet. Er erinnerte Ernst daran, dass er kein reicher Mann sei und es sich nicht leisten könne, »Dich jahrelang durch die Welt reisen zu lassen«[32]. Er verstand nicht, warum sein Sohn alles so exzessiv betreiben musste – arbeiten, schwimmen, klettern, aber auch träumen, hoffen und zweifeln. »Du musst dich jetzt um deinen richtigen Beruf kümmern«, fuhr Haeckel senior fort und ließ keinen Zweifel daran, wie er sich die Zukunft seines Sohnes vorstellte.

Wieder war es Haeckels Liebe zu Anna, die ihn zur Besinnung brachte – sein Traum musste wohl ein Traum bleiben. Um sie heiraten zu können, würde er ein »zahmer«[33] Professor werden, statt die Welt mit einem Pinsel zu erforschen. Mitte September, gut vier Monate nach Humboldts Tod, reiste Haeckel mit seinem ganzen Gepäck und seinen Instrumenten nach Messina in Sizilien, um sich auf seine wissenschaftliche Arbeit zu konzentrieren – doch die Wochen auf Capri hatten ihn für immer verändert. Als die sizilianischen Fischer ihm Eimer voller Meerwasser mit Tausenden von kleinsten Organismen brachten, betrachtete Haeckel die winzigen Kreaturen als Zoologe *und* als Künstler. Wenn er Wassertropfen unter seinem Mikroskop untersuchte, zeigten sich die neuen Wunder. Diese zarten, wirbellosen Meerestiere sahen wie »feine Kunstwerke« aus buntem, geschliffenem Glas oder Edelsteinen aus, erklärte er. Statt die Tage hinter dem Mikroskop zu fürchten, war er gefesselt von diesem »Seewunder«[34].

Jeden Tag in der Dämmerung, wenn die Sonne rote Farbe wie Lack über die Wasserfläche strich und die Natur »im herrlichsten Glanze«[35] erstrahlte, ging er schwimmen. Danach begab er sich auf den Fischmarkt, um sich seine tägliche Meerwasserlieferung abzuholen, aber pünktlich um 8 Uhr morgens saß er in seinem Zimmer und arbeitete bis 17 Uhr. Nach einer raschen Mahlzeit folgte ein flotter Spaziergang am Strand, danach war er um 19.30 Uhr wieder an seinem Schreibtisch und machte sich bis Mitternacht Aufzeichnungen.[36] Die fleißige Arbeit zahlte sich aus. Im Dezember, drei Monate nach seiner Ankunft auf Sizilien, war sich Haeckel sicher, dass er den Forschungsgegenstand gefunden hatte, der ihm seine wissenschaftliche Karriere garantieren würde: die Radiolarien oder Strahlentierchen.

Diese winzigen einzelligen Meeresorganismen haben eine Größe von ungefähr 50 bis 500 Mikrometer und sind nur unter dem Mikroskop sichtbar. Vergrößert offenbaren sie eine erstaunliche Schönheit. Ihre feinen mineralischen Skelette weisen komplexe Symmetriemuster auf, häufig mit strahlenartigen Fortsätzen, die ihnen ein schwebendes Erscheinungsbild verleihen. Woche um Woche entdeckte Haeckel neue Arten und sogar Familien. Anfang Februar hatte er mehr als sechzig bislang unbekannte Arten bestimmt. Am 10. Februar 1860 brachte allein der Morgenfang zwölf neue. Er sei vor seinem Mikroskop auf die Knie

gefallen, schrieb er Anna, und habe das Haupt vor den gütigen Seegöt-
tern und Nymphen gebeugt, um ihnen für ihre großzügigen Gaben zu
danken.[37]

Diese Arbeit sei »wie für mich geschaffen«[38], erklärte Haeckel jetzt.
In ihr verband sich seine Liebe zur körperlichen Betätigung und Natur
mit der zur Wissenschaft und Kunst – von der Freude am frühmorgend-
lichen Fang, den er jetzt selbst erledigte, bis zum letzten Strich seiner
Skizzen. Die Radiolarien offenbarten Haeckel eine neue Welt, eine Welt
der Ordnung, aber auch der Wunder – die »so poetisch und genußreich«
war. Ende März 1860 hatte er mehr als hundert neue Arten entdeckt und
war bereit heimzukehren, um sie in einem Buch zu beschreiben.[39]

Haeckel illustrierte sein zoologisches Werk mit eigenen Zeichnungen,
die sowohl wegen ihrer wissenschaftlichen Genauigkeit als auch wegen
ihrer exquisiten Schönheit auffielen. Es war sehr hilfreich, dass er mit
einem Auge ins Mikroskop blicken und mit dem anderen sein Skizzen-
buch fixieren konnte – eine Fähigkeit, die so ungewöhnlich war, dass
seine ehemaligen Professoren sagten, sie hätten noch nie jemanden gesehen, der dazu in der Lage war.[40] Für Haeckel war Zeichnen und Malen
die beste Methode, um die Natur zu verstehen. Mit Bleistift und Pinsel
gelang es ihm, »tiefer in das Geheimnis ihrer Schönheit einzudringen«[41]
als jemals zuvor. Mit ihrer Hilfe konnte er sehen und lernen. Die beiden
Seelen in seiner Brust waren endlich versöhnt.

Zurück in Deutschland, schrieb Haeckel an seinen alten Reisegefährten Allmers, die Strahlentierchen seien so schön, dass er sich frage, ob er
damit nicht sein Studio dekorieren oder sogar »einen neuen ›Stil‹!! daraus erfinden«[42] könne.*[43] Fieberhaft arbeitete er an seinen Illustrationen, bis er zwei Jahre später, 1862, ein opulentes zweibändiges Werk veröffentlichen konnte: *Die Radiolarien (Rhizopoda Radiaria)*. Daraufhin
wurde er zum außerordentlichen Professor an der Universität Jena ernannt, der kleinen Stadt, in der Humboldt ein halbes Jahrhundert zuvor
Goethe kennengelernt hatte.[44] Im August 1862 heiratete Haeckel Anna.
Er war unglaublich glücklich. Ohne sie, gab er zu, wäre er eingegangen
wie eine Pflanze ohne das »belebende Sonnenlicht«[45].

---

* Allmers antwortete Haeckel, dass seine Cousine eine der Radiolarien als »Häckel-
  muster« übernommen habe.

Als Haeckel an den *Radiolarien* arbeitete, las er ein Buch, das sein Leben abermals verändern sollte: Darwins *Entstehung der Arten*. Haeckel war beeindruckt von Darwins Evolutionstheorie – es ist »ein ganz verrücktes Buch«[46], sagte er später. Mit einem einzigen kühnen Wurf lieferte die *Entstehung der Arten* Haeckel die Lösung des Problems, wie sich die Organismen entwickelt hatten. Mit Darwins Buch öffnete ihm »sich eine neue Welt«[47]. Es lieferte eine »Antwort auf alle noch so verwickelten Fragen«[48], schrieb Haeckel in einem langen Brief voller Bewunderung an Darwin. Mit der *Entstehung der Arten* ersetzte Darwin den Glauben an die göttliche Erschaffung der Tiere, Pflanzen und Menschen durch die Vorstellung, dass sie Produkte natürlicher Prozesse waren – eine revolutionäre Idee, die die religiöse Lehre in ihren Grundfesten erschütterte.

Die Entstehung der Arten versetzte die wissenschaftliche Welt in Aufruhr. Häufig wurde Darwin Ketzerei vorgeworfen. In letzter Konsequenz bedeutete Darwins Theorie, dass die Menschen Teil desselben Lebensbaums waren wie alle anderen Organismen. Einige Monate nach der Veröffentlichung in England kam es in Oxford zu einem großen öffentlichen Kräftemessen zwischen einem Bischof namens Samuel Wilberforce und Darwins glühendstem Unterstützer, dem Biologen und späteren Präsidenten der Royal Society, Thomas Huxley. Während einer Sitzung der British Association for the Advancement of Science provozierte Wilberforce Huxley und fragte ihn, ob er mütterlicher- oder väterlicherseits mit einem Affen verwandt sei.[49] Woraufhin Huxley antwortete, er stamme lieber von einem Affen als von einem Bischof ab. Die Debatten waren kontrovers, aufregend und radikal.

Humboldts Naturbegriff beeinflusste Haeckel seit seiner Kindheit, und die *Die Entstehung der Arten* fiel bei ihm auf fruchtbaren Boden, denn in *Kosmos* waren bereits viele »prädarwinistische Stimmungen«[50] enthalten. Im Laufe der nächsten Jahrzehnte wurde Haeckel Darwins leidenschaftlichster Fürsprecher in Deutschland.*[51] Anna nannte ihn »ihren deutschen Darwin-Mann«[52], und Hermann Allmers neckte ihn mit seinem »von Liebesglück und Darwinismus gefüllten Leben«[53].

Dann schlug das Schicksal zu. Am 16. Februar 1864, Haeckels drei-

---

* Haeckels Bücher über Darwins Evolutionstheorie wurden in mehr als ein Dutzend Sprachen übersetzt und verkauften sich besser als Darwins Buch selbst. Mehr Menschen lernten die Evolutionstheorie durch Haeckel kennen als aus irgendeiner anderen Quelle.

ßigstem Geburtstag und dem Tag, an dem er einen renommierten wissenschaftlichen Preis für sein Strahlentierchen-Buch erhielt, starb Anna nach kurzer Krankheit, bei der es sich möglicherweise um eine Blinddarmentzündung handelte. Sie waren nicht einmal zwei Jahre verheiratet gewesen.[54] Haeckel verfiel in eine tiefe Depression. Er sei innerlich tot[55], schrieb er Allmers, vernichtet von »bitterstem Kummer«[56]. Annas Tod hatte alle Aussichten auf Glück zerstört. Um zu vergessen, stürzte er sich in die Arbeit. Er wolle der Evolutionstheorie sein »ganzes Leben widmen«[57], schrieb er Darwin.

Er lebte wie ein Einsiedler[58], und das Einzige, was ihn beschäftigte, war die Evolution. Er war bereit, der gesamten wissenschaftlichen Welt zu trotzen, da ihn Annas Tod »gegen den Tadel, wie gegen das Lob der Menschen so abgehärtet«[59] hatte. Um seinen Schmerz zu betäuben, arbeitete Haeckel achtzehn Stunden am Tag, sieben Tage in der Woche, ein ganzes Jahr lang.

Das Ergebnis seiner Verzweiflung war die zweibändige *Generelle Morphologie der Organismen*, die 1866 erschien – tausend Seiten über Evolution und Morphologie, über den Aufbau und die Gestalt der Organismen.*[60] Darwin nannte es die »prachtvollste Eulogie«[61], die der *Entstehung der Arten* jemals zuteil geworden war. Es war ein wütendes Buch, in dem Haeckel alle Wissenschaftler angriff, die sich weigerten, Darwins Evolutionstheorie zu akzeptieren. Er bombardierte Darwins Kritiker mit Beleidigungen: Sie äußerten sich »in dicken papierreichen und gedankenleeren Büchern«, lebten in einem »wissenschaftlichen Halbschlafe« und führten ein »gedankenarmes Traumleben«[62]. Sogar Thomas Huxley – ein Mann, der sich selbst »Darwins Bulldogge«[63] nannte – meinte, Haeckel müsse sein Buch ein wenig entschärfen, wenn er es in England veröffentlichen wollte. Doch Haeckel gab nicht nach.

Radikale wissenschaftliche Reformen lassen sich nicht sanft und schonend durchführen, schrieb Haeckel an Huxley. Man müsse sich schon die Hände schmutzig machen und »Mistgabeln«[64] verwenden. Er habe

---

* Die *Generelle Morphologie* lieferte auch einen allgemeinen wissenschaftlichen Überblick, um der immer strengeren Trennung der Disziplinen entgegenzuwirken. Wissenschaftler haben, so schrieb Haeckel, den Blick für das Ganze verloren – die riesige Zahl von Fachleuten habe die Wissenschaft in »babylonische Sprachverwirrung« gestürzt. Botaniker und Zoologen mochten ja einzelne Bausteine sammeln, aber sie hatten den Plan des Ganzen aus den Augen verloren. Alles war ein großer »wüster Steinhaufen«, und niemand hatte noch eine Ahnung davon – ausgenommen Darwin … und natürlich Haeckel.

die *Generelle Morphologie* in einem Augenblick der tiefen persönlichen Krise geschrieben, erläuterte er Darwin, daher sei die Bitterkeit gegenüber der Welt und seinem Leben in jeden Satz eingeflossen. Seit Annas Tod kümmerte er sich nicht mehr um seinen Ruf: »Mögen meine vielen Feinde immerhin mein Werk sehr angreifen.«[65] Und wenn sie sich das Maul noch so sehr über ihn zerrissen, es sei ihm völlig egal.

Die Generelle Morphologie war nicht nur ein flammendes Plädoyer für die neue Evolutionstheorie, sondern auch das Buch, in dem Haeckel Humboldts Disziplin zum ersten Mal beim Namen nannte: *Oecologie* oder in moderner Schreibweise »Ökologie«[66]. Er nahm das griechische Wort für »Haus« – *oikos* – und wendete es auf die Natur an. Alle Organismen der Erde gehören zusammen wie eine Familie, die eine gemeinsame Wohnstätte hat; und wie die Mitglieder eines Haushalts können sie im Konflikt miteinander leben oder sich gegenseitig unterstützen. Die organische und anorganische Natur bildet ein »System von bewegenden Kräften«[67], schrieb er in der *Generellen Morphologie*, wobei er Humboldts Formulierung fast wörtlich wiedergab. Haeckel nahm Humboldts Vorstellung von der Natur als einheitlichem Ganzem, das aus einem komplexen System von Wechselbeziehungen besteht, und gab ihm einen Namen. Ökologie, sagte er, ist die »Wissenschaft von den Beziehungen eines Organismus zu seiner Umwelt«[68]*[69].

Haeckel prägte also das Wort »Ökologie«; und er eiferte Humboldt und Darwin im selben Jahr noch anders nach, er begab sich nämlich auf eine Forschungsreise. Im Oktober 1866, mehr als zwei Jahre nach Annas Tod, besuchte er Teneriffa, die Insel, die für Naturforscher eine fast mystische Dimension angenommen hatte, seit Humboldt sie in der *Reise in die Aequinoctial-Gegenden* so betörend beschrieben hatte. Es sei an der Zeit, schrieb Haeckel, sich seinen »ältesten und liebsten Reisetraum«[70] zu erfüllen. Fast siebzig Jahre nachdem Humboldt aufgebro-

---

* Haeckel dachte schon lange in ökologischen Zusammenhängen. Bereits Anfang 1854, als er als junger Student in Würzburg Humboldt las, hatte er sich mit den Umweltfolgen der Waldzerstörung befasst. Zehn Jahre bevor George Perkins Marsh *Man and Nature* veröffentlichte, schrieb Haeckel, dass die Menschen in der Antike die Wälder im Nahen Osten gefällt hätten und sich dadurch das Klima dort veränderte. Zivilisation und Waldzerstörung gingen »Hand in Hand«, schrieb er. Im Laufe der Zeit werde es in Europa das Gleiche sein, prophezeite Haeckel. Unfruchtbare Böden, Klimaveränderung und Hungersnöte würden schließlich zu einem Massenexodus aus Europa in fruchtbarere Regionen führen. Er fürchte, »dass es mit Europa und seiner Hyperkultur bald aus« sei.

chen war und mehr als dreißig Jahre nachdem Darwin sich an Bord der *Beagle* begeben hatte, startete Haeckel zu seiner eigenen Reise. Obwohl Humboldt, Darwin und Haeckel drei unterschiedlichen Generationen angehörten, teilten sie die Meinung, dass Wissenschaft mehr als nur eine intellektuelle Tätigkeit sei. Ihre Arbeit als Forscher schloss auch körperliche Strapazen ein, weil die Suche nach Pflanzen und Tieren in ihren natürlichen Lebensräumen dazugehörte – egal, ob es sich um Palmen, Flechten, Krebse, Vögel oder wirbellose Meerestiere handelte. Ökologie zu verstehen hieß, neue, von Lebewesen wimmelnde Welten zu erschließen.

Auf dem Weg nach Teneriffa legte Haeckel einen Zwischenstopp in England ein, um Darwin auf seinem Landsitz Down House in Kent einen Besuch abzustatten, eine kurze Zugfahrt von London entfernt. Haeckel hatte Humboldt nie getroffen, aber hatte jetzt die Gelegenheit, seinen anderen Helden kennenzulernen. Am Sonntag, dem 21. Oktober, um 11.30 Uhr holte Darwins Kutscher Haeckel in Bromley, dem örtlichen Bahnhof, ab und fuhr ihn zu dem efeubewachsenen Landhaus, wo ihn der siebenundfünfzigjährige Darwin an der Haustür erwartete.[71] Haeckel war so nervös, dass er das wenige Englisch, das er konnte, vergaß. Lange schüttelten sich beide die Hände, wobei Darwin wiederholt erklärte, wie sehr er sich freue, Haeckel zu sehen. Dieser verfiel, wie Darwins Tochter Henrietta später berichtete, in »absolute Stille«[72]. Als sie dann am *Sandwalk* entlang durch den Garten schlenderten, in dem Darwin so viele seiner Ideen entwickelt hatte, erholte sich Haeckel langsam wieder und begann zu reden. Er sprach ein etwas holpriges Englisch mit starkem deutschem Akzent, aber immerhin so viel, dass die beiden Männer ein langes Gespräch über Evolutionstheorie und Reisen in ferne Länder führen konnten.

Darwin war genau so, wie Haeckel gedacht hatte. Fünfundzwanzig Jahre älter, mit leiser, freundlicher Stimme und von einer Aura der Weisheit umgeben, ganz so, wie Haeckel sich Sokrates oder Aristoteles vorstellte. Die ganze Familie Darwin habe ihn so herzlich empfangen, dass er das Gefühl hatte, nach Hause zu kommen, berichtete Haeckel Freunden in Jena. Dieser Aufenthalt gehöre zu den »unvergeßlichsten«[73] Augenblicken seines Lebens. Als er am nächsten Tage abreiste, war er mehr denn je davon überzeugt, dass »die große organische Natur nur als ein einziges, umfassendes Ganzes, als ein überall zusammenhängendes ›Lebensreich‹«[74] zu verstehen war.

Dann aber war es an der Zeit, England zu verlassen. Haeckel hatte drei Assistenten eingestellt, die ihm bei seinen Forschungsarbeiten halfen (einen Wissenschaftler aus Bonn und zwei seiner Studenten aus Jena). Sie waren in Lissabon verabredet; von dort aus ging es auf die Kanarischen Inseln weiter.[75] Sobald die vier Männer auf Teneriffa gelandet waren, brach Haeckel eiligst auf, um alles das anzuschauen, was Humboldt beschrieben hatte. Und natürlich musste er Humboldts Spuren auf den Gipfel des Pico del Teide folgen. Als Haeckel durch Schnee und eisige Winde hinaufkletterte, wurde er wegen Höhenkrankheit ohnmächtig und bewältigte den Abstieg nur noch halb stolpernd und halb stürzend. Aber er habe es geschafft, schrieb er stolz nach Hause. Dass er das Gleiche wie Humboldt gesehen habe, schrieb er seinen Eltern, habe ihn »auf das höchste befriedigt«[76]. Von Teneriffa aus setzten er und seine drei Assistenten zur Vulkaninsel Lanzarote über, wo sie drei Monate lang an ihren verschiedenen zoologischen Projekten arbeiteten. Haeckel konzentrierte sich auf Radiolarien und Medusen, während seine Assistenten Fische, Schwämme, Würmer und Mollusken untersuchten. War die Landschaft auch kahl und unfruchtbar, so war das Meer doch voller Leben, schrieb Haeckel, eine »große Thiersuppe«[77].

Als er im April 1867 nach Jena zurückkehrte, war er ruhiger und hatte seinen Frieden gefunden.[78] Anna blieb die große Liebe seines Lebens, und selbst viele Jahre später, als er wieder verheiratet war, deprimierte ihn ihr Todestag immer sehr. An diesem traurigen Tag, schrieb er fünfunddreißig Jahre später, fühle er sich gänzlich verloren.[79] Aber er lernte, Annas Tod zu akzeptieren und mit ihm zu leben.

Im Laufe der nächsten Jahrzehnte unternahm Haeckel ausgedehnte Reisen – vor allem in Europa, aber auch nach Ägypten, Indien, Sri Lanka, Java und Sumatra.[80] Er lehrte auch weiterhin in Jena, war aber am glücklichsten, wenn er unterwegs war. Nie verlor er seine Abenteuerlust. Im Jahr 1900, mit sechsundsechzig Jahren, ging er auf eine Expedition nach Java, und die bloße Aussicht darauf »verjüngte«[81] ihn nach Auskunft seiner Freunde. Auf diesen Touren sammelte er nicht nur zoologische Proben, sondern zeichnete auch. Wie Humboldt glaubte Haeckel, dass die Tropen der beste Ort seien, um die Grundprinzipien der Ökologie zu verstehen.

Ein einziger Baum in Javas Regenwald, erklärte Haeckel, verdeutliche die Beziehungen zwischen Tieren und Pflanzen untereinander und mit ihrer Umwelt auf eindrucksvollste Weise: ob epiphytische Orchideen, die sich mit ihren Wurzeln an Baumäste klammerten, ob Insekten, die perfekt angepasste Bestäuber waren, oder Kletterpflanzen, die den Wettlauf um das Licht in der Baumkrone gewonnen hatten – sie alle waren der Beweis für ein vielfältiges Ökosystem. In den Tropen war der »Kampf ums Dasein«[82] so heftig, dass die Waffen, die Flora und Fauna entwickelt hatten, »außergewöhnlich reich« und vielfältig waren. Hier war zu sehen, wie Pflanzen und Tiere mit »ihren Freunden und Feinden, ihren Symbionten und Parasiten« zusammenlebten.[83] Es war nichts anderes als Humboldts Netz des Lebens.

In seinen Jenaer Jahren beteiligte sich Haeckel auch an der Gründung einer wissenschaftlichen Zeitschrift zu Ehren von Humboldt und Darwin. Sie befasste sich mit Evolutionstheorie und ökologischen Ideen und hatte den Titel *Kosmos*.[84] Außerdem schrieb und veröffentlichte er aufwendige Monografien über Meeresorganismen wie Kalkschwämme, Quallen und weitere Radiolarien sowie Reiseberichte und mehrere Bücher, um Darwins Theorien populärer zu machen. Oft schmückte Haeckel sie mit seinen eigenen wundervollen Illustrationen, häufig in Form von Bildfolgen und nicht von Einzelbildern. Für Haeckel waren diese Abbildungen die Geschichte der Natur – eine suggestive Methode, die Evolution »sichtbar«[85] zu machen. Die Kunst wurde zum Werkzeug, mit dem er wissenschaftliche Erkenntnis vermittelte.

Um die Jahrhundertwende veröffentlichte Haeckel eine Heftreihe unter dem Titel *Kunstformen der Natur* – eine Sammlung von hundert erlesenen Illustrationen, die die Formensprache des Jugendstils nachhaltig beeinflusste.[86] Seit mehr als fünfzig Jahren beherzige er Humboldts Ideen, erklärte Haeckel einem Freund, aber mit *Kunstformen der Natur* gehe er noch weiter, weil er Malern und Designern dort wissenschaftliche Themen nahebringe. Mit seinen Zeichnungen zeigte Haeckel die spektakuläre Schönheit der winzigen Organismen, die sonst nur unter dem Mikroskop sichtbar war – »verborgene Schätze«[87], wie er schrieb. In einem Anhang bewertete er in Tabellen die verschiedenen Organismen ästhetisch und leitete Kunsthandwerker, Maler und Architekten an, diese neuen »schönen Motive« richtig zu verwenden. Zur Erklärung lieferte er Kommentare wie »äußerst reichhaltig«, »höchst mannigfaltig und bedeutungsvoll« oder »von ornamentaler Gestaltung«.

Die zwischen 1899 und 1904 veröffentlichten *Kunstformen der Natur* übten einen enormen Einfluss aus. In einer Zeit, als Verstädterung, Industrialisierung und technologischer Fortschritt die Menschen der ländlichen Welt entfremdeten, lieferte Haeckel eine Palette natürlicher Formen und Motive. Sie wurden zum Kompendium von Malern, Architekten und Kunsthandwerkern, die versuchten, Mensch und Natur durch die Kunst wieder zu vereinen.

Um die Jahrhundertwende war Europa in das sogenannte Maschinenzeitalter eingetreten. Fabriken wurden mit elektrischem Strom betrieben, und die Massenproduktion kurbelte die Wirtschaft in Europa und in den Vereinigten Staaten an. Deutschland hinkte lange hinter Großbritannien her, doch nach der Reichsgründung im Jahr 1871 unter Reichskanzler Otto von Bismarck und der Proklamation des preußischen Königs Wilhelm I. zum Deutschen Kaiser hatte das Land mit schwindelerregendem Tempo aufgeholt.[88] Als Haeckel 1899 das erste Heft von *Kunstformen der Natur* veröffentlichte, war Deutschland neben Großbritannien und den Vereinigten Staaten zur dritten wirtschaftlichen Weltmacht aufgestiegen.

Inzwischen fuhren die ersten Automobile auf deutschen Straßen, und das Schienennetz verband die Industriezentren an der Ruhr mit Hafenstädten wie Hamburg und Bremen. Kohle und Stahl wurden in immer größeren Mengen produziert, und rund um die Industriezentren breiteten sich Großstädte aus. 1887 wurde in Berlin das erste Elektrizitätswerk in Betrieb genommen. Die deutsche Chemieindustrie war die bedeutendste und fortgeschrittenste der Welt und erzeugte synthetische Farben, Pharmazeutika und Kunstdünger. Anders als in Großbritannien gab es in Deutschland Fachhochschulen und Forschungslabore in Unternehmen, in denen eine neue Generation von Wissenschaftlern und Ingenieuren heranwuchs. Dort ging es um praktische Anwendung und nicht um Grundlagenforschung.

Eine wachsende Zahl von Stadtbewohnern, so schrieb Haeckel, habe keinen sehnlicheren Wunsch, als dem »rastlosen Getriebe der Großstädte« und den »trüben Rauchwolken der Fabriken«[89] zu entkommen. Sie suchten Meeresstrände, schattige Wälder oder zerklüftete Gebirgshänge auf, um sich selbst in der Natur zu finden. Um die Jahrhundertwende bemühten sich Jugendstilkünstler, die gestörte Beziehung zwischen Mensch und Natur wiederherzustellen, indem sie ihre künstlerischen Anregungen aus der Natur schöpften. »Sie lernten jetzt von der

 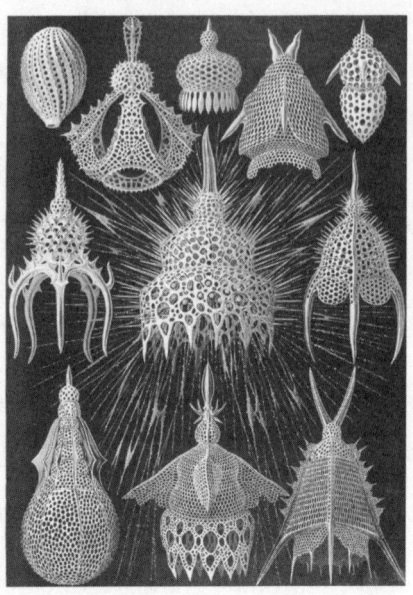

Binets *Porte Monumentale* auf der Pariser Weltausstellung 1900

Haeckels Radolarien, die Binet zu seinem Tor anregten – vor allem die Organismen in der mittleren Reihe

Natur«[90] und nicht mehr von ihren Lehrern, meinte ein deutscher Designer. Die Einführung dieser natürlichen Motive in Innenräume und Architektur war ein erster Schritt zur Versöhnung des Organischen mit der zunehmend mechanischen Welt.[91]

Der berühmte französische Glaskunsthandwerker Emile Gallé besaß Haeckels *Kunstformen der Natur* und erklärte, die »Ernte« aus den Meeren habe die wissenschaftlichen Laboratorien in kunsthandwerkliche Ateliers verwandelt. Die »kristallklare Qualle«, sagte Gallé im Mai 1900, habe neue »Feinheiten und Kurven in das Glas« gebracht.[92] Die neue Formensprache des Jugendstils durchdrang alles mit Elementen, die der Natur entlehnt waren: gleich, ob es sich um Wolkenkratzer oder Schmuck, Plakate oder Kerzenhalter, Möbel oder Textilien handelte. Verschlungene Verzierungen, gedrehte Linien mit Blumen und Ranken versehen, auf geätzten Glastüren; und von Möbeldesignern geformte Tischbeine und Armlehnen, in astähnlichen Rundungen.

Diese organischen Bewegungen und Linien gaben dem Jugendstil seine besondere Formenwelt. Im ersten Jahrzehnt des 20. Jahrhunderts vergrößerte der Architekt Antoni Gaudí in Barcelona Haeckels Meeresorganismen zu Geländern und Torbögen.[93] Riesige Seeigel schmückten die bunten Glasfenster, und die übergroßen Deckenlampen, die er entwarf, sahen aus wie das Gehäuse mächtiger Meeresschnecken. Enorme Klumpen Seetang, verflochten mit Algen und wirbellosen Meerestieren, standen Pate, wenn Gaudí seine Räume, Treppen und Fenster gestaltete. Jenseits des Atlantiks, in den Vereinigten Staaten, ließ sich Louis Sullivan, der »Vater der Wolkenkratzer«, ebenfalls von der Natur inspirieren.[94] Sullivan besaß mehrere Bücher von Haeckel und glaubte, die Kunst könne die Seele des Künstlers mit der der Natur vereinigen. Die Fassaden seiner Gebäude waren mit stilisierten Motiven der Flora und Fauna geschmückt. Auch den amerikanischen Designer Louis Comfort Tiffany beeinflusste Haeckel.[95] Die nahezu ätherischen, transparenten Eigenschaften von Algen und Quallen machten sie zu perfekten Vorbildern für seine Glasobjekte. Ornamentale Medusen umschlangen Tiffany-Vasen, und in seinem Atelier wurde sogar eine Halskette aus Gold und Platin entworfen, die an Seetang erinnerte.

Als Haeckel Ende August 1900 von Jena nach Java reiste, legte er einen kurzen Zwischenstopp in Paris ein, um die Weltausstellung zu besuchen, wo er durch eines seiner Radiolarien ging.[96] Der französische Architekt René Binet hatte sich von Haeckels Bildern mikroskopisch kleiner Meeresorganismen zu seiner *Porte Monumentale* inspirieren lassen, dem riesigen stählernen Eingangstor, das er für die Ausstellung entworfen hatte. Im Jahr zuvor hatte Binet Haeckel geschrieben, dass »alles daran« – von der kleinsten Einzelheit bis zum Gesamtentwurf – »von Ihren Studien angeregt wurde«[97]. Die Weltausstellung machte den Jugendstil in der ganzen Welt bekannt, und fast 50 Millionen Besucher durchquerten Haeckels Riesenradiolarium.

Binet veröffentlichte später ein Buch mit dem Titel *Esquisses Décoratives (Dekorative Skizzen)*, das zeigte, wie sich Haeckels Illustrationen für Innenausstattungen verwenden ließen. Tropische Quallen wurden zu Lampen, einzellige Organismen verwandelten sich in Lichtschalter, und mikroskopische Abbildungen von Zellgeweben lieferten Tapetenmuster. Binet forderte Architekten und Designer auf, »sich an das große Labor der Natur zu halten«[98].

Korallen, Quallen und Algen zogen in Wohnungen und Häuser ein, und der Vorschlag, den Haeckel vier Jahrzehnte zuvor eher scherzhaft Allmers gemacht hatte – er solle aus den Radiolarienskizzen einen neuen Stil kreieren –, wurde nun doch noch wahr. Sein Haus in Jena hatte

Binets Entwürfe für elektrische
Lichtschalter, die sich sehr stark an
Haeckels Zeichnungen anlehnten

Haeckels Zeichnung der Medusa,
die auf die Decke der Villa Medusa
gemalt wurde

Haeckel nach seinen geliebten Quallen Villa Medusa* genannt und entsprechend eingerichtet. Die Deckenrosette im Esszimmer zum Beispiel
basierte auf seiner eigenen Zeichnung einer Medusa, die er in Sri Lanka
entdeckt hatte.

Während die Menschheit die Natur in immer kleinere Teile zerlegte –
über Zellen, Moleküle, Atome bis hin zu Elektronen –, glaubte Haeckel,
man könnte dieser zerstückelten Welt ihren ganzheitlichen Charakter
zurückgeben.[99] Humboldt hatte immer wieder von der Einheit der Natur
gesprochen, doch Haeckel ging noch einen Schritt weiter. Er wurde ein
glühender Verfechter des »Monismus« – der Vorstellung, dass es keine
Trennung zwischen der organischen und der anorganischen Welt gab.
Der Monismus wendete sich explizit gegen das Konzept eines Dualis-

---

* Haeckel hatte seine Villa exakt an der Stelle erbauen lassen, von der aus Goethe
  1810 Friedrich Schillers Gartenhaus skizziert hatte. Von seinem Fenster konnte
  Haeckel über das Flüsschen Leutra hinweg Schillers altes Haus sehen – den Ort,
  an dem die Humboldt-Brüder, Goethe und Schiller im Frühsommer 1797 so viele
  Abende verbracht hatten.

mus von Geist und Materie. Diese ganzheitliche Idee ersetzte Gott, und damit wurde der Monismus um die Jahrhundertwende zur wichtigsten Ersatzreligion.[100]

Die philosophische Begründung für seine Weltanschauung lieferte Haeckel in dem Buch *Die Welträtsel*, das 1899 erschien, im selben Jahr wie das erste Heft der *Kunstformen der Natur*. *Die Welträtsel* wurde ein sensationeller internationaler Bestseller und allein in Deutschland 450 000 mal verkauft. Übersetzt in siebenundzwanzig Sprachen, unter anderen in Sanskrit, Chinesisch und Hebräisch, war es die einflussreichste populärwissenschaftliche Veröffentlichung der Jahrhundertwende.[101] In *Die Welträtsel* schrieb Haeckel über die Seele, den Körper und die Einheit der Natur, über Erkenntnis und Glauben, Wissenschaft und Religion. Es wurde die Bibel des Monismus.

Haeckel erklärte, dass die Göttin der Wahrheit im »Tempel der Natur« lebe. Die emporstrebenden Säulen der monistischen »Kirche« waren schlanke Palmen und tropische, von Lianen umschlungene Bäume; anstelle der Altäre hatte sie Aquarien voller exquisiter Korallen und bunter Fische. Aus dem »Schooße unserer Mutter Natur«, sagte Haeckel, ergoss sich ein Strom »unendlicher Schönheit«, der niemals austrocknete.[102]

Haeckel glaubte auch, dass sich die Einheit der Natur durch Ästhetik ausdrücken ließ.[103] Seiner Ansicht nach beschwor diese von der Natur durchdrungene Kunst eine neue Welt. Wie Humboldt bereits in seinem »großartigen *Kosmos*«[104] gesagt hatte, war die Kunst eines der wichtigsten Werkzeuge zur Erziehung der Menschen, weil sie die Liebe zur Natur förderte. Was Humboldt die »wissenschaftliche und aesthetische Betrachtung«[105] der Welt genannt hatte, war von entscheidender Bedeutung für das Verständnis des Universums, sagte Haeckel, und diese Auffassung wurde zu einer »natürlichen Religion«.

Solange es Wissenschaftler und Künstler gebe, meinte Haeckel, brauche die Menschheit keine Priester und Kathedralen.

23

Schutz und Natur

John Muir und Humboldt

Humboldt wanderte sein Leben lang, von den kindlichen Streifzügen durch die Wälder von Tegel bis zu seiner Expedition in den Anden. Noch als Sechzigjähriger versetzte er seine Reisegefährten in Russland mit seiner Ausdauer in Erstaunen – stundenlang konnte er marschieren und klettern. Die Exkursionen zu Fuß hätten ihn die Poesie der Natur gelehrt, sagte er. Er fühlte die Natur, weil er sich durch sie hindurchbewegte.

Im Spätsommer 1867, acht Jahre nach Humboldts Tod, packte der neunundzwanzigjährige John Muir seine Sachen, verließ Indianapolis, wo er fünfzehn Monate lang gearbeitet hatte, und brach nach Südamerika auf. Er war mit leichtem Gepäck unterwegs – ein paar Bücher, etwas Seife und ein Handtuch, eine Pflanzenpresse, einige Bleistifte und ein Notizbuch. An Kleidung nahm er nur mit, was er am Leibe trug, und etwas Unterwäsche zum Wechseln.[1] Er war einfach, aber sauber gekleidet. Muir war groß und schlank, ein attraktiver junger Mann mit gewelltem braunem Haar und klaren blauen Augen, mit denen er ständig seine Umgebung musterte.[2] »Wie sehnlich wünschte ich mir, ein Humboldt zu sein«[3], sagte Muir, begierig, »die schneebedeckten Anden und die Blumen des Äquators«[4] zu sehen.

Sobald er Indianapolis hinter sich gelassen hatte, machte Muir Rast unter einem Baum und breitete seine kleine Karte aus, um seine Route nach Florida zu planen, von wo aus er eine Überfahrt nach Südamerika zu finden hoffte. Er holte sein leeres Notizbuch heraus und schrieb auf die erste Seite: »John Muir, Planet Erde, Universum«[5] – womit er seinen Platz in Humboldts Kosmos bestimmte.

Muir war in Dunbar an der schottischen Ostküste geboren und aufgewachsen und hatte seine frühe Jugend dort auf den Feldern und an der felsigen Küste verbracht. Sein Vater war ein tiefreligiöser Mann, der keine Bilder, Ornamente oder Musikinstrumente im Haus duldete. Zum Ausgleich suchte Muirs Mutter Schönheit in ihrem Garten, während die Kinder die ländliche Umgebung durchstreiften. »Ich liebte alles, was wild war«[6], schrieb Muir später und schilderte, wie er oft vor seinem Vater floh, der ihn zwang, das gesamte Alte und Neue Testament aufzusagen – »auswendig und mit wundem Fleisch«.[7] Wenn er sich nicht draußen herumtrieb, las Muir von Humboldts Reisen und träumte von exotischen Ländern.[8]

Als Muir elf war, wanderte die Familie in die Vereinigten Staaten aus. Muirs eifernder Vater Daniel lehnte die traditionelle schottische Kirche zunehmend ab und hoffte, in Amerika religiöse Freiheit zu finden.[9] Daniel Muir wollte ohne jede organisierte Religion nach der reinen biblischen Wahrheit leben und sein eigener Priester sein. Daher ließ sich die Familie in Wisconsin nieder und erwarb etwas Land. Muir lief durch die Wiesen und Wälder, wann immer er der Arbeit auf der Farm entkommen konnte, und nährte seine Wanderlust, die ihm ein Leben lang erhalten bleiben sollte.[10] Im Januar 1861, mit zweiundzwanzig Jahren, schrieb er sich an der University of Wisconsin in Madison für den »naturwissenschaftlichen Studiengang«[11] ein. Dort begegnete er Jeanne Carr, einer begabten Botanikerin und Frau eines seiner Professoren. Carr ermutigte Muir in seinen botanischen Studien und öffnete dem jungen Mann ihre Bibliothek. Die beiden wurden enge Freunde und führten später einen regen Briefwechsel.[12]

Während Muir in Madison seine Liebe für die Botanik entdeckte, spaltete der Bürgerkrieg das Land, und im März 1863, fast genau zwei Jahre nachdem die ersten Schüsse bei Fort Sumter gefallen waren, unterzeichnete Präsident Abraham Lincoln das erste Einberufungsgesetz der Nation. Allein Wisconsin musste 40 000 Männer stellen. Die meisten Studenten in Madison sprachen nur noch über Gewehre, Krieg und Kanonen. Muir war entsetzt über die Bereitschaft seiner Kommilitonen zum »Morden«[13] und hatte nicht die Absicht, sich daran zu beteiligen.

Ein Jahr später, im März 1864, verließ er Madison und entzog sich der Einberufung, indem er sich über die Grenze nach Kanada absetzte – an seine neue »Universität der Wildnis«[14]. Während der nächsten zwei Jahre streifte er durch das Land und nahm Gelegenheitsarbeiten an, wenn ihm das Geld ausging. Er hatte ein Händchen für Erfindungen und baute Maschinen und Werkzeuge für Sägewerke[15]. Aber sein großer Traum blieb, Humboldts Spuren zu folgen.[16] Wann immer er konnte, unternahm Muir lange Ausflüge – unter anderem zum Lake Ontario und zu den Niagarafällen. Er durchquerte Flüsse, watete durch Sümpfe und kämpfte sich durch dichte Wälder auf der Suche nach Pflanzen, die er für sein wachsendes Herbarium sammelte, presste und trocknete. Er war so besessen von dieser Sammelleidenschaft, dass eine Familie, bei der er einen Monat lang auf einer Farm nördlich von Toronto wohnte und arbeitete, ihm den Spitznamen »Botany«[17] gab. Wenn Muir über knorrige Wurzeln stolperte und sich durch herabhängende Äste zwängte, dachte er an Humboldts Beschreibungen der »überfluteten Wälder des Orinoco«[18]. Und er empfand eine »einfache Beziehung zum Kosmos«[19], die ihn für den Rest seines Lebens begleitete.

Als im Frühjahr 1866 ein Feuer das Sägewerk in Meaford am Ufer des kanadischen Lake Huron zerstörte, in dem Muir arbeitete, dachte er an zu Hause.[20] Nach fünf Jahren erbitterter Kämpfe war der Bürgerkrieg ein Jahr zuvor zu Ende gegangen, und Muir war bereit zurückzukehren. Er packte seine wenigen Habseligkeiten und studierte eine Karte. Wohin sollte er gehen? Er beschloss, sein Glück in Indianapolis zu versuchen, weil die Stadt ein Eisenbahnknotenpunkt war und er glaubte, dass er in den dortigen Fabriken Arbeit finden konnte. Vor allem aber, so schrieb er, lag die Stadt inmitten eines der »größten Laubwälder des Kontinents«[21]. Hier hoffte er, die Notwendigkeit, sich seinen Lebensunterhalt zu verdienen, mit seiner Leidenschaft für die Botanik verbinden zu können.

Muir fand Arbeit in einer Fabrik in Indianapolis, die Eisenbahnräder und andere Waggonteile herstellte. Es war ein befristeter Job, weil Muir vorhatte, nur so lange zu bleiben, bis er genug Geld gespart hatte, um eine »botanische Reise«[22] auf Humboldts Spuren durch Südamerika antreten zu können. Im März 1867, als er versuchte, in der Fabrik den Transmissionsriemen einer Kreissäge zu kürzen, fanden seine Pläne ein jähes Ende. Er löste den Faden, der den Riemen zusammenhielt, mit einer spitzen Metallfeile, und die Feile rutschte ab, knallte gegen seinen Kopf und stach in sein rechtes Auge. Als er seine Hand unter das verletzte Auge hielt, tropfte eine Flüssigkeit in seine Handfläche, und seine Sehfähigkeit schwand.[23]

Zunächst war es nur das rechte Auge, aber nach wenigen Stunden erblindete auch das linke. Dunkelheit umfing ihn. Dieser Augenblick veränderte alles. Jahrelang hatte Muir »in einem Lichte mit Visionen von Herrlichkeiten der tropischen Flora«[24] gelebt, aber nun schienen für ihn die Farben Südamerikas für immer verloren zu sein. In den nächsten Wochen lag er in einem abgedunkelten Zimmer, und Jungen aus der Nachbarschaft besuchten ihn und lasen ihm vor. Doch zur Überraschung seines Arztes erholten sich seine Augen langsam. Zunächst konnte Muir die Umrisse der Möbel in seinem Zimmer sehen, dann begann er, Gesichter zu erkennen. Nach vier Wochen Rekonvaleszenz war er in der Lage, Briefe zu entziffern und seinen ersten Spaziergang zu machen. Als sein Augenlicht vollkommen wiederhergestellt war, hinderte ihn nichts mehr daran, nach Südamerika zu reisen, um die »tropische Vegetation in ihrer ganzen Palmenpracht«[25] zu sehen. Am 1. September, sechs Monate nach seinem Unfall und nach einem Besuch in Wisconsin, um Eltern und Geschwistern Lebewohl zu sagen, knüpfte Muir das Tagebuch mit einer Schnur an seinen Gürtel, schulterte seinen kleinen Rucksack und die Pflanzenpresse und begab sich auf den rund 1500 Kilometer langen Fußmarsch von Indianapolis nach Florida.

Auf dem Weg nach Süden kam Muir durch ein verwüstetes Land. Der Bürgerkrieg hatte die Infrastruktur – Straßen, Fabriken und Eisenbahnen – zerstört, und viele Farmen waren vernachlässigt und verwahrlost. Der Krieg hatte den reichen Süden ruiniert und das Land tief gespalten. Im April 1865, weniger als einen Monat vor Ende des Krieges, war Abraham Lincoln ermordet worden, und sein Nachfolger, Andrew Johnson, rang um die Einigung der Nation. Obwohl die Sklaverei am Ende des Krieges abgeschafft worden war und die ersten Afroamerikaner, einen Monat bevor Muir Indianapolis verlassen hatte, bei der Gouverneurswahl in Tennessee von ihrem Stimmrecht Gebrauch machten, wurden freigelassene Sklaven keineswegs gleichberechtigt behandelt.

Muir mied Städte und Dörfer.[26] Er suchte die unberührte Natur. Manchmal schlief er nachts im Wald und wurde in der Morgendämmerung vom Vogelgesang geweckt; an anderen Tagen fand er Unterkunft in einer Scheune oder auf einer Farm. In Tennessee bestieg er seinen ersten Berg. Die Täler und bewaldeten Hänge erstreckten sich unter ihm, und er bewunderte die wellige Landschaft. Muir begann die Berge und ihre Vegetationszonen mit Humboldts Augen zu betrachten und bemerkte, dass die Pflanzen, die er aus dem Norden kannte, hier auf den höheren, kälteren Hängen wuchsen, während die Vegetation in den Tälern ausgesprochen südlich und unvertraut wurde. Berge, so erkannte Muir, sind wie »Fernstraßen, auf denen nördliche Pflanzen ihre Kolonien in den Süden ausdehnen können«[27]. In den fünfundvierzig Tagen, die Muir durch Indiana, Kentucky, Tennessee und Georgia wanderte, bis er schließlich

Florida erreichte, begann sich sein Denken zu verändern. Es war, als ob er sich mit jedem Kilometer, den er sich von seinem alten Leben entfernte, Humboldt näherte. Er sammelte Pflanzen, beobachtete Insekten, bereitete sich sein Bett auf dem moosbedeckten Waldboden und erlebte die Natur auf eine neue Weise. Hatte er sich bislang mit einzelnen Pflanzenproben für sein Herbarium begnügt, so begann er jetzt Zusammenhänge zu erkennen. Alles war von Bedeutung in diesem großen Knäuel des Lebens. Für Muir gab es keine unzusammenhängenden »Fragmente«[28]. Winzige Organismen gehörten auf die gleiche Weise zu diesem Geflecht wie die Menschen. »Warum sollte sich der Mensch mehr Wert beimessen als irgendeinem unendlich kleinen Teil in der einen großen Einheit der Schöpfung?«[29], fragte Muir. Der »Kosmos«, sagte er und benutzte Humboldts Begriff, wäre unvollständig ohne den Menschen, aber auch ohne »die kleinste transmikroskopische Kreatur«[30].

In Florida erkrankte er an Malaria, aber nachdem er sich ein paar Wochen lang erholt hatte, bestieg er ein Schiff nach Kuba. Der Gedanke an die »herrlichen Berge und Blumenfelder«[31] der Tropen hatte ihm während seiner Fieberanfälle Kraft gegeben, aber er war noch schwach. Auf Kuba fühlte er sich zu elend, um die Insel zu erkunden, auf der Humboldt viele Monate gelebt hatte. Erschöpft von den wiederkehrenden Fieberschüben, gab Muir schließlich widerstrebend seine Südamerika-Pläne auf und beschloss, nach Kalifornien zu reisen, um dort, im milderen Klima, wieder gesund zu werden.[32]

Nur einen Monat nach seiner Ankunft reiste Muir im Februar 1868 von Kuba nach New York, wo er eine billige Überfahrt nach Kalifornien fand. Die schnellste und sicherste Route von der nordamerikanischen Ostküste nach Westen führte nicht über Land, sondern über See. Für vierzig Dollar bekam Muir eine Zwischendeckspassage, die ihn von New York wieder nach Süden führte, nach Colón an der panamaischen Karibikküste. Von hier brachte ihn eine kurze, etwa achtzig Kilometer lange Eisenbahnfahrt über den Isthmus von Panama nach Panama City an der Pazifikküste.* Zum ersten Mal sah er den tropischen Regenwald, allerdings nur vom Zug aus. Mit lila, roten und gelben Blüten

---

* Humboldts Traum von einem Kanal quer über den Isthmus von Panama war noch nicht verwirklicht. Stattdessen führte eine Eisenbahnlinie von Colón nach Panama City über die Landenge. Auf dieser 1855 – nur dreizehn Jahre zuvor – fertiggestellten Strecke waren Zehntausende von Menschen während des Goldrauschs nach Kalifornien gekommen.

geschmückte Bäume flogen mit »grausamer Geschwindigkeit« vorüber, klagte Muir, während er »nur von der Waggonplattform schauen und weinen konnte«[33]. Ihm blieb keine Zeit für eine botanische Erkundung, weil er seinen Schoner in Panama City erreichen musste.

Am 27. März 1868, einen Monat nach seinem Aufbruch von New York, traf Muir in San Francisco an der Westküste der Vereinigten Staaten ein. Er verabscheute die Stadt. Im Laufe der zurückliegenden zwei Jahrzehnte hatte der Goldrausch die kleine Ortschaft mit tausend Einwohnern in eine pulsierende Großstadt von etwa 150 000 Einwohnern verwandelt. Mit den Glückssuchern waren Bankiers, Kaufleute und Unternehmer gekommen. Es gab laute Wirtshäuser, prall gefüllte Geschäfte, volle Lagerhäuser und viele Hotels. Am ersten Tag fragte Muir einen Passanten nach einem Weg aus der Stadt hinaus. Als der Angesprochene fragte, wohin Muir wolle, erwiderte er: »Irgendwohin, wo es wild ist.«[34]

Und wild war es. Nach einer Nacht in San Francisco verließ Muir die Stadt und machte sich auf den Weg zur Sierra Nevada, der Bergkette, die in einer Distanz von 150 Kilometern mehr oder weniger parallel zur Pazifikküste über eine Strecke von rund 650 Kilometern von Nord nach Süd durch Kalifornien verläuft (und mit Teilen ihrer östlichen Ausläufer nach Nevada hineinreicht). Der höchste Gipfel ragt fast 4500 Meter empor. In der Mitte des Gebirges liegt das Yosemite Valley, fast 300 Kilometer östlich von San Francisco, umgeben von riesigen Granitfelsen mit schroffen Klippen und berühmt für seine Wasserfälle und Bäume.

Um die Sierra Nevada zu erreichen, musste Muir zunächst das riesige Central Valley durchqueren, eine weite Ebene, die bis an die Bergkette heranreicht. Als er durch die hohen Gräser und Blumen wanderte, sah er einen »Garten Eden, von einem Ende bis zum anderen«[35]. Das Central Valley war wie ein riesiges Blumenbeet, ein Farbteppich, der sich unter seinen Füßen ausrollte. All das veränderte sich im Lauf der kommenden Jahrzehnte, als Landwirtschaft und Bewässerung die Ebene in den größten Obst- und Gemüsegarten der Welt verwandelten. Muir beklagte später, dass diese große, wilde Wiese »beackert und abgeweidet wurde, bis sie nicht mehr existierte«[36].

Als Muir auf die Berge zuging, weit entfernt von Straßen und Siedlungen, badete er in Farben und so köstlicher Luft, dass sie, wie er sagte, »süß genug für den Atem von Engeln«[37] sein könnte. In der Ferne sah er die weißen Gipfel der Sierra gleißen, als bestünden sie aus reinem Licht,

»wie die Mauern einer Himmelsstadt«[38]. Als er schließlich in das mehr als zehn Kilometer lange Yosemite Valley gelangte, war Muir von der wilden Schönheit überwältigt.

Die vielen grauen Granitfelsen, die das Tal umarmten, waren ein imposanter Anblick. Mit fast 2700 Metern war der Half Dome der höchste und schien das Tal wie ein Wachposten zu behüten. Die dem Tal zugewandte Seite war eine steile und schroffe Felswand, die andere war abgerundet – wie eine halbierte Domkuppel, daher der Name. Ebenso eindrucksvoll war El Capitan – mit einer senkrechten Wand, die vom Talboden (der selbst ungefähr 1200 Meter über Meereshöhe liegt) mehr als 1000 Meter emporragt. Sie ist so steil, dass El Capitan bis heute eine der größten Herausforderungen für Bergsteiger und Freikletterer ist. Mit den senkrechten Granitklippen, die das Tal säumten, sah es fast so aus, als hätte jemand eine Schneise in die Felsen gehauen.

Es war die perfekte Jahreszeit, um ins Yosemite Valley zu kommen, denn der schmelzende Schnee hatte die vielen Wasserfälle gespeist, die an den Felswänden herabstürzten. Muir hatte den Eindruck, dass sie sich »direkt aus dem Himmel«[39] ergossen. Hier und dort schienen Regenbogen im Wasserdunst zu tanzen.[40] Die Yosemite Falls zwängten sich durch einen schmalen Spalt und fielen dann 750 Meter in die Tiefe – die höchsten Wasserfälle Nordamerikas. Es gab Nadelbäume und kleine Seen, in deren glatten Flächen sich die Landschaft spiegelte.

Mit dieser eindrucksvollen Kulisse konkurrierten die uralten Riesenmammutbäume *(Sequoiadendron giganteum)* im rund 30 Kilometer südlich des Tals gelegenen Mariposa Grove. Hoch, kerzengerade und majestätisch, schienen diese Riesen einer anderen Welt anzugehören. Sie waren so genau an ihre Umgebung angepasst, dass sie nur auf der Westseite der Sierra zu finden waren. Einige der Mammutbäume im Mariposa Grove ragen fast 100 Meter empor und sind mehr als 2000 Jahre alt. Sie sind die größten einstämmigen Bäume und die ältesten Lebewesen der Erde. Diese gigantischen Säulen mit ihrer rötlichen, senkrecht geriffelten Rinde schienen bis in den Himmel zu reichen – sie wirkten noch höher, als sie waren. Noch nie hatte Muir ähnliche Bäume gesehen. Er rannte von einem Riesenmammutbaum zum nächsten.

Eben noch lag er auf dem Bauch, den Kopf nur wenige Zentimeter über dem Boden, und drückte die Gräser der Wiese auseinander, um, wie er sagte, die »Unterwelt der Moose«[41] in Augenschein zu nehmen, die von geschäftigen Ameisen und Käfern bevölkert war. Und im nächsten Moment versuchte er zu verstehen, wie das Yosemite Valley wohl entstanden war. Er betrachtete die Natur mit Humboldts Augen. Muir zoomte vom Winzigen zum Riesenhaften – wie Humboldt, der von dem majestätischen Blick über die Anden angezogen wurde, aber auch 44 000 Blumen in einem einzigen Büschel Blüten an einem Baum im Regenwald gezählt hatte. Muir zählte nun »165 913«[42] blühende Blumen auf einem knappen Quadratmeter, aber begeisterte sich genauso für das »strahlende Gewölbe des Himmels«[43]. Das Große war mit dem Kleinen unauflöslich verflochten.

»Wenn wir versuchen, irgendetwas allein für sich herauszunehmen, entdecken wir, dass es an allem anderen im Universum festhängt«[44], schrieb er später in seinem Buch *My First Summer in the Sierra*. Immer wieder kam Muir auf diesen Gedanken zurück. Wenn er also von »tausend unsichtbaren Banden« schrieb, von »unzähligen unlösbaren Banden« und von solchen, »die nicht zerrissen werden können«[45], so ging es ihm um einen Naturbegriff, in dem alles miteinander zusammenhängt. Alles – ob Bäume, Blumen, Insekten, Vögel, Bäche oder Seen – schien ihn aufzufordern, »etwas über ihre Geschichte und Beziehungen«[46] zu lernen. Die wichtigsten Erkenntnisse dieses ersten Sommers in Yosemite, schrieb er, waren die »Lektionen über Einheit und Wechselbeziehungen«.*[47]

Muir war so verzaubert vom Yosemite Valley, dass er in den nächsten Jahren, so oft er konnte, dorthin zurückkehrte. Manchmal blieb er Monate, manchmal nur Wochen.[48] Wenn er nicht in der Sierra kletterte, wanderte und beobachtete, nahm er Gelegenheitsarbeiten an – im Central Valley, in den Ausläufern der Sierra oder im Yosemite Valley. Er arbeitete als Schäfer im Gebirge, als Landarbeiter auf einer Ranch und in einer Sägemühle im Yosemite Valley. Bei einem dieser Aufenthalte im Yosemite baute sich Muir eine kleine Hütte, durch die ein Bach floss und ihn nachts mit seinem Plätschern in den Schlaf wiegte. Farne wuchsen im Inneren, und Frösche hüpften auf dem Fußboden umher – drinnen und draußen war eins. Wann immer er konnte, verschwand Muir in den Bergen, »um zwischen den Gipfeln zu brüllen«[49].

In der Sierra werde die Welt immer deutlicher sichtbar, sagte Muir, »je weiter und höher wir gehen«[50]. Er notierte und dokumentierte seine

---

* Muir strich in seinen Exemplaren von *Views of Nature* und *Cosmos* die Abschnitte an, in denen Humboldt über das »harmonische Zusammenwirken der Kräfte« und die »Einheit aller Lebenskräfte der Natur« nachdachte, sowie Humboldts berühmten Ausspruch, dass die Natur »ein Abbild des Ganzen« sei.

Beobachtungen, er zeichnete und sammelte, aber er kletterte auch auf die Berge – immer höher und höher. Er stieg vom Gipfel in den Canyon hinab und vom Canyon zum Gipfel hinauf, verglich und maß und stellte die Daten zusammen, um die Entstehung des Yosemite Valley zu enträtseln.

Im Gegensatz zu den Forschern, die damals den *Geological Survey of California* durchführten und glaubten, kataklysmische Ausbrüche hätten das Tal hervorgebracht, erkannte Muir als Erster, dass Gletscher – langsam wandernde Eisriesen – es im Laufe von Jahrtausenden aus dem Fels herausgemeißelt hatten.[51] Er begann, die glazialen Fußabdrücke und Narben im Fels zu entziffern. Als er einen lebenden Gletscher fand, bewies er seine Theorie der Gletscherbewegung im Yosemite Valley, indem er Pfähle ins Eis schlug, die sich im Laufe von sechsundvierzig Tagen mehrere Zentimeter weit bewegten.[52] Er sei vollkommen »vereist«, scherzte er. »Ich habe nichts zu versenden, was nicht entweder eingefroren oder einfrierbar ist«[53], schrieb er an Jeanne Carr. Obwohl Muir immer noch die Anden sehen wollte, beschloss er, Kalifornien nicht zu verlassen, solange die Sierra »mir vertraut und mit mir spricht«[54].

Im Yosemite Valley beschäftigte sich Muir auch mit Humboldts Ideen der Pflanzenverteilung. Im Frühjahr 1872, genau drei Jahre nach seinem ersten Besuch, skizzierte er die Bewegung, die die arktischen Pflanzen im Laufe der Jahrtausende von den Ebenen im Central Valley hinauf zu den Gletschern der Sierra vollzogen hatten. Seine kleine Zeichnung zeigte den Standort der Pflanzen »zu Beginn des glazialen Frühjahrs«[55], aber auch die Stelle, wo sie jetzt wuchsen, in der Nähe des Gipfels. Die Skizze ließ ihre Verwandtschaft mit Humboldts »Naturgemälde« erkennen und Muirs neue Einsicht, dass Botanik, Geografie, Klima und Geologie eng miteinander verbunden waren.

Muirs Freude an der Natur war intellektuell, emotional, körperlich und instinktiv. Er gab sich der Natur, wie er sagte, »bedingungslos«[56] hin und ignorierte fröhlich Gefahren. Eines Abends kletterte er zum Beispiel auf einen alarmierend hohen überstehenden Felsen direkt hinter dem Upper Yosemite Fall, um eine Markierung zu untersuchen, von der er dachte, dass sie vielleicht von einem Gletscher stammen könnte.[57] Er rutschte aus und stürzte, aber irgendwie gelang es ihm, sich an einen winzigen Felsvorsprung zu klammern. Als er auf dem schmalen Felsvorsprung hinter dem Wasserfall kauerte, trieb ihn die unablässige Gischt an die Felswand hinter ihm. Er war triefend nass

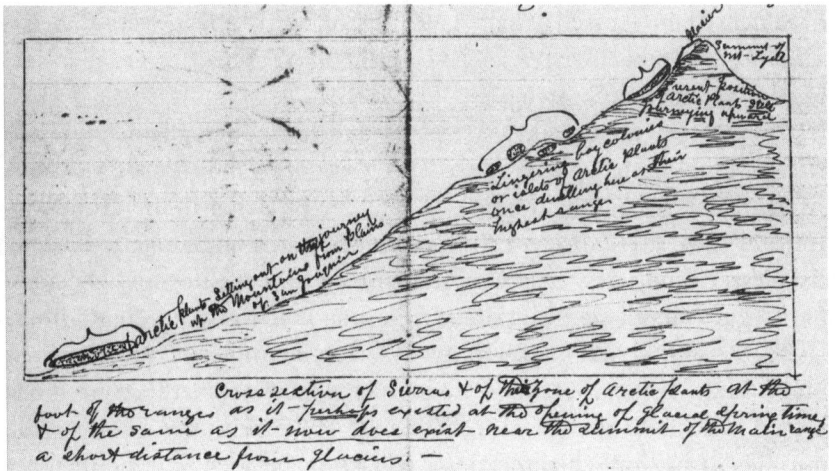

Muir zeigte die Bewegung der arktischen Pflanzen über einen Zeitraum von Jahrtausenden. Er skizzierte drei Standorte: in der Ebene, »im Begriff, ihre Reise bergauf anzutreten« (»setting out on their journey up the mountains«); ein bisschen höher, wo einige noch »verweilten« (»lingering«); und dann, in der Nähe des Gipfels, der »jüngste Standort der arktischen Pflanzen – immer noch aufwärts wandernd« (»recent position of arctic plants – still journeying upward«).

und wie in Trance. Als er hinabkraxelte, war es stockdunkel, aber er befand sich in einem ekstatischen Zustand – von dem Wasserfall getauft, wie er schrieb.

Muir fühlte sich wohl im Gebirge. Er lief »so trittsicher wie eine Bergziege«[58] über steile, vereiste Hänge, schrieb ein Freund, und er kletterte auf die höchsten Bäume. Winterstürme begrüßte er mit Begeisterung. Als im Frühjahr 1872 starke Erdstöße das Yosemite Valley und seine kleine Hütte erschütterten, lief er nach draußen und rief: »Was für ein herrliches Erdbeben!!!«[59] Als die riesigen Granitbrocken herabstürzten, sah Muir seine Gebirgstheorien lebendig werden. »Zerstörung ist immer auch Schöpfung.«[60] Das war eine echte Entdeckung. Wie sollte man die Wahrheit der Natur im Labor entdecken?

In diesen ersten Jahren in Kalifornien schrieb Muir begeisterte Briefe an Freunde und Verwandte, führte aber auch Besucher durch das Tal. Als Jeanne Carr, seine Freundin und Mentorin aus Universitätstagen, mit ihrem Mann von Madison nach Kalifornien zog, machte sie Muir mit vielen Wissenschaftlern, Künstlern und Schriftstellern bekannt. Er sei einfach zu erkennen, schrieb Muir, die Besucher müssten lediglich nach dem Mann Ausschau halten, der »besonders sonnengebräunt, breit-schultrig und schüchtern«[61] sei. Er empfing Wissenschaftler aus allen Teilen der Vereinigten Staaten.

Die namhaften Botaniker Asa Gray und John Torrey kamen ebenso wie der Geologe Joseph LeConte. Das Yosemite Valley wurde zur Touristenattraktion, und bald ging die Zahl der Besucher in die Hunderte. Im Juni 1864, drei Jahre vor Muirs erstem Besuch im Tal, hatte die US-Bundesregierung das Yosemite Valley dem Staat Kalifornien als einen Park »zur öffentlichen Nutzung, Erholung und Entspannung«[62] überlassen. Als mit zunehmender Industrialisierung immer mehr Menschen in die Städte zogen, begannen einige, sich wieder schmerzlich nach der Natur zu sehnen. Sie kamen ins Yosemite Valley auf ihren Pferden, die mit allen Annehmlichkeiten der Zivilisation beladen waren. In ihrer grellen Kleidung, schrieb Muir, sahen sie zwischen den Felsen und Bäumen wie bunte »Käfer«[63] aus.

Einer der Besucher war Thoreaus einstiger Mentor, der berühmte Dichter und transzendentalistische Schriftsteller Ralph Waldo Emerson, dem Jeanne Carr empfohlen hatte, Muir aufzusuchen.[64] Die beiden Männer verbrachten ein paar Tage zusammen, in denen Muir, der gerade dreiunddreißig geworden war, dem fast siebzigjährigen Emerson neben seinen Skizzen und dem Herbarium auch das Tal und seine geliebten Mammutbäume im Mariposa Grove zeigte. Aber Muir war tief enttäuscht, dass Emerson es vorzog, in einer der Blockhütten des Tals zu übernachten, in denen Touristen Zimmer mieten konnten, statt unter freiem Himmel zu zelten. Emersons Beharren, drinnen zu schlafen, war ein »trauriger Kommentar zum wunderbaren Transzendentalismus«[65], meinte Muir.

Emerson dagegen war so beeindruckt von Muirs Kenntnis und Liebe zur Natur, dass er ihm vorschlug, Dozent an der Harvard University zu werden, an der er selbst studiert hatte und gelegentlich noch Vorlesungen hielt. Muir lehnte ab. Er war zu ungezähmt für das Establishment der Ostküste, »zu konfus, um vorschriftsmäßig in ihren patentierten, hocherhitzten Erziehungsöfen zu brennen«[66]. Muir sehnte sich nach der Wildnis. Emerson warnte ihn: »Einsamkeit ist eine wunderbare Geliebte, aber eine unerträgliche Ehefrau«[67], doch Muir war nicht zu bekehren. Er brauchte die Abgeschiedenheit. Wie konnte er sich allein fühlen, wenn er in einem ständigen Dialog mit der Natur stand?[68]

Dieser Dialog fand auf vielen Ebenen statt. Wie Humboldt und Thoreau war auch Muir überzeugt, dass zum Verständnis der Natur die Gefühle genauso wichtig waren wie wissenschaftliche Daten.[69] Zunächst hatte Muir versucht, die natürliche Welt durch »Botanisieren« zu begreifen, erkannte aber bald, wie einschränkend dieser Ansatz war. Beschreibungen von Texturen, Farben, Geräuschen und Gerüchen wurden zum Erkennungszeichen seiner Artikel und Bücher, die er später für ein nichtwissenschaftliches Publikum schrieb. Doch schon in den Briefen und Tagebüchern seiner ersten Jahre im Yosemite Valley wurde Muirs tiefe sinnliche Verbundenheit zur Natur auf fast jeder Seite überdeutlich. »Ich bin in den Wäldern, Wäldern, Wäldern, und sie sind in mi-ii-ier«[70], schrieb er, oder »ich wünschte, ich wäre so trunken und mammutig«[71] – zur Verdeutlichung verwandelt er die Stärke der Mammutbäume in ein anschauliches Adjektiv.

Die Schatten der Blätter auf einem Felsblock »tanzten und walzten in raschen, fröhlichen Wirbeln«[72] und die plätschernden Bäche »sangen«. Die Berge riefen ihm zu: »Komm höher«, erklärte Muir, während die Pflanzen und Tiere am Morgen jubilierten: »Wach auf, wach auf und freue dich, freue dich, komm, liebe uns und stimme ein in unseren Gesang. Komm! Komm!«[73] Er sprach mit Wasserfällen und Blumen. In einem Brief an Emerson schilderte er, dass er zwei Veilchen gefragt habe, was sie vom Erdbeben hielten, und dass sie geantwortet hätten: »Es ist alles Liebe.«[74] Die Welt, die Muir im Yosemite entdeckte, war bewegt und pulsierte vor Leben. Das war Humboldts Natur als lebendiger Organismus.*[75]

Muir schrieb vom »Atem der Natur« und von dem »großen, schlagenden Herzen der Natur«[76] Er fühlte sich als einen »Teil der unberührten Natur«[77]. Und manchmal war er so eins mit ihr, dass der Leser sich ratlos fragt, wovon die Rede ist: »Vier wolkenlose Apriltage, gefüllt in allen Poren und Rissen mit ungemildertem, unverdünntem Sonnenschein«[78] – Muirs Poren und Risse oder die der Landschaft?

Was für Humboldt eine emotionale Reaktion war, wurde für Muir aber auch ein spiritueller Dialog. Wo Humboldt eine innere Schöpfungskraft sah, entdeckte Muir eine göttliche Hand. Muir begegnete Gott in der Natur – aber nicht dem Gott, der von Kanzeln schallte. Die Sierra Nevada wurde sein »Gebirgstempel«, in dem Felsen, Pflanzen und Him-

---

* Humboldt hatte erklärt, dass alles mit Leben erfüllt sei – Felsen, Blumen, Insekten und so fort. In seinem Exemplar der *Views of Nature* unterstrich Muir Humboldts Bemerkungen über die »allverbreitete Fülle des Lebens« und die organischen Kräfte, die »unablässig« am Arbeiten seien.

Muir legte einen handgeschriebenen Index auf dem Nachsatzblatt seines Exemplars von Humboldts *Views of Nature (Ansichten der Natur)* an. Dort notierte er Stichwörter wie »Einflüsse der Wälder« oder »Wälder und Zivilisation« und vermerkte die Seiten, die sich mit den Auswirkungen von Bäumen auf Klima, Boden und Verdunstung, aber auch mit der Waldzerstörung durch Landwirtschaft und Abholzung befassten.

mel die Worte Gottes waren und wie eine heilige Schrift gelesen werden konnten. Die Natur »öffnet tausend Fenster, um uns Gott zu zeigen«, schrieb Muir während seines ersten Sommers im Yosemite Valley, und jede Blume war wie ein Spiegel, der die Hand des Schöpfers wiedergab. Er wollte die Natur wie ein »Apostel«[79] predigen.

Muir befand sich nicht nur im Gespräch mit der Natur und Gott, sondern auch mit Humboldt. Er besaß Exemplare von Humboldts *Personal Narrative, Views of Nature* und *Cosmos* – alle stark kommentiert mit Hunderten von Muirs Bleistiftmarkierungen. Er las mit großem Interesse die Abschnitte, in denen Humboldt über seine Begegnungen mit den südamerikanischen Eingeborenenstämmen berichtete, die die Natur für heilig hielten. Er unterstrich Humboldts Beschreibung dieser Stämme, die »die Beschädigung dieser Naturdenkmäler«[80] streng bestraften und »die von keiner anderen Anbetung wissen außer der Verehrung der Naturkräfte«[81]. Ihr Gott sei der Wald, genau wie der seine. Wenn Humboldt über die »sacred sanctuaries«[82], die »geweihten Heiligtümer der Natur«, schreibt, macht Muir daraus das »Sanctum Sanctorum der Sierras« – »das Allerheiligste der Sierras«[83].

Muirs Begeisterung ging so weit, dass er Humboldts Namen auch überall in seinen Büchern von Darwin und Thoreau unterstrich.[84] Ähnlich wie George Perkins Marsh war Muir vor allem von einem Thema fasziniert: Humboldts Kommentaren zur Waldzerstörung und zu der ökologischen Funktion von Wäldern.[85]

Als Muir die Welt um sich herum beobachtete, wurde ihm klar, dass etwas getan werden musste. Das Land veränderte sich. Jedes Jahr forderten die Amerikaner weitere sechs Millionen Hektar als Felder.[86] Mit der Einführung der dampfbetriebenen Erntemaschinen, Garbenbinder und Mähdrescher, die das Getreide vollautomatisch schnitten, droschen und reinigten, wurde die Landwirtschaft industrialisiert. Die Welt schien sich immer rascher und rascher zu drehen. 1861 wurde die Nachrichtenübermittlung fast unmittelbar, als das erste transkontinentale Telegrafenkabel die ganzen Vereinigten Staaten von der Atlantikküste im Osten bis zur Pazifikküste im Westen miteinander verband. 1869, in dem Jahr, als Muir seinen ersten Sommer im Yosemite Valley verbrachte und als die Welt den hundertsten Geburtstag von Humboldt feierte, erreichte die erste transkontinentale Eisenbahn in Nordamerika die Westküste. In den vergangenen vier Jahrzehnten hatte der Eisenbahnboom Amerika verwandelt, und während der ersten fünf Jahre, die Muir in Kalifornien lebte, kamen weitere 50 000 Kilometer Gleisstrecken hinzu, sodass sich 1890 fast 260 000 Kilometer Schienen durch die Vereinigten Staaten zogen.[87] Die Entfernungen schienen im gleichen Maße zu schrumpfen wie die unberührte Natur. Schon bald darauf gab es im amerikanischen Westen keine Gebiete mehr zu erobern oder zu erforschen. Die 1890er-Jahre waren das erste Jahrzehnt ohne *Frontier* – Grenzland. »Die raue Eroberung der ungezähmten Natur ist abgeschlossen«[88], verkündete der amerikanische Historiker Frederick Jackson Turner 1903.

Die Eisenbahn ermöglichte nicht nur den schnellen Zugang zu entlegenen Regionen, sondern sorgte auch für die Standardisierung der »Eisenbahnzeit«, die dazu führte, dass Amerika in vier Zeitzonen eingeteilt wurde. Standardzeit und Uhren ersetzten Sonne und Mond als Zeitmaß für das Leben. Die Menschen schienen die Natur unter Kontrolle zu haben, und die Amerikaner waren die Vorreiter. Sie hatten Boden zum Beackern, Wasser zur Bewässerung und Holz zum Verbrennen. Das ganze Land baute, pflügte, hastete und arbeitete. Mit der raschen Ausbreitung der Eisenbahn ließen sich Güter und Getreide mühelos über den ganzen Riesenkontinent befördern. Ende des 19. Jahrhunderts waren die Vereinigten Staaten das führende Industrieland der Erde. Immer mehr Bauern zogen in die Städte, und Alltag und Natur entfernten sich immer weiter voneinander.

In dem Jahrzehnt nach seinem ersten Sommer im Yosemite Valley begann Muir zu schreiben, »um den Menschen zu verlocken, den Liebreiz der Natur zu betrachten«[89], wie er erklärte. Während er seine ersten Artikel zu Papier brachte, studierte er nicht nur Humboldts Bücher, sondern auch Marshs *Man and Nature*[90] und Thoreaus *The Maine Woods* und *Walden*. In seinem Exemplar von *The Maine Woods* unterstrich er Thoreaus Forderung nach »nationalen Naturschutzgebieten«[91] und begann über den Schutz der Wildnis nachzudenken. Humboldt hatte nicht nur einige der wichtigsten Denker, Wissenschaftler und Künstler beeinflusst, sondern diese regten sich auch gegenseitig an. Gemeinsam lieferten Humboldt, Marsh und Thoreau den gedanklichen Rahmen, in dem Muir die Veränderung der Welt um ihn herum sah.

Für den Rest seines Lebens setzte sich Muir für den Naturschutz ein. *Man and Nature* hatte einige Amerikaner wachgerüttelt, doch während Marsh nur ein Buch geschrieben hatte, und zwar eines, in dem er vorwiegend für den Umweltschutz zum wirtschaftlichen Nutzen des Landes plädierte, veröffentlichte Muir ein Dutzend Bücher und mehr als dreihundert Artikel, die bei den normalsterblichen Amerikanern die Liebe zur Natur weckten. Muir wollte, dass sie ehrfürchtig Gebirgspanoramen und die riesigen Mammutbäume betrachteten. Er konnte witzig, charmant und verführerisch sein, um sein Ziel zu erreichen. Muir übernahm Humboldts Stil der Naturbeschreibung, indem er wissenschaftliches Denken und emotionale Empfindungen der Natur miteinander verband. Humboldt begeisterte seine Leser, unter ihnen auch Muir, der dann selbst ein Meister dieser Gattung wurde. Die »Natur ist eine Poetin«[92], erklärte Muir, er musste sie nur durch seine Feder zu Wort kommen lassen.

Muir war ein begnadeter Kommunikator. Er spreche ohne Punkt und Komma, sagten Freunde, und überwältige seine Zuhörer mit Ideen, Fakten, Beobachtungen und mit seiner Freude an der Natur. »Wir spürten den Wind und den Regen auf der Stirn«[93], meinte ein Freund, nachdem er Muirs Geschichten gelauscht hatte. Seine Briefe, Tagebücher und Bücher waren genauso leidenschaftlich – voller Beschreibungen, die seine Leser in Wälder und Gebirge versetzten. Einmal, als er mit Charles Sargent, dem Direktor des Arnold Arboretum der Harvard University, einen Berg bestieg, beobachtete er verblüfft, wie ein Mann, der so viel über Bäume wusste, die überwältigende Herbstkulisse so völlig unbeeindruckt zur Kenntnis nahm. Während Muir selig herumsprang und sang, um »über alles zu jubeln«, stand Sargent »kalt wie ein Stein« da. Als ihn Muir nach dem Grund fragte, erwiderte Sargent: »Ich trage mein Herz nicht auf der Zunge.« Aber so leicht ließ Muir Sargent nicht davonkommen. »Wen interessiert schon, wo Sie Ihr kleines Herz tragen, guter Mann«, erwiderte Muir; »hier, wo der Himmel auf die Erde herabsteigt, stellen Sie sich hin, als wären Sie ein Kritiker des Universums und wollten sagen: ›Na komm, Natur, zeig was du kannst: Ich komme aus BOSTON.‹«[94]

Muir lebte und atmete die Natur. Einen frühen Brief – einen Liebesbrief an die Mammutbäume – hatte er mit einer Tinte geschrieben, die er aus ihrem Harz gefertigt hatte; noch heute glänzt sein Gekritzel in diesem Rot. Im Briefkopf heißt es: »Eichhörnchenhausen, Mammut GmbH, Nusszeit« – und weiter geht's mit: »Der Königsbaum und ich haben uns ewige Liebe geschworen.« Wenn es um die Natur ging, kannte Muir keine Scheu. Predigen wollte er der »saft- und kraftlosen Welt« – vom Wald, von dem Leben und der Natur. Er wandte sich an all die Menschen, die sich von der Zivilisation betrogen fühlten, und schrieb: »Egal, ob krank oder erfolgreich, kommt und saugt am Mammutbaum, und ihr seid gerettet.«[95]

Muirs Bücher und Artikel waren so voll ausgelassener Freude, dass er Millionen von Amerikanern begeisterte und ihre Beziehung zur Natur formte. Muir berichtete von »einer herrlichen Wildnis, die mit tausend melodischen Stimmen zu locken schien«[96] und von Bäumen in einem Sturm, die »pulsierten vor Musik und Leben« – seine Sprache war intuitiv und emotional. Er fesselte seine Leser und entführte sie in die Wildnis, die Hänge schneebedeckter Berge hinauf, hinter tobende Wasserfälle und über blühende Wiesen.*[97]

---

* Nur Muirs strengem Vater missfiel der Schreibstil seines Sohnes. Daniel Muir, der seine Frau 1873 verlassen hatte, um sich einer religiösen Sekte anzuschließen, schrieb John: »Dem Heiligen Gott kannst Du mit Deinen kalten, eisbedeckten Bergen nicht das Herz erwärmen.«

Muir gab sich gern als den wilden Mann der Berge aus. Doch nach seinen ersten fünf Jahren im ländlichen Kalifornien und in der Sierra begann er, die Wintermonate in San Francisco und Umgebung zu verbringen, um seine Artikel zu schreiben. Er mietete sich ein Zimmer bei Freunden und Bekannten, ohne seine Abneigung gegen die »baum- und bienenlosen«[98] Straßen der Stadt aufzugeben, aber hier fand er die Redakteure, die seine ersten Essays druckten. In all diesen Jahren blieb er ruhelos wie eh und je, aber als seine Brüder und Schwestern ihm aus Wisconsin schrieben und davon berichteten, dass sie geheiratet und Kinder bekommen hatten, begann Muir über seine Zukunft nachzudenken.[99]

Jeanne Carr machte ihn im September 1874 – als er sechsunddreißig Jahre alt war – mit Louie Strentzel bekannt.[100] Louie war siebenundzwanzig und das einzige überlebende Kind eines wohlhabenden polnischen Einwanderers, der ein großes Obst- und Weingut in Martinez besaß, rund 50 Kilometer nordöstlich von San Francisco. Fünf Jahre lang schrieb Muir ihr Briefe und besuchte Louie und ihre Familie regelmäßig, bevor er sich endlich entschloss. 1879 verlobten sie sich und heirateten im April 1880, wenige Tage vor seinem zweiundvierzigsten Geburtstag. Sie wohnten auf dem Gut der Strentzels in Martinez – aber Muir entfloh auch weiterhin in die Wildnis. Louie verstand, dass sie ihren Mann ziehen lassen musste, wenn er sich »in den landwirtschaftlichen Notwendigkeiten« verloren und erstickt«[101] fühlte. Wenn Muir zurückkam, war er erholt und voller neuer Kräfte, bereit, sich wieder seiner Frau und später seinen beiden geliebten Töchtern zu widmen. Nur einmal begleitete Louie ihn ins Yosemite Valley, wo Muir sie mit einem Stock, den er in ihren Rücken presste, die Berge hochschob – eine, wie er glaubte, hilfreiche Methode, aber der Ausflug wurde nie wiederholt.[102]

Muir fügte sich in seine Rolle als Gutsverwalter, konnte ihr aber nie etwas abgewinnen. Als Louies Vater 1890 starb, hinterließ er ihr ein Vermögen von fast 250 000 Dollar.[103] Sie beschlossen, einen Teil des Landes zu verkaufen, und stellten Muirs Schwester und Schwager an, um den restlichen Besitz zu bewirtschaften. Muir, inzwischen Anfang fünfzig, war froh, von der täglichen Arbeit auf der Farm befreit zu sein, damit er sich wichtigeren Dingen widmen konnte.

Muirs Skizze von seinem Versuch, Louie
im Yosemite Valley einen Berg hochzuschieben

In den Jahren, in denen Muir das Land der Strentzels in Martinez verwaltet hatte, verlor er nie seine Leidenschaft für das Yosemite Valley. Ermutigt von Robert Underwood Johnson, dem Chefredakteur des *Century*, der führenden amerikanischen Literaturzeitschrift, begann Muir, für die Wildnis zu kämpfen.[104] Jedes Mal, wenn er das Yosemite Valley besuchte, bemerkte Muir weitere Veränderungen. Obwohl das Tal ein staatlicher Park war, wurden die Kontrolle und Durchsetzung der Vorschriften sehr lax gehandhabt. Der Staat Kalifornien verwaltete das Yosemite Valley sehr schlecht. Schafe fraßen den Talboden kahl, und Touristenunterkünfte überzogen die Landschaft. Viele der Wildblumenarten, die er bei seinem ersten Besuch zwanzig Jahre zuvor gesehen hatte, waren verschwunden. Im Gebirge, außerhalb der Parkgrenzen, hatte man viele seiner geliebten Mammutbäume gefällt. Muir war entsetzt über die Zerstörung und Vergeudung – und schrieb später, dass »aus diesen Bäumen zweifellos gutes Bauholz wurde, nachdem sie durch ein Sägewerk gegangen waren, so wie aus George Washington sicherlich eine schmackhafte Mahlzeit geworden wäre, nachdem er durch die Hände eines französischen Kochs gegangen wäre«.*[105]

Auf Johnsons unermüdliches Drängen verwandelte Muir seine Liebe zur Natur in Aktivismus und begann dafür zu schreiben und zu kämpfen, im Yosemite Valley einen Nationalpark einzurichten – ein Naturschutzgebiet nach dem Vorbild des Yellowstone-Nationalparks in Wyoming, des ersten und bis dahin einzigen in den Vereinigten Staaten, der 1872 gegründet worden war. Im Spätsommer und Herbst 1890 setzte sich Johnson vor dem Repräsentantenhaus in Washington für einen Yosemite-Nationalpark ein, während Muirs Artikel in der landesweit verkauften *Century* dafür sorgten, dass der Kampf große Aufmerksamkeit fand.[106] Muirs Worte und atemberaubende Kupferstiche der Canyons, Berge und Bäume des Yosemite Valley versetzten die Leser in die wilde Natur der Sierra. Täler wurden »Gebirgsstraßen voller Leben und Licht«, Granitkuppeln hatten »ihre Füße« in smaragdgrünen Wiesen und »ihre Stirnen« im blauen Himmel. Die Flügel der Vögel, Schmetterlinge und Bienen entlockten »der Luft Musik«, und Kaskaden »wirbelten und tanzten«. Die hohen, majestätischen Wasserfälle schäumten, falteten und verdrehten sich und tauchten ein, während die Wolken »erblühten«.[107]

Muirs Prosa trug die magische Schönheit des Yosemite Valley direkt in die amerikanischen Wohnzimmer, aber gleichzeitig warnte er auch, dass sie auf dem besten Wege war, von Sägewerken und Schafen zerstört zu werden. Ein riesiger Landstrich bedürfe des Schutzes, schrieb Muir, denn die verzweigten Täler und Bäche, die ins Yosemite Valley führten, seien so eng miteinander verwandt wie die »Finger an einer Hand«. Das Tal sei kein isoliertes »Fragment«, sondern gehöre zur großen »harmonischen Einheit« der Natur. Würde ein Teil zerstört, gingen die anderen auch unter.

Im Oktober 1890, nur wenige Wochen nach der Veröffentlichung von Muirs Artikeln im *Century*, wurden 800 000 Hektar als Yosemite-Natio-

---

* Einen ähnlichen Gedanken hatte Muir in seinem Exemplar von Thoreaus Buch *The Maine Woods* unterstrichen. Dort hieß es: »Aber die Kiefer ist ebenso wenig Bauholz wie der Mensch; zu Brettern und Häusern verarbeitet zu werden, ist so wenig ihre wahre Bestimmung, wie es die wahre Bestimmung des Menschen ist, erschlagen und als Dünger genutzt zu werden … eine tote Kiefer ist so wenig eine Kiefer wie die Leiche eines Menschen ein Mensch ist.«

nalpark ausgewiesen und anstatt Kalifornien der Kontrolle der Bundesregierung unterstellt.[108] In der Mitte des Plans des neuen Nationalparks
bildete das Yosemite Valley allerdings so etwas wie eine riesige Lücke, da
es weiterhin unter der nachlässigen Aufsicht Kaliforniens blieb.

Das war ein erster Schritt, aber es gab noch viel zu tun. Muir war
davon überzeugt, dass nur »Uncle Sam«[109] – die Bundesregierung – die
Macht hatte, die Natur vor den »Narren« zu schützen, die die Bäume
zerstörten. Es genügte nicht, bestimmte Gebiete als Nationalparks oder
Waldschutzgebiete auszuweisen, ihr Schutz musste auch überwacht und
durchgesetzt werden. Deshalb beteiligte sich Muir zwei Jahre später,
1892, an der Gründung des Sierra Club. Der verstand sich als »Schutz-
gesellschaft«[110] für die Wildnis und ist heute die größte Basis-Umwelt-
schutzorganisation Amerikas. Muir hoffte, das würde »etwas für die
Natur bewirken und die Berge froh machen«[111].

Er schrieb unermüdlich und rührte die Werbetrommel für seine
Idee. Seine Artikel wurden in großen überregionalen Zeitschriften wie
Atlantic Monthly, Harper's New Monthly Magazine und natürlich Un-
derwoods *Century* veröffentlicht – und die Zahl seiner Leser nahm un-
aufhörlich zu.[112] Um die Jahrhundertwende war Muir so bekannt, dass
Präsident Theodore Roosevelt mit ihm das Yosemite Valley besichtigen
wollte. »Ich möchte keinen anderen Begleiter haben als Sie«[113], schrieb
Roosevelt im März 1903. Zwei Monate später, im Mai, traf der stämmige
Präsident, ein leidenschaftlicher Naturliebhaber, aber auch begeisterter
Großwildjäger, in der Sierra Nevada ein.

Sie waren ein seltsames Paar: der fünfundsechzigjährige Muir, dünn
und drahtig, und der zwanzig Jahre jüngere Roosevelt, kräftig und
robust. Vier Tage lang zelteten sie an drei verschiedenen Orten – im
»feierlichen Säulentempel der riesigen Mammutbäume«[114], im Schnee
hoch oben auf einem der riesigen Felsen, und auf dem Talboden, unterhalb der senkrechten grauen Wand von El Capitan. Hier, umgeben von
den majestätischen Granitfelsen und den riesigen Bäumen, überzeugte
Muir den Präsidenten davon, dass die Bundesregierung das Yosemite
Valley endlich der kalifornischen Kontrolle entziehen und dem größeren Yosemite-Nationalpark eingliedern müsse.*

Humboldt hatte verstanden, dass die Natur bedroht war, Marsh hatte

---

* Roosevelt hielt sein Versprechen, als 1906 Yosemite Valley ebenso wie Mariposa
Grove ein Teil des Yosemite-Nationalparks wurden.

Präsident Theodore Roosevelt mit John Muir
1903 auf Glacier Point im Yosemite Valley

die Daten und Beweise in einem überzeugenden Argument zusammen-
gefügt, aber es war Muir, der das Umweltbewusstsein in die Politik und
in die öffentliche Meinung brachte. Es gab Unterschiede zwischen Marsh
und Muir – zwischen Erhaltung *(conservation)* und Schutz *(preservation)*.*
Als Marsh sich gegen die Zerstörung der Wälder aussprach, tat er es im
Sinne des Erhaltungsgedankens *(conservation)*, weil es ihm im Wesentlichen um den Schutz der natürlichen Ressourcen ging. Marsh wollte, dass
die Nutzung von Bäumen oder Wasser strengen Vorschriften unterworfen wurde, um ein nachhaltiges Gleichgewicht in der Natur herzustellen.

---

* Im Englischen sind *conservation* und *preservation* zwei unterschiedliche Ansätze
im Naturschutz.

Muir dagegen deutete Humboldts Ideen anders. Er propagierte den Schutzgedanken *(preservation)*, dass man die Natur vor den Einflüssen des Menschen bewahren müsse. Und er setzte sich dafür ein, Wälder, Flüsse und Berge in ihrem ursprünglichen Zustand zu belassen, und verfolgte dieses Ziel mit unbeirrbarer Hartnäckigkeit. »Ich habe keinen Plan, Verfahren oder Trick, um sie [die Wälder] zu retten«, sagte er, »ich gedenke einfach, weiterhin die Trommel zu rühren, so gut ich es kann.«[115] Er rüttelte die Öffentlichkeit auf. Als Zehntausende von Amerikanern Muirs Artikel lasen und seine Bücher zu Bestsellern wurden, erklang seine mutige Stimme in ganz Nordamerika. Muir war der wichtigste Verfechter der Erhaltung der amerikanischen Wildnis geworden.

Einer seiner größten Einsätze richtete sich gegen den Plan, im Hetch Hetchy Valley einen Stausee anzulegen. Dieses Tal im Yosemite-Nationalpark war zwar nicht so bekannt, aber genauso eindrucksvoll.[116] San Francisco litt seit Langem unter Wasserknappheit. Nachdem ein schweres Erdbeben und Feuer 1906 große Teile der Stadt zerstört hatten, beantragte die Stadt bei der US-Regierung, den Fluss zu stauen, der durch das Hetch Hetchy Valley floss, um ein Wasserreservoir für die wachsende Metropole zu schaffen. Als Muir den Kampf gegen den Staudamm aufnahm, schrieb er Roosevelt einen Brief, in dem er den Präsidenten an ihren Campingaufenthalt im Yosemite Valley erinnerte und erklärte, dass das Hetch Hetchy Valley unbedingt gerettet werden müsse. Doch gleichzeitig erhielt Roosevelt Berichte von den Ingenieuren, die er mit einem Gutachten beauftragt hatte und die angaben, der Damm sei die einzige Lösung für San Franciscos chronische Wasserprobleme. Fronten wurden abgesteckt, und es entspann sich daraus der erste Streit zwischen den Ansprüchen der Natur und den Forderungen der Zivilisation – zwischen Naturschutz und Fortschritt –, der auf nationaler Ebene ausgefochten wurde. Der Einsatz war hoch. Wenn Teile eines Nationalparks aus wirtschaftlichen Gründen beansprucht werden konnten, war nichts wirklich geschützt.

Unter dem Einfluss von Muirs leidenschaftlichen Appellen und den Briefen, die amerikanische Bürger auf Drängen des Sierra Club an den Präsidenten und die Politiker richteten, wurde das Hetch Hetchy Valley zum Anlass eines landesweiten Protests. Kongressabgeordnete und Senatoren erhielten Tausende von Anfragen von besorgten Wählern, Sprecher des Sierra Club sagten vor Regierungsausschüssen aus, und die *New York Times* erklärte die Kampagne zu einem »universellen Kampf«[117]. Aber nach jahrelangem Tauziehen gewann San Francisco, und der Dammbau wurde begonnen. Obwohl Muir verzweifelt war, erkannte er, dass das ganze Land »aus dem Schlaf geweckt«[118] worden war. Zwar war Hetch Hetchy verloren, aber Muir und seine Mitaktivisten hatten gelernt, wie man Kampagnen führte und wie man in der politischen Arena handelte. Damit wurden sie zum Vorbild für künftige Aktivisten. Die Idee einer nationalen Protestbewegung im Interesse des Umweltschutzes war geboren. Sie hatten eine bittere Lektion gelernt. »Nichts, was sich zu Geld machen lässt, ist sicher, und mag es noch so gut bewacht sein«[119], sagte Muir.

Während all dieser Jahrzehnte und Auseinandersetzungen hatte Muir nie aufgehört, von Südamerika zu träumen. In den ersten Jahren nach seiner Ankunft in Kalifornien war er sicher, dass er dorthin reisen würde, aber immer war ihm etwas dazwischengekommen.[120] »Habe ich den Amazonas vergessen, den größten Fluss der Erde? Niemals, niemals, niemals. Dieser Wunsch brennt seit einem halben Jahrhundert in mir und wird dort ewig brennen«[121], schrieb er an einen alten Freund. Zwischen Bergsteigen, Landwirtschaft, Schreiben und Umweltschutz hatte Muir die Zeit für mehrere Expeditionen nach Alaska und eine Weltreise zum Studium der Bäume gefunden. Er hatte Europa, Russland, Indien, Japan, Australien und Neuseeland besucht, nur nach Südamerika hatte er es nicht geschafft. Aber im Geiste war ihm Humboldt in diesen Jahren ein steter Begleiter geblieben. Auf seiner Weltreise hatte Muir auch in Berlin Station gemacht – und war durch den Humboldt-Park spaziert und hatte Humboldts Statue vor dem Universitätsgebäude seine Aufwartung gemacht.[122] Seine Freunde wussten, wie sehr sich Muir mit dem preußischen Naturforscher identifizierte, und bezeichneten seine Expeditionen daher als »deine Humboldt-Reisen«[123]. Einer ordnete Muirs Veröffentlichungen in seiner Bibliothek sogar der Abteilung »Forschungsreisende« »unter Humboldt«[124] zu.

Hartnäckig hielt Muir an dem Gedanken fest, eines Tages doch noch den Spuren seines Helden zu folgen. Wenn überhaupt möglich, wurde sein lebenslanger Wunsch, Südamerika zu sehen, im Alter noch stärker. Es gab immer weniger, was ihn zu Hause hielt. 1905 war seine Frau Louie gestorben, dann hatten beide Töchter geheiratet und eigene Familien gegründet. Als Muir in den Siebzigern war, in einem Alter, in dem andere an Ruhestand denken, hatte er seine Träume noch lange nicht auf-

414

gegeben. Stattdessen begann er sich jetzt ernsthaft mit seiner Humboldt-Expedition zu beschäftigen. Vielleicht war es die Arbeit an seinem Buch *My First Summer in the Sierra* im Frühjahr 1910, die in ihm den Wunsch weckte, sich den Traum seiner Jugend zu erfüllen – schließlich war es das Bestreben, »ein Humboldt«[125] zu sein, das ihn mehr als vierzig Jahre zuvor dazu bewogen hatte, Indianapolis zu verlassen, und ihn dann nach Kalifornien verschlug. Muir kaufte sich eine neue Ausgabe von Humboldts *Personal Narrative* und las das Werk noch einmal von der ersten bis zur letzten Seite – mit dem Bleistift in der Hand. Nichts konnte ihn aufhalten. Mochten seine Töchter und Freunde auch noch so sehr protestieren, er musste aufbrechen, »bevor es zu spät war«[126]. Sie wussten, wie stur er sein konnte. Er habe so oft über die Expedition gesprochen, sagte eine alte Freundin, dass Muir bestimmt nicht glücklich gewesen sei, bevor er Südamerika gesehen hatte.

Im April 1911 verließ Muir Kalifornien und durchquerte das Land auf der Southern Pacific Railroad zur Ostküste, wo er einige Wochen fieberhaft an den Manuskripten mehrerer Bücher arbeitete.[127]*[128] Am 12. August ging er in New York an Bord eines Dampfschiffs. Endlich reiste er zu »dem großen heißen Fluss, den ich immer schon sehen wollte«[129]. Eine Stunde bevor das Schiff auslief, schickte er noch einen letzten Brief an seine zunehmend besorgtere Tochter Helen. »Mach Dir keine Sorgen um mich«, schrieb er, »mir geht es ausgezeichnet.«[130] Zwei Wochen später erreichte Muir Belém in Brasilien, das Tor zum Amazonas. Vierundvierzig Jahre nachdem er Indianapolis für seine Wanderung Richtung Süden verlassen hatte und mehr als ein Jahrhundert nachdem Humboldt zu seiner großen Expedition aufgebrochen war, setzte Muir endlich seinen Fuß auf südamerikanischen Boden. Er war dreiundsiebzig Jahre alt.

Alles hatte mit Humboldt und einer Wanderung begonnen. »Ich ging hinaus zu einem Spaziergang und beschloss dann, bis zum Sonnenuntergang draußen zu bleiben«, schrieb Muir nach seiner Rückkehr, »denn ich stellte fest, dass Hinausgehen in Wirklichkeit Hineingehen war.«[131]

---

* Muir fuhr auch nach Washington, wo er sich gegen den Damm im Hetch Hetchy Valley einsetzte. Er sprach mit Präsident William H. Taft, dem Innenminister, dem Sprecher des Repräsentantenhauses sowie vielen Senatoren und Kongressabgeordneten.

Epilog

Alexander von Humboldt ist in der englischsprachigen Welt weitgehend vergessen. Er war einer der letzten Universalgelehrten und starb zu einer Zeit, als sich die wissenschaftlichen Disziplinen auf streng abgegrenzte und spezialisierte Forschungsfelder zurückzogen. Infolgedessen war sein eher ganzheitlicher Ansatz – eine wissenschaftliche Methode, die neben empirischen Daten auch Kunst, Geschichte, Poesie und Politik einbezog – in Ungnade gefallen. Zu Beginn des 20. Jahrhunderts fand ein Mann, der Gefühle und Fantasie in seiner Wissenschaft berücksichtigte und einen extrem weiten Wissenshorizont hatte, wenig Anklang beim Establishment. Während die Naturwissenschaftler sich an ihre engen Fachgebiete klammerten und sie immer weiter unterteilten, verloren sie Humboldts interdisziplinäre Methoden und seine Auffassung von der Natur als globaler Kraft aus dem Blick.

Zu Humboldts größten Leistungen zählt, dass er die Naturwissenschaft verständlich und populär gemacht hat. Alle haben von ihm gelernt: Bauern und Handwerker, Schüler und Lehrer, Maler und Musiker, Wissenschaftler und Politiker. 1869 verkündete ein Redner auf der Hundertjahrfeier in Boston, es gebe keine Lehrbücher oder Atlanten für Schüler der westlichen Welt, die nicht von Humboldts Ideen geprägt seien.[1] Im Gegensatz zu Christoph Kolumbus und Isaac Newton entdeckte Humboldt keinen Kontinent und kein neues physikalisches Gesetz. Humboldts Ruhm beruhte nicht auf einer bestimmten Tat oder Erfindung, sondern auf seiner Sicht der Welt. Sein Naturbegriff hat sich wie durch Osmose in unser Bewusstsein geschlichen. Fast entsteht der Eindruck, seine Ideen seien so selbstverständlich, dass der Mensch hinter ihnen verschwunden ist.

Ein weiterer Grund, warum Humboldt in unserem kollektiven Gedächtnis verblasst ist – zumindest in Großbritannien und den Vereinigten Staaten –, ist eine gewisse Deutschfeindlichkeit, die der Erste Weltkrieg brachte. So glaubte sogar die königliche Familie in Großbritannien, sie müsse ihren deutsch klingenden Familiennamen »Sachsen-Coburg und Gotha« in »Windsor« umändern. Und da selbst die Werke von Beethoven und Bach nicht mehr gespielt wurden, überrascht es kaum, dass auch ein deutscher Naturwissenschaftler sich keiner großen Beliebtheit mehr erfreute. Ähnlich war es in den Vereinigten Staaten – als der Kongress 1917 den Kriegseintritt beschloss, wurden Deutschamerikaner plötzlich schikaniert und gelyncht. In Cleveland, wo fünfzig Jahre zuvor Tausende von Menschen zur Feier des hundertsten Geburtstags von Humboldt durch die Straßen gezogen waren, wurden jetzt deutsche Bücher auf einem riesigen Scheiterhaufen verbrannt.[2] Cincinnati entfernte alle deutschen Publikationen aus den Regalen der öffentlichen Bibliotheken und benannte die »Humboldt Street« in »Taft Street« um.[3] Beide Weltkriege des 20. Jahrhunderts warfen lange Schatten, sodass weder Großbritannien noch Amerika Plätze für die Feier eines großen deutschen Denkers und Wissenschaftlers waren.

Also warum sollte uns das kümmern? In den vergangenen Jahren bin ich oft gefragt worden, warum ich mich für Alexander von Humboldt interessiere. Auf diese Frage gibt es mehrere Antworten, weil Humboldt aus vielen Gründen faszinierend und wichtig ist: Er hat nicht nur ein spannendes und abenteuerliches Leben geführt, sondern seine Geschichte und sein Wirken illustrieren auch, wie sich unsere heutige Einstellung zur Natur entwickelt hat. In einer Welt, in der wir dazu neigen, eine scharfe Trennungslinie zwischen den Naturwissenschaften und den Künsten zu ziehen, zwischen dem Subjektiven und dem Objektiven, machte Humboldts Einsicht, dass wir die Natur nur wirklich verstehen können, wenn wir von unserer Vorstellungskraft Gebrauch machen, ihn zum Visionär. Diese Verbindung zwischen Wissen, Kunst und Dichtung, zwischen Erkenntnis und Gefühlen – dem »alten Bund«, wie Humboldt es nannte – ist heute wichtiger denn je. Humboldt wurde angetrieben von einem Gefühl vom Wunder der Natur – einem Gefühl, das uns heute helfen könnte zu begreifen, dass wir nur schützen werden, was wir lieben.

Humboldts Schüler und deren Schüler gaben dieses Vermächtnis weiter – still, unauffällig und manchmal sogar unbeabsichtigt. Naturschützer, Ökologen und Naturschriftsteller sind auch heute noch Humboldts Perspektive fest verhaftet – obwohl viele noch nie von ihm gehört haben. Trotzdem ist Humboldt der Gründungsvater ihres Denkens.

In einer Zeit, wo Wissenschaftler versuchen, die globalen Folgen des Klimawandels zu verstehen und vorherzusagen, ist Humboldts interdisziplinärer Ansatz zur wissenschaftlichen Forschung und zum Verständnis der Natur wichtiger als je zuvor. Er glaubte an den freien Informationsaustausch, die Einheit der Wissenschaften und die Kommunikation über alle disziplinären Grenzen hinweg – heute die Grundpfeiler der Wissenschaft. Sein Begriff der Natur als globales Netzwerk untermauert unser Denken.

Ein Blick auf den neuesten Bericht des Weltklimarats der UNO (IPCC) aus dem Jahr 2014 zeigt, wie dringend wir die Humboldt'sche Perspektive brauchen. In dem von über achthundert Wissenschaftlern und Experten erarbeiteten Bericht heißt es, dass die globale Erwärmung »schwerwiegende, umfassende und irreversible Auswirkungen auf Menschen und Ökosysteme« haben werde.[4] Humboldts Erkenntnis, dass alle gesellschaftlichen, wirtschaftlichen und politischen Aspekte eng mit Umweltproblemen verknüpft sind, hat nichts von ihrer Aktualität eingebüßt. Wie der amerikanische Farmer und Dichter Wendell Berry gesagt hat: »Es gibt keinen Unterschied zwischen dem Schicksal des Landes und dem Schicksal der Menschen. Wird eines misshandelt, leidet auch das andere.«[5] Oder wie die kanadische Journalistin und Aktivistin Naomi Klein in ihrem Buch *Die Entscheidung, Kapitalismus vs. Klima* (2014) erklärt: Das Wirtschaftssystem und die Umwelt befinden sich im Kriegszustand. Schon Humboldt erkannte, dass Kolonien, die auf Sklaverei, Monokultur und Ausbeutung beruhen, Systeme sind, die Ungerechtigkeit und verheerende Umweltschäden hervorbringen, und so müssen wir begreifen, dass Wirtschaftskräfte und Klimawandel Teile ein und desselben Systems sind.

Humboldt sprach von dem »Menschenunfug… der die Naturordnung… stört«[6]. Es gab Momente in seinem Leben, in denen er so pessimistisch war, dass er eine düstere Zukunft ausmalte für die hypothetische Expansion ins All, wenn die Menschheit ihre tödliche Mischung aus Laster, Gier, Gewalt und Ignoranz auf andere Planeten exportierte. Bereits 1801 schrieb er, unter dem Einfluss der Menschheit könnten diese fernen Sterne ebenso »veröden« und »verheert«[7] werden, wie es bereits mit der Erde geschehen sei.

Da wir im Anthropozän sind, einer neuen geologischen Epoche, die vom Einfluss der Handlungen der Menschen geformt wird und in der wir uns mit der Veränderung des Klimas auseinandersetzen müssen, mit der Versauerung der Ozeane, dem Abschmelzen der Gletscher und mit extremem Wetter von großer Trockenheit bis zu sintflutartigen Überschwemmungen, sind Humboldts Ansichten alarmierend prophetisch.

Es sieht ganz so aus, als würde sich der Kreis schließen. Vielleicht ist jetzt der Zeitpunkt gekommen – für uns und für die Umweltbewegung –, Humboldt als unseren Helden und Vorkämpfer wiederzuentdecken.

Goethe schrieb, Humboldt gleiche »einem Brunnen mit vielen Röhren, wo man überall nur Gefäße unterzuhalten braucht und wo es uns immer erquicklich und unerschöpflich entgegenströmt«[8].

Ich glaube, dieser Brunnen ist nie versiegt.

Anhang

Dank

2013 war ich British Library Eccles Writer in Residence. Es war das produktivste Jahr, das ich als Autorin bisher erlebt habe. Und ich habe jeden Augenblick genossen. Mein Dank gilt allen am Eccles Centre – insbesondere Philip Davies, Jean Petrovic und Cara Rodway – sowie Matt Shaw und Philip Hatfield von der British Library. Ich danke euch!

Im Laufe der letzten Jahre haben mich so viele Menschen unterstützt, dass ich von all der Großzügigkeit überwältigt bin – die Recherche und das Schreiben dieses Buches wurden so zu einem wunderbaren Erlebnis. Unglaublich viele Experten haben ihr Wissen und ihre Forschungsergebnisse mit mir geteilt, Kapitel des Buches gelesen, Kontaktadressen an mich weitergegeben, meine unendlich vielen Fragen beantwortet und mich überall auf der Welt willkommen geheißen, sodass dieses Projekt zu einer echten Humboldt'schen Erfahrung mit globaler Vernetzung wurde.

In Deutschland danke ich ganz besonders Ingo Schwarz, Eberhard Knobloch, Ulrike Leitner und Regina Mikosch von der Humboldt Forschungsstelle in Berlin; Thomas Bach vom Ernst-Haeckel-Haus in Jena; Frank Holl von den Münchner Wissenschaftstagen; Ilona Haak-Macht von der Klassik Stiftung Weimar, Direktion Museen/Abteilung Goethe-Nationalmuseum; Jürgen Hamel und Karl-Heinz Werner.

In Großbritannien gilt mein Dank Adam Perkins vom Department of Manuscripts and University Archives, University Library, Cambridge; Annie Kemkaran-Smith vom Down House in Kent; Neil Chambers vom Sir Joseph Banks Archive Project an der Nottingham Trent University; Richard Holmes; Rosemary Clarkson vom Darwin Correspondence Project; Jenny Wattrus für die Übersetzungen aus dem Spanischen; Eleni Papavasileiou von der Abteilung Library & Archive, SS Great Britain Trust; John Hemming; Terry Gifford und seiner »Lesegruppe« von

Wissenschaftlern der Bath University; Lynda Brooks von der Linnean Society; Keith Moore und den anderen Mitarbeitern an der Royal Society Library and Archives, London; Crestina Forcina vom Wellcome Trust und den Mitarbeitern der British Library und London Library.

In den Vereinigten Staaten geht mein Dank an Michael Wurtz von Holt-Atherton Special Collections, University of the Pacific Library; Bill Swagerty vom John Muir Center, University at the Pacific; Ron Eber; Marie Arana; Keith Thomson von der American Philosophical Society; an die Mitarbeiter der New York Public Library; Leslie Wilson von der Concord Free Public Library; Jeff Cramer vom Thoreau Institute in Walden Woods; Matt Bourne am Walden Woods Project; David Wood, Adrienne Donohue und Margaret Burke vom Concord Museum; Kim Burns; Jovanka Ristic und Bob Jaeger von der American Geographical Society Library an den University of Wisconsin-Milwaukee Libraries; Sandra Rebok; Prudence Doherty von der Special Collections Bailey/ Howe Library an der University of Vermont; Eleanor Harvey vom Smithsonian American Art Museum; Adam Goodheart vom C.V. Starr Center for the Study of the American Experience, Washington College. Und in Monticello an Anna Berkes, Endrina Tay, Christa Dierksheide und Lisa Francavilla vom International Center for Jefferson Studies, the Jefferson Retirement Papers and the Jefferson Library; an David Mattern von der Abteilung Madison Retirement Papers der University of Virginia; Aaron Sachs, Ernesto Bassi und die »Historians are Writers Group« an der Cornell University.

In Südamerika danke ich Alberto Gómez Gutiérrez von der Pontificia Universidad Javeriana, Bogotá; unserem Führer Juanfe Duran Cassola in Ecuador und den Mitarbeitern des Archivs des Ministerio de Cultura y Patrimonio in Quito.

Für die Erlaubnis, aus ihren Handschriften zu zitieren, danke ich den folgenden Archiven und Bibliotheken: Syndics of Cambridge University Library; Royal Society, London; Concord Free Public Library, Concord, MA; Staatsbibliothek zu Berlin – Preußischer Kulturbesitz; Holt-Atherton Special Collections, University of the Pacific, Stockton, California © 1984 Muir-Hanna Trust; New York Public Library; British Library; Special Collections, University of Vermont.

Zu Dank verpflichtet bin ich außerdem dem wunderbaren Team vom Verlag John Murray: Georgina Laycock, Caroline Westmore, Nick Davies, Juliet Brightmore und Lyndsey Ng.

Bei Knopf möchte ich dem nicht weniger fantastischen Team danken: Edward Kastenmeier, Emily Giglierano, Jessica Purcell und Sara Eagle.

Ein ganz besonderes und riesiges Dankeschön gebührt meinem großartigen Freund und Agenten Patrick Walsh, der mich ein Jahrzehnt lang gedrängt hat, ein Buch über Alexander von Humboldt zu schreiben und der mich als Erster vor zehn Jahren mit nach Venezuela nahm. Du hast so viel an diesem Buch gearbeitet – Zeile für Zeile. Ohne Dich wäre es ein ganz anderes Buch geworden. Ich danke Dir, dass Du immer an mich glaubst.

Und ein großes Dankeschön geht auch an meine Freunde und meine Familie, die meine Humboldt-Leidenschaft geduldig ertragen haben:

An Leo Hollis, der – wie schon so viele Male zuvor – meine Ideen in die richtige Richtung lenkte und der alles in einem Satz zusammenfasste. Den Titel verdanke ich Dir!

An meine Mutter Brigitte Wulf, die mir erneut mit den französischen Übersetzungen half und die für mich Berge von Büchern schleppte, die sie aus deutschen Bibliotheken holte und wieder zurückbrachte, während mein Vater Herbert Wulf alle Kapitel in ihren verschiedenen Fassungen las. Und danke, dass Ihr mit nach Weimar und Jena gekommen seid.

Constanze von Unruh hat sich wieder einmal durch das gesamte Manuskript gearbeitet – und mich ehrlich, klug und mit viel Zuspruch bei der Entstehung dieses Buches begleitet. Vielen Dank für alles und für all unsere Abende.

Viele Freunde und Familienmitglieder haben Entwürfe von Kapiteln gelesen – sie korrigiert, kommentiert und mir Vorschläge gemacht; mein Dank geht an Robert Rowland Smith, John Jungclaussen, Rebecca Bernstein und Regan Ralph. Ein besonderer Dank gebührt dabei Regan, die mir ein zweites Zuhause in den USA gegeben hat – und mich auch ins Yosemite Valley begleitet hat. Ich danke Dir von Herzen. Dank auch Hermann und Sigrid Düringer dafür, dass ich während meiner Recherchen in ihrer wunderschönen Berliner Wohnung bleiben durfte, meinem Bruder Axel Wulf für Informationen über Barometer sowie Anne Wigger für ihre Hilfe beim *Faust*. Nicht zuletzt danke ich Lisa O'Sullivan, für ihre Gastfreundschaft … und weil sie sich mit eiserner Entschlossenheit um mich gekümmert hat, als ich während des Hurrikans Sandy in ihrer New Yorker Wohnung festsaß. Du bist von nun an ein eingetragenes Mitglied meines Apokalypse-Teams.

Mein größter Dank aber geht an meine superschlaue, beste und älteste

Freundin Julia-Niharika Sen, die sich Wort für Wort durch das gesamte Manuskript gearbeitet hat, immer und immer wieder, es auseinandernahm und anschließend mit mir wieder neu zusammensetzte. Vielen Dank, dass Du mit mir nach Ecuador und Venezuela gekommen bist und Deine Ferien damit zugebracht hast, Humboldts Spuren zu folgen. Statt Strand und Cocktail gab es Taranteln und Höhenkrankheit. Aber mit Dir in 5000 Meter Höhe auf dem Chimborazo zu stehen, war einer der schönsten Augenblicke meines Lebens. Wir haben es geschafft! Danke, dass Du da bist. Immer. Ich hätte dieses Buch nicht ohne Dich schreiben können.

Gewidmet ist dieses Buch meiner wunderbaren und klugen Tochter Linnéa, die lange mit Humboldt leben musste. Ich danke Dir, dass Du die beste aller Töchter bist. Erst mit Dir bin ich vollständig. Und glücklich.

Eine Bemerkung zu Humboldts Veröffentlichungen[1]

Die Chronologie der Veröffentlichungen Alexander von Humboldts ist bis heute unübersichtlich. Nicht einmal Humboldt selbst wusste genau, was er wann und in welcher Sprache publiziert hatte. Es hilft auch nicht, dass einige der Bücher in unterschiedlichen Formaten und Editionen veröffentlicht wurden oder als Teil von Reihen, aber auch separat als Einzelbände. Die Schriften, die Lateinamerika betrafen, wurden zu dem vierunddreißigbändigen Werk *Travels to the Equinoctial Regions of the New Continent* zusammengefasst, das mit 1500 Stichen illustriert war. Zur Orientierung habe ich hier eine Liste seiner Veröffentlichungen zusammengestellt, auf die ich mich in *Die Erfindung der Natur* regelmäßig beziehe; seine spezielleren Publikationen über Botanik, Zoologie, Astronomie usw. habe ich dabei außer Acht gelassen.

Veröffentlichungen, die Teil der vierunddreißigbändigen *Travels to the Equinoctial Regions of the New Continent* waren

Ideen zu einer Geographie der Pflanzen

Das war der erste Band, den Humboldt veröffentlichte, nachdem er aus Lateinamerika zurückgekehrt war. Er erschien zuerst in Deutschland und in Frankreich *(Essai sur la géographie des plantes)* jeweils 1807. In dem Buch stellte Humboldt seine Ideen über Pflanzenverteilung und die Natur als Netz des Lebens vor. Das Buch enthielt eine 90 mal 60 Zentimeter große handkolorierte Ausklapptafel, sein sogenanntes »Naturgemälde« – der Berg im Querschnitt mit den entsprechend ihrer Höhe zugeordneten Pflanzen sowie die Spalten rechts und links mit zusätzlichen Informationen über Schwerkraft, atmosphärischen Druck, Temperatur, chemische Zusammensetzung und so fort. Humboldt widmete *Die Ideen zu einer Geographie der Pflanzen* seinem alten Freund Goethe. 1809 wurde eine spanische Übersetzung in der südamerikanischen Zeitschrift *Semanario* veröffentlicht, seinen Weg ins Englische fand das Buch aber erst 2009 *(Essay on the Geography of Plants)*.

Ansichten der Natur

Dieses war Humboldts Lieblingsbuch, da es wissenschaftliche Informationen mit literarischen Landschaftsbeschreibungen verband. Es war in Kapitel wie »Steppen und Wüsten« oder »Die Wasserfälle des Orinoco« unterteilt. Es wurde 1808 in Deutschland erstveröffentlicht. Im selben Jahr folgte eine französische Übersetzung *(Tableaux de la nature)*. *Ansichten der Natur* erlebte mehrere Auflagen. Die dritte und erweiterte wurde am 14. September 1849, an Humboldts achtzigstem Geburtstag, veröffentlicht. Diese Ausgabe erschien auf Englisch in zwei konkurrierenden Übersetzungen, deren Titel lauteten: *Aspects of Nature* (1849) und *Views of Nature* (1850).

Vues des Cordillères und monumens des peuples indigènes de l'Amérique

Diese beiden Bände waren Humboldts opulenteste Veröffentlichungen. Sie enthielten neunundsechzig Stiche, die den Chimborazo, Inkaruinen, aztekische Handschriften und mexikanische Kalender zeigten – dreiundzwanzig davon koloriert. *Vues des Cordillères* erschien zwischen 1810 und 1813 in sieben Teillieferungen als großformatige Folioausgabe. Je nach Papierqualität betrug der Preis entweder 504 oder 764 Francs. Nur zwei der Teillieferungen wurden damals unter dem Titel *Pittoreske Ansichten der Cordilleren und Monumente amerikanischer Völker* ins Deutsche übersetzt (1810). Wie *Personal Narrative* stammte die englische Übersetzung von Helen Maria Williams und wurde von Humboldt durchgesehen. 1814 erschien sie in Großbritannien in einer bescheideneren zweibändigen Oktavausgabe, die den vollständigen Text, aber nur zwanzig Stiche enthielt. Der englische Titel lautete *Researches concerning the Institutions & Monuments of the Ancient Inhabitants of America with Descriptions & Views of some of the most Striking Scenes in the Cordilleras!* – das Ausrufungszeichen gehörte zum Titel.

Reise in die Aequinoctial-Gegenden des neuen Continents in den Jahren 1799, 1800, 1801, 1802, 1803 und 1804

Humboldts mehrbändige Schrift über die Expedition in Lateinamerika war teils Reisebericht, teils Wissenschaftsbuch und eine chronologische Beschreibung der Entdeckungsreise von Humboldt und Bonpland. Der letzte Band endet mit ihrer Ankunft im Río Magdalena am 20. April 1801 – das war noch nicht einmal die Hälfte der Expedition. Zuerst erschien das Buch in Frankreich in einer Quartausgabe unter dem Titel *Voyage aux régions équinoxiales du nouveau continent fait en 1799, 1800, 1801, 1802, 1803 et 1804* (die Bände wurden von 1814 bis 1831 veröffentlicht), dann folgte eine kleinere und billigere Oktavausgabe (1816–1831). Die Preise lagen zwischen 7 und 234 Francs pro Band. Je nach Ausgabe wurde das Werk auch als dreibändige Publikation verkauft. Fast gleichzeitig erschien eine nicht autorisierte Übersetzung in Deutschland als *Reise in die Aequinoctial-Gegenden des neuen Continents* (1815–1829) und in England als *Personal Narrative* (1814–1829) in der Übersetzung von Helen Maria Williams, die in Paris lebte und eng mit Humboldt zusammenarbeitete. 1852 wurde eine neue englische Ausgabe (eine nicht autorisierte Übersetzung von Thomasina Ross) veröffentlicht. Am 20. Januar 1840 teilte Humboldt seinem deutschen Verleger mit, er habe die deutsche Ausgabe nie gesehen und beklagte später – nachdem er sie gelesen hatte –, die Übersetzung sei entsetzlich.[2]

Verwirrend ist, dass der letzte Band unter dem Titel *Essai politique sur l'île de Cuba* auch separat 1826 erschien – der deutsche Titel war *Politischer Essay über die Insel Kuba*, und in der englischen Übersetzung hieß er *Political Essay on the Island of Cuba*.

Politischer Essay über die Insel Kuba

Humboldts eingehender Bericht über Kuba wurde 1826 zuerst auf Französisch veröffentlicht: als *Essai politique sur l'île de Cuba* und als Teil von *Voyage aux régions équinoxiales du nouveau continent fait en 1799, 1800, 1801, 1802, 1803 et 1804* (*Reise in die Aequinoctial-Gegenden des neuen Continents* auf Deutsch und *Personal Narrative* auf Englisch). Das Buch war voller kompakter Informationen über Klima, Landwirtschaft, Häfen, Demografie und wirtschaftliche Daten wie Importe und Exporte. Es enthielt auch Humboldts scharfe Kritik an der Sklaverei. 1827 wurde es ins Spanische übersetzt. Die erste englische Übersetzung (von J.S. Thrasher) erschien 1856 in den Vereinigten Staaten, allerdings ohne das Kapitel über Sklaverei.

Versuch über den politischen Zustand des Königreichs Neuspanien

Humboldts Porträt der spanischen Kolonien stützte sich auf seine eigenen Beobachtungen, aber auch auf seine Archivrecherchen in Mexico City. Wie sein *Politischer Essay über die Insel Cuba* war es ein Handbuch mit Fakten, harten Daten und statistischen Angaben. Humboldt verflocht Informationen aus verschiedensten Bereichen miteinander – Geografie, Pflanzen, Landwirtschaft, Manufakturen und Bergwerke, aber auch Demografie und Wirtschaft. Das Werk erschien zuerst zwischen 1808 und 1811 in Frankreich als *Essai politique sur le royaume de la Nouvelle-Espagne* (in zwei Bänden als Quartausgabe und in fünf Bänden als Oktavausgabe). Es erlebte mehrere aktualisierte Auflagen. Eine deutsche Übersetzung wurde zwischen 1809 und 1814 veröffentlicht. Die englische Übersetzung wurde 1811 fertiggestellt, trug den Titel *Political Essay on the Kingdom of New Spain* und umfasste vier Bände. Eine spanische Übersetzung kam 1822 heraus.

Andere Veröffentlichungen

Fragmente einer Geologie und Klimatologie Asiens

Nach seiner Russlandexpedition veröffentlichte Humboldt 1831 *Fragmens de géologie et de climatologie asiatique* – die sich großenteils auf die Vorlesungen stützte, die er zwischen Oktober 1830 und Januar 1831 in Paris gehalten hatte. Wie der Titel schon sagt, war es ein Buch, in dem Humboldt seine Beobachtungen über Geologie und das Klima Asiens darlegte. Es war eine vorbereitende Veröffentlichung zu der längeren Abhandlung *Asie centrale*, die 1843 folgte. In Deutschland erschien das Buch 1832. Ins Englische wurde es nie übersetzt.

Central-Asien. Untersuchungen über die Gebirgsketten und die vergleichende Klimatologie

Eine vollständige Übersicht über die Ergebnisse seiner Russlandexpedition brachte Humboldt 1843 in drei Bänden auf Französisch unter dem Titel *Asie centrale, recherches sur les chaînes de montagnes et la climatologie comparée* heraus. Beachten Sie das Wort »vergleichende« im Titel – alles beruhte auf Vergleichen. *Central-Asien* verband aktualisierte Informationen über Geologie und Klima Asiens, darunter auch detaillierte Schilderungen der Bergketten in Russland, Tibet und China. Ein Rezensent im *Journal of the Royal Geographical Society* bezeichnete das Buch als »das bedeutendste geographische Werk, das während des letzten Jahres erschienen ist«[3]. Humboldt widmete es Zar Nikolaj I., was er jedoch bedauerte. Er habe keine andere Wahl gehabt, sagte er zu einem Freund, weil die Expedition vom Zar finanziert worden sei.[4] Die deutsche Übersetzung erschien 1844 und enthielt mehr und neuere Forschungsergebnisse als die französische Ausgabe. Humboldt war überrascht, dass *Central-Asien* nie ins Englische übersetzt wurde. Es sei seltsam, sagte er, dass die Briten so besessen von *Kosmos* seien, während die Besitzer von Ostindien[5] doch eigentlich mehr an *Central-Asien* und den Informationen über den Himalaja interessiert sein müssten.

Kosmos

Mehr als zwei Jahrzehnte arbeitete Humboldt an *Kosmos*. Das Werk erschien zuerst unter dem Titel *Kosmos. Entwurf einer physischen Weltbeschreibung*. Ursprünglich war es als zweibändige Veröffentlichung geplant, doch schließlich wurden fünf Bände daraus, die zwischen 1845 und 1862 erschienen. Es handelte sich um Humboldts »Buch von der Natur«[6], den Höhepunkt seines Arbeitslebens, eine Schrift, die sich lose an seinen Berliner Vorträgen 1827/1828 orientierte. Im ersten Band beschäftigt er sich mit der Außenwelt, von kosmischen Nebeln und Sternen über Vulkane bis hin zu Pflanzen und Menschen, der zweite Band war ein Streifzug durch die menschliche Geschichte von den alten Griechen bis in die Neuzeit. Die letzten drei Bände hatten eher fachwissenschaftlichen Charakter und richteten sich weniger an eine breite Leserschaft als die ersten beiden.

Die Bände eins und zwei waren internationale Bestseller: 1851 war *Kosmos* bereits in zehn Sprachen übersetzt worden. In Großbritannien erschienen drei miteinander konkurrierende Ausgaben fast zur gleichen Zeit – aber nur eine war von Humboldt autorisiert: die Übersetzung von Elizabeth J. L. Sabine, die bei John Murray erschien (allerdings nur die ersten vier Bände umfasste). 1850 lag der erste Band von Sabines Übersetzung bereits in der siebten Auflage und der zweite in der achten Auflage vor. 1849 waren rund vierzigtausend englische Exemplare verkauft. In Deutschland hatte man kurz vor und nach Humboldts Tod mehrere kleinere und kostengünstigere Ausgaben herausgebracht – mit den heutigen Taschenbüchern zu vergleichen, waren sie für eine breitere Leserschaft erschwinglich.

Zur Textgestalt

Die Zitate wurden buchstabengetreu den Originalquellen entnommen, wodurch sich Uneinheitlichkeiten und Abweichungen von der modernen Rechtschreibung ergeben.

Abkürzungen

Abkürzungen: Personen und Archive

AH: Alexander von Humboldt
BL: British Library, London
Caroline Marsh Journal, NYPL: Crane family papers. Manuscripts and Archives Division. The New York Public Library. Astor, Lenox, and Tilden Foundations
CH: Caroline von Humboldt
CUL: Scientific Manuscripts Collections, Department of Manuscripts & University Archives, University Library, Cambridge
DLC: Library of Congress, Washington DC
JM online: Online-Sammlung der John Muir Papers. Holt-Atherton Special Collections, University of the Pacific, Stockton, California, ©1984 Muir-Hanna Trust
MHT: Holt-Atherton Special Collections, University of the Pacific, Stockton, California, © 1984 Muir-Hanna Trust
NYPL: New York Public Library
RS: Royal Society, London
Stabi Berlin NL AH: Staatsbibliothek zu Berlin – Preußischer Kulturbesitz, Nachlass Alexander von Humboldt
TJ: Thomas Jefferson
UVM: George Perkins Marsh Collection, Special Collections, University of Vermont Library
WH: Wilhelm von Humboldt

Abkürzungen: Werke von Alexander von Humboldt

AH Althaus Erinnerungen 1861: *Briefwechsel und Gespräche Alexander von Humboldts mit einem jungen Freunde, aus den Jahren 1848–1856*
AH Ansichten 1808: *Ansichten der Natur mit wissenschaftlichen Erläuterungen*
AH Ansichten 1849: *Ansichten der Natur mit wissenschaftlichen Erläuterungen, dritte verbesserte und vermehrte Ausgabe*

AH Arago Briefe 1907: *Correspondance d'Alexandre de Humboldt avec François Arago (1809–1853)*

AH Aspects 1849: *Aspects of Nature, in Different Lands and Different Climates, with Scientific Elucidations*

AH Berghaus Briefe 1863: *Briefwechsel Alexander von Humboldts mit Heinrich Berghaus aus den Jahren 1825 bis 1858*

AH Bessel Briefe 1994: *Briefwechsel zwischen Alexander von Humboldt und Friedrich Wilhelm Bessel*

AH Böckh Briefe 2011: *Alexander von Humboldt und August Böckh. Briefwechsel*

AH Bonpland Briefe 2004: *Alexander von Humboldt and Aimé Bonpland. Correspondance 1805–1858*

AH Briefe 1973: *Die Jugendbriefe Alexander von Humboldts 1787–1799*

AH Briefe Amerika 1993: *Briefe aus Amerika 1799–1804*

AH Briefe Russland 2009: *Briefe aus Russland 1829*

AH Briefe USA 2004: *Alexander von Humboldt und die Vereinigten Staaten von Amerika. Briefwechsel*

AH Bunsen Briefe 2006: *Briefe von Alexander von Humboldt und Christian Carl Josias Bunsen*

AH Central-Asien 1844: *Central-Asien. Untersuchungen über die Gebirgsketten und die vergleichende Klimatologie*

AH Cordilleras 1814: *Researches concerning the Institutions & Monuments of the Ancient Inhabitants of America with Descriptions & Views of some of the most Striking Scenes in the Cordilleras!*

AH Cordilleren 1810: *Pittoreske Ansichten der Cordilleren und Monumente americanischer Völker*

AH Cosmos 1845-1852: *Cosmos: Sketch of a Physical Description of the Universe*

AH Cosmos 1878: *Muir's copy of Cosmos: A Sketch of a Physical Description of the Universe*

AH Cotta Briefe 2009: *Alexander von Humboldt und Cotta. Briefwechsel*

AH Cuba 2011: *Political Essay on the Island of Cuba. A Critical Edition*

AH Cuba 2002: Politischer Essay über die Insel Cuba

AH Dirichlet Briefe 1982: *Briefwechsel zwischen Alexander von Humboldt und P. G. Lejeune Dirichlet*

AH du Bois-Reymond Briefe 1997: *Briefwechsel zwischen Alexander von Humboldt und Emil du Bois-Reymond*

AH Fragmente Asien 1832: *Fragmente einer Geologie und Klimatologie Asiens*

AH Friedrich Wilhelm IV. Briefe 2013: *Alexander von Humboldt. Friedrich Wilhelm IV. Briefwechsel*

AH Gauß Briefe 1977: *Briefwechsel zwischen Alexander von Humboldt und Carl Friedrich Gauß*

AH Geographie 1807: *Ideen zu einer Geographie der Pflanzen nebst einem Naturgemälde der Tropenländer*

AH Geography 2009: *Essay on the Geography of Plants*

AH Kosmos 1845–1850: Kosmos. *Entwurf einer physischen Weltbeschreibung*

AH Kosmos-Vorträge 2004: *Alexander von Humboldt, Die Kosmos–Vorträge 1827/28*

AH Mendelssohn Briefe 2011: Alexander von Humboldt. Familie Mendelssohn. Briefwechsel

AH New Spain 1811: *Political Essay on the Kingdom of New Spain*
AH Personal Narrative 1814–1829: *Personal Narrative of Travels to the Equinoctial Regions of the New Continent during the Years 1799-1804*
AH Personal Narrative 1907: Muirs Exemplar von *Personal Narrative of Travels to the Equinoctial Regions of the New Continent during the years 1799–1804*
AH Reise 1815–1829: *Reise in die Aequinoctial-Gegenden des neuen Kontinents in den Jahren 1799, 1800, 1801, 1803 und 1804.* Bd. 1–6.
AH Reise 1859–1860: *Reise in die Aequinoctial-Gegenden des neuen Kontinents in den Jahren 1799, 1800, 1801, 1803 und 1804,* Bd. 1–4.
AH Schumacher Briefe 1979: Briefwechsel zwischen Alexander von Humboldt und Heinrich Christian Schumacher
AH Spiker Briefe 2007: Alexander von Humboldt. Samuel Heinrich Spiker. Briefwechsel
AH Tagebücher 1982: *Lateinamerika am Vorabend der Unabhängigkeitsrevolution: eine Anthologie von Impressionen und Urteilen aus seinen Reisetagebüchern*
AH Tagebücher 2000: *Reise durch Venezuela. Auswahl aus den Amerikanischen Reisetagebüchern*
AH Tagebücher 2003: *Reise auf dem Río Magdalena, durch die Anden und Mexico*
AH Varnhagen Briefe 1860: *Briefe von Alexander von Humboldt an Varnhagen von Ense*
AH Views 1896: Muirs Exemplar von *Views of Nature*
AH Views 2014: *Views of Nature*
AH WH Briefe 1880: *Briefe Alexanders von Humboldt an seinen Bruder Wilhelm*
Terra 1959: »Alexander von Humboldt's Correspondence with Jefferson, Madison und Gallatin«

Sonstige Abkürzungen

Darwin Briefe: *The Correspondence of Charles Darwin*
Darwin Tagebuch 2001: *Beagle Diary*
Goethe Begegnungen 1965–2000: *Goethe Begegnungen und Gespräche,* hg. v. Ernst Grumach und Renate Grumach
Goethe AH WH Briefe 1876: *Goethe's Briefwechsel mit den Gebrüdern von Humboldt*
Goethe Briefe 1968–1976: *Goethes Briefe*
Goethe Briefe 1980–2000: *Briefe an Goethe, Gesamtausgabe in Regestform,* hg. v. Karl Heinz Hahn
Goethe Eckermann 1999: *Johann Peter Eckermann, Gespräche mit Goethe in den letzten Jahren seines Lebens*
Goethe Humboldt Briefe 1909: *Goethes Briefwechsel mit Wilhelm und Alexander v. Humboldt,* hg. v. Ludwig Geiger
Goethe Morphologie 1987: *Johann Wolfgang Goethe. Schriften zur Morphologie*
Goethe Naturlehre 1989: *Johann Wolfgang Goethe. Schriften zur Allgemeinen Naturlehre, Geologie und Mineralogie,* hg. v. Wolf von Engelhardt und Manfred Wenzel
Goethe Tagebücher 1998–2007: *Johann Wolfgang Goethe: Tagebücher*

Goethe von Tag zu Tag 1982–1996: *Goethes Leben von Tag zu Tag: Eine dokumentarische Chronik*, hg. v. Robert Steiger

Goethes Jahr 1994: *Johann Wolfgang Goethe. Tag- und Jahreshefte*, hg. v. Irmtraut Schmid

Haeckel Bölsche Briefe 2002: *Ernst Haeckel – Wilhelm Bölsche. Briefwechsel 1887–1919*, hg. v. Rosemarie Nöthlich

Madison Papers SS: *The Papers of James Madison: Secretary of State Series*, hg. v. David B. Mattern u. a.

Muir Tagebücher 1867–1868, JM online: John Muir, Manuscript Journal »The ›thousand mile walk‹ from Kentucky to Florida and Cuba, September 1867 – Februar 1868«, MHT

Muir Tagebücher ›Sierra‹, summer 1869 (1887), MHT: John Muir, Manuscript ›Sierra Journal‹, Bd.1: Summer 1869, notebook, circa 1887, MHT

Muir Tagebücher ›Sierra‹, summer 1869 (1910), MHT: John Muir, ›Sierra Journal‹, Bd. 1: Summer 1869, Maschinenschrift, circa 1910, MHT

Muir Tagebücher »World Tour«, T.1, 1903, JM online. John Muir, Manuscript Journal, »World Tour«, T.1, Juni-Juli 1903, MHT

Schiller Briefe 1943–2003: *Schillers Werke: Nationalausgabe. Briefwechsel*, hg. v. Julius Petersen und Gerhard Fricke

Schiller und Goethe 1856: *Briefwechsel zwischen Schiller und Goethe in den Jahren 1794–1805*

Thoreau Briefe 1958: *The Correspondence of Henry David Thoreau*, hg. v. Walter Harding und Carl Bode

Thoreau Excursion and Poems 1906: *The Writings of Henry David Thoreau: Excursion and Poems*

Thoreau Tagebücher 1906: *The Writings of Henry David Thoreau: Journal*, hg. v. Bradford Torrey

Thoreau Tagebücher 1981–2002: *The Writings of Henry D. Thoreau: Journal*, hg. v. Robert Sattelmeyer et al.

Thoreau Walden 1999: *Walden. Ein Leben mit der Natur*

TJ Papers RS: *The Papers of Thomas Jefferson: Retirement Series*, hg. v. Jeff Looney u. a.

WH CH Briefe 1910–16: *Wilhelm und Caroline von Humboldt in ihren Briefen*, hg. v. Familie von Humboldt

Anmerkungen

Prolog

1 AH an WH, 25. November 1802, in: AH WH Briefe 1880, S. 48; AH *Über einen Versuch, den Gipfel des Chimborazo zu ersteigen* 1889, S. 14ff.; AH, 23. Juni 1802, in: AH Tagebücher 2003, Bd. 2, S. 100ff.

2 AH an WH, 25. November 1802, in: AH WH Briefe 1880, S. 49.

3 AH *Über einen Versuch den Gipfel des Chimborazo zu ersteigen* 1889, S. 18.

4 A. a. O., S. 16.

5 AH nennt verschiedene Ausmaße: beispielsweise 400 Fuß Tiefe und 60 Fuß Durchmesser, ebd.

6 AH, 23. Juni 1802, in: AH Tagebücher 2003, Bd. 2, S. 106.

7 Ralph Waldo Emerson an John F. Heath, 4. August 1842, in: Emerson 1939, Bd. 3, S. 77.

8 Rossiter Raymond, 14. Mai 1859, in: AH Briefe USA 2004, S. 572.

9 AH an Karl August Varnhagen, 31. Juli 1854, in: Humboldt Varnhagen Briefe 1860, S. 235.

10 AH, zitiert in: Leitzmann 1936, S. 210.

11 Arnold Henry Guyot, 2. Juni 1859, »Humboldt Commemorations«, in: *Journal of the American Geographical and Statistical Society*, Bd. 1, Nr. 8, Oktober 1859, S. 242; Rachel Carson, *The Sense of Wonder*, 1965.

12 AH an Goethe, 3. Januar 1810, in: Goethe Humboldt Briefe 1909, S. 305.

13 Matthias Jacob Schleiden, 14. September 1869, in: Jahn 2004, S. 491.

14 Ralph Waldo Emerson, Notizen für Humboldt-Rede am 14. September 1869, Emerson 1960–1992, Bd. 16, S. 160.

15 AH Geographie 1807, S. 39.

16 AH Reise 1859–1860, Bd. 2, S. 206ff.; AH, 4. März 1800, in: AH Tagebuch 2000, S. 216.

17 AH, September 1799, in: AH Tagebücher 2000, S. 140; AH Ansichten 1849, Bd. 1, S. 158; Reise 1859–1860, Bd. 2, S. 207.

18 Ebd.

19 Thomas Jefferson an Carlo de Vidua, 6. August 1825, in: AH Briefe USA 2004, S. 171.

20 Darwin an Alfred Russel Wallace, 22. September 1865, in: Darwin Briefe, Bd. 13, S. 238.

21 Bolívar an Madame Bonpland, 23. Oktober 1823, in: Rippy und Brann 1947, S. 701.

22 Goethe zu Johann Peter Eckermann, 12. Dezember 1828, Goethe Eckermann, 1999, S. 183.
23 Melbourne und Adelaide: *Melbourner Deutsche Zeitung*, 16. September 1869; *South Australian Advertiser*, 20. September 1869; *South Australian Register*, 22. September 1869; *Standard*, Buenos Aires, 19. September 1869; *Two Republics*, Mexico City, 19. September 1869; *New York Herald*, 1. Oktober 1869; *Daily Evening Bulletin*, 2. November 1869.
24 Herman Trautschold, 1869, in: Roussanova 2013, S. 45.
25 *Die Gartenlaube*, Nr. 43, 1869.
26 *Desert News*, 22. September 1869; *New York Herald*, 15. September 1869; *New York Times*, 15. September 1869; *Charleston Daily Courier*, 15. September 1869; *Philadelphia Inquirer*, 14. September 1869.
27 *New York Herald*, 15. September 1869.
28 *Desert News*, 22. September 1869.
29 *New York Times*, 15. September 1869; *New York Herald*, 15. September 1869.
30 Franz Lieber, in: *New York Times*, 15. September 1869.
31 Norddeutsches Protestantenblatt, Bremen, 11. September 1869, Glogan, Heinrich, »Akademische Festrede zur Feier des Hundertjährigen Geburtstages Alexander's von Humboldt, 14. September 1869«, Glogau, 1869, S. 11; Agassiz, Louis, »Address Delivered on the Centennial Anniversary of the Birth of Alexander von Humboldt 1869«, Agassiz 1869, S. 5, 48; Herman Trautschold, 1869, in: Roussanova 2013, S. 50; *Philadelphia Inquirer*, 15. September 1869; »Humboldt Commemorations«, 2. Juni 1859, in: *Journal of American Geological and Statistical Society*, 1859, Bd. 1, S. 226.
32 Ralph Waldo. Emerson, 1869, in: Emerson 1960–1992, Bd. 16, S. 160; Agassiz 1869, S. 71.
33 *Daily News*, London, 14. September 1869.
34 Jahn 2004, S. 18ff.
35 Berlin: *Illustrirte Zeitung Berlin*, 2. Oktober 1869; *Vossische Zeitung*, 15. September 1869; *Allgemeine Zeitung Augsburg*, 17. September 1869.
36 Oppitz 1969, S. 281–427.
37 Die Entscheidung fiel zwischen den Bezeichnungen Washoe, Esmeralda, Nevada und Humboldt; Oppitz 1969, S. 290.
38 Egerton 2012, S. 121.
39 AH Kosmos 1845–1850, Bd. 1, S. 52.
40 AH an Karl August Varnhagen, 24. Oktober 1834, in: Humboldt Varnhagen Briefe 1860, S. 18.
41 Wolfe 1979, S. 313.

1. Anfänge

1 AH, Meine Bekenntnisse 1769–1805, in: Biermann 1987, S. 50ff.; Beck 1959–1961, Bd. 1, S. 3ff.; Geier 2010, S. 16ff.
2 Es handelte sich um Prinz Friedrich Wilhelm, der 1786 König Friedrich Wilhelm II. wurde.

3 AH an Carl Freiesleben, 5. Juni 1792, in: AH Briefe 1973, S. 191 ff.; WH an CH, April 1790, in: WH CH Briefe 1910–1916, Bd. 1, S. 134.

4 Frau von Briest, 1785, in: WH CH Briefe 1910–1916, Bd. 1, S. 55.

5 WH an CH, 2. April 1790, a. a. O., S. 115 f.; Geier 2010, S. 22 ff.; Beck 1959–1961, Bd. 1, S. 6 ff.

6 WH an CH, 2. April 1790, a. a. O., S. 115.

7 AH an Carl Freiesleben, in: Bruhns, 1969, Bd. 1, S. 37; AH, Aus meinem Leben 1769–1850, in: Biermann, 1987, S. 50.

8 Geier 2010, S. 29.

9 Bruhns 1969, Bd. 1, S. 20, S. 26; in: Beck 1959–1961, Bd. 1, S. 10.

10 Walls 2009, S. 15.

11 Kunth über Marie Elisabeth von Humboldt, in: Beck 1959–1961, Bd. 1, S. 6.

12 AH an Carl Freiesleben, 5. Juni 1792, in: AH Briefe 1973, S. 192.

13 WH an CH, 9. Oktober 1804, in: WH CH Briefe 1910–1916, Bd. 2, S. 260.

14 WH 1903–1936, Bd. 15, S. 455.

15 AH an Carl Freiesleben, 5. Juni 1792, in: AH Briefe 1973, S. 191; Bruhns 1969, Bd. 1, S. 18 f.

16 AH an WH, 19. Mai 1829, in: AH Briefe Russland 2009, S. 116.

17 AHs Pass beim Aufbruch aus Paris 1798, in: Bruhns 1969, Bd. 1, S. 390.

18 Karoline Bauer, 1876, in: Clark und Lubrich 2012, S. 199.

19 Louise von Bornstedt, 1856, in: Beck 1959, S. 385.

20 WH an CH, 2. April 1790, in: WH CH Briefe 1910–1916, Bd. 1, S. 116; vgl. ferner WH an CH, 3. Juni 1791, in: WH CH Briefe, a. a. O., S. 116, 477; zu Krankheiten vgl. AH an Wilhelm Gabriel Wegener, 24., 25., 27. Februar 1789 und 5. Juni 1790, in: AH Briefe 1973, S. 39, 92.

21 Dove 1881, S. 83; zu späteren Kommentaren vgl. Caspar Voght, 14. Februar 1808, in: Voght 1959–1965, Bd. 3, S. 95.

22 Arago über AH, in: Biermann und Schwarz 2001b, keine Seitenzahl.

23 WH über AH, 1788, in: Dove 1881, S. 83.

24 WH an CH, 6. November 1790, in: WH CH Briefe 1910–1916, Bd. 1, S. 270.

25 Watson 2010, S. 55 ff.

26 George Cheyne, in: Worster 1977, S. 40.

27 Das war ein weit verbreiteter Begriff; vgl. beispielsweise Joseph Pitton de Tournefort an Hans Sloane, 14. Januar 1701/1702, und John Locke an Hans Sloane, 14. September 1694, in: MacGregor 1994, S. 19.

28 Bruhns 1969, Bd. 1, S. 38 f.

29 AH, Meine Bekenntnisse 1769–1805, in: Biermann 1987, S. 50, 53; Holl 2009, S. 30; Beck 1959–1961, Bd. 1, S. 11 ff.; WH an CH, 15. Januar 1790, in: WH CH Briefe 1910–1916, Bd. 1, S. 74.

30 AH an Ephraim Beer, November 1787, in: AH Briefe, 1973, S. 4; Beck 1959–1961, Bd. 1, S. 14.

31 Holl 2009, S. 23 ff.; Beck 1959–1961, Bd. 1, S. 18–21.

32 WH, in: Geier 2010, S. 63.

33 AH, Mein Aufbruch nach America, in: Biermann 1987, S. 64.

34 AH Kosmos 1845–1850, Bd. 2, S. 95; AH, Meine Bekenntnisse 1769–1805, in: Biermann 1987, S. 51.

35 AH, Ich über mich selbst 1769–1790, in: Biermann 1987, S. 36 ff.

36 White 2012, S. 168; vgl. ferner Carl Philip Moritz, Juni 1782, in: Moritz 1965, S. 26.

37 Richard Rush, 7. Januar 1818, in: Rush 1833, S. 79.
38 AH an Wilhelm Gabriel Wegener, 20. Juni 1790, AH an Paul Usteri, 27. Juni 1790, AH an Friedrich Heinrich Jacobi, 3. Januar 1791, in: AH Briefe 1973, S. 93, 96, 117; AH, Ich über mich selbst 1769–1790, in: Biermann 1987, S. 39.
39 AH an Wilhelm Gabriel Wegener, 23. September 1790, in: AH Briefe 1973, S. 106 f.
40 AH, Ich über mich selbst 1769–1790, in: Biermann 1987, S. 38.
41 AH, Meine Bekenntnisse 1769–1805, in: Biermann 1987, S. 51; vgl. auch AH an Joachim Heinrich Campe, 17. März 1790, in: AH Briefe 1973, S. 88.
42 AH, Ich über mich selbst 1769–1790, in: Biermann 1987, S. 40.
43 AH an Paul Usteri, 27. Juni 1790, in: AH Briefe 1973, S. 96.
44 AH an David Friedländer, 11. April 1799, in: AH Briefe 1973, S. 658.
45 Georg Forster an Heyne, in: Bruhns 1969, Bd. 1, S. 37.
46 CH an WH, 21. Januar 1791, in: WH CH Briefe 1910–1916, Bd. 1, S. 372; CH und AH lernten sich im Dezember 1789 kennen.
47 Alexander Dallas Bache, 2. Juni 1859, »Tribute to the Memory of Humboldt«, in: *Pulpit and Rostrum*, 15. Juni 1859, S. 133; vgl. auch WH an CH, 2. April 1790, in: WH CH Briefe 1910–1916, Bd. 1, S. 116.
48 AH an Wilhelm Gabriel Wegener, 23. September 1790, in: AH Briefe 1973, S. 106.
49 AH an Samuel Thomas Sömmerring, 28. Januar 1791, in: AH Briefe 1973, S. 122.
50 AH an Wilhelm Gabriel Wegener, 23. September 1790, in: AH Briefe 1973, S. 106.
51 AH an Wilhelm Gabriel Wegener, 27. März 1789, in: AH Briefe 1973, S. 47.
52 AH, Meine Bekenntnisse 1769–1805, in: Biermann 1987, S. 54.
53 AH an Archibald MacLean, 14. Oktober 1791, in: AH Briefe 1973, S. 153.
54 AH an Dietrich Ludwig Gustav Karsten, 25. August 1791, AH an Paul Usteri, 22. September 1791, AH an Archibald MacLean, 14. Oktober 1791, in: AH Briefe 1973, S. 144, 151 ff.
55 AH an Dietrich Ludwig Gustav Karsten, 25. August 1791, a.a.O., S. 146.
56 CH an WH, 14. Januar 1790 und 21. Januar 1791, in: WH CH Briefe 1910–1916, Bd. 1, S. 65, 372.
57 AH an Archibald MacLean, 14. Oktober 1791, in: AH Briefe 1973, S. 154
58 AH an Carl Freiesleben, 2. März 1792, a.a.O., S. 173.
59 AH an Archibald MacLean, 6. November 1791, a.a.O., S. 157.
60 AH an Freiesleben, 7. März 1792, a.a.O., S. 175.
61 AH an Wilhelm Gabriel Wegener, 27. März 1789, a.a.O., S. 47.
62 AH an Archibald MacLean, 1. Oktober 1792, 9. Februar 1793, in: Jahn und Lange 1973, S. 216, 233; vgl. auch AHs Briefe an Carl Freiesleben während dieser Zeit, beispielsweise vom 14. Januar 1793, 19. Juli 1793, 21. Oktober 1793, 2. Dezember 1793, 20. Januar 1794, in: AH Briefe 1973, S. 227 ff., 257 f., 279 ff., 291 f., 310–315.
63 AH an Archibald MacLean, 9. Februar 1793; vgl. ferner 6. November 1791, a.a.O., S. 157, 233.
64 AH an Carl Freiesleben, 21. Oktober 1793, a.a.O., S. 279.
65 AH an Carl Freiesleben, 10. April 1792, a.a.O., S. 180; zu den »süßesten Stunden« vgl. AH an Carl Freiesleben, 6. Juli 1792, a.a.O., S. 201; vgl. ferner die Briefe vom 21. Oktober 1793 und 20. Januar 1794, a.a.O., S. 279, 313.

66 AH an Carl Freiesleben, 13. August 1793, a. a. O., S. 269.
67 AH, *Über die unterirdischen Gasarten und die Mittel ihren Nachtheil zu vermindern. Ein Beytrag zur Physik der praktischen Bergbaukunde,* Braunschweig/Vieweg, 1799, Tafel III; AH an Carl Freiesleben, 20. Januar 1794, 5. Oktober 1796, in: AH Briefe 1973, S. 311 ff., 531 ff.
68 AH an Carl Freiesleben, 20. Januar 1794, in: AH Briefe 1973, a. a. O., S. 311.
69 A. a. O., S. 310.
70 AH an Carl Freiesleben, 19. Juli 1793, a. a. O., S. 257.
71 AH an Carl Freiesleben, 9. April 1793 und 20. Januar 1794, AH an Friedrich Wilhelm von Reden, 17. Januar 1794, AH an Dietrich Ludwig Karsten, 15. Juli 1795, a. a. O., S. 243 f., 308, 311, 446.
72 AH, *Mineralogische Beobachtungen über einige Basalte am Rhein,* 1790.
73 AH, *Florae Fribergensis specimen,* 1793; angeregt vom Werk des französischen Chemikers Antoine Laurent Lavoisier und des britischen Naturforschers Joseph Priestley, begann Humboldt ebenfalls zu untersuchen, wie sich der Reiz von Licht und Wasserstoff auf die Erzeugung von Sauerstoff in Pflanzen auswirkt; AH, *Aphorismen aus der chemischen Physiologie der Pflanzen,* 1794.
74 AH an Johann Friedrich Blumenbach, 17. November 1793, in: AH Briefe 1973, S. 471; AH 1797, Bd. 1, S. 3.
75 AH an Johann Friedrich Blumenbach, Juni 1795, in: Bruhns 1969, Bd. 1, S. 173.
76 AH an Johann Friedrich Blumenbach, 17. November 1793, in: AH Briefe 1973, S. 471.
77 Die erste Ausgabe erschien 1781, die zweite im Februar 1789. Humboldt traf im April 1789 in Göttingen ein; zu Blumenbach vgl. Reill 2003, S. 33 ff.; Richards 2002, S. 216 ff.
78 AH an Freiesleben, 9. Februar 1796, in: AH Briefe 1973, S. 495.

2. Fantasie und Natur

1 AH reiste im Juli 1792 erstmals nach Jena und wohnte zusammen mit seinem Bruder Wilhelm bei Friedrich Schiller, traf Goethe aber erst kurz im März 1794 und dann erneut im Dezember 1794; AH an Carl Freiesleben, 6. Juli 1792, in: AH Briefe 1973, S. 202; Goethes Leben von Tag zu Tag 1982–1996, Bd. 3, S. 303.
2 Merseburger 2009, S. 113; Safranski 2011, S. 70.
3 Schiller an Christian Gottlob Voigt, 6. April 1795, in: Schiller Briefe 1943–2003, Bd. 27, S. 173.
4 Merseburger 2009, S. 72.
5 de Staël 1815, Bd. 1, S. 116.
6 Wilhelm wohnte Unterm Markt 4, Schiller Unterm Markt 1, vgl. AH Briefe 1973, S. 386.
7 WH an Goethe, 14. Dezember 1794, in: Goethe Briefe 1980–2000, Bd. 1, S. 350.
8 Maria Körner, 1796, in: Goethe Begegnungen 1965–2000, Bd. 4, S. 222; zu den täglichen Begegnungen vgl. Goethes Tagebücher aus dieser Zeit.
9 Goethe, 17.–19. Dezember 1794, in: Goethe Begegnungen, 1965–2000, Bd. 4, S. 116.

10 Goethe an Karl August, Großherzog von Sachsen-Weimar, März 1797, a.a.O., S. 288.
11 Goethe, Dezember 1794, in: Goethes Jahr, 1994, S. 31f.; Dezember 1794, in: Goethe Begegnungen, a.a.O., S. 116f., 122; Goethe an Max Jacobi, 2. Februar 1795, in: Goethe Briefwechsel 1968–1976, Bd. 2, S. 194, 557; AH an Reinhard von Haeften, 19. Dezember 1794, in: AH Briefe 1973, S. 388.
12 Boyle 2000, S. 256.
13 Goethe, Dezember 1794, in: Goethes Jahr, a.a.O., S. 32.
14 Goethe an Schiller, 27. Februar 1797, Goethe Briefe 1968–1976, Bd. 2, S. 257.
15 Goethe, Dezember 1794, in: Goethe Begegnungen 1965–2000, Bd. 4, S. 122.
16 Merseburger 2009, S. 67.
17 Friedenthal 2003, S. 137.
18 Merseburger 2009, S. 68f.; Boyle 1992, S. 202ff., 243ff.
19 1806 heiratete Goethe schließlich Christiane Vulpius.
20 Botting 1973, S. 38.
21 Karl August Böttiger über Goethe, Mitte der 1790er-Jahre, in: Goethe von Tag zu Tag 1982–1996, Bd. 3, S. 354.
22 Maria Körner zu K.G. Weber, August 1796, in: Goethe Begegnungen 1965–2000, Bd. 4, S. 223.
23 Goethe von Tag zu Tag 1982–1996, Bd. 3, S. 354.
24 Jean Paul Friedrich Richter zu Christian Otto, 1796, in: Klauß 1991, S. 14; zu Goethes Arroganz: Friedrich Hölderlin an Christian Ludwig Neuffer, 19. Januar 1795, in: Goethe von Tag zu Tag 1982–1996, Bd. 3, S. 356.
25 W. von Schak über Goethe, 9. Januar 1806, in: Goethe, Begegnungen 1965–2000, Bd. 6, S. 4.
26 Henry Crabb Robinson, 1801, in: Robinson 1869, Bd. 1, S. 86.
27 Goethe 1791, in: Safranski, 2011, S. 103.
28 Goethe, a.a.O., S. 106.
29 Klauß 1991; Ehrlich 1983; Goethe von Tag zu Tag 1982–1996, Bd. 3, S. 295f.
30 Goethe zu Johannn Peter Eckermann, 12. Mai 1825, in: Goethe Eckermann 1999, S. 158.
31 Goethe 1794, Goethes Jahr 1994, S. 26.
32 Goethe 1790, a.a.O., S. 19.
33 Goethe 1793, a.a.O., S. 25.
34 Ehrlich 1983, S. 7.
35 Goethe, *Versuch, die Metamorphose der Pflanzen zu erklären*, 1790.
36 Goethe, *Italienische Reise*, in: Goethe 1967, Bd. 11, S. 375.
37 Goethe an Karl Ludwig von Knebel, 28. März 1797, in: Goethe Briefe 1968–1976, Bd. 2, S. 260f.
38 Richards 2002, S. 445ff.; Goethe, Tag- und Jahreshefte, 1790, in: Goethe, 1965–76, Bd. 16. S. 15.
39 Goethe, 1795, in: Goethe Begegnungen 1965–2000, Bd. 4, S. 122.
40 Goethe an Jacobi, 2. Februar 1795, in: Goethe Briefe 1968–1976, Bd. 2, S. 194; Goethe Begegnungen 1965–2000, Bd. 4, S. 122.
41 Karl August Böttiger über Goethe, Januar 1795, a.a.O., 123.
42 6.–10. März 1794, 15.–16. April 1794, 14.–19. Dezember 1794, 16.–20. April 1795, 13. Januar 1797, 1. März–30. Mai 1797.
43 Goethe, 9. März 1797, in: Goethe Tagebücher 1998–2007, Bd. 2, T. 1, S. 100.

44 Goethe an Karl Ludwig von Knebel, 28. März 1797, in: Goethe Briefe 1968–1976, Bd. 2, S. 260 f.
45 Goethe blieb bis zum 31. März 1797; vgl. seine Tagebücher und Briefe aus dieser Zeit, in: Goethe Begegnungen 1965–2000, S. 288 ff.; Goethe, März – Mai 1797, in: Goethe Tagebücher 1998–2007, Bd. 2, T. 1, S. 99–105; Goethes Jahr 1994, S. 58 f.
46 Humboldts *Versuch über die gereizte Muskel- und Nervenfaser*; AH an Carl Freiesleben, 18. April 1797, AH an Friedrich Schuckmann, 14. Mai 1797, in: AH Briefe 1973, S. 574, 579.
47 Ebd.
48 Goethe, 3., 5., 6. März 1797, in: Goethe Tagebücher 1998–2007, Bd. 2, Teil 1, S. 99.
49 AH an Friedrich Schuckmann, 14. Mai 1797, in: AH Briefe 1973, S. 580.
50 A. a. O., S. 579.
51 AH, *Versuch über die gereizte Muskel- und Nervenfaser*, 1797, Bd. 1, S. 76 ff.
52 A. a. O., S. 79.
53 Goethe, *Erster Entwurf einer Allgemeinen Einleitung in die Vergleichende Anatomie*, 1795, S. 18.
54 Richards 2002, S. 450 ff.; vgl. ferner Immanuel Kant, *Kritik der Urteilskraft*, Kant 1957, Bd. 5, S. 488.
55 Goethe an Karl Ludwig von Knebel, 28. März 1797, in: Goethe Briefe 1968–1976, Bd. 2, S. 260 f.
56 Goethe 1797, in: Goethes Jahr 1994, S. 59; Goethe, März – Mai 1797, in: Goethe Tagebücher 1998–2007, Bd. 2, T. 1, S. 99 ff.
57 Goethe zu Karl August, 14. März 1797, in: Goethe Begegnungen 1965–2000, Bd. 4, S. 291.
58 Goethe, 27. März 1797, in: Goethe Tagebücher 1998–2007, Bd. 2, T. 1, S. 103.
59 Goethe, 19. und 27. März 1797, a. a. O., S. 102 f.
60 Goethe, 20. März 1797, a. a. O., S. 102.
61 Goethe, 25. März 1797, a. a. O., S. 102.
62 Goethe an Karl Ludwig von Knebel, 28. März 1797, in: Goethe Briefe 1968–1976, Bd. 2, S. 260.
63 Goethe an Friedrich Schiller, 26. April 1797, in: Schiller und Goethe 1856, Bd. 1, S. 301
64 Biermann 1990b, S. 36 f.
65 Friedrich Schiller an Christian Gottfried Körner, 6. August 1797; Christian Gottfried Körner an Friedrich Schiller, 25. August 1797, in: Schiller und Körner 1847, Bd. 4, S. 47, 49.
66 Goethe an AH, 14. April 1797, in: AH Briefe 1973, S. 573; zu AHs Besuch vgl. Goethe, 19.–24. April 1797, in: Goethe Tagebücher 1998–2007, Bd. 2, T. 1, S. 106; AH zu Johannes Fischer, 27. April 1797, in: Goethe Begegnungen 1965–2000, Bd. 4, S. 306.
67 Goethe, 25., 29.–30. April, 19.–30. Mai 1797, in: Goethe Tagebücher 1998–2007, Bd. 2, T. 1, S. 107, 109, 115.
68 Goethe, 19., 25., 26., 29., 30. Mai 1797, a. a. O., T. 1, S. 109, 112, 113, 115.
69 Goethe zu Johannn Peter Eckermann, 8. Oktober 1827, in: Goethe Eckermann 1999, S. 672.
70 Friedrich Schiller an Goethe, 2. Mai 1797, in: Schiller und Goethe 1856, Bd. 1, S. 304.

71 Goethe, 16. März 1797, in: Goethe Tagebücher 1998–2007, Bd. 2, T. 1, S. 101.

72 Kant, Vorrede zur zweiten Auflage der *Kritik der reinen Vernunft*, 1787.

73 Elden und Mendieta 2011, S. 23.

74 AH an Wilhelm Gabriel Wegener, 27. Februar 1789, in: AH Briefe 1973, S. 44.

75 Henry Crabb Robinson, 1801, in: Stelzig 2010, S. 59; sie sprachen auch über Johann Gottlieb Fichtes *Wissenschaftslehre*. Fichte griff Kants Termini von Subjektivität, Ich-Bewusstsein und Außenwelt auf und führte sie weiter, indem er Kants Dualismus aufhob. Fichte arbeitete an der Universität Jena und wurde einer der Gründungsväter des deutschen Idealismus. Nach seiner Auffassung gab es kein »Ding an sich« – alles Bewusstsein beruhe auf dem Ich und nicht auf der Außenwelt. Damit erklärt Fichte die Subjektivität zum wichtigsten Prinzip für das Verständnis der Welt. Wenn Fichte recht hätte, wären die Folgen für die Naturwissenschaften ungeheuerlich, denn dann wäre keine unabhängige und objektive Erkenntnis mehr möglich. Zu der Erörterung Fichtes durch Goethe und AH vgl. Goethe, 12., 14., 19. März 1797, in: Goethe Tagebücher 1998–2007, Bd. 2, T. l, S. 101 f.

76 AH an Wilhelm Gabriel Wegener, 27. Februar 1789, in: AH Briefe 1973, S. 44.

77 Morgan 1990, S. 26.

78 AH Kosmos 1845–1850, Bd. 1, S. 217; vgl. ferner Knobloch 2009.

79 AH Kosmos 1845–1850, Bd. 1, S. 69 f.

80 AH Kosmos 1845–1850, Bd. 1, S. 70.

81 Goethe, *Maximen und Reflexionen*, Nr. 295, in: Buttimer 2001, S. 109; vgl. ferner Jackson 1994, S. 687.

82 AH an Johann Leopold Neumann, 23. Juni 1791, in: AH Briefe 1973, S. 142.

83 AH an Goethe, 3. Januar 1810, in: Goethe Humboldt Briefe 1909, S. 305; vgl. ferner AH Kosmos 1845–1850, Bd. 1, S. 85.

84 Darwin (1789) 1791, Zeile 232.

85 King-Hele 1986, S. 67 f.

86 AH an Charles Darwin, 18. September 1839, in: Darwin Briefe, Bd. 2, S. 426. AH bezieht sich auf Erasmus Darwins Buch *Zoonomia*, das 1795 in Deutschland veröffentlicht wurde; vgl. auch AH an Samuel Thomas von Sömmerring, 29. Juni 1795, in: AH Briefe 1973, S. 439.

87 Goethe an Friedrich Schiller, 26.–27. Januar 1798, in: Schiller Briefe 1943–2003, Bd. 37, T. 1, S. 234.

88 Goethe Morphologie 1987, S. 458.

89 Ende Dezember 1794, in: Goethe Begegnungen 1965–2000, Bd. 4, S. 117; Goethe, 1796, Goethes Jahr 1994, S. 53; WH an Friedrich Schiller, 17. Juli 1795, in: Goethe von Tag zu Tag 1982–1996, Bd. 3, S. 393; Safranski 2011, S. 191; Friedrich Schiller an Goethe, 26. Juni 1797, in: Schiller und Goethe, 1856, Bd. 1, S. 322; an der ersten Fassung, dem *Urfaust*, arbeitete er Anfang der 1770er Jahre, und 1790 veröffentlichte er ein kurzes *Fragment* des Dramas.

90 Goethe 1977, *Faust I*, Erste Szene, Nacht, Vers 436.

91 Goethe an Johann Friedrich Unger, 28. März 1797, in: Goethe Briefe 1968–1976, Bd. 2, S. 558.

92 Goethe 1977, *Faust I*, Erste Szene, Nacht, Vers 438.

93 A. a. O., Vers 382 ff.

94 Louise Nicolovius berichtet von Charlotte von Stein, 20. Januar 1810, in Er-

innerung an ein Gespräch mit Goethe, in: Goethe von Tag zu Tag 1982–1996, Bd. 5, S. 381.

95 Goethe schrieb und veröffentlichte das Gedicht 1797, Goethe 1797, in: Goethes Jahr 1994, S. 59.
96 Pierre-Simon Laplace, *Exposition du système du monde*, 1796, vgl. Adler 1990, S. 264.
97 Goethe 1977, *Faust I*, Erster Akt, Nacht, Vers 672–675.
98 AH an Goethe, 3. Januar 1810, in: Goethe Humboldt Briefe 1909, S. 304.
99 John Keats, 28. Dezember 1817, berichtet von Benjamin Robert Haydon, in: Haydon 1960–1963, Bd. 2, S. 173.
100 AH an Caroline von Wolzogen, 14. Mai 1806, in: Goethe AH WH Briefe 1876, S. 407.
101 Ebd.

3. Auf der Suche nach einem Ziel

1 AH an Wilhelm Gabriel Wegener, 27. März 1789, in: AH Briefe 1973, S. 47.
2 WH an CH, 9. Oktober 1818, in: WH CH Briefe 1910–1916, Bd. 6, S. 219.
3 Geier 2010, S. 199.
4 WH an Friedrich Schiller, 16. Juli 1796, in: Geier 2010, S. 201.
5 AH an Carl Freiesleben, 7. April 1796, in: AH Briefe 1973, S. 503.
6 AH an Carl Freiesleben, 25. November 1796; AH an Carl Ludwig Willdenow, 20. Dezember 1796, a. a. O., S. 551 ff., 560.
7 AH an Abraham Gottlob Werner, 21. Dezember 1796, a. a. O., S. 561.
8 AH an Wilhelm Gabriel Wegener, 27. März 1789, a. a. O., S. 47; AH, Meine Bekenntnisse 1769–1805, in: Biermann 1987, S. 55.
9 AH an Carl Freiesleben, 25. November 1796, in: AH Briefe 1973, S. 553.
10 AH an Archibald MacLean, 9. Februar 1793, a. a. O., S. 233 f.
11 Carl Freiesleben an AH, 20. Dezember 1796, a. a. O., S. 559.
12 Gersdorff 2013, S. 65 f.
13 Eichhorn 1959, S. 186.
14 AH an Paul Christian Wattenback, 26. April 1791, in: AH Briefe 1973, S. 136.
15 AH an Carl Ludwig Willdenow, 20. Dezember 1796, a. a. O., S. 560; AH, Meine Bekenntnisse 1769–1805, in: Biermann 1987, S. 55–58.
16 AH an Carl Freiesleben, 4. März 1795, in: AH Briefe 1973, S. 403.
17 AH an Schuckmann, 14. Mai 1797, AH an Georg Christoph Lichtenberg, 10. Juni 1797, AH an Joseph Banks, 20. Juni 1797, a. a. O., S. 578, 583, 584.
18 AH an Carl Freiesleben, 18. April 1797, AH an Schuckmann, 14. Mai 1797, a. a. O., S. 575, 578.
19 AH an Goethe, 16. Juli 1795, in: Goethe AH WH Briefe 1876, S. 311.
20 Reise 1815–1829, Bd. 1, S. 5; AH an Carl Freiesleben, 14. und 16. Oktober 1797, in: AH Briefe 1973, S. 593.
21 AH an Joseph van der Schott, 31. Dezember 1797, vgl. auch AH an Carl Freiesleben, 14. Oktober 1797, a. a. O., S. 593, 603.
22 AH an Joseph van der Schott, 31. Dezember 1797, AH an Franz Xaver von Zach, 23. Februar 1798, a. a. O., S. 601, 608.

23 AH an Joseph van der Schott, 28. Oktober 1797, a.a.O., S. 594.

24 AH an Heinrich Karl Abraham Eichstädt, 19. April 1798, a.a.O., S. 625.

25 AH an Graf Christian Günther von Bernstorff, 25. Februar 1798, AH an Carl Freiesleben, 22. April 1798, a.a.O., S. 612, 629.

26 AH an Carl Ludwig Willdenow, 20. April 1799, a.a.O., S. 661; AH, Aus meinem Leben 1769–1850, in: Biermann 1987, S. 96.

27 AH an Heinrich Karl Abraham Eichstädt, 19. April 1798, AH an Carl Freiesleben, 22. April 1798, in: AH Briefe 1973, S. 625, 629.

28 Moheit 1993, S. 9; AH an Franz Xaver von Zach, 3. Juni 1798, in: AH Briefe 1973, S. 633 f.; AH Meine Bekenntnisse 1769–1805, in: Biermann 1987, S. 57 f.; Gersdorff 2013, S. 66 ff.

29 AH an Marc-Auguste Pictet, 22. Juni 1798, in: Bruhns 1873, Bd. 1, S. 234.

30 AH an Carl Ludwig Willdenow, 20. April 1799, in: AH Briefe 1973, S. 661.

31 Biermann 1990, S. 175 ff.; Schneppen 2002; Sarton 1943, S. 387 ff.; AH an Carl Ludwig Willdenow, 20. April 1799, in: AH Briefe 1973, S. 662.

32 Friedrich Schiller an Goethe, 17. September 1800, in: Schiller Briefe 1943–2003, Bd. 30, S. 198; vgl. ferner Christian Gottfried Körner an Friedrich Schiller, 10. September 1800, Schiller Briefe 1943–2003, Bd. 38, T. 1, S. 347.

33 AH an Carl Freiesleben, 19. März 1792, in: AH Briefe 1973, S. 178.

34 AH an Carl Ludwig Willdenow, 20. April 1799, a.a.O., S. 661; AH, Meine Bekenntnisse, 1769–1805, in: Biermann 1987, S. 58.

35 AH an Heinrich Karl Abraham Eichstädt, 21. April 1798, AH an Carl Ludwig Willdenow, 20. April 1799, in: AH Briefe 1973, S. 627, 661.

36 AH Reise 1859–1860, Bd.1, S. 3.

37 A.a.O., S. 8; AH an Carl Ludwig Willdenow, 20. April 1799, in: AH Briefe 1973, S. 662.

38 AH an Banks, 15. August 1798, BL Add 8099 ff., S. 71 f.

39 Bruhns 1969, Bd. 1, S. 300.

40 A.a.O., S. 239; AH an Willdenow, 20. April 1799, in: AH Briefe 1973, S. 662.

41 AH an Carl Ludwig Willdenow, 20. April 1799, a.a.O., S. 661.

42 AH an Joseph Franz Elder von Jacquin, 22. April 1798, a.a.O., S. 631.

43 AH an David Friedländer, 11. April 1799, AH an Carl Ludwig Willdenow, 20. April 1799, AH an Carl Freiesleben, 4. Juni 1799, a.a.O., S. 657, 663, 680; vgl. ferner AHs Pass, 7. Mai 1799, Ministerio de Cultura del Ecuador, Quito; Holl 2009, S. 59 f.

44 AH an Carl Freiesleben, 4. Juni 1799, in: AH Briefe 1973, S. 680.

45 AH Reise 1815–1829, Bd. 1, S. 74 ff.; Seeberger 1999, S. 57–61.

46 AH, 5. Juni 1799, in: AH Tagebücher 2000, S. 58.

47 AH an David Friedländer, 11. April 1799, in: AH Briefe 1973, S. 657; in einem anderen Brief schrieb AH über die »Wechselwirkung der Kräfte«, AH an Karl Maria Erenbert von Moll, 5. Juni 1799, a.a.O., S. 682.

48 AH an Carl Freiesleben, 4. Juni 1799, a.a.O., S. 680.

49 AH, 6. Juni 1799, in: AH Tagebücher 2000, S. 424.

50 AH Reise 1859–1860, Bd. 1, S. 55 ff.

51 A.a.O., S. 79.

52 A.a.O., S. 96 f.

53 A.a.O., S. 93; vgl. ferner AH an WH, 20.–25. Juni 1799, in: AH WH Briefe 1880, S. 10.

54 AH Mein Aufbruch nach Amerika, in: Biermann 1987, S. 82.
55 AH Reise 1859–1860, Bd. 1, S. 136.
56 A. a. O., S. 154 ff.
57 A. a. O., S. 155.
58 Arana 2013, S. 26 ff.
59 AH Reise 1859–1860, Bd. 1, S. 157.
60 A. a. O., S. 154.

4. Südamerika

1 AH an WH, 16. Juli 1799, in: AH WH Briefe 1880, S. 11.
2 AH Reise 1859–1860, Bd. 1, S. 154; AH an WH, 16. Juli 1799, a. a. O., S. 13.
3 AH an WH, 16. Juli 1799, a. a. O., S. 13.
4 Ebd.
5 AH Reise 1859–1860, Bd. 1, S. 184.
6 A. a. O., S. 244.
7 AH an WH, 16. Juli 1799, in: AH WH Briefe 1880, S. 13.
8 AH Reise 1859–1860, Bd. 1, S. 154.
9 Personal Narrative 1814–1829, Bd. 2, S. 194.
10 AH Reise 1859–1860, Bd. 1, S. 259, 264.
11 A. a. O., S. 264.
12 AH an Reinhard und Christiane von Haeften, 18. November 1799, in: AH Briefe Amerika 1993, S. 66; AH an WH, 16. Juli 1799, in: AH WH Briefe 1880, S. 13.
13 AH Reise 1859–1860, Bd. 2, S. 52 ff.
14 AH an Reinhard und Christiane von Haeften, 18. November 1799, in: AH Briefe Amerika 1993, S. 66.
15 A. a. O., S. 65.
16 AH Reise 1859–1860, Bd. 1, S. 187.
17 A. a. O., Bd. 2, S. 47; AH, 4. November 1799, in: AH Tagebücher 2000, S. 119.
18 AH Reise 1859–1860, Bd. 2., S. 50.
19 AH, November 1799, in: AH Tagebücher 2000, S. 166.
20 AH schrieb im Juni 1801 ins Tagebuch, José begleite sie seit August 1799; AH, 23. Juni – 8. Juli 1801, in: AH Tagebücher 2003, Bd. 1, S. 85.
21 AH Reise 1859–1860, Bd. 2, S. 60 ff.
22 AH, 18. November 1799, in: AH Tagebücher 2000, S. 165.
23 AH Reise 1859–1860, Bd. 2, S. 102.
24 Juan Vicente de Bolívar, Martín de Tobar und Marqués de Mixares an Francisco de Miranda, 24. Februar 1782, in: Arana 2013, S. 21.
25 AH Reise 1859–1860, Bd. 2, S. 126.
26 AH, 8. Februar 1800, in: AH Tagebücher 2000, S. 188.
27 AH Reise 1859–1860, Bd. 1, S. 250.
28 A. a. O., S. 276.
29 AH, 22. November 1799 – 7. Februar 1800, in: AH Tagebücher 2000, S. 179.
30 Holl 2009, S. 131.
31 AH Reise 1859–1860, Bd. 2, S. 43. Weder in der englischen noch in der deut-

schen Ausgabe ist von Geld die Rede, wohl aber in der französischen: Voyage aux régions équinoxiales du noveau continent, Bd. 4, S. 5.

32 AH an Ludwig Bolmann, 15. Oktober 1799, in: Biermann 1987, S. 169.
33 AH Briefe Amerika 1993, S. 9.
34 AH, 7. Februar 1800, in: AH Tagebücher 2000, S. 185.
35 AH Reise 1859–1860, Bd. 2, S. 189.
36 A. a. O., S. 201.
37 A. a. O., S. 200; AH, 4. März 1800, in: AH Tagebücher 2000, S. 215 ff.
38 AH Reise 1859–1860, Bd. 2, S. 206.
39 Ebd.
40 A. a. O., S. 208 ff.
41 A. a. O., S. 206 f.
42 A. a. O., S. 210.
43 AH, 4. März 1800, in: AH Tagebücher 2000, S. 215.
44 AH Reise 1859–1860, Bd. 1, S. 223.
45 A. a. O., Bd. 2, S. 170.
46 AH, 7. Februar 1800, in: AH Tagebücher 2000, S. 186.
47 AH Reise 1859–1860, Bd. 2, S. 207.
48 Ebd.
49 Vgl. AHs Schriften, aber auch Holl 2007–2008, S. 20 ff.; Osten 2012, S. 61 ff.
50 AH Reise 1859–1860, Bd. 2, S. 207.
51 Weigel 2004, S. 85.
52 Evelyn 1670, S. 178.
53 Jean-Baptiste Colbert, in: Schama 1996, S. 175.
54 Bartram, John, »Essay for the Improvements of Estates, by Raising a Durable Timber for Fencing, and Other Uses«, Bartram 1992, S. 294.
55 Benjamin Franklin an Jared Eliot, 25. Oktober 1750; Benjamin Franklin, »An Account of the New Invented Pennsylvanian Fire-Places«, 1744, in: Franklin 1956–2008, Bd. 2, S. 422, und Bd. 4, S. 70.
56 AH Reise 1859–1860, Bd. 2, S. 207.
57 Ebd.
58 AH, September 1799, in: AH Tagebücher 2000, S. 140; AH Reise 1859-1860, Bd. 2, S. 207.
59 (Fußnote) AH Ansichten 1849, Bd. 1, S. 158.
60 AH, September 1799, in: AH Tagebücher 2000, S. 140.
61 AH, 4. März 1800, a. a. O., S. 216.
62 AH Reise 1859–1860, Bd. 3. S. 53 f.; AH, 6. April 1800, in: AH Tagebücher 2000, S. 257.
63 AH Reise 1859–1860, Bd. 1, S. 201 f.
64 AH, 2.–5. August 1803, in: AH Tagebücher 2003, Bd. 2, S. 258.
65 Aristoteles, *Politik*, Buch I, Kap. 8.
66 Carl von Linné, in: Worster 1977, S. 37.
67 1. Mose 1,28.
68 Francis Bacon, in: Worster 1977, S. 30.
69 René Descartes, in: Thomas 1984, S. 33.
70 Johannes Megapolensis, in: Myers 1912, S. 303.
71 Montesquieu, *Geist der Gesetze*, 6. Teil, Leipzig, 1848, S. 73.
72 Chinard 1945, S. 464.

73 Alexis de Tocqueville, *Fünfzehn Tage in der Wildnis*, Zürich, Diaphanes, On-
lineressource (Kindle).
74 Hugh Williamson, 17. August 1770, in: Chinard 1945, S. 452.
75 Thomas Wright 1794, in: Thomson 2012, S. 189.
76 Jeremy Belknap, in: Chinard 1945, S. 464.
77 Richard W. Judd 2006, S. 4; Bewell 1989, S. 242.
78 Buffon, Bewell 1989, S. 243; vgl. auch Adam Hodgson, in: Chinard 1945, S. 483.
79 AH Kosmos 1845–1850, Bd. 1, S. 36.
80 AH, 4. März 1800, in: AH Tagebücher 2000, S. 216.

5. Die Llanos und der Orinoco

1 Wenn nicht anders angegeben: AH Reise 1859–1860, Bd. 2, S. 266 ff.; AH,
6.–27. März 1800, in: AH Tagebücher 2000, S. 222 ff.
2 AH Reise 1859–1860, Bd. 2, S. 261.
3 A. a. O., S. 268.
4 AH-Porträt von Friedrich Georg Weitsch aus dem Jahr 1806, heute in der Alten
Nationalgalerie in Berlin.
5 AH Reise 1859–1860, Bd. 2, S. 280 ff.; AH, 6.–27. März 1800, in: AH Tagebücher 2000, S. 232 ff.
6 AH Ansichten 1849, Bd. 1, S. 4; AH Ansichten 1808, S. 3.
7 AH Ansichten 1849, S. 32 ff.; Reise 1859–1860, Bd. 2, S. 295 ff.
8 AH Ansichten 1849, Bd. 1, S. 34.
9 AH Reise 1859–1860, Bd. 3, S. 3 ff., Bd. 4.
10 AH, 30. März 1800, in: AH Tagebücher 2000, S. 239
11 AH Reise 1859–1860, Bd. 3, S. 17.
12 AH an WH, 17. Oktober 1800, in: AH WH Briefe 1880, S. 15.
13 AH Reise 1859–1860, Bd. 2, S. 44.
14 AH, 30. März – 23. Mai 1800, in: AH Tagebücher 2000, S. 241 f.
15 A. a. O., S. 255.
16 AH Reise 1859–1860, Bd. 3, S. 27, 31, 79, Bd. 4, S. 25.
17 A. a. O., Bd. 3, S. 243.
18 AH, 30. März – 23. Mai 1800, in: AH Tagebücher 2000, S. 244.
19 AH Reise 1859–1860, Bd. 3, S. 33; AH, 2. April 1800, in: AH Tagebücher 2000,
S. 249.
20 AH Reise 1859–1860, Bd. 4, S. 67.
21 AH Ansichten 1849, Bd. 1, S. 333.
22 AH Reise 1859–1860, Bd. 3, S. 63.
23 AH, 31. März 1800, in: AH Tagebücher 2000, S. 240.
24 AH Reise 1859–1860, Bd. 3, S. 72 f.
25 A. a. O., S. 74.
26 AH, 30. März – 23. Mai 1800, in: AH Tagebücher 2000, S. 266.
27 AH Ansichten 1849, Bd. 1, S. 337.
28 AH an Baron von Forell, 3. Februar 1800, in: Bruhns 1969, Bd. 1, S. 328.
29 AH Reise 1859–1860, Bd. 3, S. 244.
30 AH Ansichten 1849, Bd. 1, S. 333 ff.

31 AH Ansichten 1849, Bd. 1, S. 334; AH Reise 1859–1860, Bd. 3, S. 28.
32 AH Reise 1859–1860, Bd. 3, S. 28.
33 A. a. O., Bd. 1, S. 133.
34 AH Ansichten 1849, Bd. 1, S. 23.
35 Worster 1977, S. 35.
36 AH Reise 1859–1860, Bd. 3, S. 19.
37 AH Ansichten 1849, Bd. 1, S. 23.
38 AH 30. März – 23. Mai, in: AH Tagebücher 2000, S. 262.
39 AH Reise 1859–1860, Bd. 3, S. 100 ff.; AH Ansichten 1849, Bd. 1, S. 268 ff.
40 AH Reise 1859–1860, Bd. 3, S. 170.
41 A. a. O., S. 58; AH, 6. April 1800, in: AH Tagebücher 2000, S. 258.
42 Bonpland an AH, 6. April 1800, ebd.
43 AH Reise 1859–1860, Bd. 3, S. 58.
44 A. a. O., S. 98, 156; AH, 15. April 1800, in: AH Tagebücher 2000, S. 260 f.
45 AH, 15. April 1800, in: AH Tagebücher 2000, S. 261.
46 AH Reise 1859–1860, Bd. 3, S. 152.
47 AH, 15. April 1800, in: AH Tagebücher 2000, S. 262.
48 AH Reise 1859–1860, Bd. 3, S. 66.
49 A. a. O., S. 79; Bd. 4, S. 7; AH, 15. April 1800, in: AH Tagebücher 2000, S. 260.
50 AH Reise 1859–1860, Bd. 4, S. 25.
51 A. a. O., Bd. 2, S. 281; a. a. O., Bd. 3, S. 277, Bd. 4, S. 26; AH, 15. April 1800, in: AH Tagebücher 2000, S. 260; AH an WH, 17. Oktober 1800, in: AH WH Briefe 1880, S. 17.
52 AH Reise 1859–1860, Bd. 3, S. 278; Humboldt nannte sie später *Bertholletia excelsa* nach dem französischen Naturforscher Claude Louis Berthollet.
53 A. a. O., S. 228.
54 AH, April 1800, in: AH Tagebücher 2000, S. 250.
55 AH, April – Mai 1800, a. a. O., S. 285; vgl. auch a. a. O., S. 255, 286.
56 AH Reise 1859–1860, Bd. 3, S. 252; zur Naturreligion vgl. a. a. O., Bd. 2, S. 6; zu den besten Naturbeobachtern vgl. AH, »Indios, Sinnesschärfe«, Guayaquil, 4. Januar – 17. Februar 1803, in: AH Tagebücher 1982, S. 182 f.
57 AH Reise 1859–1860, Bd. 3, S. 77 f.
58 A. a. O., S. 216.
59 A. a. O., S. 86.
60 A. a. O., S. 229.
61 AH, März 1801, in: AH Tagebücher 1982, S. 176.
62 AH Reise 1859–1860, Bd. 4, S. 26.
63 AH Reise 1859–1860, Bd. 3, S. 100; AH Ansichten 1849, Bd. 1, S. 263, 276, 285.
64 AH Reise 1859–1860, Bd. 2, S. 202.
65 A. a. O., Bd. 3, S. 146 f., Bd. 4, S. 23.
66 A. a. O., S. 25.
67 A. a. O., S. 28 f.
68 AH, Mai 1800, in: AH Tagebücher 2000, S. 297.
69 AH Reise 1815–1829, Bd. 4, S. 148.
70 A. a. O., S. 149 ff.
71 A. a. O., S. 230.
72 A. a. O., S. 228.

73 AH Reise 1862, Bd. 6, S. 263.
74 AH Ansichten 1849, Bd. 1, S. 29 ff.
75 AH, März 1800, in: AH Tagebücher 2000, S. 231. Obwohl es sich um einen Eintrag für März handelt, bezieht sich AH auf sein späteres Erlebnis im Juli. Er hat den Eintrag später hinzugefügt.
76 AH Reise 1859–1860, Bd. 4, S. 230.
77 Ebd.
78 Ebd.
79 Ansichten 1849, Bd. 1, S. 23.

6. Über die Anden

1 Bruhns 1969, Bd. 1, S. 338; AH an Carl Ludwig Willdenow, 21. Februar 1801, in: Biermann 1987, S. 173; AH, Erinnerung während der Reise von Lima nach Guayaquil, 24. Dezember 1802–1804. Januar 1803, AH Tagebücher 2003, Bd. 2, S. 178; *National Intelligencer and Washington Advertiser*, 12. November 1800.
2 AH Reise 1815–1829, Bd. 6, S. 237. (Nicht mehr in AH Reise 1859–1860, Bd. 1–4 enthalten.)
3 AH an Carl Ludwig Willdenow, 21. Februar 1801, in: Biermann 1987, S. 171.
4 AH Reise 1815–1829, Bd. 6, S. 235.
5 Joseph Banks an Jacques Julien Houttou de La Billardière, 9. Juni 1796, in: Banks 2000, S. 171; vgl. auch Wulf 2008, S. 203 f.
6 AH an Banks, 15. November 1800, Banks an Jean-Baptiste Joseph Delambre, 4. Januar 1805, in: Banks 2007, Bd. 5, S. 63 f., 406.
7 AH an Carl Ludwig Willdenow, 21. Februar 1801, in: Biermann 1987, S. 175.
8 AH an Christiane Haeften, 18. Oktober 1800, in: AH Tagebücher 2003, Bd. 2, S. 178.
9 AH, 24. Dezember 1802 – 4. Januar 1803, in: AH Tagebücher 2003, Bd. 2, S. 178.
10 AH, 24. Dezember 1802 – 4. Januar 1803, ebd.
11 Ebd.; AH, 23. Juni – 8. Juli 1801, in: AH Tagebücher 2003, Bd. 1, S. 89 ff.; AH an WH, 21. September 1801, in: AH WH Briefe 1880, S. 32.
12 AH, 23. Juni – 8. Juli 1801, in: AH Tagebücher 2003, Bd. 1, S. 89 f.
13 AH, 19. April – 15. Juni 1801, a. a. O., S. 65 f.
14 A. a. O., S. 67–78.
15 AH, 18. – 22. Juni 1801, a. a. O., S. 78.
16 AH, 23. Juni – 8. Juli 1801, a. a. O., S. 85–89.
17 AH an WH, 21 September 1801, in: AH WH Briefe 1880, S. 35; AH, November – Dezember 1801, in: AH Tagebücher 2003, Bd. 1, S. 90 ff. (AH verfasste diesen Tagebucheintrag, nachdem sie Bogotá verlassen hatten.)
18 Holl 2009, S. 161.
19 AH an WH, 21. September 1801, in: AH WH Briefe 1880, S. 35.
20 AH, November – Dezember 1801, in: AH Tagebücher 2003, Bd. 1, S. 91.
21 AH, 8. September 1801, a. a. O., S. 119.
22 AH, 5. Oktober 1801, a. a. O., S. 135.
23 AH, 23. Juni – 8. Juli 1801, a. a. O., S. 85.
24 AH Cordilleren 1810, Bd. 1, S. 17 ff.; Fiedler und Leitner 2000, S. 170.

25 AH, 27. November 1801, vgl. ferner AH, 5. Oktober 1801, in: AH Tagebücher 2003, Bd. 1, S. 131, 155.
26 AH, 27. November 1801, a. a. O., S. 151.
27 AH, 14. September 1801, a. a. O., S. 124; AH Cordilleren 1810, Bd. 1, S. 19.
28 AH, 22. Dezember 1801, in: AH Tagebücher 2003, Bd. 1, S. 163.
29 AH, 19. Dezember 1801, a. a. O., Bd. 2, S. 45.
30 AH an WH, 21. September 1801, in: AH WH Briefe 1880, S. 27.
31 AH, 27. November 1801, in: AH Tagebücher 2003, Bd. 1, S. 155.
32 A. a. O., S. 152; zu José und dem Barometer vgl. AH, 28. April 1802, a. a. O., Bd. 2, S. 83; zu AHs Reisebarometer vgl. Friedrich Georg Weitschs Porträt von AH aus dem Jahr 1806 (heute in der Alten Nationalgalerie in Berlin); Seeberger 1999, S. 57 ff.
33 Wilson 1995, S. 296; AH, 19. April – 15. Juni 1801, in: AH Tagebücher 2003, Bd. 1, S. 66.
34 AH aus meinem Leben, 1769–1850, in: Biermann 1987, S. 101.
35 Goethe an AH, 1824, in: Goethe Begegnungen 1965–2000, Bd. 14, S. 322.
36 Rosa Montúfar, in: Beck 1959, S. 24.
37 AH an Carl Freiesleben, 21. Oktober 1793, in: AH Briefe 1973, S. 280.
38 AH an Wilhelm Gabriel Wegener, 27. März 1789, und AH an Carl Freiesleben, 10. April 1792, a. a. O., S. 46, 180.
39 AH an Reinhard von Haeften, 1. Januar 1796, a. a. O., S. 477.
40 AH an Carl Freiesleben, 10. April 1792, a. a. O., S. 180.
41 AH an Reinhard von Haeften, 1. Januar 1796, a. a. O., S. 478 f.
42 AH an Carl Freiesleben, 4. Juni 1799, a. a. O., S. 680.
43 Adolph Kohut 1871 über AHs Berliner Aufenthalt im Jahr 1805, in: Beck 1959, S. 31.
44 *Quarterly Review,* Bd. 14, Januar 1816, S. 369.
45 CH an WH, 22. Januar 1791, in: WH CH Briefe 1910–1916, Bd. 1, S. 372.
46 Theodor Fontane an Georg Friedländer, 5. Dezember 1884, in: Fontane 1980, Bd. 3, S. 365.
47 José de Caldas an José Celestino Mutis, 21. Juni 1802, in: Andress 2011, S. 11; Caldas fragte, ob er sich AH anschließen könne, in: Holl 2009, S. 166.
48 AH an Archibald MacLean, 6. November 1791, vgl. auch AH an Wilhelm Gabriel Wegener, 27. März 1789, in: AH Briefe 1973, S. 47, 157.
49 AH Kosmos 1845–1850, Bd. 1, S. 6; vgl. auch AH an Archibald MacLean, 6. November 1791, in: AH Briefe 1973, S. 157.
50 AH, 28. April 1802, in: AH Tagebücher 2003, Bd. 2, S. 83.
51 AH bestieg den Pichincha dreimal; AH, 14. April, 26. und 28. Mai 1802, vgl. AH Tagebücher 2003, Bd. 2, S. 72 ff., 85 ff., 90 ff.; AH an WH, 25. November 1802, in: AH WH Briefe 1880, S. 45 ff.
52 AH an WH, 25. November 1802, a. a. O., S. 46.
53 AH, 28. April 1802, in: AH Tagebücher 2003, Bd. 2, S. 83 ff.
54 AH Cordilleren 1810, Bd. 1, S. 59, 62.
55 AH, 28. April 1802, in: AH Tagebücher 2003, Bd. 2, S. 81.
56 AH, 14.–18. März 1802, a. a. O., S. 57 ff.
57 A. a. O., S. 57, 62.
58 A. a. O., S. 61.
59 A. a. O., S. 62.

60 A. a. O., S. 65.
61 AH, 22. November 1799 – 7. Februar 1800, in: AH Tagebücher 2000, S. 179.

7. Chimborazo

1 AH an WH, 25. November 1802, in: AH WH Briefe 1880, S. 54.
2 A. a. O., S. 48.
3 AH, 9.–12. Juni und 12.–28. Juni 1802, in: AH Tagebücher 2003, Bd. 2, S. 94–104.
4 AH, *Über einen Versuch den Gipfel des Chimborazo zu ersteigen*, S. 6.
5 AH an WH, 25. November 1802, in: AH WH Briefe 1880, S. 48; AH, *Über einen Versuch den Gipfel des Chimborazo zu ersteigen*, S. 13; AH, 23. Juni 1802, in: AH Tagebücher 2003, Bd. 2, S. 100–109.
6 AH, *Über einen Versuch den Gipfel des Chimborazo zu ersteigen*, S. 13.
7 AH, 23. Juni 1802, in: AH Tagebücher 2003, Bd. 2, S. 106.
8 AH Geographie 1807, S. 161 ff.
9 AH, 23. Juni 1802, in: AH Tagebücher 2003, Bd. 2, S. 106.
10 WH an Karl Gustav von Brinkmann, 18. März 1793, in: Heinz 2003, S. 19.
11 Georg Gerland, 1869, in: Jahn 2004, S. 19.
12 AH Reise 1859–1860, Bd. 1, S. 276; vgl. auch a. a. O., Bd. 2, S. 133; auf diese Zusammenhänge wies AH immer wieder hin – in seinen *Ideen zu einer Geographie der Pflanzen* (1807), aber auch Reise 1859–1860, Bd. 2, S. 130; Ansichten 1849, Bd. 2, S. 3 ff.
13 AH Reise 1859–1860, Bd. 2, S. 110 f.
14 AH Geographie 1807, S. 5 ff.
15 AH Kosmos 1845–1850, Bd. 1, S. VI.
16 AH Geographie 1807, S. 35 ff.; AH Kosmos 1845–1850, Bd. 1, S. 12.
17 AH Kosmos 1845–1850, Bd. 1, S. 39.
18 A. a. O., S. 12.
19 AH Geographie 1807, S. III; Holl 2009, S. 181 ff., sowie Fiedler und Leitner 2000, S. 234.
20 AH an Marc-Auguste Pictet, 3. Februar 1805, in: Dove 1881, S. 103.
21 AH Kosmos 1845–1850, Bd. 1, S. 39.
22 AH Ansichten 1849, Bd. 2, S. 3.
23 A. a. O., S. 11.
24 AH Kosmos 1845–1850, Bd. 1, S. 40.
25 Das »Naturgemälde« wurde in Humboldts *Ideen zu einer Geographie der Pflanzen* (1807) veröffentlicht.
26 AH Kosmos 1845–1850, Bd. 1, S. 55.
27 AH, 12. April 1803 – 20. Januar 1804, Mexiko, in: AH Tagebücher 1982, S. 187; AH an WH, 24. November 1802, in: AH WH Briefe 1880, S. 51 f.
28 A. a. O., S. 52.
29 A. a. O., S. 50.
30 AH Ansichten 1849, Bd. 2, S. 319; vgl. auch AH, 23.–28. Juli 1802, in: AH Tagebücher 2003, Bd. 2, S. 126–130.
31 AH, Zusammenfassung von Humboldts und Bonplands Expedition, Ende Juni 1804, in: AH Briefe USA 2004, S. 507; Helferich 2005, S. 242.

32 Kortum 1999, S. 98 ff.; insbesondere dort AH an Heinrich Berghaus, 21. Februar 1840, S. 98.
33 Ansichten 1849, Bd. 2, S. 254.
34 AHs Führer in Mexico City über AH, 1803, in: Beck 1959, S. 26.
35 A. a. O., S. 27.
36 Ebd.; AH, 31. Januar – 6. Februar 1803, in: AH Tagebücher 2003, Bd. 2, S. 182 ff.
37 A. a. O., S. 184.
38 AH Cordilleren 1810, Bd. 1, S. 58.
39 AH, 27. Februar 1803, in: AH Tagebücher 2003, Bd. 2, S. 190.

8. Politik und Natur

1 AH, 29. April – 20. Mai 1804, in: AH Tagebücher 2003, Bd. 2, S. 301 ff.
2 A. a. O., S. 302.
3 AH, Aus meinem Leben 1769–1850, in: Biermann 1987, S. 103.
4 AH, Zusammenfassung von Humboldts und Bonplands Expedition, Ende Juni 1804, in: AH Briefe USA 2004, S. 508.
5 AH an Carl Ludwig Willdenow, 29. April 1803, in: AH Briefe Amerika 1993, S. 230.
6 AH Tagebücher 1982, S. 12.
7 AH an Friedrich Heinrich Jacobi, 3. Januar 1791, in: AH Briefe 1973, S. 118.
8 AH an Jefferson, 24. Mai 1804, in: Terra 1959, S. 788.
9 A. a. O., S. 787.
10 AH an James Madison, 24. Mai 1804, a. a. O., S. 796.
11 Edmund Bacon über Jefferson, in: Bear 1967, S. 71.
12 1804 hatte Jefferson sieben Enkel: sechs von seiner Tochter Martha (Anne Cary, Thomas Jefferson, Ellen Wayles, Cornelia Jefferson, Virginia Jefferson, Mary Jefferson) und ein überlebendes Enkelkind von seiner verstorbenen Tochter Maria (Francis Wayles Eppes).
13 Margaret Bayard Smith über Jefferson, in: Hunt 1906, S. 405; vgl. auch Edmund Bacon über Jefferson, in: Bear 1967, S. 85.
14 Edmund Bacon und Jeffersons Erinnerung an Jefferson, a. a. O., S. 12, 18, 72–78.
15 Jefferson an Martha Jefferson, 21. Mai 1787, in: TJ Papers, Bd. 11, S. 370.
16 Jefferson an Lucy Paradise, 1. Juni 1789, a. a. O., Bd. 15, S. 163.
17 Wulf 2011, S. 35–57, 70.
18 Jeffersons Anweisungen an Lewis, 1803, in: Jackson 1978, Bd. 1, S. 61–66.
19 Jefferson an AH, 28. Mai 1804, in: Terra 1959, S. 788; vgl. auch Vincent Gray an James Madison, 8. Mai 1804, in: Madison Papers SS, Bd. 7, S. 191 f.
20 Charles Willson Peale Tagebuch, 29. Mai – 21. Juni 1804, Eintrag vom 29. Mai 1804, in: Peale 1983–2000, Bd. 2, T. 2, S. 680 ff.
21 North 1974, S. 70 ff.
22 Wulf 2011, S. 83 ff.
23 A. a. O., S. 129 ff.
24 Friis 1959, S. 171.
25 John Quincy Adams, in: Young 1966, S. 44.

26 Das Weiße Haus hieß immer noch »President's House«. Die erste Verwendung des Namens »White House« ist erst im Jahr 1811 dokumentiert. Wulf 2011, S. 125.
27 William Muir Whitehill, 1803, in: Froncek 1977, S. 85.
28 Thomas Moore 1804, in: Norton 1976, S. 211.
29 Wulf 2011, S. 145 ff.
30 William Plumer, 10. November 1804 und 29. Juli 1805, in: Plumer 1923, S. 193, 333.
31 Sir Augustus John Foster 1805–1807, in: Foster 1954, S. 10.
32 Jefferson an Charles Willson Peale, 20. August 1811, in: TJ Papers RS, Bd. 4, S. 93.
33 Jefferson an Pierre-Samuel Dupont de Nemours, 2. März 1809, in: Jefferson 1944, S. 394.
34 Wulf 2011, S. 149.
35 Margaret Bayard Smith über Jefferson, in: Hunt 1906, S. 393.
36 Thomson 2012, S. 51 ff.
37 Zu den Einzelheiten vgl. Jefferson 1997 und Jefferson 1944; Jefferson an Ellen Wayles Randolph, 8. Dezember 1807, in: Jefferson 1986, S. 316; Edmund Bacon über Jefferson, in: Bear 1967, S. 33.
38 Jefferson an American Philosophical Society, 28. Januar 1797, in: TJ Papers, Bd. 29, S. 279.
39 Alexander Wilson an William Bartram, 4. März 1805, in: Wilson 1983, S. 232.
40 Charles Willson Peale Tagebuch, 29. Mai – 21. Juni 1804, Eintrag vom 2. Juni 1804, in: Peale 1983–2000, Bd. 2, T. 2, S. 690.
41 Margaret Bayard Smith über Jefferson, in: Hunt 1906, S. 385, 396; zu den Erfindungen vgl. Isaac Jefferson über Jefferson, in: Bear 1967, S. 18; Thomson 2012, S. 166 ff.
42 Margaret Bayard Smith über Jefferson, Hunt 1906, S. 396.
43 AH an Jefferson, 27. Juni 1804, in: Terra 1959, S. 789.
44 Charles Willson Peale Tagebuch, 29. Mai – 21. Juni 1804, in: Peale 1983–2000, Bd. 2, T. 2, S. 690–700.
45 Caspar Wistar jr. an James Madison, 29. Mai 1804, in: Madison Papers SS, Bd. 7, S. 265.
46 Albert Gallatin an Hannah Gallatin, 6. Juni 1804, in: Friis 1959, S. 176.
47 Dolley Madison an Anna Payne Cutts, 5. Juni 1804, a. a. O., S. 175.
48 Albert Gallatin an Hannah Gallatin, 6. Juni 1804, a. a. O., S. 176.
49 Charles Willson Peale, Tagebuch, 29. Mai – 21. Juni 1804, Eintrag vom 30. Mai 1804, in: Peale 1983–2000, Bd. 2, T. 2, S. 684; Louis Agassiz sagte später, wie AHs Messungen gezeigt hätten, seien frühere Karten so ungenau gewesen, dass Mexikos Position Abweichungen um rund 500 Kilometer gezeigt hätte, vgl. Agassiz 1869, S. 14 f.
50 Albert Gallatin an Hannah Gallatin, 6. Juni 1804, in: Friis 1959, S. 176.
51 A. a. O., S. 177; Jeffersons Tisch mit Informationen »Louisiana and Texas Description, 1804«, in: DLC; vgl. auch Terra 1959, S. 786.
52 Albert Gallatin an Hannah Gallatin, 6. Juni 1804, in: Friis 1959, S. 176.
53 Charles Willson Peale Tagebuch, 29. Mai – 21. Juni 1804, Eintrag vom 29. Mai 1804, Peale 1983–2000, Bd. 2, T. 2, S. 683.
54 Charles Willson Peale an John DePeyster, 27. Juni 1804, a. a. O., S. 725.
55 Albert Gallatin an Hannah Gallatin, 6. Juni 1804, in: Friis 1959, S. 176.

56 Jefferson an William Arnistead Burwell 1804, in: Friis 1959, S. 181.
57 Jefferson an AH, 9. Juni 1804, in: Terra 1959, S. 789; vgl. auch Rebok 2006, S. 131; Rebok 2014, S. 48 ff.
58 Jefferson an AH, 9. Juni 1804, in: Terra 1959, S. 789.
59 Jefferson an John Hollins, 19. Februar 1809, in: Rebok 2006, S. 126.
60 AH an Jefferson, undatiert, in: AH Briefe Amerika 1993, S. 307.
61 Jefferson an Caspar Wistar, 7. Juni 1804, in: DLC.
62 Friis 1959, S. 178 f.; AHs Bericht für Jefferson, und AH, Zusammenfassung von Humboldts und Bonplands Expedition, Ende Juni 1804, in: AH Briefe USA 2004, S. 484–494, S. 497–509.
63 Jefferson an James Madison, 4. Juli 1804, und Jefferson an Albert Gallatin, 3. Juli 1804, in: Madison Papers SS, Bd. 7, S. 421.
64 AH an Albert Gallatin, 20. Juni 1804, vgl. auch AH an Jefferson, 27. Juni 1804, in: Terra 1959, S. 789, S. 801.
65 AH an James Madison, 21. Juni 1804, a. a. O., S. 796.
66 AH Reise 1859–1860, Bd. 1, S. 212 f.
67 AH, 7. August – 10. September 1803, Guanajuato, Mexiko, in: AH Tagebücher 1982, S. 211.
68 AH, 9. – 12. September 1802, Hualgayoc, Peru, a. a. O., S. 208.
69 AH, Februar 1802, Quito, a. a. O., S. 106.
70 AH, 23. Oktober – 24. Dezember 1802, Lima, Peru, a. a. O., S. 232.
71 AH Reise 1859–1860, Bd. 1, S. 245.
72 A. a. O., Bd. 2, S. 195.
73 Ebd.
74 AH, 22. Februar 1800, in: AH Tagebücher 2000, S. 208 f.
75 AH Cuba 2011, S. 115, AH Reise 1815–1829, S. 164.
76 AH Neuspanien 1823, Bd. 4, Buch 4, S. 2; AH Reise 1815–1829, Bd. 6, S. 132; AH Cuba 2011, S. 95.
77 AH, 23. Juni – 8. Juli 1801, in: AH Tagebücher 2003, Bd. 1, S. 87.
78 AH Reise 1815–1829, Bd. 6, S. 131; AH Cuba 2011, S. 95; AH Neuspanien 1823, Bd. 3, Buch 4, S. 2.
79 AH, 30. März 1800, in: AH Tagebücher 2000, S. 238.
80 AH, 1. – 2. August 1803, AH Tagebücher 2003, Bd. 2, S. 253–257.
81 AH, 30. März 1800, AH Tagebücher 2000, S. 238.
82 AH Neuspanien 1812, Bd. 3, Buch 4, S. 255.
83 AH Reise 1829, Bd. 6, S. 192.
84 Jefferson und James Madison, 20. Dezember 1787, in: TJ Papers, Bd. 12, S. 442.
85 Jefferson und Repräsentanten des Territoriums von Indiana, 28. Dezember 1805, in: DLC.
86 Wulf 2011, S. 113–120; zum Fruchtwechsel vgl. Jefferson an George Washington, 12. September 1795, in: TJ Papers, Bd. 28, S. 464 f.; 19. Juni 1796, in: TJ Papers, Bd. 29, S. 128f.; zum Streichbrett: TJ an John Sinclair, 23. März 1798, a. a. O., Bd. 30, S. 202; Thomson 2012, S. 171 f.
87 Jefferson an James Madison, 19. Mai, 9. Juni, 1. September 1793, in: TJ Papers, Bd. 26, S. 62, 241, Bd. 27, S. 7.
88 Jefferson, Summary of Public Service, nach dem 2. September 1800, a. a. O., Bd. 32, S. 124.
89 Zum Bergreis vgl. Wulf 2011, S. 70; Jefferson an Edward Rutledge, 14. Juli 1787,

in: TJ Papers, Bd. 11, S. 587; zur Todesstrafe vgl. Jefferson an John Jay, 4. Mai 1787, a. a. O., Bd. 11, S. 339; zu Zuckerahornplantagen vgl. Wulf 2011, S. 94 ff.; zu 330 Gemüsevarietäten vgl. Hatch 2012, S. 4.

90 Jefferson an Arthur Campbell, 1. September 1797, in: TJ Papers, Bd. 29, S. 522.

91 Jefferson an Horatio Gates Spafford, 17. März 1814, in: TJ RS Papers, Bd. 7, S. 248; Jefferson über Landbesitz und Moral, vgl. Jefferson 1982, S. 165.

92 Jefferson an Madison, 28. Oktober 1785, TJ Papers, Bd. 8, S. 682.

93 Jeffersons Entwurf für die Verfassung von Virginia, vor dem 13. Juni 1776 (alle Entwürfe enthalten diese Bestimmung), a. a. O., Bd. 1, S. 337 ff.

94 Madison, »Republican Distribution of Citizens«, National Gazette, 2. März 1792.

95 AH Reise 1859–1860, Bd. 1, S. 218.

96 Vgl. beispielsweise AH Geographie 1807, S. 171; vgl. auch AH Cuba 2011, S. 142 ff.; AH Reise 1815–1829, Bd. 6, S. 212 ff.

97 AH, 23. Juni – 8. Juli 1801, in: AH Tagebücher 2003, Bd. 1, S. 87.

98 AH Reise 1859–1860, Bd. 1, S. 64.

99 A. a. O., S. 213.

100 Wulf 2011, S. 41.

101 Jefferson an Edward Bancroft, 26. Januar 1789, in: TJ Papers, Bd. 14, S. 492.

102 AH Cuba 2011, S. 144; AH Reise 1829, Bd. 6, S. 214.

103 AH an William Thornton, 20. Juni 1804, in: AH Briefe Amerika 1993, S. 299 f.

104 AH, 4. Januar – 17. Februar, »Kolonien«, in: AH Tagebücher 1982, S. 66.

105 AH, 9. – 10. Juni 1800, a. a. O., S. 255.

106 AH, Lima 23. Oktober – 24. Dezember 1802, Fragment mit dem Titel »Missionen«, a. a. O., S. 145.

107 AH Reise 1859–1860, Bd. 2, S. 198; zu Bauernhöfen zwischen Honda und Bogotá vgl. AH, 23. Juni – 8. Juli 1801, AH Tagebücher 2003, Bd. 1, S. 87.

108 AH Reise 1859–1860, Bd. 2, S. 199.

109 AH, 23. Juni – 8. Juli 1801, in: AH Tagebücher 2003, Bd. 1, S. 87, 108.

110 Jefferson 1982, S. 143.

111 AH Reise 1859–1860, Bd. 3, S. 47; zur Einheit der Menschheit vgl. auch AH Kosmos 1845–1850, Bd. 1, S. 381–385; AH Cordilleras 1814, Bd. 1, S. 15.

112 AH Kosmos 1845–1850 Bd. 1, S. 385.

113 A. a. O., S. 4

9. Europa

1 AH an James Madison, 21. Juni 1804, in: Terra 1959, S. 796.

2 AH Geographie 1807, S. 56; Wulf 2008, S. 195; AH, Aus meinem Leben 1769–1850, in: Biermann 1987, S. 104.

3 AH an Jean Baptiste Joseph Delambre, 25. November 1802, in: Bruhns 1969, Bd. 1, S. 381.

4 AH an Carl Freiesleben, 1. August 1804, in: AH Briefe Amerika 1993, S. 310.

5 AH Aus meinem Leben 1769–1850, in: Biermann 1987, S. 104.

6 Stott 2012, S. 189.

7 Horne 2004, S. 162 ff.; Marrinan 2009, S. 298; John Scott, 1814, in: Scott 1816; Thomas Dibdin, 16. Juni 1818, in: Dibdin 1821, Bd. 2, S. 76–79.

8 Robert Southey an Edith Southey, 17. Mai 1817, in: Southey 1965, Bd. 2, S. 162.
9 John Scott, 1814, in: Scott 1816, S. 98 f.
10 A. a. O., S. 116.
11 Thomas Dibdin, 16. Juni 1818, in: Dibdin 1821, Bd. 2, S. 76.
12 John Scott, 1814, in: Scott 1816, S. 68, 125.
13 A. a. O., S. 84.
14 AH Geographie 1807, S. 176.
15 Casper Voght, 16. März 1808, in: Voght 1959–1965, Bd. 3, S. 116; vgl. auch
   Bruhns 1969, Bd. 2, S. 6.
16 Goethe an WH, 30. Juli 1804, in: Goethe von Tag zu Tag 1982–1996, Bd. 4,
   S. 511.
17 Christian Gottfried Körner an Friedrich Schiller, 11. September 1804, in: Schiller Briefe 1943–2003, Bd. 40, S. 246.
18 Geier 2010, S. 237; Gersdorff 2013, S. 108 ff.
19 WH an CH, 29. August 1804, in: WH CH Briefe, 1910–1916, Bd. 2, S. 232.
20 CH an WH, 28. August 1804, a. a. O., S. 231.
21 CH an WH, 22. August 1804, a. a. O., S. 226.
22 WH an CH, 29. August 1804, a. a. O., S. 232.
23 AH an WH, 28. März 1804, zitiert in WH an CH, 6. Juni 1804, a. a. O.,
   S. 182.
24 CH an WH, 12 September 1804, a. a. O., S. 249.
25 AH an WH, 14. Oktober 1804, in: Biermann 1987, S. 178.
26 Beck 1959–1961, Bd. 2, S. 1.
27 19., 24. September und 15., 29. Oktober 1804, in: AH Briefe Amerika 1993, S. 15.
28 Claude Louis Berthollet über AH, in: AH an WH, 14. Oktober 1804, in: Biermann 1987, S. 179.
29 AH an WH, 14. Oktober 1804, a. a. O., S. 178.
30 George Ticknor, April 1817, in: AH Briefe USA 2004, S. 516.
31 AH an WH, 14. Oktober 1804, in: Biermann 1987, S. 179.
32 AH an Dietrich Ludwig Gustav Karsten, 10. März 1805, in: Bruhns 1969,
   Bd. 1, S. 408.
33 AH an WH, 14. Oktober 1804, in: Biermann 1987, S. 179; in: Bruhns 1969,
   Bd. 1, S. 473; AH an Jardin des Plantes, 1804, in: Schneppen 2002, S. 10.
34 AH an Carl Freiesleben, 1. August 1804, in: AH Briefe Amerika 1993, S. 310.
35 Arana 2013, S. 57; Heiman 1959, S. 221 ff.
36 Arana, 2013, S. 57; AH, Januar 1800, in: AH Tagebücher 2000, S. 177.
37 O'Leary 1969, S. 30
38 Lynch 2006, S. 22 f.; Arana 2013, S. 53 ff.
39 Arana 2013, S. 58; Heiman 1959, S. 224.
40 Bolívar an AH, 10. November 1821, in: Minguet 1986, S. 743.
41 AH an Bolívar, 29. Juli 1822, a. a. O., S. 749 f.
42 Arana 2013, S. 59.
43 AH an Bolívar, 1804, in: Beck 1959, S. 30 f.
44 Bolívar an AH in Paris, 1804, in: AH Tagebücher 1982, S. 11.
45 AH berichtete das Daniel F. O'Leary, 1853, in: Beck 1969, S. 266; AH sah Sara
   O'Leary im April 1853 in Berlin, AH an Sara O'Leary, April 1853, MSS141, Biblioteca Luis Ángel Arango, Bogotá (ich danke Alberan Gómez Gutiérrez von der
   Pontificia Universidad Javeriana Bogotá für den Hinweis auf diese Handschrift).

46 AH, 4. Januar – 17. Februar 1803, »Kolonien«, in: AH Tagebücher 1982, S. 65.
47 AH Reise 1859–1960, Bd. 1, S. 293.
48 AH, 4. Januar – 17. Februar 1803, »Kolonien«, in: AH Tagebücher 1982, S. 65.
49 AH, 25. Februar 1800, a. a. O., S. 255.
50 AH an Daniel F. O'Leary, 1853, in: Beck 1969, S. 266.
51 AH an Bolívar, 29. Juli 1822, in: Minguet 1986, S. 749.
52 AH an Johann Leopold Neumann, 23. Juni 1791, in: AH Briefe 1973, S. 142.
53 Carl Voght, 14. Februar 1808, in: Voght 1959–1967, Bd. 3, S. 95.
54 AH an Varnhagen, 9. November 1856, in: Biermann und Schwarz 2001b, ohne
    Seitenzahl.
55 AH an Ignaz von Olfers, nach dem 19. Dezember 1850, a. a. O.
56 WH an CH, 18. September 1804, in: WH CH Briefe 1910–1916, Bd. 2, S. 252.
57 WH an CH, 6. Juni 1804, a. a. O., S. 183.
58 CH an WH, 4. November 1804, a. a. O., S. 274.
59 CH an WH, 3. September 1804, a. a. O., S. 238.
60 CH an WH, 16. September 1804, vgl. auch WH an CH, 18. September 1804,
    a. a. O., S. 250, 252.
61 CH an WH, 28. August 1804, a. a. O., S. 231.
62 AH an John Vaughan, 10. Juni 1805, in: Terra 1958, S. 562 ff.
63 AH an Marc-Auguste Pictet, 3. Februar 1805, in: Bruhns 1969, Bd. 1, S. 404 ff.;
    AH an Carl Ludwig Willdenow, 21. Februar 1801, in: Biermann 1987, S. 171 f.
64 Terra 1955, S. 219; Podach 1959, S. 209.
65 Bruhns 1969, Bd. 1, S. 409.
66 A. a. O., AH an Archibald MacLean, 6. November 1791, in: AH Briefe 1973,
    S. 157.
67 WH CH Briefe 1910–1916, Bd. 2, S. 298; AH an Aimé Bonpland, 10. Juni 1805,
    in: Bruhns 1969, Bd. 1, S. 410.
68 Gersdorff 2013, S. 93 ff.
69 Werner 2004, S. 115 ff.
70 O'Leary 1915, S. 86; Arana 2013, S. 61 ff.
71 AH an Daniel F. O'Leary, 1853, in: Beck 1969, S. 266.
72 Vincente Rocafuerte an AH, 17. Dezember 1824, in: Rippy und Brann 1947,
    S. 702.
73 Rodríguez 2011, S. 67; vgl. auch Werner 2004, S. 116 f.
74 Elisa von der Recke, Tagebücher, 13. August 1805, in: Recke 1815, Bd. 3,
    S. 271 ff.
75 Mr Chenevix über AH, Charles Bladgen an Joseph Banks, 25. September 1805,
    in: Banks 2007, Bd. 5, S. 452.
76 AH an Aimé Bonpland, 1. August 1805, in: Heiman 1959, S. 229.
77 Arana 2013, S. 65 ff.
78 Rippy und Brann 1947, S. 703.

10. Berlin

1 AH an Spener oder Sander, 28. Oktober 1805, in: Bruhns 1969, Bd. 1, S. 412.
2 AH an Fürst Pückler-Muskau, in: Biermann und Schwarz 1999a, S. 183.
3 AH an Johann Georg von Cotta, 9. März 1844, in: AH Cotta Briefe 2009, S. 259; vgl. ferner AH an Goethe, 6. Februar 1806, in: Goethe Humboldt Briefe 1909, S. 298.
4 AH an de Beer, 22. April 1806, in: Bruhns 1969, Bd. 1, S. 416.
5 A. a. O., S. 413.
6 Merseburger 2009, S. 76; WH an CH, 19. Juni 1810, in: WH CH Briefe 1910–1916, Bd. 3, S. 418.
7 AH an Marc-Auguste Pictet, November oder Dezember 1805, in: Bruhns 1969, Bd. 1, S. 413.
8 Terra 1955, S. 244.
9 AH an Marc-Auguste Pictet, 1805, in: Bruhns 1969 (1872), Bd. 1, S. 413.
10 Leopold von Buch, Tagebücher, 23. Januar 1806, in: Werner 2004, S. 117.
11 Bruhns 1969, Bd. 1, S. 415.
12 Ebd.; Biermann und Schwarz 1999a, S. 187.
13 Werner 2004, S. 79.
14 AH an de Beer, 22. April 1806, in: Bruhns 1969, Bd. 1, S. 416.
15 AH an Carl Ludwig Willdenow, 17. Mai 1810, in: Fiedler und Leitner 2000, S. 251.
16 AH an Bonpland, 21. Dezember 1805; zu AH und Bonplands Veröffentlichungen vgl. AH an Bonpland, 1. August 1805, 4. Januar 1806, 8. März 1806, 27. Juni 1806, in: Biermann 1990, S.179 f.
17 AH Geographie 1807, S. III.
18 AH an Marc-Auguste Pictet, 3. Februar 1805, in: Bruhns 1969, Bd. 1, S. 405.
19 AH Geographie 1807, S. 2; AH Geography 2009, S. 64.
20 AH Reise 1815–1829, Bd.1, S. 38.
21 AH Geographie 1807, S 7.
22 A. a. O., S. 11, 31, 82 f.
23 A. a. O., S. 16–21.
24 A. a. O., S. 23 f.
25 Ebd.
26 A. a. O., S. 9.
27 Der deutsche Geologe Alfred Wegener entwickelte seine Theorie der Plattentektonik 1912, bestätigt aber wurde sie erst in den Fünfziger- und Sechzigerjahren.
28 AH Geographie 1807, S. 40.
29 AH Kosmos 1845–1850, Bd. 2, S. 89.
30 AH Geographie 1807, S. 13.
31 A. a. O., S. 41.
32 A. a. O., S. V; Humboldt schrieb unterschiedliche Einleitungen für die französische und die deutsche Ausgabe.
33 Richards 2002, S. 114–203.
34 Henrik Steffens, 1798, a. a. O., S. 151.
35 Schelling, in: Richards 2002, S. 134.

36 K.J.H. Windischmann an F.W.J. Schelling, 24. März 1806, in: Werner 2000, S. 8.
37 AH Geographie 1807, S. V.
38 Richards 2002, S. 138, 129ff.
39 AH an F.W.J. Schelling, 1. Februar 1805, in: Werner 2000, S. 6.
40 AH an Christian Carl Josias Bunsen, 22. März 1835, in: AH Bunsen Briefe 1869, S. 16.
41 AH an Goethe, 3. Januar 1810, in: Goethe Humboldt Briefe 1909, S. 304; vgl. auch AH an Caroline von Wolzogen, 14. Mai 1806, in: Goethe AH WH Briefe 1876, S. 407.
42 Goethe 2002, S. 222.
43 Goethe an Johann Friedrich von Cotta, 8. April 1813, Goethe Naturwissenschaften 1989, S. 524.
44 Goethe, 17., 18., 19., 20., 28. März 1807, in: Goethe Tagebücher 1998–2007, Bd. 3, T. 1, S. 298f., 301; Goethe an AH, 3. April 1807, in: Goethe Briefe 1968–1976, Bd. 3, S. 41.
45 Goethe an AH, 3 April 1807, Goethe Briefe 1968–1976, Bd. 3, S. 41; Goethe, 5. Mai und 3. Juni 1807, in: Goethe Tagebücher 1998–2007, Bd. 3, T. 1, S. 308, 322.
46 Goethe, 1. April 1807, Goethe Tagebücher 1998–2007, Bd. 3, T. 1, S. 302; Charlotte von Schiller, 1. April 1807, in: Goethe Begegnungen 1965–2000, Bd. 6, S. 241; Goethe, Geognostische Vorlesungen, 1. April 1807, in: Goethe Naturwissenschaften 1989, S. 540.
47 Goethes Rezension der Ideen zu einer Physiognomik der Gewächse, 31. Januar 1806, *Jenaer Allgemeine Zeitung*, in: Goethe Morphologie 1987, S. 379.
48 Johann Friedrich von Cotta an Goethe, 12. Januar 1807, in: Goethe Briefe 1980–2000, Bd. 5, S. 215.
49 Geier 2010, S. 266.
50 AH an Christian Gottlieb Heyne, 13. November 1807, a.a.O., S. 254.
51 AH an Johann Friedrich von Cotta, 14. Februar 1807, in: AH Cotta Briefe 2009, S. 78.
52 Fiedler und Leitner 2000, S. 38–69.
53 Bruhns 1969, Bd. 1, S. 416.
54 Dieses und die folgenden Zitate: AH Ansichten 1808, S. 4, 5, 33f., 140, 298, 316.
55 A.a.O., S. 329f.
56 AH an Johann Friedrich von Cotta, 21. Februar 1807, in: AH Cotta Briefe 2009, S. 80.
57 AH Ansichten 1849, Bd. 2, S. 135 (nicht in der deutschen Ausgabe von 1808 enthalten, aber ein ähnlicher Abschnitt auf S. 185).
58 AH Ansichten 1808, S. 284.
59 A.a.O., S. 163ff.
60 A.a.O., S. VII.
61 A.a.O., S. 282.
62 Beck 1959–1961, Bd. 2, S. 16.
63 AH Ansichten 1808, S. VIII.
64 Ebd.
65 Friedrich von Schiller, *Braut von Messina*, zitiert ebd.
66 Goethe an AH, 16. Mai 1821, in: Goethe Briefe 1968–1976, Bd. 3, S. 505.
67 François-René de Chateaubriand, in: Clark und Lubrich 2012b, S. 29.

68 Sattelmeyer 1988, S. 207; Thoreau an Spencer Fullerton Baird, 19. Dezember 1853, in: Thoreau Briefe 1958, S. 310; unter anderen verwies Thoreau auf das Buch in *The Maine Woods* und in *Excursions*.

69 Emerson 1959–1972, Bd. 3, S. 213; zu Emerson, *Views of Nature* und AH vgl. auch Emerson 1849, in: Emerson 1960–1992, Bd. 11, S. 91, 157; Harding 1967, S. 143; Walls 2009, S. 251 ff.

70 Darwin an Catherine Darwin, 5. Juli 1832, in: Darwin Briefe, Bd. 1, S. 247.

71 Schifko 2010; Clark und Lubrich 2012, S. 24 f., 170–175, 191, 204 f., 214–223.

72 Jules Verne, *Die Kinder des Kapitän Grant*, Zürich 1977 (*Les Enfants du Capitaine Grant*, 1867/1868).

73 Jules Verne, *20 000 Meilen unter dem Meer*, 1869–1870, in: Clark und Lubrich 2012, S. 174, 191 f.

74 AH an C. G. J. Jacobi, 21. November 1841, in: Biermann und Schwarz 2001b, keine Seitenzahlen.

75 WH an CH, in: WH CH Briefe 1910–1916, Bd. 4, S. 188.

76 AH, Aus meinem Leben 1769–1850, in: Biermann 1987, S. 113.

11. Paris

1   AH an Goethe, 3. Januar 1810, in: Goethe Humboldt Briefe 1909, S. 305; vgl. auch AH an Franz Xaver von Zach, 14. Mai 1806, in: Bruhns 1969, Bd. 1, S. 428 f.

2   AH an Johann Friedrich von Cotta, 6. Juni 1807, 13. November 1808, 11. Dezember 1812, in: AH Cotta Briefe 2009, S. 81, 94, 115.

3   AH an Bonpland, 7. September 1810, in: AH Bonpland Briefe 2004, S. 57; vgl. auch Fiedler und Leitner 2000, S. 251.

4   *Vues des Cordillères* wurde in sieben Teillieferungen zwischen 1810 und 1813 veröffentlicht.

5   AH an Goethe, 3. Januar 1810, in: Goethe Humboldt Briefe 1909, S. 304; vgl. auch Goethe, 18. Januar 1810, in: Goethe Tagebücher 1998–2007, Bd. 4, T. 1, S. 111.

6   Goethe, 18. Januar 1810, ebd.

7   Goethe, 18., 19., 20. und 21. Januar 1810, Goethe Tagebücher 1998–2007, Bd. 4, T. 2, S. 111 f.

8   Zum Beispiel David Warden an AH, 9. Mai 1809, in: AH Briefe USA 2004, S. 111; AH an Alexander von Rennenkampff, 7. Januar 1812, in: Biermann 1987, S. 196.

9   Jefferson an AH, 13. Juni 1817, in: Terra 1959, S. 795.

10 Jefferson an AH, 6. März 1809, 14. April 1811, 6. Dezember 1813, AH an Jefferson, 12. Juni 1809, 23. September 1810, 20. Dezember 1811, William Gray an Jefferson, 18. Mai 1811, in: TJ RS Papers, Bd. 1, S. 24, 266, Bd. 3, S. 108, 553, 623, Bd. 4, S. 353 f., Bd. 7, S. 29; AH an Jefferson, 30. Mai 1808, in: Terra 1959, S. 789.

11 AH an Banks, 15. November 1800, Bonpland an Banks, 20. Februar 1810, Banks an James Edward Smith, 2. Februar 1815 (mit der Bitte um ein Exemplar der Mauritiapalme für AH), Banks an Charles Bladgen, 28. Februar 1815, in: Banks 2007, Bd. 5, S. 63 ff., Bd. 6, S. 27 f.; 164 f.; 171; AH an Banks, 23. Februar

1805, in: BL Add Ms 8099 ff., S. 391 f.; AH an Banks, 10. Juli 1809, in: BL Add Ms 8100 ff., S. 43 f.

12 Adelbert von Chamisso an Eduard Hitzig, 16. Februar 1810, in: Beck 1959, S. 37; AH an Marc-Auguste Pictet, März 1808, in: Bruhns 1969, Bd. 2, S. 6; Caspar Voght, 16. März 1808, in: Voght 1959–1965, Bd. 3, S. 95.

13 (Fußnote) AH an Johann Georg von Cotta, 14. April 1850, in: AH Cotta Briefe 2009, S. 430; vgl. auch Biermann 1990, S. 183.

14 Carl Vogt, Januar 1845, in: Beck 1959, S. 206.

15 Francis Arago, »Die Geschichte meiner Jugend«, in: *Sämtliche Werke*, Leipzig 1854, Bd. 1, S. 31 ff.

16 Arago über AH, in: Biermann and Schwarz 2001b, keine Seitenzahl.

17 Adolphe Quetelet, 1822, in: Bruhns 1969, Bd. 2, S. 64.

18 AH an Arago, 31. Dezember 1841, in: AH Arago Briefe 1907, S. 224.

19 AH an Arago, 31. Juli 1848, a. a. O., S. 290.

20 WH an CH, 1. November 1817, in: WH CH Briefe 1910–1916, Bd. 6, S. 30.

21 WH an CH, 14. Januar 1809, a. a. O., Bd. 3, S. 70.

22 Geier 2010, S. 272

23 WH an CH, 3. Dezember 1817, in: WH CH Briefe 1910–1916, Bd. 6, S. 64; vgl. auch WH an CH, 6. Dezember 1813 und 8. November 1817, a. a. O., Bd. 4, S. 188 und Bd. 6, S. 43 f.

24 WH an CH, 10. Juli 1810, a. a. O., Bd. 3, S. 433.

25 Napoleon zu AH, wiedergegeben von Goethe gegenüber Friedrich von Müller, Müller Tagebücher, 28. Mai 1825, Goethe AH WH Briefe 1876, S. 353.

26 »Humboldt Commemorations«, 2. Juni 1859, in: *Journal of the American Geological and Statistical Society*, 1859, Bd. 1, S. 235.

27 Podach 1959, S. 198, 201 f.

28 AH nach seiner Audienz bei Napoleon, 1804, in: Beck 1959–1961, Bd. 2, S. 2.

29 Serres 1995, S. 431.

30 Krätz 1999a, S. 113.

31 Beck 1959–1961, Bd. 2, S. 16.

32 Daudet 1912, S. 295–365; Krätz 1999a, S. 113.

33 George Monges Bericht, 4. März 1808, in: Podach 1959, S. 200.

34 Podach 1959, S. 200 ff.

35 Carl Vogt, Januar 1845, in: Beck 1959, S. 207.

36 Bruhns 1969, Bd. 2, S. 89.

37 George Ticknor, April 1817, in: AH Briefe USA 2004, S. 516.

38 Konrad Engelbert Oelsner an Friedrich August von Stägemann, 28. August 1819, in: Päßler 2009, S. 12.

39 John Thornton Kirkland, 28. Mai 1821, in: Beck 1959, S. 69.

40 Caspar Voght, 16. März 1808, in: Voght 1959–1965, Bd. 3, S. 95.

41 Krätz 1999a, S. 116 f.; Clark und Lubrich 2012, S. 10–14.

42 Fräulein von R., Oktober – November 1812, in: Beck 1959, S. 42.

43 Roderick Murchison, Mai 1859, a. a. O., S. 3.

44 Karoline Bauer, *My life on stage*, 1876, in: Clark und Lubrich 2012, S. 199.

45 Carl Vogt, Januar 1845, in: Beck 1959, S. 208.

46 WH an CH, 30. November 1815, in: WH CH Briefe 1910–1916, Bd. 5, S. 135.

47 Heinrich Laube, in: Laube 1875, S. 334.

48 Wilhelm Foerster, Berlin 1855, in: Beck 1959, S. 268.

49 Adolphe Quetelet, 1822, in: Bruhns 1969, Bd. 2, S. 64.
50 Varnhagen von Ense: in: Deutsche Autobiographien, S. 69485 (vgl. Varnhagen-Denkwürdigkeiten, Bd. 1, S. 383) http://www.digitale-bibliothek.de/band102.htm
51 Karl Gutzkow, Beck 1969, S. 250 f.
52 Johann Friedrich Benzenberg 1815, a.a.O., S. 259.
53 Horne 2004, S. 195.
54 Marrinan 2009, S. 284.
55 Talleyrand, in: Horne 2004, S. 202.
56 Horne 2004, S. 202; John Scott, 1814, in: Scott 1816, S. 71.
57 Benjamin Robert Haydon, Mai 1814, in: Haydon 1950, S. 212.
58 Ebd.
59 AH an Jean Marie Gerando, 2. Dezember 1804, in: Geier 2010, S. 248; AH an François Guizot, Oktober 1840, in: Päßler 2009, S. 25.
60 AH an James Madison, 26. August 1813, in: Terra 1959, S. 798.
61 WH an CH, 9. September 1814, in: WH CH Briefe, Bd. 4, S. 384.
62 AH an CH, 24. August 1813, in: Bruhns 1969, Bd. 2, S. 58.
63 AH an Johann Friedrich Benzenberg, 22. November 1815, in: Podach 1959, S. 206.
64 Podach 1959, S. 201 f.; Winfield Scott an James Monroe, 18. November 1815. Monroe schickte diesen Brief weiter an Jefferson, James Monroe an Jefferson, 22. Januar 1816, in: TJ RS Papers, Bd. 9, S. 392.
65 John Scott, 1815, in: Scott 1816, S. 328 ff.
66 Charles Bladgen Tagebuch, 5. Februar 1815, in: Ewing 2007, S. 275.
67 Ayrton 1831, S. 9–32.
68 Holmes 1998, S. 71.
69 Coleridge 1802, in: Holmes 2008, S. 288.
70 Humphry Davy 1807, a.a.O., S. 276.
71 AH an Goethe, 1. Januar 1810, in: Goethe Humboldt Briefe 1909, S. 305.
72 A.a.O., S. 13.

12. Revolutionen und Natur

1 Jürgen von Stackelberg, *Grenzüberschreitungen, Studien zu Literatur, Geschichte, Ethnologie und Ethologie*, Göttingen, 2007, Universitätsdrucke, S. 77 f.
2 AH an Bolívar, 29. Juli 1822, in: Minguet 1986, S. 749 f.; AH an Bolívar, 1804, in: Beck 1959, S. 30 f.; AH an Daniel F. O'Leary, 1853, a.a.O., S. 266; Vicente Rocafuerte an AH, 17. Dezember 1824, in: Rippy und Brann 1947, S. 702; Lynch 2006, S. 28–32.
3 Es war die Zeitschrift *Semanario*. AH ›Geografía de las plantas, o cuadro físico de los Andes equinocciales y de los países vecinos‹, in: Caldas 1942, Bd. 2, S. 21–162.
4 Bolívar an AH, 10. November 1821, in: Minguet 1986, S. 749.
5 Bolívar, Botschaft an die Versammlung von Ocaña, 29. Februar 1828, in: Bolívar 2003, S. 87.
6 Bolívar an General Juan José Flores, 9. November 1830, a.a.O., S. 146.
7 Bolívar, Rede vor dem Kongress von Angostura, 15. Februar 1819, a.a.O., S. 53.

8 O'Leary 1879–1888, Bd. 2, S. 146, zur Liebe des Landlebens vgl. auch S. 71; Arana 2013, S. 292.

9 Bolívar an José Joaquín Olmedo, 27. Juni 1825, in: Bolívar 2003, S. 210.

10 O'Leary 1915, S. 86; Arana 2013, S. 61.

11 Bolívar, *Manifest an die Nationen der Welt*, 20. September 1813, in: Bolívar 2003, S. 121; 1810 kehrte Bolívar kurz nach Europa zurück und warb in London um internationale Unterstützung für die Revolution.

12 Langley 1996, S. 166 ff.

13 A. a. O., S. 179 ff.

14 Arana 2013, S. 109; vgl. auch Lynch 2006, S. 59 ff.

15 José Domingo Díaz, 26. März 1812, in: Arana 2013, S. 108.

16 *Royal Military Chronicle*, Bd. 4., Juni 1812, S. 181.

17 Arana 2013, S. 126.

18 Jefferson an AH, 14. April 1811, in: TJ RS Papers, Bd. 3, S. 554.

19 Jefferson an Pierre Samuel du Pont de Nemours, 15. April 1811, Jefferson an Tadeusz Kosciuszko, 16. April 1811, Jefferson an Lafayette, 30. November 1813, in: TJ RS Papers, Bd. 3, S. 560, 566, Bd. 7, S. 14 f.; Jefferson an Lafayette, 14. Mai 1817, in: DLC.

20 Jefferson an Luis de Onís, 28. April 1814, in: TJ RS Papers, Bd. 7, S. 327.

21 Arana 2013, S. 128 ff.

22 Slatta und De Grummond 2003, S. 22. Humboldts Karten des Rio Magdalena wurden verschiedentlich kopiert, unter anderem von dem Botaniker José Mutis, dem Kartografen Carlos Francisco de Cabrer und José Ignacio Pombo. AH, März 1804, in: AH Tagebücher 2003, Bd. 2, S. 42 ff.

23 Bolívar, »Rede an das Volk von Teneriffa«, 24. Dezember 1812, in: Arana 2013, S. 132.

24 Bolívar an Camilo Torres, 4. März 1813, a. a. O., S. 138.

25 Lynch 2006, S. 67.

26 Bolívar, »Manifest von Cartagena«, 15. Dezember 1812, in: Bolívar 2003, S. 10.

27 Bolívar an Francisco Santander, Mai 1813, in: Arana 2013, S. 139.

28 Bolívar an Francisco Santander, 22. Dezember 1819, in: Lecuna 1951, Bd. 1, S. 215.

29 Arana 2013, S. 184, 222.

30 Bolívar, »Methode, die bei der Erziehung meines Neffen Fernando Bolívar anzuwenden ist«, c.1822, in: Bolívar 2003, S. 206.

31 O'Leary 1969, S. 30.

32 Arana 2013, S. 243.

33 O'Leary 1969, S. 30.

34 Arana 2013, S. 244.

35 A. a. O., S. 140 ff.

36 Bolívar, Dekret »Krieg bis zum Tod«, 15. Juni 1813, in: Bolívar 2003, S. 114; Langley 1996, S. 187 ff.; Lynch 2006, S. 73.

37 Bolívar, »Proklamation des Generals der Befreiungsarmee«, 8. August 1813, in: Lynch 2006, S. 76.

38 Arana 2013, S. 151.

39 A. a. O., S. 165; vgl. auch Lynch 2006, S. 82 ff.; Langley 1996, S. 188 ff.

40 Arana 2013, S. 165.

41 AH an Jefferson, 20. Dezember 1811, in: TJ RS Papers, Bd. 4, S. 354.

42 Arana 2013, S. 170 f.; Langley 1996, S. 191.

43 Bolívar an Lord Wellesley, 27. Mai 1815, in: Bolívar 2003, S. 154.
44 James Madison, Proclamation Number 21, 1. September 1815, »Warning Against Unauthorized Military Expedition Against the Dominions of Spain«.
45 John Adams an James Lloyd, 27. März 1815, in: Adams 1856, Bd. 10, S. 14.
46 Jefferson an AH, 6. Dezember 1813, in: TJ RS Papers, Bd. 7, S. 29.
47 Jefferson an Tadeusz Kosciuszko, 16. April 1811; vgl. auch Jefferson an Pierre Samuel du Pont de Nemours, 15. April 1811, in: TJ RS Papers Bd. 3, S. 560, 566; Jefferson an Lafayette, 30. November 1813, a.a.O., Bd. 7, S. 14.
48 Winfield Scott an James Monroe, 18. November 1815. Monroe schickte diesen Brief weiter an Jefferson. James Monroe an Jefferson, 22. Januar 1816, a.a.O., Bd. 9, S. 392.
49 Jefferson an AH, 13. Juni 1817, vgl. auch 6. Juni 1809, in: Terra 1959, S. 789, 794.
50 Zunächst auf Französisch veröffentlicht (1808), aber unmittelbar danach auf Deutsch (1809) und auf Englisch (1811).
51 Jefferson an AH, 6. März 1809, 14. April 1811, 6. Dezember 1813, AH an Jefferson, 12. Juni 1809, 23. September 1810, 20. Dezember 1811, William Gray an Jefferson, 18. Mai 1811, in: TJ RS Papers, Bd. 1, S. 24, 266, Bd. 3, S. 108, 553, 623, Bd. 4, S. 353 f., Bd. 7, S. 29.
52 Jefferson an AH, 6. Dezember 1813, a.a.O., Bd. 7, S. 30; vgl. auch Jefferson an AH 13. Juni 1817, in: Terra 1959, S. 794.
53 Jefferson an Lafayette, 14. Mai 1817, in: DLC.
54 Jefferson an James Monroe, 4. Februar 1816, in: TJ RS Papers, Bd. 9, S. 444.
55 Bolívar, Brief aus Jamaika, 6. September 1815, in: Bolívar 2003, S. 12; zu Bolívars Bibliothek vgl. Bolívar 1929, Bd. 7, S. 156.
56 John Black, Vorwort des Übersetzers, in: AH New Spain 1811, Bd. 1, S. V.
57 AH an Jefferson, 23. September 1810, in: TJ RS Papers, Bd. 3, S. 108.
58 AH Neuspanien 1809, Bd. 1, Buch II, S. 155.
59 A.a.O., S. 196.
60 A.a.O., 1812 Bd. 3, Buch V, S. 256.
61 Ebd.
62 AH Reise 1859–1860, Bd. 1, S. 213.
63 AH Neuspanien 1812, Bd. 3, Buch IV, S. 210.
64 AH, 30. März 1801, in: AH Tagebücher 2003, Bd. 1, S. 55.
65 Bolívar, Brief aus Jamaika, 6. September 1815, in: Bolívar 2003, S. 12.
66 A.a.O., S. 20.
67 Bolívar an Lord Wellesley, 27. Mai 1815, in: Bolívar 2003, S. 154
68 AH Reise 1859–1860, Bd. 1, S. 275.
69 Bolívar, Brief aus Jamaika, 6. September 1815, in: Bolívar 2003, S. 20.
70 AH Neuspanien 1812, Bd. 3, Buch IV, S. 179.
71 Bolívar, Brief aus Jamaika, 6. September 1815, a.a.O., S. 20.
72 A.a.O., S. 13.
73 Langley 1996, S. 194–197.
74 Bolívar, Rede vor dem Kongress von Angostura, 15. Februar 1819, in: Bolívar 2003, S. 34.
75 Bolívar, Dekret zur Sklavenbefreiung, 2. Juni 1816, a.a.O., S. 177.
76 Bolívar, Rede vor dem Kongress von Angostura, 15. Februar 1819, a.a.O., S. 51.
77 Langley 1996, S. 195; Lynch 2006, S. 151 ff.

78 AH an Bolívar, 28. November 1825, in: Minguet 1986, S. 751. AH erwähnt Bolívar unter anderem in Reise 1815–1829, Bd. 6, S. 96, Fußnote.
79 Langley 1996, S. 196–200; Arana 2013, S. 194 ff.
80 Arana 2013, S. 208 ff.
81 A.a.O., S. 3, 227.
82 Lynch 2006, S. 119 ff.
83 Bolívar, Rede auf dem Kongress von Angostura, 15. Februar 1819, in: Bolívar 2003, S. 38 f., 53.
84 A.a.O., S. 53.
85 Ebd.
86 A.a.O., S. 31.
87 Arana 2013, S. 230 ff.; Lynch 2006, S. 127 ff.
88 Arana 2013, S. 220; Lynch 2006, S. 122 ff.
89 Arana 2013, S. 230 ff.; Lynch 2006, S. 127 f.
90 Arana 2013, S. 233 ff.; Lynch 2006, S. 129 f.
91 Arana 2013, S. 235.
92 Arana 2013, S. 284–288; Lynch 2006, S. 170 f.
93 O'Leary 1879–1888, Bd. 2, S. 146.
94 Bolívar, »Mein Traumgesicht auf dem Chimborazo«, in: Stackelberg, Grenzüberschreitungen 2007, S. 77 f.; das erste bekannte Exemplar des Gedichts datiert vom 13. Oktober 1822, erste Veröffentlichung 1833, in: Lynch 2006, S. 320, Anm. 14.
95 Bolívar, »Mein Traumgesicht auf dem Chimborazo«, in: Stackelberg, Grenzüberschreitungen 2007, S. 77 f.
96 Ebd.
97 Bolívar, Rede auf dem Kongress von Angostura, 15. Februar 1819, in: Bolívar 2003, S. 53.
98 Bolívar an Simón Rodríguez, 19. Januar 1824, in: Arana 2013, S. 293.
99 Ebd.
100 Arana 2013, S. 288.
101 Bolívar an General Bernardo O'Higgins, 8. Januar 1822, in: Lecuna 1951, Bd. 1, S. 289.
102 Bolívar an AH, 10. November 1821, in: Minguet 1986, S. 749.
103 Bolívar an Madame Bonpland, 23. Oktober 1823, in: Rippy und Brann 1947, S. 701.
104 Bolívar an José Antonio Páez, 8. August 1826, in: Pratt 1992, S. 141.
105 Bolívar an Pedro Olañeta, 21. Mai 1824.
106 Bolívar, A Glance at Spanish America, 1829, in: Bolívar 2003, S. 101.
107 Bolívar, Manifest von Bogotá, 20. Januar 1830, a.a.O., S. 144
108 Bolívar an P. Gual, 24. Mai 1821, in: Arana 2013, S. 268.
109 Bolívar an General Juan José Flores, 9. November 1830, in: Bolívar 2003, S. 147.
110 AH an Daniel F. O'Leary, 1853, in: Beck 1969, S. 266.
111 AH an Bolívar, 29. Juli 1822, in: Minguet 1986, S. 750.
112 Ebd.
113 Jefferson 1982; Cohen 1995, S. 72–79; Thomson 2008, S. 54–72; die französischen Wissenschaftler waren Comte de Buffon, Abbé Raynal und Cornélius de Pauw.
114 Buffon, in: Martin 1952, S. 157.
115 Buffon, in: Thomson 2012, S. 12.

116 Jefferson 1982, S. 50–53.
117 TJ im Gespräch mit Daniel Webster, Dezember 1824, in: Webster 1903, Bd. 1, S. 371.
118 Thomson 2012, S. 10 f.
119 Jefferson an Thomas Walker, 25 September 1783, in: TJ Papers, Bd. 6, S. 340; vgl. auch Wulf 2011, S. 67–70.
120 TJ an Bernard Germain de Lacépède, 14. Juli 1808, DLC.
121 TJ an Robert Walsh, 4. Dezember 1818, mit Anekdoten über Benjamin Franklin, DLC.
122 AH Reise 1859–1860, Bd. 1, S. 242, und AH Kosmos 1845–1850, Bd. 2, S. 66.
123 AH an WH, 21. September 1801, in: AH WH Briefe 1880, S. 30; vgl. auch AH, 1800, »Kariben«, in: AH Tagebücher 2000, S. 340 f.
124 AH an WH, 25. November 1802, in: AH WH Briefe 1880, S. 50–53.
125 AH Neuspanien 1812, Bd. 3, Buch IV, S. 139; zu Bolívars Exemplar von Neuspanien, vgl. Bolívar 1929, Bd. 7, S. 156.
126 *Morning Chronicle*, 4. September 1818 und 14. November 1817.
127 Bolívar an Gaspar Rodríguez de Francia, 22. Oktober 1823, in: Rippy and Brann 1947, S. 701.
128 Bolívar, Botschaft an den verfassunggebenden Kongress der Republik Kolumbien, 20. Januar 1830, in: Bolívar, 2003, S. 103.

13. London

1 AH an Heinrich Berghaus, 24. November 1828, in: AH Berghaus Briefe 1863, Bd. 1, S. 208.
2 AH an die Académie des Sciences, 21. Juni 1803, und AH an Karsten, 1. Februar 1805, in: Bruhns 1969, Bd. 1, S. 384, 350; AH an Johann Friedrich von Cotta, 24. Januar 1805, in: AH Cotta Briefe 2009, S. 63.
3 Goethe 1977, *Faust I*, 1. Akt, Vor dem Tor.
4 AH Neuspanien 1809, Bd. 1, Buch II, S. 127.
5 A. a. O., S. 114, 133.
6 WH an CH, 5. Juni 1814, 14. Juni 1814, 18. Juni 1814, in: WH CH Briefe 1910–1916, Bd. 4, S. 345, 351 ff., 354 f.; AH an Helen Maria Williams, 22. Juni 1814, Koninklijk Huisarchief, Den Haag (Kopie in der Alexander-von-Humboldt-Forschungsstelle, Berlin).
7 WH an CH, 22. Oktober 1817, in: WH CH Briefe 1910–1916, Bd. 6, S. 22.
8 WH an CH, 14. Juni 1814 und 18. Oktober 1817, a. a. O., Bd. 4, S. 350, Bd. 6, S. 20.
9 Richard Rush, 31. Dezember 1817, in: Rush 1833, S. 55.
10 WH an CH, 1. November 1817, in: WH CH Briefe 1910–1916, Bd. 6, S. 30.
11 WH an CH, 3. Dezember 1817, a. a. O., Bd. 6, S. 64.
12 WH an CH, 30. November 1815, a. a. O., Bd. 5, S. 135.
13 WH an CH, 12. November 1817, a. a. O., Bd. 6, S. 46.
14 Hughes-Hallet 2001, S. 136
15 WH an CH, 11. Juni 1814, in: WH CH Briefe 1910–1916, Bd. 4, S. 348.
16 Richard Rush, 7. Januar 1818, in: Rush 1833, S. 81; Carl Philip Moritz, Juni 1782, in: Moritz 1965, S. 33.

17 Richard Rush, 7. Januar 1818, in: Rush 1833, S. 77.
18 AH an Robert Brown, 11. November 1817, in: BL; AH an Karl Sigismund Kunth, 11. November 1817, Universitätsbibliothek Gießen; AH an Madame Arago, November 1817, Bibliothèque de l'Institut de France, MS 2115, f. 213 f. (Kopie in der Alexander-von-Humboldt-Forschungsstelle, Berlin).
19 Holmes 2008, S. 190.
20 William Herschel, *Catalogue of a Second Thousand Nebulae* (1789), in: Holmes 2008, S. 192.
21 AH Kosmos 1845–1850, Bd. 2, S. 87.
22 AH wurde am 6. April 1815 zum Ausländischen Mitglied der RS gewählt; vgl. auch *RS Journal Book*, Bd. XLI, 1811–1815, S. 520; am Ende seines Lebens besaß AH die Mitgliedschaft in achtzehn wissenschaftlichen Gesellschaften Großbritanniens.
23 Jardine 1999, S. 83.
24 AH an Madame Arago, November 1817, Bibliothèque de l'Institut de France, MS 2115, f. 213 f. (Kopie in der Alexander-von-Humboldt-Forschungsstelle, Berlin)
25 AH an Karl Sigismund Kunth, 11. November 1817, Universitätsbibliothek Gießen (Kopie in der Alexander-von-Humboldt-Forschungsstelle, Berlin).
26 6. November 1817, Anwesenheitsliste, RS Dining Club, Bd. 20, keine Seitenzahl.
27 AH an Achilles Valenciennes, 4. Mai 1827, in: Théodoridès 1966, S. 46.
28 6. November 1817, Anwesenheitsliste, RS Dining Club, Bd. 20, keine Seitenzahl.
29 AH an Madame Arago, November 1817, Bibliothèque de l'Institut de France, MS 2115, f. 213 f. (Kopie in der Alexander-von-Humboldt-Forschungsstelle, Berlin).
30 Bruhns 1969, Bd. 2, S. 231.
31 AH an Karl Sigismund Kunth, 11. November 1817, Universitätsbibliothek Gießen (Kopie in der Alexander-von-Humboldt-Forschungsstelle, Berlin).
32 *Edinburgh Review*, Bd. 103, Januar 1856, S. 57.
33 Darwin an D.T. Gardner, August 1874, *New York Times*, 15. September 1874.
34 AH an Helen Maria Williams, 1810, in: AH Tagebücher 2003, Bd. 1, S. 11.
35 *Edinburgh Review*, Bd. 25, Juni 1815, S. 87.
36 *Quarterly Review*, Bd. 15, Juli 1816, S. 442; vgl. auch Bd. 14, Januar 1816, S. 368 ff.
37 *Quarterly Review*, Bd. 18, Oktober 1817, S. 136.
38 Mary Shelley, *Frankenstein*, Berlin, Hoffenberg, 2015, S. 109. In *Frankenstein* ging es auch um andere Ideen, die Humboldt in seinen Büchern erörterte, so zum Beispiel um tierische Elektrizität und um Blumenbachs Begriffe des Bildungstriebs und der Lebenskräfte.
39 Lord Byron, *Don Juan*, Berlin, Reimer, 1877, S. 201.
40 Robert Southey an Edith Southey, 17. Mai 1817, in: Southey 1965, Bd. 2, S. 149.
41 Robert Southey an Walter Savage Landor, 19. Dezember 1821, a. a. O., S. 230.
42 Ebd.
43 William Wordsworth an Robert Southey, März 1815, in: Wordsworth 1967–1993, Bd. 2, S. 216; zu Wordsworth und der Geologie vgl. Wyatt 1995.

44 AH Reise 1859–1860, Bd. 3, S. 47.

45 William Wordsworth, *The River Duddon*, 1820.

46 Coleridge, *Table Talk*, 28. August 1833, in: Coleridge 1990, Bd. 2, S. 259; AH hatte Rom am 18. September 1805 verlassen, und Coleridge traf im Dezember ein; Holmes 1998, S. 52 f.

47 Wiegand 2002, S. 107; in seinen Notizheften bezog sich Coleridge auf die Ideen zu einer *Geographie der Pflanzen* und die *Reise in die Aequinoctial-Gegenden*, vgl. Coleridge 1958–2002, Bd. 4, Anmerkungen 4857, 4863, 4864, 5247; Notebook S.T. Coleridge No. 21 ½, BL Add 47519 f57; Egerton MS 2800 ff.190.

48 Bate 1991, S. 49.

49 Samuel Taylor Coleridge's *Lectures*, in: Coleridge 2000, Bd. 2, S. 536; zu Coleridge, Schelling und Kant vgl. Harman, S. 312 ff.; Kipperman 1998, S. 409 ff.; Robinson 1869, Bd. 1, S. 305, 381, 388.

50 Franz Schupp, *Geschichte der Philosophie im Überblick*, Bd. 3, 2007, Hamburg, Meiner, S. 372.

51 Coleridge beendete die Übersetzung des *Faust* für John Murray nicht, veröffentlichte aber 1821 eine andere – wenn auch anonym. Briefe zwischen Coleridge und John Murray, 23., 29. und 31. August 1814, in: Burwick and McKusick 2007, S. XVI; Robinson 1869, Bd. 1, S. 395.

52 Goethe 1977, *Faust I*, 1. Akt, 1. Szene, Nacht.

53 Coleridge, »Science and System of Logic«, Transkription von Coleridges Vorlesungen aus dem Jahr 1822, in: Wiegand 2002, S. 106; Coleridge 1958–2002, Bd. 4, Anm. 4857, 4863, 4864, 5247; Notizbuch von S.T. Coleridge Nr. 21 ½, BL Add 47519 f57; Egerton MS 2800 ff, 190.

54 Coleridge, »Essay on the Principle of Method«, 1818, in: Kipperman 1998, S. 424; vgl. auch Levere 1981, S. 62.

55 Coleridge an Wordsworth, in: Cunningham und Jardine 1990, S. 4.

56 William Wordsworth, »A Poet's Epitaph« (1798).

57 Goethe 1977, *Faust I*, Szene 1, Nacht, Vers 674.

58 Coleridges Vorlesungen 1818–1819, in: Coleridge 1949, S. 493.

59 William Wordsworth, »The Prelude«, Buch XII.

60 Coleridge 1801, in: Levere 1981, S. 61.

61 William Wordsworth, »The Excursion« (1814).

62 *Edinburgh Review*, Bd. 36, Oktober 1821, S. 264.

63 A. a. O., S. 265

64 WH an CH, 6. Oktober 1818, in: WH CH Briefe 1910–1916, Bd. 6, S. 334.

14. Sich im Kreis drehen: Maladie Centrifuge

1 Im Juni 1814, November 1817 und September 1818; vgl. auch WH an CH, 22. und 25. September 1818, in: WH CH Briefe 1910–1916, Bd. 6, S. 320, 323; »Fashionable Arrivals«, *Morning Post*, 25. September 1818; Théodoridès 1966, S. 43 f.

2 AH an Karl August von Hardenberg, 18. Oktober 1818, in: Beck 1959–1961, Bd. 2, S. 47.

3 Ebd.

4 WH an CH, 9. Oktober 1818, in: WH CH Briefe 1910–1916, Bd. 6, S. 336.

5 *Morning Chronicle*, 28. September 1818.
6 Daudet 1912, S. 329.
7 *The Times*, 20. Oktober 1818.
8 A. a. O.; vgl. auch Biermann und Schwarz 2001a, keine Seitenangabe.
9 *The Times*, 20. Oktober 1818.
10 AH an Karl August von Hardenberg, 18. Oktober 1818, in: Beck 1959–1961, Bd. 2, S. 47.
11 Friedrich Wilhelm III. an AH, 19. Oktober 1818, a. a. O., S. 48; *The Times*, 31. Oktober 1818.
12 AH an Karl August von Hardenberg, 30. Juli 1819, AH an WH, 22. Januar 1820, in: Daudet 1912, S. 346, 355; Gustav Parthey, Februar 1821, in: Beck 1959–1961, Bd. 2, S. 51.
13 Eichhorn 1959, S. 186, 205 ff.
14 AH an Marc-Auguste Pictet, 11. Juli 1819, in: Beck 1959–1961, Bd. 2, S. 50.
15 Bonpland an Olive Gallacheau, 6. Juli 1814, in: Bell 2010, S. 239.
16 A. a. O., S. 22, 239; Schulz 1960, S. 595.
17 Francisco Antonio Zea an Bonpland, 4. März 1815, in: Bell 2010, S. 22.
18 Schneppen 2002, S. 12.
19 José Rafael Revenga an Francisco Antonio Zea, »Instrucciones a que de orden del excelentísimo señor presidente habrá de arreglar su conducta el E.S. Francisco Zea en la misión que se le ha conferido por el gobierno de Colombia para ante los del continente de Europa y de los Estados unidos de America«, Bogotá, 24. Dezember 1819, Archivo General de la Nación, Colombia, Ministerio de Relaciones Exteriores, Delegaciones – Transferencia 2, 242, 315r-320v. Ich möchte Ernesto Bassi für diesen Hinweis danken.
20 Manuel Palacio an Bonpland, 31. August 1815, in: Bell 2010, S. 22.
21 Bolívar an Bonpland, 25. Februar 1815, in: Schulz 1960, S. 589, 595; Schneppen 2002, S. 12; Bell 2010, S. 25.
22 William Baldwin, März 1818, in: Bell 2010, S. 33.
23 AH an Bonpland, 25. November 1821, in: AH Bonpland Briefe 2004, S. 79.
24 Schneppen 2002, S. 12.
25 Bolívar an José Gaspar Rodríguez de Francia, 22. Oktober 1823, a. a. O., S. 17.
26 A. a. O., S. 18–21; AH an Bolívar, 21. März 1826, in: O'Leary 1879–1888, Bd. 12, S. 237.
27 AH an Jean Baptiste Joseph Delambre, 29. Juli 1803, in: Bruhns 1969, Bd. 1, S. 390.
28 AH an WH, 17. Oktober 1822, in: Biermann 1987, S. 198.
29 Ebd.
30 AH an Bolívar, 21. März 1826, in: O'Leary 1879–1888, Bd. 12, S. 237; WH an CH, 2. September 1824, in: WH CH Briefe 1910–1916, Bd. 7, S. 218.
31 WH an CH, 2. September 1824, ebd.
32 Davy aß mit AH am 19. April 1817 zu Abend, vgl. AH Briefe USA 2004, S. 146; Charles Babbage und John Herschel 1819, in: Babbage 1994, S. 145.
33 Charles Babbage, 1819, in: Babbage 1994, S. 147.
34 William Buckland an John Nicholl, 1820, in: Buckland 1894, S. 37.
35 Charles Lyell an Charles Lyell sen., 21. und 28. Juni 1823, in: Lyell 1881, Bd. 1, S. 122 ff.
36 Charles Lyell an Charles Lyell sen., 28. August 1823, a. a. O., S. 146.
37 Charles Lyell an Charles Lyell sen., 3. Juli 1823, a. a. O., S. 126.

38 Charles Lyell an Charles Lyell sen., 28. Juni 1823, a. a. O., S. 124.
39 Körber 1959, S. 301.
40 AH Kosmos 1845–1850, Bd. 1, S. 340.
41 Charles Lyell an Poulett Scrope, 14. Juni 1830, in: Lyell 1881, Bd. 1, S. 270; vgl. auch Lyell 1830, Bd. 1, S. 122.
42 Charles Lyell an Gideon Mantell, 15. Februar 1830, in: Lyell 1881, Bd. 1, S. 262.
43 Körber 1959, S. 299 ff.
44 Lyell 1830, Bd. 1, S. 122; vgl. auch Wilson 1972, S. 284 ff.
45 Charles Lyell an Poulett Scrope, 14. Juni 1830, in: Lyell 1881, Bd. 1, S. 269.
46 A. a. O., S. 270.
47 CH an WH, 14. April 1809, in: WH CH Briefe 1910–1916, Bd. 3, S. 131; vgl. auch Carl Vogt, Januar 1845, in: Beck 1959, S. 201.
48 AH an Simón Bolívar, 29. Juli 1822, in: Minguet 1986, S. 749; es handelte sich um Jean-Baptiste Boussingault, in: Podach 1959, S. 208 f.
49 AH an Jefferson, 20. Dezember 1811, in: TJ Papers RS, Bd. 4, S. 352; das war José Corrêa da Serra; AH machte auch den Italiener Carlo de Vidua 1825 mit Jefferson bekannt, AH an Jefferson, 22. Februar 1825, in: Terra 1959, S. 795 und AH Briefe USA 2004, S. 122 f.
50 Justus von Liebig über AH, in: Terra 1955, S. 265.
51 Gallatin 1836, S. 1.
52 Charles Lyell an Charles Lyell sen., 28. August 1823, in: Lyell 1881, Bd. 1, S.142.
53 Das sagte AH 1820 zu George Bancroft, 1820, in: Terra 1955, S. 266; AH zu Charles Lyell 1823, von Charles Lyell seinem Vater Charles Lyell sen. berichtet, 8. Juli 1823, in: Lyell 1881, Bd. 1, S. 128.
54 AH an Auguste-Pyrame Decandolle, in: Bruhns 1969, Bd. 2, S. 42; zur Wissenschaft in Paris, vgl. Päßler 2009, S. 30, und Terra 1955, S. 251.
55 AH zu Charles Lyell 1823, von Charles Lyell seinem Vater Charles Lyell sen. berichtet, 8. Juli 1823, in: Lyell 1881, Bd. 1, S. 127.
56 Ebd.
57 Jean Baptiste Boussingault, 1822, in: Podach 1959, S. 208 f.
58 König Friedrich Wilhelm III. an AH, Herbst 1826, in: Bruhns 1969, Bd. 2, S. 118 f.
59 AH an WH, 17. Dezember 1822, in: AH WH Briefe 1880, S. 112; zu AHs Finanzen vgl. Eichorn 1959, S. 206.
60 Helen Maria Williams an Henry Crabb Robinson, 25. März 1818, in: Leask 2001, S. 225.
61 AH an Carl Friedrich Gauß, 16. Februar 1827, in: AH Gauß Briefe 1977, S. 30.
62 AH an Georg von Cotta, 28. März 1833, in: AH Cotta Briefe 2009, S. 178.
63 AH an Arago, 30. April 1827, in: AH Arago Briefe 1907, S. 23.
64 3. Mai 1827, *RS Journal Book*, Bd. XLV, S. 73 ff. und 3. Mai 1827, Anwesenheitsliste, RS Dining Club, Bd. 21, keine Seitenzahl; AH an Arago, 30. April 1827, in: AH Arago Briefe 1907, S. 22 ff.
65 Patterson 1969, S. 311; Patterson 1974, S. 272.
66 AH an Arago, 30. April 1827, in: AH Arago Briefe 1907, S. 28; Canning wurde am 10. April Premierminister, und das Dinner war am 23. April 1827.
67 AH an Achille Valenciennes, 4. Mai 1827, in: Théodoridès 1966, S. 46.
68 Buchanan 2002, S. 22 ff.; Pudney 1974, S. 16 ff.; Brunel 1870, S. 24 ff.
69 Marc Brunel, Tagebuch, 4. Januar, 21. März, 29. März 1827, in: Brunel 1870, S. 25 f.

70 Marc Brunel, Tagebuch, 29. März 1827, a.a.O., S. 26.
71 AH an Arago, 30. April 1827, in: AH Arago Briefe 1907, S. 24ff.; Pudney 1974, S. 16f.; AH an William Buckland, 26. April 1827, American Philosophical Society (Kopie in der Alexander-von-Humboldt-Forschungstelle, Berlin). Fürst Pückler Muskau, 20. August 1827, in: Pückler Muskau 1833, S. 177.
72 AH an Arago, 30. April 1827, in: AH Arago Briefe 1907, S. 25.
73 Ebd.
74 Marc Brunel, Tagebuch, 29. April und 18. Mai 1827, in: Brunel 1870, S. 27; Buchanan 2002, S. 25.
75 Robert Darwin an Charles Darwin, in: Darwin 2008, S. 36.

15. Rückkehr nach Berlin

1 AH an Varnhagen, 13. Dezember 1833, in: AH Varnhagen Briefe 1860, S. 15.
2 AH Friedrich Wilhelm IV. Briefe 2013, S. 18f.
3 AH, 1795, in: Bruhns 1969, Bd. 1, S. 237; zu AH am preußischen Hof vgl. Bruhns, 1969, Bd. 2, S. 128f.
4 AH an Johann Georg von Cotta, 22. Juni 1833, in: AH Cotta Briefe 2009, S. 181.
5 A.B. Granville, Oktober 1827, Granville 1829, Bd. 1, S. 332.
6 Briggs 2000, S. 195.
7 Bruhns 1969, Bd. 2, S. 152; AH an Samuel Heinrich Spiker, 12. April 1829, in: AH Spiker Briefe 2007, S. 63; AH an Friedrich Wilhelm III., 9. Oktober 1828, in: Hamel u. a. 2003, S. 49–57.
8 Lea Mendelssohn Bartholdy an Henriette von Pereira-Arnstein, 12. September 1827, in: AH Mendelssohn Briefe 2011, S. 20.
9 Karl Gutzkow über AH, nach 1828, in: Beck 1969, S. 252.
10 Carl Ritter an Samuel Thomas von Sömmerring, Winter 1827–1828, in: Bruhns 1969, Bd. 2, S. 131.
11 AH an Arago, 30. April 1827, in: AH Arago Briefe 1907, S. 28; vgl. auch F. Cathcart an Bagot, 24. April 1827, in: Canning 1909, Bd. 2, S. 392ff.
12 George Canning, 3. Juni 1827, Memorandum von Mr Stapelton, in: Canning 1887, Bd. 2, S. 321.
13 Klemens von Metternich, in: Davies 1997, S. 762.
14 Biermann 2004, S. 8
15 Ebd.
16 AH an Bonpland, 1843, in: AH Bonpland Briefe 2004, S. 110.
17 Lynch 2006, S. 213ff.; Arana 2013, S. 353ff.
18 Pedro Briceño Méndez an Bolívar, 26. Juli 1826, Arana 2013, S. 374.
19 Joaquín Acosta, 24. März 1827, in: Acosta de Samper 1901, S. 211.
20 Rossiter Raymond, 14. Mai 1859; vgl. auch AH an Benjamin Silliman, 5. August 1851, AH an George Ticknor, 9. Mai 1858, in: AH Briefe USA 2004, S. 291, 445, 572; George Bancroft an Elizabeth Davis Bliss Bancroft, 31. Dezember 1847, in: Beck 1959, S. 235.
21 AH an Thomas Murphy, 20. Dezember 1825, in: Bruhns 1969, Bd. 2, S. 54.
22 AH an Friedrich Ludwig Georg von Raumer, 1851, in: Bruhns 1969, Bd. 2, S. 152; vgl. auch AH Kosmos 1845–1850, Bd. 1, S. 36.

23 AH an Johann Friedrich von Cotta, 1. März 1828, in: AH Cotta Briefe 2009, S. 159f.; CH an Alexander von Rennenkampff, Dezember 1827, Karl von Holtei an Goethe, 17. Dezember 1827, Carl Friedrich Zelter an Goethe, 28. Januar 1828, in: AH Kosmosvorträge 2004, S. 21–23; vgl. auch S. 12; Ludwig Börne, 22. Februar 1828, in: Clark und Lubrich 2012, S. 80; WH an August von Hedemann, 10. Januar 1828, in: WH CH Briefe 1910–1916, Bd. 7, S. 326.

24 WH an August von Hedemann, 10. Januar 1828, a. a. O., S. 325.

25 Ludwig Börne, 20. Februar 1828, in: Clark und Lubrich 2012, S. 80

26 Fanny Mendelssohn Bartholdy an Karl Klingemann, 23. Dezember 1827, in: AH Mendelssohn Briefe 2011, S. 20.

27 Ebd.

28 Ebd.

29 Carl Friedrich Zelter an Goethe, 7. Februar 1828; Felix Mendelssohn Bartholdy an Karl Klingemann, 5. Februar 1828, in: AH Mendelssohn Briefe 2011, S. 20f.

30 Roderick Murchison, Mai 1859, in: Beck 1959, S. 3.

31 CH an Rennenkampff, 28. Januar 1828, in: AH Kosmosvorträge 2004, S. 23.

32 Vgl. zum Beispiel, Stabi Berlin NL AH, gr. Kasten 12, Nr. 16 and gr. Kasten 13, Nr. 29.

33 *Spenersche Zeitung*, 8. Dezember 1827, in: Bruhns 1969, Bd. 2, S. 142.

34 *Vossische Zeitung*, 7. Dezember 1827, a.a.O., S. 146.

35 Christian Carl Josias Bunsen an Fanny Bunsen, a. a. O., S. 120.

36 Gabriele von Bülow an Heinrich von Bülow, Februar 1828, in: AH Kosmosvoträge 2004, S. 24.

37 CH an Adelheid Hedemann, 7. Dezember 1827, in: WH CH Biefe 1910–1916, Bd. 7, S. 325.

38 *Spenersche Zeitung*, 8. Dezember 1827, in: AH Kosmosvoträge 2004, S. 16.

39 AH an Heinrich Berghaus, 20. Dezember 1827, in: AH Berghaus Briefe 1863, Bd. 1, S. 117f.

40 Engelmann 1969, S. 16ff; AH, Eröffnungsrede auf der Versammlung der Gesellschaft Deutscher Naturforscher und Ärzte, 18. September 1828, in: Bruhns 1969, Bd. 2, S. 157ff.

41 A. a. O., S. 161.

42 AH an Arago, 29. Juni 1828, in: AH Arago Briefe 1907, S. 40.

43 Carl Friedrich Gauß an Christian Ludwig Gerling, 18. Dezember 1828; vgl. auch AH an Carl Friedrich Gauß, 14. August 1828, in: AH Gauß Briefe 1977, S. 34, 40.

44 Goethe an Varnhagen, 8. November 1827, Goethe Briefe 1968–1976, Bd. 4, S. 257; Carl Friedrich Zelter an Goethe, 7. Februar 1828, in: AH Mendelssohn Briefe 2011, S. 21; Karl von Holtei an Goethe, 17. Dezember 1827, in: AH Kosmosvoträge 2004, S. 21.

45 Goethe an AH, 16. Mai 1821, in: Goethe Briefe 1968–1976, Bd. 3, S. 505.

46 Goethe an AH, 24. Januar 1824, in: Bratranek 1876, S. 317; AH an Goethe, 6. Februar 1806, in: Goethe Briefe 1968–1976, Bd. 2, S. 559; Goethe, 16. März 1807, 30. Dezember 1809, 18. Januar 1810, 20. Juni 1816, in: Goethe Tagebücher 1998–2007, Bd. 3, T. 1, S. 298, Bd. 4, T. 1, S. 100, 111, Bd. 5, T. 1, S. 381; AH an Goethe, 16. April 1821, in: Goethe AH WH Briefe 1876, S. 315; Goethe, 16. März 1823, 3. Mai 1823, 20. August 1825, in: Goethe von Tag zu Tag 1982–1996, Bd. 7, S. 235, 250, 526.

47 Goethe an Johannn Peter Eckermann, 3. Mai 1827, in: Goethe Eckermann 1999, S. 608.
48 A. a. O., S. 609.
49 Piper 2006, S. 76–81; Hölder 1994, S. 63–73.
50 AH Ansichten 1849, Bd. 2, S. 263; vgl. auch AH, »Über den Bau und die Wirkungsart der Vulcane in den verschiedenen Erdstrichen«, 24. Januar 1823, und Piper 2006, S. 77 ff.
51 AH Ansichten 1849, Bd. 2, S. 263 f.
52 AH Kosmos 1845–1850, Bd. 1, S. 311; vgl. auch AH Geographie 1807, S. 9.
53 Goethe an Carl Friedrich Zelter, 7. November 1829, in: Goethe Briefe 1968–1976, Bd. 4, S. 350.
54 Goethe an Carl Friedrich Zelter, 5. Oktober 1831, a. a. O., S. 454.
55 Goethe, 6. März 1828, in: Goethe von Tag zu Tag 1982–1996, Bd. 8, S. 38.
56 Ebd.
57 Goethe an WH, 1. Dezember 1831, in: Goethe Briefe 1968–1976, Bd. 4, S. 462.
58 AH an WH, 5. November 1829, in: AH Briefe Russland 2009, S. 207.
59 AH, Aus meinem Leben 1769–1850, in: Biermann 1987, S. 116.
60 WH an Karl Gustav von Brinkmann, in: Geier 2010, S. 282.
61 WH 1903–1936, Bd. 7, T. 1, S. 53; vgl. auch Bd. 4, S. 27.
62 A. a. O., Bd. 7, T. 1, S. 45.
63 AH an Alexander von Rennenkampff, 7. Januar 1812, in: AH Briefe Russland 2009, S. 62.
64 Cancrin an AH, 27. August 1827, a. a. O., S. 67 ff.; Beck 1983, S. 21 ff.
65 AH an Cancrin, 19. November 1827, in: AH Briefe Russland 2009, S. 76.
66 AH an Cancrin, 19. November 1827, ebd.
67 AH an Cancrin, 10. Januar 1829, a. a. O., S. 88.
68 Cancrin an AH, 17. Dezember 1827, a. a. O., S. 78/79.

16. Russland

1 Beck 1983, S. 35.
2 AH an WH, 21. Juni 1829, in: AH Briefe Russland 2009, S. 138; Rose 1837–1842, Bd. 1, S. 386 ff.
3 AH an WH, 21. Juni 1829, AH Briefe Russland 2009, S. 138.
4 Ebd.
5 AH an Cancrin, 10. Januar 1829, a. a. O., S. 86.
6 Beck 1983, S. 76.
7 AH an WH, 8. Juni und 21. Juni 1829, in: AH Briefe Russland 2009, S. 132, 138.
8 AH an WH, 8. Juni 1829, in: AH Briefe Russland 2009, S. 132; Beck 1983, S. 55.
9 Cancrin an AH, 30. Januar 1829, AH an Ehrenberg, März 1829, in: AH Briefe Russland 2009, S. 91, 100; Beck 1983, S. 27.
10 CH an August von Hedemann, 17. März 1829, in: WH CH Briefe 1910–1916, Bd. 7, S. 342; zu CHs Tod vgl. Gall 2011, S. 379 f.
11 AH an Michail Semënovic Woronkow, 19. Mai 1829 und AH an Cancrin, 10. Januar 1829, in: AH Briefe Russland 2009, S. 86, 119.

12 Cancrin an AH, 30. Januar 1829, a.a.O., S. 93.
13 Suckow 1999, S. 162.
14 AH an Cancrin, 15. September 1829 und 5. November 1829, AH an WH, 21. November 1829, in: AH Briefe Russland 2009, S. 185, 204f., 220. Den Hinweis auf das Vorkommen von Diamanten lieferte der Sandstein Itakolumit. Später sagte AH zutreffend Gold, Platin und Diamanten in South Carolina vorher – übrigens auch in Kalifornien.
15 AH Fragmente Asien 1832, S. 5.
16 Kossak in Perm, Juni 1829, in: Beck 1959, S. 103.
17 Polier an Cancrin, Bericht über Diamanten, Rose 1837–1842, Bd. 1, S. 356ff.; Beck 1983, S. 81 ff.; AH an WH, 21. November 1829, in: AH Briefe Russland 2009, S. 220.
18 Beck 1959–1961, Bd. 2, S. 117.
19 Beck 1983, S. 82.
20 AH an Cancrin, 15. September 1829, AH Briefe Russland 2009, S. 185.
21 AH Cuba, 2011, S. 179.
22 AH an Cancrin, 10. Januar 1829, zu Cancrins Antwort vgl. Cancrin an AH, 10. Juli 1829, in: AH Briefe Russland 2009, S. 86, 93.
23 AH an Cancrin, 17. Juli 1829, a.a.O., S. 148.
24 Beck 1983, S. 71ff.
25 AH an WH, 21. Juni 1829, vgl. auch 8. Juni und 14. Juli 1829, AH Briefe Russland 2009, S. 132, 138, 146.
26 Rose 1837–1842, Bd. 1, S. 487.
27 AH Zentralasien 1844, Bd. 1, S. 2.
28 AH an Cancrin, 23. Juli 1829, in: AH Briefe Russland 2009, S. 153f.
29 A.a.O., S. 154.
30 Cancrin an AH, 18. August 1829, a.a.O., S. 175.
31 Gregor von Helmersen, September 1828, in: Beck 1959, S. 108.
32 Rose 1837–1842, Bd. 1, S. 494ff.
33 AH an Cancrin, 23. Juli 1829, in: AH Briefe Russland 2009, S. 154; Rose 1837–1842, S. 494–498; Beck 1983, S. 96 ff.
34 AH an WH, 4. August 1829, in: AH Briefe Russland 2009, S. 161, 163, und Suckow 1999, S. 163.
35 Rose 1837–1842, Bd. 1, S. 499; AH an WH, 4. August 1829, in: AH Briefe Russland 2009, S. 161.
36 AH an Cancrin, 27. August 1829, a.a.O., S. 177.
37 Und folgendes Zitat: Rose 1837–1842, Bd. 1, S. 500.
38 A.a.O.
39 Rose 1837–1842, Bd. 1, S. 502, AH an WH, 4. August 1829, in: AH Briefe Russland 2009, S. 162.
40 Rose 1837–1842, Bd. 1, S. 502.
41 AH an WH, 4. August 1829, in: AH Briefe Russlands 2009, S. 162.
42 Rose 1837–1842, Bd. 1, S. 523.
43 A.a.O., S. 580.
44 A.a.O., S. 589.
45 Jermoloff über Ehrenberg vgl. Beck 1983, S. 122.
46 AH an Cancrin, 27. August 1829, in: AH Briefe Russland 2009, S. 178.
47 Rose 1837–1842, Bd. 1, S. 575, 590.

48 A. a. O., S. 577, zum Belucha vgl. S. 559, 595.
49 A. a. O., S. 594.
50 A. a. O., S. 597.
51 AH an WH, 10. September 1829, in: AH Briefe Russland 2009, S. 181.
52 Rose 1837–1842, Bd. 1, S. 600–606; AH an Arago, 20. August 1829, in: AH Briefe Russland 2009, S. 170.
53 AH an Arago, 20. August 1829, a. a. O., S. 170.
54 AH an WH, 13. August 1829, a. a. O., S. 172.
55 AH Fragmente Asien 1832, S. 5; Beck 1963, S. 120 ff.; AH an WH, 10. und 25. September 1829, S. 181, 188.
56 Ebd.
57 AH an Cancrin, 15. September 1829, in: AH Briefe Russland 2009, S. 184.
58 AH an Cancrin, 26. September 1829, in: AH Briefe Russland 2009, S. 191; vgl. auch AH Ansichten 1849, Bd. 2, S. 363.
59 Cancrin an AH, 31. Juli 1829 und 18. August 1829, in: AH Briefe Russland 2009, S. 158, 175.
60 AH an WH, 25. September 1829, in: AH Briefe Russland 2009, S. 188.
61 AH an Cancrin, 21. Oktober 1829, a. a. O., S. 200.
62 Rose 1837–1842, Bd. 2, S. 306 ff.; Beck 1983, S. 147 ff.
63 AH, Rede vor der Kaiserlichen Akademie der Wissenschaften, Sankt Petersburg, 28. November 1829, in: AH Briefe Russland 2009, S. 283 f.
64 AH Fragmente Asien 1832, S. 50.
65 AH an WH, 14. Oktober 1829, in: AH Briefe Russland 2009, S. 196.
66 Zur Stutenmilch vgl. AH an WH, 25. September 1829, in: AH Briefe Russland 2009, S. 188; zum Kalmückenchor vgl. Rose 1837–1842, Bd. 2, S. 344; zu Antilopen, Schlangen und Fakir vgl. AH an WH, 10. September und 21. Oktober 1829, in: AH Briefe Russland 2009, S. 181, 199; Rose 1837–1842, Bd. 2, S. 312; zum Thermometer und Exemplar der *Geographie* vgl. Beck 1983, S. 113, 133; zum sibirischen Essen vgl. AH an Friedrich von Schöler, 13. Oktober 1829, in: AH Briefe Russland 2009, S. 193.
67 AH an Cancrin, 21. Juni 1829, a. a. O., S. 136.
68 AH Fragmente Asien 1832, S. 27.
69 AH Central-Asien 1844, Bd. 1, S. 27.
70 A. a. O., S. 26, vgl. auch Bd. 1, S. 337, und Bd. 2, S. 214; AH Fragmente Asien 1832, S. 27.
71 A. a. O., Bd. 2, S. 214.
72 (Fußnote) AH Central-Asien 1844, Bd. 1, S. 337.
73 Bruhns 1969, Bd. 1, S. 442; Suckow 1999, S. 163.
74 AH an Cancrin, 5. November 1829, in: AH Briefe Russland 2009, S. 204.
75 Alexander Herzen, November 1829, in: Bruhns 1969, Bd. 1, S. 446 ff.; AH an WH, 21. November 1829, in: AH Briefe Russland 2009, S. 219 f.
76 Sergei Glinka, in: Bruhns 1969, Bd. 1, S. 447.
77 Puschkin 1829, wiedergegeben 1890 von Georg Schmid, in: AH Briefe Russland 2009, S. 251.
78 AH an WH, 21. November 1829, in: AH Briefe Russland 2009, S. 219.
79 AH an Zar Nikolaj I., 7. Dezember 1829, a. a. O., S. 233.
80 AH Kosmos 1845–1850, Bd. 1, S. 185.
81 Bericht über einen Brief von AH an Royal Society, 9. Juni 1836, *Abstracts of*

the Papers Printed in the Philosophical Transactions of the Royal Society of London, Bd. 3, 1830–1837, S. 420 (Humboldt hatte den Brief im April 1836 geschrieben).

82 Biermann und Schwarz 1999a, S. 187.
83 Bericht über einen Brief von AH an Royal Society, 9. Juni 1836, a.a.O., S. 423; vgl. auch O'Hara 1983, S. 49/50.
84 AH Kosmos 1845–1850, Bd. 1, S. 197.
85 AH, Vortrag in der Kaiserlichen Akademie der Wissenschaften, Sankt Petersburg, 28. November 1829, in: AH Briefe Russland 2009, S. 277; zu seinem Aufruf für Klimastudien vgl. S. 281.
86 AH an Cancrin, 17. November 1829, a.a.O., S. 215; Beck 1983, S. 159.
87 AH an Theodor von Schön, 9. Dezember 1829; zu Vase und Zobel vgl. AH an WH, 9. Dezember 1829, in: AH Briefe Russland 2009, S. 237.
88 AH an Cancrin, 24. Dezember 1829, in: AH Briefe Russland 2009, S. 257.
89 Ebd.
90 Carl Friedrich Zelter an Goethe, 2. Februar 1830, Bratranek 1876, S. 384.

17. Evolution und Natur

1 Darwin, 30. Dezember 1831, in: Darwin Beagle Tagebuch 2001, S. 18.
2 Darwin, 29. Dezember 1831, a.a.O., S. 17 f; Darwin an Robert Darwin, 8. Februar – 1. März 1832, in: Darwin Briefe, Bd. 1, S. 201.
3 Thomson 1995, S. 124 ff.; HMS Beagle, Skizze der Achterkajüte von B.J. Sulivan, CUL DAR.107.
4 Darwin Briefe, Bd. 1, Anhang IV, S. 558 ff.
5 Darwin 2008, S. 86.
6 (Fußnote) Robert FitzRoy an Darwin, 23. September 1831, Darwin Briefe, Bd. 1, S. 167.
7 Darwin an D.T. Gardner, August 1874, *New York Times*, 15. September 1874.
8 Darwin, 4. Januar 1832, in: Darwin *Beagle* Tagebuch 2001, S. 19; Darwin an Robert Darwin, 8. Februar – 1. März 1832, in: Darwin Briefe, Bd. 1, S. 201.
9 Darwin, 31. Dezember 1831, in: Darwin *Beagle* Tagebuch 2001, S. 18.
10 Darwin, 6. Januar 1832, a.a.O., S. 19; vgl. auch Darwin an Robert Darwin, 8. Februar – 1 März 1832, in: Darwin Briefe, Bd. 1, S. 201.
11 Darwin, 6. Januar 1832, in: Darwin *Beagle* Tagebuch 2001, S. 20; vgl. auch Darwin an Robert Darwin, 8. Februar – 1. März 1832, in: Darwin Briefe, Bd. 1, S. 201 f.
12 Darwin, 7. Januar 1832, in: Darwin *Beagle* Tagebuch 2001, S. 20.
13 Darwin, 17. Dezember 1831, a.a.O., S. 14.
14 Darwin 2008, S. 55.
15 A.a.O., S. 68.
16 A.a.O., S. 71.
17 A.a.O., S. 76 f.
18 A.a.O., S. 77; Browne 2003a, S. 123, 131; Thomson 2009, S. 94, 102; Darwin an William Darwin Fox, 5. November 1830, in: Darwin Briefe Bd. 1, S. 110.
19 Darwin an William Darwin Fox, 7. April 1831, a.a.O. Bd. 1, S. 120.

20 Darwin an Caroline Darwin, 28. April 1831; vgl. auch Darwin an William Darwin Fox, 11. Mai 1831 und 9. Juli 1831, a.a.O., S. 122ff.
21 Darwin an Caroline Darwin, 28. April 1831, a.a.O., S. 122.
22 Darwin an John Stevens Henslow, 11. Juli 1831, a.a.O., S. 125f.
23 Darwin an William Darwin Fox, 11. Mai 1831, a.a.O., S. 123.
24 Darwin an John Stevens Henslow, 11. Juli 1831, a.a.O., S. 125.
25 Darwin an Caroline Darwin, 28. April 1831, a.a.O., S. 122; zu den spanischen Ausdrücken vgl. Darwin an William Darwin Fox, 9. Juli 1831, a.a.O., S. 124.
26 Darwin an William Darwin Fox, 1. August 1831, a.a.O., S. 127; vgl. auch Browne 2003a, S. 135; Thomson 2009, S. 131.
27 John Stevens Henslow an Darwin, 24. August 1831, in: Darwin Briefe, Bd. 1, S. 128f.
28 Darwin an Robert Darwin, 31. August 1831, a.a.O., S. 133; vgl. auch Darwin an John Stevens Henslow, 30. August 1831, Robert Darwin an Josiah Wedgwood, 30.–31. August 1831, Josiah Wedgwood II an Robert Darwin, 31. August 1831, a.a.O., S. 131–134, Darwin 31. August – 1. September 1831, in: Darwin *Beagle* Tagebuch 2001, S. 3; Browne 2003a, S. 152 ff.
29 Browne 2003a, S. 7.
30 Josiah Wedgwood II an Robert Darwin, 31. August 1831, Robert Darwin an Josiah Wedgwood II, 1. September 1831, in: Darwin Briefe, Bd. 1, S. 134f.
31 Darwin, 10. Januar 1832, in: Darwin *Beagle* Tagebuch 2001, S. 21; vgl. auch Darwin an Robert Darwin, 8. Februar – 1. März 1832, in: Darwin Briefe, Bd. 1, S. 202.
32 A.a.O., Anhang III, S. 549; zu FitzRoy vgl. Browne 2003a, S. 144–149; Thomson 2009, S. 139 ff.
33 Darwin 2008, S. 82 f.; Darwin an Robert Darwin, 8. Februar – 1. März 1832, in: Darwin Briefe, Bd. 1, S. 203; zu FitzRoys Gemütsverfassung vgl. Thomson 1995, S. 155.
34 Darwin, 23. Oktober 1831, in: Darwin *Beagle* Tagebuch 2001, S. 8; zu *Beagle* und Vorräten vgl. auch Browne 2003a, S. 169, Darwin an Susan Darwin, 6. September 1831, in: Darwin Briefe, Bd. 1, S. 144; Thomson 1995, S. 115, 123, 128.
35 Darwin, 16. Januar 1832 und folgende Einträge Darwin *Beagle* Tagebuch 2001, S. 23 ff.
36 Darwin an William Darwin Fox, Mai 1832, in: Darwin Briefe, Bd. 1, S. 232.
37 Darwin, 17. Januar 1832, Darwin *Beagle* Tagebuch 2001, S. 24, für FitzRoy über Darwin, siehe Robert FitzRoy an Francis Beaufort, 5. März 1832, Darwin Briefe, Bd. 1, S. 205, Anm. 1.
38 Darwin, 16. Januar 1832, in: Darwin *Beagle* Tagebuch 2001, S. 23.
39 Darwin an Caroline Darwin, 2.–6. April 1832, in: Darwin Briefe, Bd. 1, S. 219.
40 Darwin an Robert Darwin, 8. Februar – 1. März 1832; vgl. auch Darwin an William Darwin Fox, Mai 1832, a.a.O., S. 204, 233.
41 Darwin, 26. Mai 1832; vgl. auch 6. Februar, 9. April und 2. Juni 1832, in: Darwin *Beagle* Tagebuch 2001, S. 34, 55, 67ff.
42 Darwin 2008, S. 86.
43 Thomson 2009, S. 148; Browne 2003a, S. 185.
44 Darwin an Robert Darwin, 10. Februar 1832, Darwin Briefe, Bd. 1, S. 206.
45 Darwin an Frederick Watson, 18. August 1832, a.a.O., S. 260.

46 Darwin an Robert Dawin, 8. Februar – 1. März 1832, a. a. O., S. 204.
47 Darwin an John Stevens Henslow, 18. Mai – 16. Juni 1832, a. a. O., S. 237.
48 Darwin, 28. Februar 1832, in: Darwin *Beagle* Tagebuch 2001, S. 42.
49 Darwin an Robert Darwin, 8. Februar – 1. März 1832, in: Darwin Briefe, Bd. 1,
    S. 202 ff.
50 Darwin an John Stevens Henslow, 18. Mai – 16. Juni 1832, a. a. O., S. 238.
51 Darwin, 1. März 1832, in: Darwin *Beagle* Tagebuch 2001, S. 43.
52 Darwin, 28. Februar 1832, a. a. O., S. 42.
53 Darwin an William Darwin Fox, 25. Oktober 1833, in: Darwin Briefe, Bd. 95.1,
    S. 344.
54 Browne 2003a, S. 191 ff.
55 Darwin an Robert Darwin, 8. Februar – 1. März 1832, Darwin Briefe, Bd. 1,
    S. 202.
56 Browne 2003a, S. 193, 222.
57 Thomson 2009, S. 142 f.
58 Browne 2003a, S. 225.
59 Thomson 1995, S. 156.
60 Browne 2003a, S. 230.
61 Darwin an Catherine Darwin, 5. Juli 1832; vgl. auch Erasmus Darwin an
    Darwin, 18. August 1832, in: Darwin Briefe, Bd. 1, S. 247, 258.
62 Darwin, 24., 25., 26. März 1832, in: Darwin *Beagle* Tagebuch 2001, S. 48.
63 AH Personal Narrative 1814–1829, Bd. 6, S. 69.
64 Darwin, 12. Februar 1835, in: Darwin *Beagle* Tagebuch 2001, S. 288.
65 AH Personal Narrative 1814–1829, Bd. 3, S. 321; zum Darwin-Zitat vgl. Darwin,
    20. Februar 1835, in: Darwin *Beagle* Tagebuch 2001, S. 292.
66 AH Personal Narrative 1814–1829, Bd. 6, S. 8; zu Darwin über Seetang (Kelp)
    vgl. Darwin, 1. Juni 1834, in: Darwin Reise der *Beagle* 2006, S. 322 ff.
67 Caroline Darwin an Darwin, 28. Oktober 1833, in: Darwin Briefe, Bd. 1,
    S. 345.
68 Herman Kindt an Darwin, 16. September 1864, a. a. O., S. 328.
69 Darwin, 17. September 1835, in: Darwin *Beagle* Tagebuch 2001, S. 353.
70 Darwin an William Darwin Fox, 15. Februar 1836, in: Darwin Briefe, Bd. 1.
    S. 491.
71 Darwin an Catherine Darwin, 14. Februar 1836, Darwin an John Stevens
    Henslow, 9. Juli 1836, und Darwin an Caroline Darwin, 18. Juli 1836, a. a. O.,
    S. 490, 501, 503.
72 Darwin an Susan Darwin, 4. April 1836, in: Darwin Briefe, Bd. 1, S. 503.
73 Ebd.
74 Darwin an William Darwin Fox, 15. Februar 1836, in: Darwin Briefe, Bd. 1. S. 491.
75 Darwin, nach dem 25. September 1836, in: Darwin *Beagle* Tagebuch 2001,
    S. 443.
76 Darwin, 2. Oktober 1836, a. a. O., S. 447.
77 Darwin an Robert FitzRoy, 6. Oktober 1836, in: Darwin Briefe, Bd. 1, S. 506.
78 Caroline Darwin an Sarah Elizabeth Wedgwood, 5. Oktober 1836, a. a. O.,
    S. 504.
79 Darwin an John Stevens Henslow, 6. Oktober 1836, a. a. O., S. 507.
80 Darwin an John Stevens Henslow, 9. Juli 1838, a. a. O., S. 499.
81 Darwin 2008, S. 86.

82 Darwin an Leonard Jenyns, 10. April 1837, a. a. O., Bd. 2, S. 16.
83 Darwin an John Stevens Henslow, 28. März und 18. Mai 1837, Darwin an Leonard Jenyns, 10. April 1837, a. a. O., S. 14, 16, 18; vgl. auch Browne 2003a, S. 417.
84 *Voyage of the Beagle*: Es war der 3. Band des Werks *Narrative of the Surveying Voyages of His Majesty's Ships Adventure and Beagle*, des vierbändigen Berichts über die Reisen der *Beagle* von FitzRoy. Darwins Band wurde so erfolgreich, dass er im August 1839 separat unter dem Titel *Journal of Researches* veröffentlicht wurde. Bekannt aber wurde er als *Voyage of the Beagle* (deutsch: *Die Fahrt der Beagle*, Hamburg 2006).
85 Darwin an John Washington, 1. November 1839, in: Darwin Briefe, Bd. 2, S. 241.
86 Darwin an AH, 1. November 1839, a. a. O., S. 240.
87 AH an Darwin, 18. September 1839, a. a. O., S. 425 f.
88 AH, 6. September 1839, *Journal Geographical Society*, 1839, Bd. 9, S. 505.
89 Darwin an John Washington, 14. Oktober 1839, in: Darwin Briefe, Bd. 2, S. 230.
90 Darwin an AH, 1. November 1839, a. a. O., S. 239.
91 Darwin an Joseph Hooker, 3.–17. Februar 1844, a. a. O., Bd. 3, S. 9.
92 Darwin an John Stevens Henslow, 21. Januar 1838, a. a. O., Bd. 2, S. 69.
93 Darwin an John Stevens Henslow, 14. Oktober 1837; zum Herzklopfen vgl. auch 20. September 1837, a. a. O., S. 47, 51 f.; Thomson 2009, S. 205.
94 Ende Frühjahr 1837 begann Darwin ernsthaft über Transmutation nachzudenken. Im Juli 1837 fing er ein neues Notizheft an, das der Transmutation der Arten (Notebook B) gewidmet war, vgl. Thomson 2009, S. 182 ff.; vgl. auch Darwin, Notebook B, Transmutation of species 1837–1838, CUL MS.DAR.121.
95 Thomson 2009, S.180 ff.
96 Lamarcks Schriften *Système des animaux sans vertèbres* (1801) und *Philosophie zoologique* (1809); zum Streit in der Académie (zwischen Georges Cuvier und Étienne Geoffroy Saint-Hilaire) vgl. Päßler 2009, S. 139 ff.; zu AHs geflüsterten Kommentaren vgl. Louis Agassiz über AH, Oktober – Dezember 1830, in: Beck 1959, S. 123.
97 AH Ansichten 1849, Bd. 2, S. 135 (in der deutschen Ausgabe von *Ansichten der Natur* aus dem Jahre 1808 findet sich diese Stelle nicht, aber ganz ähnlich auf S. 185); bereits in seinen Ideen zu einer *Geographie der Pflanzen* hatte Humboldt die Frage erörtert, wie sich ein Prototypus durch »Ausartung« dauerhaft verändern könnte, in: AH Geographie 1807, S. 10 f.
98 AH Ansichten 1849, Bd. 2, S. 25; vgl. auch AH Ansichten 1808, S. 185.
99 Darwin an Joseph Dalton Hooker, 10. Februar 1845, in: Darwin Briefe, Bd. 3, S. 140.
100 AH Personal Narrative 1814–1829, Bd. 3, S. 491–495; Darwin hat diese Stelle in seinem Exemplar hervorgehoben.
101 AH Ansichten 1849, Bd. 2, S. 136.
102 (Fußnote) vgl. Darwin, Notebook B, Transmutation of species 1837–1838, S. 92, 156, CUL MS.DAR.121.
103 Darwins Exemplar von Humboldts *Personal Narrative* 1814–1829, Bd. 5, S. 180, 183, 221 ff., CUL,DAR.LIBT.301.
104 A. a. O., Bd. 4, S. 336, 384 und Bd. 5, S. 24, 79, 110.
105 A. a. O., Bd. 1, Nachsatzblätter, CUL; Darwin, Notebook A, Geology 1837–

1839, S. 15, CUL DAR127; Darwin, Santiago Notebook, EH1.18, S. 123, English Heritage, Darwin Online; Darwins Exemplar von Humboldts *Personal Narrative* 1814–1829, Bd. 6, Nachsatzblätter, CUL, DAR.LIB.T301.
106 A. a. O., Bd. 1, Nachsatzblätter; vgl. auch Werner 2009, S. 77 ff.
107 Darwins Exemplar von Humboldts *Personal Narrative* 1814–1829, Bd. 1, Liste hinten, CUL, DAR.LIB:T.301
108 A. a. O., Bd. 5, S. 543.
109 A. a. O., Bd. 5, S. 180; vgl. auch Bd. 3, S. 496 (Darwin hat beides unterstrichen).
110 AH Ansichten 1849, Bd. 2, S. 24.
111 Darwin an Joseph Hooker, 10. – 11. November 1844, in: Darwin Briefe, Bd. 3, S. 79.
112 Darwin 2008, S. 129; Thomson 2009, S. 214.
113 Darwins Exemplar von Humboldts *Personal Narrative* 1814–1829, Bd. 4, S. 489, CUL, DAR.LIB:T.301.
114 Darwin 2008, S. 129.
115 AH Ansichten 1849, Bd. 2, S. 138.
116 Ebd.; vgl. auch AH Personal Narrative 1814–1829, Bd. 4, S. 437.
117 AH Personal Narrative 1814–1829, Bd. 4, S. 421 f.; AH Reise 1859–1860, Bd. 3., S. 19.
118 AH Personal Narrative 1814–1829, Bd. 4, S. 426; AH Reise 1859–1860, Bd. 3, S. 22.
119 Darwins Exemplar von Humboldts *Personal Narrative* 1814–1829, Bd. 4, S. 437, CUL.; vgl. auch Bd. 5, S. 590, CUL. DAR.LIB:T.301.
120 A. a. O., Bd. 5, S. 590.
121 Darwin 1838, in: Harman 2009, S. 226.
122 Darwin, Notebook B, S. 36 f., CUL MS.DAR.121.
123 Darwins Exemplar von Humboldts *Personal Narrative* 1814–1829, Bd. 4, S. 505 f., CUL.
124 (Fußnote) Ebd.
125 Darwin 1963, S. 678.

18. Humboldts *Kosmos*

1 AH an Varnhagen, 27. Oktober 1834, in: AH Varnhagen Briefe 1860, S. 20.
2 AH an Varnhagen, 24. Oktober 1834, a. a. O., S. 23.
3 AH an Johann Georg von Cotta, 28. Februar 1838, in: AH Cotta Briefe 2009, S. 204
4 AH an Friedrich Wilhelm Bessel, 14. Juli 1833, in: AH Bessel Briefe 1994, S. 82.
5 AH an Varnhagen, 24. Oktober 1834, in: AH Varnhagen Briefe 1860, S. 23; AH Kosmos 1845–1850, Bd. 1, S. 61 f.
6 Beispielsweise Hooker an AH, 4. Dezember 1847, und Robert Brown an AH, 12. August 1834, in: AH, Gr. Kasten 12, Umschlag »Geographie der Pflanzen«; Liste polynesischer Pflanzen von Jules Dumont d'Urville: AH, gr. Kasten 13, Nr. 27, Staatsbibliothek Berlin NL in: AH; AH an Friedrich Wilhelm Bessel, 20. Dezember 1828 und 14. Juli 1833, in: AH Bessel Briefe 1994, S. 50–54,

84; AH an Peter Gustav Lejeune Dirichlet, nach dem Mai 1851, AH Dirichlet Briefe 1982, S. 93; AH an August Böckh, 14. Mai 1849, in: AH Böckh Briefe 2011, S. 189; Werner 2004, S. 159.

7 Kark Gützlaff an AH, o. D., in: AH, kl. Kasten 3b, Nr. 112; Robert Brown an AH, 12. August 1834, in: AH, gr. Kasten 12, Nr. 103, Staatsbibliothek Berlin NL AH.

8 AH an Karl Zell, 21. Mai 1836, in: Schwarz 2000, keine Seitenzahlen.

9 Herman Abich über Humboldt, 1853, in: Beck 1959, S. 346; zum Romancier, der aus Algerien zurückkam, vgl. Laube 1875, S. 334.

10 AH an Johann Georg von Cotta, 28. Februar 1838, vgl. auch AH an Johann Georg von Cotta, 18. September 1843, in: AH Cotta Briefe 2009, S. 204, 249.

11 AH an Gauß, 23. März 1847, in: AH Gauß Briefe 1977, S. 98.

12 AH, gr. Kasten 11, Staatsbibliothek Berlin NL AH.

13 AH an Johann Georg von Cotta, 16. April 1852, in: AH Cotta Briefe 2009, S. 482; AH an Alexander Mendelssohn, 24. Dezember 1853, in: AH Mendelssohn Briefe 2011, S. 253.

14 AH, gr. Kasten 12, Nr. 96, Staatsbibliothek Berlin NL AH.

15 AH, gr. Kasten 8, Umschlag mit Nr.6–11a, Staatsbibliothek Berlin NL AH.

16 AH, gr. Kasten 12, Nr. 124, Staatsbibliothek Berlin NL AH.

17 AH, gr. Kasten 12, Nr. 112, Staatsbibliothek Berlin NL AH.

18 AH, gr. Kasten 12, Umschlag mit Nr. 32–47, Staatsbibliothek Berlin NL AH.

19 AH, gr Kasten 8, Nr. 124–168, Staatsbibliothek Berlin NL AH.

20 AH, kl. Kasten 3b, Nr. 121, Staatsbibliothek Berlin NL AH.

21 AH, kl. Kasten 3b, Nr. 125, Staatsbibliothek Berlin NL AH.

22 Friedrich Adolf Trendelenburg, Frankfurt, Mai 1832, in: Beck 1959, S. 128.

23 AH an Heinrich Christian Schumacher, 10. November 1846, in: AH Schumacher Briefe 1979, S. 85.

24 AH an WH, 14. Juli 1829, in: AH Briefe Russland 2009, S. 146.

25 Adolf Bernhard Marx über Humboldt, in: Beck 1969, S. 253.

26 Sir Charles Hallé, 1840er-Jahre, Hallé 1896, S. 100.

27 Ludwig Börne, 12. Oktober 1830, in: Clark und Lubich 2012, S. 82.

28 Honoré de Balzac, *Administrative Adventures of a Wonderful Idea*, 1834, in: Clark und Lubrich 2012a, S. 89.

29 Sir Charles Hallé, 1840er Jahre, in: Hallé 1896, S. 100.

30 Robert Avé-Lallemant, 1833; Ernst Kossak über AH, Dezember 1834, in: Beck 1959, S. 134, 141; Emil du Bois-Reymond, 3. August 1883, in: AH du Bois-Reymond Briefe 1997, S. 201; Franz Lieber, 14. September 1869, in: AH Briefe USA 2004, S. 581

31 Biermann und Schwarz 1999, S. 188.

32 AH an Varnhagen, 24. April 1837, in: AH Varnhagen Briefe 1860, S. 35

33 Geier 2010, S. 298 ff.

34 AH an Varnhagen, 5. April 1835, in: AH Varnhagen Briefe 1860, S. 26.

35 AH an Jean Antoine Letronne, 18. April 1873, in: Bruhns 1969, Bd. 2, S. 214.

36 AH an Gide, 10. April 1835, ebd.

37 AH an Bunsen, 24. Mai 1836, in: AH Bunsen Briefe 2006, S. 35 f.

38 AH an Johann Georg von Cotta, 25. Dezember 1844, in: AH Cotta Briefe 2009, S. 269; AH an Bunsen, 3. Oktober 1847, in: AH Bunsen Briefe 2006, S. 103, und AH an Caroline von Wolzogen, 12. Juni 1835, in: Biermann 1987, S. 206.

39 AH an Heinrich Christian Schumacher, 2. März 1836, in: AH Schumacher Briefe 1979, S. 52.
40 Carl Vogt, Januar 1845, in: Beck 1959, S. 206.
41 AH an Heinrich Christian Schumacher, 2. März 1836, in: AH Schumacher Briefe 1979, S. 52.
42 AH an Johann Georg von Cotta, 22. Juni 1833, in: AH Cotta Briefe 2009, S. 180.
43 Engelmann 1969, S. 11.
44 AH an Johann Georg von Cotta, 11. Januar 1835, in: AH Cotta Briefe 2009, S. 186.
45 AH an P. G. Lejeune Dirichlet, 28. Februar 1844, in: AH Dirichlet Briefe 1982, S. 67.
46 Friedrich Wilhelm IV. an AH, 1. Dezember 1840, in: AH Friedrich Wilhelm IV. Briefe 2013, S. 181.
47 Friedrich Daniel Bassermann über AH, 14. November 1848, in: Beck 1969, S. 265.
48 AH an Friedrich Wilhelm IV, 9. November 1839, 29. September 1840, 5. Oktober 1840, Dezember 1840, 23. März 1841, 15. Juni 1842, Mai 1844, 1849, auch 4., 5. und 12., AH Friedrich Wilhelm IV. Briefe 2013, S. 145, 147, 174 f., 182, 202, 231, 277, 405, 532 f., 536.
49 AH an Gauß, 3. Juli 1842, in: AH Gauß Briefe 1977, S. 85.
50 AH an Varnhagen, 6. September 1844; vgl. auch Varnhagen Tagebuch, 18. März 1843 und 1. April 1844, in: AH Varnhagen Briefe 1860, S. 97, 106 f., 130.
51 AH an Johann Georg von Cotta, 9. März 1844, in: AH Cotta Briefe 2009, S. 256.
52 AH an Johann Georg von Cotta, 5. Februar 1849, a. a. O., S. 349.
53 AH an Johann Georg von Cotta, 28. Februar 1838, a. a. O., S. 204.
54 AH an Johann Georg von Cotta, 28. Februar 1838; erneute Verzögerung des Manuskripts: AH an Johann Georg von Cotta, 15. März 1841, a. a. O., S. 204, 238.
55 AH an John Herschel, 1842, in: Théodoridès 1966, S. 50.
56 Darwin 2008, S. 216.
57 Roderick Murchison an Francis Egerton, 25. Januar 1842, in: Murchison 1875, Bd. 1, S. 360.
58 Emma Darwin an Jessie de Sismondi, 8. Februar 1842, in: Litchfield 1915, Bd. 2, S. 67.
59 AH Geographie 1807, S. 15; vgl. auch S. 9, 91.
60 Erinnerung der Gebrüder Schlagintweit an AH, Mai 1849, in: Beck 1959, S. 262.
61 Beschreibung nach Heinrich Laube über AH, Laube 1875, S. 330–333.
62 Emma Darwin an Jessie de Sismondi, 8. Februar 1842, Litchfield 1915, Bd. 2, S. 67.
63 Darwin an Joseph Hooker, 10. Februar 1845, in: Darwin Briefe, Bd. 3, S. 140.
64 Darwin 2008, S. 116.
65 Darwin an Joseph Hooker, 10. – 11. November 1844, in: Darwin Briefe, Bd. 3, S. 79.
66 Darwin, Notiz, 29. Januar 1842, CUL DAR 100.167.
67 Darwin an Robert FitzRoy, 1. Oktober 1846, Darwin Briefe, Bd. 3, S. 345.
68 Thomson 2009, S. 219 f.

69 Darwins Anmerkungen zur Ehe, zweite Anmerkung, Juli 1838, in: Darwin Briefe, Bd. 2, S. 444 f.
70 AH Kosmos 1845–1850, Bd. 1, S. 23.
71 A. a. O., Bd. 3, S. 14, 28, Bd. 1, S. 33.
72 A. a. O., Bd. 1, S. 22. Zu Übergangsformen und unablässiger Erneuerung vgl. a. a. O., Bd. 1, S. 22, 33.
73 Emil du Bois-Reymonds Rede an der Berliner Universität, 3. August 1883, in: AH du Bois–Reymond Briefe 1997, S. 195; vgl. auch Wilhelm Bölsche an Ernst Haeckel, 4. Juli 1913, in: Haeckel Bölsche Briefe 2002, S. 253.
74 (Fußnote) Alfred Russel Wallace an Henry Walter Bates, 28. Dezember 1845, in: Wallace-Briefe Online
75 Darwin an Joseph Hooker, 10. Februar 1845, vgl. auch 23. Februar 1844, in: Darwin Briefe, Bd. 3, S. 140
76 Hooker 1918, Bd. 1, S. 179.
77 Joseph Hooker an Maria Sarah Hooker, 2. Februar 1845, in: Hooker 1918, Bd. 1, S. 180.
78 AH an Friedrich Althaus, 4. September 1848, in: AH Althaus Memoiren 1861, S. 8; zur Veränderung von AH im Alter vgl. auch »A Visit to Humboldt by a correspondent of the *Commercial Advertiser*«, 30. Dezember 1849, in: AH Briefe USA 2004, S. 539 f.
79 Joseph Hooker an W. H. Harvey, 27. Februar 1845, in: Hooker 1918, Bd. 1, S. 185.
80 Joseph Hooker an Darwin, Ende Februar 1845, in: Darwin Briefe, Bd. 3, S. 148.
81 Ebd.
82 Joseph Hooker an Darwin, Ende Februar 1845, a. a. O., S. 149.
83 Fiedler und Leitner 2000, S. 390; Biermann und Schwarz 1999b, S. 205; Johann Georg von Cotta an AH, 14. Juni 1845, in: AH Cotta Briefe 2009, S. 283.
84 AH an Friedrich Wilhelm IV., 16. September 1847, in: AH Friedrich Wilhelm IV. Briefe 2013, S. 366; zu den Übersetzungen vgl. Fiedler und Leitner 2000, S. 382ff.
85 AH Kosmos 1845–1850, Bd. 1, S. 200.
86 A. a. O., S. 21.
87 Ebd.
88 A. a. O., S. 5.
89 A. a. O., S. 33.
90 A. a. O., S. 32.
91 A. a. O., S. 304.
92 AH an Caroline von Wolzogen, 14. Mai 1806, in: Goethe AH WH Briefe 1876, S. 407.
93 WH an CH, 23. Mai 1817, in: WH CH Briefe 1910–1916, Bd. 5, S. 315; zur Kritik an Missionaren vgl. AH Tagebuch 1982, S. 329 ff.; zur Kritik an der preußischen Kirche vgl. Werner 2000, S. 34.
94 AH Kosmos 1845–1850, Bd. 1, S. 21.
95 (Fußnote) Werner 2000, S. 34.
96 *North British Review*, 1845, in: AH Cotta Briefe 2009, S. 290.
97 Johann Georg von Cotta an AH, 3. Dezember 1847, vgl. auch 5. Februar 1846, a. a. O., S. 292, 329.

98 Klemens von Metternich an AH, 21. Juni 1845, in: AH Varnhagen Briefe 1860, S. 138

99 Berlioz 1967, S. 330.

100 Berlioz 1854, S. 1.

101 Prinz Albert an AH, 7. Februar 1847, in: AH Varnhagen Briefe 1860, S. 181; zu Darwin und der *Kosmos*-Übersetzung vgl. Darwin an Joseph Hooker, 11. – 12. Juli 1845, in: Darwin Briefe, Bd. 3, S. 217.

102 AH an Bunsen, 18. Juli 1845, in: AH Bunsen Briefe 2006, S. 68 f.

103 Darwin an Hooker, 3. September 1845, in: Darwin Briefe, Bd. 3, S. 249.

104 Darwin an Hooker, 18. September 1845; zu Darwins Wunsch, über *Kosmos* zu diskutieren, vgl. Darwin an Hooker, 8. Oktober 1845, in: Darwin Briefe, Bd. 3, S. 255, 257.

105 Darwin an Charles Lyell, 8. Oktober 1845, in: Darwin Briefe, Bd. 3, S. 259.

106 Darwin an Hooker, 28. Oktober 1845, zu Darwins Kauf der neuen Übersetzung vgl. Darwin an Hooker, 2. Oktober 1846, in: Darwin Briefe, Bd. 3, S. 261, 346.

107 Hooker an Darwin, 25. März 1854, a. a. O., Bd. 5, S. 184; vgl. auch AH an Johann Georg von Cotta, 20. März 1848, in: AH Cotta Briefe 2009, S. 292.

108 AH an Johann Georg von Cotta, 28. November 1847, a. a. O., S. 327.

109 Johann Georg von Cotta an AH, 3. Dezember 1847, a. a. O., S. 329.

110 AH Kosmos 1845–1850, Bd. 2, S. 3.

111 A. a. O., S. 3.

112 AH an Caroline von Wolzogen, 14. Mai 1806, in: Goethe AH WH Briefe 1876, S. 407.

113 AH Kosmos 1845–1850, Bd. 1, S. 86.

114 AH an Varnhagen, 28. April 1841, in: AH Varnhagen Briefe 1860, S. 92.

115 AH an Johann Georg von Cotta, 16. März 1849, in: AH Cotta Briefe 2009, S. 359.

116 AH an Johann Georg von Cotta, 7. April 1849, a. a. O., S. 368.

117 (Fußnote) AH an Johann Georg von Cotta, 13. April 1849, a. a. O., S. 371.

118 Ralph Waldo Emerson, Tagebuch, 1845, in: Emerson 1960–1992, Bd. 9, S. 270; vgl. auch Ralph Waldo Emerson an John F. Heath, 4. August 1842, in: Emerson 1939, Bd. 3, S. 77; Walls 2009, S. 251–256.

119 Edgar Allan Poes »Eureka«, in: Poe 1848, S. 8; zu *Eureka* und *Kosmos* vgl. Walls 2009, S. 256–260; Sachs 2006, S. 109 ff.; Clark und Lubich 2012, S. 19 f.

120 Edgar Allan Poe, »Heureka«, in: *Edgar Allan Poes Werke*, hg. v. Theodor Etzel, Berlin 1922, S. 305.

121 Whitman 1860, S. 414 f.; zu Whitman und *Kosmos* vgl. AH Briefe USA 2004, S. 61; Walls 2009, S. 279–283; Clark und Lubich 2012, S. 20.

122 Das Wort »Kosmos« ist das einzige Wort, das sich in den verschiedenen Versionen von Whitmans berühmter Selbstinszenierung nicht veränderte. In der ersten Ausgabe lautete der Anfang: »Walt Whitman, ein Amerikaner, einer von den rauen Kerlen, ein Kosmos«; daraus wurde dann: »Walt Whitman, ein Kosmos, Manhattans Sohn«.

19. Dichtung, Wissenschaft und Natur

1 Thoreau, Walden 1999, S. 100.
2 A. a. O., S. 51 ff.
3 A. a. O., S. 204, 306.
4 A. a. O., S. 204.
5 A. a. O., S. 126.
6 Channing 1873, S. 250.
7 A. a. O., S. 17.
8 Thoreau, 16. Juni 1852, in: Thoreau Tagebuch 1981–2002, Bd. 5, S. 112.
9 John Weiss, *Christian Examiner*, 1865, in: Harding 1989, S. 33.
10 Alfred Munroe, »Concord Authors Considered«, in: *Richard County Gazette*, 15. August 1877, in: Harding 1989, S. 49.
11 Horace R. Homer, in: Harding 1989, S. 77.
12 Richardson 1986, S. 12 f.
13 Sims 2014, S. 90.
14 Thoreau an Isaiah Williams, 14. März 1842, in: Thoreau Briefe 1958, S. 66.
15 Thoreau, 16. Januar 1843, in: Thoreau Tagebuch 1981–2002, Bd. 1, S. 447.
16 Ellery Channing an Thoreau, 5. März 1845, in: Thoreau Briefe 1958, S. 161.
17 Thoreau an Emerson, 11. März 1842, a. a. O., S. 65.
18 Thoreau, 14. Juli 1845, in: Thoreau Tagebuch 1981–2002, Bd. 2, S. 159.
19 Richardson 1986, S. 15 f.; Sims 2014, S. 33, 47–50.
20 Richardson 1986, S. 16.
21 A. a. O., S. 138.
22 Thoreau Walden 1999, S. 102.
23 Thoreau, Frühjahr 1846, in: Thoreau Tagebuch 1981–2002, Bd. 2, S. 145.
24 Channing 1873, S. 25; Celia S. R. Fraser, in: Harding 1989, S. 208.
25 Caroline Sturgis Tappan über Thoreau, American National Biography; vgl. auch Channing 1873, S. 311
26 Channing 1873, S. 312
27 Nathaniel Hawthorne, September 1842, Harding 1989, S. 154.
28 Nathaniel Hawthorne an Richard Monckann Milnes, 18. November 1854, in: Hawthorne 1987, Bd. 17, S. 279.
29 Amos Bronson Alcott Tagebuch, 5. November 1851, in: Borst 1992, S. 199; zur Exzentrik vgl. Priscilla Rice Edes, in: Harding 1989, S. 181; zur Unterhaltsamkeit vgl. E. Harlow Russell, »Reminiscences of Thoreau«, in: *Concord Enterprise*, 15. April 1893, in: Harding 1989, S. 98.
30 Edward Emerson, 1917, in: Harding 1989, S. 136
31 Nathaniel Hawthorne, September 1842, in: Harding 1989, S. 155; zu Thoreau und den Tieren vgl. Mary Hosmer Brown, »Memories of Concord«, 1926, Harding 1989, S. 150 f.
32 Thoreau, 7. Juli 1845, in: Thoreau Tagebuch 1981–2002, Bd. 2, S. 158 f.
33 Thoreau Walden 1999, S. 236.
34 A. a. O., S. 98, 123 f.
35 A. a. O., S. 23.
36 A. a. O., S. 267; zum Flötenspiel vgl. S. 191.

37 Alcotts Tagebuch, März 1847, in: Harbert Petrulionis 2012, S. 6 f.
38 John Shephard Keyes, in: Harding 1989, S. 174; Channing 1873, S. 18; zur Antisklavereiversammlung an der Blockhütte und zur Reise nach Maine vgl. Borst 1992, S. 119 f.
39 Shanley 1957, S. 27.
40 Alcotts Tagebuch, März 1847, in: Harbert Petrulionis 2012, S. 7; zu schlechten Kritiken von *A Week* vgl. Theodore Parker an Emerson, 11. Juni 1849, und *Athenaeum*, 27. Oktober 1849, in: Borst 1992, S. 151, 159.
41 Thoreau Briefe 1958, Oktober 1853, S. 305.
42 Thoreau, nach dem 11. September 1849, in: Thoreau Tagebuch 1981–2002, Bd. 3. S. 26; vgl. auch Walls 1995, S. 116 f.
43 Walls 1995, S. 116.
44 Myerson 1979, S. 43.
45 Emerson 1849, in: Thoreau Tagebuch 1981–2002, Bd. 3, S. 485.
46 Maria Thoreau, 7. September 1849, in: Borst 1992, S. 138.
47 Thoreau Tagebuch, nach dem 18 April 1846, Thoreau Tagebuch 1981–2002, Bd. 2, S. 242.
48 Myerson 1979, S. 41.
49 Thoreau Walden 1999, S. 267 ff.
50 A. a. O., S. 219, 287.
51 Walls 1995, S. 61 ff.
52 Emerson 1971–2013, Bd. 1, 1971, S. 39.
53 A. a. O., Bd. 3, 1983, S. 31.
54 Emerson 1842, Richardson 1986, S. 73.
55 Saxon, J. A., »Prophecy – Transcendentalism – Progress«, in: *The Dial*, Bd. 2, 1841, S. 90.
56 Dean 2007, S. 82 ff; Walls 1995, S. 116 f.; Thoreau an Harrison Gray Otis Blake, 20. November 1849, in: Thoreau Briefe 1958, S. 250; Thoreau, 8. Oktober 1851, in: Thoreau Tagebuch 1981–2002, Bd. 4, S. 133.
57 Thoreau, 21. März 1853, in: Thoreau Tagebuch 1981–2002, Bd. 6, S. 20.
58 Thoreau, 23. Juni 1852, in: Thoreau Tagebuch 1981–2002, Bd. 5, S. 126; vgl. auch Channing 1873, S. 247.
59 Richard Primack, ein Biologieprofessor an der Boston University, hat zusammen mit Kollegen in Harvard Tagebücher zu Untersuchungen über den Klimawandel herangezogen. Anhand der minutiösen Aufzeichnung von Thoreau konnten sie feststellen, dass der Klimawandel Walden Pond erreicht hat, denn viele Frühlingsblumen blühen heute mehr als zehn Tage früher als zu Thoreaus Zeiten; vgl. Wulf, Andrea, »A Man for all Seasons«, in: *New York Times*, 19. April 2013.
60 Thoreau, 28. August 1851, in: Thoreau Tagebuch 1981–2002, Bd. 4, S. 17.
61 Thoreau, 16. November 1850, a. a. O., Bd. 3, S. 144 f.
62 Sattelmeyer 1988, S. 206 f., 216; vgl. auch Walls 1995, S. 120 f.; Walls 2009, S. 262–268; zu Thoreaus und AHs Büchern: 6. Januar 1851, Treffen des Standing Committee of the Concord Social Library, »Das Komitee hat im letzten Jahr für die Bibliothek Humboldts *Aspects of Nature* angeschafft«, Box 1, Folder 4, Concord Social Library Records (Vault A60, Unit B1), William Munroe Special Collections, Concord Free Public Library.
63 Thoreau, »Natural History of Massachusetts«, in: Thoreau Excursion and Poems 1906, S. 105.

64 Channing 1873, S. 40.
65 Thoreau's Fact Book in the Harry Elkins Widener Collection in the Harvard College Library. The Facsimile of Thoreau's Manuscript, ed. Kenneth Walter Cameron, Hartford: Transcendental Books, 1966, Bd. 3, 1987, S. 193, 589; Thoreau Literary Notebook 1964, S. 362; Sattelmeyer 1988, S. 206 f., 216; zu AH in Thoreaus veröffentlichten Werken vgl. beispielsweise *Cape Cod, A Yankee in Canada* und *The Maine Woods.*
66 Thoreau, 1. April 1850, 12. Mai 1850, 27. Oktober 1853, in: Thoreau Tagebuch 1981–2002, Bd. 3, S. 52, 67 f. und Bd. 7, S. 119.
67 Thoreau, 1. Mai 1853, a. a. O., Bd. 6, S. 90.
68 Thoreau, 1. April 1850, a. a. O., Bd. 3, S. 52.
69 Thoreau, 13. November 1851, a. a. O., Bd. 4, S. 182.
70 Myerson 1979, S. 52.
71 Thoreau, »A Walk to Wachusett«, in: Thoreau Excursion and Poems 1906, S. 133.
72 Thoreau Walden 1999, S. 321 f.
73 Thoreau, 6. August 1851, in: Thoreau Tagebuch 1981–2002, Bd. 3, S. 356.
74 Thoreau, 6. Mai 1853, 6. August 1851, a. a. O., Bd. 8, S. 98.
75 Thoreau Walden 1999, S. 423.
76 Thoreau, 20. Dezember 1851, in: Thoreau Tagebuch 1981–2002, Bd. 4, S. 222.
77 Thoreau, 25. Dezember 1851, a. a. O., Bd. 4, S. 222.
78 AH Kosmos 1845–1850, Bd. 2, S. 74.
79 A. a. O., Bd. 1, S. 21.
80 A. a. O., Bd. 2, S. 90.
81 Thoreau, 18. Juli 1852, vgl. auch 23. Juli 1851, in: Thoreau Tagebuch 1981–2002, Bd. 3, S. 331, und Bd. 5, S. 233.
82 Thoreau, The Writings of Henry David Thoreau: A Week on the Concord and Merrimack Rivers, Boston: Houghton Mifflin, 1906, Bd. 1, S. 347.
83 Thoreau, 18. Februar 1852, in: Thoreau Tagebuch 1981–2002, Bd. 4, S. 356; zur unterschiedslosen Verwendung der Tagebücher vgl. Sattelmeyer 1988, S. 63; Walls 2009, S. 264.
84 (Fußnote) Sattelmeyer 1992, S. 429 ff.; Shanley 1957, S. 24–33.
85 Sattelmeyer 1992, S. 429 ff.; Shanley 1957, S. 30 ff.
86 Thoreau, 7. September 1851, in: Thoreau Tagebuch 1981–2002, Bd. 4, S. 50.
87 Thoreau, 18. April 1852, a. a. O., S. 468.
88 A. a. O., Bd. 2, S. 494; vgl. auch seine jahreszeitlichen Tabellen, die er anhand seiner Tagebücher entwickelte, in: Howarth 1974, S. 308 ff.
89 Thoreau, 6. November 1851, Thoreau Tagebuch 1981–2002, Bd. 3, S. 253, 255.
90 Thoreau Walden 1999, S. 144.
91 Thoreau, 4. Dezember 1856, in: Thoreau Tagebuch 1906, Bd. 9, S. 157; vgl. auch Walls 1995, S. 130; Walls 2009, S. 264; vgl. auch Thoreau an Spencer Fullerton Baird 19. Dezember 1853, in: Thoreau Briefe 1858, S. 310.
92 Thoreau, 5. Februar 1854, in: Thoreau Tagebuch 1981–2002, Bd. 7, S. 268.
93 Thoreau, 14. Mai 1852, a. a. O., Bd. 5, S. 56.
94 Thoreau, 16. November 1850 und 13. Juli 1852, a. a. O., Bd. 3, S. 143 und Bd. 5, S. 219.
95 Thoreau, 27. Januar 1852, a. a. O., Bd. 4, S. 296.
96 Emerson an William Emerson, 28. September 1853, in: Emerson 1939, Bd. 4, S. 389.

97 Thoreau, 23. März 1853, in: Thoreau Tagebuch 1981–2002, Bd. 6, S. 30.
98 Thoreau, 19. August 1851, Thoreau Tagebuch 1981–2002, Bd. 3, S. 377.
99 Thoreau, 16. Juli 1851, a. a. O., Bd. 3, S. 306 ff.
100 Nach 1850 schrieb Thoreau fast keine Gedichte mehr, vgl. Howarth 1974, S. 23.
101 Thoreau, 10. Mai 1853, in: Thoreau Tagebuch 1981–2002, Bd. 6, S. 105.
102 Thoreau, 23. Juli 1851, a. a. O., Bd. 3, S. 330 f.
103 Thoreau, 20. Oktober 1852, a. a. O., Bd. 5, S. 378.
104 Thoreau schrieb »Kosmos« auf Griechisch: »κόσμος«, Thoreau, 6. Januar 1856, in: Thoreau Tagebuch 1906, Bd. 8, S. 88.
105 Thoreau Walden 1999, S. 144.
106 A. a. O., S. 146.
107 A. a. O., S. 152.
108 Thoreau, Frühling 1848, 31. Dezember 1851, 5. Februar und 2. März 1854, in: Thoreau Tagebuch 1981–2002, Bd. 2, S. 382 ff., Bd. 4, S. 230, Bd. 7, S. 268, Bd. 8, S. 25 ff.
109 Thoreaus erste Fassung von *Walden*, Shanley 1957, S. 204; in der veröffentlichten Fassung von *Walden* vgl. Thoreau Walden 1999, S. 328–333.
110 Thoreau Walden 1999, S. 330; zu Thoreau und Goethes Urform vgl. Richardson 1986, S. 8.
111 Thoreaus erste Fassung von *Walden*, Shanley 1957, S. 204.
112 Thoreau Walden 1999, S. 332.
113 Thoreau, 31. Dezember 1851, Thoreau Tagebuch 1981–2002, Bd. 4. S. 230
114 Thoreau, 5. Februar 1854, Thoreau Tagebuch 1981–2002, Bd. 7. S. 266; in *Walden* vgl. Thoreau Walden 1999, S. 333.
115 Thoreau Walden 1999, S. 326.
116 A. a. O., S. 333.
117 A. a. O., S. 338.
118 Walls 2011–12, S. 2ff.
119 Thoreau, 19. Juni 1852, Thoreau Tagebuch 1981–2002, Bd. 5, S. 112; zu objektiven und subjektiven Beobachtungen vgl. Thoreau, 6. Mai 1854, Thoreau Tagebuch 1981–2002, Bd. 8, S. 98; Walls 2009, S. 266.
120 Thoreau, 3. November 1853, Thoreau Tagebuch 1981–2002, Bd. 7, S. 140.

20. Der größte Mann seit der Sintflut

1 Varnhagen Tagebuch, 3. März 1848, in: Varnhagen 1862, Bd. 4, S. 259.
2 Varnhagen, 5. April 1841, in: Beck 1959, S. 177.
3 Varnhagen, 18. März 1843, in: AH Varnhagen Briefe 1860, S. 124.
4 Varnhagen, 1. April 1844, a. a. O., S. 135; vgl. auch AH an Gauß, 14. Juni 1844, AH Gauß Briefe 1977, S. 87; in: AH an Bunsen, 16. Dezember 1846, AH Bunsen Briefe 2006, S. 90.
5 König Friedrich Wilhelm IV., Rede vor dem Vereinigten Landtag, 11. April 1847, in: Mommsen 2000, S. 82 ff.; AH an Bunsen, 26. April 1847, in: AH Bunsen Briefe 2006, S. 96.
6 Varnhagen Tagebuch, 18. März 1848, in: Varnhagen 1862, Bd. 4, S. 276 ff.
7 A. a. O., S. 313.

8 AH an Friedrich Althaus, 4. September 1848, in: AH Althaus Erinnerungen 1861, S. 13; AH an Bunsen, 22. September 1848, in: AH Bunsen Briefe 2006, S. 113.

9 Varnhagen Tagebuch, 19. März 1848, in: Varnhagen 1862, Bd. 4, S. 315–331.

10 Varnhagen Tagebuch, 21. März 1848, a. a. O., S. 334.

11 A. a. O., S. 336; zu AH auf dem Trauerzug: Bruhns 1969, Bd. 2, S. 397; AH Friedrich Wilhelm IV. Briefe 2013, S. 23.

12 AH an Johann Georg von Cotta, 20. September 1847, in: AH Cotta Briefe 2009, S. 318.

13 Friedrich Schleiermacher, 5. September 1832, in: Beck 1959, S. 129; Bruhns 1969, Bd. 2, S. 126; Wilhelm von Preußen an seine Schwester Charlotte, 10. Februar 1831, in: Leitner 2008, S. 227.

14 Charles Lyell an Charles Lyell sen., 8. Juli 1823, in: Lyell 1881, Bd. 1, S. 128.

15 AH an Hedemann, 17. August 1857, in: Biermann und Schwarz 2001b, keine Seitenzahlen.

16 AH an Varnhagen, 24. Juni 1842, in: Assing 1860, S. 66.

17 Max Ring, 1841 oder 1853, in: Beck 1959, S. 183.

18 Krätz 1999b, S. 33; vgl. auch ein ähnliches Zitat des Königs von Hannover: »Nun, Humboldt, noch immer Republikaner und doch in Sanssouci?« AH an Friedrich Althaus, 23. Dezember 1849, in: AH Althaus Memoiren 1861, S. 29.

19 AH an Friedrich Althaus, 5. August 1852, in: AH Althaus Memoiren 1861, S. 96; vgl. auch AH an Varnhagen, 26. Dezember 1845, in: Beck 1959, S. 215.

20 AH an Varnhagen, 29. Mai 1848, a. a. O., S. 238.

21 AH an Maximillian II., 3. November 1848, in: AH Friedrich Wilhelm IV. Briefe 2013, S. 403.

22 AH an Johann Georg von Cotta, 16. September 1848, in: AH Cotta Briefe 2009, S. 337.

23 König Friedrich Wilhelm IV. an Joseph von Radowitz, 23. Dezember 1848, in: Lautemann und Schlenke 1980, S. 221 f.

24 König Friedrich Wilhelm IV. an König Ernst August von Hannover, April 1849, in: Jessen 1968, S. 310 ff.

25 AH an Johann Georg Cotta, 7. April 1849 und 21. April 1849, in: AH Cotta Briefe 2009, S. 367; Leitner 2008, S. 232; AH an Friedrich Althaus, 23. Dezember 1849, in: AH Althaus Memoiren 1861, S. 28; AH an Gauß, 22. Februar 1851, in: AH Gauß Briefe 1977, S. 100; AH an Bunsen, 27. März 1852, in: AH Bunsen Briefe 2006, S. 146.

26 AH an Oscar Lieber, 1849; zu AH und dem mexikanisch-amerikanischen Krieg vgl. John Lloyd Stephens über AH, 2. Juli 1847, in: AH Briefe USA 2004, S. 265, 529 f.

27 AH an Johann Flügel, 19. Juni 1850, vgl. auch John Lloyd Stephens, 2. Juni 1847 und AH an Robert Walsh, 8. Dezember 1847, in: AH Briefe USA 2004, S. 252, 268, 529-30.

28 AH an Arago, 9. November 1849, in: AH Geography 2009, S. XI.

29 AH an Heinrich Berghaus, August 1848, in: AH Spiker Briefe 2007, S. 25.

30 Friedrich Daniel Bassermann über AH, 14. November 1848, in: Beck 1969, S. 264.

31 AH Kosmos 1845–1850, Bd. 3, S. 3.

32 AH an Bunsen, 27. März 1852, in: AH Bunsen Briefe 2006, S. 146.

33 AH an du Bois-Reymond, 21. März 1852, in: Briefwechsel AH du Bois-Reymond, 1997, S. 124; vgl. auch AH an Johann Georg von Cotta, 3. Februar 1853, in: AH Cotta Briefe 2009, S. 497.

34 AH an Johann Georg von Cotta, 4. September 1852, a.a.O., S. 484.

35 AH an Johann Georg von Cotta, 16. September und 2. November 1848, und Johann Georg von Cotta an AH, 21. Februar 1849, a.a.O., S. 338, 345, 355.

36 AH Kosmos 1845–1850, Bd. 3, S. 9; vgl. auch Fiedler und Leitner 2000, S. 391.

37 Daniel O'Leary, 1853, in: Beck 1969, S. 265, AH an O'Leary, April 1853, in: MSS141, Biblioteca Luis Ángel Arango, Bogotá.

38 Bayard Taylor, 1856, Taylor 1860, S. 455.

39 (Fußnote) Rossiter W. Raymond, »A Visit to Humboldt«, Januar 1859, in: AH Briefe USA, S. 572.

40 Carl Vogt, Januar 1845, in: Beck 1959, S. 201; vgl. auch AH an Dirichlet, 27. Juli 1852, in: AH Dirichlet Briefe 1982, S. 104; Biermann und Schwarz 1999a, S. 189, 196.

41 AH an Dirichlet, 24. Juli 1845, in: AH Dirichlet Briefe 1982, S. 67.

42 Carl Friedrich Gauß, in: Terra 1955, S. 336.

43 Carl Vogt, Januar 1845, in: Beck 1959, S. 202 ff.

44 A.a.O, S. 205.

45 AH an Joseph Dalann Hooker, 30. September 1847, in: *London Journal for Botany*, B. 6, 1847, S. 604–607; Hooker 1918, B. 1, S. 218.

46 AH Friedrich Wilhelm IV. Briefe 2013, S. 72; vgl. auch AH an Bunsen, 20. Februar 1854, in: AH Bunsen Briefe 2006, S. 175; Finkelstein 2000, S. 187 ff.; AH Friedrich Wilhelm IV. Briefe 2013, S. 72 f.

47 AH Central-Asien 1844, B. 1, S. 611.

48 Zu Johann Moritz Rugendas, Eduard Hildebrandt und Ferdinand Bellermann vgl. Werner 2013, S. 101 ff., 121, 250 ff.

49 AHs Anweisungen für Johann Moritz Rugendas, 1830 in einem Brief an Karl Schinkel, in: Werner 2013, S. 102.

50 Ebd.

51 Carl Vogt, Januar 1845, in: Beck 1959, S. 201.

52 AH an Heinrich Christian Schumacher, 2. März 1836, in: AH Schumacher Briefe 1979, S. 52.

53 AH an Edward Young, 3. Juni 1855, in: AH Briefe USA 2004, S. 347; AH an Johann Georg von Cotta, 5. Februar 1849 und 2. Mai 1855, in: AH Cotta Briefe 2009, S. 349, 558.

54 AH an du Bois-Reymond, 18. Januar 1850, in: AH an du Bois-Reymond Briefe 1997, S. 101; Bayard Taylor, 1856, in: Taylor 1860, S. 471; Varnhagen Tagebuch 24. April 1858, in: AH Varnhagen Briefe 1860, S. 311.

55 Schneppen 2002, S. 21 ff.; Bonpland an AH, 7. Juni 1857, in: AH Bonpland Briefe 2004, S. 136.

56 AH an Bonpland, 1843; Bonpland an AH, 25. Dezember 1853 und 27. Oktober 1854, in: AH Bonpland Briefe 2004, S. 110, 114 f., 120.

57 AH an Bonpland, 4. Oktober 1853; vgl. auch AH an Bonpland, 1843, a.a.O., S. 108 ff., 113.

58 Bonpland an AH, 2 September 1855; vgl. auch Bonpland an AH, 2. Oktober 1854, a.a.O., S. 131, 133.

59 Friedrich Droege an William Henry Fox Talbot, 6. Mai 1853, in: BL Add MS 88942/2/27;

60 *The New Englander*, Mai 1860, in: Sachs 2006, S. 96; zu den vorstehenden Beispielen vgl. Friedrich Droege an William Henry Fox Talbot, 6. Mai 1853; in: Bruhns 1969, Bd. 2, S. 455.

61 John B. Floyd, 1858, in: Terra 1955, S. 355.

62 Francis Lieber an seine Familie, 1. November 1829, in: Lieber 1882, S. 87.

63 Oppitz 1969, S. 277–429; AH an Heinrich Spiker, 27. Juni 1855, in: AH Spiker Briefe 2007, S. 236; AH an Varnhagen, 13. Januar 1856, in: AH Varnhagen Briefe 1860, S. 243.

64 Theordore S. Fay an R. C. Waterton, 26. August 1869, in: Beck 1959, S. 194.

65 AH an Ludwig von Jacobs, 21. Oktober 1852, in: Werner 2004, S. 219.

66 AH an Christian Daniel Rauch, in: Terra 1956, S. 253; zu weiblichen Bewunderern vgl. Hermann, Adolph und Robert Schlagintweit, Berlin, Mai 1849, in: Beck 1959, S. 265.

67 Das war Elizabeth Berzelius, die Witwe des schwedischen Chemikers Jöns Jacob Berzelius. AH an Dirichlet, 7. Dezember 1851, in: AH Dirichlet Briefe 1982, S. 99.

68 AH an Henriette Mendelssohn, 1850, in: AH Mendelssohn Briefe 2011, S. 193.

69 AH an Friedrich Althaus, 4. September 1848, in: AH Althaus Memoiren 1861, S. 12; vgl. auch John Lloyd Stephens, 2. Juli 1847, in: AH Briefe USA 2004, S. 528.

70 AH an James Madison, 27. Juni 1804, in: JM SS Papers, B. 7, S. 378; AH an Frederick Kelley, 27. Januar 1856, und »Baron Humboldt's last opinion on the Passage of the Isthmus of Panama«, 2. September 1850, in: AH Briefe USA 2004, S. 544 ff.; 372 f.; AH Ansichten 1849, B. 2, S. 390 ff.

71 Francis Lieber Tagebuch, 7. April 1857, in: Lieber 1882, S. 294.

72 Samuel Morse an AH, 7. Oktober 1856, in: AH Briefe USA 2004, S. 406 f.

73 Engelmann 1969, S. 8; Bayard Taylor, 1856, in: Taylor 1860, S. 470.

74 Heinrich Berghaus, 1850, in: Beck 1959, S. 296.

75 Charles Lyell an seine Schwester Caroline, 28. August 1856, in: Lyell 1881, Bd. 2, S. 224 f.; vgl. auch Bayard Taylor, 1856, in: Taylor 1860, S. 458; AH an Friedrich Althaus, 5. August 1852, in: AH Althaus Memoiren 1861, S. 96; AH an Arago, 11. Februar 1850, in: AH Arago Briefe 1907, S. 310.

76 »A Visit to Humboldt by a correspondent of the *Commercial Advertiser*«, 1. Januar 1850, in: AH Briefe USA 2004, S. 539 f.

77 Eichhorn 1959, S. 186–207; Biermann and Schwarz 2000, S. 9–12; AH an Johann Georg von Cotta, 10 August 1848, in: AH Cotta Briefe 2009, S. 334; AHs Bücher zu kostspielig für AH: AH an König Friedrich Wilhelm IV., 22. März 1841, in: AH Friedrich Wilhelm IV. Briefe 2013, S. 200.

78 Bayard Taylor, 1856, in: Taylor 1860, S. 456 ff.; »A Visit to Humboldt by journalist of *Commercial Advertiser*«, 1. Januar 1850, und Rossiter W. Raymond, A Visit to Humboldt, Januar 1859, in: AH Briefe USA 2004, S. 539 ff., 572 ff.; Robert Avé–Lallement, 1856, in: Beck 1959, S. 377; Varnhagen Tagebuch, 22. November 1856, in: AH Varnhagen Briefe 1860, S. 264. Vgl. auch Eduard Hildebrandts Aquarelle von Humboldts Arbeitszimmer und Bibliothek, 1856.

79 Rossiter W. Raymond, A Visit to Humboldt, Januar 1859, in: AH Briefe USA 2004, S. 572.
80 Biermann 1990, S. 57.
81 Wilhelm Förster über einen Besuch bei AH, 1855, in: Beck 1969, S. 267.
82 AH an George Ticknor, 9. Mai 1858, in: AH Briefe USA 2004, S. 444.
83 Varnhagen Tagebuch, 22. November 1856, in: AH Varnhagen Briefe 1860, S. 333; Theodore S. Fay an R.C. Waterton, 26. August 1869, in: Beck 1959, S. 194.
84 AH an Johann Flügel, 22. Dezember 1849, vgl. auch 16. Juni 1850, 20. Juni 1854, und AH an Benjamin Silliman, 5. August 1851; Cornelius Felton, Juli 1853; AH an Johann Flügel, 22. Dezember 1849, 16. Juni 1850, 20. Juni 1854, in: AH Briefe USA 2004, S. 262, 268, 291, 333, 552.
85 *Berlinische Nachrichten von Staats- und gelehrten Sachen*, 25. Juli 1856; vgl. auch Friedrich von Gerolt an AH, 25. August 1856, in: AH Briefe USA 2004, S. 388; Walls 2009, S. 201–209.
86 Bayard Taylor, 1856, in: Taylor 1860, S. 461.
87 AH an George Ticknor, 9. Mai 1858; zur Zahl der Briefe vgl. AH an Agassiz, 1. September 1856, in: AH Briefe USA 2004, S. 393, 444.
88 AH an Johann Georg von Cotta, 25. August und 25. September 1849, in: AH Cotta Briefe 2009, S. 398, 416; AH an Bunsen, 12. Dezember 1856, AH Bunsen Briefe 2006, S. 199.
89 AH an Agassiz, 1. September 1856, in: AH Briefe USA 2004, S. 393; zum herabfallenden Gemälde vgl. Biermann and Schwarz 1997, S. 80.
90 AH an Varnhagen, 19. März 1857, Varnhagen Tagebuch, 27. Februar 1857, AH Varnhagen Briefe 1860, S. 279, 281.
91 Bayard Taylor, Oktober 1857, in: Taylor 1860, S. 467; zu Ablehnung eines Gehstocks vgl. Eduard Buschmann an Johann Georg von Cotta, 29. Dezember 1857, in: AH Cotta Briefe 2009, S. 601.
92 AH Kosmos 1858, Bd. 4; AH schrieb den vierten Band in zwei Teilen – die ersten 244 Seiten wurden 1854 gedruckt, doch die offizielle Veröffentlichung des vollständigen Bandes erfolgte erst 1857, vgl. Fiedler und Leitner 2000, S. 391.
93 In Großbritannien lagen 1850 der erste und der zweite Band der von Humboldt autorisierten *Kosmos*-Übersetzung in der siebten und achten Auflage vor – während die nachfolgenden Bände nie über die erste Auflage hinauskamen, vgl. Fiedler und Leitner 2000, S. 409f.
94 AH Kosmos 1862, Bd. 5; Werner 2004, S. 182ff.
95 Hermann und Robert Schlagintweit, Berlin, Juni 1857, in: Beck 1959, S. 267f.; die Publikation war die 1820 erschienene Schrift *Sur la inférieure des neiges perpétuelles dans les montagnes de l'Himalaya et les régions équatoriales.*
96 AH an Julius Fröbel, 11. Januar 1858, in: AH Briefe USA 2004, S. 435; zur Anzahl der Briefe vgl. Varnhagen, 18. Februar 1858, in: AH Varnhagen Briefe 1860, S. 307.
97 AH an Friedrich Althaus, 30. Juli 1856, in: AH Althaus Memoiren 1861, S. 137; AH an Edward Young, 3. Juni 1855, in: AH Briefe USA 2004, S. 347.
98 Joseph Albert Wright an State Department, 7. Mai 1859, in: Hamel u.a. 2003, S. 249; Bayard Taylor, 1859, in: Taylor 1860, S. 473.
99 AH Offener Brief: »Ruf um Hülfe«, in: *Königlich privilegierte Berlinische Zeitung*, Nr. 67, 1859, S. 2.

100 AH an Johann Georg von Cotta, 19. April 1859, in: AH Cotta Briefe 2009, S. 41; Fiedler und Leitner 2000, S. 391.

101 Bayard Taylor, Mai 1859, in: Taylor 1860, S. 477 f.

102 AH an Hedemann und Gabriele von Bülow, 6. Mai 1859, Anna von Sydow, Mai 1859, in: Beck 1959, S. 424, 426; Bayard Taylor, Mai 1859, in: Taylor 1860, S. 479.

103 Zu Europa und den USA vgl. die späteren Anmerkungen, für alle übrigen Regionen vgl. beispielsweise: *Estrella de Panama*, 15. Juni 1859, *El Comercio*, Lima, 28. Juni 1859, *The Graham Town Journal*, Südafrika, 23. Juli 1859.

104 Joseph Albert Wright an US-Außenministerium, 7. Mai 1859, Hamel u. a. 2003, S. 248.

105 *Morning Post*, 9. Mai 1859.

106 Darwin an John Murray, 6. Mai 1859, in: Darwin Briefe, Bd. 7, S. 295.

107 *The Times*, 9. Mai 1859; vgl. auch *Morning Post*, 9. Mai 1859, *Daily News*, 9. Mai 1859, *The Standard*, 9. Mai 1859.

108 Kelly 1989, S. 48 ff.; Avery 1993, S. 12 ff., 17, 26, 33–36; Sachs 2006, S. 99 ff.; Baron 2005, S. 11 ff.

109 Baron 2005, S. 11 ff.; Avery 1993 S. 17, 26.

110 *New York Times*, 17. März 1863, das bezog sich auf Churchs Gemälde »Cotopaxi«.

111 Frederic Edwin Church an Bayard Taylor, 9. Mai 1859, in: Gould 1989, S. 95.

112 Bierman und Schwarz 1999a, S. 196; Bierman und Schwarz 1999b, S. 471; Bayard Taylor, Mai 1859, in: Taylor 1860, S. 479.

113 *North American and United States Gazette, Daily Cleveland Herald, Bosann Daily Advertiser, Milwaukee Daily Sentinel, New York Times*, alle am 19. Mai 1859.

114 Church an Bayard Taylor, 13. Juni 1859, in: Avery 1993, S. 39.

115 Louis Agassiz, in: *Bosann Daily Advertiser*, 26. Mai 1859.

116 *Daily Cleveland Herald*, 19. Mai 1859; vgl. auch *Bosann Daily Advertiser*, 19. Mai 1859; *Milwaukee Daily Sentinel*, 19. Mai 1859; *North American and United States Gazette*, 19. Mai 1859.

117 *Boston Daily Advertiser*, 19. Mai 1859.

118 Darwin an Joseph Hooker, 6. August 1881, in: Darwin 1911, Bd. 2, S. 403.

119 Darwins Exemplar von *Personal Narrative* 1814–1829, Bd. 3, Nachsatzblätter, CUL.

120 du Bois, 3. August 1883, AH du Bois-Reymond Briefe 1997, S. 201.

121 zu Walt Whitman und AH vgl. Walls 2009, S. 279 ff., sowie Clark und Lubich 2012, S. 20; zu Verne und AH vgl. Schifko 2010; zu anderen Intellektuellen und Künstlern vgl. Clark und Lubrich 2012, S. 4 f., 246, 264 f., 282 f.

122 Friedrich Wilhelm IV., zitiert in Bayard Taylor 1860, S. XI.

21. Mensch und Natur

1 Marsh an Caroline Estcourt, 3. Juni 1859, in: Marsh 1888, Bd. 1, S. 410; Humboldt Commemorations, 2. Juni 1859, in: *Journal of the American Geographical and Statistical Society*, Bd. 1, Nr. 8, Oktober 1859, S. 225–246; zu Marshs Mitgliedschaft vgl. Bd. 1, Nr. 1, Januar 1859, S. III.

2 Marsh an Spencer Fullerton Baird, 26. August 1859, UVM.

3 Marsh an Spencer Fullerton Baird, 25. April 1859; Marsh an Francis Lieber, Mai 1860, in: Marsh 1888, Bd. 1, S. 405 f., 417; Lowenthal 2003, S. 154 ff.

4 Lowenthal 2003, S. 199.

5 Marsh an Caroline Marsh, 26. Juli 1859, ebd.

6 Marsh an Spencer Fullerton Baird, 26. August 1859, UVM.

7 Lowenthal 2003, S. 64; von der überarbeiteten Fassung der *Ansichten der Natur* besaß Marsh die deutsche Ausgabe von 1849, außerdem mehrere Bände *Kosmos* (ebenfalls auf Deutsch) sowie eine Biografie und andere Bücher über Humboldt. Auch die *Reise in die Aequinoctial-Gegenden* hatte er gelesen, vgl. Marsh 1892 S. 333 f.; Marsh 1864, S. 91, 176.

8 Marsh, »Speech of Mr. Marsh, of Vermont, on the Bill for Establishing The Smithsonian Institution, Delivered in the House of Representatives«, 22. April 1846, Marsh 1846; zu den Deutschen und deutschen Büchern vgl. Marsh 1888, Bd. 1, S. 90 f., 100, 103; Lowenthal 2003, S. 90.

9 Caroline Marsh an Caroline Estcourt, 15. Februar 1850, in: Marsh 1888, Bd. 1, S. 161.

10 Marsh an Spencer Fullerton Baird, 10. Oktober 1848, in: Marsh 1888, Bd. 1, S. 128; zur Beherrschung von 20 Sprachen: Lowenthal 2003, S. 49.

11 Marsh an Caroline Escourt, 10. Juni 1848; Marsh an Spencer Fullerton Baird, 15. September 1848; Marsh an Caroline Marsh, 4. Oktober 1858, Marsh 1888, Bd. 1, S. 123, 127, 400.

12 Marsh, »The Study of Nature«, in: *Christian Examiner*, 1860, Marsh 2001, S. 83.

13 George W. Wurts an Caroline Marsh, 1. Oktober 1884; zu Kindheit und Lesegewohnheiten vgl. Lowenthal 2003, S. 11 ff., 18 f., 374, Marsh 1888, Bd. 1, S. 38, 103.

14 Marsh an Charles Eliot Norton, 24. Mai 1871, in: Lowenthal 2003, S. 19.

15 Marsh an Asa Gray, 9. Mai 1849, in: UVM.

16 Marsh 1888, Bd. 1, S. 40; Lowenthal 2003, S. 35; zur Abneigung gegen die Lehrtätigkeit vgl. Marsh an Spencer Fullerann Baird, 25. April 1859, in: Marsh 1888, Bd. 1, S. 406.

17 Lowenthal 2003, S. 35, 41 f.

18 Caroline Marsh über Marsh, in: Marsh 1888, Bd. 1, S. 64.

19 James Melville Gilliss an Marsh, 17. September 1857, in: Lowenthal 2003, S. 167.

20 Marsh 1888, Bd. 1, S. 133 ff.; Lowenthal 2003, S. 105.

21 Marsh an C. S. Davies, 23. März 1849, in: Lowenthal 2003, S. 106.

22 Lowenthal 2003, S. 106 f., 117; Marsh 1888, Bd. 1, S. 136.

23 Marsh an James B. Estcourt, 22. Oktober 1849, in: Lowenthal 2003, S. 107.

24 Lowenthal 2003, S. 46, 377 ff.; zur Emanzipationsbewegung vgl. S. 381 ff.; zur Arbeit von Caroline und Marsh: Caroline Marsh, 1. und 12. April 1862, in: Caroline Marsh Journal, NYPL, S. 151, 153.

25 Cornelia Underwood an Levi Underwood, 5. Dezember 1873, in: Lowenthal 2003, S. 378; zur »alten Eule« vgl. Marsh an Hiram Powers, 31. März 1863, in: Lowenthal 2003, S. 378.

26 Ebd.

27 Marsh an Spencer Fullerann Baird, 6. Juli 1859, UVM; zu Carolines Gesundheitszustand: Lowenthal 2003, S. 47, 92, 378; zum Umstand, dass Caroline getragen wurde, vgl. Marsh an Caroline Estcourt, 19. April 1851, Marsh an Susan Perkins Marsh, 16. Juni 1851, in: Marsh 1888, Bd. 1, S. 219, 228, 231.

28 Marsh an Caroline Estcourt, 28. März 1851; zur Nil-Expedition vgl. Marsh an Lyndon Marsh, 10. Februar 1851, Marsh an Frederick Wislizenus, 10. Februar 1851, Marsh an H. A. Holmes, 25. Februar 1851, Marsh 1888, Bd. 1, S. 205, 208, 211 ff.

29 Marsh an Caroline Estcourt, 28. März 1851, in: Marsh 1888, Bd. 1, S. 215.

30 A. a. O.

31 Marsh an Frederick Wislizenus und Lucy Crane Frederick Wislizenus, 10. Februar 1851, in: Marsh 1888, Bd. 1, S. 206.

32 AH Ansichten 1849, Bd. 2, S. 13.

33 AH Geographie der Pflanzen 1807, S. 24.

34 AH, 10. März 1801, AH Tagebuch 2003, Bd. 1, S. 44; zur Abholzung in Kuba und Mexiko vgl. AH Cuba 2011, S. 115; AH New Spain 1811, Bd. 3, S. 251 f.

35 Marsh an Spencer Fullerton Baird, 3. Mai 1851, in: Marsh 1888, Bd. 1, S. 223.

36 Marsh an den amerikanischen Generalkonsul in Kairo, 2. Juni 1851, a. a. O., S. 226.

37 Marsh an Spencer Fullerton Baird, 23. August 1850, Marsh 1888, Bd. 1, S. 172.

38 Spencer Fullerton Baird an Marsh, 9. Februar 1851, vgl. auch 9. August 1849 und 10. März 1851, UVM.

39 Marsh 1856, S. 160; Lowenthal 2003, S. 130 f.

40 Marsh an Caroline und James B. Estcourt, 18. Juni 1851; zu den Reisen 1851 vgl. Marsh an Susan Perkins Marsh, 16. Juni 1851, Marsh 1888, Bd. 1, S. 227–232, 238; Lowenthal 2003, S. 127 ff.

41 Marsh an Caroline Estcourt, 28. März 1851, Marsh 1888, Bd. 1, S. 215; vgl. auch Marsh, »The Study of Nature«, in: *Christian Examiner*, 1860, Marsh 2001, S. 86.

42 Marsh 1857, S. 11.

43 Marsh 1864, S. 36.

44 A. a. O., S. 234.

45 Johnson 1999, S. 361, 531

46 Marsh an Spencer Fullerton Baird, 10., 16. und 21. Mai 1860, in: Marsh 1888, Bd. 1, S. 420 ff.

47 *Chicago Daily Tribune*, 26. Januar 1858, 7. Februar 1866.

48 Marsh 1857, S. 12–15; Marsh 1864, S. 107 f.

49 Marsh 1864, S. 106, 251 ff.

50 A. a. O., S. 278.

51 A. a. O., S. 277 f.

52 Marsh an Francis Lieber, 12. April 1860; zu Marshs Finanzen vgl. Marsh 1888, Bd. 1, S. 362; Lowenthal 2003, S. 155 ff., 199.

53 Im Original deutsch.

54 Marsh an Charles D. Drake, 1. April 1861, in: Marsh 1888, Bd. 1, S. 429.

55 Lowenthal 2003, S. 219.
56 Benedict 1888, Bd. 1, S. 20f.; zur Abreise aus den USA vgl. Lowenthal 2003, S. 219; zur Ankunft in Turin am 7. Juni 1861 vgl. Caroline Marsh, 7. Juni 1861, in: Caroline Marsh Journal, NYPL, S. 1.
57 Lowenthal 2003, S. 238ff.
58 Caroline Marsh, Winter 1861, in: Caroline Marsh Tagebuch, NYPL, S. 71.
59 Marsh an Henry und Maria Buell Hickok, 14. Januar 1862, Marsh an William H. Seward, 12. Mai 1864, in: Lowenthal 2003, S. 252; zur Beanspruchung durch den neuen Posten vgl. Caroline Marsh, 17. September 1861, 5. Januar 1862, 26. Dezember 1862, 17. Januar 1863, in: Caroline Marsh Tagebuch, NYPL, S. 43, 94, 99, 107.
60 Caroline Marsh, 15. Februar, 25. März 1862, a. a. O., NYPL, S. 128, 148.
61 Marsh an Spencer Fullerton Baird, 21. November 1864, UVM.
62 Caroline Marsh, 10. März 1862, vgl. auch 11. März, 24. März und 1. April 1862, in: Caroline Marsh Tagebuch, NYPL, S. 143f., 148, 151.
63 Caroline Marsh, 7. April 1862, a. a. O., S. 157.
64 Caroline Marsh, 14. April 1862 und 2. April 1863, a. a. O., S. 154, 217; Lowenthal 2003, S. 270–273; zur jahrelangen Datensammlung vgl. Marsh an Charles Eliot Norton, 17. Oktober 1863, UVM.
65 Caroline Marsh, 1. April 1862, Caroline Marsh Tagebuch, NYPL, S. 151.
66 Caroline über Marsh, in: Lowenthal 2003, S. 272.
67 Marsh an Charles Eliot Norton, 17. Oktober 1863, UVM.
68 Charles Scribner an Marsh, 7. Juli 1863, Marsh an Charles Scribner 10. September 1863, in: Marsh 1864, S. XXVIII.
69 Marsh an Spencer Fullerton Baird, 21. Mai 1860, Marsh 1888, Bd. 1, S. 422.
70 Marsh 1864, S. 13f., 68, 75, 91, 128, 145, 175ff.
71 Zu Mützen und Bibern vgl. Marsh 1864, S. 76f.; zu Vögeln und Insekten S. 34, 39, 79ff.; zur Rückkehr der Wölfe S. 76; zum Bostoner Aquädukt S. 92.
72 A. a. O., S. 96.
73 A. a. O., S. 36
74 A. a. O., S. 64ff., 77ff., 96ff.
75 (Fußnote) AH 4. März 1800, in: AH Tagebücher 2000, S. 217; AH Personal Narrative 1814–1829, Bd. 4, S. 154.
76 Marsh 1864, a. a. O., S. 322, 324.
77 A. a. O., S. 43; Marsh über die Landschaft in der Alten Welt: Marsh an Spencer Fullerton Baird, 23. August 1850, Juli 1852, in: Marsh 1888, Bd. 1, S. 174, 280; Marsh 1864, S. 9, 19.
78 A. a. O., S. 42; zum Römischen Reich vgl. Marsh, »Oration before the New Hampshire State Agricultural Society«, 10. Oktober 1856, in: Marsh 2001, S. 36f.; Lowenthal 2003, S. X; Marsh 1864, S. XXIV.
79 Marsh 1864, S. 198.
80 A. a. O., S. 91f.; vgl. auch S. 110.
81 A. a. O., S. 46.
82 AH schickte Madison seine Bücher, vgl. David Warden an James Madison, 2. Dezember 1811, Madison Papers PS, Bd. 4, S. 48; Madison an AH, 30. November 1830, in: Terra 1959, S. 799.
83 Madison, Rede vor der Agricultural Society of Albemarle, 12. Mai 1818, in: Madison Papers RS, Bd. 1, S. 260–283; Wulf 2011, S. 204ff.
84 Bolívar, Erlass vom 19. Dezember 1825, in: Bolívar 2009, S. 258.

85 Bolívar, Maßnahmen zum Schutz und zur vernünftigen Nutzung der Staatsforsten, 31. Juli 1829, Bolívar 2003, S. 199f.; zu AH und der Chiningewinnung vgl. AH Ansichten 1849, Bd. 2, S. 319; AH, 23.–28. Juli 1802, in: AH Tagebuch 2003, Bd. 2, S. 126–130.

86 (Fußnote) Bolívar, Erlass, 31. Juli 1829, in: Bolívar 2009, S. 351; O'Leary 1879–1888, Bd. 2, S. 363.

87 Thoreau, »Walking«, 1862, (ursprünglich im April 1851 als Vortrag gehalten), in: Thoreau Excursion and Poems 1906, S. 224.

88 Thoreau, 15. Oktober 1859, Thoreau Tagebuch 1906, Bd. 12, S. 387.

89 Thoreau Maine Woods 1906, S. 173.

90 Marsh, »The Study of Nature«, in: *Christian Examiner*, 1860, Marsh 2001, S. 82.

91 Marsh 1864, S. 13f., 68, 75, 91, 128, 145, 175ff.

92 Marsh 1864, S. 187, zu den Übeln der Waldzerstörung vgl. S. 128, 131, 137, 145, 154, 171, 180, 186ff.

93 A. a. O., S. 52; zu den Schäden wie nach einem Erdbeben vgl. S. 226.

94 A. a. O., S. 201f.

95 A. a. O., S. 203; zur Aufforstung vgl. S. 259ff., 269–280, 325.

96 A. a. O., S. 280.

97 A. a. O., S. 43.

98 Wallace Stegner, in: Marsh 1864, S. XVI.

99 (Fußnote:) Lowenthal 2003, S. 302.

100 Gifford Pinchot, Lowenthal 2003, S. 304; Gifford Pinchot an Mary Pinchot, 21. März 1886, in: Miller 2001, S. 392; zu John Muir vgl. Wolfe 1946, S. 83.

101 Lowenthal 2003, S. XI.

102 Hugh Cleghorn an Marsh, 6. März 1868; zur weltweiten Wirkung von *Man and Nature* vgl. Lowenthal 2003, S. 303ff.

103 Mumford 1931, S. 78.

104 Marsh 1861, S. 637.

22. Kunst, Ökologie und Natur

1 Haeckel an Anna Sethe, 29. Mai 1859, S. 63; vgl. auch Haeckel an Eltern, 29. Mai 1859, in: Haeckel 1921b, S. 66; Carl Gottlob Haeckel an Ernst Haeckel, 19. Mai 1859 [Akademieprojekt »Ernst Haeckel (1834–1918): Briefedition«, ich danke Thomas Bach für die Zusammenfassung des Transkripts].

2 Haeckel an Anna Sethe, 29. Mai 1859, in: Haeckel 1921b, S. 64 (und folgende Zitate).

3 AH Kosmos 1845–1850, Bd. 2, S. 76, 87, 90; Haeckel an seine Eltern, 6. November 1852, in: Haeckel 1921a, S. 9.

4 (Fußnote) Richards 2008, S. 244–276, 489–512.

5 Haeckel an Wilhelm Bölsche, 4. August 1892, 4. November 1899, 14. Mai 1900, Haeckel Bölsche Briefe 2002, S. 46, 110, 123f.; Haeckel 1924, S. IX; Richards 2009, S. 20ff.; Di Gregorio 2004, S. 31–35; Krauße 1995, S. 352f.; Humboldts Bücher stehen noch immer in den Bücherregalen von Haeckels Arbeitszimmer im Jenaer Ernst-Haeckel-Haus.

6 Haeckel an seine Eltern, 6 November 1852, Haeckel 1921a, S. 9.
7 Max Fürbringer 1866, in: Richards 2009, S. 83; zum Sport vgl. Haeckel an seine Eltern, 11. Juni 1856, in: Haeckel 1921a, S. 194.
8 Haeckel an seine Eltern, 27. November 1852, vgl. auch 23. Mai und 8. Juli 1853, 5. Mai 1855, a. a. O., S. 19, 54, 63 f., 132.
9 Haeckel an seine Eltern, 23. Mai 1853, in: Haeckel 1921a, S. 54.
10 Haeckel an seine Eltern, 4. Mai 1853, a. a. O., S. 49.
11 Haeckel 1924, S. XI; Richards 2009, S. 39; Di Gregorio 2004, S. 44.
12 Haeckel, in: Richards 2009, S. 40; Helgoland, vgl. Haeckel 1924, S. XII.
13 Haeckel an seine Eltern, 1. Juni 1853, in: Haeckel 1921a, S. 59.
14 Haeckel an seine Eltern, 17. Februar 1854, a. a. O., S. 100.
15 Zum Atlas vgl. 25. Dezember 1852, a. a. O., S. 26.
16 Haeckel an seine Eltern, 24. Dezember 1852, a. a. O., S. 27.
17 Haeckel an Anna Sethe, 2. September 1858, in: Haeckel 1927, S. 62 f..
18 Haeckel an Anna Sethe, 23. Mai 1858, a. a. O., S. 12.
19 Haeckel an seine Eltern, 17. Februar 1854, a. a. O., S. 101 f.
20 Haeckel an seine Eltern, 11. Juni 1856, a. a. O., S. 194.
21 »Bericht über die Feier des sechzigsten Geburtstages von Ernst Haeckel am 17. Februar 1894 in Jena«, 1894, S. 15; Haeckel 1924, S. XV.
22 Haeckel an einen Freund, 14. September 1858, in: Haeckel 1927, S. 67; zu Anna vgl. auch Haeckel an Anna Sethe, 26. September 1858, a. a. O., S. 72 f. und Haeckel 1924, S. XV.
23 Haeckel an einen Freund, 14. September 1858, a. a. O., S. 67.
24 14. September 1858, in: Richards 2009, S. 51.
25 Haeckel an seine Eltern, 1. November 1852, in: Haeckel 1921a, S. 6.
26 Haeckel an Anna Sethe, 9. April, 24. April, 6. Juni 1859, a. a. O., S. 30 f., 37 ff., 67.
27 Ernst Haeckel an Anna Sethe, 29. Mai 1859, a. a. O., S. 63 ff.
28 Haeckel an Anna Sethe, 25. Juni und 1. August 1859, a. a. O., S. 69, 79 f.
29 Haeckel an Freunde, August 1859, in: Uschmann 1983, S. 46.
30 [und nachfolgende Zitate] Haeckel an Anna Sethe, 7. August 1859, Haeckel 1921b, S. 86.
31 Haeckel an seine Eltern, 21. Oktober 1859, in: Haeckel 1921b, S. 117 f.
32 Carl Gottlob Haeckel an Ernst Haeckel, Ende 1859, in: Di Gregori 2004, S. 58; Haeckel an Anna Sethe, 26. November 1859, in: Haeckel 1921b, S. 134.
33 Haeckel an seine Eltern, 21. Oktober 1859, a. a. O., S. 118.
34 Haeckel an seine Eltern, 29. Oktober 1859, a. a. O., S. 122 f.
35 Haeckel to Anna Sethe, 29. Februar 1860, a. a. O., S. 160.
36 Haeckel an seine Eltern, 29. Oktober 1859, zu Radiolarien vgl. Haeckel an Anna Sethe, 16. Dezember 1859, a. a. O., S. 124, 138.
37 Haeckel an Anna Sethe, 16. Februar 1860, a. a. O., S. 155.
38 Haeckel an Anna Sethe, 29. Februar 1860, vgl. auch 16. Dezember 1859, in: Haeckel 1921b, S. 160, 138 (auch folgendes Zitat).
39 Haeckel an Anna Sethe, 10. und 24. März 1860, a. a. O., S. 165 f.
40 Haeckel an seine Eltern, 21. Dezember 1852, a. a. O., S. 26.
41 Haeckel 1899–1904, Vorwort.
42 Haeckel an Allmers, 14. Mai 1860, in: Koop 1941, S. 45.
43 [Fußnote] Allmers an Haeckel, 7. Januar 1862, a. a. O., S. 79.

44 Außerordentlicher Professor 1862 (1865 zum Ordinarius, d.h. ordentlichen Professor); Richards 2009, S. 91, 115 f.
45 Haeckel an Anna Sethe, 15. Juni 1860, in: Haeckel 1927, S. 100.
46 Haeckel an Wilhelm Bölsche, 4. November 1899, in: Haeckel Bölsche Briefe 2002, S. 110; Di Gregorio 2004, S. 77–80.
47 Haeckel an Darwin, 9. Juli 1864, in: Darwin Briefe, Bd. 12, S. 482.
48 Ebd.
49 Browne 2006, S. 84–117.
50 Wilhelm Bölsche an Ernst Haeckel, 4. Juli 1913, Haeckel an Wilhelm Bölsche 18. Oktober 1913, in: Haeckel Bölsche Briefe 2002, S. 253 f.
51 [Fußnote:] Breidbach 2006, S. 113; Richards 2009, S. 2.
52 Haeckel an Darwin, 10. August 1864, in: Darwin Briefe, Bd. 12, S. 485.
53 Allmers an Haeckel, 25. August 1863, in: Koop 1941, S. 93.
54 Haeckel, »Aus einer Autobiographischen Skizze vom Jahre 1874«, in: Haeckel 1927, S. 330 ff.; Haeckel 1924, S. XXIV.
55 Haeckel an Allmers, 27. März 1864, in: Richards 2009, S. 106.
56 Haeckel an Allmers, 20. November 1864, a. a. O., S. 115.
57 Haeckel an Darwin, 9. Juli 1864, in: Darwin Briefe, Bd. 12, S. 483.
58 Haeckel an Darwin, 11. November 1865, a.a O., S. 475.
59 Ebd.
60 (Fußnote) Haeckel 1866, Bd. 1, S. XIX, XXII, 4.
61 Darwin an Haeckel, 18. August 1866, in: Darwin Briefe, Bd. 14, S. 294
62 Haeckel 1866, Bd. 1, S. 7, und Richards 2009, S. 164.
63 Browne 2003b, S. 105; zu Huxley über Haeckel vgl. Richards 2009, S. 165.
64 Haeckel an Thomas Huxley, 12. Mai 1867, in: Uschmann 1983, S. 103.
65 Haeckel an Darwin, 12. Mai 1867, in: Darwin Briefe, Bd. 15, S. 506.
66 Haeckel 1866, Bd. 1, S. 8, Fußnote, und Bd. 2, S. 235 f., 286 ff.; vgl. auch Haeckels Antrittsvorlesung in Jena, 12. Januar 1869, in: Haeckel 1879, S. 17; Worster 1977, S. 192.
67 Haeckel 1866, Bd. 1, S. 11; vgl. auch Bd. 2, S. 286; AH Ansichten 1849, Bd. 1, S. 337.
68 Haeckel 1866, Bd. 2, S. 287; vgl. auch Bd. 1, S. 8, Fußnote, und Bd. 2, S. 235 f., Haeckels Antrittsvorlesung in Jena, 12. Januar 1869, in: Haeckel 1921a, S. 93.
69 (Fußnote) Haeckel an seine Eltern, 7. Februar 1854, in: Haeckel 1921a, S. 93.
70 Haeckel an seine Eltern, 27. November 1866, in: Uschmann 1983, S. 90.
71 Haeckel an Darwin, 19. Oktober 1866, Darwin an Haeckel, 20. Oktober 1866, in: Darwin Briefe, Bd. 14, S. 353, 358; Haeckel an Freunde, 24. Oktober 1866, in: Haeckel 1923, S. 29; Bölsche 1909, S. 179.
72 Henrietta Darwin an George Darwin, 21. Oktober 1866, in: Richards 2009, S. 174.
73 Haeckel 1924, S. XIX, vgl. Haeckel an Freunde, 24. Oktober 1866, in: Haeckel 1923, S. 29; Bölsche 1909, S. 179.
74 Haeckel 1901, S. 56.
75 Richard Greeff, Hermann Fol und Nikolai Miklucho; Richards 2009, S. 176.
76 Haeckel an seine Eltern, 27. November 1866, in: Haeckel 1923, S. 42 ff.
77 Haeckel 1867, S. 319.
78 Haeckel, »Aus einer autobiographischen Skizze vom Jahre 1874«, in: Haeckel 1827, S. 330; Haeckel 1924, S. XXIV.

79 Haeckel an Frieda von Uslar-Gleichen, 14. Februar 1899, in: Richards 2009, S. 107.
80 Di Gregorio 2004, S. 438; Haeckel, 1882, in: Richards 2009, S. 346.
81 Haeckel an Wilhelm Bölsche, 14. Mai 1900, in: Haeckel Bölsche Briefe 2002, S. 124.
82 Haeckel 1901, S. 75.
83 A. a. O., S. 76.
84 *Kosmos. Zeitschrift für einheitliche Weltanschauung auf Grund der Entwicklungslehre, in Verbindung mit Charles Darwin / Ernst Haeckel*, Leipzig, 1877–1886; Di Gregorio 2004, S. 395–398. Die erste Ausgabe erschien im März; vgl. auch Haeckel an Darwin, 30. Dezember 1876, in: CUL DAR 166, S. 69.
85 Breidbach 2006, S. 20 ff., 51, 57, 101 ff., 133; Richards 2009, S. 75.
86 Breidbach 2006, S. 25 ff., 229; Kockerbeck 1986, S. 114; Richards 2009, S. 406 ff.; Di Gregorio 2004, S. 518; zu Haeckel und AHs Ideen vgl. Haeckel an Wilhelm Bölsche, 14. Mai 1900, in: Haeckel Bölsche Briefe 2002, S. 123 f.
87 Haeckel 1899–1904, Vorwort und Suppl.-Heft, *Allgemeine Erläuterungen und systematische Übersicht*, S. 51.
88 Watson 2010, S. 356–381.
89 Haeckels *Wanderbilder*, Kockerbeck 1986, S. 116; vgl. auch Haeckel 1899, S. 395.
90 Peter Behrens, 1901, Festschrift zur Künstlerkolonie Darmstadt, Kockerbeck 1986, S. 115.
91 A. a. O., S. 59 ff.
92 Gallé, Emile, »Le Décor Symbolique«, 17. Mai 1900, in: *Mémoires de l'Académie de Stanislaus*, Nancy, 1899–1900, Bd. 7, S. 35.
93 Clifford und Turner 2000, S. 224.
94 Weingarden 2000, S. 325, 331; Bergdoll 2007, S. 23.
95 Tiffany und Haeckel: Krauße 1995, S. 363; in: Breidbach und Eibl-Eibesfeld 1998, S. 15; Cooney Frelinghuysen 2000, S. 410.
96 Richards 2009, S. 407 ff.; zu Binets monumentalem Tor und Haeckel vgl. Proctor 2006, S. 407 f.
97 René Binet an Haeckel, 21. März 1899, in: Breidbach und Eibl-Eibesfeld 1988, S. 15.
98 René Binet in: *Esquisses Décoratives*, in: Bergdoll 2007, S. 25.
99 Kockerbeck 1986, S. 59.
100 A. a. O., S. 10.
101 Breidbach 2006, S. 246; Richards 2009, S. 2.
102 Haeckel 1899, S. 389; zur monistischen Kirche und den folgenden Zitaten vgl. S. 463.
103 Haeckel 1899, S. 392 ff.
104 A. a. O., S. 396.
105 Ebd.

23. Schutz und Natur: John Muir und Humboldt

1 Worster 2008, S. 120.
2 Merrill Moores, »Recollections of John Muir as a Young Man«, in: Worster 2008, S. 109 f.
3 Muir an Jeanne Carr, 13. September 1865, in: JM online.
4 Muir an Daniel Muir, 7. Januar 1868, a. a. O.
5 Muir Tagebuch 1867–1868, a. a. O., Nachsatzblätter; zur Route vgl. S. 2.
6 Muir 1913, S. 3.
7 A. a. O., S. 27.
8 A. a. O., S. 207.
9 Gisel 2008, S. 3; Worster 2008, S. 37 ff.
10 Gifford 1996, S. 87.
11 Worster 2008, S. 73.
12 Holmes 1999, S. 129 ff.; Worster 2008, S. 79 f.
13 Muir an Frances Pelton, 1861, in: Worster 2008, S. 87.
14 Muir 1913, S. 287.
15 Worster 2008, S. 94 ff.
16 Muir an Jeanne Carr, 13. September 1865, in: JM online.
17 Muir 1924, Bd. 1, S. 124.
18 A. a. O., S. 120.
19 Muir an Emily Pelann, 1. März 1864, in: Gisel 2008, S. 44.
20 Holmes 1999, S. 135 ff.
21 Muir 1924, Bd. 1, S. 153.
22 Muir an Merrill Moores, 4. März 1867, in: JM online.
23 Muir 1924, Bd. 1, S. 154 ff.; Muir an Sarah und David Galloway, 12. April 1867, Muir an Jeanne Carr, 6. April 1867, Muir an Merrill Moores, 4. März 1867, in: JM online.
24 Muir an Merrill Moores, 4. März 1867, in: JM online.
25 Muirs »Memoirs«, in: Gifford 1996, S. 87; zu Muirs Aufbruch nach Süden vgl. Muir Tagebuch 1867–1868, in: JM online, S. 2.
26 A. a. O., S. 22, 24; zu den Bergen in Tennessee, S. 17.
27 A. a. O., S. 32 f.
28 Muir 1916, S. 164; Muir Tagebuch 1867–1868, JM online, S. 194 f.
29 A. a. O., S. 154; vgl. auch Muirs Exemplar von AH *Personal Narrative* 1907, Bd. 2, S. 288, 371, MHT.
30 Muir Tagebuch 1867–1868, in: JM online, S. 154; Muir fügte das Wort »Cosmos« in seinen veröffentlichten Bericht ein, in: Muir 1916, S. 139; diesen Gedanken strich Muir auch in seinem Exemplar von Humboldts *Personal Narrative* an; Muirs Exemplar von AH *Personal Narrative* 1907, Bd. 2, S. 371, MHT.
31 Muir an David Gilrye Muir, 13. Dezember 1867, in: JM online.
32 Holmes 1999, S. 190; Worster 2008, S. 147 f.
33 Muir an Jeanne Carr, 26. Juli 1868, JM online.
34 Muir 1912, S. 4, vgl. auch Muir »Memoir«, in: Gifford 1996, S. 96.
35 Muir an Jeanne Carr, 26. Juli 1868, in: JM online.
36 Muir, »The Wild Parks and Forest Reservations of the West«, in: *Atlantic Monthly*, Januar 1898, S. 17.

37 Muir an Catherine Merrill u. a., 19. Juli 1868, in: JM online; vgl. auch Muir an David Gilrye Muir, 14. Juli 1868; JM an Jeanne Carr, 26. Juli 1868, in: JM online; Muir »Memoir«, in: Gifford 1996, S. 96 ff.
38 Muir 1912, S. 5.
39 Muir, »The Treasures of the Yosemite«, in: *The Century,* Bd. 40, 1890.
40 Muir 1912, S. 11.
41 Muir 1911, S. 314.
42 Muir an Catherine Merrill u. a., 19. Juli 1868, in: JM online; zum Blumenbüschel von AH vgl. Muirs Exemplar von AH *Personal Narrative* 1907, Bd. 2, S. 306, MHT.
43 Muir an Margaret Muir Reid, 13. Januar 1869, in: JM online.
44 Dieser wichtige Satz findet sich in verschiedenen Fassungen vom Tagebuch bis zum veröffentlichten Bericht – von »when we try to pick out anything by itself we find that it is bound fast by a thousand invisible cords that cannot be broken to everything in the universe« (»Wenn wir versuchen irgendetwas gesondert herauszugreifen, stellen wir fest, dass es durch tausend unzerreißbare Bande mit allem im Universum fest verknüpft ist«) über »When we try to pick out anything by itself we find that it is bound by innumerable and incalculable cords to everything else in the universe« (»Wenn wir versuchen, irgendetwas gesondert herauszugreifen, stellen wir fest, dass es durch unzählige und unberechenbare Bande mit allem anderen im Universum verknüpft ist«) bis zur endgültigen Version in Muirs Buch: »When we try to pick out anything by itself, we find it hitched to everything else in the unsiverse.« (»Wenn wir versuchen, irgendetwas allein für sich herauszunehmen, entdecken wir, dass es an allem anderen im Universum festhängt.«), in: Muir 1911, S. 211; Muir Tagebuch »Sierra«, Sommer 1869 (1887), MHT; Muir Tagebuch »Sierra«, Sommer 1869 (1910), MHT.
45 Muir Tagebuch »Sierra«, Sommer 1869 (1887), MHT.
46 Muir 1911, S. 321 f.
47 (Fußnote) Muirs Exemplar von AH *Views* 1896, S. XI, 346 und AH *Cosmos* 1878, Bd. 2, S. 438, MHT.
48 Zwischen 1868 und 1874 verbrachte Muir vierzig Monate in dem Tal vgl. Gisel 2008, S. 93; zur Hütte im Tal vgl. Muir »Memoir«, in: Gifford 1996, S. 112.
49 Muir an Jeanne Carr, 29. Juli 1870, in: JM online.
50 Muir 1911, S. 212.
51 Muir, »Yosemite Glaciers«, in: *New York Tribune,* 5. Dezember 1871; vgl. auch Muir, »Living Glaciers of California«, in: *Overland Monthly,* Dezember 1872, und Gifford 1996, S. 143 ff.;
52 Muir an Jeanne Carr, 8. Oktober 1872; Muir an Catharine Merrill, 12. Juli 1872, in: JM online.
53 Muir an Jeanne Carr, 11. Dezember 1871, in: JM online.
54 Muir an J. B. McChesney, 8.–9. Juni 1871, a. a. O..
55 Muir an Joseph Le Conte, 27. April 1872, a. a. O.; Muir strich auch die Seiten in Humboldts Büchern an, die mit der Pflanzenverteilung zu tun hatten. [Muirs Exemplar von AH *Views* 1896, S. 317 ff., und AH *Personal Narrative* 1907, Bd. 1, S. 116 ff., MHT].
56 Muir an Jeanne Carr, 16. März 1872, in: JM online.
57 Muir an Jeanne Carr, 3. April 1871, a. a. O.
58 Robert Underwood Johnson über Muir, in: Gifford 1996, S. 874.

59 Muir an Emerson, 26. März 1872, in: JM online.

60 Ebd.

61 Muir an Emily Pelann, 16. Februar 1872, in: JM online; zu den Besuchern vgl. Muir an Emily Pelann, 2. April 1872, in: JM online; Gisel 2008, S. 93, 105 f.

62 U.S., Statutes at Large, 15, in: Nash 1982, S. 106.

63 Muir an Daniel Muir, 21. Juni 1870, in: JM online.

64 Muir und Emerson: Gifford 1996, S. 131–136; Jeanne Carr an Muir, 1. Mai 1871, Muir an Emerson, 8. Mai 1871, Muir an Emerson, 6. Juli 1871, Muir an Emerson, 26. März 1872, in: JM online.

65 Muir über Emerson, in: Gifford 1996, S. 133

66 Muir an Jeanne Carr, undatiert, aber bezogen auf einen Brief von Emerson an Muir vom 5. Februar 1872, in: JM online.

67 Emerson an Muir, 5. Februar 1872, in: JM online.

68 Muir unterstrich in seinem Exemplar von Thoreaus *Walden* die Bemerkung des Autors zur Einsamkeit. Muirs Exemplar von Thoreaus *Walden* (1906), S. 146, 150, 152, MHT.

69 Muir markierte Humboldts Bemerkung im *Cosmos*, dass der Zusammenhang »des Sinnlichen mit dem Intellektuellen« entscheidend für das Verständnis der Natur sei; Muirs Exemplar von AH Cosmos 1878, Bd. 2, 438, MHT.

70 Muir an Jeanne Carr, Herbst 1870, in: JM online.

71 Im Original »sequoical«. [Die englische Bezeichnung für Mammutbäume ist »sequoias« (A.d.Ü.).]

72 Muir 1911, S. 79, 135.

73 A.a.O., S. 90, 113.

74 Muir an Ralph Waldo Emerson, 26. März 1872, in: JM online

75 (Fußnote:) Muirs Exemplar von AH *Views* 1896, Bd. 1, S. 210, 215, MHT.

76 Muir 1911, S. 48, 98.

77 A.a.O., S. 326.

78 Muir Tagebuch »Twenty Hill Hollow« 1869, 5. April 1869; Holmes 1999, S. 197.

79 Muir an Daniel Muir, 17. April 1869, Muir an Jeanne Carr, 20. Mai 1869, Muir an Catherine Merrill, 9. Juni 1872, in: JM online; Muir 1911, S. 82, 175, 205.

80 Muirs Exemplar von AH *Personal Narrative* 1907, Bd. 1, S. 502; Bd. 2, S. 214, 362, MHT; Muirs Exemplar von AH *Cosmos* 1878, Bd. 2, S. 377, 381, 393, MHT.

81 Muirs Exemplar von AH *Personal Narrative* 1907, Bd. 2, S. 362, MHT.

82 Muirs Exemplar von AH *Views* 1896, S. 21, MHT.

83 Muir an Jeanne Carr, 26. Juli 1868, in: JM online.

84 Muirs Exemplare von Thoreaus und Darwins Büchern, MHT.

85 Muirs Exemplar von AH *Personal Narrative* 1907, Bd. 1, S. 98, 207, 215, 476 f.; Bd. 2, S. 9 f., 153, 207, MHT; Muirs Exemplar von AH *Views* 1896, S. 98, 215, MHT.

86 Johnson 1999, S. 515.

87 Richardson 2007, S. 131; Johnson 1999, S. 535.

88 Frederick Jackson Turner 1903, in: Nash 1982, S. 147.

89 Muir an Jeanne Carr, 7. Oktober 1874, in: JM online.

90 Muir und *Man and Nature*: vgl. Wolfe 1946, S. 83.

91 Muirs Exemplar von Thoreaus *Maine Woods* (1868), S. 160 und S. 122 f., 155, 158, MHT.
92 Muir 1911, S. 211.
93 Samuel Merrill, »Personal Recollections of John Muir«, vgl. auch Robert Underwood Johnson, C. Hart Merriam »To the Memory of John Muir«, in: Gifford 1996, S. 875, 889, 891, 895.
94 Muir und Sargent, September 1898, in: Anderson 1915, S. 119.
95 Muir an Jeanne Carr, Herbst 1870, in: JM online.
96 Muir 1911, S. 17, 196.
97 (Fußnote) Daniel Muir an Muir, 19. März 1874, JM online.
98 Muir an Strentzels, 28. Januar 1879, JM online.
99 Muir an Sarah Galloway, 12. Januar 1877, in: JM online und Worster 2008, S. 238.
100 Worster 2008, S. 238 ff.
101 Muir an Millicent Shin, 18. April 1883, in: JM online; zu Muir als Vater vgl. Worster 2008, S. 262.
102 Muir an Annie Muir, 16. Juli 1884, in: JM online.
103 Worster 2008, S. 324 f.; zur Verwaltung von Martinez vgl. Kennedy 1996, S. 31.
104 Worster 2008, S. 312 ff., Nash 1982, S. 131 ff.
105 (Fußnote) Muirs Exemplar von Thoreaus *Maine Woods* (1868), S. 123.
106 Muir, »The Treasures of the Yosemite« und »Features of the Proposed Yosemite National Park«, in: *The Century*, Bde. 40 und 41, 1890.
107 Muir, »The Treasures of the Yosemite«, in: *The Century*, Bd. 40, 1890.
108 Nash 1982, S. 132.
109 Muir 1901, S. 365.
110 Robert Underwood Johnson, 1891, in: Nash 1982, S. 132.
111 Muir an Henry Senger, 22. Mai 1892, in: JM online.
112 Kimes und Kimes 1986, S. 1–162.
113 Theodore Roosevelt an Muir, 14. März 1903, JM online.
114 Theodore Roosevelt an Muir, 19. Mai 1903, ebd.
115 Muir an Charles Sprague Sargent, 3. Januar 1898, ebd.
116 Nash 1982, S. 161–181; Muir, »The Hetch Hetchy Valley«, in: *Sierra Club Bulletin*, Bd. 6, Nr. 4., Januar 1908.
117 *New York Times*, 4. September 1913.
118 Muir an Robert Underwood Johnson, 1. Januar 1914, in: Nash 1982 S, 180.
119 Muir, Memorandum von John Muir, 19. Mai 1908 (für die Gouverneurskonferenz von 1908 über Umweltschutz), in: JM online.
120 Muir an Daniel Muir, 17. April und 24. September 1869, Muir an Mary Muir, 2. Mai 1869, Muir an Jeanne Carr, 2. Oktober 1870, Muir an J. B. McChesney, 8. Juni 1871, ebd.
121 Muir an Betty Averell, 2. März 1911, in: Branch 2001, S, 15.
122 Muir, 26. und 29. Juni 1903, in: Muir Tagebuch »World Tour«, T. 1, 1903, in: JM online.
123 Helen S. Wright an Muir, 8. Mai 1878, ebd.
124 Henry F. Osborn an Muir, 18. November 1897, ebd.
125 Muir an Jeanne Carr, 13. September 1865, ebd.
126 Muir an Robert Underwood Johnson, 26. Januar 1911, in: Branch 2001, S, 10, vgl. auch S. XXVI ff.; Fay Sellers an Muir, 8. August 1911, in: JM online.

127 Branch 2001, S. 7ff.
128 (Fußnote) Muir an William E. Colby, 8. Mai 1911, a. a. O., S. 19.
129 Muir an Katharine Hooker, 10. August 1911, in: Branch 2001, S. 31.
130 Muir an Helen Muir Funk, 12. August 1911, a. a. O., S. 32.
131 Muir 1913, in: Wolfe 1979, S. 439.

Epilog

1 Louis Agassiz, 14. September 1869, in: *New York Times*, 15. September 1869.
2 Zum Scheiterhaufen vgl. *New York Times*, 4. April 1918, Nichols 2006, S. 409;
  zur Hundertjahrfeier von Cleveland, vgl. *New York Herald*, 15. September 1869.
3 Nichols 2006, S. 411.
4 IPCC, Fifth Assessment Synthesis Report, 1. November 2014, S. 7.
5 Wendell Berry, »It all Turns on Affection«, Jefferson Lecture 2012, http://www.
  neh.gov/about/awards/jefferson-lecture/wendell-e-berry-lecture
6 AH, Februar 1800, AH Tagebuch 2000, S. 216.
7 AH, 9.–27. November 1801, Popayán, in: AH Tagebuch 1982, S. 313.
8 Goethe an Johann Peter Eckermann, 12. Dezember 1826, in: Goethe und Eckermann 1999, S. 183.

Eine Bemerkung zu Humboldts Veröffentlichungen

1 Wenn nicht anders erwähnt, stützen sich die Informationen über Humboldts
  Veröffentlichungen auf das Buch *Alexander von Humboldts Schriften. Bibliographie der selbständig erschienenen Werke* (Fiedler und Leitner 2000).
2 AH an Cotta, 20. Januar 1840, AH Cotta Briefe 2009, S. 223–24.
3 *Journal of the Royal Geographical Society*, 1843, Bd.13, Fiedler und Leitner
  2000, S. 359.
4 AH an Heinrich Christian Schumacher, 22. Mai 1843, AH Schumacher Briefe
  1979, S. 112.
5 AH an Johann Georg von Cotta, 16. März 1849, AH Cotta Briefe 2009, S. 360.
6 AH Varnhagen Briefe 1860, 24. Oktober 1834, S. 22.

Quellen und Bibliografie

Werke von Alexander von Humboldt

Alexander von Humboldt und August Böckh, *Briefwechsel*, hg. v. Romy Werther und Eberhard Knobloch, Berlin, Akademie Verlag, 2011.

Alexander von Humboldt und Aimé Bonpland. *Correspondance 1805–1858*, hg. v. Nicolas Hossard, Paris, L'Harmattan, 2004.

Alexander von Humboldt und Aimé Bonpland, *Essay on the Geography of Plants*, hg. v. Stephen T. Jackson, Chicago und London, University Press, 2009.

Alexander von Humboldt und Cotta, *Briefwechsel*, hg. v. Ulrike Leitner, Berlin, Akademie Verlag, 2009.

Alexander von Humboldt und Johann Franz Encke. *Briefwechsel*, hg. v. Ingo Schwarz, Oliver Schwarz und Eberhard Knobloch, Berlin, Akademie Verlag, 2013.

Alexander von Humboldt und Friedrich Wilhelm IV., *Briefwechsel*, hg. v. Ulrike Leitner, Berlin, Akademie Verlag, 2013.

Alexander von Humboldt und Familie Mendelssohn. *Briefwechsel*, hg. v. Sebastian Panwitz und Ingo Schwarz, Berlin, Akademie Verlag, 2011.

Alexander von Humboldt und Carl Ritter, *Briefwechsel*, hg. v. Ulrich Päßler, Berlin, Akademie Verlag, 2010.

Alexander von Humboldt und Samuel Heinrich Spiker, *Briefwechsel*, hg. v. Ingo Schwarz, Berlin, Akademie Verlag, 2007.

Alexander von Humboldt und die Vereinigten Staaten von Amerika, *Briefwechsel*, hg. v. Ingo Schwarz, Berlin, Akademie Verlag, 2004.

»Alexander von Humboldt's Correspondence with Jefferson, Madison und Gallatin«, hg. v. Helmut de Terra, *Proceedings of the American Philosophical Society*, Bd. 103, 1959.

Ansichten der Natur mit wissenschaftlichen Erläuterungen, Tübingen, J. G. Cotta'sche Buchhandlung, 1808.

Ansichten der Natur mit wissenschaftlichen Erläuterungen, dritte und vermehrte Ausgabe, Stuttgart und Tübingen, J. G. Cotta'sche Buchhandlung, 1849.

Aphorismen aus der chemischen Physiologie der Pflanzen, Leipzig, Voss und Compagnie, 1794.

Aspects of Nature, in Different Lands and Different Climates, with Scientific Elucidations, übers. v. Elizabeth J. L. Sabine, London, Longman, Brown, Green and John Murray, 1849.

Briefe Alexander's von Humboldt an seinen Bruder Wilhelm, hg. v. Familie von Humboldt, Stuttgart, J. G. Cotta'sche Buchhandlung, 1880.

Briefe aus Amerika 1799–1804, hg. v. Ulrike Moheit, Berlin, Akademie Verlag, 1993.

Briefe aus Russland 1829, hg. v. Eberhard Knobloch, Ingo Schwarz und Christian Suckow, Berlin, Akademie Verlag, 2009.

Briefe von Alexander von Humboldt an Varnhagen von Ense aus den Jahren 1827–1858, hg. v. Ludmilla Assing, Leipzig, Brockhaus, 1860.

Briefe von Alexander von Humboldt und Christian Carl Josias Bunsen, hg. v. Ingo Schwarz, Berlin, Rohrwall Verlag, 2006.

Briefwechsel Alexander von Humboldt's mit Heinrich Berghaus aus den Jahren 1825 bis 1858, hg. v. Heinrich Berghaus, Leipzig, Constenoble, 1863.

Briefwechsel zwischen Alexander von Humboldt und Friedrich Wilhelm Bessel, hg. v. Hans-Joachim Felber, Berlin, Akademie Verlag, 1994.

Briefwechsel zwischen Alexander von Humboldt und Emil du Bois-Reymond, hg. v. Ingo Schwarz und Klaus Wenig, Berlin, Akademie Verlag, 1997.

Briefwechsel und Gespräche Alexander von Humboldt's mit einem jungen Freunde, aus den Jahren 1848 bis 1856, Berlin, Verlag Franz von Duncker, 1861.

Briefwechsel zwischen Alexander von Humboldt und Carl Friedrich Gauß, hg. v. Kurt-R. Biermann, Berlin, Akademie Verlag, 1977.

Briefwechsel zwischen Alexander von Humboldt und P. G. Lejeune Dirichlet, hg. v. Kurt-R. Biermann, Berlin, Akademie Verlag, 1982.

Briefwechsel zwischen Alexander von Humboldt und Heinrich Christian Schumacher, hg. v. Kurt-R. Biermann, Berlin, Akademie Verlag, 1979.

Central-Asien. Untersuchungen über die Gebirgsketten und die vergleichende Klimatologie, Berlin, Carl J. Klemann, 1844.

Correspondance d'Alexandre de Humboldt avec François Arago (1809–1853), hg. v. Théodore Jules Ernest Hamy, Paris, Guilmoto, 1907.

Cosmos: Sketch of a Physical Description of the Universe, übers. v. Elizabeth J. L. Sabine, London, Longman, Brown, Green and Longmans and John Murray, 1845–1852 (Bd. 1–3).

Cosmos: A Sketch of a Physical Description of the Universe, übers. v. E. C. Otte, London, George Bell & Sons, 1878 (Bd. 1–3).

Die Jugendbriefe Alexander von Humboldts 1787–1799, hg. v. Ilse Jahn und Fritz G. Lange, Berlin, Akademie Verlag, 1973.

Die Kosmos-Vorträge 1827/28, hg. v. Jürgen Hamel und Klaus-Harro Tiemann, Frankfurt a. M., Insel Verlag, 2004.

Essay on the Geography of Plants (AH and Aimé Bonpland), hg. v. Stephen T. Jackson, Chicago und London, Chicago University Press, 2009.

Florae Fribergensis specimen, Berlin, Heinrich August Rottmann, 1793.

Fragmente einer Geologie und Klimatologie Asiens, Berlin, J. A. List, 1832.

Ideen zu einer Geographie der Pflanzen nebst einem Naturgemälde der Tropenländer (AH und Aimé Bonpland), Tübingen, G. Cotta, und Paris, F. Schoell, 1807.

Kosmos. Entwurf einer physischen Weltbeschreibung, Stuttgart und Tübingen, J. G. Cotta'sche Buchhandlungen, 1845–1862 (Bd. 1–5).

Lateinamerika am Vorabend der Unabhängigkeitsrevolution: Eine Anthologie von Impressionen und Urteilen aus seinen Reisetagebüchern, hg. v. Margot Faak, Berlin, Akademie Verlag, 1982.

Mineralogische Beobachtungen über einige Basalte am Rhein, Braunschweig, Schulbuchhandlung, 1790.

Personal Narrative of Travels to the Equinoctial Regions of the New Continent during the years 1799–1804, übers. v. Helen Maria Williams, London, Longman, Hurst, Rees, Orme, Brown and John Murray, 1814–1829.

Personal Narrative of Travels to the Equinoctial Regions of the New Continent during the years 1799–1804, übers. v. Thomasina Ross, London, George Bell & Sons, 1907 (Bd.1–3).

Pittoreske Ansichten der Cordilleren und Monumente americanischer Völker, Tübingen, J. G. Cotta'sche Buchhandlung, 1810.

Political Essay on the Island of Cuba, A Critical Edition, hg. v. Vera M. Kutzinski und Ottmar Ette, Chicago und London, Chicago University Press, 2011.

Political Essay on the Kingdom of New Spain, übers. v. John Black, London und Edinburgh, Longman, Hurst, Rees, Orme and Brown; and H. Colburn; and W. Blackwood, and Brown and Crombie, Edinburgh, 1811.

Politischer Essay über die Insel Kuba, hg. und neu übers. v. Irene Prüfer Leske, San Vincente, Editorial Club Universitario, 2002.

Reise auf dem Río Magdalena, durch die Anden und Mexico, hg. v. Margot Faak, Berlin, Akademie Verlag, 2003.

Reise in die Aequinoctial-Gegenden des Neuen Continents in den Jahren 1799, 1800, 1801, 1803 und 1804. Verfasst von Alexander von Humboldt und Aimé Bonpland. Stuttgart und Tübingen, Cotta, 1815–1829.

Reise in die Aequinoctial-Gegenden des Neuen Continents in den Jahren 1799, 1800, 1801, 1803 und 1804, Stuttgart, Cotta/Kröner, Bd. 1-4, 1959–1960.

Reise durch Venezuela. Auswahl aus den Amerikanischen Reisetagebüchern, hg. v. Margot Faak, Berlin, Akademie Verlag, 2000.

Researches concerning the Institutions & Monuments of the Ancient Inhabitants of America with Descriptions & Views of some of the most Striking Scenes in the Cordilleras!, übers. v. Helen Maria Williams, London, Longman, Hurst, Rees, Orme, Brown, John Murray and H. Colburn, *1814*.

Über die unterirdischen Gasarten und die Mittel, ihren Nachteil zu vermindern. Ein Beytrag zur Physik der praktischen Bergbaukunde, Braunschweig, Vieweg, 1799.

Über einen Versuch den Gipfel des Chimborazo zu ersteigen, Halle, Otto Hendel, 1889.

Versuch über den politischen Zustand des Königreichs Neuspanien, Bd. IV, Tübingen, J. G. Cotta'sche Verlagsbuchhandlung 1813.

Versuch über die gereizte Muskel- und Nervenfaser, Berlin, Heinrich August Rottmann, 1797.

Views of Nature, übers. v. E. C. Otte und H. G. Bohn, London, Bell & Sons, 1896.

Views of Nature, hg. v. Stephen T. Jackson und Laura Dassow Walls, übers. v. Mark W. Person, Chicago und London, Chicago University Press, 2014.

Vues des Cordillères et monumens des peuples indigènes de l'Amérique, Paris, F. Schoell, 1810–1813.

Studienausgabe, 7 Bde. (erschienen in 10 Teilbänden), hg. v. Hanno Beck, Darmstadt, Wissenschaftliche Buchgesellschaft, 1987–1997; bestehend aus:

Bd. 1: *Schriften zur Geographie der Pflanzen*

Bd. 2: *Die Forschungsreise in die Tropen Amerikas, 3 Bde.*

Bd. 3: *Cuba-Werk*

Bd. 4: *Mexico-Werk*

Bd. 5: *Ansichten der Natur*

Bd. 6: *Schriften zur Physischen Geographie*
Bd. 7: *Kosmos,* 2 Bde.
Eine Auswahl der online verfügbaren Bücher von Humboldt findet der Leser auf
http://www.avhumboldt.de/?page_id=469

Allgemeine Bibliografie

Acosta de Samper, Soledad, *Biografía del General Joaquín Acosta*, Bogotá, Librería
Colombiana Camacho Roldán & Tamayo, 1901.
Adams, John, *The Works of John Adams*, hg. v. Charles Francis Adams, Boston,
Little, Brown and Co., Bd. 10, 1856.
Adler, Jeremy, »Goethe's Use of Chemical Theory in his Elective Affinities«, in: An-
drew Cunningham und Nicholas Jardine (Hg.), *Romanticism and the Sciences*,
Cambridge, Cambridge University Press, 1990.
Agassiz, Louis, *Address Delivered on the Centennial Anniversary of the Birth of Ale-
xander von Humboldt*, Boston, Boston Society of Natural History, 1869.
Anderson, Melville B., »The Conversation of John Muir«, *American Museum Jour-
nal*, Bd. XV, 1915.
Andress, Reinhard, »Alexander von Humboldt und Carlos Montúfar als Reisegefährten, ein Vergleich ihrer Tagebücher zum Chimborazo-Aufstieg«, *HiN (Alexander von Humboldt im Netz) XII*, Bd. 22, 2011.
Andress, Reinhard und Silvia Navia, »Das Tagebuch von Carlos Montúfar, Faksimile
und neue Transkription«, *HiN XIII*, Bd. 24, 2012.
Arago, François, *Biographies of Distinguished Scientific Men*, London, Longman,
1857.
Arana, Marie, *Bolívar. American Liberator*, New York und London, Simon & Schuster, 2013.
Armstrong, Patrick, »Charles Darwin's Image of the World: The Influence of Ale-
xander von Humboldt on the Victorian Naturalist«, in: Anne Buttimer u. a. (Hg.),
Text and Image. Social Construction of Regional Knowledges, Leipzig, Institut für
Länderkunde, 1999.
Assing, Ludmilla, *Briefe von Alexander von Humboldt an Varnhagen von Ense aus
den Jahren 1827–1858*, New York, Verlag von L. Hauser, 1860.
Avery, Kevin, J., *The Heart of the Andes: Church's Great Picture*, New York, Me-
tropolitan Museum of Art, 1993.
Ayrton, John, *The Life of Sir Humphry Davy*, London, Henry Colburn and Richard
Bentley, 1831.
Babbage, Charles, *Passages from the Life of a Philosopher*, hg. v. Martin Campbell-
Kelly, London, William Pickering, 1994.
Baily, Edward, *Charles Lyell*, London und New York, Nelson, 1962.
Banks, Joseph, *The Letters of Sir Joseph Banks. A Selection, 1768–1820*, hg. v. Neil
Chambers, London, Imperial College Press, 2000.
–, *Scientific Correspondence of Sir Joseph Banks*, hg. v. Neil Chambers, London,
Pickering & Chatto, 2007.
Baron, Frank, »From Alexander von Humboldt to Frederic Edwin Church: Voyages
of Scientific Exploration and Artistic Creativity«, *HiN VI*, Bd. 10, 2005.

Bartram, John, *The Correspondence of John Bartram, 1734–1777*, hg. v. Edmund Berkeley und Dorothy Smith Berkeley, Florida, University of Florida Press, 1992.

Bate, Jonathan, *Romantic Ecology. Wordsworth and the Environmental Tradition*, London, Routledge, 1991.

Bear, James A. (Hg.), *Jefferson at Monticello, Recollections of a Monticello Slave and of a Monticello Overseer*, Charlottesville, University of Virginia Press, 1967.

Beck, Hanno, *Gespräche Alexander von Humboldts*, Berlin, Akademie Verlag, 1959.

–, *Alexander von Humboldt*, Wiesbaden, Franz Steiner Verlag, 1959–1961.

–, »Hinweise auf Gespräche Alexander von Humboldts«, in: Heinrich von Pfeiffer (Hg.), *Alexander von Humboldt. Werk und Weltgeltung*, München, Piper, 1969.

–, *Alexander von Humboldts Reise durchs Baltikum nach Russland und Sibirien, 1829*, Stuttgart und Wien, Edition Erdmann, 1983.

Beinecke Rare Books & Manuscripts Library, *Goethe. The Scientist*, Ausstellung bei Beinecke Rare Books & Manuscripts Library, New Haven und London, Yale University Press, 1999.

Bell, Stephen, *A Life in the Shadow, Aimé Bonpland's Life in Southern South America, 1817–1858*, Stanford, Stanford University Press, 2010.

Benedict, George Grenville, *Vermont in the Civil War*, Burlington, Free Press Association, 1888.

Bergdoll, Barry, »Of Crystals, Cells, and Strata, Natural History and Debates on the Form of a New Architecture in the Nineteenth Century«, *Architectural History*, Bd. 50, 2007.

Berghaus, Heinrich, *The Physical Atlas. A Series of Maps Illustrating the Geographical Distribution of Natural Phenomena*, Edinburgh, John Johnstone, 1845.

Berlioz, Hector, *Les Soirées de l'orchestre*, Paris, Michel Lévy, 1854.

–, *Memoiren mit der Beschreibung seiner Reise in Italien, Deutschland, Rußland und England, 1803–1865*, übers. v. Elly Ellès, Leipzig, Philipp Reclam jun., 1967.

–, *Mémoires de H. Berlioz, comprenant ses voyages en Italie, en Allemagne, en Russie et en Angleterre 1803–1865*, Paris, Calmann Lévy, 1878.

Biermann, Kurt-R., *Miscellanea Humboldtiana*, Berlin, Akademie-Verlag, 1990a.

–, *Alexander von Humboldt*, Leipzig, Teubner, 1990b.

–, »Ein ›politisch schiefer Kopf‹ und der ›letzte Mumienkasten‹. Humboldt und Metternich«, *HiN V*, Bd. 9, 2004.

–, (Hg.), *Alexander von Humboldt. Aus meinem Leben. Autobiographische Bekenntnisse*, München, C. H. Beck, 1987.

Biermann, Kurt-R., Ilse Jahn und Fritz Lange, *Alexander von Humboldt. Chronologische Übersicht über wichtige Daten seines Lebens*, Berlin, Akademie-Verlag, 1983.

Biermann, Kurt-R. und Ingo Schwarz, »›Der unheilvollste Tag meines Lebens‹. Der Forschungsreisende Alexander von Humboldt in Stunden der Gefahr«, in: *Mitteilungen der Humboldt-Gesellschaft für Wissenschaft, Kunst und Bildung*, 1997.

–, »›Moralische Sandwüste und blühende Kartoffelfelder‹. Humboldt – Ein Weltbürger in Berlin«, in: Frank Holl (Hg.), *Alexander von Humboldt. Netzwerke des Wissens*, Ostfildern, Hatje-Cantz, 1999a.

–, »›Werk meines Lebens‹. Alexander von Humboldts Kosmos«, in: Frank Holl (Hg.), *Alexander von Humboldt. Netzwerke des Wissens*, Ostfildern, Hatje-Cantz, 1999b.

–, »Gestört durch den Unfug elender Strolche«. Die skandalösen Vorkommnisse beim Leichenbegräbnis Alexander von Humboldts im Mai 1859«, Mitteilungen des Vereins für die Geschichte Berlins, Bd. 95, 1999c.

–, »Geboren mit einem silbernem Löffel im Munde – gestorben in Schuldknechtschaft. Die wirtschaftlichen Verhältnisse Alexander von Humboldts«, Mitteilungen des Vereins für die Geschichte Berlins, Bd. 96, 2000.

–, »Der Aachener Kongreß und das Scheitern der Indischen Reisepläne Alexander von Humboldts«, HiN II, Bd. 2, 2001a.

–, »›Sibirien beginnt in der Hasenheide‹. Alexander von Humboldt's Neigung zur Moquerie«, HiN II, Bd. 2, 2001b.

–, »Indianische Reisebegleiter. Alexander von Humboldt in Amerika«, HiN VIII, Bd. 14, 2007.

Binet, René, Esquisses Décoratives, Paris, Librairie Centrale des Beaux-Arts, 1905.

Bolívar, Simón, Cartas del Libertador, hg. v. Vicente Lecuna, Caracas, 1929.

–, Selected Writings of Bolívar, hg. v. Vicente Lecuna, New York, Colonial Press, 1951.

–, El Libertador. Writings of Simón Bolívar, hg. v. David Bushnell, übers. v. Frederick H. Fornhoff, Oxford, Oxford University Press, 2003.

–, Doctrina del Libertador, hg. v. Manuel Pérez Vila, Caracas, Fundación Bibliotheca Ayacucho, 2009.

Bölsche, Wilhelm, Ernst Haeckel: Ein Lebensbild, Berlin, Georg Bondi, 1909.

–, Alexander von Humboldt's Kosmos, Berlin, Deutsche Bibliothek, 1913.

Borst, Raymond R. (Hg.), The Thoreau Log: A Documentary Life of Henry David Thoreau, 1817–1862, New York, G. K. Hall, und Oxford, Maxwell Macmillan International, 1992.

Botting, Douglas, Humboldt and the Cosmos, London, Sphere Books, 1973

Boyle, Nicholas, Goethe. The Poet and the Age. The Poetry of Desire. 1749–1790, I, Oxford, Clarendon Press, 1992.

–, Goethe. The Poet and the Age. Revolution and Renunciation. 1790–1803, II, Oxford, Clarendon Press, 2000.

Branch, Michael P. (Hg.), John Muir's Last Journey. South to the Amazon and East to Africa, Washington und Covelo, Island Press, 2001.

Breidbach, Olaf, Ernst Haeckel. Bildwelten der Natur, München, Prestel, 2006.

Breidbach, Olaf und Irenäus Eibl-Eibesfeld, Kunstformen der Natur. Die einhundert Farbtafeln, München, Prestel, 1998.

Briggs, Asa, The Age Of Improvement, 1783–1867, London, Longman, 2000.

Browne, Janet, Charles Darwin. Voyaging, London, Pimlico, 2003a.

–, Charles Darwin. The Power of Place, London, Pimlico, 2003b.

–, Darwin's Origin of Species. A Biography, London, Atlantic Books, 2006.

Bruhns, Karl, Alexander von Humboldt. Eine wissenschaftliche Biographie, Bd. 1 u. 2, Osnabrück, Zeller, 1969.

– (Hg.), Life of Alexander von Humboldt, London, Longmans, Green and Co., 1873.

Brunel, Isambard, The Life of Isambard Kingdom Brunel. Civil Engineer, London, Longmans, Green and Co., 1870.

Buchanan, R. Angus, Brunel. The Life and Times of Isambard Kingdom Brunel, London, Hambledon and London, 2002.

Buckland, Wilhelm, Life and Correspondence of William Buckland, hg. v. Mrs Gordon (Elizabeth Oke Buckland), London, John Murray, 1894.

Buell, Lawrence, *The Environmental Imagination, Thoreau, Nature Writing, and the Formation of American Culture*, Cambridge, Mass., und London, Belknap Press of Harvard University Press, 1995.

Burwick, Frederick und James C. McKusick (Hg.), *Faustus. From the German of Goethe*, übers. v. Samuel Taylor Coleridge, Oxford, Oxford University Press, 2007.

Busey, Samuel Clagett, *Pictures of the City of Washington in the Past*, Washington, D.C., W. Ballantyne & Sons, 1898.

Buttimer, Anne, »Beyond Humboldtian Science and Goethe's Way of Science, Challenges of Alexander von Humboldt's Geography«, *Erdkunde*, Bd. 55, 2001.

Caldas, Francisco José de, *Semanario del Nuevo Reino de Granada*, Bogotá, Ministerio de Educación de Colombia, 1942.

Canning, George, *Some Official Correspondence of George Canning*, hg. v. Edward J. Stapelton, London, Longmans, Green and Co., 1887.

–, *George Canning and his Friends*, hg. v. Captain Josceline Bagot, London, John Murray, 1909.

Cannon, Susan Faye, *Science in Culture. The Early Victorian Period*, New York, Dawson, 1978.

Cawood, John, »The Magnetic Crusade, Science and Politics in Early Victorian Britain«, *Isis*, Bd. 70, 1979.

Channing, William Ellery, *Thoreau. The Poet-Naturalist*, Boston, Roberts Bros., 1873.

Chinard, Gilbert, »The American Philosophical Society and the Early History of Forestry in America«, *Proceedings of the American Philosophical Society*, Bd. 89, 1945.

Clark, Christopher, *Iron Kingdom, The Rise and Downfall of Prussia, 1600–1947*, London, Penguin, 2007.

Clark, Rex und Oliver Lubrich (Hg.), *Transatlantic Echoes. Alexander von Humboldt in World Literature*, New York und Oxford, Berghahn Books, 2012a.

–, *Cosmos and Colonialism. Alexander von Humboldt in Cultural Criticism*, New York und Oxford, Berghahn Books, 2012b.

Clifford, Helen und Eric Turner, »Modern Metal«, in: Paul Greenhalgh (Hg.), *Art Nouveau, 1890–1914*, London, V&A Publications, 2000.

Cohen, I. Bernard, *Science and the Founding Fathers: Science in the Political Thought of Thomas Jefferson, Benjamin Franklin, John Adams and James Madison*, New York und London, W. W. Norton, 1995.

Coleridge, Samuel Taylor, *The Philosophical Lectures of Samuel Taylor Coleridge*, hg. v. Kathleen H. Coburn, London, Pilot Press, 1949.

–, *The Notebooks of Samuel Taylor Coleridge*, hg. v. Kathleen Coburn, Princeton, Princeton University Press, 1958–2002.

–, *Table Talk*, hg. v. Carl Woodring, London, Routledge, 1990.

–, *Lectures 1818–1819 on the History of Philosophy*, hg. v. J. R. de J. Jackson, Princeton, Princeton University Press, 2000.

Cooney Frelinghuysen, Alice, »Louis Comfort Tiffany and New York«, in: Paul Greenhalgh (Hg.), *Art Nouveau, 1890–1914*, London, V&A Publications, 2000.

Cunningham, Andrew und Nicholas Jardine (Hg.), *Romanticism and the Sciences*, Cambridge, Cambridge University Press, 1990.

Cushman, Gregory T., »Humboldtian Science, Creole Meteorology and the Discovery of Human-Caused Climate Change in South America«, *Osiris*, Bd. 26, 2011.

Darwin, Charles, *The Autobiography of Charles Darwin 1809–1882*, hg. v. Nora Barlow, London, Collins, 1958.

–, *Beagle Diary*, hg. v. Richard Darwin Keynes, Cambridge, Cambridge University Press, 2001

–, *The Correspondence of Charles Darwin*, hg. v. Frederick Burkhardt und Sydney Smith, Cambridge, Cambridge University Press, 1985–2014.

–, »Darwin's Notebooks on the Transmutation of Species, Part IV«, hg. v. Gavin de Beer, *Bulletin of the British Museum*, Bd. 2, 1960.

–, *Die Entstehung der Arten durch natürliche Zuchtwahl*, Stuttgart, Reclam, 1963.

–, *Die Fahrt der Beagle*, Hamburg, Marebuch, 2006.

–, *Life and Letters of Charles Darwin*, hg. v. Francis Darwin, New York und London, D. Appleton & Co., 1911.

–, *Mein Leben. 1809–1882*, hg. v. Nora Barlow, Frankfurt a. M., Insel, 2008.

–, *On the Origin of Species by Means of Natural Selection*, London, John Murray, 1859.

–, *The Voyage of the Beagle*, Hertfordshire, Wordsworth Editions, 1997.

Darwin, Erasmus, *The Botanic Garden. Part II: Containing Loves of the Plants. A Poem. With Philosophical Notes*, Erstveröffentlichung 1789, London, J. Johnson, 1791.

Daudet, Ernest, *La Police politique. Chronique des temps de la Restauration d'après les rapports des agents secrets et les papiers du Cabinet noir, 1815–1820*, Paris, Librairie Plon, 1912.

Davies, Norman, *Europe. A History*, London, Pimlico, 1997.

Dean, Bradley P., »Natural History, Romanticism, and Thoreau«, in: Michael Lewis (Hg.), *American Wilderness. A New History*, Oxford, Oxford University Press, 2007.

Di Gregorio, Mario A., *From Here to Eternity, Ernst Haeckel and Scientific Faith*, Göttingen, Vandenhoeck & Ruprecht, 2004.

–, (Hg.), *Charles Darwin's Marginalia*, New York und London, Garland, 1990.

Dibdin, Thomas Frognall, *A Bibliographical, Antiquarian and Picturesque Tour in France and Germany*, London, W. Bulmer and W. Nicol, 1821.

Dove, Alfred, *Die Forsters und die Humboldts*, Leipzig, Duncker & Humblot, 1881.

Eber, Ron, »›Wealth and Beauty‹. John Muir and Forest Conservation«, in: Sally M. Miller und Daryl Morrison (Hg.), *John Muir. Family, Friends and Adventurers*, Albuquerque, University of New Mexico Press, 2005.

Egerton, Frank N., *Roots of Ecology. Antiquity to Haeckel*, Berkeley, University of California Press, 2012.

Ehrlich, Willi, *Goethes Wohnhaus am Frauenplan in Weimar*, Weimar, Nationale Forschungs- und Gedenkstätten der Klassik, 1983.

Eichhorn, Johannes, *Die wirtschaftlichen Verhältnisse Alexander von Humboldts, Gedenkschrift zur 100. Wiederkehr seines Todestages*, Berlin, Akademie Verlag, 1959.

Elden, Stuart und Eduardo Mendieta (Hg.), *Kant's Physische Geographie: Reading Kant's Geography*, New York, SUNY Press, 2011.

Emerson, Ralph Waldo, *The Letters of Ralph Waldo Emerson*, hg. v. Ralph L. Rusk, New York, Columbia University Press, 1939.

–, *The Early Lectures of Ralph Waldo Emerson*, hg. v. Stephen E. Whicher und Robert E. Spiller, Cambridge, Harvard University Press, 1959–1972.

–, *The Journals and Miscellaneous Notebooks of Ralph Waldo Emerson*, hg. v. William H. Gilman, Alfred R. Ferguson, George P. Clark und Merrell R. Davis, Cambridge, Harvard University Press, 1960–1992.

–, *The Collected Works of Ralph Waldo Emerson*, hg. v. Alfred R. Ferguson u.a., Cambridge, Harvard University Press, 1971–2013.

Engelmann, Gerhard, »Alexander von Humboldt in Potsdam«, in: *Veröffentlichungen des Bezirksheimatmuseums Potsdam*, Nr. 19, 1969.

Ette, Ottmar u.a., *Alexander von Humboldt, Aufbruch in die Moderne*, Berlin, Akademie Verlag, 2001.

Evelyn, John, *Sylva, Or a Discourse of Forest-trees, and the Propagation of Timber in His Majesties Dominions*, London, Royal Society, 1670.

Fiedler, Horst und Ulrike Leitner, *Alexander von Humboldts Schriften. Bibliographie der selbständig erschienenen Werke*, Berlin, Akademie Verlag, 2000.

Finkelstein, Gabriel, »›Conquerors of the Künlün?‹ The Schlagintweit Mission to High Asia, 1854–1857«, *History of Science*, Bd. 38, 2000.

Fleming, James R., *Historical Perspectives on Climate Change*, Oxford, Oxford University Press, 1998.

Fontane, Theodor, *Theodor Fontanes Briefe*, hg. v. Walter Keitel, Bd. 3, München, Hanser, 1980.

Foster, Augustus, *Jeffersonian America: Notes by Sir Augustus Foster*, San Marino, Huntington Library, 1954.

Fox, Robert, *The Culture of Science in France, 1700–1900*, Surrey, Variorum, 1992.

Franklin, Benjamin, *The Papers of Benjamin Franklin*, hg. v. Leonard W. Labaree u.a., New Haven und London, Yale University Press, 1956–2008.

Friedenthal, Richard, *Goethe. Sein Leben und seine Zeit*, München und Zürich, Piper, 2003.

Friis, Herman R., »Alexander von Humboldts Besuch in den Vereinigten Staaten von America«, in: Joachim H. Schulze (Hg.), *Alexander von Humboldt. Studien zu seiner universalen Geisteshaltung*, Berlin, Walter de Gruyter & Co., 1959.

Froncek, Thomas (Hg.), *An Illustrated History: The City of Washington*, New York, Alfred A. Knopf, 1977.

Gall, Lothar, *Wilhelm von Humboldt, Ein Preuße von Welt*, Berlin, Propyläen, 2011.

Gallatin, Albert, *A Synopsis of the Indian Tribes*, Cambridge, Cambridge University Press, 1836.

Geier, Manfred, *Die Brüder Humboldt. Eine Biographie*, Hamburg, Rowohlt Taschenbuch Verlag, 2010.

Gersdorff, Dagmar von, *Caroline von Humboldt. Eine Biographie*, Berlin, Insel, 2013.

Gifford, Terry (Hg.), *John Muir. His Life and Letters and Other Writings*, London, Baton Wicks, 1996.

Gisel, Bonnie J., *Nature's Beloved Son. Rediscovering John Muir's Botanical Legacy*, Berkeley, Heyday Books, 2008.

Glogau, Heinrich, *Akademische Festrede zur Feier des Hundertjährigen Geburtstages Alexander's von Humboldt, 14. September 1869*, Frankfurt a. M., Verlag von F. B. Auffarth, 1969.

Goethe, Johann Wolfgang, *Goethes Briefwechsel mit den Gebrüdern von Humboldt*, hg. v. F. Th. Bratranek, Leipzig, Brockhaus, 1876.

–, *Goethes Briefwechsel mit Wilhelm und Alexander v. Humboldt*, hg. v. Ludwig Geiger, Berlin, H. Bondy, 1909.

–, *Goethe – Begegnungen und Gespräche*, hg. v. Ernst Grumach und Renate Grumach, Berlin und New York, Walter de Gruyter, 1965–2000.

–, *Italienische Reise*, in: Herbert v. Einem und Erich Trunz (Hg.), Goethes Werke, Hamburger Ausgabe, Hamburg, Christian Wegner Verlag, 1967.

–, *Goethes Briefe*, Hamburger Ausgabe in 4 Bänden, hg. v. Karl Robert Mandelkrow, Hamburg, Christian Wegner Verlag, 1968–1976.

–, *Briefe an Goethe*, Gesamtausgabe in Regestform, hg. v. Karl Heinz Hahn, Weimar, Böhlau, 1980–2000.

–, *Faust I*, Sämtliche Werke in 18 Bänden, hg. v. Ernst Beutler u. a., Bd. 5, Zürich, Artemis & Winkler, 1977.

–, *Goethes Leben von Tag zu Tag, Eine Dokumentarische Chronik*, hg. v. Robert Steiger, Zürich und München, Artemis, 1982–1996.

–, *Schriften zur Allgemeinen Naturlehre, Geologie und Mineralogie*, hg. v. Wolf von Engelhardt und Manfred Wenzel, Frankfurt a. M., Deutscher Klassiker Verlag, 1989.

–, *Schriften zur Morphologie*, hg. v. Dorothea Kuhn, Frankfurt a. M., Deutscher Klassiker Verlag, 1987.

–, *Tag- und Jahreshefte*, hg. v. Irmtraut Schmid, Frankfurt a. M., Deutscher Klassiker Verlag, 1994.

–, *Tagebücher*, hg. v. Jochen Golz, Stuttgart und Weimar, J. B. Metzler, 1998–2007.

–, Johannn Peter Eckermann, *Gespräche mit Goethe in den letzten Jahren seines Lebens*, hg. v. Christoph Michel, Frankfurt a. M., Deutscher Klassiker Verlag, 1999.

–, *Die Wahlverwandtschaften*, Frankfurt a. M., Insel Verlag, 2002.

Gould, Stephen Jay, »Humboldt and Darwin: The Tension and Harmony of Art and Science«, in: Franklin Kelly (Hg.), Frederic Edwin Church, Washington, National Gallery of Art, Smithsonian Institution Press, 1989.

Granville, A. B., *St. Petersburgh, A Journal of Travels to and from that Capital. Through Flanders, the Rhenich provinces, Prussia, Russia, Poland, Silesia, Saxony, the Federated States of Germany and France*, London, H. Colburn, 1829.

Greenhalgh, Paul (Hg.), *Art Nouveau, 1890–1914*, London, V&A Publications, 2000.

Grove, Richard, *Green Imperialism: Colonial Expansion, Tropical Island Edens and the Origins of Environmentalism, 1600–1860*, Cambridge, Cambridge University Press, 1995.

Haeckel, Ernst, *Die Radiolarien (Rhizopoda radiaria), Eine Monographie, Mit einem Atlas*, Berlin, Georg Reimer, 1862.

–, *Generelle Morphologie der Organismen*, Berlin, Georg Reimer, 1866.

–, »Eine zoologische Excursion nach den Canarischen Inseln«, *Jenaische Zeitschrift fuer Medicin und Naturwissenschaft*, 1867.

–, »Über Entwicklungsgang und Aufgabe der Zoologie«, in: Ernst Haeckel, *Gesammelte Populäre Vorträge aus dem Gebiete der Entwickelungslehre*, Zweites Heft, Bonn, Emil Strauß, 1879.

–, *Bericht über die Feier des sechzigsten Geburtstages von Ernst Haeckel am 17. Februar 1894 in Jena*, Jena, Hofbuchdruckerei, 1894.

–, *Die Welträthsel. Gemeinverständliche Studien über monistische Philosophie*, Bonn, Emil Strauß, 1899.

–, *Kunstformen der Natur*, Leipzig und Wien, Verlag des Bibliographischen Instituts, 1899–1904.

–, *Aus Insulinde. Malayische Reisebriefe*, Bonn, Emil Strauß, 1901.

–, *Entwicklungsgeschichte einer Jugend. Briefe an die Eltern, 1852–1856*, Leipzig, K. F. Koehler, 1921a.

–, *Italienfahrt. Briefe an die Braut, 1859–1860*, hg. v. Heinrich Schmidt, Leipzig, K. F. Koehler, 1921b.

–, *Berg- und Seefahrten*, Leipzig, K. F. Koehler, 1923.

–, »Eine Autobiographische Skizze«, in: Ernst Haeckel, *Gemeinverständliche Werke*, hg. v. Heinrich Schmidt, Leipzig, Alfred Kröner, Bd. 1, 1924.

–, *Himmelhoch jauchzend. Erinnerungen und Briefe der Liebe*, hg. v. Heinrich Schmidt, Dresden, Reissner, 1927.

–, *Ernst Haeckel–Wilhelm Bölsche. Briefwechsel 1887–1919*, hg. v. Rosemarie Nöthlich, Berlin, Verlag für Wissenschaft und Bildung, 2002.

Hallé, Charles, *Life and Letters of Sir Charles Hallé; Being an Autobiography (1819–1860) with Correspondence and Diaries*, hg. v. C. E. Hallé und Marie Hallé, London, Smith, Elder & Co., 1896.

Hamel, Jürgen, Eberhard Knobloch und Herbert Pieper (Hg.), *Alexander von Humboldt in Berlin. Sein Einfluß auf die Entwicklung der Wissenschaften*, Augsburg, Erwin Rauner, 2003.

Harbert Petrulionis, Sandra (Hg.), *Thoreau in His Own Time: A Biographical Chronicle of his Life, Drawn from Recollections, Interviews and Memoirs by Family, Friends and Associates*, Iowa City, University of Iowa Press, 2012.

Harding, Walter, *Emerson's Library*, Charlottesville, University of Virginia Press, 1967.

– (Hg.), *Thoreau as Seen by his Contemporaries*, New York, Dover Publications, und London, Constable, 1989.

Harman, Peter M., *The Culture of Nature in Britain, 1680–1860*, New Haven und London, Yale University Press, 2009.

Hatch, Peter, *A Rich Spot of Earth. Thomas Jefferson's Revolutionary Garden at Monticello*, New Haven und London, Yale University Press, 2012.

Hawthorne, Nathaniel, *The Letters, 1853–1856*, hg. v. Thomas Woodson u. a., Columbus, Ohio, Ohio State University Press, Bd. 17, 1987.

Haydon, Benjamin Robert, *The Autobiography and Journals of Benjamin Robert Haydon*, hg. v. Malcolm Elwin, London, Macdonald, 1950.

–, *The Diary of Benjamin Robert Haydon*, hg. v. Willard Bissell Pope, Cambridge, Harvard University Press, 1960–1963.

Heiman, Hanns, »Humboldt und Bolívar«, in: Joachim Schultze (Hg.), *Alexander von Humboldt, Studien zu seiner Universalen Geisteshaltung*, Berlin, Walter de Gruyter, 1959.

Heinz, Ulrich von, »Die Brüder Wilhelm und Alexander von Humboldt«, in: Jürgen Hamel, Eberhard Knobloch und Herbert Pieper (Hg.), *Alexander von Humboldt in Berlin. Sein Einfluß auf die Entwicklung der Wissenschaften*, Augsburg, Erwin Rauner, 2003.

Helferich, Gerhard, *Humboldt's Cosmos*, New York, Gotham Books, 2005.

Herbert, Sandra, »Darwin, Malthus and Selection«, *Journal of the History of Biology*, Bd. 4, 1971.

Hölder, Helmut, »Ansätze großtektonischer Theorien des 20. Jahrhunderts bei Alexander von Humboldt«, in: Christian Suckow u. a. (Hg.), *Studia Fribergensia, Vorträge des Alexander-von-Humboldt-Kolloquiums in Freiberg*, Berlin, Akademie Verlag, 1994.

Holl, Frank, »Alexander von Humboldt. Wie der Klimawandel entdeckt wurde«, *Die Gazette*, Bd. 16, 2007–2008.

–, *Alexander von Humboldt, Mein Vielbewegtes Leben. Der Forscher über sich und seine Werke*, Frankfurt a. M., Eichborn, 2009.

–, (Hg.), *Alexander von Humboldt. Netzwerke des Wissens*, Ostfildern, Hatje-Cantz, 1999.

Holmes, Richard, *Coleridge. Darker Reflections*, London, HarperCollins, 1998.

–, *The Age of Wonder. How the Romantic Generation Discovered the Beauty and Terror of Science*, London, Harper Press, 2008.

Holmes, Steven J., *The Young John Muir, An Environmental Biography*, Madison, University of Wisconsin Press, 1999.

Hooker, Joseph Dalton, *Life and Letters of Sir Joseph Dalton Hooker*, hg. v. Leonard Huxley, London, John Murray, 1918.

Horne, Alistair, *Seven Ages of Paris*, New York, Vintage Books, 2004.

Howarth, William L., *The Literary Manuscripts of Henry David Thoreau*, Columbus, Ohio State University Press, 1974.

–, *The Book of Concord. Thoreau's Life as a Writer*, London und New York, Penguin Books, 1983.

Hughes-Hallet, Penelope, *The Immortal Dinner. A Famous Evening of Genius and Laughter in Literary London 1817*, London, Penguin Books, 2001.

Humboldt, Wilhelm von, *Wilhelm von Humboldts Gesammelte Schriften*, Berlin, Königlich Preussische Akademie der Wissenschaften und B. Behr's Verlag, 1903 – 1936.

Humboldt, Wilhelm von und Caroline von Humboldt, *Wilhelm und Caroline von Humboldt in ihren Briefen*, hg. von der Familie von Humboldt, Berlin, Mittler und Sohn, 1910–1916.

Hunt, Gaillard (Hg.), *The First Forty Years of Washington Society, Portrayed by the Family Letters of Mrs Samuel Harrison Smith*, New York, C. Scribner's Sons, 1906.

Hunter, Christie, S. und G. B. Airy, »Report upon a Letter Addressed by M. Le Baron de Humboldt to His Royal Highness the President of the Royal Society, and Communicated by His Royal Highness to the Council«, *Abstracts of the Papers Printed in the Philosophical Transactions of the Royal Society of London*, Bd. 3, 1830–1837.

Huth, Hans, »The American and Nature«, *Journal of the Warburg and Courtauld Institutes*, Bd. 13, 1950.

Hyman, Anthony, *Charles Babbage, Pioneer of the Computer*, Oxford, Oxford University Press, 1982.

Irving, Pierre M. (Hg.), *The Life and Letters of Washington Irving*, London, Richard Bentley, 1864.

Jackson, Donald (Hg.), *Letters of the Lewis and Clark Expedition, with Related Documents, 1783–1854*, Urbana und Chicago, University of Illinois Press, 1978.

Jahn, Ilse, *Dem Leben auf der Spur. Die biologischen Forschungen Humboldts*, Leipzig, Urania, 1969.

–, »›Vater einer großen Nachkommenschaft von Forschungsreisenden ...‹ – Ehrungen Alexander von Humboldts im Jahre 1869«, *HiN V*, Bd. 8, 2004.

Jardine, Lisa, *Ingenious Pursuit. Building the Scientific Revolution*, London, Little, Brown, 1999.

Jardine, N., J. A. Secord und E. C. Spary (Hg.), *The Cultures of Natural History*, Cambridge, Cambridge University Press, 1995.

Jefferson, Thomas, *Thomas Jefferson's Garden Book, 1766–1824*, hg. v. Edwin M. Betts, Philadelphia, American Philosophical Society, 1944.

–, *The Papers of Thomas Jefferson*, hg. v. Julian P. Boyd u. a., Princeton und Oxford, Princeton University Press, 1950–2009.

–, *Notes on the State of Virginia*, hg. v. William Peden, New York und London, W. W. Norton, 1982.

–, *The Family Letters of Thomas Jefferson*, hg. v. Edwin M. Betts und James Adam Bear, Charlottesville, University of Virginia Press, 1986.

–, *Jefferson's Memorandum Books, Accounts, with Legal Records Miscellany, 1767–1826*, hg. v. James A. Bear und Lucia C. Stanton, Princeton, Princeton University Press, 1997.

–, *The Papers of Thomas Jefferson, Retirement Series*, hg. v. Jeff Looney u. a., Princeton und Oxford, Princeton University Press, 2004–2013.

Jeffrey, Lloyd N., »Wordsworth and Science«, South Central Bulletin, Bd. 27, 1967.

Jessen, Hans (Hg.), *Die Deutsche Revolution 1848/49 in Augenzeugenberichten*, Düsseldorf, Karl Rauch, 1968.

Johnson, Paul, *A History of the American People*, New York, Harper Perennial, 1999.

Judd, Richard W., »A ›Wonderfull Order and Ballance‹: Natural History and the Beginnings of Conservation in America, 1730–1830«, *Environmental History*, Bd. 11, 2006.

Kahle, Günter (Hg.), *Simón Bolívar in zeitgenössischen deutschen Berichten 1811–1831*, Berlin, Reimer, 1983.

Kant, Immanuel, *Kritik der Urteilskraft*, in: Immanuel Kant, *Werke in sechs Bänden*, hg. v. William Weischedel, Bd. 5, Wiesbaden, Insel, 1957.

Kelly, Franklin, »A Passion for Landscape: The Paintings of Frederic Edwin Church«, in: Franklin Kelly (Hg.), *Frederic Edwin Church*, Washington, National Gallery of Art, Smithsonian Institution Press, 1989.

Kennedy, Keith E., »›Affectionately Yours, John Muir‹. The Correspondence between John Muir and his Parents, Brothers and Sisters«, in: Sally M. Miller (Hg.), *John Muir. Life and Work*, Albuquerque, University of New Mexico Press, 1996.

Kimes, William und Maymie Kimes, *John Muir: A Reading Bibliography*, Fresno, Panorama West Books, 1986.

King-Hele, Desmond, *Erasmus Darwin and the Romantic Poets*, London, Macmillan, 1986.

Kipperman, Mark, »Coleridge, Shelley, Davy and Science's Millennium«, *Criticism*, Bd. 40, 1998.

Klauss, Jochen, *Goethes Wohnhaus in Weimar. Ein Rundgang in Geschichten*, Weimar, Klassikerstätten zu Weimar, 1991.

Klencke, Hermann, *Alexander von Humboldt's Leben und Wirken, Reisen und Wissen*, Leipzig, Verlag von Otto Spamer, 1870.

Knobloch, Eberhard, »Gedanken zu Humboldts Kosmos«, *HiN V*, Bd. 9, 2004.

–, »Alexander von Humboldts Weltbild«, *HiN X*, Bd. 19, 2009.

Köchy, Kristian, »Das Ganze der Natur – Alexander von Humboldt und das romantische Forschungsprogramm«, *HiN III*, Bd. 5, 2005.

Kockerbeck, Christoph, *Ernst Haeckels ›Kunstformen der Natur‹ und ihr Einfluß auf die deutsche bildende Kunst der Jahrhundertwende. Studie zum Verhältnis von Kunst und Naturwissenschaften im Wilhelminischen Zeitalter*, Frankfurt a. M., Lang, 1986.

Koop, Rudolph (Hg.), *Haeckel und Allmers. Die Geschichte einer Freundschaft in Briefen der Freunde*, Bremen, Forschungsgemeinschaft für den Raum Weser-Ems, 1941.

Körber, Hans-Günther, *Über Alexander von Humboldts Arbeiten zur Meteorologie und Klimatologie*, Berlin, Akademie Verlag, 1959.

Kortum, Gerhard, »›Die Strömung war schon 300 Jahre vor mir allen Fischerjungen von Chili bis Payta bekannt‹. Der Humboldtstrom«, in: Frank Holl (Hg.), Alexander von Humboldt. Netzwerke des Wissens, Ostfildern, Hatje-Cantz, 1999.

Krätz, Otto, »›Dieser Mann vereinigt in sich eine ganze Akademie‹. Humboldt in Paris«, in: Frank Holl (Hg.), *Alexander von Humboldt. Netzwerke des Wissens*, Ostfildern, Hatje-Cantz, 1999a.

–, »Alexander von Humboldt. Mythos, Denkmal oder Klischee?«, in: Frank Holl (Hg.), *Alexander von Humboldt. Netzwerke des Wissens*, Ostfildern, Hatje-Cantz, 1999b.

Krauße, Erika, »Ernst Haeckel: ›Promorphologie und evolutionistische ästhetische Theorie‹ – Konzept und Wirkung«, in: Eve-Marie Engels (Hg.), *Die Rezeption von Evolutionstheorien im 19. Jahrhundert*, Frankfurt a. M., Suhrkamp, 1995.

Krumpel, Heinz, »Identität und Differenz. Goethes Faust und Alexander von Humboldt«, *HiN VIII*, Bd. 14, 2007.

Kutzinski, Vera M., *Alexander von Humboldt's Transatlantic Personae*, London, Routledge, 2012.

Kutzinski, Vera M., Ottmar Ette und Laura Dassow Walls (Hg.), *Alexander von Humboldt and the Americas*, Berlin, Walter Frey, 2012.

Langley, Lester D., *The Americas in the Age of Revolution, 1750–1850*, New Haven und London, Yale University Press, 1996.

Laube, Heinrich, *Erinnerungen. 1810–1840*, Wien, Wilhelm Braumüller, 1875.

Lautemann, Wolfgang und Manfred Schlenke (Hg.), *Geschichte in Quellen. Das bürgerliche Zeitalter 1815–1914*, München, Oldenbourg Schulbuchverlag, 1980.

Leitner, Ulrike, »Die englischen Übersetzungen Humboldtscher Werke«, in: Hanno Beck u. a. (Hg.), *Natur, Mathematik und Geschichte, Beiträge zur Alexander-von-Humboldt-Forschung und zur Mathematikhistoriographie*, Leipzig, Barth, 1997.

–, »Alexander von Humboldts Schriften – Anregungen und Reflexionen Goethes«, *Das Allgemeine und das Einzelne – Johann Wolfgang von Goethe und Alexander von Humboldt im Gespräch, Acta Historica Leopoldina*, Bd. 38, 2003.

–, »›Da ich mitten in dem Gewölk sitze, das elektrisch geladen ist …‹ Alexander von Humboldts Äußerungen zum politischen Geschehen in seinen Briefen an Cotta«, in: Hartmut Hecht u. a., *Kosmos und Zahl. Beiträge zur Mathematik- und Astronomiegeschichte, zu Alexander von Humboldt und Leibniz*, Stuttgart, Franz Steiner, 2008.

Leitzmann, Albert, *Georg und Therese Forster und die Brüder Humboldt. Urkunden und Umrisse*, Bonn, Röhrscheid, 1936.

Levere, Trevor H., *Poetry Realized in Nature. Samuel Tayler Coleridge and Early Nineteenth-Century Science*, Cambridge, Cambridge University Press, 1981.

–, »Coleridge and the Sciences«, in: Andrew Cunningham und Nicholas Jardine (Hg.), *Romanticism and the Sciences*, Cambridge, Cambridge University Press, 1990.

Lewis, Michael (Hg.), *American Wilderness. A New History*, Oxford, Oxford University Press, 2007.

Lieber, Francis, *The Life and Letters of Francis Lieber*, hg. v. Thomas Sergant Perry, Boston, James R. Osgood & Co., 1882.

Litchfield, Henrietta (Hg.), *Emma Darwin. A Century of Family Letters, 1792–1896*, New York, D. Appleton and Company, 1915.

Lowenthal, David, *George Perkins Marsh. Prophet of Conservation*, Seattle und London, University of Washington Press, 2003.

Lyell, Charles, *Principles of Geology*, London, John Murray, 1830 (1832, 2. Aufl.).

–, *Life, Letters and Journals of Sir C. Lyell*, hg. v. Katharine Murray Lyell, London, John Murray, 1881.

Lynch, John, *Simón Bolívar. A Life*, New Haven und London, Yale University Press, 2007.

MacGregor, Arthur, *Sir Hans Sloane. Collector, Scientist, Antiquary, Founding Father of the British Museum*, London, British Museum Press, 1994.

McKusick, James C., »Coleridge and the Economy of Nature«, *Studies in Romanticism*, Bd. 35, 1996.

Madison, James, *The Papers of James Madison: Presidential Series*, hg. v. Robert A. Rutland u. a., Charlottesville, University of Virginia Press, 1984–2004.

–, *The Papers of James Madison: Secretary of State Series*, hg. v. Robert J. Brugger u. a., Charlottesville, University of Virginia Press, 1986–2007.

–, *The Papers of James Madison: Retirement Series*, hg. v. David B. Mattern u. a., Charlottesville, University of Virginia Press, 2009.

Marrinan, Michael, *Romantic Paris. Histories of a Cultural Landscape*, 1800–1850, Stanford, Stanford University Press, 2009.

Marsh, George Perkins, *The Camel. His Organization Habits and Uses*, Boston, Gould and Lincoln, 1856.

–, *Report on the Artificial Propagation of Fish*, Burlington, Free Press Print, 1857.

–, *Lectures on the English Language*, New York, Charles Scribner, 1861.

–, *Life and Letters of George Perkins Marsh*, hg. v. Caroline Crane Marsh, New York, Charles Scribner's and Sons, 1888.

–, *Catalogue of the Library of George Perkins Marsh*, Burlington, University of Vermont, 1892.

–, *So Great A Vision: The Conservation Writings of George Perkins Marsh*, hg. v. Stephen C. Trombulak, Hanover, University Press of New England, 2001.

–, *Man and Nature or: Physical Geography as Modified by Human Action*, 1864, Faksimile der 1. Aufl., hg. v. David Lowenthal, Seattle und London, University of Washington Press, 2003.

Merseburger, Peter, *Mythos Weimar. Zwischen Geist und Macht*, München, Deutscher Taschenbuch Verlag, 2009.

Meyer-Abich, Adolph, *Alexander von Humboldt*, Bonn, Inter Nationes, 1969.

Miller, Char, *Gifford Pinchot and the Making of Modern Environmentalism*, Washington, Island Press, 2001.

Miller, Sally M. (Hg.), *John Muir. Life and Work*, Albuquerque, University of New Mexico Press, 1996.

–, *John Muir in Historical Perspective*, New York, Peter Lang, 1999.

Minguet, Charles, »Las relaciones entre Alexander von Humboldt y Simón de Bolívar«, in: Alberto Filippi (Hg.), *Bolívar y Europa en las crónicas, el pensamiento político y la historiografía*, Caracas, Ediciones de la Presidencia de la República, Bd. 1, 1986.

Mommsen, Wolfgang J., *1848. Die ungewollte Revolution*, Frankfurt a. M., S. Fischer, 2000.

Moreno Yánez, Segundo E. (Hg.), *Humboldt y la Emancipación de Hispanoamérica*, Quito, Edipuce, 2011.

Morgan, S. R., »Schelling and the Origins of his Naturphilosophie«, in: Andrew Cunningham und Nicholas Jardine (Hg.), *Romanticism and the Sciences*, Cambridge, Cambridge University Press, 1990.

Moritz, Karl Philipp, *Reisen eines Deutschen in England im Jahr 1782*, Frankfurt a. M., Insel, 2000.

Müller, Conrad, *Alexander von Humboldt und das preußische Königshaus. Briefe aus den Jahren 1835–1857*, Leipzig, K. F. Koehler, 1928.

Muir, John, Handschriftliches Tagebuch »The ›thousand mile walk‹ from Kentucky to Florida und Cuba, September 1867 – Februar 1868, Online-Sammlung der Tagebücher von John Muir. Holt-Atherton Special Collections, University of the Pacific, Stockton, California. ©1984 Muir-Hanna Trust.

–, Handschrift »Sierra Journal«, Bd. 1, Sommer 1869, Notizheft, circa 1887, John Muir Papers, Series 3, Box 1: Notebooks. Holt-Atherton Special Collections, University of the Pacific, Stockton, California. ©1984 Muir-Hanna Trust.

–, »Sierra Journal«, Bd. 1, Sommer 1869, maschinengeschriebenes Manuskript, um 1910, John Muir Papers, Series 3, Box 1: Notebooks. Holt-Atherton Special Collections, University of the Pacific, Stockton, California. © 1984 Muir-Hanna Trust.

–, Handschriftliches Tagebuch, »World Tour«, T.1, Juni – Juli 1903, Online-Sammlung der Tagebücher von John Muir. Holt-Atherton Special Collections, University of the Pacific, Stockton, California. © 1984 Muir-Hanna Trust.

–, »The Wild Parks and Forest Reservations of the West«, *Atlantic Monthly*, Bd. 81, Januar 1898.

–, *Our National Parks*, Boston und New York, Houghton Mifflin Company, 1901.

–, *My First Summer in the Sierra*, Boston und New York, Houghton Mifflin Company, 1911.

–, *The Yosemite*, New York, Century Co., 1912.

–, *The Story of my Boyhood and Youth*, Boston und New York, Houghton Mifflin Company, 1913.

–, *A Thousand-Mile Walk to the Gulf*, hg. v. William Frederic Badè, Boston und New York, Houghton Mifflin Company, 1916.

–, *Life and Letters of John Muir*, hg. v. William Frederic Badè, Boston und New York, Houghton Mifflin Company, 1924.

Mumford, Lewis, *The Brown Decades. A Study of the Arts in America*, 1865–1895, New York, Harcourt, Brace and Company, 1931.

Murchison, Roderick Impey, »Address to the Royal Geographical Society of London, 23 May 1859«, *Proceedings of the Royal Geographical Society of London*, Bd. 3, 1858–1859.

–, *Life of Sir Roderick I. Murchison*, hg. v. Archibald Geikie, London, John Murray, 1875.

Myers, A. C., *Narratives of Early Pennsylvania, West Jersey and Delaware, 1630–1707*, New York, Charles Scribner's and Sons, 1912.

Myerson, Joel, »Emerson's Thoreau, A New Edition from Manuscript«, *Studies in American Renaissance*, 1979.

Nash, Roderick, *Wilderness and the American Mind*, New Haven und London, Yale University Press, 1982.

Nelken, Halina, *Alexander von Humboldt. Bildnisse und Künstler. Eine dokumentierte Ikonographie*, Berlin, Dietrich Reimer, 1980.

Nichols, Sandra, »Why Was Humboldt Forgotten in the United States?«, *Geographical Review*, Bd. 96, 2006.

Nicolai, Friedrich, *Beschreibung der Königlichen Residenzstädte Berlin und Potsdam und aller daselbst befindlicher Merkwürdigkeiten*, Berlin, Buchhändler unter der Stechbahn, 1769.

Nollendorf, Cora Lee, »Alexander von Humboldt Centennial Celebrations in the United States: Controversies Concerning his Work«, *Monatshefte*, Bd. 80, 1988.

North, Douglass C., *Growth and Welfare in the American Past*, Englewood Cliffs, Prentice-Hall International, 1974.

Norton, Paul F., »Thomas Jefferson and the Planning of the National Capital«, in: William Howard Adams (Hg.), *Jefferson and the Arts, An Extended View*, Washington, D. C., National Gallery of Art, 1976.

O'Hara, James Gabriel, »Gauss and the Royal Society, The Reception of his Ideas on Magnetism in Britain (1832–1842)«, *Notes and Records of the Royal Society of London*, Bd. 38, 1983.

O'Leary, Daniel F., *Memorias del General O'Leary*, Caracas, Imprenta de El Monitor, 1879–1888.

–, *Bolívar y la emancipación de Sur-America*, Madrid, Sociedad Española de Librería, 1915.

–, *The ›Detached Recollections of General D. F. O'Leary‹*, hg. v. R. A. Humphreys, London, veröffentlicht für das Institute of Latin American Studies, Athlone Press, 1969.

Oppitz, Ulrich-Dieter, »Der Name der Brüder Humboldt in aller Welt«, in: Heinrich von Pfeiffer (Hg.), *Alexander von Humboldt. Werk und Weltgeltung*, München, Piper, 1969.

Osten, Manfred, »Der See von Valencia oder Alexander von Humboldt als Pionier der Umweltbewegung«, in: Irina Podterga (Hg.), Bd.1, *Schnittpunkt Slavistik. Ost und West im Wissenschaftlichen Dialog*, Göttingen u. a., V & R unipress / Bonn University Press, 2012.

Päßler, Ulrich, *Ein ›Diplomat aus den Wäldern des Orinoko‹. Alexander von Humboldt als Mittler zwischen Preußen und Frankreich*, Stuttgart, Steiner, 2009.

Patterson, Elizabeth C., »Mary Somerville«, *The British Journal for the History of Science*, 1969, Bd. 4.

–, »The Case of Mary Somerville: An Aspect of Nineteenth-Century Science«, *Proceedings of the American Philosophical Society*, Bd. 118, 1975.

Peale, Charles Willson, *The Selected Papers of Charles Willson Peale and His Family*, hg. v. Lillian B. Miller, New Haven und London, Yale University Press, 1983–2000.

Pfeiffer, Heinrich von (Hg.), *Alexander von Humboldt. Werk und Weltgeltung*, München, Piper, 1969.

Phillips, Denise, »Building Humboldt's Legacy, The Humboldt Memorials of 1869 in Germany«, *Northeastern Naturalist*, Bd. 8, 2001.

Pieper, Herbert, »Alexander von Humboldt, Die Geognosie der Vulkane«, *HiN VII*, Bd. 13, 2006.

Plumer, William, *William Plumer's Memorandum of Proceedings in the United States Senate 1803–07*, hg. v. Everett Somerville Brown, New York, Macmillan Company, 1923.

Podach, Erich Friedrich, »Alexander von Humboldt in Paris. Urkunden und Begebnisse«, in: Joachim Schultze (Hg.), *Alexander von Humboldt: Studien zu seiner universalen Geisteshaltung*, Berlin, Walter de Gruyter, 1959.

Poe, Edgar Allan, *Eureka. A Prose Poem*, New York, Putnam, 1848.

Porter, Roy (Hg.), *Cambridge History of Science. Eighteenth-Century Science*, Bd. 4, Cambridge, Cambridge University Press, 2003.

Pratt, Marie Louise, *Imperial Eyes. Travel Writing and Transculturation*, London, Routledge, 1992.

Proctor, Robert, »Architecture from the Cell-Soul, Rene Binet and Ernst Haeckel«, *Journal of Architecture*, Bd. 11, 2006.

Pückler Muskau, Hermann Prince of, *Tour in England, Ireland and France, in the Years 1826, 1827, 1828 and 1829*, Philadelphia, Carey, Lea and Blanchard, 1833.

Pückler-Muskau, Hermann von, *Briefe eines Verstorbenen. Ein fragmentarisches Tagebuch aus England, Wales, Irland und Frankreich*; geschrieben in den Jahren 1828 und 1829, Bde. 1 und 2, Stuttgart, Hallberger, 1836.

–, *Briefe eines Verstorbenen. Ein fragmentarisches Tagebuch aus Deutschland, Holland und England*; geschrieben in den Jahren 1826, 1827 und 1828, Bde. 3 und 4, Stuttgart, Hallberger, 1836.

Pudney, John, *Brunel and his World*, London, Thames and Hudson, 1974.

Puig-Samper, Miguel-Ángel und Sandra Rebok, »Charles Darwin and Alexander von Humboldt: An Exchange of Looks between Famous Naturalists«, *HiN XI*, Bd. 21, 2010.

Rebok, Sandra, »Two Exponents of the Enlightenment, Transatlantic Communication by Thomas Jefferson and Alexander von Humboldt«, *Southern Quarterly*, Bd. 43, Nr. 4, 2006.

–, *Humboldt und Jefferson: A Transatlantic Friendship of the Enlightenment*, Charlottesville, University of Virginia Press, 2014.

Recke, Elisa von der, *Tagebuch einer Reise durch einen Theil Deutschlands und durch Italien in den Jahren 1804 bis 1806*, hg. v. Carl August Böttiger, Berlin, In der Nicolaischen Buchhandlung, 1815.

Reill, Peter Hanns, »The Legacy of the ›Scientific Revolution‹. Science and the Enlightenment«, in: Roy Porter (Hg.), *Cambridge History of Science. Eighteenth-Century Science*, Cambridge, Cambridge University Press, Bd. 4, 2003.

Richards, Robert J., *The Romantic Conception of Life, Science and Philosophy in the Age of Goethe*, Chicago und London, Chicago University Press, 2002.

–, *The Tragic Sense of Life, Ernst Haeckel and the Struggle over Evolutionary Thought*, Chicago und London, University of Chicago Press, 2009.

Richardson, Heather Cox, *West from Appomattox. The Reconstruction of America after the Civil War*, New Haven und London, Yale University Press, 2007.

Richardson, Robert D., *Henry Thoreau. A Life of the Mind*, Berkeley, University of California Press, 1986.

Rippy, Fred J. und E.R. Brann, »Alexander von Humboldt and Simón Bolívar«, *American Historical Review*, Bd. 52, 1947.

Robinson, Henry Crabb, *Diary, Reminiscences and Correspondence of Henry Crabb Robinson*, hg. v. Thomas Sadler, London, Macmillan and Co., 1869.

Rodríguez, José Ángel, »Alexander von Humboldt y la Independencia de Venezuela«, in: Segundo E. Moreno Yánez (Hg.), *Humboldt y la Emancipación de Hispanoamérica*, Quito, Edipuce, 2011.

Roe, Shirley A., »The Life Sciences«, in: Roy Porter (Hg.), *Cambridge History of Science.* Bd. 4, *Eighteenth-Century Science*, Cambridge, Cambridge University Press, 2003.

Rose, Gustav, *Mineralogisch-Geognostische Reise nach dem Ural, dem Altai und dem Kaspischen Meere*, Berlin, Verlag der Sanderschen Buchhandlung, 1837–1842.

Rossi, William (Hg.), *Walden and Resistance to Civil government: Authoritative Texts, Thoreau's journal, Reviews and Essays in Criticism*, New York und London, Norton, 1992.

Roussanova, Elena, »Hermann Trautschold und die Ehrung Alexander von Humboldts in Russland«, *HiN XIV*, Bd. 27, 2013.

Rudwick, Martin J. S., *The New Science of Geology: Studies in the Earth Sciences in the Age of Revolution, Aldershot*, Ashgate Variorum, 2004.

Rupke, Nicolaas A., *Alexander von Humboldt. A Metabiography*, Chicago, Chicago University Press, 2005.

Rush, Richard, *Memoranda of a Residence at the Court of London*, Philadelphia, Key and Biddle, 1833.

Sachs, Aaron, »The Ultimate ›Other‹: Post-Colonialism and Alexander von Humboldt's Ecological Relationship with Nature«, *History and Theory*, Bd. 42, 2003.

–, *The Humboldt Current. Nineteenth-Century Exploration and the Roots of American Environmentalism*, New York, Viking, 2006.

Safranski, Rüdiger, *Goethe und Schiller. Geschichte einer Freundschaft*, Frankfurt a. M., Fischer Taschenbuch Verlag, 2011.

Sarton, George, »Aimé Bonpland«, *Isis*, Bd. 34, 1943.

Sattelmeyer, Robert, *Thoreau's Reading. A Study in Intellectual History with Bibliographical Catalogue*, Princeton, Princeton University Press, 1988.

–, »The Remaking of Walden«, in: William Rossi (Hg.), *Walden and Resistance to Civil Government: Authoritative Texts, Thoreau's Journal, Reviews and Essays in Criticism*, New York und London, Norton, 1992.

Schama, Simon, *Landscape and Memory*, London, Fontana Press, 1996.

Schifko, Georg, »Jules Vernes literarische Thematisierung der Kanarischen Inseln als Hommage an Alexander von Humboldt«, *HiN XI*, Bd. 21, 2010.

Schiller, Friedrich, *Schillers Leben. Verfasst aus Erinnerungen der Familie, seinen eignen Briefen und den Nachrichten seines Freundes Körner*, hg. v. Christian Gottfried Körner und Caroline von Wohlzogen, Stuttgart und Tübingen, J. G. Cotta'sche Buchhandlung, 1830.

–, *Schillers Werke, Nationalausgabe. Briefwechsel*, hg. v. Julius Petersen und Gerhard Fricke, Weimar, Böhlaus Nachfolger, 1943–2003.

Schiller, Friedrich und Johann Wolfgang von Goethe, *Briefwechsel zwischen Schiller und Goethe in den Jahren 1794–1805*, Stuttgart und Augsburg, J. G. Cotta'sche Verlagsbuchhandlung, 1856.

Schiller, Friedrich, und Christian Gottfried Körner, *Schillers Briefwechsel mit Körner*, Berlin, Veit und Comp., 1847.

Schneppen, Heinz, »Aimé Bonpland, Humboldts Vergessener Gefährte?«, *Berliner Manuskripte zur Alexander-von-Humboldt-Forschung*, Nr. 14, 2002.

Schulz, Wilhelm, »Aimé Bonpland, Alexander von Humboldt's Begleiter auf der Amerikareise, 1799–1804. Sein Leben und Wirken, besonders nach 1817 in Argentinien«, *Abhandlungen der Mathematisch-Naturwissenschaftlichen Klasse der Akademie der Wissenschaften und der Literatur*, Nr. 9, 1960.

Schwarz, Ingo, »›Es ist meine Art, einen und denselben Gegenstand zu verfolgen, bis ich ihn aufgeklärt habe‹. Äußerungen Alexander von Humboldts über sich selbst«, *HiN I*, Bd. 1, 2000.

Scott, John, *A Visit to Paris in 1814*, London, Longman u. a., 1816.

Seeberger, Max, »›Geographische Längen und Breiten bestimmen, Berge messen.‹ Humboldts Wissenschaftliche Instrumente und seine Messungen in den Tropen Amerikas«, in: Frank Holl (Hg.), *Alexander von Humboldt. Netzwerke des Wissens*, Ostfildern, Hatje-Cantz, 1999.

Serres, Michel (Hg.), *A History of Scientific Thought, Elements of a History of Science*, Oxford, Blackwell, 1995.

Shanley, J. Lyndon, *The Making of Walden, with the Text of the First Version*, Chicago, University of Chicago Press, 1957.

Shelley, Mary, *Frankenstein or: The Modern Prometheus*, Oxford, Oxford University Press, 1998.

Sims, Michael, *The Adventures of Henry Thoreau. A Young Man's Unlikely Path to Walden Pond*, New York und London, Bloomsbury, 2014.

Slatta, Richard W. und Jane Lucas De Grummond, *Simón Bolívar's Quest for Glory*, College Station, Texas A&M University Press, 2003.

Southey, Robert, *New Letters of Robert Southey*, hg. v. Kenneth Curry, New York und London, Columbia University Press, 1965.

Staël, Anne-Louise-Germaine de, *Deutschland*, Reutlingen, Mäcken'sche Buchhandlung, 1815.

Stephenson, R. H., *Goethe's Conception of Knowledge and Science*, Edinburgh, Edinburgh University Press, 1995.

Stott, Rebecca, *Darwin's Ghosts. In Search of the First Evolutionists*, London, Bloomsbury, 2012.

Suckow, Christian, »›Dieses Jahr ist mir das wichtigste meines unruhigen Lebens geworden‹. Alexander von Humboldts Russisch–Sibirische Reise im Jahre 1829«, in: Frank Holl (Hg.), *Alexander von Humboldt. Netzwerke des Wissens*, Ostfildern, Hatje-Cantz, 1999.

–, »Alexander von Humboldt und Russland«, in: Ottmar Ette u. a., *Alexander von Humboldt, Aufbruch in die Moderne*, Berlin, Akademie Verlag, 2001.

Suckow, Christian u. a. (Hg.), *Studia Fribergensia, Vorträge des Alexander-von-Humboldt-Kolloquiums in Freiberg*, Berlin, Akademie Verlag, 1994.

Taylor, Bayard, *The Life, Travels and Books of Alexander von Humboldt*, New York, Rudd & Carleton, 1860.

Terra, Helmut de, *Humboldt. The Life and Times of Alexander von Humboldt*, New York, Knopf, 1955.

Théodoridès, Jean, »Humboldt and England«, *British Journal for the History of Science*, Bd. 3, 1966.

Thiemer-Sachse, Ursula, »›Wir verbrachten mehr als 24 Stunden, ohne etwas anderes als Schokolade und Limonade zu uns zu nehmen‹. Hinweise in Alexander von Humboldts Tagebuchaufzeichnungen zu Fragen der Verpflegung auf der Forschungsreise durch Spanisch-Amerika«, *HiN XIV*, Bd. 27, 2013.

Thomas, Keith, *Man and the Natural World. Changing Attitudes in England 1500–1800*, London, Penguin Books, 1984.

Thomson, Keith, *HMS Beagle. The Story of Darwin's Ship*, New York und London, W. W. Norton, 1995.

–, *A Passion for Nature, Thomas Jefferson and Natural History*, Monticello, Thomas Jefferson Foundation, 2008.

–, *The Young Charles Darwin*, New Haven und London, Yale University Press, 2009.

–, *Jefferson's Shadow. The Story of his Science*, New Haven und London, Yale University Press, 2012.

Thoreau, Henry David, *The Writings of Henry David Thoreau: Journal*, hg. v. Bradford Torrey, Boston, Houghton Mifflin, 1906.

–, *The Writings of Henry David Thoreau:* Bd. 3, *The Maine Woods*, Boston, Houghton Mifflin, 1906.

–, *The Writings of Henry David Thoreau:* Bd. 5, *Excursion and Poems*, Boston, Houghton Mifflin, 1906.

–, *The Writings of Henry David Thoreau:* Bd. 6, *Familiar Letters*, hg. v. F. B. Sanborn, Boston, Houghton Mifflin, 1906.

–, *Walden*, New York, Thomas Y. Crowell & Co., 1910.

–, *Walden. Ein Leben mit der Natur,* München, Deutscher Taschenbuch Verlag, 1999.

–, *The Correspondence of Henry David Thoreau*, hg. v. Walter Harding und Carl Bode, Washington Square, New York University Press, 1958.

–, *The Writings of Henry D. Thoreau: Journal*, hg. v. Robert Sattelmeyer u. a., Princeton, N. J., Princeton University Press, 1981–2002.

Tocqueville, Alexis de, *Erinnerungen*, Stuttgart, Koehler, 1954.

Turner, John, »Wordsworth and Science«, *Critical Survey*, Bd. 2, 1990.

Uschmann, Georg (Hg.), *Ernst Haeckel. Biographie in Briefen*, Leipzig, Urania, 1983.

Varnhagen von Ense, Karl August, *Die Tagebücher von K. A. Varnhagen von Ense*, Bd. 4, Leipzig, Brockhaus, 1862.

–, *Denkwürdigkeiten des eigenen Lebens*, hg. v. Konrad Feilchenfeldt, Frankfurt a. M., Deutscher Klassiker Verlag, 1987.

Verne, Jules, *Die Kinder des Kapitän Grant*, 2 Bde., Wien u. a., A. Hartleben's Verlag, 1875.

–, *20.000 Meilen unter dem Meer*, Frankfurt a. M., Fischer E-Book, 2011.

Voght, Caspar, *Caspar Voght und sein Hamburger Freundeskreis. Briefe aus einem tätigen Leben*, hg. v. Kurt Detlev Möller und Annelise Marie Tecke, Hamburg, Veröffentlichungen des Vereins für Hamburgische Geschichte, 1959–1967.

Walls, Laura Dassow, *Seeing New Worlds. Henry David Thoreau and Nineteenth-Century Natural Science*, Madison, University of Wisconsin Press, 1995.

–, »Rediscovering Humboldt's Environmental Revolution«, *Environmental History*, Bd. 10, 2005.

–, *The Passage to Cosmos. Alexander von Humboldt and the Shaping of America*, Chicago und London, University of Chicago Press, 2009.

–, »Henry David Thoreau: Writing the Cosmos«, *Concord Saunterer. A Journal of Thoreau Studies*, Bd. 19/20, 2011–2012.

Watson, Peter, *The German Genius. Europe's Third Renaissance, the Second Scien-*

tific Revolution and the Twentieth Century, London und New York, Simon & Schuster, 2010.

Webster, Daniel, *The Writings and Speeches of Daniel Webster*, Boston, Little, Brown, 1903.

Weigel, Engelhard, »Wald und Klima. Ein Mythos aus dem 19. Jahrhundert«, *HiN V*, Bd. 9, 2004.

Weingarden, Laura S., »Louis Sullivan and the Spirit of Nature«, in: Paul Greenhalgh (Hg.), *Art Nouveau, 1890–1914*, London, V&A Publications, 2000.

Werner, Petra, »Übereinstimmung oder Gegensatz? Zum Widersprüchlichen Verhältnis zwischen A. v. Humboldt und F. W. J. Schelling«, *Berliner Manuskripte zur Alexander-von-Humboldt Forschung*, Bd. 15, 2000.

–, *Himmel und Erde. Alexander von Humboldt und sein Kosmos*, Berlin, Akademie Verlag, 2004.

–, »Zum Verhältnis Charles Darwins zu Alexander v. Humboldt und Christian Gottfried Ehrenberg«, *HiN X*, Bd. 18, 2009.

–, *Naturwahrheit und ästhetische Umsetzung, Alexander von Humboldt im Briefwechsel mit bildenden Künstlern*, Berlin, Akademie Verlag, 2013.

White, Jerry, *London in the Eighteenth Century. A Great and Monstrous Thing*, London, The Bodley Head, 2012.

Walt Whitman, *Grashalme*, Stuttgart, Reclam, 2013.

–, *Leaves of Grass*, Boston, Thayer and Eldridge, 1860.

Wiegand, Dometa, »Alexander von Humboldt and Samuel Taylor Coleridge, The Intersection of Science and Poetry«, Coleridge Bulletin, 2002.

Wiley, Michael, *Romantic Geography. Wordsworth and Anglo-European Spaces*, London, Palgrave Macmillan, 1998.

Wilson, Alexander, *Life and Letters of Alexander Wilson*, hg. v. Clark Hunter, Philadelphia, American Philosophical Society, 1983.

Wilson, Jason (Hg.), *Alexander von Humboldt. Personal Narrative*, gekürzt und übersetzt, London, Penguin Books, 1995.

Wilson, Leonard G., *Charles Lyell, The Years to 1841. The Revolution in Geology*, New Haven und London, Yale University Press, 1972.

Wolfe, Linnie Marsh, *Son of Wilderness. The Life of John Muir*, New York, Alfred A. Knopf, 1946.

–, *John of the Mountains. The Unpublished Journals of John Muir*, Madison, University of Wisconsin Press, 1979.

Wood, David F., *An Observant Eye. The Thoreau Collection at the Concord Museum*, Concord, Concord Museum, 2006.

Wordsworth, William und Dorothy Wordsworth, *The Letters of William and Dorothy, The Middle Years*, hg. v. Ernest de Selincourt, Oxford, Clarendon Press, 1967–1993.

Worster, Donald, *Nature's Economy. The Roots of Ecology*, San Francisco, Sierra Club Books, 1977.

–, *A Passion for Nature. The Life of John Muir*, Oxford, Oxford University Press, 2008.

Wu, Duncan, *Wordsworth's Reading, 1800–1815*, Cambridge, Cambridge University Press, 1995.

Wulf, Andrea, *Brother Gardeners. Botany, Empire and the Birth of an Obsession*, London, William Heinemann, 2008.

–, *Founding Gardeners. How the Revolutionary Generation Created an American Eden*, London, William Heinemann, 2011.

Wyatt, John, *Wordsworth and the Geologists*, Cambridge, Cambridge University Press, 1995.

Young, *Sterling James, The Washington Community 1800–1828*, New York und London, A Harvest/HBJ Book, 1966.

Zeuske, Michael, *Simón Bólivar, Befreier Südamerikas: Geschichte und Mythos*, Berlin, Rotbuch Verlag, 2011.

Register

535

eroberung 196; Bolívars Feldzug
in 203 ff.
Venustransit 36
Vereinigte Staaten von Amerika:
feiern AHs hundertjährigen
Geburtstag (1869) 25; AH reist
in die (1804) 129 ff.; und Kauf
von Louisiana 132, 138; Agrar-
wirtschaft 133, 139; Grenze zu
Mexiko 138; Raubbau an der
Natur 142, 362; wirtschaftlicher Wohlstand 143; Sklaverei
in 143 f., 245 f.; Neutralität bei
südamerikanischer Revolution
196; Buffon kritisiert die 206;
schafft Sklaverei ab 287; Einfluss von Kosmos in 312; Terri-
torialgewinne im Nordwesten
und Südwesten 317; Krieg mit
Mexiko 317, 338; technologische Fortschritte 317; telegrafische Verbindung mit Europa
344; Marshs Einfluss in 357 f.;
Bürgerkrieg (1861–1865) 363 f.,
393 ff.; Nationalparks 370, 411;
transkontinentale Schienen-
stränge 405
Vermont: Marsh in 207, 317,
354 f., 357, 361, 370
Verne, Jules 176, 352
Vesuv 66, 114, 160 ff., 168, 228,
377
Vizekönigreiche (Spanisch-
Lateinamerika) 108, 190 ff., 198,
202, 205
Volta, Alessandro 55, 165
Voltaire (eigtl. François-Marie
Arouet) 36, 232

Von den isothermen Linien und
die Verteilung der Wärme auf
dem Erdkörper (AH) 228
Vues des Cordillères et monumens des peuples indigènes de
l'Amérique (AH) 178, 189, 216
Fn., 224, 376
Vulkane: AHs Interesse für 247,
251, 257, 267, 276, 289, 308, 339,
369
Vulkanisten 114, 251
Vulpius, Christiane 50

Walden Pond (Massachusetts) 28,
314, 316, 326, 328
Wälder: im Ökosystem 82 ff., 259,
370 ff.; siehe auch Abholzung;
Regenwald
Washington, D.C. 130 ff., 159,
185, 193, 230, 235, 317, 350, 357,
368
Washington, George 133, 137,
157, 349, 410; Feierlichkeiten
zum Geburtstag (1859) 279
Watt, James 37
Wedgwood, Josiah 279
Wedgwood, Josiah II. 279
Weimar: Goethe in 47 ff., 178
Wellesley, Richard Colley,
Marquess 196
Wellington, Arthur Wellesley,
Erster Duke of 184
Weltklimarat der UNO (IPCC)
419
Werner, Abraham Gottlieb 251
Westphalen, Königreich von
131 f., 191

Bildnachweis

Abbildungen im Text

© Alamy: 57, 195/Interfoto; 236/Heritage Image Partnership Ltd; 277/Lebrecht Music and Arts Photo Library. René Binet, *Esquisses Décoratives* (ca. 1905): 390 links. © bpk/Staatsbibliothek zu Berlin: 248. *Catalogue souvenir de l'Exposition Universelle 1900 Paris:* 388 links. © Sammlung des Museo Nacional de Colombia/Registro 1204/Foto Oscar Monsalve: 123/Alexander von Humboldt, *Geografia de las plantas cerca del Ecuador* (1803). Mit freundlicher Genehmigung des Concord Museum, Massachusetts: 315, 318. Ernst-Haeckel-Haus, Jena: 375. Hermann Klencke, *Alexander von Humboldt's Leben und Wirken, Reisen und Wissen* (1870): 34, 72, 90, 91, 94, 100, 104, 119, 256, 263, 353. Library of Congress Prints and Photographs Division, Washington, D.C.: 68, 134, 356, 412. Mit Erlaubnis von The Linnean Society of London: 67/Martin Hendriksen Vahl, *Symbolae Botanicae* (1790–1794); 388 rechts, 390 rechts/Ernst Haeckel, *Kunstformen der Natur* (1899–1904). Benjamin C. Maxham: 320/Daguerreotypie, 1856. Ministerio de Cultura del Ecuador, Quito: 73. John Muir Library/Holt-Atherton Special Collections, University of the Pacific, Stockton, California © 1984 Muir-Hanna Trust und mit freundlicher Genehmigung von The Bancroft Library/University of California, Berkeley: 401, 404, 409. Privatsammlung: 83, 150, 348. © Stiftung Stadtmuseum Berlin: 172. Wellcome Library, London: 21, 81, 126, 129, 189/Alexander von Humboldt, *Vues des Cordillères*, 2 Bde. (1810–1813); 23/Heinrich Berghaus, *The Physical Atlas* (1845); 40; 45/Alexander von Humboldt, *Versuch über die gereizte Muskel- und Nervenfaser* (1797); 49; 51; 78; 111, 113, 145/Alcide D. d'Orbingy, *Voyage pittoresque dans les deux Amériques* (1836); 152; 154; 162; 173; 186; 211, 229, 359/Traugott Bromme, *Atlas zu Alexander*

555

v. Humboldt's Kosmos (1851); 215; 242; 270; 275/Charles Darwin, *Journal of Researches* (1902); 291/Charles Darwin, *Journal of Researches* (1845); 300; 342/E.T. Hamy, *Aimé Bonpland, médecin et naturaliste, explorateur de l'Amérique du Sud* (1906); 345.

Farbtafeln

© Akademie der Wissenschaften, Berlin: 3 oben/akg-images. © Alamy: 3 unten/Stocktreck Images Inc; 6 unten/FineArt; 7 unten/Pictorial Press Ltd; 8 unten/World History Archive. © bpk/Stiftung Preußische Schlösser und Gärten Berlin-Brandenburg: 7 oben/Foto Gerhard Murza. © Humboldt-Universität Berlin: 4/Alexander von Humboldt, *Geographie der Pflanzen in den Tropen-Ländern, ein Naturgemälde der Anden* (1807), Foto Bridgeman Images. Mit Erlaubnis von The Linnean Society of London: 8 oben/Ernst Haeckel, *Kunstformen der Natur* (1899–1904). Wellcome Library, London: 1, 2, 5 oben/Alexander von Humboldt, *Vues des Cordillères* (1810–1813); 5 unten/Traugott Bromme, *Atlas zu Alexander v. Humboldt's Kosmos* (1851); 6 oben/Heinrich Berghaus, *The Physical Atlas* (1845).